PREFACE

전산응용기계제도기능사 시험은 산업체에서 제품개발, 설계, 생산기술 부문의 기술자들이 기술정보를 목적에 따라 산업표준 규격에 준하여 도면으로 작성하는 직무수행능력을 평가합니다.

본서는 2022년부터 적용되는 최신 NCS 기반의 출제기준에 맞게 단원별로 핵심 내용을 정리하였으며, 기출문제와 CBT 모의고사를 통해 수험생들이 보다 쉽게 실전 문제 풀이 능력을 향상할 수 있도록 효율적인 학습 루틴을 제시하였습니다.

이 책의 구성 및 특징

첫째, 최신 NCS 출제기준에 맞춘 핵심 내용 정리
둘째, 단원별 실전 문제와 실전모의고사 수록
셋째, 이해도를 높이는 상세한 문제해석 게재
넷째, 필기 합격률을 높일 수 있는 저자직강 핵심이론 유료 동영상 강좌 제작

이 책이 기계설계제도 분야로 첫발을 내딛는 입문자들에게 밝은 빛이 될 것이라 믿습니다.

다솔유캠퍼스 연구진들의 땀과 정성으로 만든 이 책이 누군가에게 기회를 만들 수 있는 초석이 되었으면 하는 바람입니다.

다솔유캠퍼스

Creative Engineering Drawing
Dasol U-Campus Book

1996
전산응용기계설계제도

1998
제도박사 98 개발
기계도면 실기/실습

2001
전산응용기계제도 실기
전산응용기계제도기능사 필기
기계설계산업기사 필기

2007
KS규격집 기계설계
전산응용기계제도 실기 출제도면집

2008
전산응용기계제도 실기/실무
AutoCAD-2D 활용서

    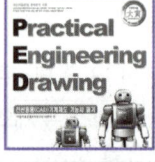  

 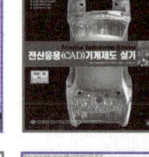 

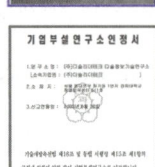  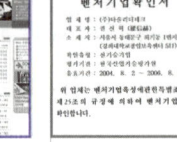 

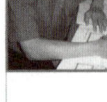     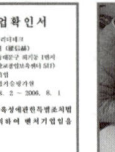 

1996
다솔기계설계교육연구소

2000
㈜다솔리더테크
설계교육부설연구소 설립

2001
다솔유캠퍼스 오픈
국내 최초 기계설계제도
교육 사이트

2002
㈜다솔리더테크
신기술벤처기업 승인

2008
다솔유캠퍼스 통합

2010
자동차정비분야
강의 서비스 시작

2012
홈페이지 1차 개편

Since 1996
Dasol U-Campus

다솔유캠퍼스는 기계설계공학의 상향 평준화라는 한결같은 목표를 가지고 1996년 이래 교재 집필과 교육에 매진해 왔습니다.
앞으로도 여러분의 꿈을 실현하는 데 다솔유캠퍼스가 기회가 될 수 있도록 교육자로서 사명감을 가지고 더욱 노력하는 전문교육기업이 되겠습니다.

2011
전산응용기계제도 실기/실무(신간)
KS규격집 기계설계
KS규격집 기계설계 실무(신간)

2012
AutoCAD-2D와 기계설계제도

2013
전산응용기계제도 실기 출제도면집

2014
NX-3D 실기활용서
인벤터-3D 실기/실무
인벤터-3D 실기활용서
솔리드웍스-3D 실기/실무
솔리드웍스-3D 실기활용서
CATIA-3D 실기/실무

2015
CATIA-3D 실기활용서
기능경기대회 공개과제 도면집

2017
CATIA-3D 실무 실습도면집
3D 실기활용서 시리즈(신간)

2018
기계설계 필답형 실기
권사부의 인벤터-3D 실기

2019
박성일마스터의 기계 3역학
홍쌤의 솔리드웍스-3D 실기

2020
일반기계기사 필기
컴퓨터응용가공선반기능사
컴퓨터응용가공밀링기능사

2021
건설기계설비기사 필기
기계설계산업기사 필기
전산응용기계제도기능사 필기
CATIA-3D 실기/실무 II

2022
UG NX-3D 실기활용서
GV-CNC 실기/실무활용서

2024
일반기계기사 필기

2025
전산응용기계제도기능사 필기
기계설계산업기사 필기

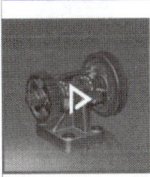

2013
홈페이지 2차 개편

2015
홈페이지 3차 개편
단체수강시스템 개발

2016
오프라인 원데이클래스

2017
오프라인 투데이클래스

2018
국내 최초 기술전문교육
브랜드 선호도 1위

2020
홈페이지 4차 개편
Live클래스
E-Book사이트(교사/교수용)

2021
모바일 최적화 1차 개편
YouTube 채널다솔 개편

2022
모바일 최적화 2차 개편

INFORMATION

직무분야	기계	중직무분야	기계제작	자격종목	전산응용기계제도기능사	적용기간	2026.01.01~2028.12.31
○ 직무내용 : 산업체에서 제품개발, 설계, 생산기술 부문의 기술자들이 기술정보를 목적에 따라 산업표준 규격에 준하여 도면으로 표현하는 업무를 수행							
필기검정방법	객관식			문제수	60	시험시간	1시간

필기과목명	문제수	주요항목	세부항목	세세항목
기계설계제도	60	1. 2D도면작업	1. 작업환경 설정	1. 도면영역의 크기 2. 선의 종류 3. 선의 용도 4. KS 기계제도 통칙 5. 도면의 종류 6. 도면의 양식 7. 2D CAD 시스템 일반 8. 2D CAD 입출력장치
			2. 도면작성	1. 2D 좌표계 활용 2. 도형 작도 및 수정 3. 도면 편집 4. 투상법 5. 투상도 6. 단면도 7. 기타 도시법
			3. 기계 재료 선정	1. 재료의 성질 2. 철강 재료 3. 비철금속 재료 4. 비금속 재료
		2. 2D도면관리	1. 치수 및 공차 관리	1. 치수기입 2. 치수보조기호 3. 치수공차 4. 기하공차 5. 끼워맞춤공차 6. 공차관리 7. 표면거칠기 8. 표면처리 9. 열처리 10. 면의 지시기호
			2. 도면출력 및 데이터 관리	1. 데이터 형식 변환(DXF, IGES)
		3. 3D형상모델링 작업	1. 3D형상모델링 작업 준비	1. 3D 좌표계 활용 2. 3D CAD 시스템 일반 3. 3D CAD 입출력장치
			2. 3D형상모델링 작업	1. 3D 형상모델링 작업

필기과목명	문제수	주요항목	세부항목	세세항목
기계설계제도	60	4. 3D형상모델링 검토	1. 3D형상모델링 검토	1. 조립구속조건 종류
			2. 3D형상모델링 출력 및 데이터 관리	1. 3D CAD 데이터 형식 변환 (STEP, STL, PARASOLID, IGES)
		5. 기계제작	1. 기계제작의 이해	1. 주조 2. 소성가공 3. 절삭가공 4. 정밀입자 및 특수가공 5. 용접가공 6. 프레스가공
		6. 기본측정기 사용	1. 작업계획 파악	1. 측정 방법 2. 단위 종류
			2. 측정기 선정	1. 측정기 종류 2. 측정기 용도 3. 측정기 선정
			3. 기본측정기 사용	1. 측정기 사용 방법
		7. 조립도면해독	1. 부품도 파악	1. 기계 부품 도면 해독 2. KS 규격 기계 재료 기호
			2. 조립도 파악	1. 기계 조립 도면 해독
		8. 체결요소설계	1. 요구기능 파악 및 선정	1. 나사 2. 키 3. 핀 4. 리벳 5. 볼트·너트 6. 와셔 7. 용접 8. 코터
			2. 체결요소 선정	1. 체결요소별 기계적 특성
			3. 체결요소 설계	1. 체결요소 설계 2. 체결요소 재료 3. 체결요소 부품 표면처리 방법
		9. 동력전달요소설계	1. 요구기능 파악 및 선정	1. 축 2. 축이음 3. 베어링 4. 마찰차 5. 기어 6. 캠 7. 벨트 8. 로프 9. 체인 10. 브레이크 11. 스프링 등
			2. 동력전달요소 설계	1. 동력전달요소 설계 2. 동력전달요소 재료 3. 동력전달요소 부품 표면처리 방법

CONTENTS

PART 01 기계제도

CHAPTER 01 제도의 기본   2
- 01 제도통칙(KS A 0005)   2
- 02 도면의 크기와 종류   4

CHAPTER 02 선·문자·CAD 제도   12
- 01 선   12
- 02 문자   14

CHAPTER 03 투상법 및 단면도법   18
- 01 투상법   18
- 02 단면법   23
- 03 단면도   26

CHAPTER 04 치수 기입법 및 재료표시법   44
- 01 치수 기입 일반   44
- 02 재료표시법   49

CHAPTER 05 공차 및 표면 거칠기   56
- 01 치수공차   56
- 02 기하공차   60
- 03 표면 거칠기   62

CHAPTER 06 기계요소의 제도   78
- 01 결합용 기계요소   78
- 02 전동용 기계요소   84
- 03 축용 기계요소   88
- 04 제어용 기계요소   91

05 리벳과 용접이음		93
06 관용 기계요소		101
CHAPTER 07 스케치 및 전개도		123
01 스케치		123
02 전개도		124

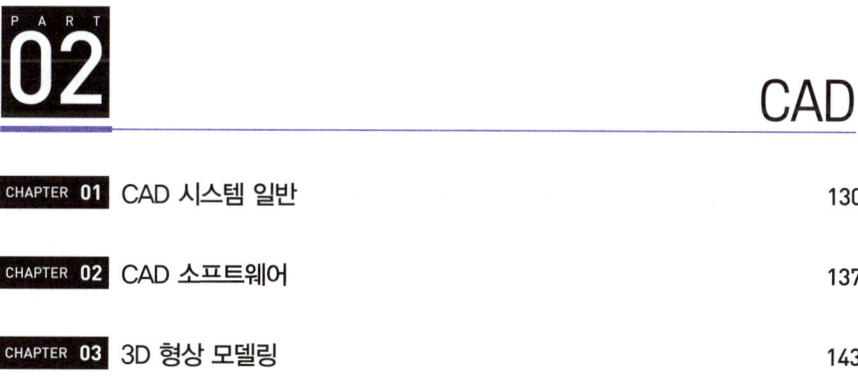

PART 02 CAD

CHAPTER 01 CAD 시스템 일반	130
CHAPTER 02 CAD 소프트웨어	137
CHAPTER 03 3D 형상 모델링	143

PART 03 기계재료 및 측정

CHAPTER 01 기계재료의 성질	150
01 금속재료의 성질	150
02 금속의 결정구조	153
03 재료의 소성가공	154

CHAPTER 02 철강재료 157

01 철강재료의 개요 157
02 철-탄소계(Fe-C) 평형상태도 158
03 순철 161
04 탄소강 161
05 특수강(합금강) 165
06 주철 170
07 강의 열처리 175

CHAPTER 03 비철합금 193

01 구리와 구리 합금 193
02 알루미늄과 알루미늄 합금 196
03 베어링 합금 198

CHAPTER 04 비금속재료와 신소재, 공구재료 206

01 세라믹 206
02 합성수지 206
03 신소재 208
04 공구재료 210

CHAPTER 05 측정 217

01 측정기의 분류 217
02 아베의 원리 218
03 길이 측정 219
04 각도 측정 224
05 나사 측정 226

기계요소의 설계

CHAPTER 01 기계설계 기초 — 234
- 01 기계요소의 분류 — 234
- 02 단위 — 234
- 03 속도, 가속도, 각속도, 힘 — 236
- 04 하중 — 237
- 05 응력과 변형률 — 238
- 06 일과 동력 — 242
- 07 설계에 필요한 기타 내용 — 245

CHAPTER 02 결합용 기계요소 — 254
- 01 나사(Screw) — 254
- 02 볼트와 너트, 와셔 — 258
- 03 키, 핀, 코터, 리벳 — 262

CHAPTER 03 축용 기계요소 — 274
- 01 축 — 274
- 02 축이음 — 278
- 03 베어링 — 281

CHAPTER 04 전동용 기계요소 — 292
- 01 전동장치 — 292
- 02 마찰차 — 292
- 03 기어 — 294
- 04 벨트, 체인 — 301

CHAPTER 05 제어용 기계요소 — 310
- 01 브레이크 — 310
- 02 스프링 — 313
- 03 댐퍼(Damper, 완충기) — 315
- 04 쇼크업소버(Shock Absorber) — 315
- 05 토션바(Torsion Bar) — 315

PART 05 CBT 실전모의고사

01	제1회 CBT 실전모의고사	322
02	제2회 CBT 실전모의고사	330
03	제3회 CBT 실전모의고사	338
04	제4회 CBT 실전모의고사	346
05	제5회 CBT 실전모의고사	354
06	제6회 CBT 실전모의고사	362
07	제7회 CBT 실전모의고사	370
08	제8회 CBT 실전모의고사	378
09	제9회 CBT 실전모의고사	386
10	제10회 CBT 실전모의고사	394
11	제11회 CBT 실전모의고사	402
12	제12회 CBT 실전모의고사	410
13	제13회 CBT 실전모의고사	418
14	제14회 CBT 실전모의고사	426
15	제15회 CBT 실전모의고사	434
16	제16회 CBT 실전모의고사	442
17	제17회 CBT 실전모의고사	450
18	제18회 CBT 실전모의고사	459
19	제19회 CBT 실전모의고사	467
20	제1회 CBT 실전모의고사 정답 및 해설	475
21	제2회 CBT 실전모의고사 정답 및 해설	482
22	제3회 CBT 실전모의고사 정답 및 해설	488
23	제4회 CBT 실전모의고사 정답 및 해설	495
24	제5회 CBT 실전모의고사 정답 및 해설	501
25	제6회 CBT 실전모의고사 정답 및 해설	507
26	제7회 CBT 실전모의고사 정답 및 해설	514
27	제8회 CBT 실전모의고사 정답 및 해설	521
28	제9회 CBT 실전모의고사 정답 및 해설	527
29	제10회 CBT 실전모의고사 정답 및 해설	533
30	제11회 CBT 실전모의고사 정답 및 해설	539

31	제12회 CBT 실전모의고사 정답 및 해설	545
32	제13회 CBT 실전모의고사 정답 및 해설	551
33	제14회 CBT 실전모의고사 정답 및 해설	558
34	제15회 CBT 실전모의고사 정답 및 해설	564
35	제16회 CBT 실전모의고사 정답 및 해설	571
36	제17회 CBT 실전모의고사 정답 및 해설	577
37	제18회 CBT 실전모의고사 정답 및 해설	583
38	제19회 CBT 실전모의고사 정답 및 해설	589

01

기계제도

Craftsman Computer Aided Mechanical Drawing

- **01** 제도의 기본
- **02** 선·문자·CAD 제도
- **03** 투상법 및 단면도법
- **04** 치수 기입법 및 재료표시법
- **05** 공차 및 표면 거칠기
- **06** 기계요소의 제도
- **07** 스케치 및 전개도

CHAPTER 01 제도의 기본

01 제도통칙(KS A 0005)

1 제도

기계나 구조물의 모양 또는 크기를 일정한 규격에 따라 점·선·문자·부호 등을 사용하여 설계자의 의도를 제작자 또는 시공자에게 명확하게 전달되도록 도면을 작성하는 과정을 말한다.

① 제도통칙 : 1966년 KS A 0005로 제정
② 기계제도통칙 : 1967년 KS B 0001로 제정

2 제도의 표준화

① 균일한 제품을 만들고 품질을 향상시킬 수 있다.
② 생산능률을 높여 생산단가를 줄일 수 있다.
③ 부품의 호환성이 증가된다.
④ 인력과 자재가 절약되어 경쟁력을 높일 수 있다.

3 도면이 구비해야 할 기본요건

① 보는 사람이 이해하기 쉬운 도면이어야 한다.
② 대상물의 도형과 함께 필요로 하는 구조, 조립상태, 치수, 가공방법 등의 정보를 포함하여야 한다.
③ 애매한 해석이 생기지 않도록 표현상 명확한 뜻을 가져야 한다.
④ 무역 및 기술의 국제교류의 입장에서 국제성을 가져야 한다.

4 한국산업표준의 분류체계(각 분야를 알파벳으로 구분)

분류기호	부문	분류기호	부문	분류기호	부문
A	기본	H	식료품	Q	품질경영
B	기계	I	환경	R	수송기계
C	전기	J	생물	S	서비스
D	금속	K	섬유	T	물류
E	광산	L	요업	V	조선
F	건설	M	화학	W	항공우주
G	일용품	P	의료	X	정보

5 산업규격의 명칭 및 기호

명칭	규격기호	명칭	규격기호
국제표준화기구	ISO	일본산업규격	JIS
한국산업규격	KS	영국산업규격	BS
미국산업규격	ANSI	스위스산업규격	SNV
독일산업규격	DIN	프랑스산업규격	NF

> **Reference**
> - KS(Korean Industrial Standards)
> - ISO(International Organization for Standardization)

02 도면의 크기와 종류

1 도면의 크기와 윤곽선

① 길이의 기본 단위는 mm이다.

② 도면의 용지는 A 계열을 사용하며, 세로와 가로의 비는 1 : $\sqrt{2}$ 이고 A0의 넓이는 1m²이다.

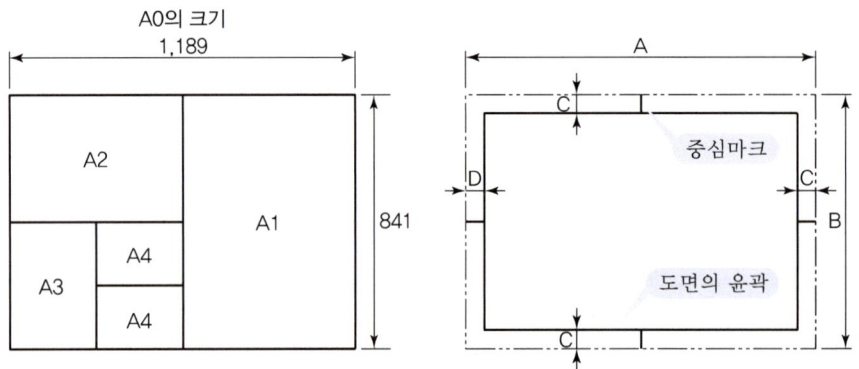

| 도면의 크기와 윤곽선 |

용지 크기		A0	A1	A2	A3	A4
A×B		1,189 × 841	841 × 594	594 × 420	420 × 297	297 × 210
C(최소)		20	20	10	10	10
D (최소)	철하지 않을 때	20	20	10	10	10
	철할 때	25	25	25	25	25

2 도면의 형식

도면에 반드시 기입해야 할 사항은 도면의 윤곽, 중심마크, 표제란이고, 비교눈금, 도면의 구역을 구분하는 구분선, 구분기호, 재단마크 등은 생략 가능하다.

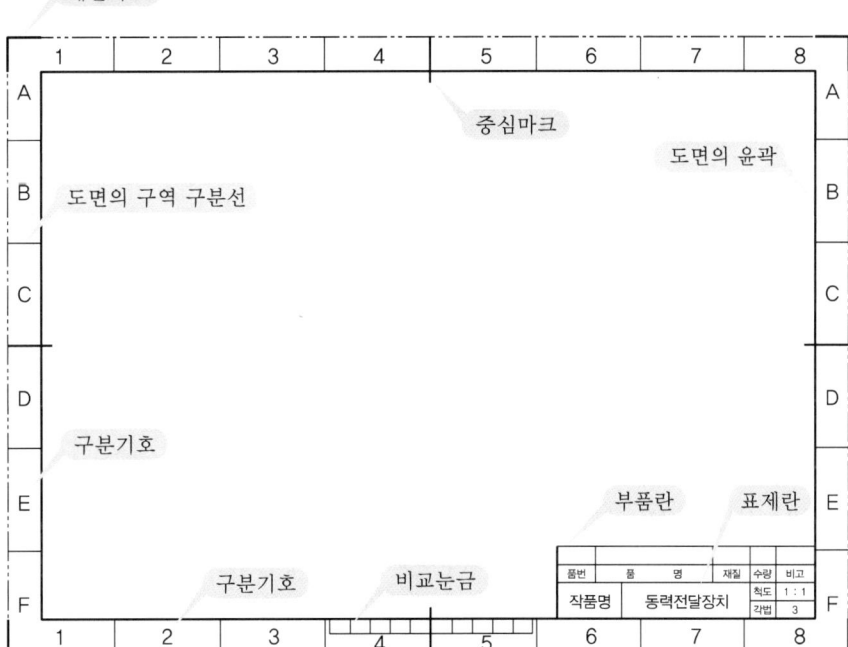

| 도면의 형식 |

(1) 용어설명

① **재단마크** : 인쇄, 복사 또는 플로터로 출력된 도면을 규격에서 정한 크기대로 자르기 위해 필요하다.
② **중심마크** : 도면을 마이크로필름에 촬영하거나 복사할 때의 편의를 위해 도면의 위치결정에 편리하도록 도면에 표시한다.
③ **도면의 구역 구분선 및 구분기호** : 도면의 특정 위치를 지정하기 위해 필요하다.
④ **표제란** : 도면 전체의 정보를 표시하는 부분으로 표제란에 기입하는 사항은 도번(도면 번호), 도명(도면 이름), 척도, 투상법, 작성자명, 일자 등이고, 오른쪽 아래에 배치한다. 또한 도면을 접어서 사용하거나 보관하고자 할 때 앞부분에 나타내어 보이도록 한다.

3 척도

(1) 척도 표시방법

일반적으로 도면은 현척(실척)으로 그리는데, 경우에 따라 부품을 확대하거나 축소하여 그릴 수 있다. 척도는 표제란에 기입을 원칙으로 하며 한 장의 도면 내에 나타낸 각 부품의 척도가 서로 다를 경우 부품 번호 옆에 또는 부품란의 비고란에 기입해야 한다.

$$A : B$$

도면 크기 : 물체의 실제 크기

(2) 척도의 종류

① 축척 : 규정된 배율(다음 ⑤, ⑥ 표)에 따라 실물보다 작게 그린 도면
② 현척(실척) : 실물과 같은 크기로 그린 도면
③ 배척 : 규정된 배율(다음 ⑤, ⑥ 표)에 따라 실물보다 크게 그린 도면
④ NS(None Scale) : 비례척이 아닌 작성자가 임의대로 실물보다 크게 그린 도면
⑤ KS 규격에 정해진 축척, 현척, 배척의 값

척도의 종류	값
축척	• 1 : 2, 1 : 5, 1 : 10, 1 : 20, 1 : 50, 1 : 100, 1 : 200 • (1 : $\sqrt{2}$), (1 : 2.5), (1 : 2$\sqrt{2}$), (1 : 3), (1 : 4), (1 : 5$\sqrt{2}$), (1 : 25), (1 : 250)
현척	1 : 1
배척	• 2 : 1, 5 : 1, 10 : 1, 20 : 1, 50 : 1 • ($\sqrt{2}$: 1), (2.5$\sqrt{2}$: 1), (100 : 1)

📂 ( )의 척도는 가급적 사용하지 않는다.

⑥ ISO 5455에 의한 척도

축척			현척	배척		
1 : 2	1 : 5	1 : 10		50 : 1	20 : 1	10 : 1
1 : 20	1 : 50	1 : 100	1 : 1	5 : 1	2 : 1	
1 : 200	1 : 500	1 : 1,000				
1 : 2,000	1 : 5,000	1 : 10,000				

4 도면의 종류

(1) 사용 목적에 따른 분류

① 계획도 : 설계자가 만들고자 하는 제품의 계획을 나타낸 도면
② 제작도 : 부품도와 조립도가 있으며, 실제로 제품을 만들기 위한 도면
③ 주문도 : 주문서에 첨부하여 주문자의 요구 내용을 제작자에게 전달하는 도면
④ 견적도 : 견적서에 첨부하여 주문자에게 견적 내용을 전달하는 도면
⑤ 승인도 : 제작자가 주문자의 검토와 승인을 얻기 위한 도면
⑥ 설명도 : 제품의 구조, 기능, 성능 등을 설명하기 위한 도면

(2) 내용에 따른 분류

① 조립도 : 제품의 전체적인 조립상태를 나타내고, 조립에 필요한 치수 등을 나타낸 도면
② 부분 조립도 : 복잡한 제품의 각 부분 조립상태를 나타낸 도면
③ **부품도** : 각 부품에 대하여 필요한 모든 정보를 나타낸 도면
④ 상세도 : 필요한 부분을 더욱 상세하게 표시한 도면
⑤ 공정도 : 제품의 생산과정을 일련의 공정 도시기호로 나타내는 도면
⑥ 접속도 : 전기기기의 상호 간 접속상태 및 기능을 나타낸 도면
⑦ 배선도 : 전기기기의 배선상태(전기기기의 크기, 설치할 위치, 전선의 종류·굵기·수 및 배선의 위치 등)를 나타내는 도면
⑧ 배관도 : 관의 위치 및 설치방법 등을 나타낸 도면
⑨ 전개도 : 입체적인 제품의 표면을 평면에 펼쳐 그린 도면
⑩ 곡면선도 : 제품의 복잡한 곡면을 단면 곡선으로 나타내는 도면
⑪ 장치도 : 각 장치의 배치 및 제조공정 등의 관계를 나타내는 도면
⑫ 계통도 : 배관 및 전기장치의 결선과 작동을 나타내는 도면

(3) 성격에 따른 분류

① 원도 : 제도 용지에 연필로 그린 도면, 컴퓨터로 작성한 최초의 도면
② 트레이스도 : 연필로 그린 원도 위에 트레이싱지를 대고 연필 또는 드로잉 펜으로 그린 도면
③ 복사도 : 트레이스도를 원본으로 하여 복사한 도면[청사진(Blue Print), 백사진(Positive Print) 및 전자 복사도 등]

PART 01 기계제도 | CHAPTER 01 제도의 기본

실전 문제

01 다음 중 KS에서 기계부문을 나타내는 분류 기호는?

① KS A
② KS B
③ KS M
④ KS X

해설

- KS A : 기본
- KS B : 기계
- KS M : 화학
- KS X : 정보

02 제도의 목적을 달성하기 위하여 도면이 구비하여야 할 기본 요건이 아닌 것은?

① 면의 표면거칠기, 재료선택, 가공방법 등의 정보
② 도면 작성방법에 있어서 설계자 임의의 창의성
③ 무역 및 기술의 국제 교류를 위한 국제적 통용성
④ 대상물의 도형, 크기, 모양, 자세, 위치의 정보

해설

애매한 해석이 생기지 않도록 표현상 명확한 뜻을 가져야 하므로 설계자 임의로 창의성 있게 작성해서는 안 된다.

03 도면이 구비하여야 할 요건이 아닌 것은?

① 국제성이 있어야 한다.
② 적합성, 보편성을 가져야 한다.
③ 표현상 명확한 뜻을 가져야 한다.
④ 가격, 유통체제 등의 정보를 포함하여야 한다.

해설

도면이 구비해야 할 기본요건 중 가격, 유통체제 등의 정보를 포함하지는 않는다.

04 다음 중 국가별 표준규격 기호가 잘못 표기된 것은?

① 영국 – BS
② 독일 – DIN
③ 프랑스 – ANSI
④ 스위스 – SNV

해설

- 프랑스 : NF
- 미국 : ANSI

05 기계제도의 표준 규격화의 의미로 옳지 않은 것은?

① 제품의 호환성 확보
② 생산성 향상
③ 품질 향상
④ 제품 원가 상승

해설

제품 원가 상승은 기계제도의 표준 규격화와 상관없다.

06 KS B 0001에 규정된 도면의 크기에 해당하는 A열 사이즈의 호칭에 해당되지 않는 것은?

① A0
② A3
③ A5
④ A1

해설

A계열 용지 규격에는 A0, A1, A2, A3, A4가 있다.

정답 01 ② 02 ② 03 ④ 04 ③ 05 ④ 06 ③

07 도면을 접어서 사용하거나 보관하고자 할 때 앞부분에 나타내어 보이도록 하는 부분은?

① 부품 번호가 있는 부분
② 표제란이 있는 부분
③ 조립도가 있는 부분
④ 도면이 그려지지 않은 뒷면

해설 ⊕

도면을 접어서 사용하거나 보관할 때는 A4 크기로 하며 표제란은 오른쪽 아래에 보이도록 한다.

08 다음 축척의 종류 중 우선적으로 사용되는 척도가 아닌 것은?

① 1 : 2
② 1 : 3
③ 1 : 5
④ 1 : 10

해설 ⊕

축척 1 : 3은 가급적 사용하지 않는 척도이다.

09 그림의 도면의 양식에 대한 명칭이 틀린 것은?

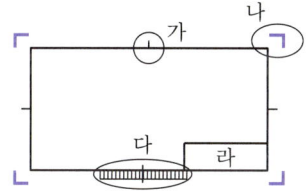

① 가 : 중심마크
② 나 : 재단마크
③ 다 : 비교눈금
④ 라 : 부품란

해설 ⊕

라는 표제란을 나타낸다.

10 척도 기입 방법에 대한 설명으로 틀린 것은?

① 척도는 표제란에 기입하는 것이 원칙이다.
② 같은 도면에서는 서로 다른 척도를 사용할 수 없다.
③ 표제란이 없는 경우에는 도명이나 품번 가까운 곳에 기입한다.
④ 현척의 척도 값은 1:1이다.

해설 ⊕

같은 도면에서 각 부품의 척도가 서로 다를 경우 부품 번호 옆에 또는 부품란의 비고란에 기입해야 한다.

11 한국 산업 표준에서 정한 도면의 크기에 대한 내용으로 틀린 것은?

① 제도용지 A2의 크기는 420×594mm이다.
② 제도용지 세로와 가로의 비는 1 : $\sqrt{2}$ 이다.
③ 복사한 도면을 접을 때는 A4 크기로 접는 것을 원칙으로 한다.
④ 도면을 철할 때 윤곽선은 용지 가장자리에서 10mm 간격을 둔다.

해설 ⊕

도면을 철할 때 윤곽선은 용지 가장자리에서 25mm 간격을 둔다.

12 도면에 마련하는 양식 중에서 마이크로필름 등으로 촬영하거나 복사 및 철할 때의 편의를 위하여 마련하는 것은?

① 윤곽선
② 표제란
③ 중심마크
④ 비교눈금

해설 ⊕

중심마크
도면을 마이크로필름에 촬영하거나 복사할 때의 편의를 위해 도면의 위치결정에 편리하도록 도면에 표시한다.

정답 07 ② 08 ② 09 ④ 10 ② 11 ④ 12 ③

13 표제란에 기입할 사항으로 거리가 먼 것은?

① 도면 번호   ② 도면 명칭
③ 부품 기호   ④ 투상법

해설 ⊕

부품 기호는 부품란에 기입할 사항이다.

14 다음 도면의 양식 중에서 반드시 마련해야 하는 양식은?

① 도면의 구역   ② 중심마크
③ 비교눈금   ④ 재단마크

해설 ⊕

도면에 반드시 기입해야 할 사항
도면의 윤곽선, 중심마크, 표제란

15 도면 관리에서 다른 도면과 구별하고 도면 내용을 직접 보지 않고도 제품의 종류 및 형식 등의 도면 내용을 알 수 있도록 하기 위해 기입하는 것은?

① 도면 번호   ② 도면 척도
③ 도면 양식   ④ 부품 번호

해설 ⊕

도면 번호는 다른 도면과 구별하기 위한 번호이므로 제품의 종류, 형식, 조립도, 부품도의 구분, 도면의 크기 등에 따라 도면 내용을 알 수 있도록 기입하는 것이 좋다.

16 인쇄, 복사 또는 플로터로 출력된 도면을 규격에서 정한 크기대로 자르기 위해 마련한 도면의 양식은?

① 비교눈금   ② 재단마크
③ 윤곽선   ④ 도면의 구역기호

해설 ⊕

재단마크
인쇄, 복사 또는 플로터로 출력된 도면을 규격에서 정한 크기대로 자르기 위해 필요하다.

17 특별히 연장한 크기가 아닌 일반 A계열 제도 용지의 세로 : 가로의 비는 얼마인가?(단, 가로가 긴 용지를 기준으로 한다.)

① 1 : 1   ② 1 : $\sqrt{2}$
③ 1 : $\sqrt{3}$ ④ 1 : 2

해설 ⊕

A계열 제도 용지의 세로와 가로의 비는 1 : $\sqrt{2}$ 이다.

18 기계제도 도면에 사용되는 척도의 설명이 틀린 것은?

① 한 도면에서 공통적으로 사용되는 척도는 표제란에 기입한다.
② 도면에 그려지는 길이와 대상물의 실제 길이와의 비율로 나타낸다.
③ 척도의 표시는 잘못 볼 염려가 없다고 하여도 반드시 기입하여야 한다.
④ 같은 도면에서 다른 척도를 사용할 때에는 필요에 따라 그림 부근에 기입한다.

해설 ⊕

척도의 표시는 잘못 볼 염려가 없을 경우 생략해도 된다.

19 도면에서 A3 제도 용지의 크기는?

① 841 × 1,189   ② 594 × 841
③ 420 × 594   ④ 297 × 420

정답 13 ③ 14 ② 15 ① 16 ② 17 ② 18 ③ 19 ④

해설 ⊕

A계열 제도 용지의 규격
A0(841×1,189), A1(594×841), A2(420×594), A3(297×420), A4(210×297)

20 우리나라의 도면에 사용되는 길이 치수의 기본적인 단위는?

① mm   ② cm
③ m   ④ inch

해설 ⊕

길이 치수의 기본적인 단위는 mm이다.

21 도면의 척도가 "1:2"로 도시되었을 때 척도의 종류는?

① 배척   ② 축척
③ 현척   ④ 비례척이 아님

해설 ⊕

도면의 척도 표시는 '도면크기 : 물체의 실제크기'이므로 도면크기가 '1'이고, 물체의 실제크기는 '2'이므로 축척을 나타낸 것이다.

22 도면의 촬영, 복사 및 도면 접기의 편의를 위한 중심마크의 선 굵기는 몇 mm인가?

① 0.1mm   ② 0.3mm
③ 0.7mm   ④ 1mm

해설 ⊕

중심마크의 선 굵기는 0.7mm이다.

23 다음 도면의 제도방법에 관한 설명 중 옳은 것은?

① 도면에는 어떠한 경우에도 단위를 표시할 수 없다.
② 척도를 기입할 때 A : B로 표기하며, A는 물체의 실제 크기, B는 도면에 그려지는 크기를 표시하다.
③ 축척, 배척으로 제도했더라도 도면의 치수는 실제 치수를 기입해야 한다.
④ 각도 표시는 항상 도, 분, 초(°, ′, ″) 단위로 나타내야 한다.

해설 ⊕

① 도면에서 사용하는 기본 단위는 mm이며 생략 가능하나, 다른 단위를 사용하는 경우에는 반드시 단위를 표시하여야 한다.
② 척도를 기입할 때 A : B로 표기하며, A는 도면에 그려지는 크기, B는 물체의 실제 크기를 표시한다.
④ 각도 표시는 도, 분, 초(°, ′, ″) 단위로 나타내야 하고, 라디안 단위를 사용할 경우 rad을 기입하여 표시한다.

24 도면관리에 필요한 사항과 도면내용에 관한 중요한 사항이 기입되어 있는 도면 양식으로 도명이나 도면번호와 같은 정보가 있는 것은?

① 재단마크   ② 표제란
③ 비교눈금   ④ 중심마크

해설 ⊕

표제란
도면 전체의 정보를 표시하는 부분으로 표제란에 기입하는 사항은 도번(도면 번호), 도명(도면 이름), 척도, 투상법, 작성자명, 일자 등이고, 오른쪽 아래에 배치한다. 또한 도면을 접어서 사용하거나 보관하고자 할 때 앞부분에 나타내어 보이도록 한다.

정답 20 ① 21 ② 22 ③ 23 ③ 24 ②

CHAPTER 02 선·문자·CAD 제도

01 선

1 굵기에 따른 선의 종류

종류	설명	모양
가는 선	굵기가 0.18~0.5mm인 선	———————
굵은 선	굵기가 0.35~1mm인 선	———————
아주 굵은 선	굵기가 0.7~2mm인 선	———————

> **Reference**
>
> **선의 굵기 비율**
>
> 아주 굵은 선 : 굵은 선 : 가는 선 = 4 : 2 : 1

2 모양에 따른 선의 종류

종류	설명	모양
실선	연속된 선	———————
파선	일정한 간격으로 반복되어 그어진 선	- - - - - - -
1점쇄선	길고 짧은 2종류의 길이로 반복되어 그어진 선	—— - —— -
2점쇄선	길고 짧고 짧은 길이로 반복되어 그어진 선	—— - - ——

3 용도에 따른 선의 종류

명칭	종류	용도에 의한 명칭	용도
굵은 실선	————	외형선	물체의 보이는 부분의 모양을 표시하는 데 사용한다.
가는 실선	————	치수선	치수를 기입하기 위하여 사용한다.
		치수보조선	치수를 기입하기 위하여 도형으로부터 끌어내는 데 사용한다.
		지시선	기술·기호 등을 표시하기 위하여 끌어들이는 데 사용한다.
		회전단면선	도형 내에서 끊은 부분을 90° 회전하여 표시하는 데 사용한다.
		중심선	짧은 길이의 물체 중심을 나타내는 데 사용한다.
		수준면선	수면, 유면 등의 위치를 표시하는 데 사용한다.
가는 파선 또는 굵은 파선	— — — —	숨은선	물체의 보이지 않는 부분의 모양을 표시하는 데 사용한다.
가는 1점쇄선	—·—·—	중심선	• 도형의 중심을 표시하는 데 사용한다. • 중심이 이동한 중심궤적을 표시하는 데 사용한다.
		기준선	위치 결정의 근거가 된다는 것을 명시할 때 사용한다.
		피치선	되풀이하는 도형의 피치를 취하는 기준을 표시하는 데 사용한다.
굵은 1점쇄선	—·—·—	기준선	기준선 중 특히 강조하는 데 쓰이는 선이다.
		특수 지정선	특수한 가공을 하는 부분 등 특별한 요구사항을 적용할 수 있는 범위를 표시하는 데 사용한다.
가는 2점쇄선	— – – —	가상선	• 인접 부분을 참고하거나 공구, 지그 등의 위치를 참고로 나타내는 데 사용한다. • 가공 부분을 이동 중의 특정 위치 또는 이동 한계의 위치로 표시하는 데 사용한다. • 되풀이하는 것을 나타내는 데 사용한다. • 도시된 단면의 앞쪽에 있는 부분을 표시하는 데 사용한다.
		무게중심선	단면의 무게중심을 연결한 선을 표시하는 데 사용한다.
파형의 가는 실선	~~~	파단선	물체의 일부를 자른 경계 또는 일부를 잘라 떼어낸 경계를 표시하는 데 사용한다.
지그재그의 가는 실선	─\/─		

명칭	종류	용도에 의한 명칭	용도
가는 1점쇄선 (선의 시작과 끝, 방향이 바뀌는 부분을 굵게 표시)	⌐‧‧⌐	절단선	단면도를 그리는 경우 그 잘린 위치를 대응하는 그림에 표시하는 데 사용한다.
가는 실선으로 규칙적으로 빗줄을 그은 선	/////	해칭선	잘려나간 물체의 절단면을 표시하는 데 사용한다.

4 겹치는 선의 우선순위

선과 문자나 기호가 겹친 경우 문자나 기호가 우선하고, 두 종류 이상의 선이 겹칠 경우 다음의 순위에 따라 그린다.

외형선 → 숨은선 → 절단선 → 가는 1점쇄선 → 가는 2점쇄선 → 치수 보조선

02 문자

제도에 사용되는 문자는 한자, 한글, 숫자, 영자 등이 있으며 문자는 되도록 간결하게 쓰고, 가로쓰기를 원칙으로 한다. 문자의 선 굵기는 한자는 문자 크기의 1/12.5, 한글은 문자 크기의 1/9로 한다.

1 문자의 크기(mm)

도면에 사용하는 문자의 크기는 문자의 높이를 기준으로 한다.
① 한자 : 3.15, 4.5, 6.3, 9, 12.5, 18의 6종 사용
② 한글 : 2.24, 3.15, 4.5, 6.3, 9의 5종 사용, 필요한 경우 다른 치수 사용 가능
③ 숫자 및 영자 : 2.24, 3.15, 4.5, 6.3, 9 등 5종 사용, 필요한 경우 다른 치수 사용 가능

PART 01 기계제도 | CHAPTER 02 선·문자·CAD 제도

실전 문제

01 가는 실선을 사용하는 선의 용도에 해당하지 않는 것은?

① 기호 및 지시사항을 기입하기 위하여 끌어내는 데 쓰인다.
② 도형의 중심선을 간략하게 표시하는 데 쓰인다.
③ 수면, 유면 등의 위치를 명시하는 데 쓰인다.
④ 도시된 단면의 앞쪽에 있는 부분을 표시하는 데 쓰인다.

해설

가상선(가는 2점쇄선)
도시된 단면의 앞쪽에 있는 부분을 표시하는 데 쓰인다.

02 다음 선의 용도에 의한 명칭 중 선의 굵기가 다른 것은?

① 치수선   ② 지시선
③ 외형선   ④ 치수보조선

해설

외형선은 굵은 실선을 사용하고, 나머지는 가는 실선을 사용한다.

03 가상선의 용도로 맞지 않는 것은?

① 인접부분을 참고로 표시하는 데 사용
② 도형의 중심을 표시하는 데 사용
③ 가공 전 또는 가공 후의 모양을 표시하는 데 사용
④ 도시된 단면의 앞쪽에 있는 부분을 표시하는 데 사용

해설

중심선 : 도형의 중심을 표시하는 데 사용한다.

04 도면에 사용되는 선, 문자가 겹치는 경우에 투상선의 우선 적용되는 순위로 맞는 것은?

① 문자 → 외형선 → 중심선 → 치수선
② 외형선 → 문자 → 중심선 → 숨은선
③ 문자 → 숨은선 → 외형선 → 중심선
④ 중심선 → 파단선 → 문자 → 치수보조선

해설

선, 문자가 겹치는 경우 우선순위
문자 > 외형선 > 숨은선 > 절단선 > 가는 1점쇄선(중심선) > 가는 2점쇄선(무게중심선) > 치수 보조선

05 대상물의 일부를 떼어낸 경계를 표시하는 데 사용하는 선의 명칭은?

① 외형선   ② 파단선
③ 기준선   ④ 가상선

해설

파단선
물체의 일부를 자른 경계 또는 일부를 잘라 떼어낸 경계를 표시하는 데 사용한다.

06 특수한 가공을 하는 부분 등 특별한 요구사항을 적용할 수 있는 범위를 표시하는 데 사용하는 선의 종류는?

① 가는 1점쇄선   ② 굵은 1점쇄선
③ 가는 2점쇄선   ④ 굵은 2점쇄선

해설

굵은 1점쇄선(특수 지정선)
특수한 가공을 하는 부분 등 특별한 요구사항을 적용할 수 있는 범위를 표시하는 데 사용한다.

정답 01 ④ 02 ③ 03 ② 04 ① 05 ② 06 ②

07 제도 시 선의 굵기에 대한 설명으로 틀린 것은?

① 선은 굵기 비율에 따라 표시하고 3종류로 한다.
② 선의 최대 굵기는 0.5mm로 한다.
③ 동일 도면에서는 선의 종류마다 굵기를 일정하게 한다.
④ 선의 최소 굵기는 0.18mm로 한다.

해설
선의 굵기는 0.18~2mm까지 선의 종류에 따라 구분하여 사용한다.

08 모양에 따른 선의 종류에 대한 설명으로 틀린 것은?

① 실선 : 연속적으로 이어진 선
② 파선 : 짧은 선을 일정한 간격으로 나열한 선
③ 1점쇄선 : 길고 짧은 2종류의 선을 번갈아 나열한 선
④ 2점쇄선 : 긴 선 2개와 짧은 선 2개를 번갈아 나열한 선

해설
2점쇄선
긴 선 1개와 짧은 선 2개를 번갈아 나열한 선

09 반복도형의 피치를 잡은 기준이 되는 선은?

① 가는 실선
② 가는 파선
③ 가는 1점쇄선
④ 가는 2점쇄선

해설
피치선(가는 1점쇄선)
되풀이하는 도형의 피치를 취하는 기준을 표시하는 데 사용한다.

10 다음 중 가는 선 : 굵은 선 : 아주 굵은 선 굵기의 비율이 옳은 것은?

① 1 : 2 : 4
② 1 : 3 : 4
③ 1 : 3 : 6
④ 1 : 4 : 8

해설
선의 굵기 비율
가는 선 : 굵은 선 : 아주 굵은 선 = 1 : 2 : 4

11 선의 종류에 따른 용도의 설명으로 틀린 것은?

① 굵은 실선 – 외형선으로 사용한다.
② 가는 실선 – 치수선으로 사용한다.
③ 파선 – 숨은선으로 사용한다.
④ 굵은 1점쇄선 – 단면의 무게 중심선으로 사용한다.

해설
무게중심선(가는 2점쇄선)
단면의 무게중심을 연결한 선을 표시하는 데 사용한다.

12 선의 종류에서 용도에 의한 명칭과 선의 종류를 바르게 연결한 것은?

① 외형선 – 굵은 1점쇄선
② 중심선 – 가는 2점쇄선
③ 치수 보조선 – 굵은 실선
④ 지시선 – 가는 실선

해설
외형선(굵은 실선), 중심선(가는 1점쇄선), 치수 보조선(가는 실선)

정답 07 ② 08 ④ 09 ③ 10 ① 11 ④ 12 ④

13 다음 선의 종류 중 선의 굵기가 다른 것은?

① 해칭선 ② 중심선
③ 치수 보조선 ④ 특수 지정선

해설
특수 지정선은 굵은 1점쇄선을 사용하고, 나머지는 가는 선 굵기를 사용한다.

14 다음 중 인접 부분을 참고로 나타내는 데 사용하는 선은?

① 가는 실선
② 굵은 1점쇄선
③ 가는 2점쇄선
④ 가는 1점쇄선

해설
가상선(가는 2점쇄선)
인접 부분을 참고하거나 공구, 지그 등의 위치를 참고로 나타내는 데 사용한다.

15 기계제도에서 사용하는 선에 대한 설명 중 틀린 것은?

① 숨은선, 외형선, 중심선이 한 장소에 겹칠 경우 그 선은 외형선으로 표시한다.
② 지시선은 가는 실선으로 표시한다.
③ 무게 중심선은 굵은 1점쇄선으로 표시한다.
④ 대상물의 보이는 부분의 모양을 표시할 때는 굵은 실선으로 사용한다.

해설
무게 중심선은 가는 2점쇄선으로 표시한다.

16 가는 1점쇄선으로 끝부분 및 방향이 변하는 부분을 굵게 한 선의 용도에 의한 명칭은?

① 파단선
② 절단선
③ 가상선
④ 특수 지시선

해설
절단선
가는 1점쇄선으로 나타내며 선의 시작과 끝, 방향이 바뀌는 부분을 굵게 표시한다.

17 도면을 작성할 때 쓰이는 문자의 크기를 나타내는 기준은?

① 문자의 폭
② 문자의 높이
③ 문자의 굵기
④ 문자의 경사도

해설
도면에 사용하는 문자의 크기는 문자의 높이를 기준으로 한다.

정답 13 ④ 14 ③ 15 ③ 16 ② 17 ②

CHAPTER 03 투상법 및 단면도법

01 투상법

공간에 있는 물체는 눈(시점)과 물체의 부분들을 연결하는 투상선이 조합되어 그 물체의 위치와 형상이 인식된다. 눈과 물체의 중간에 유리판(투상면)을 수평면에 수직으로 세워 유리판과 투상선의 교점들을 연결하면 유리판 위에 물체의 모양을 그릴 수 있게 되는데 이를 투상(Projection)이라 하며, 보이는 형상을 투상하여 그린 그림을 투상도(Projection Drawing)라 한다.

1 투상도의 종류

(1) 정투상도

실척(현척)으로 보이는 물체의 모서리마다 관측시점을 두고 투상면에 투상하여 그린다. 기본적으로 6개의 투상도(정면도, 우측면도, 좌측면도, 평면도, 저면도, 배면도)가 존재하며, 투상도의 배치방법에 따라 1각법과 3각법으로 구분한다.

종류	원리	기호
1각법	눈 → 물체 → 투상면	
3각법	눈 → 투상면 → 물체	

① **1각법**(조선 분야) : 눈 → 물체 → 투상면

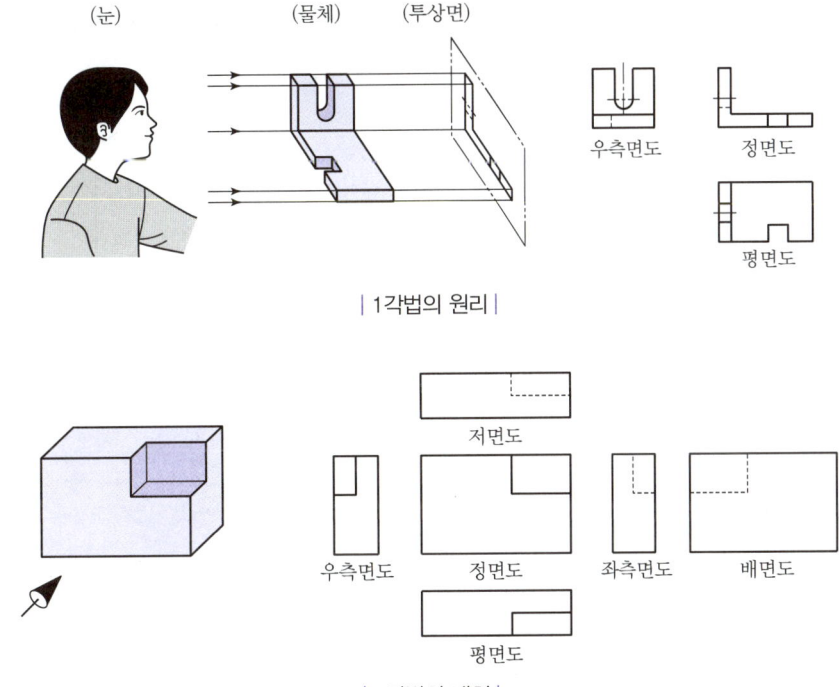

| 1각법의 원리 |

| 1각법의 배치 |

② **3각법**(기계 분야) : 눈 → 투상면 → 물체

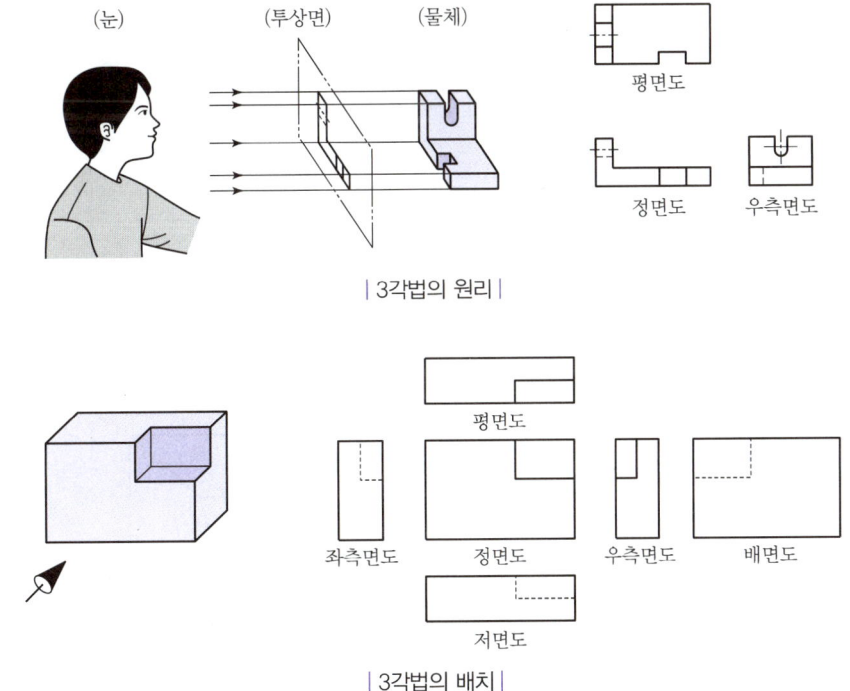

| 3각법의 원리 |

| 3각법의 배치 |

(2) 등각 투상도

정면, 우측면, 평면을 하나의 투상면에 나타내기 위하여 정면과 우측면 모서리 선을 수평선에 대하여 30°가 되게 하여 입체도로 투상한 것을 등각 투상도라 한다.

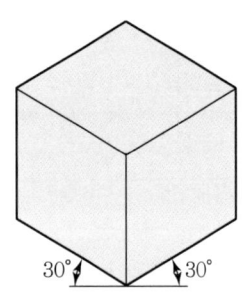 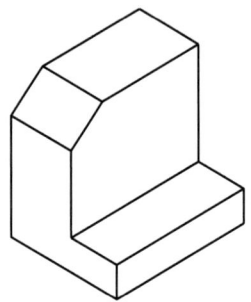

| 등각 투상도 |

(3) 부등각 투상도

등각 투상도와 비슷하지만 수평선에 대한 양쪽 각을 서로 다르게 하여 입체도로 투상한 것을 부등각 투상도라 한다.

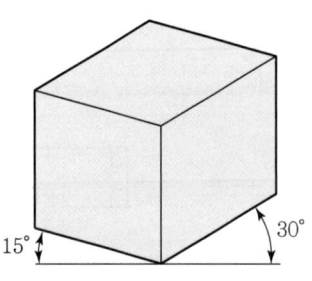 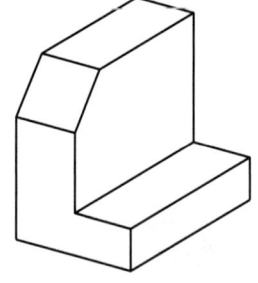

| 부등각 투상도 |

(4) 사투상도

정면도는 정면에서 바라본 실제 모양으로 그리고 나머지 윤곽은 α 각도로 기울여서 입체도로 투상한 것을 사투상도라 한다.

α 각도가 45°인 입체도를 카발리에도, 60°인 입체도를 캐비닛도라 한다.

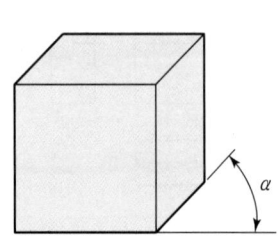 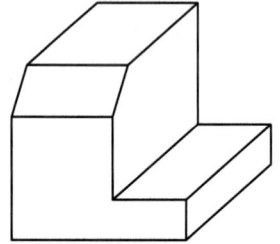

| 사투상도 |

2 특수 투상도

(1) 보조 투상도

경사진 물체를 경사면에 대해 수직인 각도로 바라보지 않으면 실제 길이보다 짧게 보이므로 경사면의 실제 길이를 나타내기 위하여 경사면에 평행하게 그려내는 투상도를 말한다.

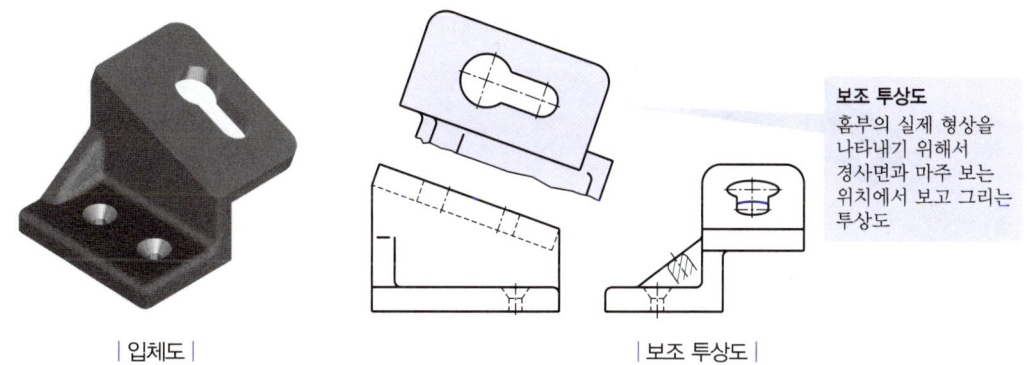

보조 투상도는 화살표와 문자로써 표현하는 방법과 중심선을 이용하여 표현하는 방법이 있다.

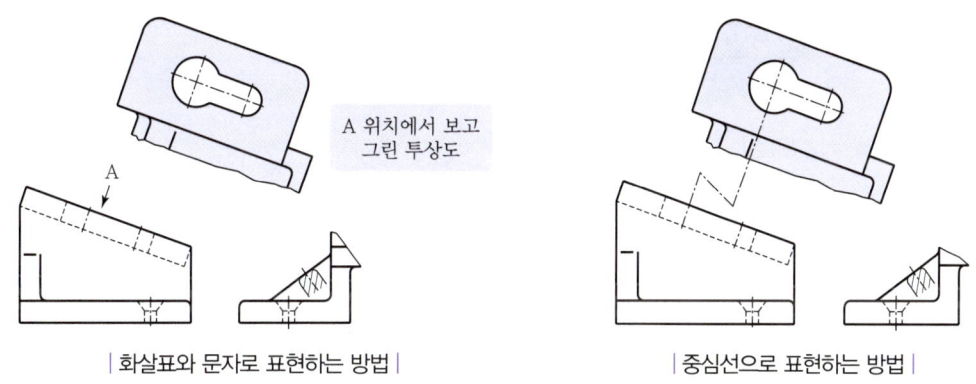

(2) 부분 투상도

투상도의 일부를 그리는 것으로도 충분한 경우에 필요한 일부분을 잘라 내어 그리는 투상도를 말하며, 잘린 경계를 파단선으로 그려준다.

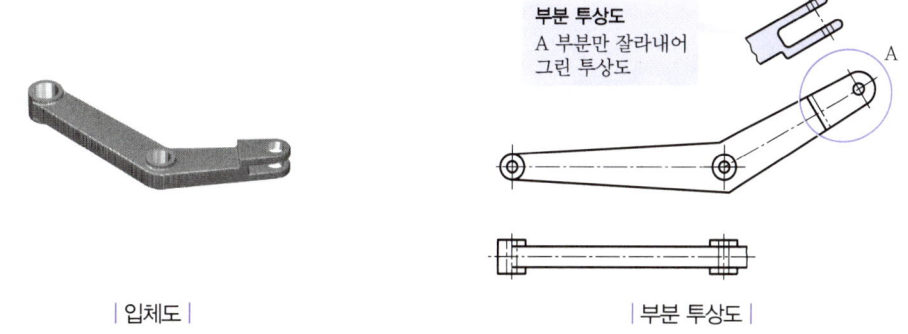

(3) 국부 투상도

대상물의 구멍, 홈 등의 어느 한 곳의 특정 부분의 모양만을 그리는 투상도를 말한다. 투상의 관계를 나타내기 위해 중심선, 기준선, 치수보조선 등으로 연결하여 나타낸다.

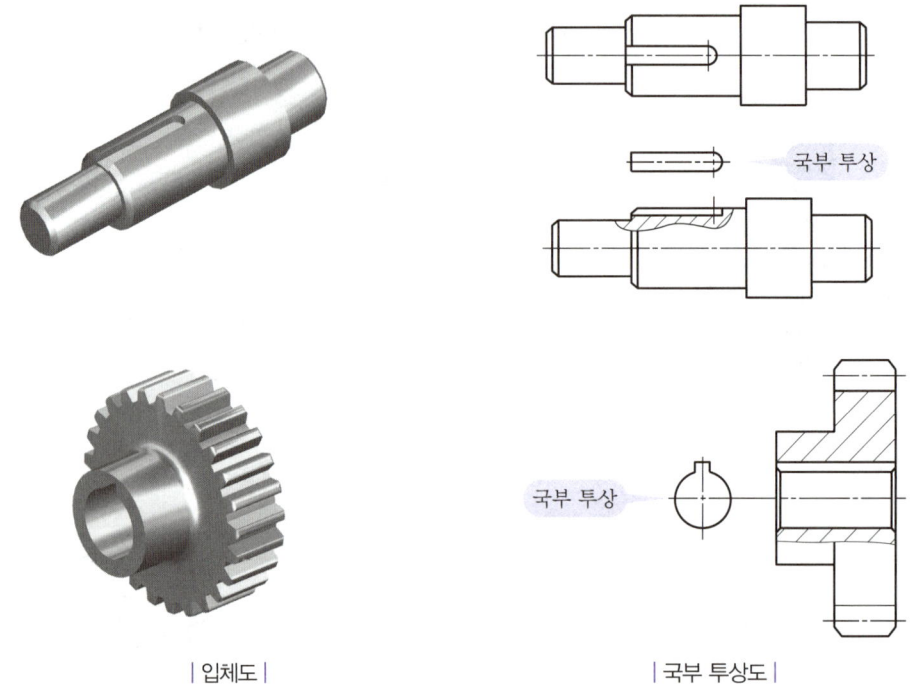

| 입체도 | | 국부 투상도 |

(4) 회전 투상도

단일 물체의 일부가 어떤 각도를 가지고 있을 때 그 물체의 실제 모양을 나타내기 위하여 각도를 가진 부분의 중심선을 기준 중심선까지 회전시켜 나타내는 투상도를 말하며, 투상도를 잘못 볼 우려가 있으면 가는 실선으로 그려진 작도선은 남겨둔다.

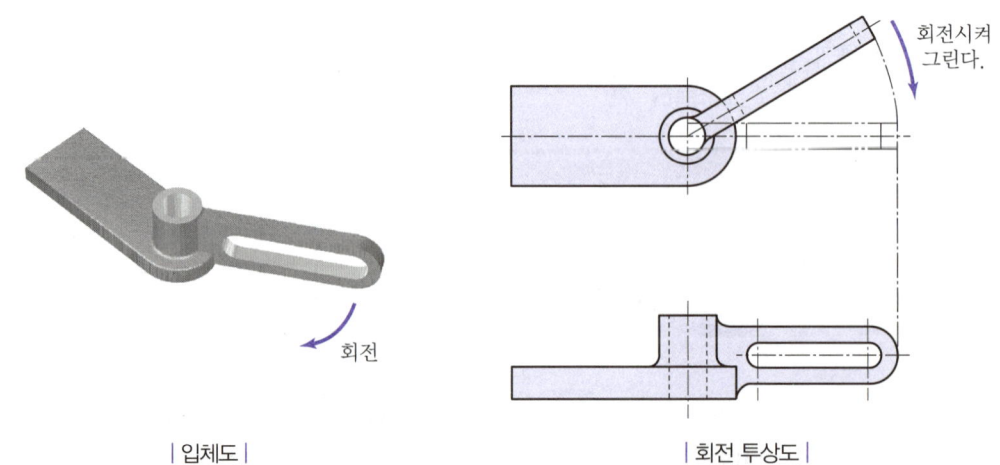

| 입체도 | | 회전 투상도 |

(5) 부분 확대도

물체에서 중요한 부분이 너무 작거나 치수선 등으로 인하여 물체의 형상이 복잡해지는 경우에 그 부분만 따로 오려내어 크기를 확대시켜 그려주는 투상도로서 확대부의 형상과 치수를 자세히 알 수 있다. 상세도에는 문자로써 척도를 표시하고 치수 기입은 확대시키기 전의 원래 치수를 기입해야 한다.

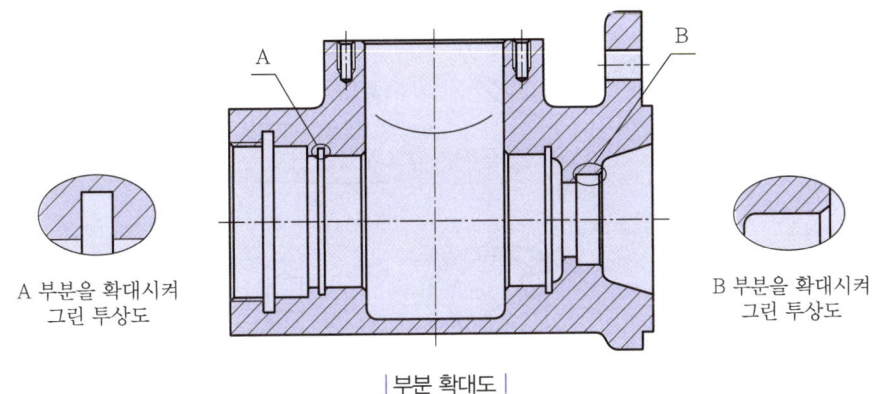

| 부분 확대도 |

3 올바른 투상도 선택방법

① 대상물의 모양이나 기능을 가장 뚜렷하게 나타내는 부분을 정면도로 선택한다.
② 기능을 나타내는 도면에서는 대상물을 사용하는 상태로 놓고 표시한다.
③ 물체의 중요한 면은 가급적 투상면에 평행하거나 수직이 되도록 표시한다.
④ 제작공정을 쉽게 파악할 수 있도록 한다.
⑤ 가공자가 가공과 측정하기 용이하도록 선택한다.
⑥ 특별한 이유가 없는 경우는 대상물을 가로길이로 놓은 상태로 그린다.
⑦ 길이가 긴 물체는 특별한 사유가 없는 한 안정감 있게 옆으로 누워서 그린다.
⑧ 비교 대조가 불편한 경우를 제외하고는 숨은선을 사용하지 않도록 투상을 선택한다.

02 단면법

물체의 보이지 않는 부분은 숨은선으로 나타내는데, 숨은선이 많을수록 물체의 형상이 이해하기 어렵고 불확실하게 보이므로 숨은선은 가능한 한 적게 사용하는 것이 바람직하다.
도면에서 숨은선으로 표시되는 부분을 분명하게 나타내기 위해 가상적으로 필요한 부분을 잘라 내어 투상한 다음 물체의 내부형상을 보여주는 것이 단면법이다. 이러한 단면도를 활용하여 설계자의 뜻을 가공자에게 명확하게 전달할 수 있도록 도면은 간단하고 정확하게 그려야 한다.

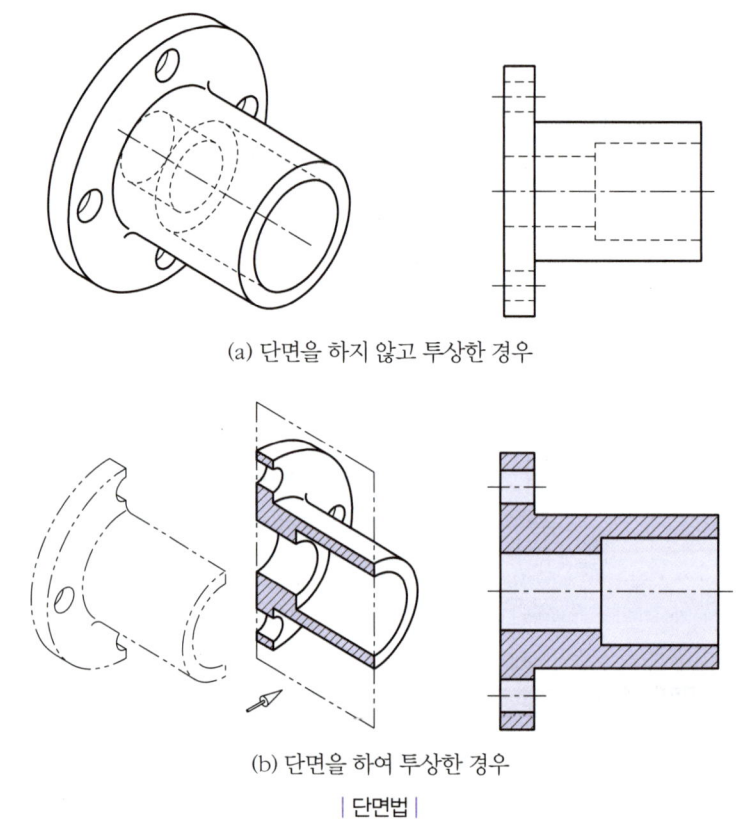

(a) 단면을 하지 않고 투상한 경우

(b) 단면을 하여 투상한 경우

| 단면법 |

1 단면 도시방법의 원칙

① 숨은선(은선)은 되도록 생략한다.
② 잘린 면과 잘리지 않은 면을 구분하기 위하여 45° 가는 실선의 해칭(Hatching) 또는 스머징(Smudging)을 사용한다.
③ 다음 그림 (a)에서와 같이 절단선으로 잘린 면의 위치를 나타낸다. 화살표의 방향은 자른 면을 직각으로 바라보는 방향(관측시점)이며, 문자는 주로 고딕·단선체의 알파벳 대문자를 사용한다. 그림 (b)에서와 같이 자른 면의 위치가 대칭 중심선 방향으로 명확할 경우 단면 도시방법(화살표, 문자)은 생략해도 된다.

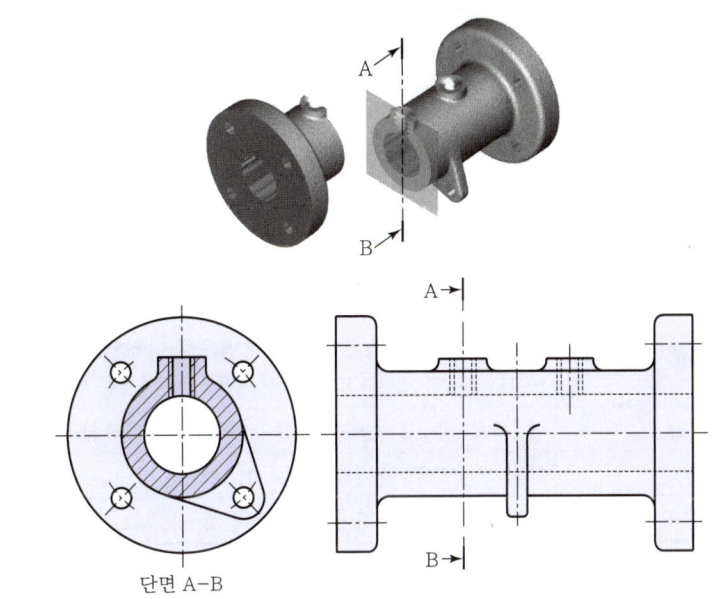

(a) 단면 위치를 문자와 화살표로 표시

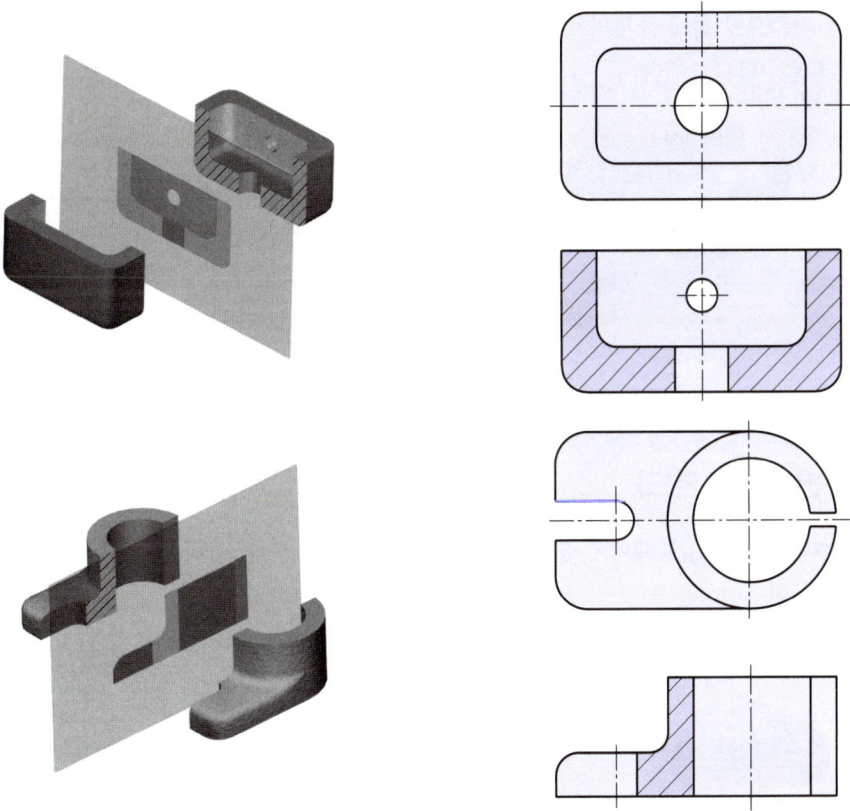

(b) 단면 위치가 분명한 경우의 도시방법

| 단면 도시방법 |

03 단면도

단면도의 종류와 특징

종류	특징
온단면도(전단면도)	물체의 1/2 절단
한쪽 단면도(반단면도)	대칭 물체의 1/4 절단. 내부와 외부를 동시에 보여줌
부분 단면도	• 필요한 부분만을 절단하여 단면으로 나타냄 • 절단 부위는 가는 파단선을 이용하여 경계를 나타냄
회전 단면도	암, 리브, 축, 훅 등의 일부를 90° 회전하여 나타냄
계단 단면	계단 모양으로 물체를 절단하여 나타낸 것
곡면 단면	구부러진 관 등의 단면을 나타낸 것

1 온단면도(전단면도)

중심선을 기준으로 전체 물체의 반(1/2)을 자른 다음, 잘린 면의 수직인 방향에서 바라본 형상을 그리는 가장 기본적인 단면도이다.

| 입체도 |

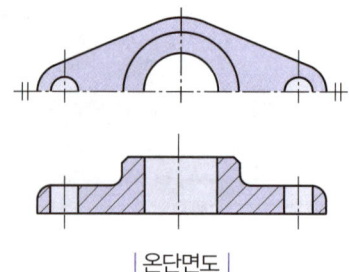

| 온단면도 |

2 한쪽 단면도(반단면도)

상하 또는 좌우 대칭인 물체에서 중심선을 기준으로 물체의 1/4만 잘라 내어 그려주는 방법으로 물체의 외부형상과 내부형상을 동시에 나타낼 수 있는 상점을 가지고 있다.

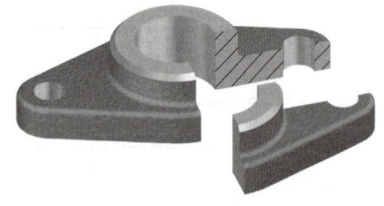

| 입체도 |

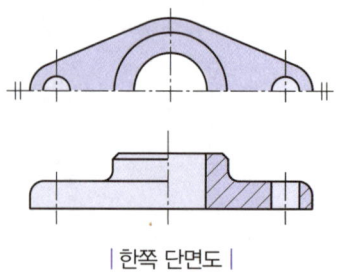

| 한쪽 단면도 |

3 부분 단면도

물체에서 필요한 일부분을 잘라내어 그 형상을 나타내는 기법으로 원하는 곳에 자유롭게 적용할 수 있어 사용범위가 매우 넓다. 대칭 또는 비대칭인 물체에 상관없이 적용할 수 있으며 잘려나간 부분은 파단선을 이용하여 그 경계를 표시해 준다.

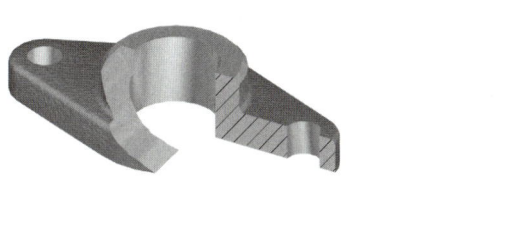

| 입체도 |

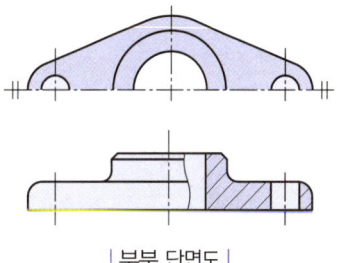

| 부분 단면도 |

4 회전 단면도

물체의 한 부분을 자른 다음, 자른 면만 90° 회전시켜 형상을 나타내는 기법으로, 자른 단면에 수직인 면에서 자른 단면의 형상을 보여준다고 생각하면 이해하기 쉽다.
도형 내에 도시할 때는 가는 선으로 도시하고, 외부에 표시할 때는 외형선으로 도시한다.

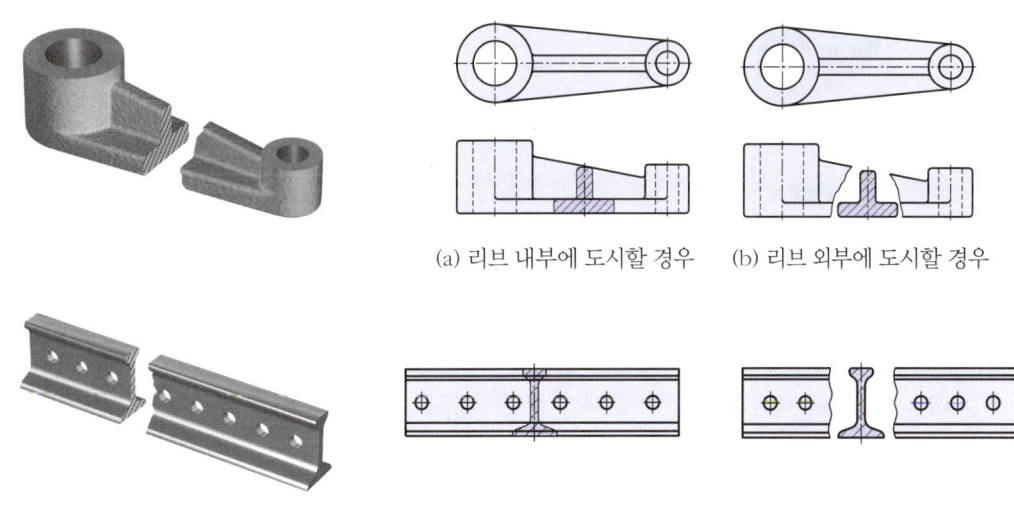

(a) 리브 내부에 도시할 경우 (b) 리브 외부에 도시할 경우

(c) 형강 내부에 도시할 경우 (d) 형강 외부에 도시할 경우

| 입체도 | | 회전 단면도 |

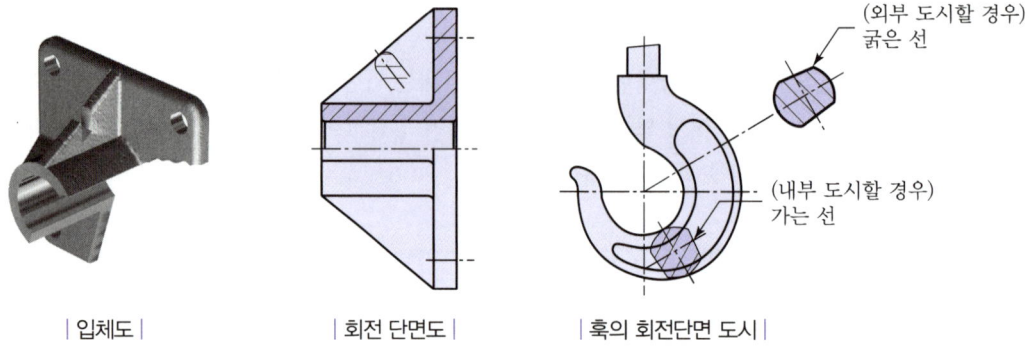

| 입체도 | | 회전 단면도 | | 훅의 회전단면 도시 |

5 조합에 의한 단면도

(1) 예각 단면

중심선을 기준으로 그림과 같이 보이고자 하는 부위를 어느 정도의 각을 가지고 단면하는 방법이다.

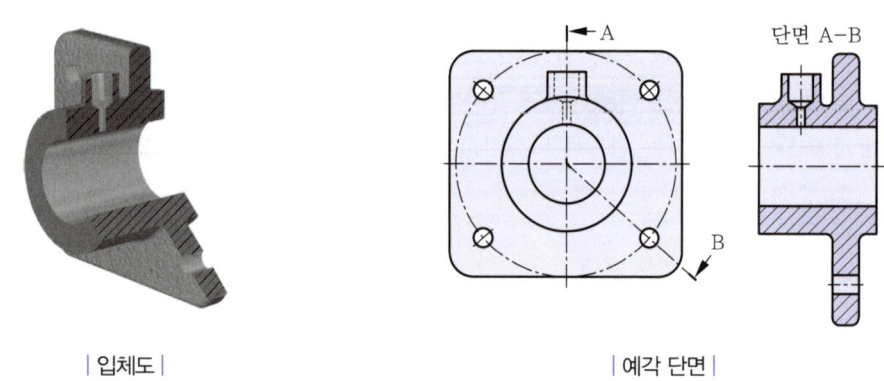

| 입체도 | | 예각 단면 |

(2) 계단 단면

절단할 부분이 일직선상에 있지 않을 때 필요한 단면 모양을 계단식으로 절단하여 투상하는 방법이다.

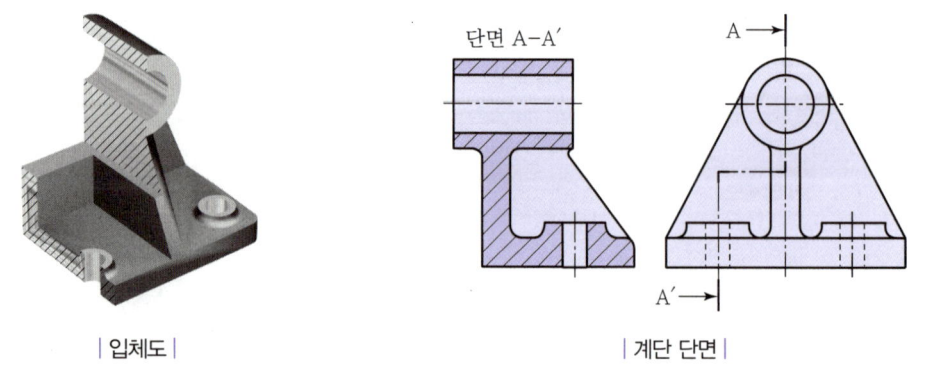

| 입체도 | | 계단 단면 |

(3) 곡면 단면

구부러진 관 등의 단면을 표시하는 경우 그 구부러진 중심선에 따라 절단하고 투상하는 방법이다.

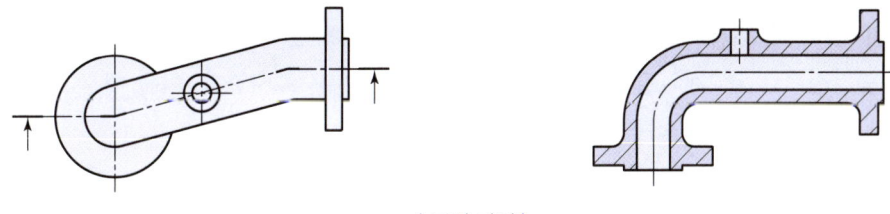

| 곡면 단면 |

6 얇은 두께 부분의 단면도

① 개스킷, 박판, 형강 등의 절단면이 얇은 경우 실제 치수와 관계없이 아주 굵은 실선으로 단면을 표시한다.
② 얇은 두께 부분의 단면이 서로 가깝게 있는 경우 0.7mm 이상 간격을 두어 그린다.

| 얇은 두께 부분의 단면도 |

7 절단하지 않는 부품

키, 축, 리브, 바퀴의 암, 기어의 이, 볼트, 너트, 핀, 단일기계요소 등의 물체는 잘라서 단면으로 나타내지 않는다. 그 이유는 단면으로 나타내면 물체를 이해하는 데 오히려 방해만 되고 잘못 해석될 수 있기 때문이다. 실제 물체가 잘려진다 하더라도 단면 표시를 하지 않는 것을 원칙으로 한다.

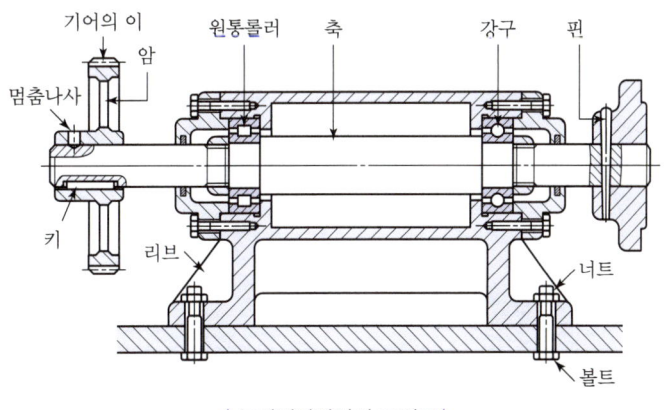

| 동력전달장치의 조립도 |

8 도형의 생략

(1) 대칭 도형의 생략

물체가 대칭인 경우 중심선을 기준으로 물체의 절반만을 그리고, 나머지 절반은 생략한 후 중심선의 양쪽 끝에 중간선으로 된 2개의 짧은 선을 수평으로 그어 대칭을 표시한다. 이를 대칭 도시기호라 하며, 반드시 대칭인 도면에는 기호를 나타내주어야 한다.

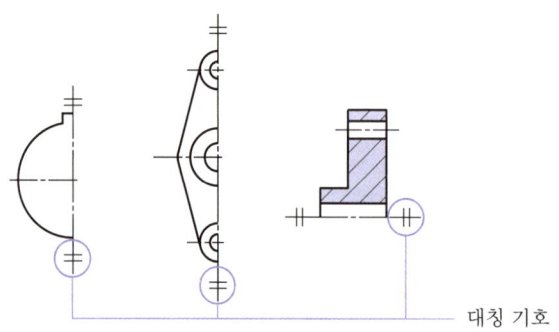

| 대칭 도시기호를 이용한 생략 |

(2) 반복 도형의 생략

같은 모양의 도형이 반복되는 경우 개수 또는 피치를 표시하여 나타낼 수 있다.

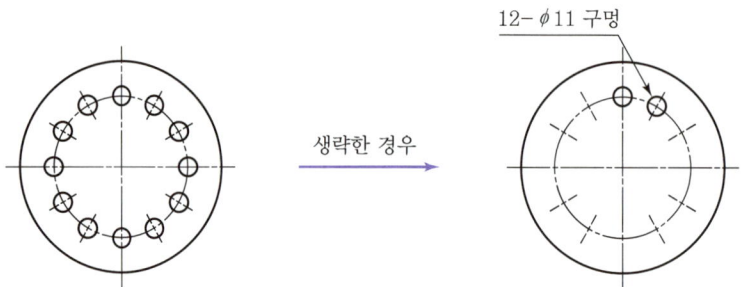

| ϕ11 구멍 12개가 등간격으로 있는 경우 |

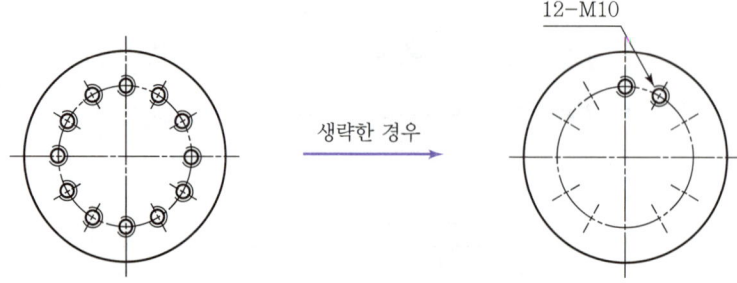

| M10의 볼트 구멍 12개가 등간격으로 있는 경우 |

9 특수한 경우의 표시방법

(1) 물체가 구부러진 경우

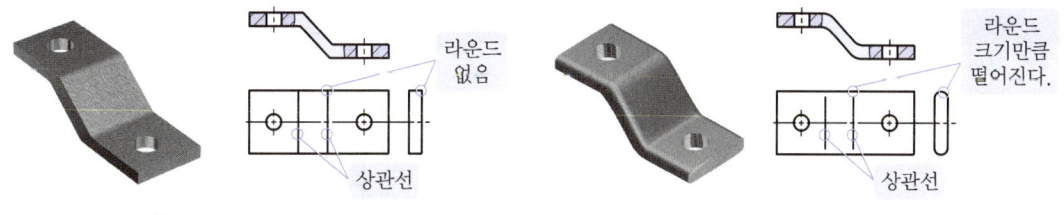

| 라운드 없는 구부러진 물체 | | 라운드 있는 구부러진 물체 |

> **Reference**
>
> 상관선
> 2개의 입체가 서로 만날 경우 두 입체 표면에서 만나는 경계선을 말한다.

(2) 리브의 경우

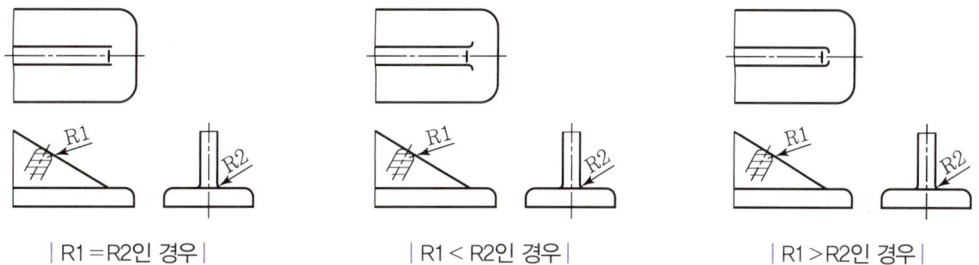

| R1 = R2인 경우 | | R1 < R2인 경우 | | R1 > R2인 경우 |

PART 01 기계제도 | CHAPTER 03 투상법 및 단면도법

실전 문제

01 다음 등각도를 3각법으로 투상할 때 평면도로 맞는 것은?

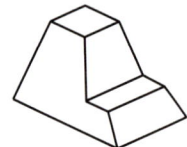

① 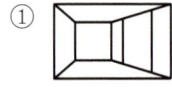   ②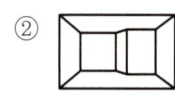

③ 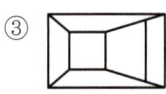   ④

해설 +

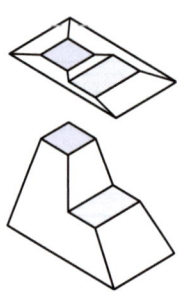

02 제3각법으로 표시된 다음 정면도와 측면도를 보고 평면도에 해당하는 것은?

① 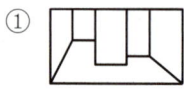   ②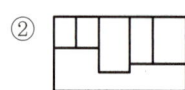

③ 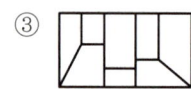   ④

해설 +

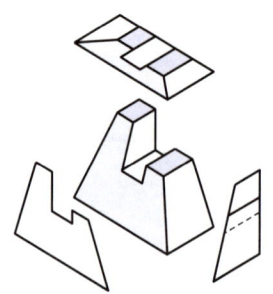

03 정면, 평면, 측면을 하나의 투상면 위에서 동시에 볼 수 있도록 그린 도법은?

① 보조 투상도   ② 단면도
③ 등각 투상도   ④ 전개도

해설 +

등각 투상도
정면, 우측면, 평면을 하나의 투상면에 나타내기 위하여 정면과 우측면 모서리 선을 수평선에 대하여 30°가 되게 하여 입체도로 투상한 것을 말한다.

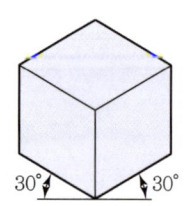 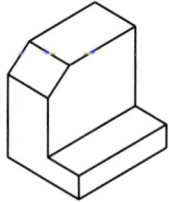

| 등각 투상도 |

정답   01 ②   02 ①   03 ③

04 부분 확대도의 도시방법으로 틀린 것은?

① 특정한 부분의 도형이 작아서 그 부분을 확대하여 나타내는 표현방법이다.
② 확대할 부분을 굵은 실선으로 에워싸고 한글이나 알파벳 대문자로 표시한다.
③ 확대도에는 치수 기입과 표면 거칠기를 표시할 수 있다.
④ 확대한 투상도 위에 확대를 표시하는 문자 기호와 척도를 기입한다.

해설
확대할 부분을 가는 실선으로 에워싸고 한글이나 알파벳 대문자로 표시한다.

05 그림의 일부를 도시하는 것으로도 충분한 경우, 아래 그림과 같이 필요한 부분만을 투상하여 그리는 투상도는?

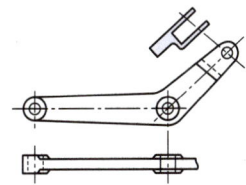

① 특수 투상도
② 부분 투상도
③ 회전 투상도
④ 국부 투상도

해설
부분 투상도
투상도의 일부를 그리는 것으로도 충분한 경우에 필요한 일부분을 잘라내어 그리는 투상도를 말하며, 잘린 경계를 파단선으로 그려준다.

06 제3각법과 제1각법의 표준 배치에서 서로 반대 위치에 있는 투상도의 명칭은?

① 평면도와 저면도
② 배면도와 평면도
③ 정면도와 저면도
④ 정면도와 우측면도

해설

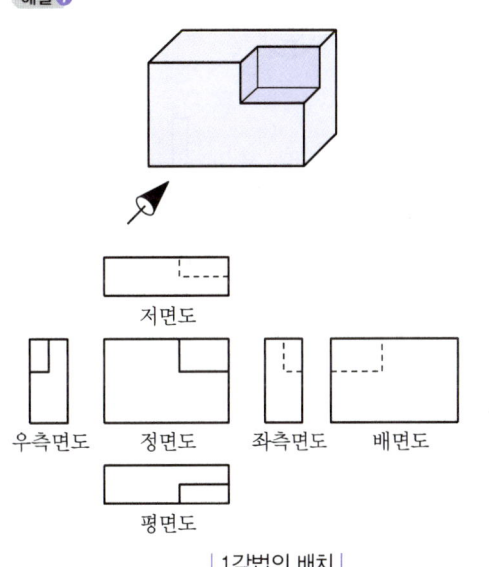

| 1각법의 배치 |

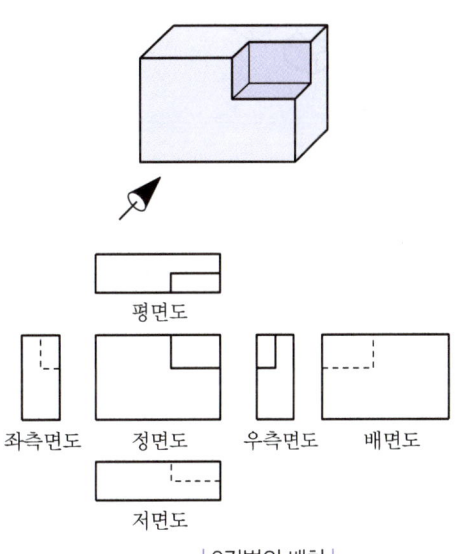

| 3각법의 배치 |

정답 04 ② 05 ② 06 ①

07 입체도를 화살표(↘) 방향에서 보았을 때 제1각법의 좌측면도로 옳은 것은?

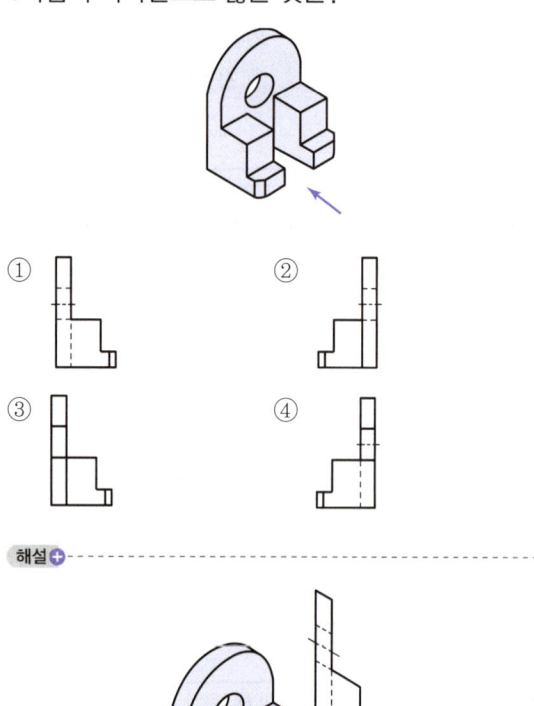

08 치수는 물체의 모양을 잘 알아볼 수 있는 곳에 기입하고 그곳에 나타낼 수 없는 것만 다른 투상도에 기입하여야 한다. 주로 치수를 기입하여야 하는 치수 기입 장소는?

① 우측면도　　② 평면도
③ 좌측면도　　④ 정면도

해설 ➕

정면도가 대상물의 모양이나 기능을 가장 뚜렷하게 나타나므로 치수는 되도록 정면도에 집중하여 기입한다(보기 좋게 알맞게 기입하면 절대 안 됨).

09 그림의 투상에서 우측면도가 될 수 없는 것은?

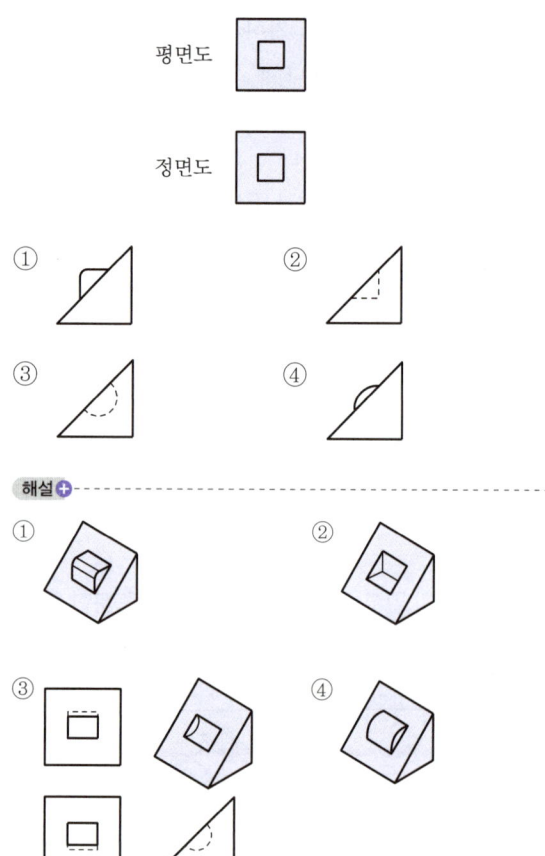

10 제3각법에 대한 설명으로 틀린 것은?

① 투상 원리는 눈 → 투상 면 → 물체의 관계이다.
② 투상면 앞쪽에 물체를 놓는다.
③ 배면도는 우측면도의 오른쪽에 놓는다.
④ 좌측면도는 정면도의 좌측에 놓는다.

정답　07 ①　08 ④　09 ③　10 ②

해설 ⊕

투상면 뒤쪽에 물체를 놓는다.

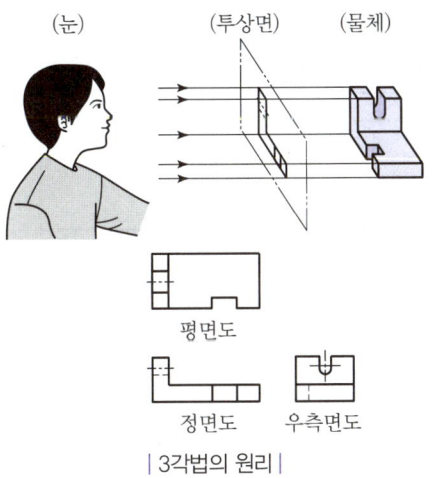

| 3각법의 원리 |

11 그림과 같이 축의 홈이나 구멍 등과 같이 부분적인 모양을 도시하는 것으로 충분한 경우의 투상도는?

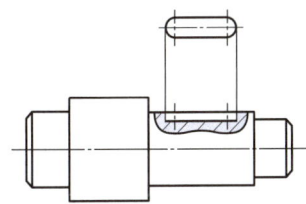

① 회전 투상도
② 부분 확대도
③ 국부 투상도
④ 보조 투상도

해설 ⊕

국부 투상도
대상물의 구멍, 홈 등의 어느 한 곳의 특정 부분의 모양만을 그리는 투상도를 말한다.

12 제3각법으로 그린 투상도에서 우측면도로 옳은 것은?

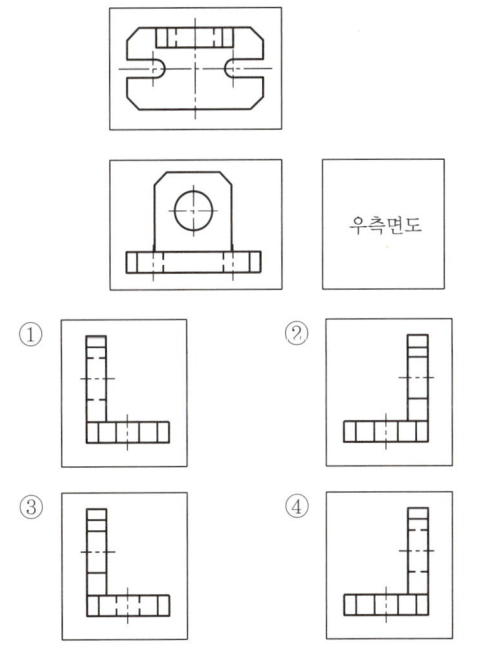

해설 ⊕

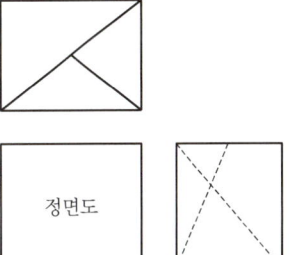

13 그림의 투상에서 정면도로 맞는 것은?

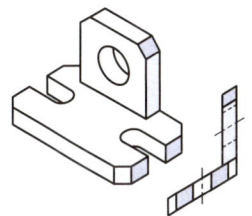

정답 11 ③ 12 ④ 13 ②

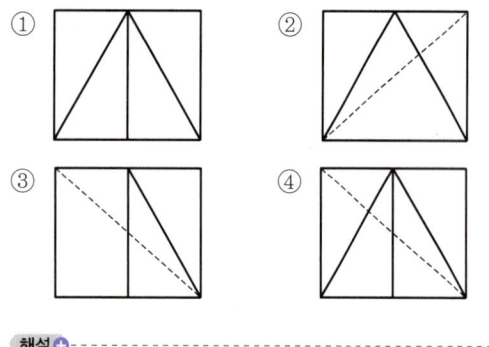

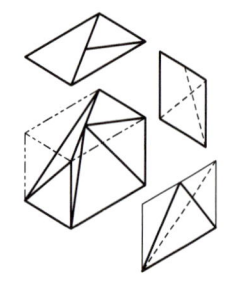

14 투상도의 선택 방법에 대한 설명 중 틀린 것은?

① 대상물의 모양이나 기능을 가장 뚜렷하게 나타내는 부분을 정면도로 선택한다.
② 기능을 나타내는 도면에서는 대상물을 사용하는 상태로 놓고 표시한다.
③ 특별한 이유가 없는 한 대상물을 모두 세워서 그린다.
④ 비교 대조가 불편한 경우를 제외하고는 숨은선을 사용하지 않도록 투상을 선택한다.

해설 ➕

특별한 이유가 없는 경우는 대상물을 가로길이로 놓은 상태로 그리고, 특히 길이가 긴 물체는 특별한 사유가 없는 한 안정감 있게 옆으로 누워서 그린다.

15 투상에 사용하는 숨은선을 올바르게 적용한 것은?

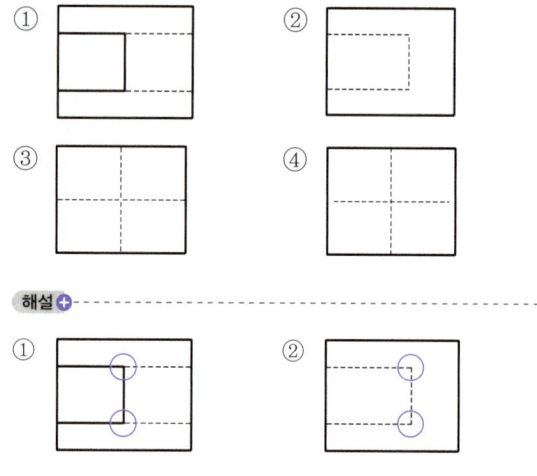

① 잘 연결되어 있다.
② 숨은선이 모서리에서 만나도록 그려야 한다.
③ 숨은선의 만나는 부분이 실선으로 교차되어 있어야 한다.
④ 세로의 숨은선처럼 가로의 숨은선도 실선과 만나도록 그려야 한다.

16 다음 그림은 제3각법으로 제도한 것이다. 이 물체의 등각 투상도로 알맞은 것은?

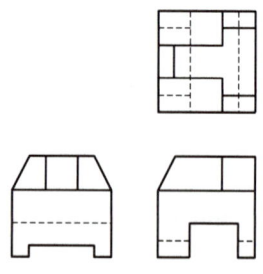

정답 14 ③ 15 ① 16 ③

① ② ③ ④

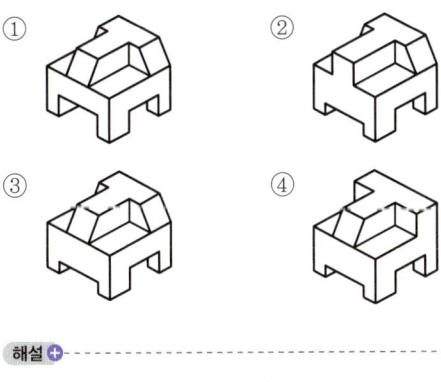

해설 ⊕

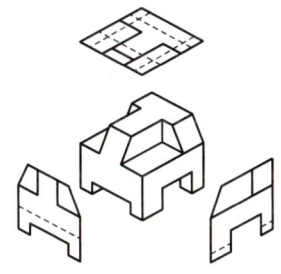

17 투상도의 표시방법에서 보조투상도에 관한 설명으로 옳은 것은?

① 복잡한 물체를 절단하여 나타낸 투상도
② 경사면부가 있는 물체의 경사면과 맞서는 위치에 그린 투상도
③ 특정 부분의 도형이 작아서 그 부분만을 확대하여 그린 투상도
④ 물체의 홈, 구멍 등 특정 부위만 도시한 투상도

해설 ⊕

보조투상도

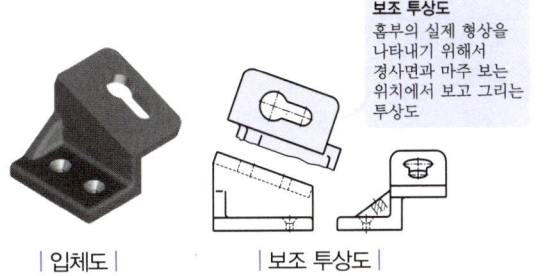

| 입체도 |　　　| 보조 투상도 |

18 다음은 제3각법으로 그린 정투상도이다. 입체도로 옳은 것은?

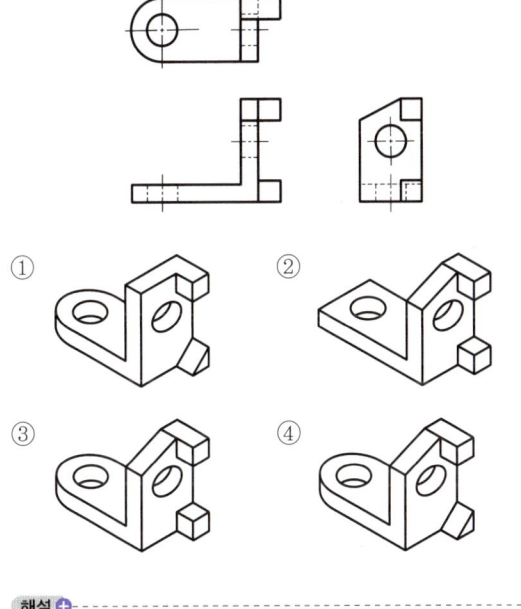

① ② ③ ④

해설 ⊕

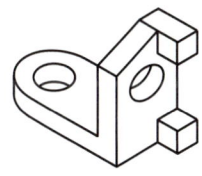

19 투상도법에서 원근감을 갖도록 나타내어 건축물 등의 공사 설명용으로 주로 사용하는 투상도법은?

① 등각 투상도
② 투시도
③ 정투상도
④ 부등각 투상도

해설 ⊕

투시도
원근감을 갖도록 나타내어 건축물 등의 공사 설명용으로 주로 사용하는 투상도법이다.

정답　17 ②　18 ③　19 ②

20 다음 그림을 제3각법(정면도 – 화살표 방향)의 투상도로 볼 때 좌측면도로 가장 적합한 것은?

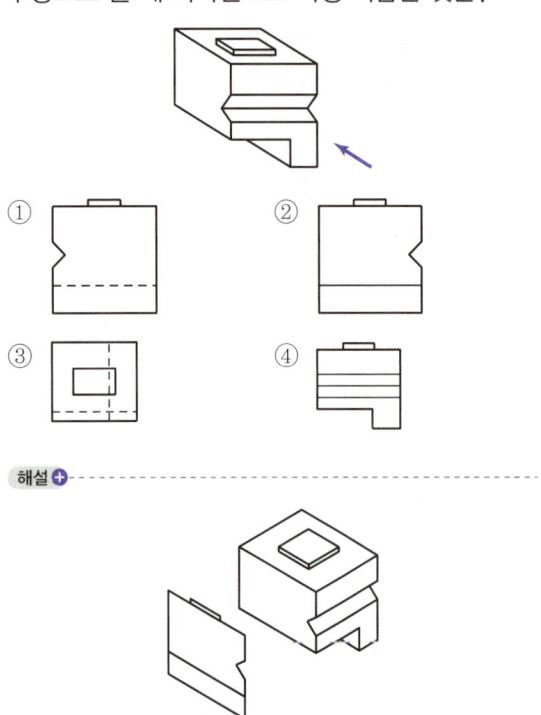

21 도면의 표제란에 사용되는 제1각법의 기호로 옳은 것은?

해설 ⊕

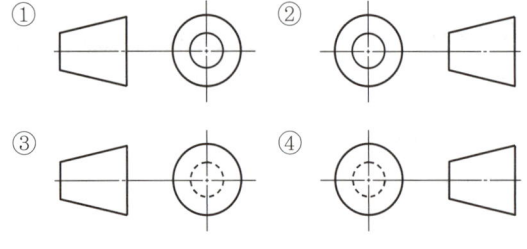

22 다음 등각 투상도에서 화살표 방향을 정면도로 할 경우 평면도로 할 경우 가장 옳은 것은?

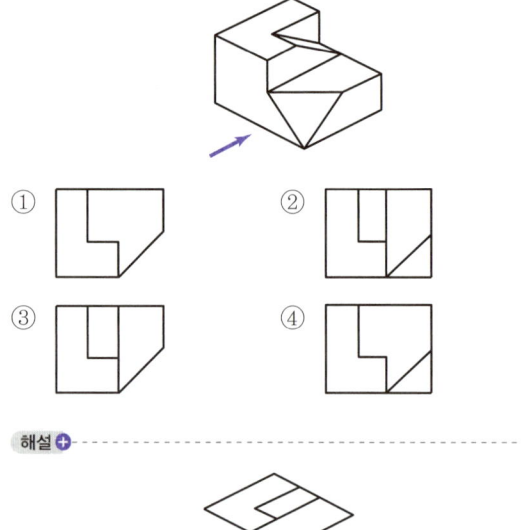

23 투상도의 선택방법에 관한 설명으로 옳지 않은 것은?

① 대상물의 모양 및 기능을 가장 명확하게 표시하는 면을 주투상도로 한다.
② 조립도 등 주로 기능을 표시하는 도면에서는 대상물을 사용하는 상태로 투상도를 그린다.
③ 특별한 이유가 없는 경우는 대상물을 가로길이로 놓은 상태로 그린다.
④ 대상물의 명확한 이해를 위해 주투상도를 보충하는 다른 투상도를 되도록 많이 그린다.

해설 ⊕

주 투상도를 보충하는 다른 투상도는 꼭 필요한 투상도만 그린다.

정답 20 ② 21 ① 22 ② 23 ④

24 다음과 같이 제3각법으로 그린 정투상도를 등각 투상도로 바르게 표현한 것은?

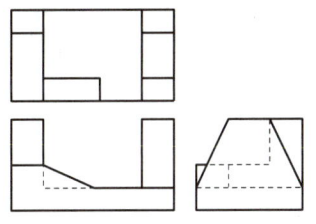

① 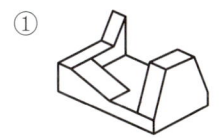 ②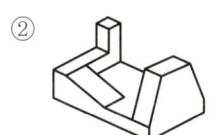
③ 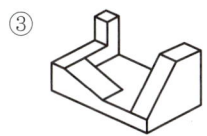 ④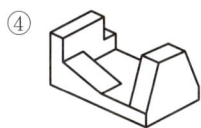

해설 ⊕

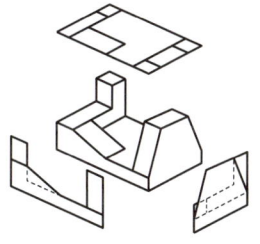

25 다음 내용이 설명하는 투상법은?

> 투사선이 평행하게 물체를 지나 투상면에 수직으로 닿고 투상된 물체가 투상면에 나란하기 때문에 어떤 물체의 형상도 정확하게 표현할 수 있다. 이 투상법에는 1각법과 3각법이 속한다.

① 투시 투상법 ② 등각 투상법
③ 사투상법 ④ 정투상법

해설 ⊕

- 투시 투상법 : 물체를 입체감 있게 나타내기 위하여 가까운 곳은 길게 먼 곳은 짧게 그려 입체도로 투상한 것을 말한다.
- 등각 투상법 : 정면, 우측면, 평면을 하나의 투상면에 나타내기 위하여 정면과 우측면 모서리 선을 수평선에 대하여 30°가 되게 하여 입체도로 투상한 것을 말한다.
- 사투상법 : 정면도는 정면에서 바라본 실제 모양으로 그리고 나머지 윤곽은 적당한 각도로 기울여서 입체도로 투상한 것을 말한다.

26 다음 해칭에 대한 설명 중 틀린 것은?

① 해칭선은 수직 또는 수평의 중심선에 대하여 45°로 경사지게 긋는 것이 좋다.
② 인접한 단면의 해칭은 선의 방향 또는 각도를 변경하거나 해칭 간격을 달리하여 긋는다.
③ 단면 면적이 넓은 경우에는 그 외형선에 따라 적절한 범위에 해칭 또는 스머징을 한다.
④ 해칭 또는 스머징하는 부분 안에 문자나 기호를 절대로 기입해서는 안 된다.

해설 ⊕

선과 문자나 기호가 겹친 경우 문자나 기호가 우선이므로 해칭 또는 스머징하는 부분 안에 문자나 기호를 기입할 수 있다.

27 다음 도면에서 표현된 단면도로 모두 맞는 것은?

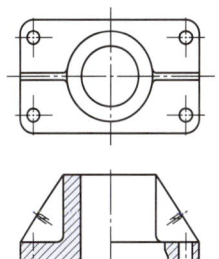

① 전단면도, 한쪽 단면도, 부분 단면도
② 한쪽 단면도, 부분 단면도, 회전 도시 단면도
③ 부분 단면도, 회전 도시 단면도, 계단 단면도
④ 전단면도, 한쪽 단면도, 회전 도시 단면도

정답 24 ② 25 ④ 26 ④ 27 ②

해설 ⊕

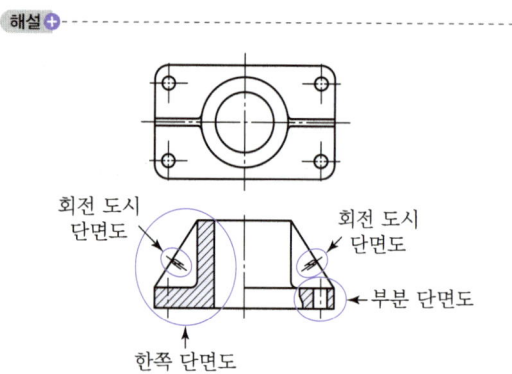

28 다음 기계요소 중 길이방향으로 단면할 수 있는 부품으로 묶은 것은?

① 리브, 바퀴의 암, 기어의 이
② 볼트, 너트, 작은 나사
③ 축, 핀, 리벳, 키
④ 부시, 칼라, 베어링

해설 ⊕

부시, 칼라, 베어링은 길이방향으로 단면하여 나타낼 수 있다.

29 다음 그림은 어느 단면도에 해당하는가?

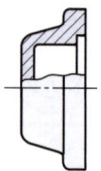

① 온단면도　　② 한쪽 단면도
③ 회전 도시 단면도　④ 부분 단면도

해설 ⊕

부분 단면도
물체에서 필요한 일부분을 잘라 내어 그 형상을 나타내는 기법이다.

30 대칭 도형을 생략하는 경우 대칭 그림기호를 바르게 나타낸 것은?

① 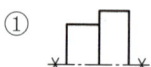　　②

③ 　　④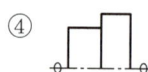

해설 ⊕

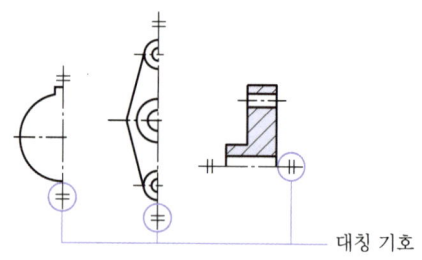

대칭 기호

31 회전 도시 단면도에 대한 설명으로 틀린 것은?

① 회전 도시 단면도는 핸들, 벨트풀리, 기어 등과 같은 바퀴의 암, 림, 리브 등의 절단한 단면의 모양을 90°로 회전하여 표시한 것이다.
② 회전 도시 단면도는 투상도의 안이나 밖에 그릴 수 있다.
③ 회전 도시 단면도를 투상의 절단한 곳과 겹쳐서 그릴 때에는 가는 2점쇄선으로 그린다.
④ 회전 도시 단면도를 절단할 곳의 전후를 파단하여 그 사이에 그릴 경우에는 굵은 실선으로 그린다.

해설 ⊕

회전 도시 단면도를 투상의 절단한 곳과 겹쳐서 그릴 때에는 가는 실선으로 그린다.

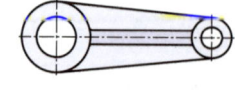 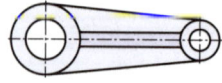
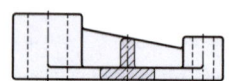 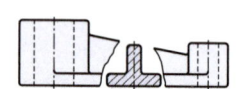

| 리브 내부에 도시할 경우 | | 리브 외부에 도시할 경우 |

정답　28 ④　29 ④　30 ③　31 ③

32 중간 부분을 생략하여 단축해서 그릴 수 없는 것은?

① 관
② 스퍼기어
③ 래크
④ 교량의 난간

해설 ⊕

관, 래크, 교량의 난간 등은 중간 부분을 생략하여 짧게 그릴 수 있으나 스퍼기어는 중간 부분을 생략하여 그리지 않는다.

33 대칭형의 물체를 1/4 절단하여 내부와 외부의 모습을 동시에 보여주는 단면도는?

① 온단면도
② 한쪽 단면도
③ 부분 단면도
④ 회전 도시 단면도

해설 ⊕

한쪽 단면도(반단면도)
상하 또는 좌우 대칭인 물체에서 중심선을 기준으로 물체의 1/4만 잘라 내서 그려주는 방법으로 물체의 외부형상과 내부형상을 동시에 나타낼 수 있는 장점을 가지고 있다.

34 다음 그림과 같은 리브 둥글기 반지름이 현저하게 다른 리브를 그릴 때 평면도로 옳은 것은?

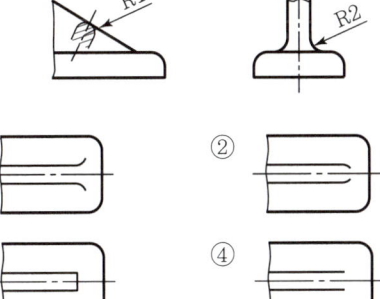

해설 ⊕

① R1 < R2인 경우
② R1 > R2인 경우
③ R1 = R2인 경우

35 그림과 같이 물체를 투상할 때 중심선 또는 절단선을 기준으로 그 앞부분을 잘라 내고 남은 뒷부분의 단면 모양을 나타내는 것은?

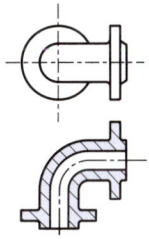

① 한쪽 단면도
② 회전 도시 단면도
③ 온단면도
④ 조합에 의한 단면도

해설 ⊕

온단면도(전단면도)
중심선을 기준으로 전체 물체의 반(1/2)을 자른 다음, 잘린 면의 수직인 방향에서 바라본 형상을 그리는 가장 기본적인 단면도이다.

36 단면도에 관한 내용이다. 올바른 것을 모두 고른 것은?

ㄱ. 절단면은 중심선에 대하여 45° 경사지게 일정한 간격으로 가는 실선으로 빗금을 긋는다.
ㄴ. 정면도는 단면도로 그리지 않고, 평면도나 측면도만 절단한 모양으로 그린다.
ㄷ. 한쪽 단면도는 위, 아래 또는 왼쪽과 오른쪽이 대칭인 물체의 단면을 나타낼 때 사용한다.
ㄹ. 단면부분에는 해칭(Hatching)이나 스머징(Smudging)을 한다.

정답 32 ② 33 ② 34 ② 35 ③ 36 ④

① ㄱ, ㄴ   ② ㄴ, ㄷ
③ ㄱ, ㄴ, ㄷ   ④ ㄱ, ㄷ, ㄹ

해설

정면도도 필요하면 절단하여 단면도로 나타낼 수 있다.

37 핸들, 벨트풀리나 기어 등과 같은 바퀴의 암, 리브 등에서 절단한 단면의 모양을 90° 회전시켜서 투상도의 안에 그릴 때, 알맞은 선의 종류는?

① 가는 실선   ② 가는 1점쇄선
③ 가는 2점쇄선   ④ 굵은 1점쇄선

해설

회전 도시 단면도에서 투상의 절단한 곳과 겹쳐서 그릴 때에는 가는 실선으로 그리고, 외부에 그릴 때에는 굵은 실선으로 그린다.

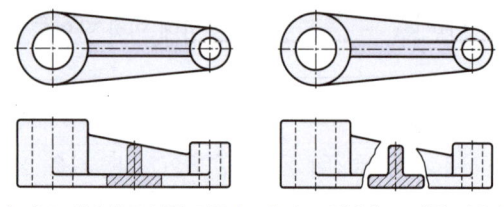

| 리브 내부에 도시할 경우 | 리브 외부에 도시할 경우 |

38 다음 투상도에서 A-A와 같이 단면했을 때 가장 올바르게 나타낸 단면도는?

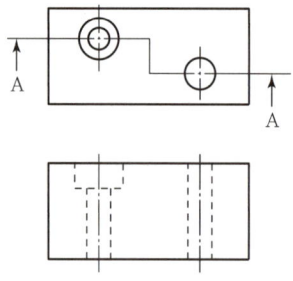

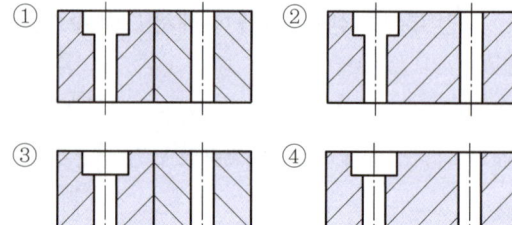

해설

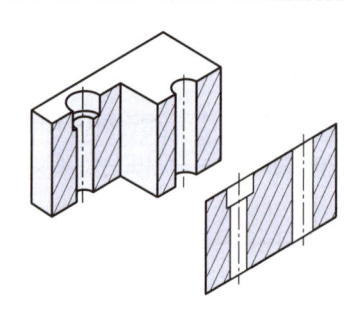

39 단면을 나타내는 방법에 대한 설명으로 옳지 않은 것은?

① 단면임을 나타내기 위해 사용하는 해칭선은 동일 부분의 단면인 경우 같은 방식으로 도시되어야 한다.
② 해칭 부위가 넓은 경우 해칭을 할 범위의 외형 부분에 해칭을 제한할 수 있다.
③ 경우에 따라 단면 범위를 매우 굵은 실선으로 강조할 수 있다.
④ 인접하는 얇은 부분의 단면을 나타낼 때는 0.7mm 이상의 간격을 가진 완전한 검은색으로 도시할 수 있다. 단, 이 경우 실제 기하학적 형상을 나타내어야 한다.

해설

얇은 두께 부분의 단면도
• 개스킷, 박판, 형강 등의 절단면이 얇은 경우 실제 치수와 관계없이 아주 굵은 실선으로 단면을 표시한다.
• 얇은 두께 부분의 단면이 서로 가깝게 있는 경우 0.7mm 이상 간격을 두어 그린다.

정답 37 ① 38 ④ 39 ④

40 KS규격에서 규정하고 있는 단면도의 종류가 아닌 것은?

① 온단면도　② 한쪽 단면도
③ 부분 단면도　④ 복각 단면도

해설

단면도의 종류
- 온단면도(전단면도)
- 한쪽 단면도(반단면도)
- 부분 단면도
- 회전 단면도
- 조합에 의한 단면도

정답　40 ④

CHAPTER 04 치수 기입법 및 재료표시법

01 치수 기입 일반

1 치수의 단위

① 단위표시가 되지 않았을 경우에는 길이의 기본 단위는 밀리미터(mm)이고, 각도는 도(°)를 기준으로 한다. 만약, 밀리미터(mm)나 도(°) 이외의 단위를 사용하고자 할 경우에는 그에 해당되는 단위의 기호를 붙여서 기입하는 것을 원칙으로 한다. 예 cm, m, inch(인치), ft(피트)

② 치수정밀도에 따라 소수점 아래 2자리 또는 3자리까지 나타낼 수 있다.
   예 10mm를 10.000mm로 나타낼 수 있다.

2 치수 기입요소

치수 기입요소에는 치수선, 치수보조선, 화살표, 치수문자, 지시선 등이 있으며 모두 가는 선이다.

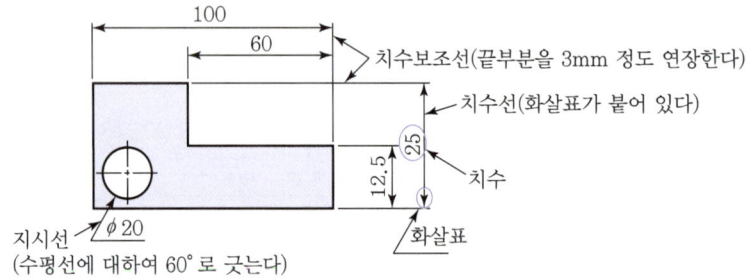

| 치수의 주요부 명칭 |

3 치수 기입의 원칙

① 형체의 기능, 제작, 조립 등을 고려하여 필요하다고 생각되는 치수를 명료하게 도면에 기입한다.
② 치수는 형체의 크기, 자세 및 위치를 명확하게 표시한다.
③ 치수는 되도록 정면도에 집중하여 기입한다(보기 좋게 알맞게 기입하면 절대 안 됨).
④ 치수는 중복 기입을 피한다.
⑤ 치수는 선에 겹치게 기입해서는 안 된다.
⑥ 치수는 되도록 계산하여 구할 필요가 없도록 기입한다.
⑦ 치수는 치수선이 서로 만나는 곳에 기입하면 안 된다.
⑧ 치수는 필요에 따라 기준으로 하는 점, 선, 또는 면을 기초로 한다.

4 치수표시기호

명칭	기호(호칭)	사용법	예
지름	ϕ(파이)	지름 치수 앞에 기입한다.	$\phi 20$
반지름	R(알)	반지름 치수 앞에 기입한다.	R10
구의 지름	Sϕ(에스파이)	구의 지름 치수 앞에 기입한다.	Sϕ20
구의 반지름	SR(에스알)	구의 반지름 치수 앞에 기입한다.	SR10
정사각형의 변	□(사각)	정사각형 치수 앞에 기입한다.	□10
판의 두께	t(티)	두께 치수 앞에 기입한다.	t5
모따기	C(씨)	45° 모따기 치수 문자 앞에 기입한다.	C5
원호의 길이	⌒(원호)	원호 치수 앞 또는 위에 기입한다.	⌒20
이론적으로 정확한 치수	□(테두리)	이론적으로 정확한 치수의 치수 문자에 테두리를 씌운다.	20
참고치수	( )(괄호)	치수 문자를 ( ) 안에 기입한다.	(20)
비례치수가 아닌 치수	__(밑줄)	비례 치수가 아닌 치수에 밑줄을 친다.	50

5 치수 기입의 예

(1) 현, 호, 각도 치수 기입의 구분

| 현의 치수 | | 호의 치수 | | 각도의 치수 |

(2) 센터 구멍의 표시방법

① 센터는 선반가공에서 공작물을 지지하는 부속장치로서 주로 축 가공 시 사용된다.
② 센터 구멍의 치수는 KS B 0410을 따르고, 도시 및 표시방법은 KS A ISO 6411 – 1에 따른다.

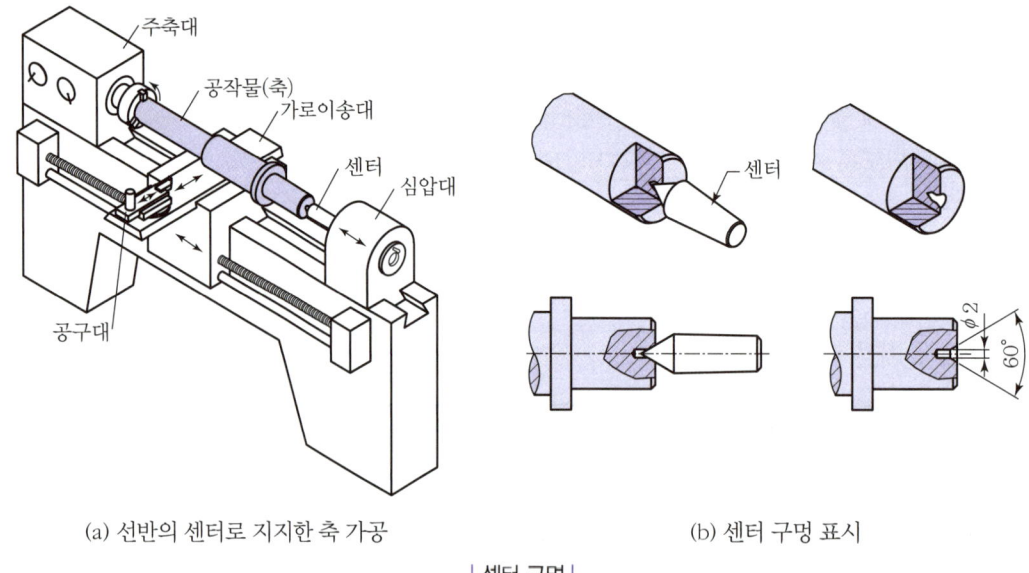

(a) 선반의 센터로 지지한 축 가공   (b) 센터 구멍 표시

| 센터 구멍 |

③ **센터 구멍의 도시방법**

축 가공 후 센터 구멍을 남겨둘 것인지 남겨두지 않을 것인지 여부를 결정한다.

센터 구멍의 필요 여부	그림기호	도시방법
남겨둔다.		KS A ISO 6411-1 A 2/4.25
남아 있어도 된다.		KS A ISO 6411-1 A 2/4.25
남겨두지 않는다.		KS A ISO 6411-1 A 2/4.25

(3) 치수 기입법

① 직렬 치수 기입법

한 줄로 나란히 연결된 치수에 주어진 치수공차가 누적되어도 상관없는 경우에 사용하나, 누적공차가 발생하므로 잘 사용하지 않는다.

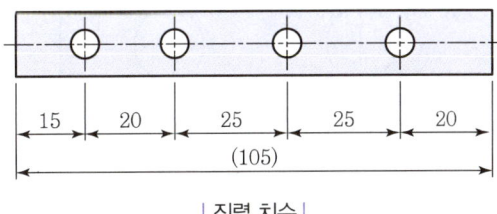

| 직렬 치수 |

② 병렬 치수 기입법

한 곳을 기준으로 하여 치수를 계단 모양으로 기입하는 방법으로 개개의 치수공차는 다른 치수공차에 영향을 주지 않는다. 기준선의 위치는 제품의 기능이나 가공 등의 조건을 고려하여 적절히 선택하여야 한다.

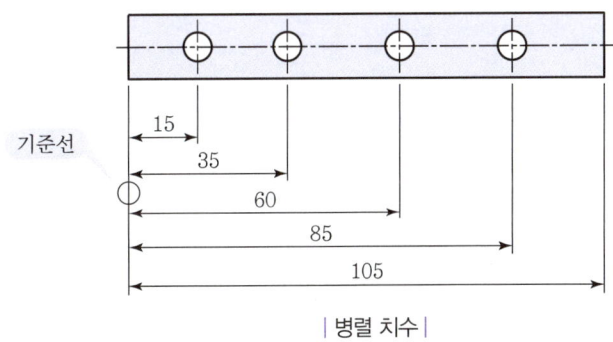

| 병렬 치수 |

③ 누진 치수 기입법

기점기호를 기준으로 한 줄로 나란히 연결되게 기입하는 방법으로 치수는 기점기호로부터 누적된 치수(즉, 기점기호로부터 구멍까지의 치수)로서, 병렬 치수 기입법과 같이 개개의 치수공차는 다른 치수공차에 영향을 주지 않는다.

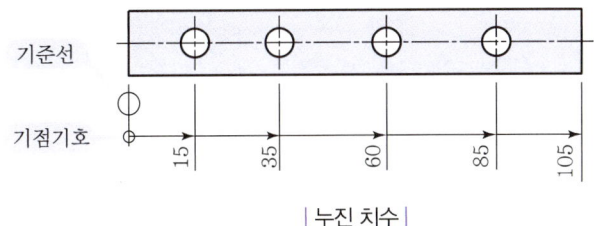

| 누진 치수 |

④ 좌표 치수 기입법

여러 종류의 구멍 가공 시 구멍의 위치나 크기 등을 좌표를 사용하여 표에 나타낸 치수 기입법으로 기준점의 위치는 제품의 기능이나 가공 등의 조건을 고려하여 적절히 선택하여야 한다.

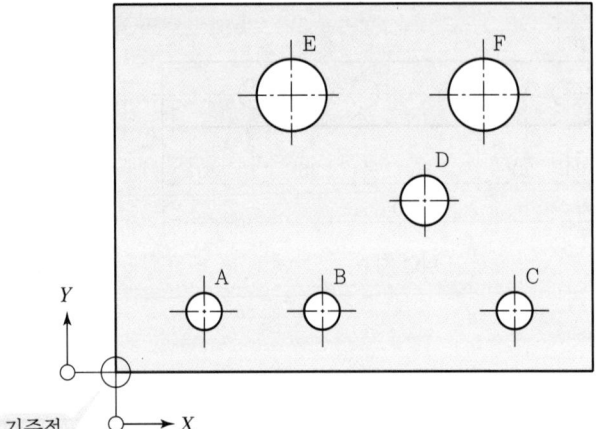

	X	Y	구멍크기
A	15	10	$\phi 6$
B	35	10	$\phi 6$
C	67	10	$\phi 6$
D	52	28	$\phi 8$
E	30	45	$\phi 11.5$
F	62	45	$\phi 11.5$

| 좌표 치수 |

⑤ 구멍치수

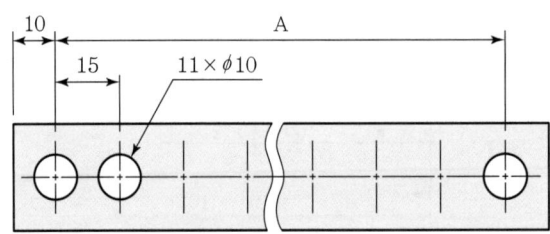

지름이 10mm인 구멍이 11개($11 \times \phi 10$) 있고, 구멍과 구멍 사이의 간격이 15mm이므로 "A"부의 치수값은 $10 \times 15 = 150$mm이다. 이때 구멍이 11개이면 구멍과 구멍 사이 간격의 개수는 $11 - 1 = 10$개이다.

02 재료표시법

구분	기호	명칭	해설
보통강	SS275	일반구조용 압연강재	• S : 강(Steel) • S : 일반구조용 압연강재 • 275 : 최저 항복강도(275N/mm^2), 판 두께(16mm 이하)
	SM275	용접구조용 압연강재	• S : 강(Steel) • M : 용접구조용 압연강재 • 275 : 최저 항복강도(275N/mm^2), 판 두께(16mm 이하)
특수강	SM20C	기계구조용 탄소강재	• S : 강철(Steel) • M : 기계구조용(Machine Structure Use) • 20C : 탄소함유량 0.18~0.23%의 중간값
주강	SC450	주강	• S : 강철(Steel) • C : 주조(Casting) • 450 : 최저 인장강도(450N/mm^2)
단강	SF340	단조강	• S : 강(Steel) • F : 단조품(Forging) • 340 : 최저 인장강도(340N/mm^2)
주철	GC200	회주철	• GC : 회주철품(Grey Casting) • 200 : 최저 인장강도(200N/mm^2)
	BMC270	흑심가단주철	• 270 : 최저 인장강도(270N/mm^2)
	WMC330	백심가단주철	• 330 : 최저 인장강도(330N/mm^2)

실전 문제

01 다음 설명 중 반지름 치수 기입 방법으로 옳은 것은?

① 반지름 치수를 표시할 때에는 치수선의 양쪽에 화살표를 모두 붙인다.
② 화살표나 치수를 기입할 여유가 없을 경우에는 중심 방향으로 치수선을 연장하여 긋고 화살표를 붙인다.
③ 반지름이 커서 그 중심 위치까지 치수선을 그을 수 없을 때에는 자유 실선을 원호 쪽에 사용하여 치수를 표기한다.
④ 반지름 치수는 중심을 반드시 표시하여 기입해야 한다.

해설 ⊕
① 반지름 치수를 표시할 때에는 치수선의 한쪽에만 화살표를 붙인다.
③ 반지름이 커서 그 중심 위치까지 치수선을 그을 수 없을 때는 반지름의 치수선을 구부려 기입한다. 단, 치수선의 화살표가 붙은 부분은 정확한 중심 위치로 향하여야 한다.
④ 반지름 치수는 중심을 반드시 표시할 필요는 없다.

02 치수 기입의 원칙에 대한 설명으로 틀린 것은?

① 치수는 되도록 주 투상도에 집중한다.
② 치수는 중복 기입을 할 수 있고 각 투상도에 고르게 치수를 기입한다.
③ 관련되는 치수는 되도록 한곳에 모아서 기입한다.
④ 치수는 되도록 공정마다 배열을 분리하여 기입한다.

해설 ⊕
치수는 중복 기입을 피하고, 되도록 정면도에 집중하여 기입한다.

03 치수의 위치와 기입 방향에 대한 설명 중 틀린 것은?

① 치수는 투상도와 모양 및 치수의 대조 비교가 쉽도록 관련 투상도 쪽으로 기입한다.
② 하나의 투상도인 경우, 길이 치수 위치는 수평 방향의 치수선에 대해서는 투상도의 위쪽에서, 수직 방향의 치수선에 대해서는 투상도의 오른쪽에서 읽을 수 있도록 기입한다.
③ 각도치수는 기울어진 각도 방향에 관계없이 읽기 쉽게 수평 방향으로만 기입한다.
④ 치수는 수평 방향의 치수선에는 위쪽, 수직 방향의 치수선에는 왼쪽으로 약 0.5mm 정도 띄어서 중앙에 치수를 기입한다.

해설 ⊕

각도치수의 문자 방향

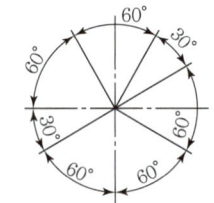

04 이론적으로 정확한 치수를 나타내는 치수 보조 기호는?

① 50   ② 50
③ 50   ④ (50)

해설 ⊕
- 50 : 비례치수가 아닌 치수
- 50 : 이론적으로 정확한 치수

정답 01 ② 02 ② 03 ③ 04 ②

- 5θ : 틀린 치수를 수정하는 경우
- (50) : 참고치수

05 다음 중 치수 기입 방법으로 맞는 것은?

① 길이의 치수는 원칙적으로 밀리미터의 단위로 기입하고, 단위 기호를 붙인다.
② 각도의 치수는 일반적으로 도, 분, 초 등의 단위를 기입한다.
③ 관련되는 치수는 나누어서 기입한다.
④ 가공이나 조립할 때 기준으로 하는 곳이 있더라도 상관없이 기입한다.

해설

① 길이 치수의 기본 단위는 밀리미터이므로 따로 단위 기호를 붙이지 않는다.
③ 관련되는 치수는 한곳에 모아서 기입한다.
④ 가공이나 조립할 때, 기준면을 기준으로 기입한다.

06 다음 중 치수 보조 기호에 관한 내용으로 틀린 것은?

① C : 45°의 모떼기
② D : 판의 두께
③ □ : 정사각형 변의 길이
④ ⌒ : 원호의 길이

해설

t : 판의 두께

07 도면에 치수를 기입할 때의 주의사항으로 틀린 것은?

① 치수는 정면도, 측면도, 평면도에 보기 좋게 골고루 배치한다.
② 외형선, 중심선 혹은 그 연장선은 치수선으로 사용하지 않는다.
③ 치수는 가능한 한 도형의 오른쪽과 위쪽에 기입한다.
④ 한 도면 내에서는 같은 크기의 숫자로 치수를 기입한다.

해설

치수는 되도록이면 정면도에 집중하여 기입한다.

08 다음 투상도에 표시된 "SR"은 무엇을 의미하는가?

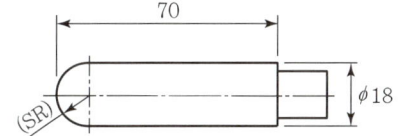

① 원의 반지름
② 원호의 지름
③ 구의 반지름
④ 구의 지름

해설

- R : 원의 반지름
- φ : 원의 지름
- SR : 구의 반지름
- Sφ : 구의 지름

09 치수 보조선에 대한 설명으로 옳지 않은 것은?

① 필요한 경우에는 치수선에 대하여 적당한 각도로 평행한 치수 보조선을 그을 수 있다.
② 도형을 나타내는 외형선과 치수 보조선은 떨어져서는 안 된다.
③ 치수 보조선은 치수선을 약간 지날 때까지 연장하여 나타낸다.
④ 가는 실선으로 나타낸다.

해설

도형을 나타내는 외형선과 치수 보조선은 선의 구분을 위하여 약간 띄어서 기입한다.

정답 05 ② 06 ② 07 ① 08 ③ 09 ②

10 치수 배치 방법 중 치수공차가 누적되어도 좋은 경우에 사용하는 방법은?

① 누진 치수 기입법
② 직렬 치수 기입법
③ 병렬 치수 기입법
④ 좌표 치수 기입법

해설

- 직렬 치수 기입법 : 한 줄로 나란히 연결된 치수에 주어진 치수공차가 누적되어도 상관없는 경우에 사용한다.

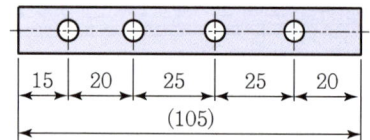

- 병렬 치수 기입법 : 한 곳을 기준으로 하여 치수를 계단 모양으로 기입하는 방법으로 개개의 치수공차는 다른 치수공차에 영향을 주지 않는다.

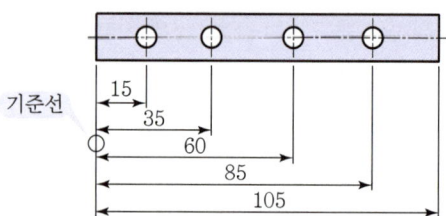

- 누진 치수 기입법 : 기점기호를 기준으로 한 줄로 나란히 연결되게 기입하는 방법으로 치수는 기점기호로부터 누적된 치수(즉, 기점기호로부터 구멍까지의 치수)로써 병렬 치수 기입법과 같이 개개의 치수공차는 다른 치수공차에 영향을 주지 않는다.

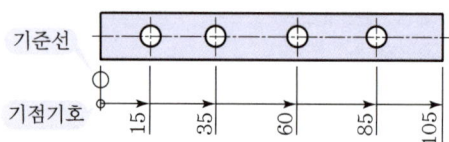

11 여러 각도로 기울어진 면의 치수를 기입할 때 일반적으로 잘못 기입된 치수는?

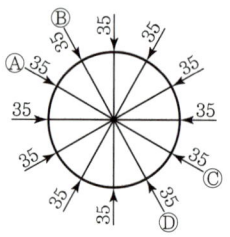

① Ⓐ   ② Ⓑ
③ Ⓒ   ④ Ⓓ

해설

Ⓑ의 치수가 잘못 기입되어 있다.

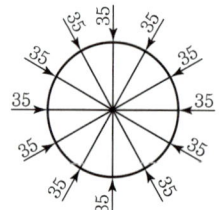

12 다음 중 도면 제작에서 원의 지시선 긋기 방법으로 맞는 것은?

① 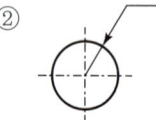 ②

③   ④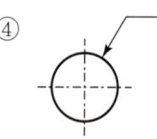

해설

원에 지시선을 그어 치수를 기입하는 경우에는 ④와 같이 원에 화살표를 위치하고 화살표 방향은 중심을 향하게 한다.

정답 10 ② 11 ② 12 ④

13 축의 끝에 45° 모떼기 치수를 기입하는 방법으로 틀린 것은?

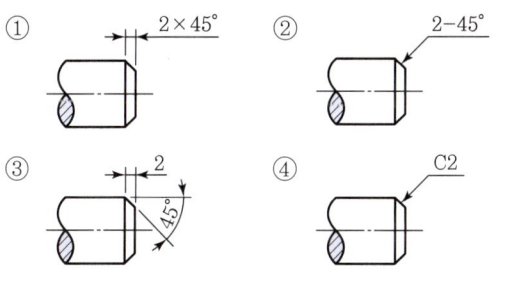

해설
모떼기 치수를 2−45°로 나타내지는 않는다.

14 치수선에서는 치수의 끝을 의미하는 기호로 단말 기호와 기점 기호를 사용하는데 다음 중 단말 기호에 속하지 않는 것은?

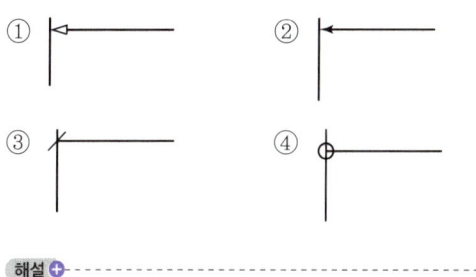

해설
④의 ○ 기호는 누진 치수 기입법에서 기점 기호로 사용한다.

15 그림에서 나타난 치수선은 어떤 치수를 나타내는가?

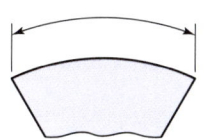

① 변의 길이   ② 호의 길이
③ 현의 길이   ④ 각도

해설

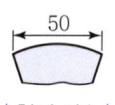  

| 현의 치수 | 호의 치수 | 각도 치수 |

16 다음 중 도면에 기입되는 치수에 대한 설명으로 옳은 것은?

① 재료 치수는 재료를 구입하는 데 필요한 치수로 잘림 여유나 다듬질 여유가 포함되어 있지 않다.
② 소재 치수는 주물 공장이나 단조 공장에서 만들어진 그대로의 치수를 말하며 가공할 여유가 없는 치수이다.
③ 마무리 치수는 가공 여유를 포함하지 않은 치수로 가공 후 최종으로 검사할 완성된 제품의 치수를 말한다.
④ 도면에 기입되는 치수는 특별히 명시하지 않는 한 소재 치수를 기입한다.

해설
① 재료 치수는 재료를 구입하는 데 필요한 치수로 잘림 여유나 다듬질 여유가 포함되어 있다.
② 소재 치수는 주물 공장이나 단조 공장에서 만들어진 그대로의 치수를 말하며 가공할 여유가 있는 치수이다.
④ 도면에 기입되는 치수는 특별히 명시하지 않는 한 마무리 치수를 기입한다.

17 다음 중 스프링의 재료로 가장 적당한 것은?

① SPS 7   ② SCr 420
③ GC 20   ④ SF 50

해설
• SCr 420 : 기계구조용 합금강재(크롬강)
• GC 20 : 회주철
• SF 50 : 단강품

정답 13 ② 14 ④ 15 ③ 16 ③ 17 ①

18 다음 재료 기호 중 기계구조용 탄소강재는?

① SM45C
② SPS1
③ STC3
④ SKH2

해설 ⊕

- SPS1 : 스프링강
- STC3 : 탄소공구강
- SKH2 : 고속도 공구강

19 다음 중 재료의 기호와 명칭이 맞는 것은?

① STC : 기계 구조용 탄소 강재
② STKM : 용접 구조용 압연 강재
③ SC : 탄소 공구 강재
④ SS : 일반 구조용 압연 강재

해설 ⊕

- STC : 탄소공구강
- STKM : 기계 구조용 탄소 강관
- SC : 주강

20 다음 중 재료 기호에 대한 명칭이 잘못된 것은?

① SM20C : 기계 구조용 탄소강재
② BC3 : 황동 주물
③ GC200 : 회 주철품
④ SC450 : 탄소강 주강품

해설 ⊕

BC3
청동 합금 주물

21 다음 중 구상흑연 주철품 재질 기호는?

① SC 410
② GC 300
③ GCD 400−18
④ SF 490 A

해설 ⊕

- SC 410 : 주강
- GC 300 : 회주철
- SF 490A : 단조강

22 다음 중 알루미늄 합금주물의 재료 표시 기호는?

① ALBrC1   ② ALDC1
③ AC1A   ④ PBC2

해설 ⊕

- ALBrC1 : 알루미늄 청동
- ALDC1 : 다이캐스팅용 알루미늄합금
- PBC2 : 인청동

23 다음은 KS 제도 통칙에 따른 재료 기호이다.

"KS D 3752 SM 45C"

위 기호에 대한 설명 중 옳은 것을 모두 고르면?

ㄱ. KS D는 KS 분류 기호 중 금속 부문에 대한 설명이다.
ㄴ. S는 재질을 나타내는 기호로 강을 의미한다.
ㄷ. M은 기계구조용을 의미한다.
ㄹ. 45C는 재료의 최저인장강도가 45kgf/mm^{2}임을 의미한다.

① ㄱ, ㄴ
② ㄱ, ㄹ
③ ㄱ, ㄴ, ㄷ
④ ㄴ, ㄷ, ㄹ

정답 18 ① 19 ④ 20 ② 21 ③ 22 ② 23 ③

해설 ⊕

SM45C(기계구조용 탄소강재)
- S : 강철(Steel)
- M : 기계구조용(Machine Structure Use)
- 45C : 탄소함유량 0.42~0.48%의 중간값

24 재료기호 표시의 중간부분 기호 문자와 제품명이다. 연결이 틀리게 된 것은?

① P : 관
② W : 선
③ F : 단조품
④ S : 일반 구조용 압연재

해설 ⊕
- P : 판(Plate)
- T : 관(Tube)

25 기계 도면에서 부품란에 재질을 나타내는 기호가 "SS400"으로 기입되어 있다. 기호에서 "400"은 무엇을 나타내는가?

① 무게
② 탄소 함유량
③ 녹는 온도
④ 최저 인장 강도

해설 ⊕

SS400
일반구조용 압연강재로 400은 최저 인장강도(N/mm^2)를 뜻한다.

26 재료기호가 "STS 11"로 명기되었을 때 이 재료의 명칭은?

① 합금 공구강 강재
② 탄소 공구강 강재
③ 스프링 강재
④ 탄소 주강품

해설 ⊕
- STS11 : 합금 공구강 강재
- STC : 탄소 공구강 강재
- SPS : 스프링 강재
- SC : 탄소 주강품

정답 24 ① 25 ④ 26 ①

CHAPTER 05 공차 및 표면 거칠기

01 치수공차

1 용어 정의

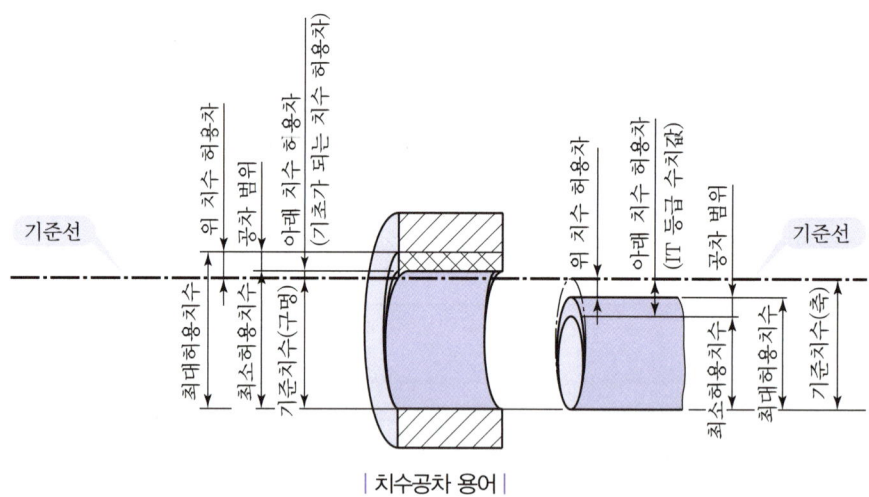

| 치수공차 용어 |

① **실치수** : 물체(형체)의 실제 측정 치수를 말하며, 기본단위는 mm이다.
② **기준선** : 허용한계치수 또는 끼워 맞춤을 도시할 때는 기준치수를 나타내고, 치수 허용차의 기준이 되는 직선을 말한다.
  예 구멍 : $\varnothing 60^{+0.04}_{+0.01}$, 축 : $\varnothing 60^{-0.01}_{-0.029}$
③ **기준치수** : 위 치수 허용차 및 아래 치수 허용차를 적용하는 데 따라 허용한계치수가 주어지는 기준이 되는 치수로 도면에 기입된 호칭치수와 같다.

구분	구멍	축
기준치수	$\varnothing 60$	$\varnothing 60$

④ **최대허용치수** : 물체에 허용되는 최대치수를 말한다(기준치수+위 치수 허용차).

구분	구멍	축
최대허용치수	⌀60+0.04 = ⌀60.04	⌀60−0.01 = ⌀59.99

⑤ **최소허용치수** : 물체에 허용되는 최소치수를 말한다(기준치수+아래 치수 허용차).

구분	구멍	축
최소허용치수	⌀60+0.01 = ⌀60.01	⌀60−0.029 = ⌀59.971

⑥ **허용한계치수** : 물체의 실제 치수가 그 사이에 들어가도록 한계를 정하여 허용할 수 있는 최대, 최소의 극한 치수(최대허용치수, 최소허용치수)를 말한다.

구분	구멍	축
허용한계치수	⌀60.04 / 60.01	⌀59.99 / 59.971

⑦ **위 치수 허용차** : "최대허용치수−기준치수"를 말한다.

구분	구멍	축
위 치수 허용차	⌀60.04 − ⌀60 = +0.04	⌀59.99 − ⌀60 = −0.01

⑧ **아래 치수 허용차** : "최소허용치수−기준치수"를 말한다.

구분	구멍	축
아래 치수 허용차	⌀60.01 − ⌀60 = +0.01	⌀59.971 − ⌀60 = −0.029

⑨ **치수공차(공차 범위)** : "최대허용치수−최소허용치수" 또는 "위 치수 허용차−아래 치수 허용차"를 말한다.

구분	구멍	축
치수공차(공차 범위)	⌀60.04 − ⌀60.01 = 0.03 또는 0.04 − 0.01 = 0.03	⌀59.99 − ⌀59.971 = 0.019 또는 (−0.01) − (−0.029) = 0.019

2 일반공차

일반공차란 개별 공차 지시가 없는 선 치수(길이 치수)와 각도 치수에 대한 공차를 뜻한다. 공차 등급에 따른 분류는 아래 표를 따르고 도면에 표시할 때는 KS B ISO 2768−f와 같이 나타내면 된다.

호칭	f	m	c	v
설명	정밀급	중간급	거친급	매우 거친급

3 IT 기본공차

다음 표는 IT 기본공차가 적용되는 부분을 나타낸 것으로 기본공차의 등급을 01급, 0급, 1급, 2급, …, 18급의 총 20등급으로 구분하여 규정하였다. 표에서 알 수 있듯이 숫자가 낮을수록 IT 등급이 높으며, 축이 구멍보다 한 등급씩 높다는 것을 알 수 있다.

구분 \ 적용	게이지 제작 공차	끼워 맞춤 공차	일반공차 (끼워 맞춤 이외 공차)
구멍	IT01~IT5급	IT6~IT10급	IT11~IT18급
축	IT01~IT4급	IT5~IT9급	IT10~IT18급

4 끼워 맞춤의 종류

① **헐거운 끼워 맞춤** : 구멍과 축 사이에 틈새만 존재한다.
② **억지 끼워 맞춤** : 구멍과 축 사이에 죔새만 존재한다.
③ **중간 끼워 맞춤** : 구멍과 축 사이에 틈새 또는 죔새가 발생한다.
④ **틈새** : 구멍의 치수가 축의 치수보다 클 때의 구멍과 축의 치수 차를 말한다.

   예 구멍 : $\varnothing 60^{+0.04}_{+0.01}$, 축 : $\varnothing 60^{-0.01}_{-0.029}$

   ㉠ 최소틈새 : 헐거운 끼워 맞춤에서 "구멍의 최소허용치수 - 축의 최대허용치수"를 말한다(구멍은 가장 작고, 축은 가장 클 때).

   즉, $60.01 - 59.99 = 0.02$ 또는 $0.01 - (-0.01) = 0.02$ 값이다.

   ㉡ 최대틈새 : 헐거운 끼워 맞춤에서 "구멍의 최대허용치수 - 축의 최소허용치수"를 말한다(구멍은 가장 크고, 축은 가장 작을 때).

   즉, $60.04 - 59.971 = 0.069$ 또는 $0.04 - (-0.029) = 0.069$ 값이다.

⑤ **죔새** : 구멍의 치수가 축의 치수보다 작을 때 발생하며 조립 전의 구멍과 축의 치수 차를 말한다.

   예 구멍 : $\varnothing 60^{-0.005}_{-0.024}$, 축 : $\varnothing 60^{+0.01}_{+0.002}$

   ㉠ 최소죔새 : 억지 끼워 맞춤에서 조립 전의 "축의 최소허용치수 - 구멍의 최대허용치수"를 말한다(축은 가장 작고, 구멍은 가장 클 때).

   즉, $60.002 - 59.995 = 0.007$ 또는 $0.002 - (-0.005) = 0.007$ 값이다.

   ㉡ 최대죔새 : 억지 끼워 맞춤에서 조립 전의 "축의 최대허용치수 - 구멍의 최소허용치수"를 말한다(축은 가장 크고, 구멍은 가장 작을 때).

   즉, $60.01 - 59.976 = 0.034$ 또는 $0.01 - (-0.024) = 0.034$ 값이다.

⑥ 자주 사용하는 구멍기준 끼워 맞춤 공차   (KS B 0401)

기준 구멍	축의 종류와 등급																
	헐거운 끼워 맞춤								중간 끼워 맞춤			억지 끼워 맞춤					
	b	c	d	e	f	g	h	js	k	m	n	p	r	s	t	u	x
H5						4	4	4	4	4							
H6						5	5	5	5	5							
					6	6	6	6	6	6	6*	6*					
H7				(6)	6	6	6	6	6	6	6	6	6*	6	6	6	6
					7	7	(7)	7	(7)	(7)	(7)	(7)	(7)	(7)	(7)	(7)	(7)
H8						7	7										
				8	8		8										
			9	9													
H9			8	8			8										
		9	9	9			9										
H10	9	9	9														

📂 표 안에서 "*" 표시의 끼워 맞춤은 치수의 구분에 따라 예외가 있으며 괄호가 붙여진 것은 거의 사용하지 않는다.

예 · ⌀60H7/g6 : 헐거운 끼워 맞춤
  · ⌀60H7/js6 : 중간 끼워 맞춤
  · ⌀60H7/p6 : 억지 끼워 맞춤

5 치수공차기입법

구멍과 축의 끼워 맞춤 공차를 동시에 기입하여 사용할 경우 구멍과 축의 기준치수 다음에 구멍의 공차기호와 축의 공차기호를 연속하여 기입한다[단, 연속하여 기입할 경우 구멍공차(대문자), 축공차(소문자) 순서대로 쓴다].

예 · ⌀60H7/g6
  · ⌀60H7 − g6
  · $\varnothing 60 \dfrac{H7}{g6}$

02 기하공차

1 기하공차의 종류와 기호

공차의 종류		기호	적용하는 형체	기준면(Datum)
모양 공차	직진도 공차	—	단독 형체	불필요
	평면도 공차	▱		
	진원도 공차	○		
	원통도 공차	⌭		
	선의 윤곽도 공차	⌒	단독 형체 또는 관련 형체	
	면의 윤곽도 공차	⌓		
자세 공차	평행도 공차	∥	관련 형체	필요
	직각도 공차	⊥		
	경사도 공차	∠		
위치 공차	위치도 공차	⌖		
	동심도 공차	◎		
	대칭도 공차	⌯		
흔들림 공차	원주 흔들림 공차	↗		
	온흔들림 공차	↗↗		

2 기하공차의 부가기호

① **최대실체조건**(MMC : Maximum Material Condition)
  - ㉠ 실체(구멍, 축)가 최대질량을 갖는 조건이므로 구멍 지름이 최소이거나 축 지름이 최대일 때를 말한다.
  - ㉡ 최대실체치수(MMS : Maximum Material Size)의 기호는 ⓜ으로 표기한다.

② **최소실체조건**(LMC : Least Material Condition)
  - ㉠ 실체(구멍, 축)가 최소질량을 갖는 조건이므로 구멍 지름이 최대이거나 축 지름이 최소일 때를 말한다.
  - ㉡ 최소실체치수(LMS : Least Material Size)의 기호는 ⓛ로 표기한다.

③ **돌출 공차** : 형체의 돌출부에 대해 적용하는 공차로 기호는 ⓟ로 표기한다.
④ **실체 공차를 사용하지 않음** : 규제기호로 표시하지 않음(RFS)의 기호는 Ⓢ로 표기한다.

3 공차 기입 틀의 표시사항

공차 기입 틀의 표시사항은 기하공차의 종류 기호, 공차 값, 데이텀 기호 순으로 기입한다.

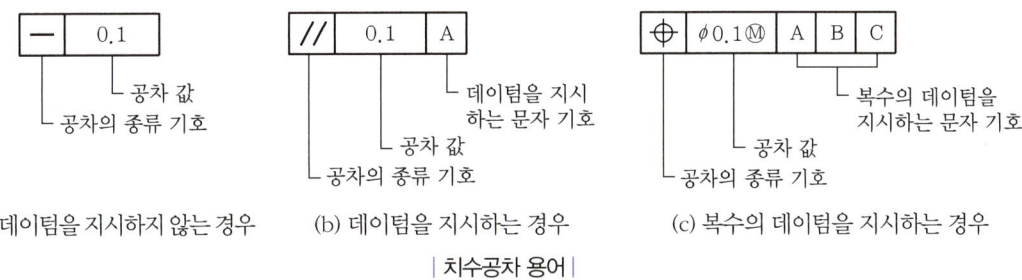

(a) 데이텀을 지시하지 않는 경우   (b) 데이텀을 지시하는 경우   (c) 복수의 데이텀을 지시하는 경우

| 치수공차 용어 |

① 공차 값
  ㉠ 공차 값의 기본 단위는 'mm'이다.
  ㉡ 직경 기호 필요시 'φ'를 공차 값 앞에 기입한다.
  ㉢ 기하 공차의 부가기호가 필요시 공차 값 뒤에 기입한다.

② 데이텀
  ㉠ 데이텀이 필요 없는 경우 기입하지 않는다.
  ㉡ 데이텀이 필요시 알파벳 대문자를 사용하며, 기준이 되는 면을 데이텀(알파벳)으로 지정한다.
  ㉢ 복수의 데이텀을 지시하는 경우 좌측에서 우측으로 우선 순위가 높은 순서대로 기입한다.

4 치수공차의 기입방법

치수공차가 아래와 같이 도면에 기입될 때	해설
// | 0.02/100 | A	A면을 기준으로 기준길이 100mm당 평행도가 0.02mm임을 표시
= | 0.01 / 0.003/100	구분 구간 100mm에 대하여는 0.003mm, 전체 길이에 대하여는 0.01mm의 대칭도
▱ | 0.01/□100	임의의 100×100에 대한 평면도의 허용값이 0.01임을 표시

03 표면 거칠기

표면 거칠기는 가공된 표면 거칠기의 정밀도를 의미하며, 표면 거칠기의 표시는 공차와 밀접한 관련이 있다.

1 표면 거칠기 표시방법

KS B 0161에서는 표면 거칠기를 다음 세 가지 방법으로 규정하고 있다.

① 산술평균 거칠기(R_a) : 1999년 이전에는 중심선 평균 거칠기라 하였다.

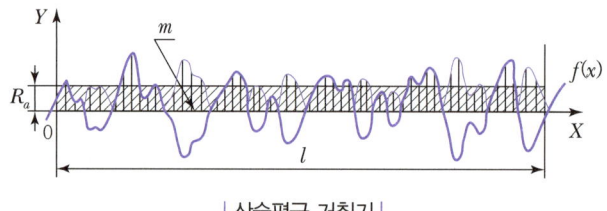

| 산술평균 거칠기 |

단면곡선(진한 곡선)의 중심선(X축) 아래 부분을 위쪽으로 접어서 얻은 빗금 부분의 면적을 적분으로 구해 기준길이(l)로 나눈 값이다.

② 최대높이(R_y)

기준길이(l)의 단면 곡선 중 가장 높은 곳과 가장 낮은 곳 사이의 거리를 의미한다.

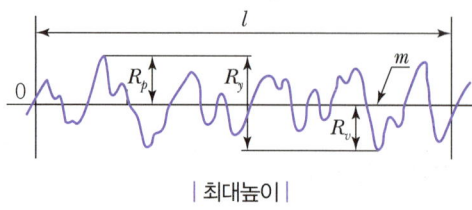

| 최대높이 |

③ 10점 평균 거칠기(R_z)

기준길이(l) 사이에서 가장 높은 봉우리 5개의 평균과 가장 낮은 골 5개의 평균을 합하여 측정한다 (10개 점의 평균값).

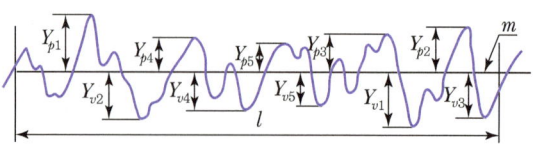

| 10점 평균 거칠기 |

2 다듬질 기호

표면 거칠기의 표시는 가공된 표면의 거칠기 정도를 기호로써 표기하는 것을 말하는데, 이를 다듬질 기호라고도 한다. 표면 거칠기의 정밀도가 높으면 높을수록 부품의 가공비는 많이 들게 되므로 물체의 특성과 경제성을 고려하여 적절한 표면 거칠기 값을 기입하는 것이 바람직하다.

표면 거칠기의 지시사항으로 대상물의 표면, 제거가공 여부, 표면 거칠기 값을 기입하며, 필요에 따라면 가공방법, 줄무늬 방향, 파상도 등도 함께 표시한다.

(1) 제거가공 여부에 따른 표시

① ∨ : 절삭 등 제거가공의 필요 여부를 문제 삼지 않는다.

② ∀ : 제거가공을 하지 않는다.

③ ▽ : 제거가공을 한다.

(2) 지시기호 위치에 따른 표시

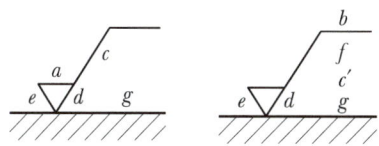

- a : 중심선 평균거칠기의 값(R_a의 값[μm])
- b : 가공방법, 표면처리
- c : 컷오프 값, 평가길이
- c' : 기준길이, 평가길이
- d : 줄무늬 방향의 기호
- e : 기계 가공 공차(ISO에 규정되어 있음)
- f : 최대높이 또는 10점 평균 거칠기의 값
- g : 표면 파상도(KS B 0610에 따름)
- ※ a 또는 f 이외는 필요에 따라 기입한다.

(3) 가공방법에 따른 표시

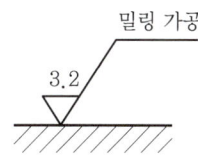
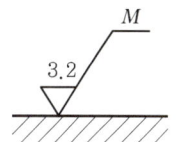

(4) 표면처리 지시에 따른 표시

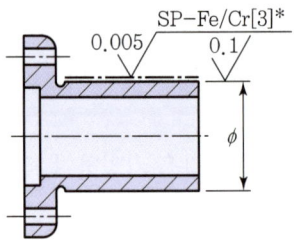

- SP(Surface treatment Polishing) : 표면처리 폴리싱(연마)
- Fe : 소재는 철강
- Cr : 크롬 도금
- [3] : 도금의 등급, 3급으로 도금(두께 $10\mu m$)
- * : 'KS D 0022의 표시에 따른다.'라는 의미의 기호

(5) 줄무늬 방향에 따른 표시

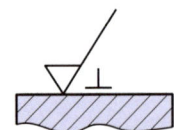

투상면에 직각으로 줄무늬 생성

3 가공방법에 따른 약호

(1) 절삭에 관한 가공방법

가공방법		약호	
		I	II
주조	Casting	C	주조
선반 가공	Lathe	L	선삭
드릴 가공	Drilling	D	드릴링
보링머신 가공	Boring	B	보링
밀링 가공	Milling	M	밀링
평삭반 가공	Planing	P	평삭(플레이닝)
형삭반 가공	SHaper	SH	형삭(셰이퍼)
브로치 가공	BRoach	BR	브로칭

(2) 다듬질(Finishing) 가공에 의한 가공방법

가공방법		약호	
		I	II
리머 가공	Reaming	FR	리밍
버프 다듬질	Buffing	FB	브러싱
블라스트 다듬질	Sand Blasting	SB	블라스팅
래핑 다듬질	Lapping	FL	래핑
줄 다듬질	File	FF	줄
스크레이퍼 다듬질	Scraping	FS	스크레이핑
페이퍼 다듬질	Coated Abrasive	FCA	페이퍼

(3) 연삭(Grinding)에 의한 가공방법

가공방법		약호	
		I	II
연삭 가공	Grinding	G	연삭
벨트샌딩 가공	Belt Sanding	GBL	벨트 연삭
호닝 가공	Horning	GH	호닝

(4) 특수가공(Special Processing)에 의한 가공방법

가공방법		약호	
		I	II
배럴연마 가공	Barrel	SPBR	배럴
액체호닝 가공	Liquid Horning	SPLH	액체호닝

4 줄무늬 방향의 기호

기호	뜻	설명도
=	가공으로 생긴 커터의 줄무늬 방향이 기호를 기입한 그림의 투상면에 평행	
⊥	가공으로 생긴 커터의 줄무늬 방향이 기호를 기입한 그림의 투상면에 직각	
X	가공으로 생긴 커터의 줄무늬 방향이 기호를 기입한 그림의 투상면에 경사지고 두 방향으로 교차	
M	가공으로 생긴 커터의 줄무늬가 여러 방향으로 교차 또는 방향이 없음	
C	가공으로 생긴 커터의 줄무늬가 기호를 기입한 면의 중심에 대하여 동심원 모양	
R	가공으로 생긴 커터의 줄무늬가 기호를 기입한 면의 중심에 대하여 대략 방사선 모양	

실전 문제

01 IT 기본 공차에 대한 설명으로 틀린 것은?

① IT 기본 공차는 치수 공차와 끼워 맞춤에 있어서 정해진 모든 치수 공차를 의미한다.
② IT 기본 공차의 등급은 IT01부터 IT18까지 20등급으로 구분되어 있다.
③ IT 공차 적용 시 제작의 난이도를 고려하여 구멍에는 ITn-1, 축에는 ITn을 부여한다.
④ 끼워 맞춤 공차를 적용할 때 구멍일 경우 IT6~IT10이고, 축일 때에는 IT5~IT9이다.

해설

IT 공차 적용 시 제작의 난이도를 고려하여 축의 정밀도를 높게 한다. 일반적으로 축 가공이 구멍 가공보다 쉽다. 따라서 구멍이 7등급인 경우 축은 6등급으로 한 숫자 높게 선정한다.

02 끼워 맞춤 방식에서 축의 지름이 구멍의 지름보다 큰 경우 조립 전 두 지름의 차를 무엇이라고 하는가?

① 죔새
② 틈새
③ 공차
④ 허용차

해설

죔새
축의 지름이 구멍의 지름보다 큰 경우 발생하며 조립 전 두 지름의 차를 말한다.

03 다음 그림에서 부품 ㉠의 공차와 부품 ㉡의 공차가 순서대로 바르게 나열된 것은?

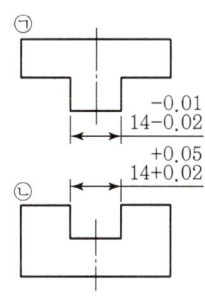

① 0.01, 0.02
② 0.01, 0.03
③ 0.03, 0.03
④ 0.03, 0.07

해설

치수공차(공차 범위)는 "최대허용치수 - 최소허용치수" 또는 "위 치수 허용차 - 아래 치수 허용차"를 말한다.
• ㉠의 공차 = (-0.01) - (-0.02) = 0.01
• ㉡의 공차 = (+0.05) - (+0.02) = 0.03

04 다음 중 위 치수 허용차가 "0"이 되는 IT 공차는?

① js7
② g7
③ h7
④ k7

해설

h7은 축 기준 끼워 맞춤 공차로 위 치수 허용차가 "0"이다.

05 다음과 같은 치수가 있을 경우 끼워 맞춤이 종류로 맞는 것은?

구분	구멍	축
최대허용치수	50.025	49.975
최소허용치수	50.000	49.950

① 절대 끼워 맞춤
② 억지 끼워 맞춤
③ 헐거운 끼워 맞춤
④ 중간 끼워 맞춤

정답 01 ③ 02 ① 03 ② 04 ③ 05 ③

해설 ⊕

구멍의 최소허용치수가 축의 최대허용치수보다 크므로 헐거운 끼워 맞춤이다.

06 축용 게이지 제작에 사용되는 IT 기본공차의 등급은?

① IT01~IT4 ② IT5~IT8
③ IT8~IT12 ④ IT11~IT18

해설 ⊕

IT 기본공차 등급(축의 경우)
게이지 제작 공차(IT01~IT4급), 끼워 맞춤 공차(IT5~IT9급), 일반공차(IT10~IT18급)

07 다음 끼워 맞춤 공차 중 틈새가 가장 큰 것은?

① H7/p6 ② H7/m6
③ H7/h6 ④ H7/f6

해설 ⊕

H7은 구멍 기준식이고 축은 알파벳 a쪽으로 갈수록 작아지고, 반대로 갈수록 커진다. 틈새가 가장 크려면 축이 가장 작아야 하므로 H7/f6이 틈새가 가장 크다.

08 다음 구멍과 축의 끼워 맞춤 조합에서 헐거운 끼워 맞춤은?

① φ40H7/g6 ② φ50H7/k6
③ φ60H7/p6 ④ φ70H7/s6

해설 ⊕

H7은 구멍 기준식이고 축은 알파벳 a쪽으로 갈수록 작아지고, 반대로 갈수록 커진다. 헐거운 끼워 맞춤이 되려면 축이 알파벳 a에 가까워야 하므로 φ40H7/g6이 헐거운 끼워 맞춤이 된다.

09 φ60G7의 공차 값을 나타낸 것이다. 치수공차를 바르게 나타낸 것은?

> φ60의 IT7급의 공차값은 0.03 이며, φ60G7의 기초가 되는 치수허용차에서 아래 치수 허용차는 +0.01 이다.

① $\phi 60^{+0.03}_{+0.01}$
② $\phi 60^{+0.04}_{+0.03}$
③ $\phi 60^{+0.04}_{+0.01}$
④ $\phi 60^{+0.02}_{+0.01}$

해설 ⊕

치수공차(공차 범위) = 최대허용치수 − 최소허용치수
= 위 치수 허용차 − 아래 치수 허용차
0.03 = 위 치수 허용차 − (+0.01)이므로
위 치수 허용차 = 0.03 + 0.01 = 0.04이다.
∴ $\phi 60G7 = \phi 60^{+0.04}_{+0.01}$

10 다음 그림의 치수 기입에 대한 설명으로 틀린 것은?

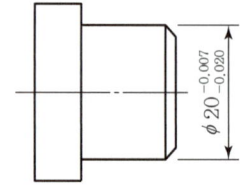

① 기준 치수는 지름 20이다.
② 공차는 0.013이다.
③ 최대허용치수는 19.93이다.
④ 최소허용치수는 19.98이다.

해설 ⊕

최대허용치수 = 기준치수 + 위 치수 허용차
= 20 + (−0.007)
= 19.993

정답 06 ① 07 ④ 08 ① 09 ③ 10 ③

11 ϕ50H7/p6과 같은 끼워 맞춤에서 H7의 공차 값은 $^{+0.025}_{0}$이고, p6의 공차값은 $^{+0.042}_{+0.026}$이다. 최대죔새는?

① 0.001   ② 0.027
③ 0.042   ④ 0.067

해설

최대죔새는 축은 가장 크고, 구멍은 가장 작을 때 발생한다.
최대죔새 = 축의 최대허용치수 − 구멍의 최소허용치수
       = 축의 위 치수 허용차 − 구멍의 아래 치수 허용차
       = 0.042 − 0
       = 0.042

12 구멍의 치수가 $\phi 50^{+0.025}_{0}$, 축의 치수가 $\phi 50^{-0.009}_{-0.025}$일 때 최대틈새는 얼마인가?

① 0.025   ② 0.05
③ 0.07   ④ 0.009

해설

최대틈새는 구멍은 가장 크고, 축은 가장 작을 때 발생한다.
최대틈새 = 구멍의 최대허용치수 − 축의 최소허용치수
       = 구멍의 위 치수 허용차 − 축의 아래 치수 허용차
       = (+0.025) − (−0.025)
       = 0.05

13 일반 치수 공차 기입 방법 중 잘못된 기입 방법은?

① 10 ± 0.1   ② $10^{+0.1}_{0}$
③ $10^{+0.2}_{+0.5}$ ④ $10^{-0.1}_{0}$

해설

$10^{-0.1}_{0}$에서 위 치수 허용차(−0.1)가 아래 치수 허용차(0)보다 작으므로 잘못 기입되었다.

14 조립한 상태의 치수 허용 한계값을 나타낸 것으로 틀린 것은?

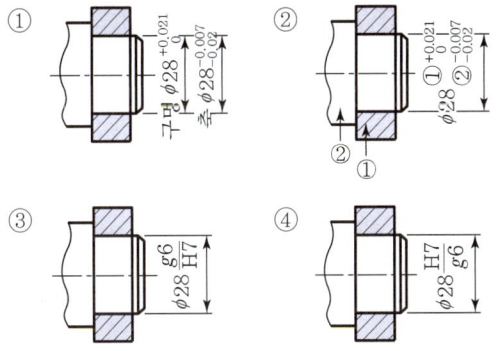

해설

항상 구멍 쪽 공차를 먼저 기입한다. 따라서 $\phi 28 \frac{H7}{g6}$ 으로 기입하여야 한다.

15 치수공차 및 끼워 맞춤에 관한 용어의 설명으로 옳지 않은 것은?

① 허용한계치수 : 형체의 실 치수가 그 사이에 들어가도록 정한, 허용할 수 있는 대소 2개의 극한의 치수
② 기준치수 : 위 치수허용차 및 아래 치수허용차를 적용하는데 따라 허용한계치수가 주어지는 기준이 되는 치수
③ 치수허용차 : 실제 치수와 대응하는 기준치수와의 대수차
④ 기준선 : 허용한계치수 또는 끼워 맞춤을 도시할 때 치수허용차의 기준이 되는 직선

해설

치수허용차는 허용한계치수에서 기준치수를 뺀 값을 말하며, 위 치수 허용차와 아래 치수 허용차가 있다.

정답 11 ③ 12 ② 13 ④ 14 ③ 15 ③

16 구멍의 최대허용치수가 50.025, 최소허용치수가 50.000이고, 축의 최대허용치수가 50.050, 최소허용치수가 50.034일 때 최소죔새는 얼마인가?

① 0.009
② 0.050
③ 0.025
④ 0.034

해설

최소죔새는 축은 가장 작고, 구멍은 가장 클 때 발생한다.
최소죔새 = 축의 최소허용치수 − 구멍의 최대허용치수
= 50.034 − 50.025
= 0.009

17 $\phi 50H7$의 구멍에 억지 끼워 맞춤이 되는 축의 끼워 맞춤 공차 기호는?

① $\phi 50js6$
② $\phi 50f6$
③ $\phi 50g6$
④ $\phi 50p6$

해설

H7은 구멍 기준식이고 축은 알파벳 h를 기준으로 z쪽으로 갈수록 커지고, 반대로 갈수록 작아진다. 억지 끼워 맞춤은 죔새만 존재하며, 구멍은 작고 축은 커야 하므로 p6이 억지 끼워 맞춤이다.

18 공차 기호에 의한 끼워 맞춤의 기입이 잘못된 것은?

① 50H7/g6
② 50H7 − g6
③ $50 \dfrac{H7}{g6}$
④ 50H7(g6)

해설

50H7(g6)과 같은 공차 기입법은 없다.

19 각도의 허용한계치수 기입방법으로 틀린 것은?

① $60° \pm 0°30'$
② $60°{}^{+0°30'}_{-0°10'}$
③ $60°10'$ / $60°30'$
④ $60°{}^{+0°0'30''}_{-0°0'15''}$

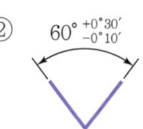
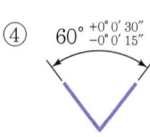

해설

최대허용치수를 먼저 써야 한다.

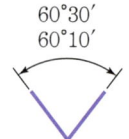

$60°30'$
$60°10'$

20 제도 표시를 단순화하기 위해 공차 표시가 없는 선형 치수에 대해 일반 공차를 4개의 등급으로 나타낼 수 있다. 이 중 공차 등급이 "거칢"에 해당하는 호칭 기호는?

① c
② f
③ m
④ v

해설

- c : 거친급
- f : 정밀급
- m : 중간급
- v : 매우 거친급

21 모양, 자세, 위치의 정밀도를 나타내는 종류와 기호를 바르게 나타낸 것은?

① 진원도 : ⌀
② 동축도 : ⌖
③ 원통도 : ○
④ 직각도 : ⊥

정답 16 ① 17 ④ 18 ④ 19 ③ 20 ① 21 ④

해설 ⊕

- ⌭ : 원통도
- ⊕ : 위치도
- ○ : 진원도

22 다음 그림에서 기하공차 기호 ◎ ⌀0.08 A-B 의 설명으로 옳은 것은?

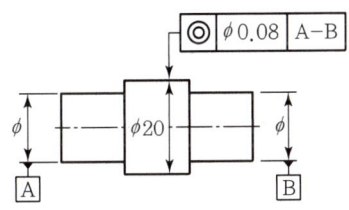

① 데이텀 A-B를 기준으로 흔들림 공차가 지름 0.08mm의 원통 안에 있어야 한다.
② 데이텀 A-B를 기준으로 동심도 공차가 지름 0.08mm의 두 평면 안에 있어야 한다.
③ 데이텀 A-B를 기준으로 동심도 공차가 지름 0.08mm의 원통 안에 있어야 한다.
④ 데이텀 A-B를 기준으로 원통도 공차가 지름 0.08mm의 두 평면 안에 있어야 한다.

해설 ⊕

동심도 공차(◎)를 나타낸 것으로 공차가 지름 0.08mm의 원통 안에 있어야 한다.

23 그림의 "C" 부분에 들어갈 기하공차 기호로 가장 알맞은 것은?

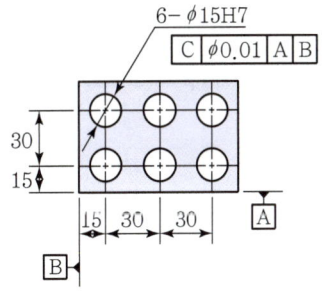

① ◎   ② ⊕
③ ○   ④ ⌒

해설 ⊕

데이텀 A, B를 기준으로 구멍의 위치가 지름 0.01mm의 원통 안에 있어야 하므로 위치도 공차(⊕)가 들어가야 한다.

24 기하공차의 종류에서 위치공차에 해당하는 것은?

① 평면도   ② 원통도
③ 동심도   ④ 직각도

해설 ⊕

위치공차의 종류

위치도	⊕
동심도	◎
대칭도	═

25 다음 기하공차의 종류 중 단독 모양에 적용하는 것은?

① 진원도   ② 평행도
③ 위치도   ④ 원주 흔들림

정답 22 ③ 23 ② 24 ③ 25 ①

해설 ➕

모양 공차(단독 형체)

직진도(진직도)	—
평면도	▱
진원도	○
원통도	⌭

---

26 다음 중 모양 공차에 속하지 않는 것은?

① 평면도 공차 ② 원통도 공차
③ 면의 윤곽도 공차 ④ 평행도 공차

해설 ➕

모양 공차의 종류

직진도(진직도)	—
평면도	▱
진원도	○
원통도	⌭
선의 윤곽도	⌒
면의 윤곽도	⌓

---

27 기하공차에 있어서 평면도의 공차값이 지정 넓이 75×75mm에 대해 0.1mm일 경우 도시가 바르게 된 것은?

① ▱ | 75×75 | 0.1   ② ▱ | 75×75 | 0.1
③ ▱ | 75×75/0.1   ④ ▱ | 0.1/75×75

해설 ➕

허용차 값/지정 넓이 순서로 기입하므로 0.1/75×75 또는 0.1/□75로 기입하면 된다.

---

28 다음의 기하공차 기호를 바르게 해석한 것은?

//	0.1
	0.05/100

① 평행도가 전체 길이에 대해 0.1mm, 지정길이 100mm에 대해 0.05mm의 허용치를 갖는다.
② 평행도가 전체 길이에 대해 0.05mm, 지정길이 100mm에 대해 0.1mm의 허용치를 갖는다.
③ 대칭도가 전체 길이에 대해 0.1mm, 지정길이 100mm에 대해 0.05mm의 허용치를 갖는다.
④ 대칭도가 전체 길이에 대해 0.05mm, 지정길이 100mm에 대해 0.1mm의 허용치를 갖는다.

해설 ➕

평행도 공차(//)를 나타내는 것으로 전체 길이에 대해 0.1mm, 지정길이 100mm에 대해 0.05mm의 허용치를 갖는다.

---

29 기하공차의 종류 중 적용하는 형체가 관련 형체에 속하지 않는 것은?

① 자세 공차
② 모양 공차
③ 위치 공차
④ 흔들림 공차

해설 ➕

모양 공차는 데이텀(기준면)이 불필요한 단독 형체에 해당한다.

정답 26 ④ 27 ④ 28 ① 29 ②

30 모양공차를 표기할 때 그림과 같은 공차 기입 틀에 기입하는 내용은?

① A : 공차값, B : 공차의 종류 기호
② A : 공차의 종류 기호, B : 데이텀 문자 기호
③ A : 데이텀 문자 기호, B : 공차값
④ A : 공차의 종류 기호, B : 공차값

해설

공차 기입 틀의 표시사항

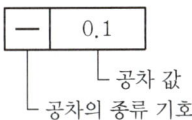

| 데이텀을 지시하지 않는 경우 |

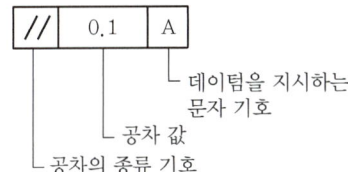

| 데이텀을 지시하는 경우 |

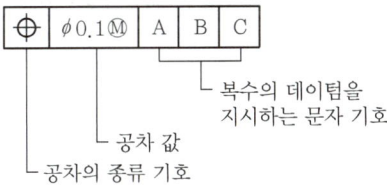

| 복수의 데이텀을 지시하는 경우 |

31 아래 도면의 기하 공차가 나타내고 있는 것은?

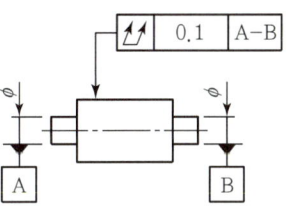

① 원통도 ② 진원도
③ 온 흔들림 ④ 원주 흔들림

해설

 : 온 흔들림 공차

32 기하공차의 종류를 나타낸 것 중 틀린 것은?

① 진직도(—) ② 진원도(○)
③ 평면도(□) ④ 원주 흔들림(↗)

해설

평면도 공차의 기호는 이다.

33 그림의 "b" 부분에 들어갈 기하 공차 기호로 가장 옳은 것은?

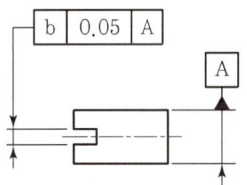

① ⊥ ② ⌒
③ ∠ ④ ═

정답 30 ④ 31 ③ 32 ③ 33 ④

해설 ⊕

- ⊥ : 직각도 공차
- ⌒ : 면의 윤곽도 공차
- ∠ : 경사도 공차
- ═ : 대칭도 공차

여기서는 대칭도 공차가 가장 적당하다.

34 기하 공차의 종류와 기호 설명이 잘못된 것은?

① ▱ : 평면도 공차   ② ○ : 원통도 공차
③ ⊕ : 위치도 공차   ④ ⊥ : 직각도 공차

해설 ⊕

○는 진원도 공차를 나타낸다.

35 그림에서 기하공차 기호로 기입할 수 없는 것은?

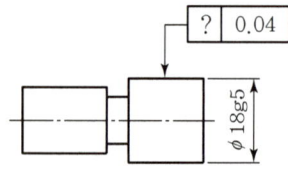

① ⌀   ② ○
③ ═   ④ ─

해설 ⊕

대칭도 공차(═)는 데이텀(기준면)이 있어야 사용할 수 있는 기하공차이다.

36 제거가공 또는 다른 방법으로 얻어진 가공 전의 상태를 그대로 남겨두는 것만을 지시하기 위한 기호는?

① ∀̇   ② ∨   ③ ∀̇   ④ ▽

해설 ⊕

- ∨ : 절삭 등 제거가공의 필요 여부를 문제 삼지 않는다.
- ∀̇ : 제거가공을 하지 않는다.
- ∀̇ : 제거가공을 한다.

37 그림과 같은 면의 지시 기호에 대한 각 지시 사항의 기입 위치에 대한 설명으로 틀린 것은?

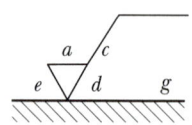

① a : 표면 거칠기(Ra) 값
② d : 줄무늬 방향의 기호
③ g : 표면 파상도
④ c : 가공 방법

해설 ⊕

- c : 컷 오프 값
- e : 기계 가공 공차

38 표면 거칠기 기호를 간략하게 기입한 것으로 옳은 것은?

① 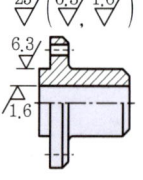   ②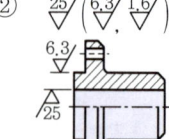

③   ④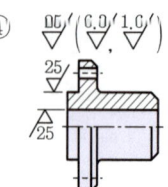

정답 34 ② 35 ③ 36 ① 37 ④ 38 ①

해설 ⊕

표면 거칠기 기호를 도면에 기입할 때는 괄호 안에 있는 거칠기(6.3/, 1.6/)만 기입하면 된다. 기입되지 않은 모든 면은 괄호 밖의 거칠기(25/)를 따른다.

39 표면거칠기 값(6.3)만을 직접 면에 지시하는 경우 표시방향이 잘못된 것은?

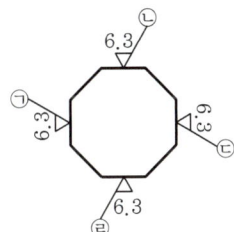

① ㄱ ② ㄴ
③ ㄷ ④ ㄹ

해설 ⊕

ㄷ의 문자 방향이 잘못되었다.

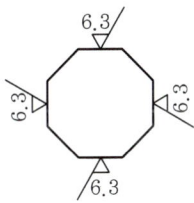

40 가공방법의 약호에서 연삭가공의 기호는?

① L ② D
③ G ④ M

해설 ⊕

- L(Lathe) : 선반가공
- D(Drilling) : 드릴가공
- G(Grinding) : 연삭가공
- M(Milling) : 밀링가공

41 다음의 내용과 가장 관련이 있는 가공에 의한 커터의 줄무늬 방향 기호는?

> 가공에 의한 커터의 줄무늬가 기호를 기입한 면의 중심에 대하여 거의 방사 모양

① ⊥ ② X ③ M ④ R

해설 ⊕

42 그림과 같은 지시 기호에서 "b"에 들어갈 지시사항으로 옳은 것은?

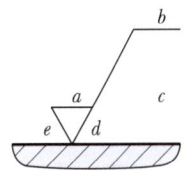

① 가공방법 ② 표면 파상도
③ 줄무늬 방향 기호 ④ 컷오프 값·평가길이

해설 ⊕

- a : 중심선 평균거칠기의 값
- b : 가공방법, 표면처리
- c : 컷오프 값, 평가길이
- d : 줄무늬 방향의 기호
- e : 기계 가공 공차(ISO에 규정되어 있음)

43 가공방법에 대한 기호가 잘못 짝지어진 것은?

① 용접 : W ② 단조 : F
③ 압연 : E ④ 전조 : RL

정답 39 ③ 40 ③ 41 ④ 42 ① 43 ③

해설 ⊕
- 용접 : W(Welding)
- 단조 : F(Forging)
- 압연 : R(Rolling)
- 전조 : RL(Rolling)

44 다음 그림은 면의 지시기호이다. 그림에서 M은 무엇을 의미하는가?

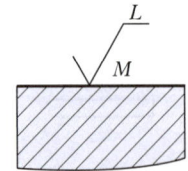

① 밀링 가공
② 줄무늬 방향
③ 표면 거칠기
④ 선반 가공

해설 ⊕
M은 줄무늬 방향 기호로서 가공에 의한 커터의 줄무늬 방향이 여러 방향으로 교차 또는 무 방향을 뜻한다.

45 산술평균 거칠기 표시 기호는?

① Ra
② Rs
③ Rz
④ Ru

해설 ⊕
- Ra : 산술평균 거칠기
- Ry : 최대 높이 거칠기
- Rz : 10점 평균 거칠기

46 가공에 의한 커터의 줄무늬 방향이 그림과 같을 때, (가) 부분의 기호는?

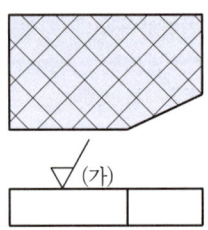

① X ② M
③ R ④ C

해설 ⊕
X
가공으로 생긴 커터의 줄무늬 방향이 기호를 기입한 그림의 투상면에 경사지고 두 방향으로 교차를 뜻한다.

47 가공에 의한 커터의 줄무늬 방향이 다음과 같이 생길 경우 올바른 줄무늬 방향 기호는?

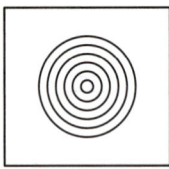

① C ② M
③ R ④ X

해설 ⊕
C
가공으로 생긴 커터의 줄무늬가 기호를 기입한 면의 중심에 대하여 동심원 모양을 뜻한다.

정답 44 ② 45 ① 46 ① 47 ①

48 다음 중 가장 고운 다듬면을 나타내는 것은?

①   ②

③   ④

해설

- ∇ : 제거가공을 하지 않는다.
- ▽ : 제거가공을 한다.
- 거칠기 값의 단위는 μm 이며 0.2는 0.0002mm를 뜻한다.

49 다음 가공방법의 약호를 나타낸 것 중 틀린 것은?

① 선반가공(L)
② 보링가공(B)
③ 리머가공(FR)
④ 호닝가공(GB)

해설

호닝가공(Horning)의 약호는 GH로 나타낸다.

정답 48 ② 49 ④

CHAPTER 06 기계요소의 제도

01 결합용 기계요소

1 나사(Screw)

(1) 나사 도시법

① 수나사와 암나사의 산봉우리 부분(수나사는 바깥쪽 선, 암나사는 안쪽 선)은 굵은 실선으로, 골 부분(수나사는 안쪽 선, 암나사는 바깥쪽 선)은 가는 실선으로 표시한다.
② 나사인 부분(완전 나사부)과 나사가 아닌 부분(불완전 나사부)의 경계는 굵은 실선을 긋고, 나사가 아닌 부분의 골밑 표시선은 축 중심선에 대하여 30°의 경사각을 갖는 가는 실선으로 표시한다.
③ 보이지 않는 부분의 나사산 봉우리와 골 부분, 완전 나사부와 불완전 나사부 등은 중간선 굵기의 은선으로 표시한다.
④ 암나사의 드릴 구멍의 끝부분은 굵은 실선으로 118° 되게 긋는다(도면 작도 시 120°로 그어도 된다).
⑤ 수나사와 암나사 결합 부분은 수나사로 표현한다.
⑥ 나사 부분의 단면 표시에 해치를 할 경우에는 산봉우리 부분까지 긋도록 한다.

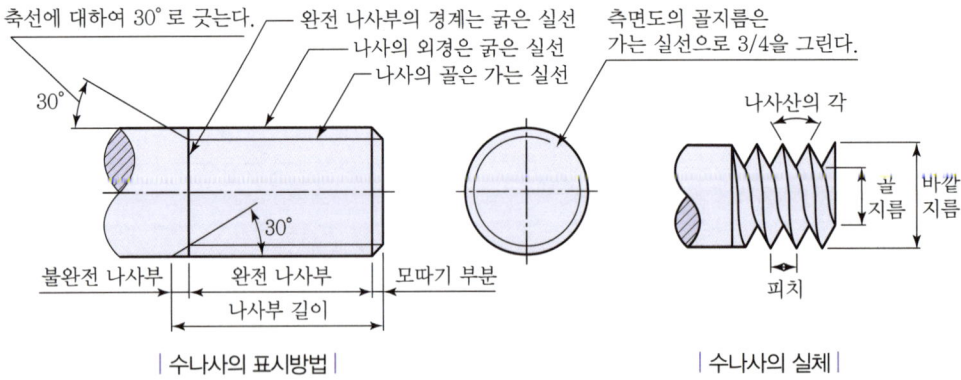

| 수나사의 표시방법 | | 수나사의 실체 |

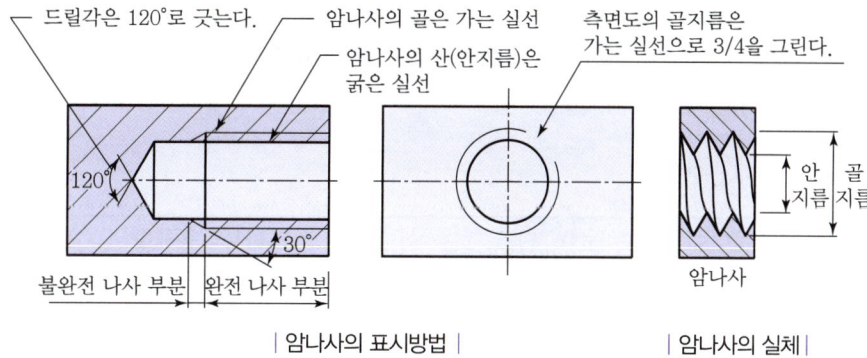

| 암나사의 표시방법 | | 암나사의 실체 |

(2) 나사의 호칭방법

나사의 호칭방법은 "나사산이 감기는 방향, 나사산의 줄의 수, 나사의 호칭, 나사의 등급" 순으로 표시한다. 나사산이 감기는 방향(오른쪽인 경우), 나사산의 줄의 수, 나사의 등급은 필요 없는 경우 생략해도 된다.

① 미터 가는 나사
  - 예 왼 2줄 M50×2-6H : 왼(나사산이 감기는 방향), 2줄(나사산의 줄 수), M50×2(나사의 호칭지름×피치), 6H(암나사의 등급 및 공차 위치)

② 미터 보통 나사의 조합(암나사와 수나사의 등급 동시 표기)
  - 예 왼 M10-6H/6g : 왼(나사산이 감기는 방향), M10(나사의 호칭지름), 6H/6g(암나사와 수나사의 등급)

③ 유니파이 보통 나사의 조합
  - 예 No.4-40UNC-2A : No.4(나사의 호칭치수), 40(25.4mm에 대한 나사산의 수), UNC(유니파이 보통 나사), 2A(암나사의 등급)

④ 관용 평행 수나사
  - 예 G1/2 A : G1/2(관용 평행 수나사의 호칭치수), A급(수나사의 등급)

⑤ 관용 평행 암나사와 관용 테이퍼 수나사의 조합
  - 예 Rp1/2/R1/2 : Rp1/2(관용 평행 암나사)와 R1/2(관용 테이퍼 수나사)의 조합

⑥ 미터 사다리꼴 나사(1줄 나사)
  - 예 Tr40×7-7e : Tr(미터 사다리꼴 나사), 40×7(나사의 호칭지름×피치), 7e(수나사의 등급)
  - 예 Tr40×7 LH : Tr(미터 사다리꼴 나사), 40×7(나사의 호칭지름×피치), LH(나사산이 감기는 방향 왼쪽)

⑦ 미터 사다리꼴 나사(여러 줄 나사)

　예 Tr40×14 (P7) LH : Tr(미터 사다리꼴 나사), 40×14(나사의 호칭지름×리드), P7(나사의 피치), LH(나사산이 감기는 방향 왼쪽)

(3) 나사의 종류와 표시

구분		나사의 종류		나사의 종류를 표시하는 기호	나사의 호칭에 대한 표시방법의 보기
일반용	ISO 규격에 있는 것	미터 보통 나사		M	M8
		미터 가는 나사			M8×1
		미니추어 나사		S	S0.5
		유니파이 보통 나사		UNC	3/8−16UNC
		유니파이 가는 나사		UNF	No.8−36UNF
		미터 사다리꼴 나사		Tr	Tr10×2
		관용 테이퍼 나사	테이퍼 수나사	R	R3/4
			테이퍼 암나사	Rc	Rc3/4
			평행 암나사	Rp	Rp3/4
		관용 평행 나사		G	G1/2
	ISO 규격에 없는 것	30° 사다리꼴 나사(미터계)		TM	TM18
		29° 사다리꼴 나사(인치계)		TW	TW20
		관용 테이퍼 나사	테이퍼 나사	PT	PT7
			평행 암나사	PS	PS7
		관용 평행 나사		PF	PF7

2 키(Key)

(1) 치수 기입법

키 홈은 되도록 위쪽으로 도시한다.

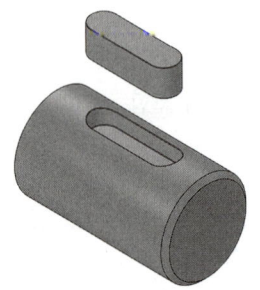
| 묻힘 키의 입체도 |

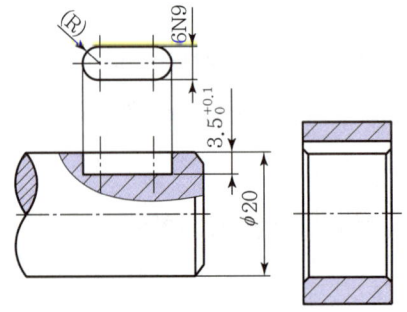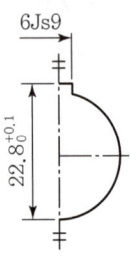
| 묻힘 키의 치수 기입법 |

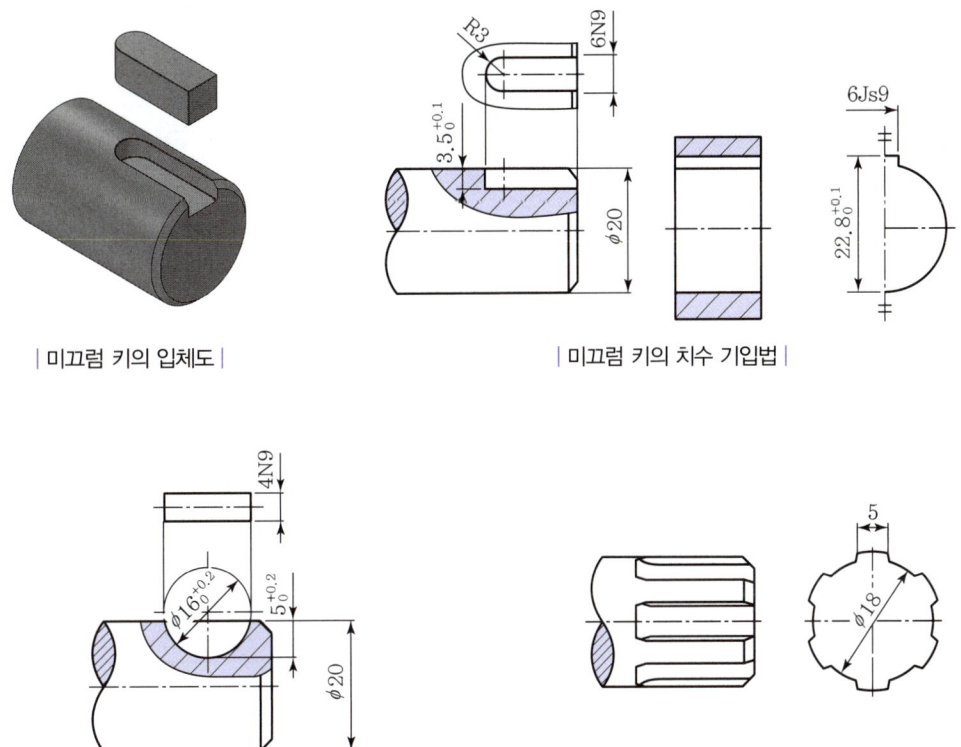

| 미끄럼 키의 입체도 |
| 미끄럼 키의 치수 기입법 |
| 반달 키 홈 |
| 스플라인 |

(2) 키의 종류

키의 종류에는 묻힘 키(평행 키, 경사 키, 반달 키), 미끄럼 키 등이 있다.

모양		기호
평행 키	나사용 구멍 없음	P
	나사용 구멍 있음	PS
경사 키	머리 없음	T
	머리 있음	TG
반달 키	둥근 바닥	WA
	납작 바닥	WB

(3) 키의 끝부분 모양

명칭	양쪽 둥근형	양쪽 네모형	한쪽 둥근형
기호	A	B	C

(4) 키의 호칭방법

① 묻힘 키의 호칭방법

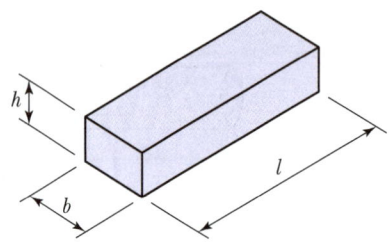

키의 호칭은 "표준번호, 종류(또는 그 기호), '호칭치수×길이'($b \times h \times l$)[반달 키는 호칭치수 ($b \times d_0$)만 기입]"로 한다. 다만, 나사용 구멍이 없는 평행 키 및 머리 없는 경사 키의 경우, 종류는 각각 단순히 "평행 키" 및 "경사 키"로 기재하여도 좋다.

평행 키의 끝부분의 모양을 나타낼 필요가 있는 경우에는 종류 뒤에 그 모양(또는 '종류 – 기호')을 나타낸다.

예		
평행 키	KS B 1311 나사용 구멍 없는 평행 키 양쪽 둥근형 25×14×90	
	KS B 1311 P – B 25×14×90	
경사 키	KS B 1311 머리붙이 경사 키 25×14×90	
	KS B 1311 TG 25×14×90	
반달 키	KS B 1311 둥근 바닥 반달 키 3×16	
	KS B 1311 WA 3×16	

② 미끄럼 키의 호칭방법

키의 호칭은 "표준번호 또는 명칭, 호칭치수×길이"로 한다. 다만, 끝부분의 모양 또는 재료에 대하여 특별 지정이 있는 경우는 이것을 기입한다.

예
- KS B 1313 6×6×50
- KS B 1313 36×20×140 양끝둥금 SM45C – D
- 미끄럼 키 6×6×50 SF55

3 핀(Pin)

(1) 테이퍼 핀

테이퍼 핀의 호칭은 "규격번호 또는 규격명칭, 등급, 호칭지름×길이, 재료"로 기입한다. 단, 특별한 지정사항이 있는 경우에는 그 후에 추가로 기입한다.

호칭 1	KS B 1322 1급 6×70 S45C−Q
호칭 2	테이퍼 핀 2급 6×70 SUS303

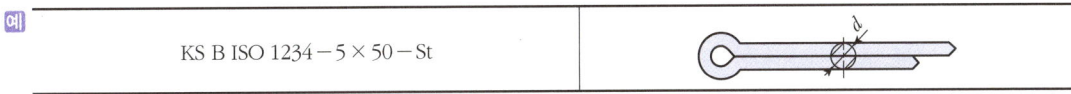

(2) 분할 핀

분할 핀의 호칭은 "규격번호−호칭지름×호칭길이−재료"로 기입한다.

KS B ISO 1234−5×50−St

> 재료에 따른 기호 : 강(St), 구리−아연 합금(CuZn), 구리(Cu), 알루미늄 합금(Al), 오스테나이트 스테인리스강(A)

(3) 평행 핀

평행 핀의 호칭은 "규격번호 또는 규격명칭, 호칭지름, 공차×길이, 등급"으로 기입한다.

호칭 1	KS B ISO 2338−8 m6×30−A1
호칭 2	평행 핀-8 m6×30−St

> 재료에 따른 기호 : 강(St), 오스테나이트 스테인리스강(A)

(4) 테이퍼 값 구하기

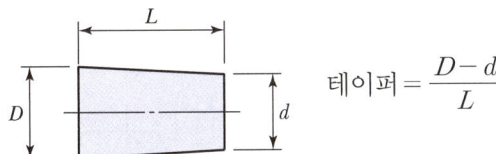

$$테이퍼 = \frac{D-d}{L}$$

02 전동용 기계요소

1 벨트풀리

(1) 평벨트풀리의 도시법

① 평벨트풀리는 축 직각 방향의 단면을 정면도로 한다.
② 평벨트풀리는 대칭형이므로 일부분만을 그릴 수도 있다.
③ 암은 길이 방향으로 단면하지 않으므로 회전 단면도(도형 안에 그릴 때는 가는 실선, 도형 밖에 그릴 때는 굵은 실선)로 표시한다.
④ 암의 테이퍼 부분을 치수 기입할 때 치수보조선은 비스듬하게(수평의 60° 방향, 수직의 30° 방향) 긋는다.

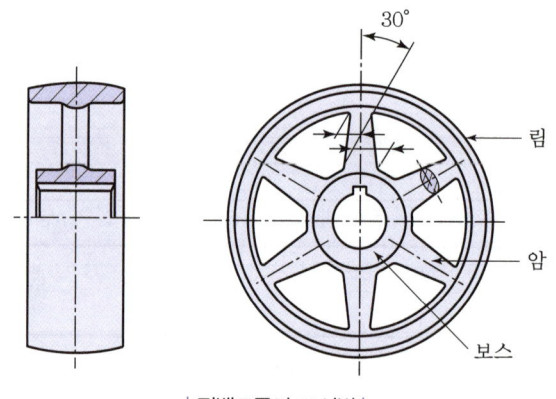

| 평벨트풀리 도시법 |

(2) V 벨트풀리

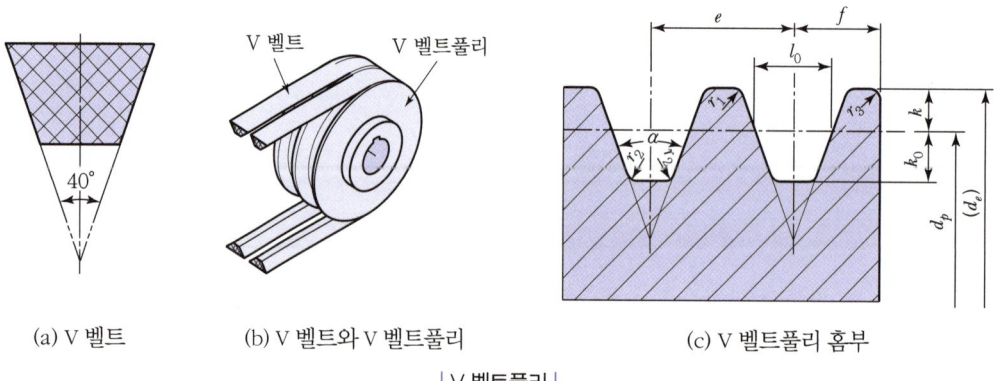

(a) V 벨트   (b) V 벨트와 V 벨트풀리   (c) V 벨트풀리 홈부

| V 벨트풀리 |

크기는 형별에 따라 M, A, B, C, D, E형이 있고, 폭이 가장 좁은 것은 M형, 가장 넓은 것은 E형이다. V 벨트의 각은 40°이고, V 벨트 홈부의 각은 34°, 36°, 38°가 있다. 다음 표는 V 벨트풀리 홈부의 명칭을 나타낸다.

Ⅰ V 벨트풀리 홈부의 명칭

구분	명칭	구분	명칭
d_p	호칭 직경	k_0	피치원 직경에서 홈 바닥까지의 거리
α	홈부 각도	e	홈과 홈 사이의 거리
l_0	피치원 직경에서 홈의 폭	f	홈 중심에서 측면까지의 거리
k	피치원 직경에서 풀리의 바깥지름까지의 거리	$r_{1,2,3}$	홈부의 모서리 라운드

2 스프로킷 휠

① 체인 전동은 체인을 스프로킷 휠에 걸어 감아서(자전거, 오토바이 등) 동력을 전달해 주는 요소이다.

② 도시법
  ㉠ 이끝원은 굵은 실선으로 도시
  ㉡ 피치원은 가는 1점쇄선으로 도시
  ㉢ 이뿌리원은 가는 실선으로 도시
  ㉣ 정면도를 단면으로 도시할 경우 이뿌리는 굵은 실선으로 도시(단면하지 않은 경우 가는 실선으로 도시)

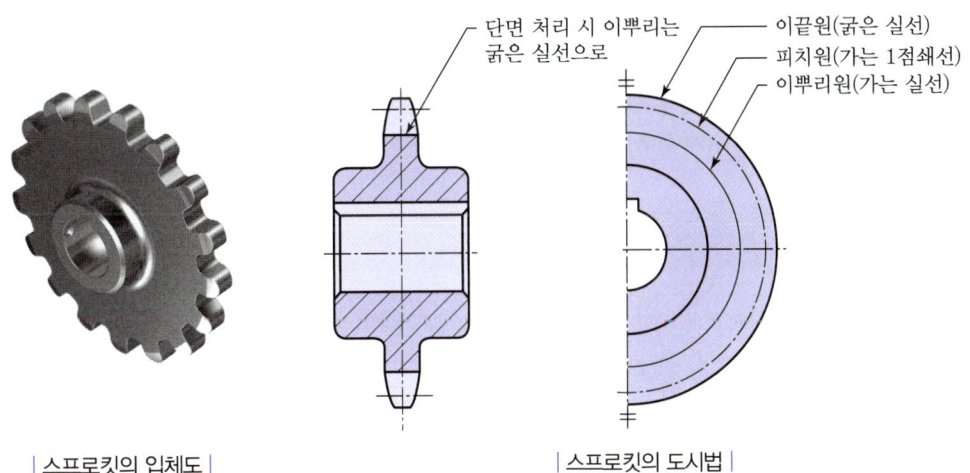

| 스프로킷의 입체도 | | 스프로킷의 도시법 |

3 기어

(1) 스퍼기어의 도시법

① 이끝원은 굵은 실선으로 도시
② 피치원은 가는 1점쇄선으로 도시
③ 이뿌리원은 가는 실선으로 도시(단, 정면도에서 단면을 했을 경우 굵은 실선으로 도시)
④ 피치원 지름(PCD) = 잇수(Z) × 모듈(M)
　이끝원 지름(D) = $PCD + 2M = (Z+2)M$

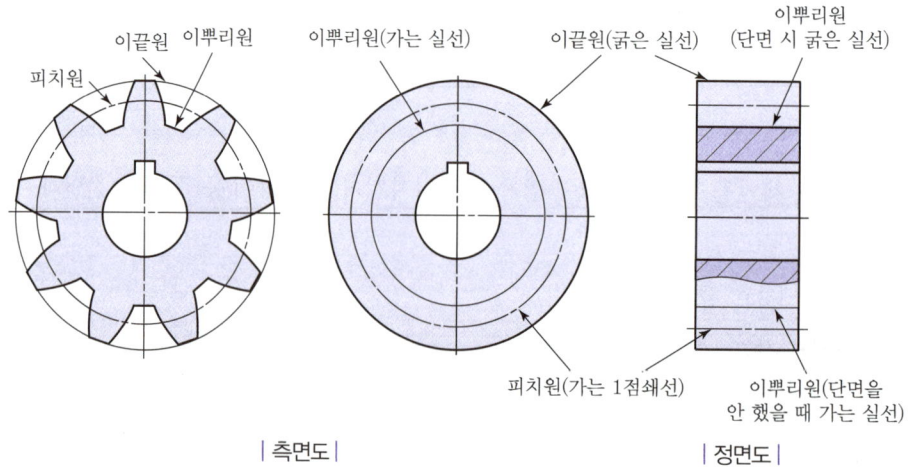

|측면도|　　　|정면도|

(2) 맞물린 기어의 도시법

① 측면도의 이끝원은 굵은 실선으로 도시한다.
② 정면도의 단면에서 한쪽의 이끝원은 파선(숨은선)으로 그린다.

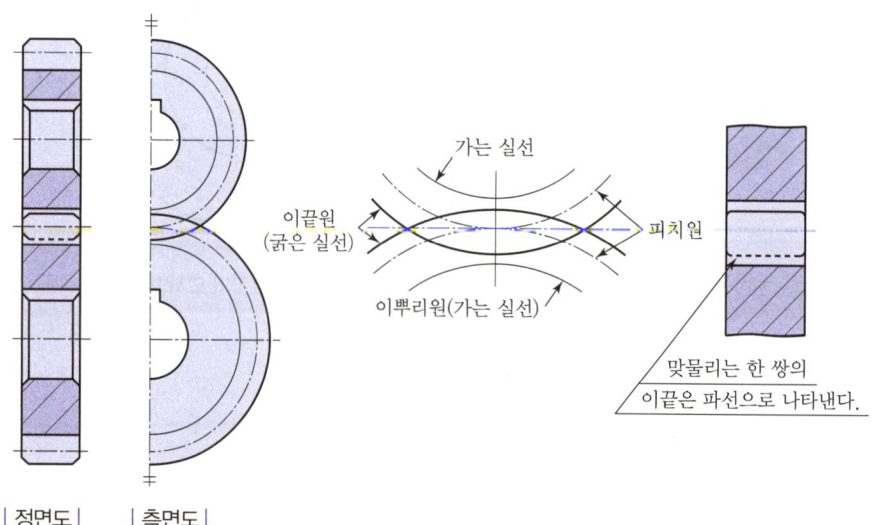

|정면도|　|측면도|

(3) 헬리컬기어의 도시법

헬리컬기어는 이의 모양이 비스듬히 경사져 있다. 기어이의 방향(잇줄 방향)은 3개의 가는 실선으로 그리고, 단면을 하였을 때는 가는 2점쇄선으로 그리며 기울어진 각도와 상관없이 30°로 표시한다.

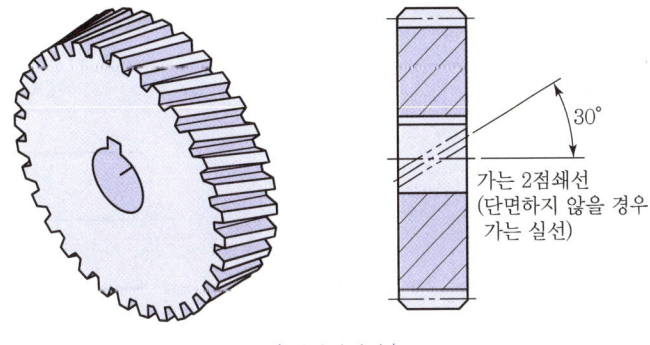

| 헬리컬기어 |

(4) 스퍼기어 요목표

스퍼기어		
기어 치형		표준
기준래크	치형	보통 이
	모듈	2
	압력각	20°
잇수		32
피치원 지름		64
전체 이 높이		4.5
다듬질 방법		호브 절삭
정밀도		KS B 1405, 5급

- 기준래크 : 기어 이를 가공할 공구를 지정한다.
- 피치원 지름＝모듈×잇수로 구한다.
- 전체 이 높이＝2.25×모듈로 구한다.

03 축용 기계요소

1 축의 도시법

내용	도시법
축은 길이 방향으로 단면 도시하지 않는다(단, 부분 단면을 할 때는 표시한다).	
긴 축은 중간을 파단하여 짧게 그리되 치수는 실제 길이로 나타내야 한다.	실제치수
모따기 및 평면 표시는 치수 기입법에 따른다. 모따기는 'C' 기호와 함께 표기하고, 평면은 가는 실선으로 대각선을 그어 표시한다.	평면은 가는 실선으로 대각선으로 표시
축에 널링을 도시할 때 빗줄인 경우는 축선에 대하여 30°로 엇갈리게 나타낸다.	30° / 30°
축을 가공하기 위한 센터의 도시를 한다.	KS B 0410 60° A형 2, 양 끝

2 베어링

회전축을 받쳐주는 기계요소이며 축과 작용하중의 방향에 따라 레이디얼 베어링, 스러스트 베어링으로 나뉘며 축과 베어링 접촉상태에 따라 미끄럼 베어링과 롤링 베어링으로 구분할 수 있다.

   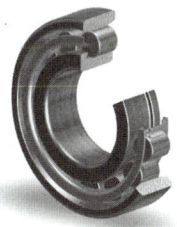

| 깊은 홈 볼베어링 | | 앵귤러 볼베어링 | | 자동조심 볼베어링 | | 원통 롤러베어링 |

(1) 구름 베어링의 형식기호

구름 베어링	깊은 홈 볼베어링	앵귤러 볼베어링	자동조심 볼베어링	원통 롤러베어링				
				NJ	NU	NF	N	NN

니들 롤러베어링		앵귤러 롤러베어링	자동조심 롤러베어링	원통 롤러베어링		스러스트 자동 조심 롤러베어링
NA	RNA			NA	RNA	

(2) 베어링 호칭번호

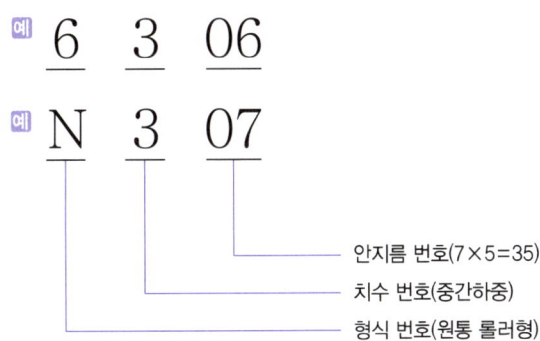

예) 6 3 06

예) N 3 07
- 안지름 번호(7×5=35)
- 치수 번호(중간하중)
- 형식 번호(원통 롤러형)

① 형식 번호(첫 번째 숫자)

번호	형식
1	복렬자동조심형
2, 3	복렬자동조심형(큰 나비)
5	스러스트 베어링
6	단열홈형
7	단열 앵귤러 볼형
N	원통 롤러베어링

② 치수 번호(두 번째 숫자)

번호	종류
0, 1	특별 경하중형
2	경하중형
3	중간 하중형
4	중하중형

③ 안지름 번호(세 번째, 네 번째 숫자)

번호	안지름 크기(mm)
00	10
01	12
02	15
03	17
04	20

- 1~9까지는 숫자가 그대로 베어링 내경이 된다.
  예 625 : 62 계열의 베어링, 내경은 5mm이다.
- 00~03번까지는 왼쪽 표의 크기를 따른다.
- 04번부터는 ×5를 한다(4×5=20).
  예 6206 : 62 계열의 베어링, 내경은 6×5=30이다.
- "/"가 있을 경우 "/" 뒤의 숫자가 그대로 베어링 내경이 된다.
  예 60/22 : 60 계열의 베어링, 내경은 22mm이다.

(3) 베어링 등급기호(숫자 이후의 기호)

무기호	H	P	SP
보통급	상급	정밀급	초정밀급

예 구름베어링(608C2P6)

60	8	C2	P6
베어링 계열 번호	안지름 번호(베어링 내경 8mm)	틈새기호	등급기호(6급)

예 구름베어링(6205ZZNR)

62	05	ZZ	NR
베어링 계열 번호	안지름 번호(베어링 내경 25mm)	실드기호	궤도륜 형상기호

예 앵귤러 볼베어링(7210CDTP5)

72	10	C	DT	P5
베어링 계열 번호	안지름 번호 (베어링 내경 50mm)	접촉각 기호	조합 기호 (병렬 조합)	등급기호(5급)

04 제어용 기계요소

1 스프링

(1) 스프링 제도법

① 스프링은 일반적으로 무하중(힘을 받지 않은 상태)인 상태로 그린다.
② 스프링은 모두 오른쪽으로 감은 것을 나타내고, 왼쪽으로 감은 경우에는 '감긴 방향 왼쪽'이라고 표기한다.
③ 그림에 기입하기 힘든 사항은 요목표에 기입한다.
④ 종류 및 모양만을 간략도로 그릴 경우 재료의 중심선만을 굵은 실선으로 그린다.
⑤ 코일 스프링에서 양 끝을 제외한 동일 모양 부분의 일부를 생략하는 경우에는 생략하는 부분의 선 지름의 중심선을 가는 1점쇄선으로 그린다.
⑥ 조립도, 설명도 등에서 코일 스프링을 도시하는 경우에는 그 단면만으로 표시하여도 좋다.

| 코일 스프링 |

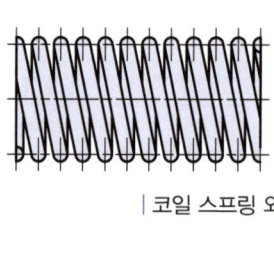 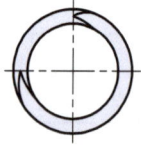 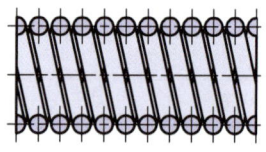 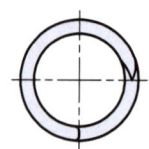

| 코일 스프링 외관도 | | 코일 스프링 단면도 |

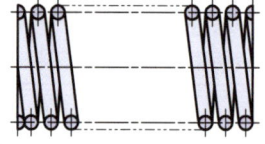 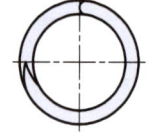

| 코일 스프링 부분 생략도 | | 코일 스프링 간략도 |

(2) 겹판 스프링 제도법

① **겹판 스프링**은 일반적으로 **스프링 판이 수평인 상태(힘을 받고 있는 상태)**에서 그리고, 무하중일 때의 모양은 2점쇄선으로 표시한다.
② 종류 및 모양만을 간략도로 그릴 경우 스프링의 외형만을 굵은 실선으로 그린다.
③ 하중과 처짐의 관계는 요목표에 기입한다.

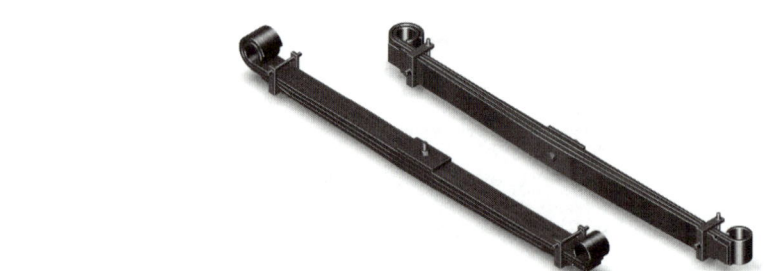

| 겹판 스프링 |

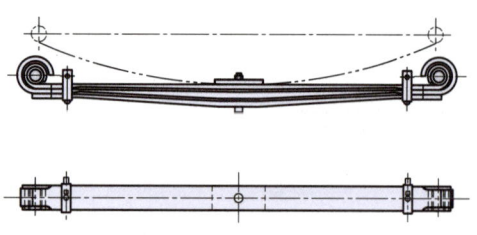

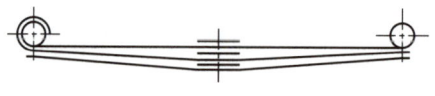

| 겹판 스프링 외관도 | | 겹판 스프링 간략도 |

05 리벳과 용접이음

1 리벳(Rivet Joint)

보일러, 물탱크, 교량 등과 같이 영구적인 이음에 사용된다.

(1) 리벳의 종류(머리 모양에 따라 구분)

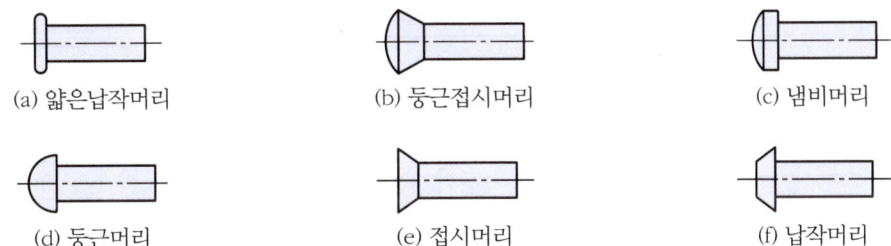

(a) 얇은납작머리
(b) 둥근접시머리
(c) 냄비머리
(d) 둥근머리
(e) 접시머리
(f) 납작머리

(2) 리벳이음의 도시법

① 리벳의 위치만을 표시할 때에는 중심선만으로 그린다.
② 얇은 판이나 형강 등의 단면은 굵은 실선으로 그리고, 인접하여 있는 경우 선 사이를 약간 띄어서 그린다.
③ 리벳은 길이 방향으로 절단하여 그리지 않는다.
④ 구조물에 사용하는 리벳은 약도(간략기호)로 표시한다.
⑤ 같은 피치로 같은 종류의 구멍이 연속되어 있을 때는 '피치의 수 × 피치의 간격 = 합계치수'로 간단히 기입한다.

(3) 리벳의 호칭방법

"표준번호(생략 가능), 종류, 호칭지름 × 길이, 재료, 지정 사항" 순으로 기입한다(단, 둥근머리 리벳의 길이는 머리 부분을 제외한 길이이다).

예 KS B 1102 둥근머리 리벳 12 × 30 SV330

(4) 리벳이음의 종류

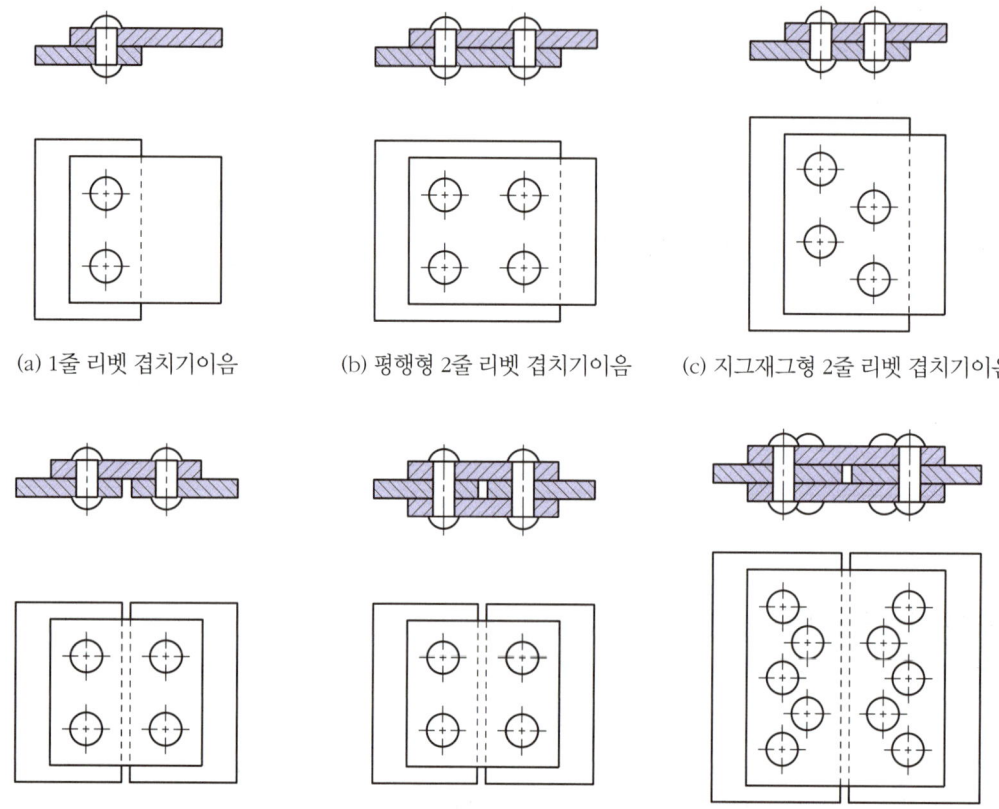

(a) 1줄 리벳 겹치기이음   (b) 평행형 2줄 리벳 겹치기이음   (c) 지그재그형 2줄 리벳 겹치기이음

(d) 한쪽 덮개판 1줄 리벳 맞대기이음   (e) 양쪽 덮개판 1줄 리벳 맞대기이음   (f) 양쪽 덮개판 2줄 리벳 맞대기이음

2 용접이음

(1) 용접이음의 종류

용접이음의 종류는 모재의 배치에 따라 다음과 같이 구분한다.

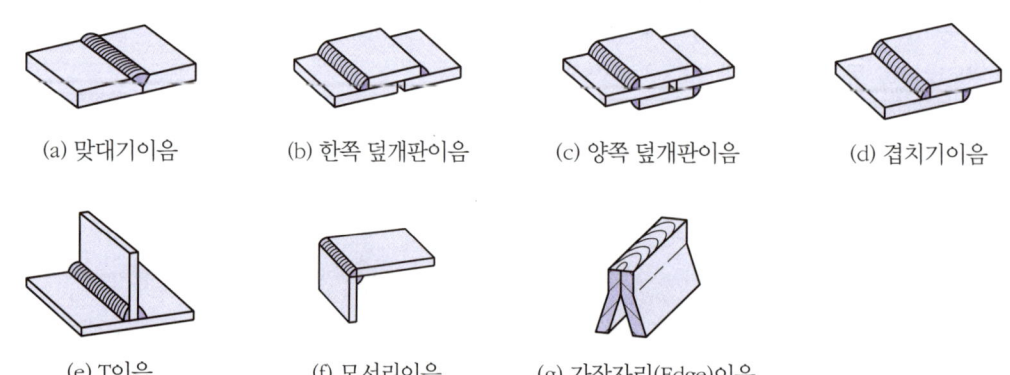

(a) 맞대기이음   (b) 한쪽 덮개판이음   (c) 양쪽 덮개판이음   (d) 겹치기이음

(e) T이음   (f) 모서리이음   (g) 가장자리(Edge)이음

(2) 용접의 종류와 기호

① 기본기호(KS B 0052) : 한국산업표준 그림 인용

번호	명칭	그림	기호
1	돌출된 모서리를 가진 평판 사이의 맞대기 용접 에지 플랜지형 용접(미국)/돌출된 모서리는 완전 용해		八
2	평행(I형) 맞대기 용접		||
3	V형 맞대기 용접		V
4	일면 개선형 맞대기 용접		V
5	넓은 루트면이 있는 V형 맞대기 용접		Y
6	넓은 루트면이 있는 한 면 개선형 맞대기 용접		Y
7	U형 맞대기 용접(평행 또는 경사면)		Y
8	J형 맞대기 용접		Y
9	이면 용접		⌒
10	필릿 용접		◺
11	플러그 용접 : 플러그 또는 슬롯 용접(미국)		⊓
12	점 용접		○

번호	명칭	그림	기호
13	심(Seam) 용접		⊖
14	개선 각이 급격한 V형 맞대기 용접		\/
15	개선 각이 급격한 일면 개선형 맞대기 용접		|
16	가장자리(Edge) 용접		|||
17	표면 육성		⌒⌒
18	표면(Surface) 접합부		=
19	경사 접합부		//
20	겹침 접합부		⊂

② 기본기호의 조합

필요한 경우 기본기호를 조합하여 사용할 수 있으며, 양면 용접의 경우에는 기본기호를 기준선에 대칭되게 조합하여 사용하면 된다.

양면 용접부 조합기호(보기) : 한국산업표준 그림 인용

명칭	그림	기호
양면 V형 맞대기 용접(X용접)		X
K형 맞대기 용접		K

명칭	그림	기호
넓은 루트면이 있는 양면 V형 용접		✕
넓은 루트면이 있는 K형 맞대기 용접		K
양면 U형 맞대기 용접		✗

③ 보조기호

용접부 표면의 모양이나 형상의 특징을 나타내는 기호로 보조기호가 없는 경우에는 용접부의 표면을 자세히 나타낼 필요가 없다는 것을 의미한다.

▌보조기호 : 한국산업표준 그림 인용

용접부 표면 또는 용접부 형상	기호
평면(동일한 면으로 마감 처리)	—
볼록형	⌒
오목형	⌣
토우를 매끄럽게 함	⌣
영구적인 이면 판재(Backing Strip) 사용	M
제거 가능한 이면 판재 사용	MR

▌보조기호의 적용 보기 : 한국산업표준 그림 인용

명칭	그림	기호
평면 마감 처리한 V형 맞대기 용접		▽
볼록 양면 V형 용접		✕
오목 필릿 용접		◁
이면 용접이 있으며 표면 모두 평면 마감 처리한 V형 맞대기 용접		▽

명칭	그림	기호
넓은 루트면이 있고 이면 용접된 V형 맞대기 용접		
평면 마감 처리한 V형 맞대기 용접		a
매끄럽게 처리한 필릿 용접		

a ISO 1302에 따른 기호(표면의 결에 대한 지시) : 이 기호(▽) 대신 다음 기호(√)를 사용할 수 있다.

(3) 용접부 위치에 따른 기호의 표시

용접부가 화살표 쪽에 있으면 기호는 실선(기준선) 쪽에 표시하며, 용접부가 화살표 반대쪽에 있으면 기호는 점선(식별선) 쪽에 표시한다.

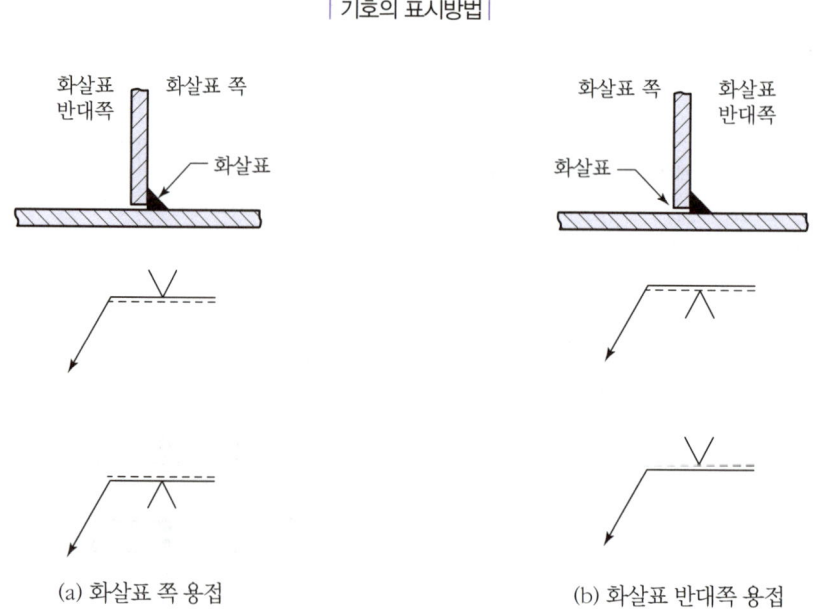

1=화살표
2a=기준선(실선)
2b=식별선(점선)
3=용접기호

| 기호의 표시방법 |

(a) 화살표 쪽 용접   (b) 화살표 반대쪽 용접

| 용접부 위치에 따른 용접기호의 표시 |

(4) 용접부의 치수 표시

① 용접기호 다음에 어떤 표시도 없는 것은 용접부재의 전체 길이로 연속 용접한다는 의미이다.
② 별도 표시가 없는 경우는 완전 용입이 되는 맞대기 용접을 나타낸다.

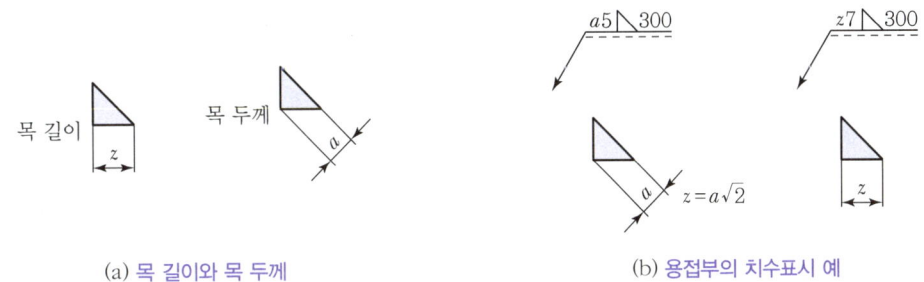

(a) 목 길이와 목 두께   (b) 용접부의 치수표시 예

| 필릿 용접부의 치수 표시방법 |

예
- $a5 \diagdown 300$: 화살표 쪽 필릿 용접으로 목 두께가 5mm이고, 용접부 길이는 300mm이다.
- $z7 \diagdown 300$: 화살표 쪽 필릿 용접으로 목 길이가 7mm이고, 용접부 길이는 300mm이다.

▍주요 치수 : 한국산업표준 그림 인용

번호	명칭	그림	표시
1	맞대기 용접		$\vee$
			$\|\|_s$
			Y_s
2	플랜지형 맞대기 용접		$\|\|_s$
3	연속 필릿 용접		$a\triangleright$ $z\triangleright$
4	단속 필릿 용접		$a\triangleright n \times l(e)$ $z\triangleright n \times l(e)$

번호	명칭	그림	표시
5	지그재그 단속 필릿 용접		$\dfrac{a}{a} \triangleright \dfrac{n \times l}{n \times l}$ (e)(e) $\dfrac{z}{z} \triangleright \dfrac{n \times l}{n \times l}$ (e)(e)
6	플러그 또는 슬롯 용접		$c \ \square \ n \times l(e)$
7	심 용접		$c \ \ominus \ n \times l(e)$
8	플러그 용접		$d \ \square \ n(e)$
9	점 용접		$d \ \bigcirc \ n(e)$

> **Reference**
>
> **치수에 표시되는 문자의 의미**
>
> - s : 맞대기 용접의 경우 부재의 표면으로부터 용입의 바닥까지의 최소거리를 뜻하며, 플랜지형 맞대기 용접의 경우 용접부 외부 표면으로부터 용입의 바닥까지의 최소거리를 뜻한다.
> - a : 목 두께
> - z : 목 길이
> - l : 용접 길이
> - (e) : 인접한 용접부 간격
> - n : 용접부 수
> - c : 슬롯의 너비(플러그 또는 슬롯 용접), 용접부 너비(심 용접)
> - d : 구멍의 지름(플러그 용접), 용접부의 지름(점 용접)

(5) 보조 표시

① **일주용접**

용접이 부재의 전체를 둘러서 이루어질 때 기호는 원으로 표시한다.

② **현장용접**

현장용접을 표시할 때는 깃발기호를 사용한다.

| 일주 용접의 표시 | | 현장 용접의 표시 |

06 관용 기계요소

1 배관(Pipe)

(1) 배관의 도시방법

① 파이프는 실선으로 나타내며 같은 도면 내에서는 같은 굵기로 그린다.
② 파이프 내에 흐르는 유체는 문자로 나타내고 흐름의 방향은 화살표로 표시한다.
③ 파이프의 종류 및 굵기를 표시할 때는 실선 위쪽이나 왼쪽에 글자·글자기호를 사용하여 표시한다. 단, 복잡한 도면인 경우에는 지시선을 사용하여 표시한다.

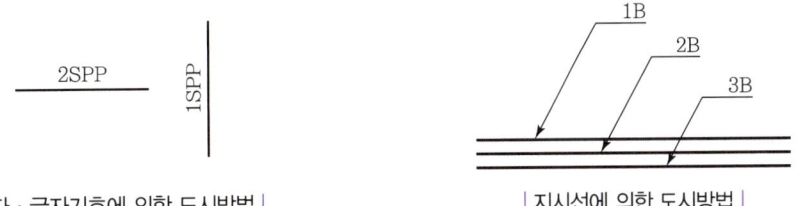

| 글자·글자기호에 의한 도시방법 | | 지시선에 의한 도시방법 |

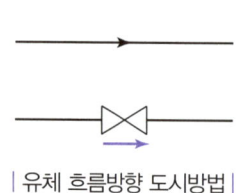

| 유체 흐름방향 도시방법 |

유체의 종류와 글자기호

유체의 종류	글자기호
공기(Air)	A
가스(Gas)	G
유류(Oil)	O
수증기(Steam)	S
수증기(Vapor)	V
물(Water)	W

(2) 관의 접속 상태의 표시방법

관을 표시하는 선이 교차하는 경우 각각의 관이 연결되어 있는지 연결되어 있지 않은지를 표시한다.

접속 상태	연결되어 있지 않을 경우			연결되어 있는 경우	
				분기상태	교차상태
도시기호	─┼─	─│┤├─	또는 ─┴┬─	─┬─	─┼─

(3) 관의 결합방식에 따른 표시방법

결합방식	도시기호	결합방식	도시기호
일반	──┼──	용접식	──●──
플랜지식	──╫──	접수구방식	──⊃──
유니온식	──╫╫──		

(4) 관의 끝부분 표시방법

명칭	도시기호
마감 플랜지	──╢
나사끼움식 캡 및 나사끼움식 플러그	──⊐
용접식 캡	──⊃

(5) 계기의 표시방법

결합방식	도시기호	결합방식	도시기호
계기 일반	○	온도지시계	Ⓣ
압력지시계	Ⓟ	유량지시계	Ⓕ

(6) 밸브의 종류

종류	도시기호	설명
밸브 일반	▷◁	파이프의 중간이나 용기 등에 설치하여 유체의 흐름을 제어한다.
스톱 밸브	▶◀	글로브 밸브라고도 하며 입구와 출구가 일직선상에 있어 유체의 흐름이 동일한 밸브이다.
게이트 밸브	▷◁	슬로브 밸브라고도 하며 밸브 디스크가 유체의 통로를 수직으로 막아서 개폐하고 유체의 흐름이 일직선으로 유지되는 밸브이다.
체크 밸브	⟋⟍	유체를 한 방향으로만 흐르게 하고 반대 방향으로는 흐르지 못하도록 하는 밸브이다.
볼 밸브	▷⊗◁	밸브 내부에 구멍이 뚫린 공 모양이 있어 이것을 회전시켜 구멍을 막거나 열어 유체를 흐름을 조절하는 밸브로 콕과 유사한 밸브이다.
버터플라이 밸브	─•─	밸브 내부에 있는 원판을 회전시켜 유체의 흐름을 조절하는 밸브이다.
앵글 밸브	△	입구와 출구가 직각을 이루고 있어 유체의 흐름 방향이 90°로 바뀌는 밸브이다.
3방향 밸브	⋈	3방향으로 유체의 흐름을 제어하는 밸브이다.
안전밸브	⧖ ⧗	보일러 또는 압력 용기에서 실제 사용 압력이 설계된 규정 압력보다 높아졌을 때 밸브가 열려 사용 압력을 조정하는 장치이다.
콕 밸브	▷○◁	원뿔에 구멍을 뚫어 이것을 90° 회전시켜 유체의 흐름으로 조절하는 밸브이다.

실전 문제

01 나사의 종류를 나타내는 기호 중 틀린 것은?

① R : 관용 테이퍼 수나사
② S : 미니어처 나사
③ UNC : 유니파이 보통나사
④ TM : 29° 사다리꼴 나사

> **해설**
> - TM : 30° 사다리꼴 나사(미터계)
> - TW : 29° 사다리꼴 나사(인치계)

02 나사의 각 부를 표시하는 선에 대한 설명으로 틀린 것은?

① 수나사의 바깥지름과 암나사의 안지름은 굵은 실선으로 그린다.
② 수나사와 암나사의 골을 표시하는 선은 굵은 실선으로 그린다.
③ 완전나사부와 불완전나사부의 경계선은 굵은 실선으로 그린다.
④ 가려서 보이지 않는 나사부는 파선으로 그린다.

> **해설**
> 수나사와 암나사의 골을 표시하는 선은 가는 실선으로 그린다.

03 테이퍼 핀의 호칭지름을 표시하는 부분은?

① 핀의 큰 쪽 지름
② 핀의 작은 쪽 지름
③ 핀의 중간 부분 지름
④ 핀의 작은 쪽 지름에서 전체의 1/3 되는 부분

> **해설**
> 테이퍼 1/50, 작은 쪽이 호칭지름

04 나사의 도시 방법에서 골 지름을 표시하는 선의 종류는?

① 굵은 실선
② 굵은 1점쇄선
③ 가는 실선
④ 가는 1점쇄선

> **해설**
> 수나사와 암나사의 골을 표시하는 선은 가는 실선으로 그린다.

05 ISO 표준에 있는 미터 사다리꼴 나사를 표시하는 기호는?

① TM
② Tr
③ TW
④ PT

> **해설**
> - TM : 30° 사다리꼴 나사(미터계)
> - TW : 29° 사다리꼴 나사(인치계)
> - Tr : 미터 사다리꼴 나사
> - PT : 관용 테이퍼 나사

정답 01 ④ 02 ② 03 ② 04 ③ 05 ②

06 다음과 같은 평행키의 호칭에 대한 설명으로 틀린 것은?

KS B 1311 P－A 25 × 14 × 90

① P : 모양이 나사용 구멍 없음
② A : 끝부가 한쪽 둥근형
③ 25 : 키의 너비
④ 14 : 키의 높이

해설

- A : 키의 끝부분 모양이 양쪽 둥근형
- B : 키의 끝부분 모양이 양쪽 네모형
- C : 키의 끝부분 모양이 한쪽 둥근형

07 어떤 나사의 표시가 좌2줄 M10－7H/6g이다. 이에 대한 설명으로 틀린 것은?

① 왼나사
② 2줄 나사
③ 미터 보통나사
④ 암나사 등급 6g

해설

- 좌 : 나사산이 감기는 방향 왼쪽, 왼나사
- 2줄 : 나사산의 줄 수
- M10 : 미터 보통 나사의 호칭지름
- 7H/6g : 암나사(H)와 수나사(g)의 등급

08 다음 나사의 종류와 기호 표시로 틀린 것은?

① 미터 보통나사 : M
② 관용 평행 나사 : G
③ 미니추어 나사 : S
④ 전구 나사 : R

해설

- 관용 테이퍼 수나사 : R
- 전구 나사 : E

09 스플릿 테이퍼 핀의 테이퍼 값은?

① $\dfrac{1}{20}$　　② $\dfrac{1}{25}$

③ $\dfrac{1}{50}$　　④ $\dfrac{1}{100}$

해설

스플릿 테이퍼 핀의 테이퍼 값은 $\dfrac{1}{50}$이다.

10 다음 표기는 무엇을 나타낸 것인가?

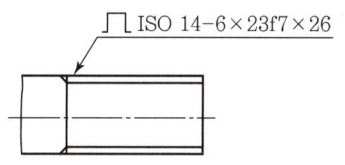

ISO 14－6×23f7×26

① 사다리꼴 나사
② 스플라인
③ 사각나사
④ 세레이션

해설

 : 스플라인 기호를 나타낸 것이다.

11 볼트의 규격 M12×80의 설명으로 맞는 것은?

① 미터 나사의 호칭지름이 12mm이다.
② 미터 나사의 골지름이 12mm이다.
③ 미터 나사의 피치가 80mm이다.
④ 미터 나사의 바깥지름이 80mm이다.

정답　06 ②　07 ④　08 ④　09 ③　10 ②　11 ①

해설 ⊕

미터 나사이고 호칭지름(M12)×볼트의 길이(80mm)로 나타낸다.

12 도면에 3/8 − 16UNC − 2A로 표시되어 있다. 이에 대한 설명 중 틀린 것은?

① 3/8은 나사의 지름을 표시하는 숫자이다.
② 16은 1인치 내의 나사산의 수를 표시한 것이다.
③ UNC는 유니파이 보통 나사를 의미한다.
④ 2A는 수량을 의미한다.

해설 ⊕

2A는 암나사의 등급을 의미한다.

13 좌2줄 M50×3−6H는 나사 표시방법의 보기이다. 리드는 몇 mm인가?

① 3   ② 6
③ 9   ④ 12

해설 ⊕

나사의 리드=나사산의 줄 수×피치=2×3=6mm

14 다음은 육각볼트의 호칭이다. ③이 의미하는 것은?

KS B 1002	6각볼트	A	M12×80	−8.8	MFZn2
①	②	③	④	⑤	⑥

① 강도   ② 부품등급
③ 종류   ④ 규격번호

해설 ⊕

① 육각볼트의 규격번호
② 볼트의 종류
③ 부품 등급
④ 호칭치수(호칭지름×볼트의 길이)
⑤ 강도 구분 또는 성상 구분
⑥ 재료의 종류

15 수나사 막대의 양 끝에 나사를 깎은 머리 없는 볼트로서, 한 끝은 본체에 박고 다른 끝은 너트로 죌 때 쓰이는 것은?

① 관통 볼트   ② 미니추어 볼트
③ 스터드 볼트   ④ 탭 볼트

해설 ⊕

스터드 볼트

16 호칭지름 6mm, 호칭길이 30mm, 공차 m6인 비경화강 평행핀의 호칭방법이 옳게 표현된 것은?

① 평행핀−6×30−m6−St
② 평행핀−6×30−m6−A1
③ 평행핀−6m6×30−St
④ 평행핀−6m60×30−A1

해설 ⊕

평행 핀의 호칭방법
규격번호 또는 규격명칭, 호칭지름, 공차×길이, 등급, 재료 순으로 기입한다.

17 일반적으로 가장 널리 사용되며 축과 보스에 모두 홈을 가공하여 사용하는 키는?

① 접선 키   ② 안장 키
③ 묻힘 키   ④ 원뿔 키

정답 12 ④ 13 ② 14 ② 15 ③ 16 ③ 17 ③

해설 ⊕

묻힘 키
일반적으로 가장 널리 사용되며 축과 보스에 모두 홈을 가공하여 사용하는 키이다.

18 나사면에 증기, 기름 또는 외부로부터의 먼지 등이 유입되는 것을 방지하기 위해 사용하는 너트는?

① 나비 너트
② 둥근 너트
③ 사각 너트
④ 캡 너트

해설 ⊕

캡 너트

19 나사용 구멍이 없는 평행 키의 기호는?

① P
② PS
③ T
④ TG

해설 ⊕

키의 종류에 따른 기호

모양		기호
평행 키	나사용 구멍 없음	P
	나사용 구멍 있음	PS
경사 키	머리 없음	T
	머리 있음	TG
반달 키	둥근 바닥	WA
	납작 바닥	WB

20 볼트의 머리가 조립부분에서 밖으로 나오지 않아야 할 때, 사용하는 볼트는?

① 아이 볼트
② 나비 볼트
③ 기초 볼트
④ 육각 구멍붙이 볼트

해설 ⊕

육각 구멍붙이 볼트

21 다음 중 키의 호칭방법을 옳게 나타낸 것은?

① (종류 또는 기호) (표준번호 또는 키 명칭) (호칭치수)×(길이)
② (표준번호 또는 키 명칭) (종류 또는 기호) (호칭치수)×(길이)
③ (종류 또는 기호) (표준번호 또는 키 명칭) (길이)×(호칭치수)
④ (표준번호 또는 키 명칭) (종류 또는 기호) (길이)×(호칭치수)

해설 ⊕

평행키의 호칭방법
(표준번호 또는 키 명칭) (종류 또는 기호) (호칭치수)×(길이)

22 미터 보통 나사에서 수나사의 호칭지름은 무엇을 기준으로 하는가?

① 유효지름
② 골지름
③ 바깥지름
④ 피치원 지름

해설 ⊕

수나사의 호칭지름은 수나사의 바깥지름으로 나타낸다.

정답 18 ④ 19 ① 20 ④ 21 ② 22 ③

23 스퍼기어를 축방향으로 단면 투상할 경우 도시방법으로 틀린 것은?

① 이끝원은 굵은 실선으로 그린다.
② 피치원은 가는 1점쇄선으로 그린다.
③ 이뿌리원은 파선으로 그린다.
④ 맞물리는 한 쌍의 기어의 이끝원은 굵은 실선으로 그린다.

해설
이뿌리원은 가는 실선으로 그린다. 단, 정면도에서 단면을 했을 경우 굵은 실선으로 도시한다.

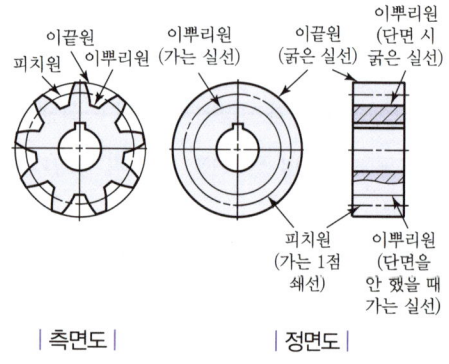

| 측면도 | | 정면도 |

24 스프로킷 휠의 도시법에 대한 설명으로 틀린 것은?

① 바깥지름은 굵은 실선, 피치원은 가는 1점쇄선으로 도시한다.
② 이뿌리원을 축에 직각인 방향에서 단면 도시할 경우에는 가는 실선으로 도시한다.
③ 이뿌리원은 가는 실선으로 도시하나 기입을 생략해도 좋다.
④ 항목표에는 원칙적으로 이의 특성에 관한 사항과 이의 절삭에 필요한 치수를 기입한다.

해설
이뿌리원을 축에 직각인 방향에서 단면 도시할 경우에는 굵은 실선으로 도시한다.

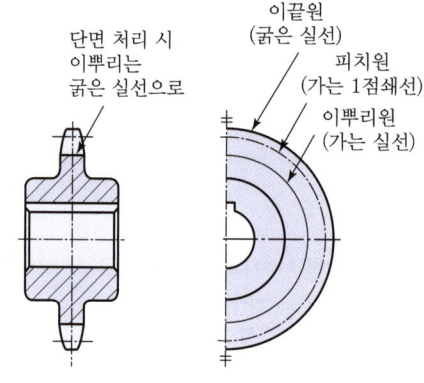

| 스프로킷의 도시법 |

25 맞물리는 한 쌍의 평기어에서 모듈이 2이고 잇수가 각각 20, 30일 때 두 기어의 중심거리는?

① 30mm ② 40mm ③ 50mm ④ 60mm

해설
피치원 지름(PCD)=잇수(Z)×모듈(M)이므로
잇수가 20인 기어의 피치원 지름 : $PCD_1 = 20 \times 2 = 40$
잇수가 30인 기어의 피치원 지름 : $PCD_2 = 30 \times 2 = 60$
∴ 중심거리 $C = \dfrac{PCD_1 + PCD_2}{2} = \dfrac{40+60}{2} = 50mm$

26 평벨트풀리의 도시방법으로 잘못 설명된 것은?

① 풀리는 축 직각 방향의 투상을 주 투상도로 할 수 있다.
② 벨트풀리는 모양이 대칭형이므로 그 일부분만을 도시할 수 있다.
③ 방사형으로 되어 있는 암은 수직 중심선 또는 수평 중심선까지 회전하여 투상 할 수 있다.
④ 암은 길이 방향으로 절단하여 단면을 도시한다.

해설
암은 길이 방향으로 단면하지 않으므로 회전단면도(도형 안에 그릴 때는 가는 실선, 도형 밖에 그릴 때는 굵은 실선)로 표시한다.

정답 23 ③ 24 ② 25 ③ 26 ④

27 다음 그림은 어떤 기어(Gear)를 간략 도시한 것인가?

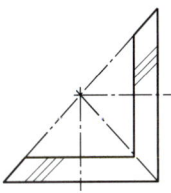

① 베벨기어 ② 스파이럴 베벨기어
③ 헬리컬기어 ④ 웜과 웜기어

해설
스파이럴 베벨기어는 기어의 이가 나선 모양으로 비틀려 있는 모양을 가지므로 잇줄 방향을 3개의 가는 실선으로 그린다.

28 다음 표는 스퍼기어의 요목표이다. 빈칸 (A), (B)에 적합한 숫자로 맞는 것은?

스퍼기어 요목표		
기어 치형		표준
기준 래크	치형	보통 이
	모듈	2
	압력각	20°
잇수		45
피치원 지름		(A)
전체 이 높이		(B)
다듬질 방법		호브절삭

① A : φ90, B : 4.5 ② A : φ45, B : 4.5
③ A : φ90, B : 4.0 ④ A : φ45, B : 4.0

해설
- 피치원 지름(PCD) = 잇수(Z) × 모듈(M) = 45 × 2 = 90
- 전체 이 높이(h) = 2.25 × 모듈(M) = 2.25 × 2 = 4.5

29 다음 설명과 관련된 V-벨트의 종류는?

- 한 줄 걸기를 원칙으로 한다.
- 단면 치수가 가장 작다.

① A형 ② C형
③ E형 ④ M형

해설
V-벨트의 크기는 형별에 따라 M, A, B, C, D, E형이 있고, 폭이 가장 좁은 것은 M형, 가장 넓은 것은 E형이다.

30 래크와 기어의 이가 서로 완전히 접하도록 겹쳐 놓았을 때, 기어의 기준 원통과 기준 래크의 기준면 사이를 공통 법선을 따라 측정한 거리를 무엇이라 하는가?

① 공칭 피치 ② 전위량
③ 법선 피치 ④ 오버핀 치수

해설
전위량
기어의 기준 원통과 기준 래크의 기준면 사이를 공통 법선을 따라 측정한 거리

31 외접 헬리컬기어를 축에 직각인 방향에서 본 단면으로 도시할 때, 잇줄 방향의 표시 방법은?

① 1개의 가는 실선
② 3개의 가는 실선
③ 1개의 가는 2점쇄선
④ 3개의 가는 2점쇄선

정답 27 ② 28 ① 29 ④ 30 ② 31 ④

해설 ➕

기어이의 방향(잇줄 방향)은 3개의 가는 실선으로 그리고, 단면을 하였을 때는 가는 2점쇄선으로 그리며 기울어진 각도와 상관없이 30°로 표시한다.

32 모듈 6, $Z_1 = 45$, $Z_2 = 85$, 압력각 14.5°의 한 쌍의 표준기어를 그리려고 할 때, 기어의 바깥지름 D_1, D_2를 얼마로 그리면 되는가?

① 282mm, 522mm
② 270mm, 510mm
③ 382mm, 622mm
④ 280mm, 610mm

해설 ➕

피치원 지름(PCD) = 잇수(Z) × 모듈(M)
이끝원 지름(D) = $PCD + 2M = (Z+2) \times M$
- $D_1 = (45+2) \times 6 = 282$mm
- $D_2 = (85+2) \times 6 = 522$mm

33 V벨트풀리에 대한 설명으로 올바른 것은?

① A형은 원칙적으로 한 줄만 걸친다.
② 암은 길이 방향으로 절단하여 도시한다.
③ V벨트풀리는 축 직각 방향의 투상을 정면도로 한다.
④ V벨트풀리의 홈의 각도는 35°, 38°, 40°, 42° 4종류가 있다.

해설 ➕

① M형은 원칙적으로 한 줄만 걸친다.
② 암은 길이 방향으로 단면하지 않으므로 회전단면도(도형 안에 그릴 때는 가는 실선, 도형 밖에 그릴 때는 굵은 실선)로 표시한다.
④ V벨트풀리의 홈의 각도는 34°, 36°, 38° 3종류가 있다.

34 기어의 요목표에 [기준래크]의 치형, 압력각, 모듈을 기입한다. 여기서 [기준래크]란 무엇을 뜻하는가?

① 기어 이를 가공할 기계종류를 지정한 것이다.
② 기어 이를 가공할 때 설치할 곳을 지정한 것이다.
③ 기어 이를 가공할 공구를 지정한 것이다.
④ 기어 이를 검사할 측정기를 지정한 것이다.

해설 ➕

기준래크는 기어 이를 가공할 공구를 지정한 것이다.

35 일반적으로 스퍼기어의 요목표에 기입하는 사항이 아닌 것은?

① 치형
② 잇수
③ 피치원 지름
④ 비틀림각

해설 ➕

스퍼기어는 평기어로 비틀림각이 존재하지 않는다.

36 평 벨트풀리의 도시방법으로 틀린 것은?

① 벨트풀리는 축직각 방향의 투상을 주 투상도로 할 수 있다.
② 암은 길이 방향으로 절단하여 단면을 도시하지 않는다.
③ 대칭형인 벨트풀리는 생략하지 않고 되도록 전체를 그려야 한다.
④ 암의 테이퍼 부분의 치수를 기입할 때 치수 보조선은 경사선으로 그어서 치수를 나타낼 수 있다.

해설 ➕

대칭형인 벨트풀리는 생략하여 일부분만을 그릴 수도 있다.

정답 32 ① 33 ③ 34 ③ 35 ④ 36 ③

37 모듈이 m인 한 쌍의 외접 스퍼기어가 맞물려 있을 때에 각각의 잇수를 Z_1, Z_2라고 하면 두 기어의 중심거리를 구하는 계산식은?

① $\dfrac{(Z_1+Z_2)\times m}{2}$ ② $m\times(Z_1+Z_2)$

③ $\dfrac{m}{2\times(Z_1+Z_2)}$ ④ $2\times m\times(Z_1+Z_2)$

해설

피치원 지름(PCD) = 잇수(Z) × 모듈(M)이므로
- 잇수가 Z_1인 기어의 피치원 지름 : $PCD_1 = Z_1 \times m$
- 잇수가 Z_2인 기어의 피치원 지름 : $PCD_2 = Z_2 \times m$

$\therefore$ 중심거리 $C = \dfrac{PCD_1 + PCD_2}{2}$

$= \dfrac{Z_1 \times m + Z_2 \times m}{2}$

$= \dfrac{(Z_1+Z_2)\times m}{2}$

38 헬리컬기어, 나사기어, 하이포이드기어의 잇줄 방향의 표시 방법은?

① 2개의 가는 실선으로 표시
② 2개의 가는 2점쇄선으로 표시
③ 3개의 가는 실선으로 표시
④ 3개의 굵은 2점쇄선으로 표시

해설

잇줄 방향이 필요한 기어의 경우 3개의 가는 실선으로 그린다.

39 기어의 종류 중 피치원 지름이 무한대인 기어는?

① 스퍼기어 ② 랙
③ 피니언   ④ 베벨기어

해설

랙(래크)
피치원 지름이 무한대인 기어를 뜻한다.

40 베어링의 호칭번호 6203Z에서 Z가 뜻하는 것은?

① 한쪽 실드
② 리테이너 없음
③ 보통 틈새
④ 등급 표시

해설

- 6 : 단열홈형
- 2 : 경하중형
- 03 : 안지름 번호(17mm)
- Z : 한쪽 실드 붙이

41 축을 제도하는 방법을 설명한 것이다. 틀린 것은?

① 긴 축은 단축하여 그릴 수 있고 길이는 실제 길이를 기입한다.
② 축은 일반적으로 길이방향으로 절단하여 단면을 표시한다.
③ 구석 라운드 가공부는 필요에 따라 확대하여 기입할 수 있다.
④ 필요에 따라 부분 단면은 가능하다.

해설

축은 일반적으로 길이방향으로 절단하여 단면을 표시하지 않는다.

정답 37 ① 38 ③ 39 ② 40 ① 41 ②

42 축의 도시법에 대한 설명으로 틀린 것은?

① 축의 구석 홈 가공부는 확대하여 상세 치수를 기입할 수 있다.
② 길이가 긴 축의 중간 부분을 생략하여 도시하였을 때 치수는 실제길이를 기입한다.
③ 축은 일반적으로 길이 방향으로 절단하지 않는다.
④ 축은 일반적으로 축 중심선을 수직방향으로 놓고 그린다.

해설 ⊕

축은 일반적으로 축 중심선을 수평방향으로 놓고 그린다.

43 "6008C2P6"는 베어링 호칭번호의 보기이다. 08의 의미는 무엇인가?

① 베어링 계열 번호　② 안지름 번호
③ 틈새기호　　　　　④ 등급기호

해설 ⊕

- 60 : 베어링 계열 번호
- 08 : 안지름 번호(08×5=40mm)
- C2 : 틈새기호
- P6 : 등급기호(6급)

44 축의 제도에 대한 설명으로 옳은 것은?

① 축은 가공 방향에 관계없이 도시할 수 있다.
② 축은 길이 방향으로 절단하여 전단면도로 그린다.
③ 긴 축이라도 중간 부분을 절단해서 그릴 수 없다.
④ 축에 빗줄 널링을 표시할 경우에는 축선에 대하여 30°로 엇갈리게 표현한다.

해설 ⊕

① 축은 가공 방향을 고려하여 도시한다.
② 축은 길이 방향으로 절단하여 단면 도시하지 않는다.
③ 긴 축은 중간 부분을 절단하여 짧게 그리되 치수는 실제 길이로 나타내야 한다.

45 구름 베어링의 호칭번호가 "6203ZZ"이면 이 베어링의 안지름은 몇 mm인가?

① 15　　　　　② 17
③ 60　　　　　④ 62

해설 ⊕

베어링의 안지름 번호(세 번째, 네 번째 숫자)
- 00 : 10mm
- 01 : 12mm
- 02 : 15mm
- 03 : 17mm

46 구름 베어링 호칭번호의 순서가 올바르게 나열된 것은?

① 형식기호−치수계열기호−안지름번호−접촉각기호
② 치수계열기호−형식기호−안지름번호−접촉각기호
③ 형식기호−안지름번호−치수계열기호−틈새기호
④ 치수계열기호−안지름번호−형식기호−접촉각기호

해설 ⊕

구름 베어링의 호칭번호 순서
형식기호−치수계열기호−안지름번호−접촉각기호

47 구름 베어링의 호칭번호가 6204일 때 베어링 안지름은 얼마인가?

① 62mm　　　　② 31mm
③ 20mm　　　　④ 15mm

해설 ⊕

베어링의 안지름 번호(세 번째, 네 번째 숫자)
04×5=20mm

정답　42 ④　43 ②　44 ④　45 ②　46 ①　47 ③

48 축에서 도형 내의 특정 부분이 평면 또는 구멍의 일부가 평면임을 나타낼 때의 도시방법은?

① "평면"이라고 표시한다.
② 가는 파선을 사각형으로 나타낸다.
③ 굵은 실선을 대각선으로 나타낸다.
④ 가는 실선을 대각선으로 나타낸다.

해설 ➕

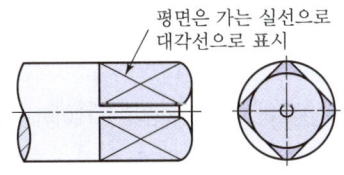

평면은 가는 실선으로 대각선으로 표시

49 축의 도시 방법에 대한 설명으로 틀린 것은?

① 가공 방향을 고려하여 도시하는 것이 좋다.
② 축은 길이 방향으로 절단하여 온단면도를 표현하지 않는다.
③ 빗줄 널링의 경우에는 축선에 대하여 30°로 엇갈리게 그린다.
④ 긴 축은 중간을 파단하여 짧게 표현하고, 치수 기입은 도면상에 그려진 길이로 나타낸다.

해설 ➕

긴 축은 중간 부분을 절단하여 짧게 그리되 치수는 실제 길이로 나타내야 한다.

50 다음 중 센터 구멍이 필요하지 않은 경우를 나타낸 기호는?

① 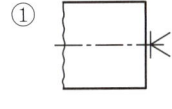 ②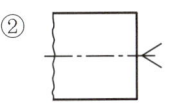

③ 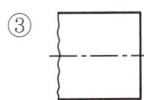 ④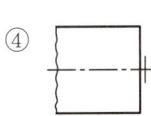

해설 ➕

센터 구멍의 필요 여부	그림기호
남겨둔다.	
남아 있어도 된다.	
남겨두지 않는다.	

51 베어링 호칭번호가 다음과 같을 때 이에 대한 설명으로 틀린 것은?

"7210CDTP5"

① 베어링 계열기호는 "72"이다.
② 안지름 번호는 "10"으로 호칭 베어링의 안지름이 50mm이다.
③ 접촉각 기호는 "C"이다.
④ 정밀도 등급은 "DT"이다.

해설 ➕

- DT : 조합 기호(병렬 조합)
- P5 : 등급기호(5급)

52 다음 중 복렬 앵귤러 콘택트 고정형 볼베어링의 도시 기호는?

① 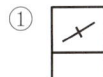 ②

③   ④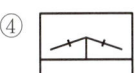

정답 48 ④ 49 ④ 50 ① 51 ④ 52 ②

> **해설** ⊕
> ① 단열 앵귤러 콘택트 분리형 볼베어링
> ② 복렬 앵귤러 콘택트 고정형 볼베어링
> ③ 두 조각 내륜 복렬 앵귤러 콘택트 분리형 볼베어링
> ④ 두 조각 내륜 복렬 앵귤러 콘택트 테이퍼 롤러베어링

53 축에 빗줄로 널링(Knurling)이 있는 부분의 도시방법으로 가장 올바른 것은?

① 널링부 전체를 축선에 대하여 45°로 엇갈리게 동일한 간격으로 그린다.
② 널링부의 일부분만 축선에 대하여 45°로 엇갈리게 동일한 간격으로 그린다.
③ 널링부 전체를 축선에 대하여 30°로 동일한 간격으로 엇갈리게 그린다.
④ 널링부의 일부분만 축선에 대하여 30°로 엇갈리게 동일한 간격으로 그린다.

> **해설** ⊕
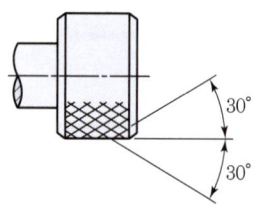

54 축에 작용하는 하중의 방향이 축 직각 방향과 축방향에 동시에 작용하는 곳에 가장 적합한 베어링은?

① 니들 롤러베어링
② 레이디얼 볼베어링
③ 스러스트 볼베어링
④ 테이퍼 롤러베어링

> **해설** ⊕
> • 레이디얼 볼베어링 : 축 직각 방향의 하중이 작용한다.
> • 스러스트 볼베어링 : 축방향의 하중이 작용한다.
> • 테이퍼 롤러베어링 : 축 직각 방향과 축방향의 하중이 동시에 작용한다.

| 볼베어링 | | 스러스트 볼베어링 | | 테이퍼 롤러베어링 |

55 동력을 전달하거나 작용 하중을 지지하는 기능을 하는 기계요소는?

① 스프링 ② 축
③ 키   ④ 리벳

> **해설** ⊕
> • 스프링 : 완충용(제어용) 기계요소
> • 축 : 동력을 전달하거나 작용 하중을 지지하는 기계요소
> • 키 : 축과 보스 사이에 끼우는 결합용 기계요소
> • 리벳 : 반영구적 결합용 기계요소

56 구름 베어링의 호칭기호가 다음과 같이 나타날 때 이 베어링의 안지름은 몇 mm인가?

[6026 P6]

① 26   ② 60
③ 130   ④ 300

> **해설** ⊕
> 베어링의 안지름 번호(세 번째, 네 번째 숫자)
> 26 × 5 = 130mm

정답 53 ④ 54 ④ 55 ② 56 ③

57 코일 스프링의 제도방법 중 맞는 것은?

① 원칙적으로 하중이 걸린 상태로 그린다.
② 그림 안에 기입하기 힘든 사항은 일괄하여 요목표에 표시한다.
③ 코일스프링의 중간부분을 생략할 때는 생략부분을 파단선으로 긋는다.
④ 특별한 단서가 없는 한 모두 왼쪽 감기로 도시한다.

해설
① 원칙적으로 무하중(힘을 받지 않은 상태)인 상태로 그린다.
③ 코일스프링의 중간부분을 생략할 때는 생략하는 부분의 선 지름의 중심선을 가는 1점쇄선으로 그린다.
④ 특별한 단서가 없는 한 모두 오른쪽 감기로 도시한다.

58 코일 스프링의 도시방법으로 적합한 것은?

① 모양만을 도시할 때는 스프링의 외형을 가는 파선으로 그린다.
② 특별한 단서가 없는 한 모두 오른쪽 감기로 도시한다.
③ 중간 부분을 생략할 때는 생략한 부분을 파단선을 이용하여 도시한다.
④ 원칙적으로 하중이 걸린 상태에서 도시한다.

해설
① 모양만을 도시할 때는 재료의 중심선만을 굵은 실선으로 그린다.
③ 중간 부분을 생략할 때는 생략하는 부분의 선 지름의 중심선을 가는 1점쇄선으로 그린다.
④ 원칙적으로 무하중(힘을 받지 않은 상태)인 상태로 그린다.

59 스프링 제도에 대한 설명으로 맞는 것은?

① 오른쪽 감기로 도시할 때는 "감긴 방향 오른쪽"이라고 반드시 명시해야 한다.
② 하중이 걸린 상태에서 그리는 것을 원칙으로 한다.
③ 하중과 높이 및 처짐과의 관계는 선도 또는 요목표에 나타낸다.
④ 스프링의 종류와 모양만을 도시할 때에는 재료의 중심선만을 가는 실선으로 그린다.

해설
① 스프링은 모두 오른쪽으로 감은 것을 나타내고, 왼쪽으로 감은 경우에는 '감긴 방향 왼쪽'이라고 표기한다.
② 스프링은 일반적으로 무하중(힘을 받지 않은 상태)인 상태로 그린다.
④ 스프링의 종류와 모양만을 도시할 때에는 재료의 중심선만을 굵은 실선으로 그린다.

60 스프링의 종류 및 모양만을 간략도로 도시하는 경우 표시 방법으로 옳은 것은?

① 재료의 중심선을 굵은 실선으로 그린다.
② 재료의 중심선을 가는 2점쇄선으로 그린다.
③ 재료의 중심선을 가는 실선으로 그린다.
④ 재료의 중심선을 굵은 1점쇄선으로 그린다.

해설
스프링의 종류 및 모양만을 간략도로 그릴 경우 재료의 중심선만을 굵은 실선으로 그린다.

61 다음 그림이 나타내는 코일 스프링 간략도의 종류로 알맞은 것은?

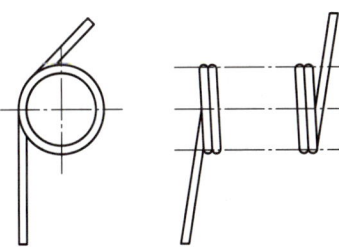

① 벌류트 코일 스프링   ② 압축 코일 스프링
③ 비틀림 코일 스프링   ④ 인장 코일 스프링

  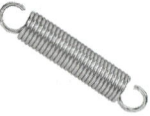

| 벌류트 코일 스프링 | | 압축 코일 스프링 | | 인장 코일 스프링 |

62 압축 하중을 받는 곳에 사용되며, 주로 자동차의 현가장치, 자전거의 안장 등 충격이나 진동 완화용으로 사용되는 스프링은?

① 압축 코일 스프링
② 판 스프링
③ 인장 코일 스프링
④ 비틀림 코일 스프링

해설

압축 코일 스프링
자전거 안장에 사용된다.

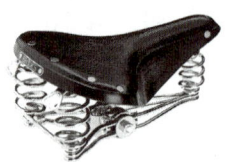

63 다음 그림에서 (가)부의 용접은 어떤 자세로 작업하는가?

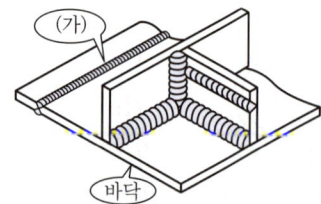

① 수평 자세   ② 수직 자세
③ 아래보기 자세   ④ 위보기 자세

해설

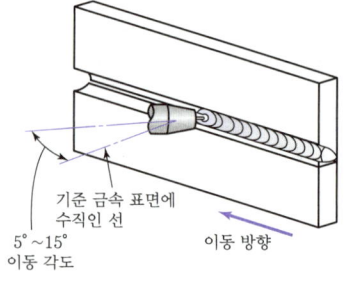

| 수평 자세 |

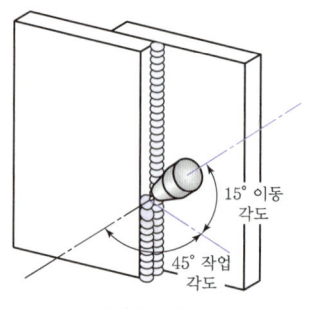

| 수직 자세 |

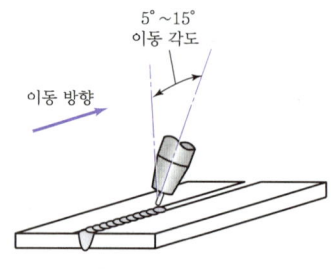

| 아래보기 자세 |

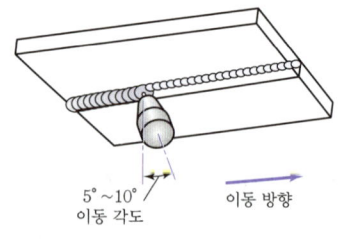

| 위보기 자세 |

정답   62 ①   63 ③

64 용접부의 실제 모양이 그림과 같을 때 용접 기호 표시로 맞는 것은?

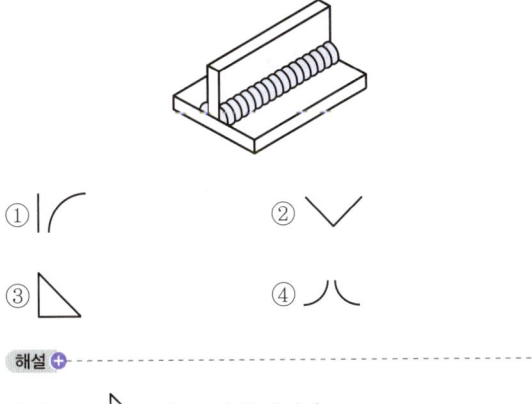

① |⌒　② ∨
③ ◺　④ ⋀

해설 ⊕

필릿 용접(◺)을 나타낸 것이다.

65 다음 중 리벳의 호칭 방법으로 올바른 것은?

① 규격 번호, 종류, 호칭지름×길이, 재료
② 규격 번호, 길이×호칭지름, 종류, 재료
③ 재료, 종류, 호칭지름×길이, 규격 번호
④ 종류, 길이×호칭지름, 재료, 규격 번호

해설 ⊕

리벳의 호칭방법
"표준번호(생략 가능), 종류, 호칭지름×길이, 재료, 지정사항" 순으로 기입한다.
예 KS B 1102 둥근머리 리벳 12×30 SV330

66 그림과 같은 용접을 하고자 한다. 기호 표시로 옳은 것은?

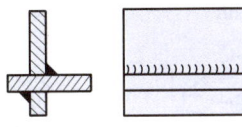

① 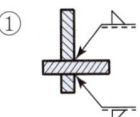　②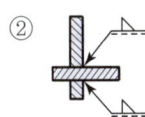

③ 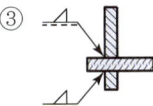　④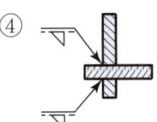

해설 ⊕

용접부 위치에 따른 용접기호의 표시

| 화살표 쪽 용접 | 화살표 반대쪽 용접 |

67 그림과 같은 대칭적인 용접부의 기호와 보조기호 설명으로 올바른 것은?

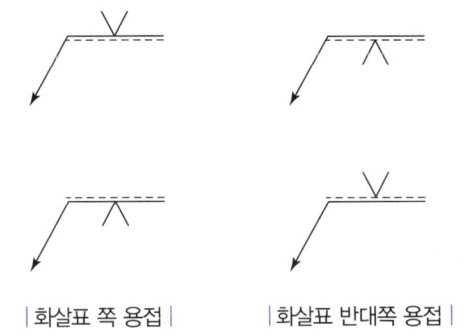

① 양면 V형 맞대기 용접, 볼록형
② 양면 필릿 용접, 볼록형
③ 양면 V형 맞대기 용접, 오목형
④ 양면 필릿 용접, 오목형

해설 ⊕

양면 V형 맞대기 용접(X용접), 볼록형을 나타낸 것이다.

정답　64 ③　65 ①　66 ①　67 ①

68 다음 용접이음의 기본 기호 중에서 잘못 도시된 것은?

① V형 맞대기 용접 : ∨
② 필렛 용접 : ◿
③ 플러그 용접 : ⊓
④ 심 용접 : ○

해설

• 심 용접 : ⊖   • 점 용접 : ○

69 용접부 표면의 형상에서 동일 평면으로 다듬질 함을 표시하는 보조기호는?

① ▬
② ⌒
③ ⌣
④ ◇

해설

① 평면(동일한 면으로 마감 처리)
② 볼록형
③ 오목형

70 리벳이음의 도시방법에 대한 설명 중 옳은 것은?

① 리벳은 길이 방향으로 절단하여 도시한다.
② 구조물에 쓰이는 리벳은 약도로 표시할 수 있다.
③ 얇은 판, 형강 등의 단면은 가는 실선으로 도시한다.
④ 리벳의 위치만을 표시할 때는 굵은 실선으로 그린다.

해설

① 리벳은 길이 방향으로 절단하여 도시하지 않는다.
③ 얇은 판, 형강 등의 단면은 굵은 실선으로 도시한다.
④ 리벳의 위치만을 표시할 때는 가는 1점쇄선(중심선)으로 그린다.

71 다음은 단속필릿 용접부의 주요 치수를 나타낸 기호이다. 기호에 대한 설명으로 틀린 것은?

① a : 목 두께
② n : 용접부의 개수
③ l : 목 길이
④ e : 인접한 용접부 간의 간격

해설

• l : 용접 길이
• z : 목 길이

72 아래 그림이 나타내는 용접이음의 종류는 무엇인가?

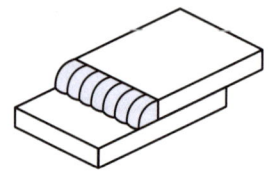

① 모서리이음
② 겹치기이음
③ 맞대기이음
④ 플랜지이음

해설

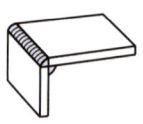

| 모서리이음 | | 겹치기이음 |
| 맞대기이음 | | 플랜지이음 |

정답 68 ④ 69 ① 70 ② 71 ③ 72 ②

73 다음 그림과 같은 점용접을 용접기호로 바르게 나타낸 것은?

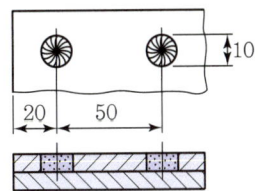

① 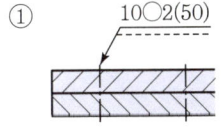   ②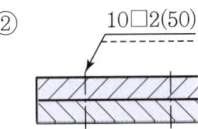

③ 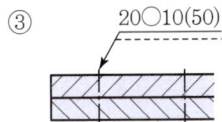   ④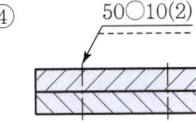

해설 ⊕

점용접의 표시 순서 : d, 용접기호, n(e)
  여기서, d : 용접부의 지름(φ10)
    용접기호 : 점 용접(○)
    n : 용접부의 개수(2개)
    (e) : 인접한 용접부의 간격(50)
따라서 10○2(50)라고 기입되어야 한다.

74 용접 지시기호가 나타내는 용접부위의 형상으로 가장 옳은 것은?

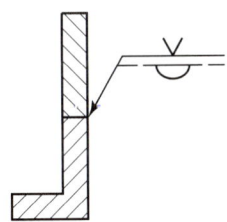

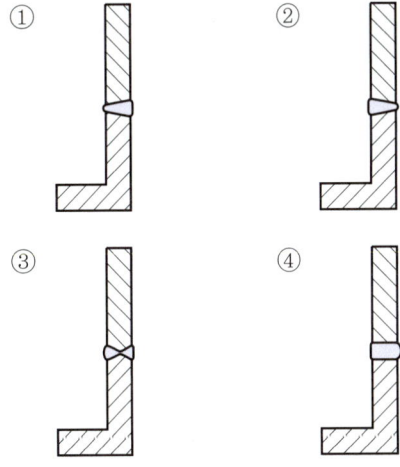

해설 ⊕

- ∨ : 실선 위에 기호가 있으므로 화살표 쪽 V형 맞대기 용접
- ⌓ : 점선 위에 기호가 있으므로 화살표 반대쪽이면 용접

75 그림과 같이 가장자리(Edge) 용접을 했을 때 용접 기호로 옳은 것은?

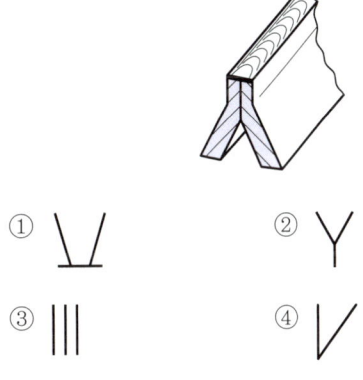

① ∨   ② Y

③ ||| ④ V

해설 ⊕

문제의 그림은 가장자리(Edge) 용접을 의미하고 용접기호는 ③과 같은 모양이다.

정답   73 ①   74 ①   75 ③

76 그림과 같은 용접부의 용접 지시기호로 옳은 것은?

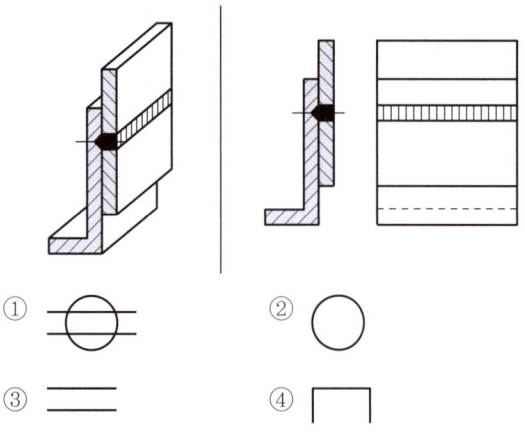

해설
그림은 심(Seam) 용접을 나타낸 것이다.
① 심(Seam) 용접
② 점 용접
③ 표면(Surface) 용접
④ 플러그 용접(슬롯 용접)

77 전체 둘레 현장용접을 나타내는 보조 기호는?

①   ② ○

③   ④ ▷

해설
① 현장용접
② 일주용접
③ 전체 둘레 현장용접

78 배관도의 치수 기입 요령으로 틀린 것은?

① 치수는 관, 관이음, 밸브의 입구 중심에서 중심까지의 길이로 표시한다.
② 관이나 밸브 등의 호칭 지름은 관선 밖으로 지시선을 끌어내어 표시한다.
③ 설치 이유가 중요한 장치에서는 단선 도시 방법을 이용한다.
④ 관의 끝 부분에 왼나사를 필요로 할 때에는 지시선으로 나타내어 표시한다.

해설
배관도의 설치 이유가 중요한 장치에서는 복선 도시 방법을 이용한다.

79 다음 밸브 그림기호 설명 중 맞는 것은?

① ▷◁ : 밸브 일반   ② ▷ : 앵글 밸브

③ ⊠ : 안전 밸브   ④  : 체크 밸브

해설
① 게이트 밸브
② 3방향 밸브
③ 볼 밸브

80 다음 중 체크밸브의 그림기호는?

① ▷◁   ② △

③    ④ ▷◁

해설
① 밸브 일반
② 앵글 밸브
④ 게이트 밸브

81 그림과 같은 단선도시법이 나타내는 것으로 맞는 것은?

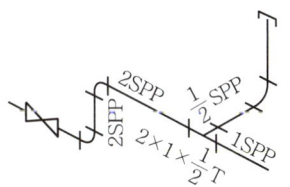

① 스케치 배관도　② 투상 배관도
③ 평면 배관도　④ 등각 배관도

해설 ➕

등각 투상도(Isometric Drawing)를 이용하여 작성한 등각 배관도를 나타낸 것이다.

82 다음은 계기의 도시기호를 나타낸 것이다. 압력계를 나타낸 것은?

① ○　② Ⓟ
③ Ⓣ　④ Ⓕ

해설 ➕

① 계기 일반　③ 온도계　④ 유량계

83 다음과 같은 배관설비도면에서 유니온 접속을 나타내는 기호는?

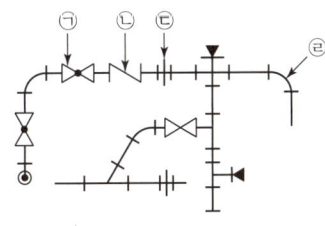

① ㄱ　② ㄴ
③ ㄷ　④ ㄹ

해설 ➕

① 스톱(글로브) 밸브 : ◁▷
② 체크 밸브 :
③ 유니온 접속 : ─┤├─
④ 앵글이음

84 다음 중 관의 결합방식 표시방법에서 유니언식을 나타내는 것은?

① ─┼─　② ─┤├─
③ ─╫─　④ ─○─

해설 ➕

관의 결합방식에 따른 표시방법

결합방식	도시기호	결합방식	도시기호
일반	─┼─	용접식	─●─
플랜지식	─╫─	접수구 방식	─⌒─
유니온식	─┤├─	납땜식	─○─

85 배관제도에서 관의 끝부분이 용접식 캡의 경우를 나타내는 그림 기호는?

① ─┤│　② ──┐
③ ──⫯　④ ──▶

해설 ➊

관의 끝 부분 표시방법

명칭	도시기호
마감 플랜지	─┤│
나사끼움식 캡 및 나사끼움식 플러그	──┐
용접식 캡	──⫯

정답　81 ④　82 ②　83 ③　84 ②　85 ③

86 유체의 종류와 문자 기호를 연결한 것으로 틀린 것은?

① 공기 – A
② 연료 가스 – G
③ 일반 물 – W
④ 증기 – R

해설
수증기는 Vapor(V)와 Steam(S) 두 종류가 있다.

87 배관을 도시할 때 관의 접속 상태에서 '접속하고 있을 때 – 분기 상태'를 도시하는 방법으로 옳은 것은?

해설

접속 상태	연결되어 있지 않을 경우		연결되어 있는 경우	
			분기상태	교차상태
도시 기호	┼ 또는	┤├	┬	┼

88 관이음 기호 중 유니언 나사이음 기호는?

해설
① 유니언 나사이음
② 나사끼움식 캡 및 나사끼움식 플러그
③ 쌍 스위프(Double Sweep) 티 나사이음
④ 오는 티(Outlet Up) 플랜지이음

89 보일러 또는 압력 용기에서 실제 사용 압력이 설계된 규정 압력보다 높아졌을 때, 밸브가 열려 사용 압력을 조정하는 장치는?

① 콕
② 체크 밸브
③ 스톱 밸브
④ 안전 밸브

해설
① 콕 밸브 : 원뿔에 구멍을 뚫어 이것을 90° 회전시켜 유체의 흐름으로 조절하는 밸브이다.
② 체크 밸브 : 유체를 한 방향으로만 흐르게 하고 반대 방향으로는 흐르지 못하도록 하는 밸브이다.
③ 스톱 밸브 : 글로브 밸브라고도 하며 입구와 출구가 일직선상에 있어 유체의 흐름이 동일한 밸브이다.

90 배관 작업에서 관과 관을 이을 때 이음 방식이 아닌 것은?

① 나사이음
② 플랜지이음
③ 용접이음
④ 클러치이음

해설
클러치이음은 동력 전달에 사용되는 이음 방식이다.

정답 86 ④ 87 ③ 88 ① 89 ④ 90 ④

CHAPTER 07 스케치 및 전개도

01 스케치

실물을 보고 그 모양을 용지에 직접 그리는 것을 스케치라 하고, 스케치에 의하여 작성된 도면(치수, 재질, 가공방법 등을 기입)을 스케치도라고 한다.

1 스케치 용구

구분	종류
작도 용구	연필(HB, B), 용지(켄트지, 모눈종이, 트레이싱지), 화판, 지우개 등이 필요하며 필요에 따라 펜, 잉크, 매직, 목탄, 파스텔 등도 쓰인다.
측정 용구	눈금자, 직각자, 분도기, 버니어 캘리퍼스, 마이크로미터, 내측 캘리퍼스, 외측 캘리퍼스, 반지름 게이지, 피치 게이지, 틈새 게이지, 경도 시험편, 표면 거칠기 표준편, 정반 등
분해 조립용 공구	스패너, 드라이버, 렌치, 육각렌치, 별렌치, 망치 등
기타 용구	지우개, 세척제, 면 걸레, 납선, 광명단, 꼬리표 등

2 스케치 방법

종류	설명
프리핸드법	손으로 스케치한 도면에 치수를 기입하는 방법
본뜨기법 (모양뜨기법)	불규칙한 곡선이 있는 물체를 직접 용지에 대고 그리거나, 탄성이 있는 납선이나 구리선을 물체의 윤곽에 대고 구부린 후 용지에 대고 그린 후 치수 등을 기입하는 방법
프린트법	평면으로 되어 있는 부품의 표면에 기름이나 광명단을 발라 용지에 대고 눌러서 실제의 모양을 뜨고 치수를 기입하는 방법
사진법	복잡한 기계의 조립상태나 부품을 앞에 놓고 여러 각도로 사진 찍는 방법

02 전개도

입체도형의 겉 표면을 한 장의 평면 위에 펼쳐 그린 그림을 전개도라 한다.

1 전개도의 종류

종류	설명
평행선 전개법	원기둥이나 각기둥 표면에 직선을 나란히 그어 전개하는 방법이다.
방사선 전개법	원뿔이나 각뿔의 꼭짓점을 중심으로 전개하는 방법이다.
삼각형 전개법	입체도형의 표면을 몇 개의 삼각형으로 나누어 전개하는 방법이다.

(1) 평행선법

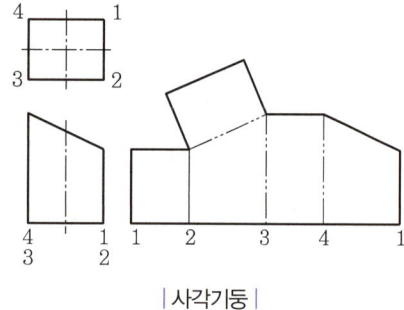

| 사각기둥 |

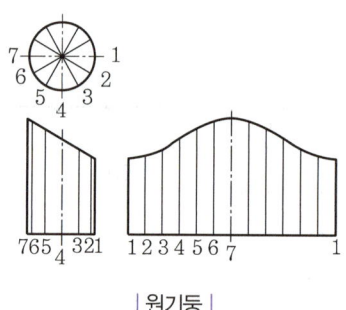

| 원기둥 |

(2) 방사선법

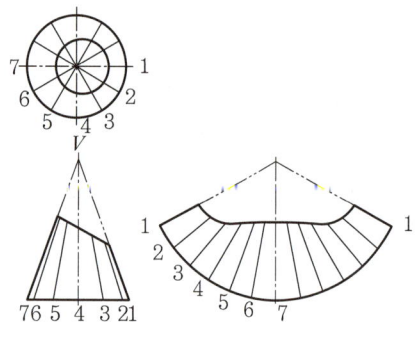

| 잘린 원뿔 |

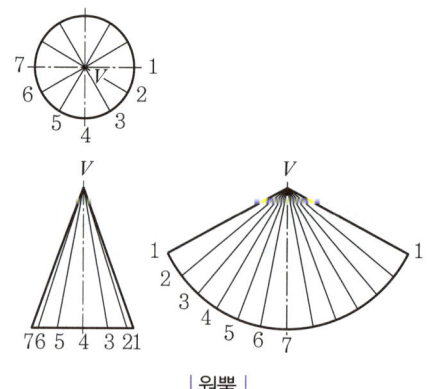

| 원뿔 |

(3) 삼각형법

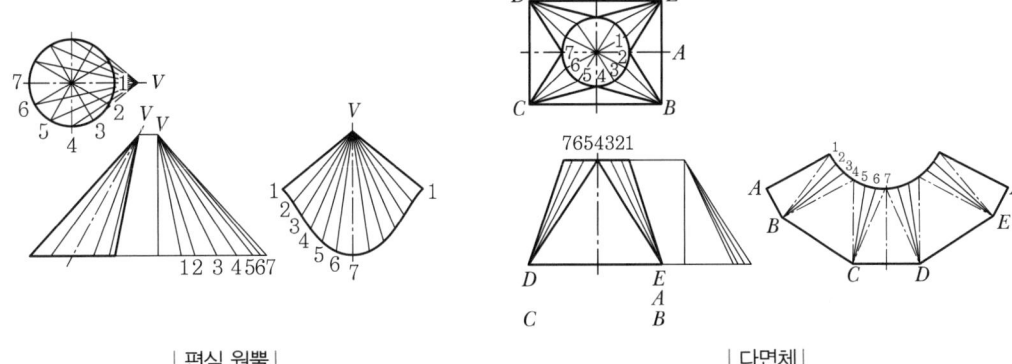

| 편심 원뿔 |　　　　| 다면체 |

실전 문제

01 스케치를 할 물체의 표면에 광명단을 얇게 칠하고 그 위에 종이를 대고 눌러 실제의 모양을 뜨는 스케치 방법은?

① 프린트법
② 모양뜨기 방법
③ 프리핸드법
④ 사진법

해설

- 프리핸드법 : 손으로 스케치한 도면에 치수를 기입하는 방법
- 본뜨기법(모양뜨기법) : 불규칙한 곡선이 있는 물체를 직접 용지에 대고 그리거나, 탄성이 있는 납선이나 구리선을 물체의 윤곽에 대고 구부린 후 용지에 대고 그린 후 치수 등을 기입하는 방법
- 사진법 : 복잡한 기계의 조립상태나 부품을 앞에 놓고 여러 각도로 사진 찍는 방법

02 다음 중 도형의 스케치 방법과 관계가 먼 것은?

① 프린트법
② 모양뜨기법
③ 프리핸드법
④ 기호도시법

해설

스케치 방법
프리핸드법, 본뜨기법(모양뜨기법), 프린트법, 사진법

03 물체의 모양을 연필만을 사용하여 정투상도나 회화적 투상으로 나타내는 스케치 방법은?

① 프린트법
② 본뜨기법
③ 프리핸드법
④ 사진촬영법

해설

- 프린트법 : 평면으로 되어 있는 부품의 표면에 기름이나 광명단을 발라 용지에 대고 눌러서 실제의 모양을 뜨고 치수를 기입하는 방법
- 본뜨기법(모양뜨기법) : 불규칙한 곡선이 있는 물체를 직접 용지에 대고 그리거나, 탄성이 있는 납선이나 구리선을 물체의 윤곽에 대고 구부린 후 용지에 대고 그린 후 치수 등을 기입하는 방법
- 사진촬영법 : 복잡한 기계의 조립상태나 부품을 앞에 놓고 여러 각도로 사진 찍는 방법

04 스케치도를 작성할 필요가 없는 경우는?

① 제품 제작을 위해 도면을 복사할 경우
② 도면이 없는 부품을 제작하고자 할 경우
③ 도면이 없는 부품이 파손되어 수리 제작할 경우
④ 현품을 기준으로 개선된 부품을 고안하려 할 경우

해설

도면을 복사할 경우는 이미 도면이 존재하므로 따로 스케치도를 그릴 필요가 없다.

정답 01 ① 02 ④ 03 ③ 04 ①

05 다음과 같이 다면체를 전개한 방법으로 옳은 것은?

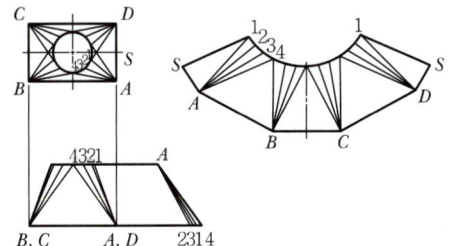

① 삼각형법 전개
② 방사선법 전개
③ 평행선법 전개
④ 사각형법 전개

> **해설** ⊕
>
> **삼각형 전개법**
> 입체도형의 표면을 몇 개의 삼각형으로 나누어 전개하는 방법이다.

정답 05 ①

02
CAD

Craftsman Computer Aided Mechanical Drawing

01 CAD 시스템 일반

02 CAD 소프트웨어

03 3D 형상 모델링

CHAPTER 01 CAD 시스템 일반

1 컴퓨터 일반

(1) 컴퓨터의 기본구성

CAD 시스템을 구성하는 하드웨어는 입출력장치, 중앙처리장치, 기억장치로 되어 있다.

(2) 중앙처리장치

명령어의 해석과 자료의 연산, 비교 등의 처리를 제어하는 컴퓨터 시스템의 핵심적인 장치를 말한다.

① 제어장치

프로그램 명령어를 해석하고, 해석된 명령의 의미에 따라 연산장치, 주기억장치, 입출력장치 등에 동작을 지시한다.

② 연산장치

덧셈, 뺄셈, 곱셈, 나눗셈의 산술 연산만이 아니라 AND, OR, NOT, XOR와 같은 논리 연산을 하는 장치로 제어장치의 지시에 따라 연산을 수행한다.

③ 주기억장치

실행 중인 프로그램과 실행에 필요한 데이터를 저장하는 장치로 RAM과 ROM이 있다.
RAM(Random Access Memory)은 프로그램과 실행에 필요한 데이터를 일시적으로 저장하는 장치로 전원을 끄면 모든 내용이 사라진다. ROM(Read Access Memory)은 부팅할 때 실행되는 바이오스 프로그램을 저장하는 장치로 전원을 꺼도 내용이 사라지지 않는다.

④ 레지스터

중앙처리장치에서 읽어온 명령어나 데이터를 저장하거나 연산된 결과를 저장하는 공간이다.

(3) 보조기억장치

프로그램과 데이터를 영구적으로 저장하는 장치로 하드디스크, USB 메모리, CD-ROM 등이 있다.

(4) 캐시기억장치(Cache Memory)

보조기억장치로 중앙처리장치(CPU)와 주기억장치 사이에서 원활한 정보의 교환을 위하여 주기억장치의 정보를 일시적으로 저장하는 장치로 CPU와 주기억장치 간의 데이터 접근 속도 차이를 극복하기 위해 사용한다.

2 입출력장치

(1) 입력장치

① 키보드

문자, 숫자, 특수문자를 입력하는 장치로 알파뉴메릭(Alphanumeric), 기능키, 키패드 등으로 구성되어 있다.

② 마우스

쥐 모양을 닮아 마우스라 부르며, 마우스를 움직여 커서의 움직임을 제어하거나 버튼을 클릭하여 명령을 실행하는 장치이다.

③ 트랙볼

볼(Ball)을 손가락 끝이나 다른 신체 부위를 사용하여 굴려서 커서 등을 원하는 위치에 놓은 다음, 볼의 위 또는 좌우에 있는 버튼을 눌러 원하는 것을 선택하도록 하는 장치이다.

④ 라이트펜

감지용 렌즈를 이용하여 컴퓨터 명령을 수행하는 끝이 뾰족한 펜 모양의 입력장치로 컴퓨터 작업 시 펜을 이동시키면서 눌러 명령한다. 마우스(Mouse)나 터치스크린(Touch Screen) 방식에 비해 입력이 세밀하므로 그림 등 그래픽 작업도 할 수 있으며 작업 속도도 빠른 장점이 있다.

⑤ 조이스틱

막대를 수직, 수평, 경사 방향으로 움직여서 포인터를 이동시키는 장치로 컴퓨터 게임의 시뮬레이터에 많이 사용하는 장치이다.

⑥ 포인팅스틱

노트북 컴퓨터에 채용하고 있는 포인팅장치로서 손가락으로 원하는 방향으로 지그시 밀거나 당겨주면 압력과 방향을 인식해서 마우스의 움직임을 대신해 주는 장치이다.

⑦ 터치패드

컴퓨터 화면 위를 지시하기 위한 장치로서 압력 감지기가 달려 있는 작은 평판으로 마우스를 대신하는 입력장치이다. 손가락이나 펜을 이용해 접촉하면 그 압력에 의해 커서가 움직이고, 이에 따른 위치 정보를 컴퓨터가 인식한다.

⑧ 터치스크린

터치스크린은 구현 원리와 동작방법에 따라 다양한 방식(저항막, 광학, 정전용량, 초음파, 압력 등)으로 구분된다. 여기서 우리가 흔히 접하는 휴대폰이나 스마트폰, 태블릿 PC 등에 탑재된 터치스크린은 저항막(감압) 방식과 정전용량 방식으로 나눌 수 있다.

⑨ 디지타이저

그래픽 태블릿, 도형 입력판(태블릿)이라고 하며, 무선 혹은 유선으로 연결된 펜과 펜에서 전하는 정보를 받는 납작한 판으로 이루어져 있다. 이 판에 입력되는 좌표를 판독하여 컴퓨터에 디지털 형식으로 입력해주는 장치이다.

⑩ 스캐너

사진 또는 그림과 같은 종이 위의 도형의 정보를 그래픽 형태로 읽어 들여 컴퓨터에 전달하는 입력장치이다.

(2) 출력장치

컴퓨터 시스템의 정보처리 결과를 사람이 알아볼 수 있는 문자, 도형, 음성 등의 다양한 형태로 제공하고 나타내는 장치를 말한다. LCD나 CRT 같은 모니터나 프린터, 스피커 등이 가장 널리 사용되지만, 플로디, 빔 프로젝터, 그래픽 디스플레이, 음성 출력장치 등도 많이 사용되고 있다.

① CRT 모니터

가장 오래되고 대중적인 디스플레이 장치로 음극선관 혹은 브라운관이라고도 하며, LCD 모니터보다 전력소비량이 많으며 부피도 크고 무거워 거의 단종된 상태이다.

② LCD 모니터

액정 표시장치(Liquid Crystal Display)로 화질이 선명하며 본체 자체가 얇고 가벼워 공간 활용도가 높고 설치가 편리하다. CRT 모니터에 비해 다소 응답시간이 느리고 색상 표현력이 떨어진다는 단점이 있다.

③ OLED

스스로 빛을 내는 자기발광형 디스플레이로서 시야각이 넓고 응답시간도 빠르며 백라이트가 필요 없기 때문에 두께를 얇게 할 수 있다.

④ 프린터

잉크 또는 레이저를 이용하여 문서나 이미지를 인쇄할 수 있는 장치이다.

⑤ 플로터

A4 용지 이외에 A0, A1 등 다양한 규격의 용지를 인쇄할 수 있는 제품이다. 일반 잉크젯 프린터와 흡사한 기능을 가지지만, 글자보다는 도형 인쇄에 적합하여 간판 제작, 도면, 현수막 인쇄 등 전문적인 용도로 많이 사용되며 일반적으로 해상도가 높을수록 우수한 결과물을 얻을 수 있다.

⑥ 그래픽 디스플레이

도형 표시장치라고도 하며, 브라운관을 사용하여 전자적으로 도형을 그리게 하는 장치를 말한다.

⑦ 빔 프로젝터

빛을 이용하여 슬라이드나 동영상, 이미지 등을 스크린에 비추는 장치를 말한다.

3 데이터의 저장단위

① 비트(Bit) : Binary Digit의 줄임말로 컴퓨터가 데이터를 기억하는 최소 단위로서 이진수인 두 개의 숫자인 0과 1을 사용한다.

② 쿼터(Quarter) : 2비트 묶음을 나타낸다.

③ 니블(Nibble) : 4비트 묶음을 나타낸다.

④ 바이트(Byte) : 8개의 비트를 묶어서 정보를 표현하는 단위를 나타낸다. 10진수에서 K(kilo)는 1,000을 의미하지만, 컴퓨터에서는 2진수를 사용하므로 2^{10}을 사용하여 1,024를 뜻한다.

- 1Byte=8Bit
- 1KB(Kilo Byte)=1,024B
- 1MB(Mega Byte)=1,024KB
- 1GB(Giga Byte)=1,024MB
- 1TB(Tera Byte)=1,024GB

⑤ 워드(Word) : 명령 처리 단위로 컴퓨터가 한 번에 처리할 수 있는 데이터의 양을 나타낸다.

⑥ 필드(Fild) : 여러 개의 워드가 모여 구성되며 의미 있는 정보를 표현하는 최소 단위이다.

⑦ 레코드(Record) : 여러 개의 필드가 모여 구성되며 하나의 완전한 정보를 표현할 수 있다.

⑧ 블록(Block) : 프로그램 입출력 단위를 나타낸다.

⑨ 파일(File) : 여러 개의 레코드가 모여 프로그램을 구성하는 단위로 컴퓨터에서 정보를 저장하는 단위로 사용된다.

PART 02 CAD | CHAPTER 01 CAD 시스템 일반

실전 문제

01 컴퓨터 시스템의 중앙처리장치 구성요소가 아닌 것은?

① 보조기억장치 ② 제어장치
③ 연산장치 ④ 주기억장치

해설
컴퓨터 시스템의 중앙처리장치
제어장치, 연산장치, 주기억장치가 있다.

02 CAD 시스템을 구성하는 하드웨어로 볼 수 없는 것은?

① CAD 프로그램 ② 중앙처리장치
③ 입력장치 ④ 출력장치

해설
CAD 시스템을 구성하는 하드웨어
입출력장치, 중앙처리장치, 기억장치가 있다.

03 캐시 메모리(Cache Memory)에 대한 설명으로 맞는 것은?

① 연산장치로서 주로 나눗셈에 이용된다.
② 제어장치로 명령을 해독하는 데 주로 사용된다.
③ 중앙처리장치와 주기억장치 사이의 속도 차이를 극복하기 위해 사용한다.
④ 보조기억장치로서 휴대가 가능하다.

해설
캐시 메모리(Cache Memory)
보조기억장치로 중앙처리장치(CPU)와 주기억장치 사이에서 원활한 정보의 교환을 위하여 주기억장치의 정보를 일시적으로 저장하는 장치로 CPU와 주기억장치 간의 데이터 접근 속도 차이를 극복하기 위해 사용한다.

04 컴퓨터 도면관리 시스템의 일반적인 장점을 잘못 설명한 것은?

① 여러 가지 도면 및 파일의 통합관리체계를 구축 가능하다.
② 반영구적인 저장 매체로 유실 및 훼손의 염려가 없다.
③ 도면의 질과 정확도를 향상시킬 수 있다.
④ 정전 시에도 도면 검색 및 작업을 할 수 있다.

해설
정전이 되면 컴퓨터를 사용할 수 없으므로 도면 검색 및 작업을 할 수 없다.

05 다음 컴퓨터 장치 중 해당 장치가 잘못 연결된 것은?

① 주기억장치 : 하드디스크
② 보조기억장치 : USB 메모리
③ 입력장치 : 태블릿
④ 출력장치 : LCD

해설
주기억장치
실행 중인 프로그램과 실행에 필요한 데이터를 저장하는 장치로 RAM과 ROM이 있다. RAM(Random Access Memory)은 프로그램과 실행에 필요한 데이터를 일시적으로 저장하는 장치로 전원을 끄면 모든 내용이 사라진다. ROM(Read Access Memory)은 부팅할 때 실행되는 바이오스 프로그램을 저장하는 장치로 전원을 꺼도 내용이 사라지지 않는다.

정답 | 01 ① 02 ① 03 ③ 04 ④ 05 ①

06 CAD 시스템의 출력장치가 아닌 것은?

① 스캐너   ② 그래픽 디스플레이
③ 프린터   ④ 플로터

해설
스캐너는 입력장치이다.

07 CAD 시스템에서 데이터 저장장치가 아닌 것은?

① USB 메모리   ② HDD
③ Light Pen   ④ CD-ROM

해설
라이트펜(Light Pen)은 입력장치이다.

08 CAD 시스템의 입력장치가 아닌 것은?

① 키보드   ② 라이트펜
③ 플로터   ④ 마우스

해설
플로터는 출력장치이다.

09 CAD 시스템의 입력장치 중에서 광점자 센서가 붙어 있어 화면에 접촉하여 명령어 선택이나 좌표 입력이 가능한 것은?

① 조이스틱(Joystick)   ② 마우스(Mouse)
③ 라이트펜(Light Pen)   ④ 태블릿(Tablet)

해설
라이트펜(Light Pen)
감지용 렌즈를 이용하여 컴퓨터 명령을 수행하는 끝이 뾰족한 펜 모양의 입력장치로 컴퓨터 작업 시 화면에 접촉하여 명령어 선택이나 좌표를 입력한다.

10 CAD 시스템의 입력장치에 해당하지 않는 것은?

① 키보드(Keyboard)   ② 마우스(Mouse)
③ 디스플레이(Display) ④ 라이트펜(Light Pen)

해설
디스플레이(Display)는 출력장치이다.

11 다음은 주변기기를 기능별로 묶어 놓은 것이다. 그 내용이 잘못된 것은?

① 키보드, 마우스, 조이스틱
② 프린터, 플로터, 스캐너
③ 자기디스크, 자기드럼, 자기테이프
④ 라이트펜, 디지타이저, 테이프리더

해설
- 입력장치 : 키보드, 마우스, 트랙볼, 라이트펜, 조이스틱, 포인팅스틱, 터치패드, 터치스크린, 디지타이저, 스캐너, 자기디스크, 자기드럼, 자기테이프, 테이프리더 등이 있다.
- 출력장치 : CRT 모니터, LCD 모니터, OLED, 프린터, 플로터, 그래픽 디스플레이, 빔 프로젝터 등이 있다.

12 컴퓨터 입력장치의 한 종류로 직사각형의 판에 사용자가 손에 잡고 움직일 수 있는 펜 모양의 스타일러스 혹은 버튼이 달린 라인 커서장치의 2가지 부분으로 구성되며 펜이나 커서의 움직임에 대한 좌표 정보를 읽어서 컴퓨터에 나타내는 장치는?

① 디지타이저(Digitizer)
② 광학 마크 판독기(OMR)
③ 음극선관(CRT)
④ 플로터(Plotter)

정답 06 ① 07 ③ 08 ③ 09 ③ 10 ③ 11 ② 12 ①

해설 ⊕

디지타이저(Digitizer)
그래픽 태블릿, 도형 입력판(태블릿)이라고 하며, 무선 혹은 유선으로 연결된 펜과 펜에서 전하는 정보를 받는 납작한 판으로 이루어져 있다. 이 판에 입력되는 좌표를 판독하여 컴퓨터에 디지털 형식으로 입력해주는 장치이다.

13 다음 자료의 표현단위 중 그 크기가 가장 큰 것은?

① Bit(비트) ② Byte(바이트)
③ Record(레코드) ④ Field(필드)

해설 ⊕

- 비트(Bit) : Binary Digit의 줄임말로 컴퓨터가 데이터를 기억하는 최소 단위로서 이진수인 두 개의 숫자인 0과 1을 사용한다.
- 바이트(Byte) : 8개의 비트를 묶어서 정보를 표현하는 단위를 나타낸다.
- 필드(Field) : 여러 개의 워드가 모여 구성되며 의미 있는 정보를 표현하는 최소 단위이다.
- 레코드(Record) : 여러 개의 필드가 모여 구성되며 하나의 완전한 정보를 표현할 수 있다.

14 컴퓨터가 데이터를 기억할 때의 최소 단위는 무엇인가?

① Bit ② Byte
③ Word ④ Block

해설 ⊕

- 비트(Bit) : Binary Digit의 줄임말로 컴퓨터가 데이터를 기억하는 최소 단위로서 이진수인 두 개의 숫자인 0과 1을 사용한다.
- 바이트(Byte) : 8개의 비트를 묶어서 정보를 표현하는 단위를 나타낸다.

- 워드(Word) : 명령 처리 단위로 컴퓨터가 한 번에 처리할 수 있는 데이터의 양을 나타낸다.
- 블록(Block) : 프로그램 입출력 단위를 나타낸다.

15 컴퓨터의 처리 속도 단위 중 ps(피코 초)란?

① 10^{-3}초 ② 10^{-6}초
③ 10^{-9}초 ④ 10^{-12}초

해설 ⊕

- 10^{-3}초 : 밀리 초
- 10^{-6}초 : 마이크로 초
- 10^{-9}초 : 나노 초
- 10^{-12}초 : 피코 초

16 데이터를 표현하는 최소 단위를 무엇이라고 하는가?

① Byte ② Bit
③ Word ④ File

해설 ⊕

- 비트(Bit) : Binary Digit의 줄임말로 컴퓨터가 데이터를 기억하는 최소 단위로서 이진수인 두 개의 숫자인 0과 1을 사용한다.
- 바이트(Byte) : 8개의 비트를 묶어서 정보를 표현하는 단위를 나타낸다.
- 워드(Word) : 명령 처리 단위로 컴퓨터가 한 번에 처리할 수 있는 데이터의 양을 나타낸다.
- 파일(File) : 여러 개의 레코드가 모여 구성되며 프로그램을 구성하는 단위로 컴퓨터에서 정보를 저장하는 단위로 사용된다.

정답 13 ③ 14 ① 15 ④ 16 ②

CHAPTER 02 CAD 소프트웨어

1 CAD에서 사용되는 좌표계

3차원 좌표축은 오른손 좌표계에 의해 쉽게 이해할 수 있다. 우선 오른손의 엄지, 검지, 중지를 $90°$ 각도가 되도록 펼치게 되면 엄지의 방향이 X축의 $+$방향, 검지의 방향이 Y축의 $+$방향, 중지의 방향이 Z축의 $+$방향이 된다.

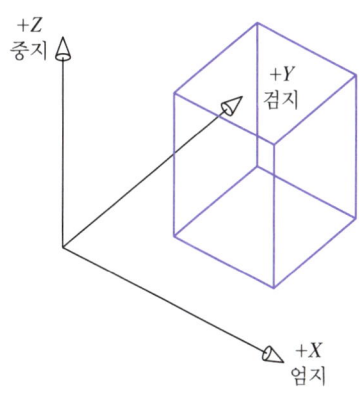

| 3차원 좌표축 |

(1) 직교 좌표계(Rectangular)

① 절대좌표계(x, y, z)
  절대원점 $(0, 0, 0)$이 기준이 된다.

② 상대좌표계(@Δx, Δy, Δz)
  현재의 위치(최종점 @)가 기준이 되어 증분값(Δx, Δy, Δz)을 입력한다.

③ 상대극좌표계(@거리<각도)
  현재의 위치(최종점 @)가 기준이 되어 그리고자 하는 거리값과 방향(각도)을 입력한다.

④ @(최종점)
  맨 마지막에 마우스로 선택한 지점 또는 입력한 좌표 위치를 찾는다.

⑤ AutoCAD의 방향계

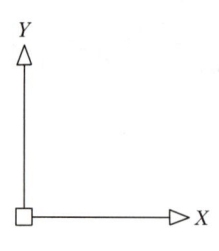

| 2차원 방향계 |

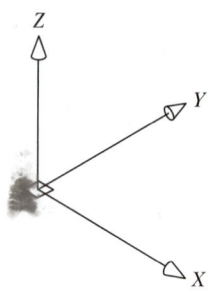

| 3차원 방향계 |

⑥ 입력 예시
- 명령 : LINE ↵
- 첫 번째 점 지정 : 0,0,0 ↵
- 다음 점 지정 또는 [명령 취소(U)] : 5,5,7 ↵
- 다음 점 지정 또는 [명령 취소(U)] : ↵

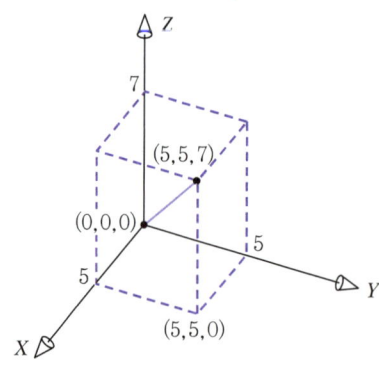

(2) 원통 좌표계(Cylindrical)

① 입력 형식

$x<y,z$ 또는 $@x<y,z$

② 입력 예시
- 명령 : LINE ↵
- 첫 번째 점 지정 : 0,0,0 ↵
- 다음 점 지정 또는 [명령 취소(U)] : 5<40,4 ↵
- 다음 점 지정 또는 [명령 취소(U)] : ↵

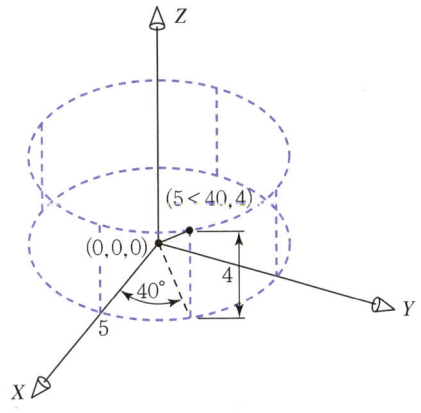

(3) 구면 좌표계(Spherical)

① 입력 형식

$x < y < z$ 또는 $@x < y < z$

② 입력 예시
- 명령 : LINE ↵
- 첫 번째 점 지정 : 0,0,0 ↵
- 다음 점 지정 또는 [명령 취소(U)] : 5 < 40 < 45 ↵
- 다음 점 지정 또는 [명령 취소(U)] : ↵

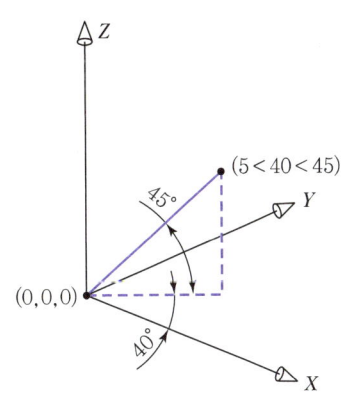

2 기본 도형의 정의

(1) 선(Line)의 정의

① 두 점으로 정의
② 첫 번째 점과 특정 객체에 수평 또는 수직으로 정의

③ 첫 번째 점과 곡선의 접선으로 정의
④ 두 곡선에 대한 접선으로 정의
⑤ Offset에 의한 선으로 정의

(2) 원(Circle)의 정의

① 원의 중심점과 반지름으로 정의
② 원의 중심점과 지름으로 정의
③ 원의 중심점과 원을 지나는 하나의 접선으로 정의
④ 원을 지나는 2개의 점으로 정의(단, 두 점의 직선거리가 원의 지름이 된다)
⑤ 원을 지나는 3개의 점으로 정의
⑥ 원에 접하는 두 객체와 반지름으로 정의

(3) 호(Arc)의 정의

① 세 점으로 정의
② 시작점, 중심점, 끝점으로 정의
③ 시작점, 중심점, 각도로 정의
④ 시작점, 중심점, 현의 길이로 정의
⑤ 시작점, 끝점, 중심점으로 정의
⑥ 시작점, 끝점, 각도로 정의
⑦ 시작점, 끝점, 방향(호의 시작점에 대한 접선 방향)으로 정의
⑧ 시작점, 끝점, 반지름으로 정의

(4) 다각형(Polygon)의 정의

① 원에 내접하는 정다각형으로 정의
② 원에 외접하는 정다각형으로 정의
③ 한 변의 길이로 정의

PART 02 CAD | CHAPTER 02 CAD 소프트웨어

실전 문제

01 일반적인 CAD 시스템에서 사용되는 좌표계가 아닌 것은?

① 직교좌표계 ② 타원좌표계
③ 극좌표계 ④ 구면좌표계

해설

CAD 시스템에서 사용하는 좌표계의 종류
직교좌표계(절대좌표계, 상대좌표계, 상대극좌표계), 원통좌표계, 구면좌표계가 있다.

02 CAD 시스템에서 마지막 입력점을 기준으로 다음 점까지의 직선거리와 기준 직교축, 그 직선이 이루는 각도로 입력하는 좌표계는?

① 절대좌표계 ② 구면좌표계
③ 원통좌표계 ④ 상대극좌표계

해설

상대극좌표계(@거리<각도)
현재의 위치(최종점 @)가 기준이 되어 그리고자 하는 거리 값과 방향(각도)을 입력한다.

03 CAD 시스템에서 도면상 임의의 점을 입력할 때 변하지 않는 원점 (0, 0)을 기준으로 정한 좌표계는?

① 상대좌표계 ② 상승좌표계
③ 증분좌표계 ④ 절대좌표계

해설

절대좌표계(x, y, z)
절대원점 (0, 0, 0)이 기준이 된다.

04 그림과 같이 위치를 알 수 없는 점 A에서 점 B로 이동하려고 한다. 어느 좌표계를 사용해야 하는가?

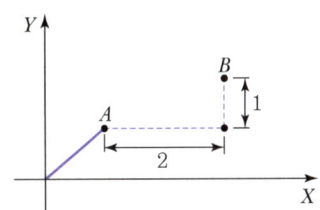

① 상대좌표 ② 절대좌표
③ 절대극좌표 ④ 원통좌표

해설

상대좌표계(@$\Delta x, \Delta y$)
현재의 위치(점 A)가 기준이 되어 증분값(@2,1)을 입력하여 이동한다.

05 공간상에 구성되어 있는 하나의 점을 표현하는 방법으로서 기준점을 중심으로 2개의 각도 데이터와 1개의 길이 데이터로 해당 점의 좌표를 나타내는 좌표계는?

① 직교좌표계
② 상대좌표계
③ 원통좌표계
④ 구면좌표계

해설

구면좌표계
길이<각도<각도 또는 @길이<각도<각도를 입력하여 해당 점의 좌표를 나타낸다.

정답 01 ② 02 ④ 03 ④ 04 ① 05 ④

06 CAD로 2차원 평면에서 원을 정의하고자 한다. 다음 중 특정 원을 정의할 수 없는 것은?

① 원의 반지름과 원을 지나는 하나의 접선으로 정의
② 원의 중심점과 반지름으로 정의
③ 원의 중심점과 원을 지나는 하나의 접선으로 정의
④ 원을 지나는 3개의 점으로 정의

해설
① 원의 반지름과 원을 지나는 하나의 접선으로 원을 정의할 수 없다.

정답 06 ①

CHAPTER 03 3D 형상 모델링

1 3차원 모델링

(1) 와이어 프레임 모델링(Wire Frame Modeling)

가장 단순한 모델링으로 점, 선, 원, 호 등의 기본적인 요소로 마치 철사를 연결한 구조물 형상이다.

① 장점
- 처리 속도가 빠르다.
- 모델 작성이 쉽다.
- 데이터 구성이 간단하다.
- 3면 투시도 작성이 용이하다.

② 단점
- 형상을 정확하게 판단하기 어렵다.
- 체적 등의 물리적 성질의 계산이 불가능하다.
- 숨은선을 제거할 수 없다.
- 단면도 작성이 불가능하다.

(2) 서피스 모델링(Surface Modeling)

면을 사용하여 물체를 모델링하는 방법으로 표면만 존재하고 내부는 비어 있다.

① 장점
- 은선을 제거할 수 있다.
- 복잡한 형상 표현이 가능하다.
- 단면도 작성이 가능하다.
- 가공면을 자동적으로 인식 처리할 수 있어서 NC Data에 의한 NC 가공작업이 가능하다.

② 단점
- 면만 존재하므로 물체 내부 정보가 없다.
- 질량 등의 물리적 성질을 구할 수 없다.

(3) 솔리드 모델링(Solid Modeling)

내부가 채워진 모델링 방법으로 물체의 내부를 공학적으로 분석할 수 있는 방식이다.

① 장점
- Boolean연산(합집합, 차집합, 교집합)을 통하여 복잡한 형상의 표현이 가능하다.
- 부품 상호 간의 간섭을 체크할 수 있다.
- 은선 제거가 가능하고 물리적 성질 등의 계산이 가능하다.
- 형상을 절단하여 단면도 작성이 용이하다.

② 단점
- 컴퓨터의 메모리양과 데이터 처리가 많아진다.
- 데이터 구조가 복잡하다.

2 솔리드 모델링의 표현방식

① B-Rep 방식(Boundary Representation : 경계표현)
물체의 점(Vertex), 모서리(Edge), 면(Face)의 상관관계를 이용해서 물체를 형상화하는 방식으로 입체(Solid)를 둘러싸고 있는 면의 조합으로 표현하는 방식이다.

② CSG 방식(Constructive Solid Geometry)
육면체(Box), 실린더(Cylinder), 원뿔(Cone), 구(Sphere) 등 기본적인 단순한 입체의 도형을 불러와서 Boolean연산(합집합, 차집합, 교집합)으로 물체를 표현하는 방식이다.

실전 문제

01 3차원 물체를 외부형상뿐만 아니라 내부구조의 정보까지도 표현하여 물리적 성질 등의 계산까지 가능한 모델은?

① 와이어 프레임 모델
② 서피스 모델
③ 솔리드 모델
④ 엔티티 모델

해설

솔리드 모델링
3차원 물체를 외부형상뿐만 아니라 내부구조의 정보까지도 표현하여 물리적 성질 등의 계산이 가능하다.

02 다음 중 솔리드 모델링의 특징에 해당하지 않는 것은?

① 복잡한 형상의 표현이 가능하다.
② 체적, 관성모멘트 등의 계산이 가능하다.
③ 부품 상호 간의 간섭을 체크할 수 있다.
④ 다른 모델링에 비해 데이터의 양이 적다.

해설

솔리드 모델링은 데이터 구조가 복잡하여 메모리량과 데이터의 양이 크다.

03 모델링 방법 중 와이어 프레임(Wire Frame) 모델링에 대한 설명으로 틀린 것은?

① 처리 속도가 빠르다.
② 물리적 성질의 계산이 가능하다.
③ 데이터 구성이 간단하다.
④ 모델 작성이 쉽다.

해설

점, 선, 원, 호 등의 기본적인 요소로 모델링하므로 물리적 성질의 계산이 불가능하다.

04 다음 중 서피스 모델링의 특징으로 틀린 것은?

① NC 가공정보를 얻기가 용이하다.
② 복잡한 형상표현이 가능하다.
③ 구성된 형상에 대한 중량계산이 용이하다.
④ 은선 제거가 가능하다.

해설

면만 존재하므로 구성된 형상에 대한 중량계산을 할 수 없다.

05 다음 중 기계설계 CAD에서 사용하는 3차원 모델링 방법이라고 할 수 없는 것은?

① 와이어 프레임 모델링(Wire Frame Modeling)
② 오브젝트 모델링(Object Modeling)
③ 솔리드 모델링(Solid Modeling)
④ 서피스 모델링(Surface Modeling)

해설

3차원 모델링의 종류
- 와이어 프레임 모델링(Wire Frame Modeling)
- 서피스 모델링(Surface Modeling)
- 솔리드 모델링(Solid Modeling)

정답 01 ③ 02 ④ 03 ② 04 ③ 05 ②

06 서피스(Surface) 모델링에서 곡면을 절단하였을 때 나타내는 요소는?

① 곡선 ② 곡면
③ 점   ④ 면

해설
서피스 모델링은 면을 사용하여 물체를 모델링하는 방법으로 곡면을 절단하면 곡선이 나온다.

07 CAD 작업 시 모델링에 관한 설명 중 틀린 것은?

① 3차원 모델링에는 와이어 프레임, 서피스, 솔리드 모델링이 있다.
② 자동적인 체적 계산을 위해서는 솔리드 모델링보다는 서피스 모델링을 사용하는 것이 좋다.
③ 솔리드 모델링은 와이어 프레임, 서피스 모델링에 비해 높은 데이터 처리 능력이 필요하다.
④ 와이어 프레임 모델링의 경우 디스플레이된 방향에 따라 여러 가지 다른 해석이 나올 수 있다.

해설
솔리드 모델링은 내부가 채워져 있으므로 체적 계산이 가능하나 서피스 모델링은 면만 존재하므로 체적 계산을 할 수 없다.

08 3차원 형상을 솔리드 모델링하기 위한 기본요소를 프리미티브라고 한다. 이 프리미티브가 아닌 것은?

① 박스(Box)   ② 실린더(Cylinder)
③ 원뿔(Cone)   ④ 퓨전(Fusion)

해설
육면체(Box), 실린더(Cylinder), 원뿔(Cone), 구(Sphere) 등이 3차원 형상을 솔리드 모델링하기 위한 기본요소이다.

09 정육면체, 실린더 등 기본적인 단순한 입체의 조합으로 복잡한 형상을 표현하는 방법은?

① B-rep 모델링
② CSG 모델링
③ Parametric 모델링
④ 분해 모델링

해설
CSG(Constructive Solid Geometry) 방식
육면체(Box), 실린더(Cylinder), 원뿔(Cone), 구(Sphere) 등 기본적인 단순한 입체의 도형을 불러와서 Boolean연산(합집합, 차집합, 교집합)으로 물체를 표현하는 방식이다.

10 컬러 디스플레이의 기본 색상이 아닌 것은?

① 빨강 : R   ② 파랑 : B
③ 노랑 : Y   ④ 초록 : G

해설
컬러 디스플레이는 RGB 삼원색을 기본으로 하며 빨강(Red), 초록(Green), 파랑(Blue) 세 종류의 색상을 혼합하여 색을 표현한다.

11 출력하는 도면이 많거나 도면의 크기가 크지 않을 경우 도면이나 문자 등을 마이크로필름화하는 장치는?

① COM 장치   ② CAE 장치
③ CIM 장치   ④ CAT 장치

해설
COM(Computer Output Microfilm) 장치
컴퓨터에 저장된 데이터를 마이크로필름 또는 마이크로피시(Microfiche)로 변환하는 장치이다.

정답 06 ① 07 ② 08 ④ 09 ② 10 ③ 11 ①

12 도형의 좌표변환 행렬과 관계가 먼 것은?

① 미러(Mirror) ② 회전(Rotate)
③ 스케일(Scale) ④ 트림(Trim)

해설 ⊕

트림(Trim)은 자르기 기능으로 좌표변환 행렬과 관계가 없다.

13 스스로 빛을 내는 자기발광형 디스플레이로서 시야각이 넓고 응답시간도 빠르며 백라이트가 필요 없기 때문에 두께를 얇게 할 수 있는 디스플레이는?

① TFT-LCD
② 플라즈마 디스플레이
③ OLED
④ 래스터스캔 디스플레이

해설 ⊕

① TFT-LCD : 박막 트랜지스터 액정 디스플레이(Thin Film Transistor-Liquid Crystal Display) 장치를 말한다.
② 플라즈마 디스플레이(Plasma Display) : 플라즈마의 전기방전을 이용한 화상표시장치이다.
③ OLED(Organic Light Emitting Diodes) : 빛을 내는 층이 전류에 반응하여 빛을 발산하는 유기 화합물의 필름으로 이루어진 박막 발광 다이오드(LED)이다.
④ 래스터스캔 디스플레이(Raster Scan Display) : 한 번에 한 행씩, 위에서 아래로 스크린을 가로질러 디스플레이하는 방식이다.

14 디스플레이상의 도형을 입력장치와 연동시켜 움직일 때, 도형이 움직이는 상태를 무엇이라고 하는가?

① 드래깅(Dragging)
② 트리밍(Trimming)
③ 쉐이딩(Shading)
④ 주밍(Zooming)

해설 ⊕

드래깅(Dragging)
사전적 의미로 질질 끄는 것을 뜻하므로 도형이 움직이는 상태를 말한다.

15 CAD 시스템에서 기하학적 데이터의 변환에 속하지 않는 것은?

① 이동(Translation)
② 회전(Rotation)
③ 스케일링(Scaling)
④ 리드로잉(Redrawing)

해설 ⊕

리드로잉은 화면을 깨끗하게 재생성하는 것으로 기하학적 데이터의 변환과 관계없다.

정답 12 ④ 13 ③ 14 ① 15 ④

03
기계재료 및 측정

Craftsman Computer Aided Mechanical Drawing

01 기계재료의 성질

02 철강재료

03 비철합금

04 비금속재료와 신소재, 공구재료

05 측정

CHAPTER 01 기계재료의 성질

01 금속재료의 성질

1 금속의 공통적인 성질

① 상온에서 고체이며 결정체[수은(Hg) 제외]이다.
② 비중이 크고 금속 고유의 광택을 갖는다.
③ 열과 전기의 양도체이다.
④ 가공이 용이하고, 전성과 연성이 좋다.
⑤ 비중과 경도가 크며 용융점이 높다.

2 기계적 성질

(1) 강도(Strength)

① 외력에 대한 단위면적당 저항력의 크기이다.
② 인장강도, 전단강도, 압축강도, 굴곡강도, 비틀림강도 등이 있다.

> **Reference**
>
> **순수 금속의 인장강도 순서**
> 니켈(Ni) > 철(Fe) > 구리(Cu) > 알루미늄(Al) > 주석(Sn) > 납(Pb)

(2) 경도(Hardness)

① 물체의 표면을 다른 물체(시험물체보다 단단한 물체)로 눌렀을 때 그 물체의 변형에 대한 저항력의 크기를 말한다.
② 경도는 인장강도에 비례한다.

> **Reference**
>
> 인장강도와 경도의 비례식(절대적인 것은 아님)
> 인장강도(kgf/mm²) = (0.32~0.36) × 브리넬 경도(HB)

(3) 인성(Toughness)

① 충격에너지에 대한 단위면적당 저항력의 크기이다.
② 끈기가 있고 질긴 성질, 연신율이 큰 재료가 충격저항도 크다.

(4) 취성(메짐성, Shortness)

인성에 반대되는 성질, 즉 잘 부서지거나 잘 깨지는 성질을 말한다.

(5) 피로(Fatigue)

① **피로파괴** : 피로는 재료가 파괴하중보다 작은 하중을 반복적으로 받는 것을 의미하며, 피로로 인해 파괴되는 것을 피로파괴(Fatigue Failure)라 한다.
② **피로한도** : 반복응력 상태에서 진폭이 일정값 이하로 되면 사이클 수가 무한히 증가하더라도 파괴되지 않고 견디는 응력의 한계를 피로한도 또는 내구한도라고 한다.

(6) 크리프 한도(Creep Limit)

① 고온에서 재료에 일정한 하중을 가하면 시간이 지남에 따라 변형도 함께 증가하는 현상을 크리프라 하며, 응력과 온도가 크면 크리프에 의한 재료의 수명은 짧아진다.
② 크리프 한도는 크리프율이 0(영)이 되는 응력의 한도를 말한다.

(7) 연성(Ductility)

재료에 힘을 가하여 소성변형을 일으키게 하여 직선방향으로 늘릴 수 있는 성질을 말한다.

> **Reference**
>
> 순수 금속의 연성 순서
> 금(Au) > 은(Ag) > 알루미늄(Al) > 구리(Cu) > 백금(Pt) > 납(Pb) > 아연(Zn) > 철(Fe) > Ni(니켈)

(8) 전성(Malleability)

해머링 또는 압연에 의해서 재료에 금이 생기지 않고 얇은 판으로 넓게 펼 수 있는 성질을 말한다.

> **Reference**
>
> 순수 금속의 전성 순서
> 금(Au) > 은(Ag) > 백금(Pt) > 알루미늄(Al) > 철(Fe) > 니켈(Ni) > 구리(Cu) > 아연(Zn)

(9) 가단성(Forgeability)
재료의 단련하기 쉬운 성질, 즉 단조, 압연, 인발 등에 의하여 변형시킬 수 있는 성질을 말한다.

(10) 주조성(Castability)
금속의 주조 가공 시 작업의 쉽고 어려움을 나타내는 성질(유동성, 점성, 수축성)을 말한다.

(11) 잔류응력(Redidual Stress)
소재가 변형된 후 외력이 완전히 제거된 상태에서 소재에 남아 있는 응력을 말한다.

(12) 탄성(Elasticity)
외력에 의해 변형된 물체가 외력을 제거하였을 때 원래의 형태로 되돌아가려는 성질을 말한다.

(13) 소성(Plasticity)
탄성과 반대되는 성질로 외력에 의해 변형이 생긴 후 외력이 제거되어도 다시 원래의 형태로 돌아오지 않는 성질을 말한다.

(14) 항복점(Yield Point)
재료에 인장응력을 가할 때 얻어지는 응력 – 변형률 선도에서 탄성한도를 넘어 소성변이가 시작되는 지점을 말한다.

3 물리적 성질

성질	설명
비중	• 4℃의 물과 어떤 물질을 용기에 각각 체적(부피)을 같게 넣었을 때, 물의 무게에 대한 어떤 물질의 무게비 • Li : 0.53, Mg : 1.74, Al : 2.7, Fe : 7.8, Ir : 22.5
용융점	• 금속을 가열하였을 때 액체상태로 바뀌는 온도로서 순수물질의 용융점과 응고점은 같다. • W : 3,410℃, Pt : 1,769℃, Fe : 1,539℃, Pb : 3 27℃, Sn : 231℃, Hg : −30℃
선팽창계수	온도가 1℃ 변화할 때 재료의 단위길이당 길이의 변화
자성	• 자석에 의해 자화되는 성질(강자성체(자성 강함)) : Fe, Ni, Co • 상자성체(자성약함), 비자성체(자성 없음)

> **Reference**
>
> 순금속은 용융온도와 응고온도가 동일

4 화학적 성질

성질	설명
부식	금속 표면에서 주위 물질과의 화학반응으로 표면에서 변화가 일어나는 것
내식성	금속의 부식에 대한 저항력
내열성	높은 열에 변형되거나 변질되지 않고 견디는 성질

02 금속의 결정구조

구분	체심입방격자(BCC)	면심입방격자(FCC)	조밀육방격자(HCP)
격자구조			
성질	용융점이 비교적 높고, 전연성이 떨어진다.	전연성은 좋으나, 강도가 충분하지 않다.	전연성이 떨어지고, 강도가 충분하지 않다.
원자 수	2(구의 개수 2개)	4(구의 개수 4개)	2(구의 개수 2개)
충전율	68%	74%	74%
경도	낮음	⟷	높음
결정격자 사이공간	넓음	⟷	좁음
원소	$\alpha-$Fe, W, Cr, Mo, V, Ta 등	$\gamma-$Fe, Al, Pb, Cu, Au, Ni, Pt, Ag, Pd 등	Fe_3C, Mg, Cd, Co, Ti, Be, Zn 등

03 재료의 소성가공

1 금속의 재결정온도 기준에 따른 분류

① 열간가공(Hot Working)
   재결정온도 이상에서 가공한다.

② 냉간가공(Cold Working)
   재결정온도 이하에서 가공한다.

2 가공경화(Work Hardening)

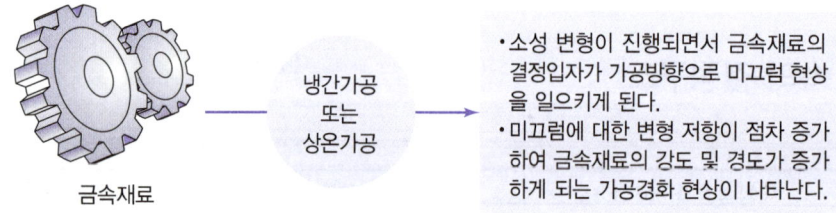

- 소성 변형이 진행되면서 금속재료의 결정입자가 가공방향으로 미끄럼 현상을 일으키게 된다.
- 미끄럼에 대한 변형 저항이 점차 증가하여 금속재료의 강도 및 경도가 증가하게 되는 가공경화 현상이 나타난다.

3 재결정(Recrystallization)

냉간가공에 의해 내부 응력이 생긴 결정입자를 재결정온도 부근에서 적당한 시간 동안 가열하면, 내부 응력이 없는 새로운 결정핵이 점차 성장하여 새로운 결정입자가 생기는 현상이다.

(1) 재결정온도

1시간 안에 재결정이 완료되는 온도이다.

(2) 재결정의 특징

① 가열온도가 증가함에 따라 재결정시간이 줄어든다.
② 가공도가 큰 재료는 새로운 결정핵의 발생이 쉬우므로 재결정온도가 낮다.
③ 가공도가 작은 재료는 새로운 결정핵의 발생이 어려우므로 재결정온도가 높다.
④ 합금원소가 첨가됨에 따라 재결정온도는 상승한다.
⑤ 재결정은 금속의 연성을 증가시키고, 강도는 저하시킨다.

PART 03 기계재료 및 측정 | CHAPTER 01 기계재료의 성질

실전 문제

01 강자성체에 속하지 않는 성분은?

① Co   ② Fe
③ Ni   ④ Sb

해설

강자성체
철(Fe), 니켈(Ni), 코발트(Co)

02 다음 금속재료 중 고유저항이 가장 작은 것은 어느 것인가?

① 은(Ag)   ② 구리(Cu)
③ 금(Au)   ④ 알루미늄(Al)

해설

고유저항의 크기
은<구리<금<알루미늄

03 일반적으로 경금속과 중금속을 구분하는 비중의 경계는?

① 1.6   ② 2.6
③ 3.6   ④ 4.6

해설

비중 크기
경금속<4.6<중금속

04 다음 비철 재료 중 비중이 가장 가벼운 것은?

① Cu   ② Ni
③ Al   ④ Mg

해설

- 마그네슘(Mg) : 비중 1.74로 실용 금속 중 가장 가볍다.
- 구리(Cu, 8.96), 니켈(Ni, 8.90), 알루미늄(Al, 2.7)

05 금속재료를 고온에서 오랜 시간 외력을 걸어놓으면 시간의 경과에 따라 서서히 그 변형이 증가하는 현상은?

① 크리프   ② 스트레스
③ 스트레인   ④ 템퍼링

해설

크리프
고온에서 재료에 일정한 하중을 가하면 시간이 지남에 따라 변형도 함께 증가하는 현상

06 금속이 탄성한계를 초과한 힘을 받고도 파괴되지 않고 늘어나서 소성변형이 되는 성질은?

① 연성   ② 취성
③ 경도   ④ 강도

해설

- 연성 : 잡아당기면 외력에 의해서 파괴됨이 없이 가늘게 늘어나는 성질
- 취성 : 잘 부서지고 깨지는 성질(인성과 반대)
- 경도 : 물체의 표면을 다른 물체(시험 물체보다 단단한 물체)로 눌렀을 때 그 물체의 변형에 대한 저항력의 크기
- 강도 : 외력에 대한 단위면적당 저항력의 크기

정답 01 ④ 02 ① 03 ④ 04 ④ 05 ① 06 ①

07 고용체에서 공간격자의 종류가 아닌 것은?

① 치환형 ② 침입형
③ 규칙격자형 ④ 면심입방격자형

해설

고용체의 공간격자 종류
치환형, 침입형, 규칙격자형('치'를 공통으로 기억)

08 금속의 결정구조에서 체심입방격자의 금속으로만 이루어진 것은?

① Au, Pb, Ni ② Zn, Ti, Mg
③ Sb, Ag, Sn ④ Na, V, Mo

해설

체심입방격자(BCC) 금속
α철(α-Fe), 텅스텐(W), 나트륨(Na), 크롬(Cr), 몰리브덴(Mo), 바나듐(V), 탄탈륨(Ta) 등

09 금속을 상온에서 소성변형시켰을 때, 재질이 경화되고 연신율이 감소하는 현상은?

① 재결정 ② 가공경화
③ 고용강화 ④ 열변형

해설

가공경화
가공 → 전위밀도 증가 → 전위이동 어려워짐 → 강도 증가

10 금속의 재결정온도에 대한 설명으로 맞는 것은?

① 가열시간이 길수록 낮다.
② 가공도가 작을수록 낮다.
③ 가공 전 결정입자 크기가 클수록 낮다.
④ 납(Pb)보다 구리(Cu)가 낮다.

해설

② 가공도가 작은 재료는 새로운 결정핵의 발생이 어려우므로 재결정온도가 높다.
③ 가공 전 결정입자 크기가 클수록 높다.
④ 납(Pb, 20℃)보다 구리(Cu, 200℃)가 높다.

※ 재결정(Recrystallization)
   냉간가공에 의해 내부응력이 생긴 결정입자를 재결정온도 부근에서 적당한 시간 동안 가열하면, 내부응력이 없는 새로운 결정핵이 점차 성장하여 새로운 결정입자가 생기는 현상

11 탄소강의 가공에 있어서 고온가공의 장점 중 틀린 것은?

① 강괴 중의 기공이 압착된다.
② 결정립이 미세화되어 강의 성질을 개선시킬 수 있다.
③ 편석에 의한 불균일 부분이 확산되어서 균일한 재질을 얻을 수 있다.
④ 상온가공에 비해 큰 힘으로 가공을 높일 수 있다.

해설

④ 상온가공에 비해 작은 힘으로 가공성을 높일 수 있다.

12 합금의 종류 중 고용융점 합금에 해당하는 것은?

① 티탄 합금 ② 텅스텐 합금
③ 마그네슘 합금 ④ 알루미늄 합금

해설

각 원소별 용융온도
- 티타늄(Ti) : 1,660℃
- 텅스텐(W) : 3,410℃
- 마그네슘(Mg) : 649℃
- 알루미늄(Al) : 659℃

정답 07 ④ 08 ④ 09 ② 10 ① 11 ④ 12 ②

CHAPTER 02 철강재료

01 철강재료의 개요

1 철강의 분류

(1) 일반적인 분류

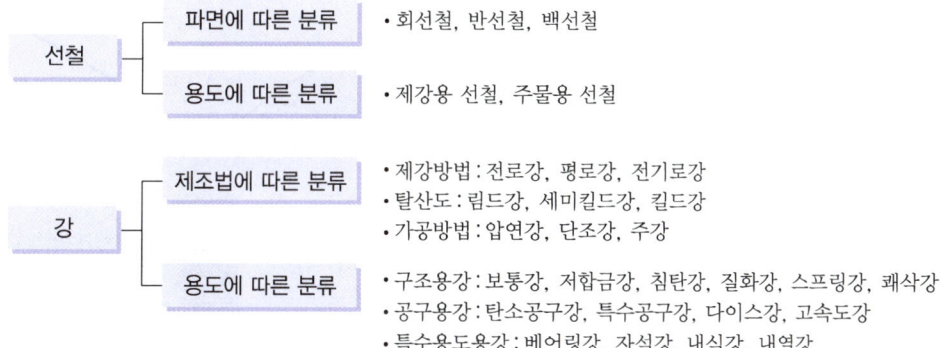

(2) 금속 조직에 의한 분류

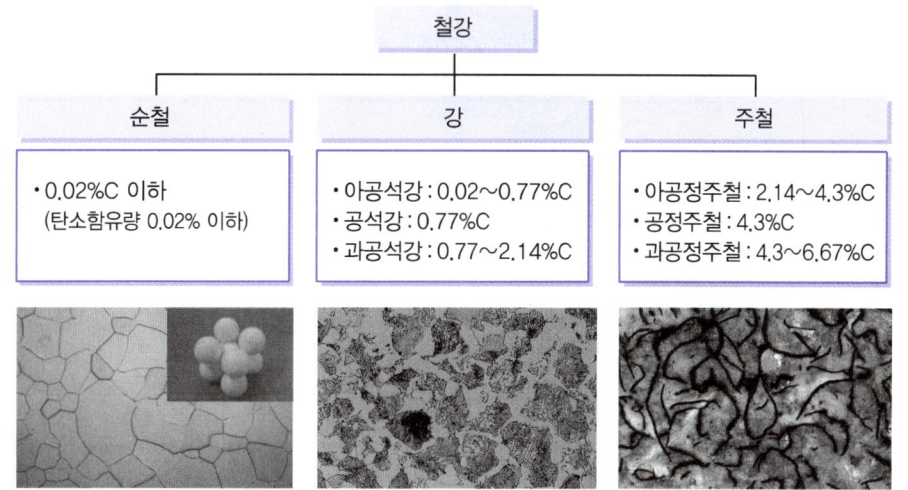

2 철강의 제조공정

철광석 → 용광로 → 선철 → 제강로 → 강괴

02 철-탄소계(Fe-C) 평형상태도

가로축을 철(Fe)과 탄소(C)의 2개 원소 합금 조성(%)으로 하고, 세로축을 온도(℃)로 했을 때 각 조성의 비율에 따라 나타나는 합금의 변태점을 연결하여 만든 선도를 철-탄소계 평형상태도라 한다.

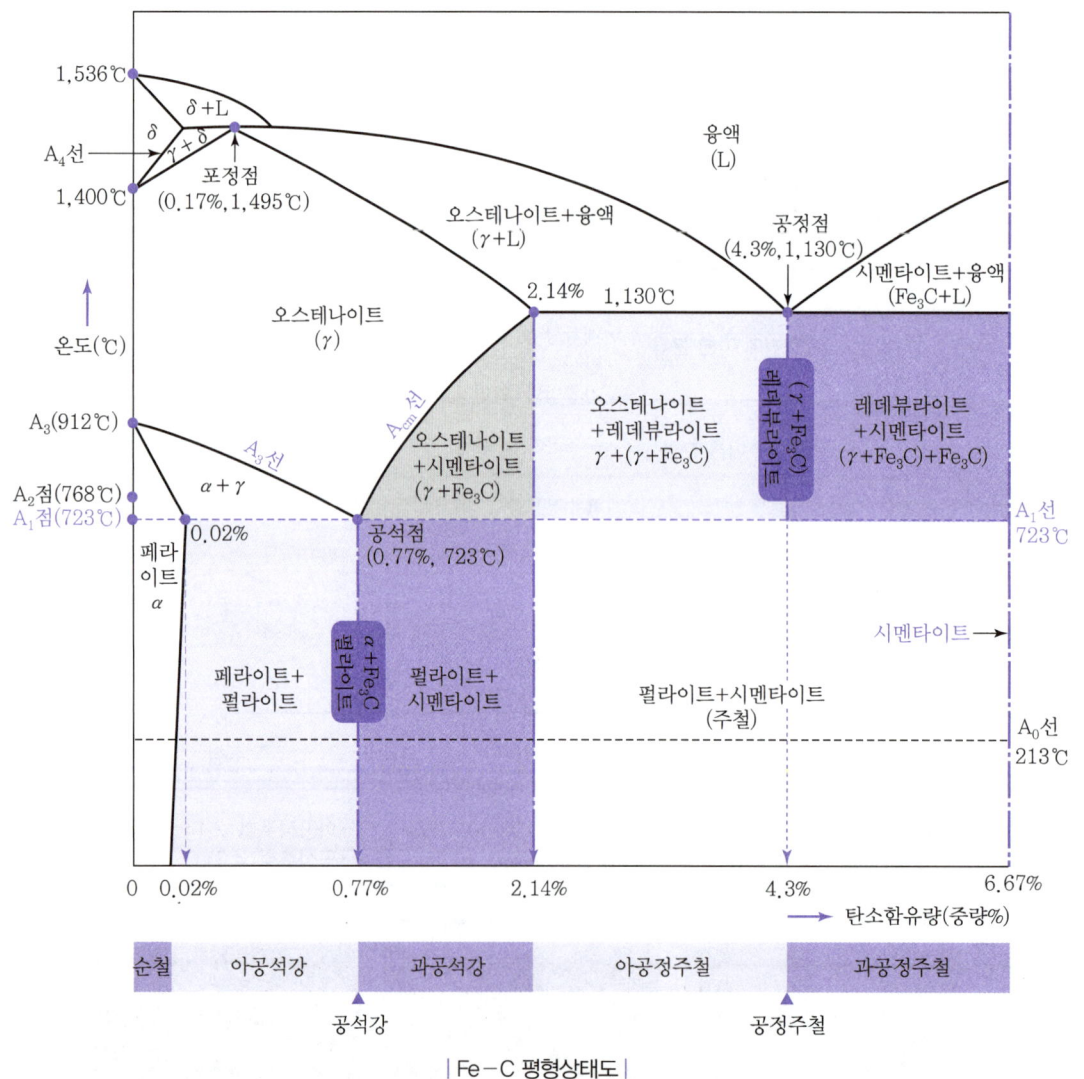

| Fe-C 평형상태도 |

1 Fe – C 고용체, 화합물, 조직의 명칭

① α철 : 페라이트(Ferrite), 탄소함량이 최대 0.02%이다.
② γ철 : 오스테나이트(Austanite)
③ Fe_3C : 시멘타이트(Cementite), 금속 간 화합물로 탄소함량이 6.67%이다.
④ 공석강 : 펄라이트(Pearlite), 탄소함량이 0.77%이다.

> **Reference**
>
> L(Liquid, 융액)
> 철(Fe)과 탄소(C)가 혼합된 액체

2 변태점

① A_0 변태점(213°C) : 시멘타이트의 자기변태점
② A_1 변태점(723°C) : 순철에는 없고 강에서만 존재하는 변태(오스테나이트 ↔ 펄라이트)
③ A_2 변태점(순철 : 768°C, 강 : 770°C) : 순철의 자기변태점 또는 큐리점
④ A_3 변태점(912°C) : 순철의 동소변태(α철 ↔ γ철)
⑤ A_4 변태점(1,400°C) : 순철의 동소변태(γ철 ↔ δ철)

3 주요 변태선

① A_1 선 : 공석선(723°C)
② A_3 선 : γ철이 α철로 석출이 시작되는 온도
③ A_{cm} 선 : γ철이 Fe_3C로 석출이 시작되는 온도

4 금속의 반응

(1) 용어설명

① 정출 : 액상에서 고체상이 새로 생기는 것
② 석출 : 고체상에서 다른 고체상이 새로 생기는 것

(2) 공석반응

2개 원소(Fe + C) 합금에서 하나의 고체상(γ철)이 냉각에 의해 결정구조가 다른 2종의 새로운 고체상(α철 + Fe_3C)으로 석출하는 변태를 말한다.

$$\gamma\text{철(오스테나이트)} \underset{\text{가열}}{\overset{\text{냉각}}{\rightleftharpoons}} (\alpha\text{철} + Fe_3C)(\text{펄라이트})$$

→ 공석점 : 0.77%C, 723℃

여기서, 0.77%C는 철(Fe)이 99.23%이고, 탄소(C)가 0.77%임을 의미한다.

📁 탄소강에서 가장 중요한 반응이니 꼭 알아두세요.

(3) 공정반응

하나의 액상에서 다른 복수의 고체상이 동시에 정출하는 현상으로서, 공정점에서는 액상에서 오스테나이트와 시멘타이트(Fe_3C)가 생성되며, 이것을 레데뷰라이트라 한다.

$$L(\text{액체}) \underset{\text{가열}}{\overset{\text{냉각}}{\rightleftharpoons}} \gamma\text{철(오스테나이트)} + Fe_3C(\text{시멘타이트})$$

→ 공정점 : 4.3%C, 1,130℃

여기서, 4.3%C는 철(Fe)이 95.7%이고, 탄소(C)가 4.3%임을 의미한다.

(4) 포정반응

2개 원소(Fe+C) 합금의 상변태 시 냉각과정에서 하나의 고체상(δ철)과 하나의 액상(L)이 반응하여 새로운 고체상(γ철)이 정출되는 항온변태 반응($L+\delta=\gamma$)을 말한다. 이 반응은 가역적 반응이다. δ철 주위에 γ고용체가 둘러싸는 듯한 조직을 생성하기 때문에 포정반응이라고 한다.

$$L(\text{액상}) + \delta\text{철} \underset{\text{가열}}{\overset{\text{냉각}}{\rightleftharpoons}} \gamma\text{철(오스테나이트)}$$

→ 포정점 : 0.17%C, 1,495℃

여기서, 0.17%C는 철(Fe)이 99.83%이고, 탄소(C)가 0.17%임을 의미한다.

(5) 상태도에서 온도가 낮은 것부터의 순서

공석점(A_1 변태점, 723℃) < 큐리점(768℃) < 공정점(1,130℃) < 포정점(1,495℃)

03 순철

1 순철의 성질

① 철강 중에 탄소 0.02% 이하를 함유하고 있으며, 기계구조용 재료로 이용되지 않고, 자기투자율이 높기 때문에 변압기 및 발전기용 박판의 전기재료로 많이 사용된다.
② 순철에는 α철, γ철, δ철의 동소체가 있으며, 상온에서 강자성체이다.
③ 단접성, 용접성은 양호하나, 유동성, 열처리성은 불량하다.
④ 상온에서 전연성이 풍부하고 항복점, 인강강도는 낮으나 연신율, 단면수축률, 충격강도, 인성 등은 높다.
⑤ 순철의 물리적 성질 : 비중(7.87), 용융점(1,538℃), 열전도율(0.18W/K), 인장강도(18~25N/mm^2), 브리넬 경도(60~70N/mm^2)

2 순철의 변태

① A_2 변태점(768℃)
   순철의 자기변태점 또는 큐리점

② A_3 변태점(912℃)
   순철의 동소변태[α철(체심입방격자) ↔ γ철(면심입방격자)]

③ A_4 변태점(1,400℃)
   순철의 동소변태[γ철(면심입방격자) ↔ δ철(체심입방격자)]

④ 순철에는 A_1 변태가 없음

04 탄소강

1 탄소함유량에 따른 강의 분류

① 공석강 : 철에 탄소함유량이 0.77%이고, 조직은 펄라이트
② 아공석강 : 철에 탄소함유량이 0.02~0.77%이고, 조직은 페라이트+펄라이트
③ 과공석강 : 철에 탄소함유량이 0.77~2.14%이고, 조직은 펄라이트+시멘타이트

2 탄소강의 조직

탄소강을 900℃ 정도에서 천천히 냉각시켰을 때 현미경으로 관찰한 조직은 탄소함유량에 따라 현저하게 다르게 나타나는 것을 알 수 있다.

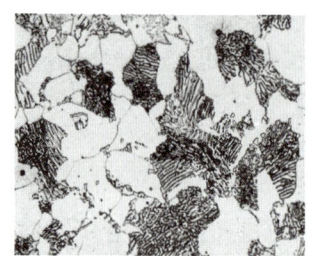
(a) 아공석강(0.45%C)
- 흰색 : 페라이트
- 층상조직 : 펄라이트

(b) 공석강(0.77%C)
- 층상조직 : 펄라이트

(c) 과공석강(1.5%C)
- 흰색 경계 : 시멘타이트
- 층상조직 : 펄라이트

| 현미경으로 본 탄소강의 조직 |

(1) 페라이트(Ferrite)

① 순철에 탄소가 최대 0.02% 고용된 α철로 BCC(체심입방격자) 결정구조를 가지며, 현미경 조직으로는 흰색 결정으로 나타난다.
② 연한 성질로 전연성이 크며, A_2점 이하에서는 강자성체이다.

(2) 오스테나이트(Austenite)

① 탄소함유량을 최대 2.14%까지 고용할 수 있는 γ철로 FCC(면심입방격자) 결정구조를 가지고 있다.
② A_1점 이상에서 안정된 조직으로 상자성체이며 인성이 크다.

(3) 펄라이트(Pearlite)

① 탄소함유량이 0.77%인 γ철이 723℃에서 분열하여 생긴 페라이트와 시멘타이트의 공석 조직으로 페라이트와 시멘타이트가 층으로 나타난다.
② 강도가 크며, 약간의 연성도 있다.

(4) 시멘타이트(Cementite)

① 철(Fe)에 탄소가 6.67% 결합된 철의 금속 간 화합물(Fe_3C)로서 흰색의 침상이 나타나는 조직이며 1,153℃로 가열하면 빠른 속도로 흑연을 분리시킨다.
② 경도가 매우 높고, 취성이 많으며, 상온에서 강자성체이다.

3 탄소강의 성질

① 표준상태에서 탄소(C)가 많을수록 강도나 경도가 증가하지만, 인성 및 충격값은 감소된다.
② 인장강도는 공석조직 부근에서 최대가 되고, 과공석조직은 망상의 초석 시멘타이트가 생기면서부터 변형이 잘되지 않으며, 경도는 증가하나 강도는 급격히 감소한다.
③ 탄소(C)가 많을수록 가공변형은 어렵게 되고, 냉간가공은 되지 않는다.
④ 인장강도는 200~300℃ 부근까지는 온도가 올라감에 따라 증가하여 상온보다 강해지며, 최댓값을 가진 후 그 이상의 온도에서는 급격히 감소한다(청열취성).
⑤ 연신율은 200~250℃에서 최솟값을 가지며, 온도가 올라감에 따라 증가하다가, 600~700℃에서 최댓값을 가지며 그 이상 온도에서는 급격히 감소한다.
⑥ 강은 알칼리(염기)에는 거의 부식되지 않으나 산에 대해서는 약하다.

4 탄소강에 함유된 원소의 영향

(1) 탄소(C)의 영향

① 탄소강에서 탄소는 매우 중요한 원소이다.
② 철에 탄소가 증가하면 0.77%C까지는 항복점과 인장강도는 증가하고, 연신율, 단면 수축률, 연성은 저하한다.
③ 탄소함유량이 0.77% 이상이 되면 인장강도는 낮아지나, 경도는 증가하고 취성은 커진다.

(2) 망간(Mn)의 영향

① 망간(Mn)은 탄소강에서 탄소 다음으로 중요한 원소로서, 제강할 때 탈산, 탈황제로 첨가되며, 탄소강 중에 0.2~0.8% 정도 함유하고 있다.
② 일부는 강 중에 고용되며 나머지는 황(S)과 결합하여 황화망간(MnS)으로 존재하여 황(S)의 해를 막아 적열취성을 방지한다.
③ 망간은 고온에서 결정립의 성장을 억제하므로 연신율의 감소를 막고 인장강도와 고온 가공성을 증가시킨다.
④ 주조성과 담금질 효과(경화능)를 향상시킨다.

(3) 규소(Si)의 영향

① 규소(Si)는 제철과정에서 탈산제로 쓰인다.
② α철에 고용되어 경도, 인장강도, 탄성한계를 높이며, 고온 강도가 향상되고, 내열성, 내산성, 주조성(유동성), 전자기적 성질이 증가한다.
③ 연신율(연성), 내충격성을 감소시키며, 결정입자의 조대화(커짐)로 단접성, 냉간 가공성 등을 감소시킨다.

④ 보통강 중에는 규소(Si)가 0.35% 이하이므로 별다른 문제는 없다.

(4) 인(P)의 영향

① 제선, 제강 중에 원료, 연료, 내화 재료 등을 통하여 강 중에 함유된다.
② 특수한 경우를 제외하고 0.05% 이하로 제한하며, 공구강의 경우 0.025% 이하까지 허용된다.
③ 인장강도와 경도를 증가시키지만, 연신율과 내충격성을 감소시킨다.
④ 상온에서 결정립을 크게 하며, 편석(담금질 균열의 원인)이 발생된다. → 상온취성의 원인이 된다.

> **Reference**
>
> **편석**
> 금속이나 합금이 응고할 때 화학적 조성이 고르지 않게 되는 현상

(5) 황(S)의 영향

① 제선, 제강 원료 중에 불순물로 존재하며, 특수한 경우를 제외하고 0.05% 이하로 제한하고 있다.
② 강 중에 황(S)은 대부분 망간(Mn)과 화합하여 황화망간(MnS)을 만들고, 남은 것은 황화철(FeS)을 만든다. 이 황화철(FeS)은 인장강도, 경도, 인성, 절삭성을 증가시킨다.
③ 연신율과 충격강도를 낮추며, 융점이 낮아 고온에서 취약하고 용접, 단조, 압연 등 고온 가공할 때 파괴되기 쉬운데, 이것이 적열취성의 원인이 된다.

(6) 함유 가스의 영향

① 제강 중에 용탕에 함유된 산소(O_2), 질소(N_2), 수소(H_2)가스 등의 양은 0.01~0.05% 정도이다.
② 가스의 양이 많을수록 강이 여리고 약해진다.
③ 수소(H_2)는 강을 여리게 하고, 산, 알칼리에 약하며, 헤어 크랙(Hair Crack)과 흰점(Flakes)의 원인이 된다.
④ 질소(N_2)는 페라이트에 고용되어 석출 경화의 원인이 되며, 산소(O_2)는 산화물로 함유되는데, 이 중에서 산화철(FeO)은 적열취성의 원인이 된다.

> **Reference**
>
> **수소(H_2)에 의해 철강 내부에 발생하는 현상**
> - 헤어크랙 : 강재 다듬질 면에 나타나는 머리카락 모양의 미세한 균열
> - 흰점(백점) : 강재의 파단면에 나타나는 백색의 광택을 지닌 반점

5 탄소강의 온도에 따른 여러 가지 취성

(1) 취성
취성이란 충격에 의해 깨지기 쉬운 성질을 말한다.

(2) 적열취성(고온취성)

강은 900℃ 이상에서 황(S)이나 산소가 철과 화합하여 산화철(FeO)이나 황화철(FeS)을 만든다. 이때 황화철은 그림처럼 강 입자의 경계에 결정립계로 나타나게 됨으로써 상온에서는 그 해가 작지만 고온에서는 황화철이 녹아 강을 여리게(무르게) 만들어 단조할 수 없는 취성을 강이 갖게 되는데, 이것을 적열취성이라 한다. 망간(Mn)을 첨가하면 황화망간(MnS)을 형성하여 적열취성을 방지하는 효과를 얻을 수 있다.

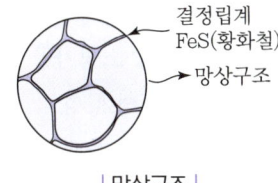

| 망상구조 |

(3) 상온취성

상온에서 충격강도가 매우 낮아 취성을 갖는 성질을 말하며, 인(P)을 함유한 강에서만 나타난다. 왜냐하면 인이 강의 입자를 조대화시켜 강의 경도와 강도 및 탄성한계 등을 높이지만, 연성을 두드러지게 저하시켜 그 질을 취성으로 바꾼다. 이 영향은 강을 고온으로 압연 또는 단조할 때는 거의 볼 수 없으나 상온에서는 현저하기 때문에 상온취성이라고 한다.

05 특수강(합금강)

1 특수강의 개요

① 강철에 여러 원소를 섞어 철의 단점을 보완한 합금이다.
② 주로 니켈(Ni), 크롬(Cr), 망간(Mn), 텅스텐(W), 몰리브덴(Mo), 바나듐(V), 티타늄(Ti), 코발트(Co)의 합금원소를 많이 첨가한다.
③ 합금원소의 첨가량에 따라 저합금강과 고합금강으로 나뉜다.
　㉠ 저합금강은 강의 경도를 증가시키는 쪽을 주목적으로 하여 강도와 인성이 증가하며, 구조용으로 주로 사용한다(합금원소 함유량 수 %).

> **Reference**
>
> **경도 증가 원소**
> 크롬(Cr) > 텅스텐(W) > 바나듐(V) > 몰리브덴(Mo) > 니켈(Ni) > 망간(Mn) > 규소(Si) > 인(P)

ⓒ 고합금강은 내식성, 내마모성, 내열성, 내한성 등의 특수성질을 부가하기 위해 사용된다(합금원소 함유량 10% 이상).

❷ 합금원소를 첨가하는 목적

① 기계적 · 물리적 · 화학적 성능 향상
② 내식성, 내마멸성 증대
③ 절삭성, 소성가공성 개량
④ 담금질성 향상
⑤ 단접성과 용접성 향상
⑥ 고온에서 기계적 성질 저하 방지
⑦ 결정입자 성장 방지
⑧ 상부 임계 냉각속도 저하
⑨ 황, 인 등 불순물 제거

> **Reference**
>
> **단접성**
> 금속재료를 녹는점 가까이 가열하여 누르거나 때려서 이어 붙일 수 있는 성질

❸ 특수강에 첨가하는 합금원소의 영향

원소	특성
니켈(Ni)	강인성↑, 내산성↑, 담금질성↑, 저온취성 방지, 고가
크롬(Cr)	강인성↑, 내식성↑, 내마모성↑, 내열성↑
망간(Mn)	강인성↑, 담금질성↑, 내마모성↑, 적열취성 방지(탈산, 탈황작용)
텅스텐(W)	내열성↑, 고온강도 · 경도↑, 탄화물로 석출, 내마모성↑
몰리브덴(Mo)	담금질성↑, 질량효과↓, 뜨임취성 방지, 내식성↑
바나듐(V)	고온강도 · 경도↑, 내식성↑, 강인성↑ (결정립 미세화)
티타늄(Ti)	산소, 질소와 편석 방지, 결정립 미세화, 내식성↑, 탄화물 생성
코발트(Co)	고온 경도와 인장강도 증가
규소(Si)	• 적은 양 : 경도와 인장강도 증가 • 많은 양 : 내식성과 내열성 증가, 흑연화 촉진, 전자기적 성질 개선

4 탄소합금강과 주철의 KS 규격

KS 규격	영문 명칭	한글 명칭 및 특징
SM30C	Steel Machine Carbon	SM : 기계구조용 탄소강, 30C : 탄소함유량 0.3%
SS	Steel General Structure	일반구조용 압연강재
STC	Steel Tool Carbon	탄소공구강 : 톱날, 줄, 다이스 등 치공구에 사용
STS	Steel Tool Special	합금공구강
SKH	Steel K – 공구 High Speed	고속도강
SPS	Spring Steel	스프링강
SC450	Steel Casting	SC : 탄소강 주강품, 최저인장강도 : 450MPa
GC	Grey Casting	회주철품
GCD	Grey Casting Ductile	구상흑연주철

5 구조용 특수강

탄소강을 보다 질기고, 강하게 하기 위해 니켈(Ni), 크롬(Cr), 몰리브덴(Mo), 바나듐(V), 붕소(B) 등을 약간 첨가하여 특수 열처리한 강을 말한다.

(1) 강인강

종류	첨가량	특성 및 사용하는 곳
니켈(Ni)강	1.5~5%(Ni)	강인성이 요구되는 항공용 볼트, 너트의 재료
크롬(Cr)강	0.9~1.2%(Cr)	자경성이 있어 담금질과 뜨임 효과가 좋으며, 크롬 탄화물이 생성되어 내마모성, 내식성, 내산화성이 우수하다.
크롬-몰리브덴 (Cr-Mo)강 (SCM)	크롬강에 몰리브덴 0.3% 첨가	강도 및 내마모성이 우수하고, 열간가공이 쉽고, 용접성이 좋고, 고온강도가 커서 축·기어·강력볼트 등에 사용한다.
니켈-크롬(Ni-Cr)강 (SNC)	니켈강에 크롬 1% 첨가	담금질 후 뜨임한 것은 소르바이트 조직으로서 내마모성, 내식성, 내열성이 우수하다.
니켈-크롬-몰리브덴 (Ni-Cr-Mo)강 (SNCM)	SNC에 Mo 0.15~0.7% 첨가	SNC에 Mo을 첨가함으로써 강인성이 증가되고, 담금질 시 질량효과가 감소되며, 뜨임취성을 방지한다.
저망간강 (Duocol)	0.18~0.35%C 탄소강에 0.80~1.7%Mn	Pearlite 조직이며, 고장력강의 원재료이고, 건축, 토목, 교량재 등의 일반 구조용으로 사용한다.
고망간강 (하드필드강)	Mn 10~14% 첨가	• 오스테나이트 조직이며, 가공경화속도가 아주 빠르다. • 내충격성이 대단히 우수하여 내마모재로 사용한다. • 광산기계, 파쇄기, 기차레일의 교차점에 사용된다.

(2) 표면경화용강

① 재료 내부의 강도는 유지하고, 표면만 경화시킴으로써 피로한도와 내마모성을 향상시킨 강이다.
② 침탄강, 질화강이 있다.

(3) 쾌삭강

강에 황(S), 납(Pb)을 첨가하여 피삭성을 좋게 만드는 특수강이다.

(4) 스프링강

스프링강에 필요한 성질은 다음과 같다.

① 특성은 탄성한계 및 피로강도가 높아야 한다. → 인(P), 황(S)의 함량이 적을 것
② 크리프 저항성 및 충분한 인성을 가져야 한다. → 소르바이트 조직의 강
③ 스프링의 성형 및 열처리가 용이하고, 저가이어야 한다.

6 특수용 특수강

(1) 스테인리스강

① 스테인리스강의 종류 및 특성

구분	조직		
	오스테나이트	마텐자이트	페라이트
성분	18%Cr − 8%Ni	13%Cr	18%Cr
강종	STS304	STS410	STS430
열처리	고용화 열처리	풀림 후 급랭	풀림
경화성	가공 경화	담금질 경화	담금질 경화 없음
내식성	높음	보통	높음
자성	비자성	상자성	상자성

② 18−8강(오스테나이트 조직)의 예민화(입계부식)

㉠ 고온으로부터 급랭한 강을 500~850℃ 범위로 재가열하면 고용되었던 탄소가 오스테나이트의 결정립계로 이동하여 탄화크롬(Cr_4C)이라는 탄화물이 석출된다. 이로 인해서 결정립계 부근의 크롬(Cr)양이 감소하게 되어 내식성이 감소되고 쉽게 부식이 발생한다.

㉡ 입계균열 : 입계부식의 정도가 지나치면 균열이 발생한다.

㉢ 입계균열의 방지책은 다음과 같다.

- 탄소량을 낮게 하면(<0.03%C) 탄화물(Cr_4C)의 형성이 억제된다.
- 티타늄(Ti), 니오븀(Nb), 탄탈륨(Ta) 등의 원소를 첨가해서 Cr_4C 대신에 TiC, NbC, TaC 등을 만들어서 크롬(Cr)의 감소를 막는다.

(2) 불변강

온도가 변화하여도 열팽창계수, 탄성계수 등이 변화하지 않는 강이다.

불변강의 종류 및 특징

명칭	주요 성분	특징
인바 (Invar)	Fe – Ni 36%	• 상온에 있어서의 열팽창계수가 대단히 작고, 내식성이 대단히 우수하다. • 줄자, 시계의 진자, 바이메탈 등의 재료에 사용
초인바 (Super Invar)	Fe – Ni – Co	인바보다도 열팽창계수가 한층 더 작은 Fe – Ni – Co 합금이다.
엘린바 (Elinvar)	Fe – Ni – Cr	• 인바에 크롬을 첨가하면 실온에서 탄성계수가 불변하고, 신팽창률도 거의 없다. • 시계태엽, 정밀저울의 소재로 사용된다.
코엘린바 (Co – elinvar)	Fe – Ni – Cr – Co	• 온도 변화에 대한 탄성률의 변화가 극히 적고 공기 중이나 수중에서 부식되지 않는다. • 스프링, 태엽, 기상관측용 기구의 부품에 사용된다.
플래티나이트 (Platinite)	Fe – Ni 46%	팽창계수가 유리와 비슷하여, 백금선 대용으로 전구 도입선에 사용된다.

(3) 규소강

① 저탄소강에 규소(Si)를 첨가한 강으로 발전기, 전동기, 변압기 등의 철심 재료에 적합하다.
② 탄소(C) 0.08% 이하, 규소(Si) 0.8~4.3%, 망간(Mn) 0.35%를 함유하는 두께 0.2~0.5mm의 얇은 판형이나 띠강이다.

(4) 내열강

보일러, 터빈, 원자로, 화학플랜트 내연기관의 밸브, 제트기관, 로켓 등의 높은 온도에서 산화와 하중을 받는 부분에 사용되는 강이다.

06 주철

1 주철(Cast Iron)의 개요

(1) 보통 탄소량은 2.14~6.7%이나 흔히 사용되는 것은 2.5~4.5% 정도이다.

(2) 철(Fe), 탄소(C) 이외에 규소(Si), 망간(Mn), 인(P), 황(S) 등을 함유한다.

(3) 강도의 조절

시멘타이트의 분해를 가감하여 흑연이 나오는 것을 조절한다.

(4) 탄소량에 따른 주철의 분류

① 공정주철 : 철에 탄소함유량이 4.3%일 때, 조직은 레데뷰라이트(오스테나이트 + 시멘타이트)이다.
② 아공정주철 : 철에 탄소함유량이 2.14~4.3%일 때, 조직은 오스테나이트 + 레데뷰라이트이다.
③ 과공정주철 : 철에 탄소함유량이 4.3~6.67%일 때, 조직은 레데뷰라이트 + 시멘타이트이다.

(5) 장점

① 용융점이 낮고, 유동성이 우수하여 주조성이 좋다.
② 내마멸성이 우수하다.
③ 압축강도가 크고, 절삭가공이 용이하다.
④ 가격이 저렴하고, 내식성이 우수하다.
⑤ 흑연으로 인해 강에 비해서 6~10배의 감쇠능을 가지고 있다.

> **Reference**
>
> **감쇠능**
> 물질이 진동을 흡수하는 능력

(6) 단점

① 인장강도, 굽힘강도가 작고 충격에 약하다.
② 충격강도와 연신율이 작고 취성이 크다.
③ 소성가공(고온가공)이 불가능하다.
④ 내열성은 400℃까지는 좋으나 그 이상의 온도에서는 나빠진다.
⑤ 단조, 담금질, 뜨임이 불가능하다.

2 주철의 조직

① 화학적 조성, 냉각 속도, 조성, 흑연 핵의 생성 정도에 따라 달라진다.
② 주철에 함유된 탄소량은 보통 2.5~4.5% 정도인데, 이들 중 일부는 유리탄소(흑연), 나머지는 화합탄소(Fe_3C)로 존재한다.
③ 유리탄소와 화합탄소의 비율에 따라 회주철(고탄소, 고규소), 백주철, 반주철로 구분된다.

3 응고 시 주철에 함유된 탄소의 형상

(1) 흑연(유리탄소)

① 단독의 탄소가 흑연으로 존재하는 것을 말한다.
② 규소(Si)가 많거나, 망간(Mn)이 적을 때 서랭하면 생긴다.
③ 경도와 강도가 낮고, 회주철을 만든다.

(2) 시멘타이트(Cementite)

① Fe_3C로서 존재하는 화합 탄소이다.
② 규소(Si)가 적거나, 망간(Mn)이 많을 때 급랭하면 생기는 결정이다.
③ 단단하고 내마모성은 우수하지만 부서지기가 쉽다.
④ 주로 백주철에 분포한다.

4 마우러 조직도

탄소(C)와 규소(Si)의 함유량에 따른 주철의 조직관계를 나타낸 조직도이다.

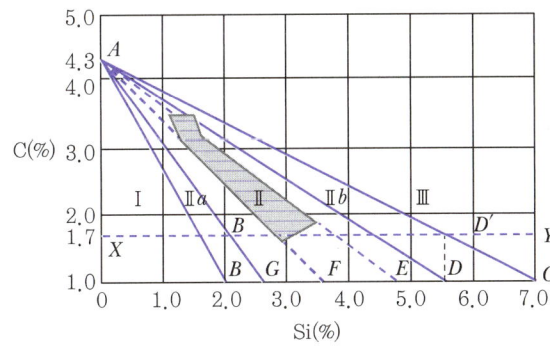

- Ⅰ구역 : 백(극경) 주철(Pearlite+Fe_3C)
- Ⅱ구역 : 펄라이트(강력) 주철(Pearlite+흑연)
- Ⅱa구역 : (경질) 주철(Pearlite+Fe_3C+흑연)
- Ⅱb구역 : 회(보통) 주철(Pearlite+F+흑연)
- Ⅲ구역 : 페라이트(연질) 주철(Ferrite+흑연)

| 마우러 주철 조직도 |

5 주철의 조직에 미치는 원소의 영향

(1) 탄소(C)
① 강도와 경도를 증가시킨다.
② 기계 가공성이 향상된다.
③ 수축을 감소시킨다.

(2) 규소(Si)
① 탄소 다음으로 중요한 성분으로서 흑연의 생성을 촉진하는 원소이다.
② 응고 수축이 적어져서 주조가 용이하다.
③ 얇은 주물 제작 시 급랭으로 인해 탄소가 시멘타이트로 변화되는 것을 방지하기 위해 규소를 다량 첨가한다.

(3) 망간(Mn)
① 주철 중에는 일반적으로 0.4~1.0% 정도의 Mn을 함유한다.
② 흑연의 생성을 방지한다.
③ 황화철(FeS) 제거와 쇳물에서 산소와 화합하여 탈산작용을 한다.

(4) 인(P)
① 쇳물의 유동성을 좋게 한다.
② 주철을 단단하고 여리게 만든다.

(5) 황(S)
① 유동성을 나쁘게 하여 정밀주조 작업이 어렵다.
② 주조 시 수축률을 크게 하여, 기공 및 균열을 일으키기 쉽다.
③ 흑연의 생성을 방해하며, 고온취성을 일으킨다.

6 주철의 성장

주철은 보통 A_1점(723℃) 이상의 온도에서 가열과 냉각을 반복하면 부피 변화에 의해 강도나 수명이 저하된다.

(1) 주철의 성장 원인
① 펄라이트 조직 중의 Fe_3C 분해에 따른 흑연화에 의한 팽창
② 페라이트 조직 중의 규소의 산화에 의한 팽창
③ A_1 변태의 반복과정에서 오는 체적 변화에 따른 미세한 균열 발생

④ 흡수된 가스에 의한 팽창
⑤ 불균일한 가열로 생기는 균열에 의한 팽창

(2) 주철의 성장 방지법

① 흑연을 미세화시켜 조직을 치밀하게 한다.
② 탄소(C), 규소(Si)는 적게 하고, 규소(Si) 대신 내산화성이 큰 니켈(Ni)을 첨가한다[규소(Si)는 산화하기 쉽다].
③ 편상흑연을 구상화시킨다.
④ 펄라이트 조직 중 시멘타이트(Fe_3C)의 흑연화를 방지하기 위해, 탄화물 안정 원소인 망간(Mn), 크롬(Cr), 몰리브덴(Mo), 바나듐(V) 등을 첨가한다.

7 시멘타이트의 흑연화

주철조직에 함유한 시멘타이트(Fe_3C)를 열처리하여 흑연으로 분해한다.

① **흑연화 촉진원소** : 규소(Si), 니켈(Ni), 알루미늄(Al), 티타늄(Ti), 코발트(Co)
② **흑연화 방해원소** : 망간(Mn), 몰리브덴(Mo), 황(S), 텅스텐(W), 크롬(Cr), 바나듐(V)

8 주철의 종류

(1) 보통주철(회주철)

① 편상흑연과 페라이트(Ferrite)로 되어 있으며, 다소의 펄라이트(Pearlite)를 함유하는 회주철을 말한다.
② 인장강도는 100~200MPa이며, 균질성이 떨어진다.
③ 주조하기 쉽고, 가격이 싸다.
④ 절삭가공이 쉽고 내마모성이 우수하며, 감쇠능이 높다.
⑤ 공작기계의 베드의 소재로 사용한다.

(2) 고급주철(깅인주철)

① 회주철 중에서 석출한 흑연편을 미세화하고, 치밀한 펄라이트 조직으로 만들어 강도와 인성을 높인 주철이다.
② 인장강도는 250MPa 이상이며, 주조성이 양호하여 대형주물 제작에 사용된다.
③ 미하나이트 주철(Meehanite Cast Iron)
  ㉠ 쇳물을 제조할 때 선철에 다량의 강철 스크랩을 사용하여 저탄소 주철을 만들고, 여기에 칼슘실리콘(Ca-Si), 페로실리콘(Fe-Si) 등을 첨가하여 조직을 균일하고 미세화시킨 펄라이트 주철이다.
  ㉡ 인장강도가 255~340MPa이고, 내마모성이 우수하여 브레이크 드럼, 실린더, 캠, 크랭크축, 기어 등에 사용된다.

ⓒ 담금질에 의한 경화가 가능하다.

(3) 칠드 주철(Chilled Casting : 냉경주물)

① 주조 시 모래주형에 단단한 조직이 필요한 부분에 금형을 설치하여 주물을 제작하면, 금형이 설치된 부분에서 급랭이 되어 표면은 단단하고 내부는 연하게 되어 강인한 성질을 갖는 칠드 주철을 얻을 수 있다.

② 칠드 주철의 표면은 백주철, 내부는 회주철로 만든 것으로 압연용 롤러, 차륜 등과 같은 것에 사용된다.

(4) 가단주철

① 주철의 취성을 개량하기 위해서 백주철을 높은 온도로 장시간 풀림해서 시멘타이트를 분해시켜, 가공성을 좋게 하고, 인성과 연성을 증가시킨 주철이다.

② 가단주철의 종류

ⓐ 백심 가단주철 : 백주철을 산화철 등으로 둘러싸게 하여, 장시간 가열 유지하여 표면층의 시멘타이트를 흑연화함과 동시에 탈산시키고 페라이트로 변화시켜 인성을 증가한 주철(탈탄제 : 철광석, 밀 스케일의 산화철)이다.

ⓑ 흑심 가단주철 : 백주철을 풀림 처리하면 시멘타이트(Fe_3C)가 분해되면서 흑연이 석출되는 주철로서, 절단면의 중심부는 흑색이고 주변만 탈탄으로 인하여 백색을 띤다. 이와 같은 열처리를 한 주철은 연강에 가까운 인장강도와 연신율을 가지며, 가단성이 있기 때문에 관이음쇠로서 널리 사용되고 있다.

ⓒ 펄라이트 가단주철 : 백주철의 시멘타이트를 펄라이트화시킨 주철로써, 인성은 떨어지지만 강도와 내마모성이 뛰어나다.

(5) 구상흑연주철

① 편상흑연(강도와 연성이 작고, 취성이 있음)을 구상흑연(강도와 연성이 큼)으로 개선한 주철이다.

② 주철을 구상화하기 위하여 인(P)과 황(S)의 양은 적게 하고, 마그네슘(Mg), 칼슘(Ca), 세륨(Ce) 등을 첨가한다.

③ 보통주철과 비교해 내마멸성, 내열성, 내식성이 대단히 좋아 크랭크축, 브레이크 드럼에 사용된다.

④ 구상흑연주철은 조직에 따라 페라이트형, 펄라이트형, 시멘타이트형으로 분류된다.

⑤ 불스 아이(Bull's Eye) 조직

구상흑연 주위를 페라이트가 둘러싸고, 외부는 펄라이트 조직으로 황소의 눈모양처럼 생겼다.

| 불스 아이(bull's eye) |

> **Reference**
>
> **주철의 인장강도 순서**
> 구상흑연＞펄라이트가단＞백심가단＞흑심가단＞미하나이트＞칠드

07 강의 열처리

1 열처리

열처리란 금속재료(주로 철강재료)에 요구되는 기계적, 물리적 성질을 부여하기 위해 가열과 냉각 등의 조작을 적당한 속도로 조절하여 그 재료의 특성을 바꾸는 공정이다.

2 열처리의 목적

① 소재나 제품을 사용 목적에 적합한 조직과 성질로 바꾼다.
② 재료를 단단하게 만들어 기계적, 물리적 성능을 향상시킨다.
③ 재료를 무르게 하여 가공성을 개선시킨다.
④ 가공경화된 조직을 균질화하여 가공성을 향상시킨다.

3 분류

(1) 일반열처리

담금질, 뜨임, 풀림, 불림 등이 있다.

(2) 항온열처리

항온담금질(오스템퍼링, 마템퍼링, 마퀜칭, Ms퀜칭), 항온풀림, 오스포밍 등이 있다.

(3) 표면경화법

① 화학적인 방법
   ㉠ 침탄법 : 고체침탄법, 가스침탄법. 액체침탄법(＝침탄질화법＝청화법＝시안화법)
   ㉡ 질화법

② 물리적인 방법 : 화염경화법, 고주파경화법

③ **금속침투법** : 크로마이징, 칼로라이징, 실리코나이징, 보로나이징, 세라다이징 등
④ **기타 표면경화법** : 숏피닝, 방전경화법, 하드페이싱 등

4 열처리 종류

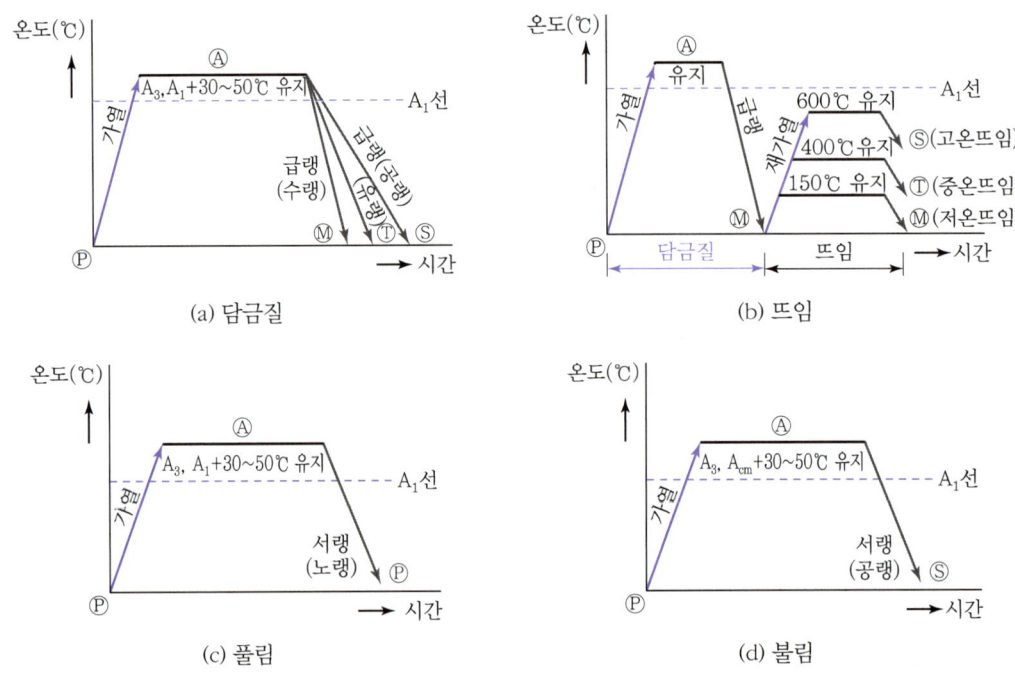

ⓟ : 펄라이트, Ⓐ : 오스테나이트, Ⓜ : 마텐자이트, Ⓣ : 트루스타이트, Ⓢ : 소르바이트

| 열처리의 종류 |

열처리 종류별 목적 및 방법

열처리의 종류	기본 목적	대표적인 방법
담금질(Quenching)	조직 경화	$A_3, A_1 + 30 \sim 50℃$ 가열 후 급랭(수랭, 유랭)
뜨임(Tempering)	인성 부여	• A_1 변태점 이하 • 고온 템퍼링 : 400~600℃ • 저온 템퍼링 : 150℃
풀림(Annealing)	조직 연화	$A_3, A_1 + 30 \sim 50℃$ 노랭
불림(Normalizing)	조직 표준화	$A_3, A_{cm} + 30 \sim 50℃$ 공랭

(1) 담금질

① **목적** : 재료의 경도와 강도를 높이기 위한 작업이다.
② 강이 오스테나이트 조직으로 될 때까지 A_1, A_3 변태점보다 30~50℃ 높은 온도로 가열한 후 물이나 기름으로 급랭하여 마텐자이트 변태가 되도록 하는 공정이다.

③ 냉각제에 따른 냉각속도

　　소금물 > 물 > 비눗물 > 기름 > 공기 > 노(내부)

④ 냉각속도에 따른 담금질 조직

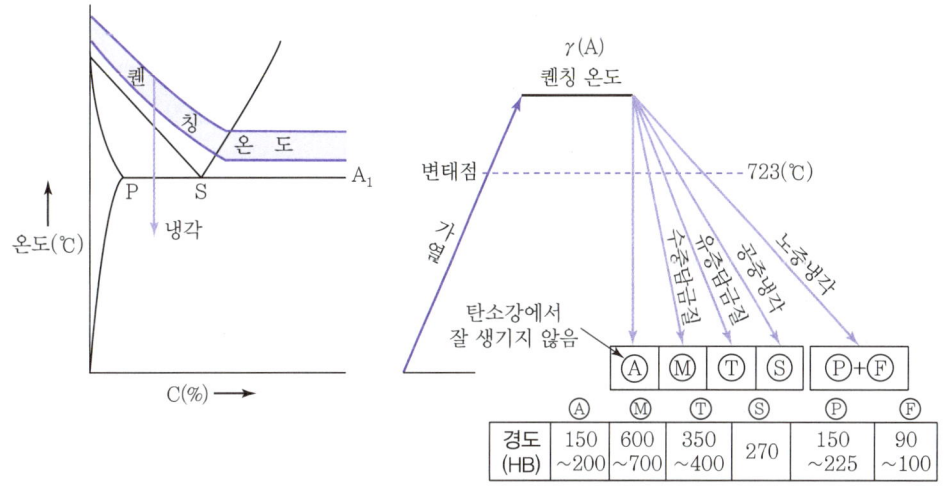

| 강의 상태도와 냉각경로 및 경도와 조직 변화 |

　㉠ 마텐자이트 : 수랭, 침상조직, 내부식성 우수, 고경도, 취성이 존재한다.
　㉡ 트루스타이트 : 유랭, 고경도, 부식에 약하다.
　㉢ 소르바이트 : 공랭, 강도와 탄성이 요구되는 구조용 강에 사용한다. 예 스프링강
　㉣ 오스테나이트 : 가공성이 좋지 않으며, 비자성체, 내부식성 우수, 연신율이 크다.
　㉤ 펄라이트 : 723℃에서 오스테나이트가 페라이트와 시멘타이트(고용체와 Fe_3C)의 층상이 공석정으로 변태한 것으로 탄소함유량은 0.77%이고, 자성이 있다.

⑤ 조직에 따른 경도 크기

　　시멘타이트(Ⓒementite) > 마텐자이트(Ⓜartensite) > 트루스타이트(Ⓣroostite) > 소르바이트(Ⓢorbite) > 펄라이트(Ⓟearlite) > 오스테나이트(Ⓐuatenite) > 페라이트(Ⓕerrite)

⑥ 질량효과

　　같은 강을 같은 조건으로 담금질하더라도 질량(지름)이 작은 재료는 내외부에 온도차가 없어 내부까지 경화되나, 질량이 큰 재료는 열의 전도에 시간이 길게 소요되어 내외부에 온도차가 생김으로써 외부는 경화되어도 내부는 경화되지 않는 현상

⑦ 심랭처리(Sub Zero) : 상온으로 담금질된 강을 다시 0℃ 이하의 온도로 냉각시키는 열처리이다.
　㉠ 목적 : 잔류오스테나이트를 마텐자이트로 변태시키기 위한 열처리
　㉡ 효과 : 담금질 균열 방지, 치수 변화 방지, 경도 향상 예 게이지강

(2) 뜨임(Tempering)

① 목적
　㉠ 강을 담금질한 후 취성을 없애기 위해서는 A_1변태점 이하의 온도에서 뜨임처리를 해야 한다.
　㉡ 금속의 내부응력을 제거하고 인성을 개선하기 위한 열처리 방법이다.

② 저온뜨임
　150℃ 부근에서 담금질 응력 제거, 치수의 경년 변화 방지, 내마모성 향상 등을 목적으로 마텐자이트 조직을 얻도록 조작을 하는 열처리 방법이다.

③ 고온뜨임
　400~600℃에서 소르바이트 조직을 얻을 수 있으며, 재료에 큰 인성을 부여한다. 예 스프링강

④ 뜨임 온도에 따른 조직 변화

$$\text{Martensite} \xrightarrow{150℃} \text{Martensite}$$

$$\text{Martensite} \xrightarrow{400℃} \text{Troosite}$$

$$\text{Martensite} \xrightarrow{600℃} \text{Sorbite}$$

$$\text{Martensite} \xrightarrow{700℃} \text{Pearlite}$$

(3) 풀림(어닐링, Annealing)

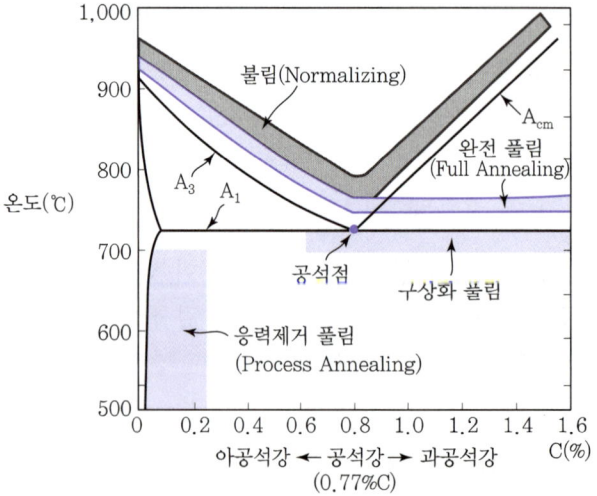

| 풀림(Annealing)과 불림(Normalizing)의 열처리 온도 |

① 목적
  ㉠ 주조, 단조, 기계가공에서 생긴 내부응력을 제거시킨다.
  ㉡ 열처리로 말미암아 경화된 재료를 연화시킨다(절삭성 향상).
  ㉢ 가공 또는 공작에서 경화된 재료를 연화시킨다(냉간가공성 개선).
  ㉣ 금속결정 입자를 균일화하고 미세화시킨다.
  ㉤ 흑연을 구상화시킨다.

② 완전풀림
  ㉠ 온도 : 아공석강은 A_3 이상 가열, 공석강과 과공석강은 $A_1 + 30 \sim 50℃$ 가열 유지 후 노에서 냉각시킨다.
  ㉡ 목적 : 결정립 미세화, 강의 연화, 소성가공성 증가

③ 연화풀림
④ 확산풀림
⑤ 응력제거 풀림
⑥ 구상화 풀림

(4) 불림(Normalizing)

① 열처리 : A_3, A_{cm}선 이상 $30 \sim 50℃$에서 가열 → 온도 유지(재료를 균일하게 오스테나이트화함) → 대기 중에서 냉각
② 목적 : 열간가공 재료의 이상(결정립의 조대화, 내부 비틀림, 탄화물이나 그 외 석출물의 분산)을 제거하고, 조직의 표준화, 결정립의 미세화, 응력 제거, 가공성 향상
③ 기계적 성질 : 연성과 인성 개선, 풀림한 재료보다 항복점, 인장강도, 경도 등이 일반적으로 높다.

5 표면경화법

재료의 표면만을 단단하게 만드는 열처리이다.

(1) 화학적 표면경화

① 침탄법

종류	원료	방법
고체침탄법	목탄, 골탄, 코크스 + 침탄촉진제	저탄소강을 가열하여 탄소 침투
액체침탄법	시안화나트륨(NaCN)	탄소(C)와 질소(N)가 동시에 침입 확산, 청화법, 침탄질화법, 시안화법
가스침탄법	천연가스, 프로판가스, 부탄, 메탄가스	원료 가스를 변성로에서 변성 후 침탄

② 질화법

원료	방법	특징
암모니아	암모니아(NH_3) 가스 중 450~570℃로 12~48시간 가열하면 표면에 질화층을 형성한다.	높은 경도, 내마모성 증가, 피로한도 향상, 내식성 증가, 저온 열처리이므로 변형이 적다.

③ 침탄법과 질화법 특징 비교

특징	침탄법	질화법
경도	낮다.	높다.
열처리	반드시 필요하다.	필요 없다.
변형	크다.	작다.
사용재료	제한이 적다.	질화강이어야 한다.
고온 경도	낮아진다.	낮아지지 않는다.
소요시간	짧다.	길다(12~48hr).
수정 가능 여부	가능하다.	불가능하다.
가열온도	높다(900~950℃).	낮다(450~570℃).
표면경화층 두께	두껍다.	얇다.

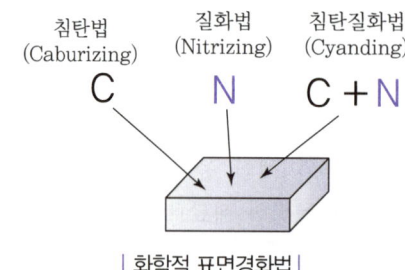

| 화학적 표면경화법 |

④ 금속침투법(시멘테이션)
  ㉠ 제품을 가열하여 그 표면에 다른 금속(Zn, Al, Cr, Si, B 등)을 피복시키면, 피복과 동시에 확산작용이 일어나 우수한 표면을 가진 합금피복층을 얻을 수 있다.
  ㉡ 내열성, 내식성, 방청성, 내산화성 등의 화학적 성질과 경도 및 내마모성을 증가시키는 데 목적이 있다.

금속침투법의 종류

종류	세라다이징 (Sheradizing)	칼로라이징 (Calorizing)	크로마이징 (Chromizing)	실리코나이징 (Silliconizing)	보로나이징 (Boronizing)
침투제	아연(Zn)	알루미늄(Al)	크롬(Cr)	규소(Si)	붕소(B)
장점	대기 중 부식 방지	고온 산화 방지	내식, 내산, 내마모성 증가	내산성 증가	고경도 (HV 1,300~1,400)

(2) 물리적 표면경화

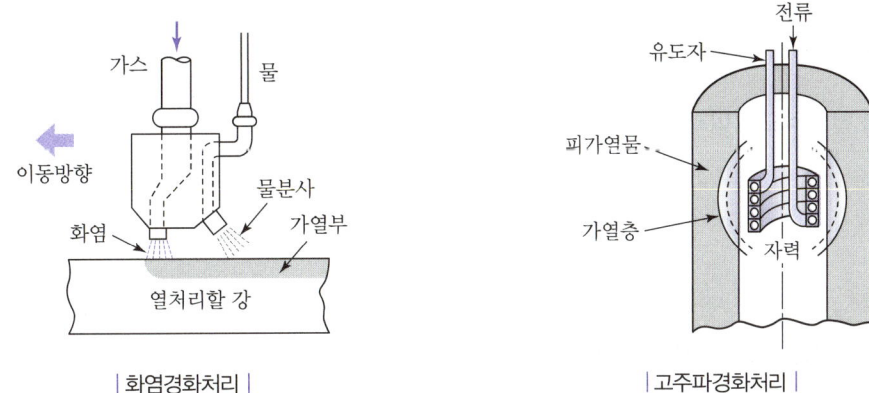

| 화염경화처리 | | 고주파경화처리 |

① **화염경화법** : 산소-아세틸렌 불꽃으로 표면을 가열하여 담금질한다.
② **고주파경화법** : 고주파 전류로 강의 표면을 가열하여 담금질한다.

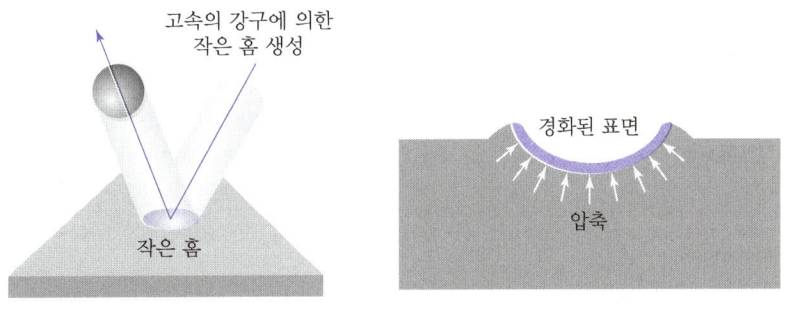

| 숏피닝 |

③ **숏피닝** : 작은 입자의 강구를 소재 표면에 충돌시켜 피닝효과를 얻어 경화시킨다.
④ **하드페이싱**

실전 문제

01 강괴를 탈산 정도에 따라 분류할 때 이에 속하지 않는 것은?

① 림드강 ② 세미 림드강
③ 킬드강 ④ 세미 킬드강

해설 ⊕

탈산 정도에 따른 강괴의 종류(탈산이 잘된 순서)
킬드강＞세미킬드강＞캡트강＞림드강

02 킬드강에는 어떤 결함이 주로 생기는가?

① 편석증가
② 내부에 기포
③ 외부에 기포
④ 상부중앙에 수축공

해설 ⊕

킬드 강괴(Killed Steel Ingot)
- 강력한 탈산제인 페로실리콘(Fe-Si), 페로망간(Fe-Mn) 또는 알루미늄(Al) 등을 첨가하여 완전히 탈산시켜서 ingot 중에 기공이 생기지 않도록 진정시킨 강
- 기공은 없으나 상부에 수축공이 형성되므로 이것을 제거하기 위해서 상부를 절단해서 사용

03 Fe-C 상태도에서 온도가 낮은 것부터 일어나는 순서가 옳은 것은?

① 포정점 → A_2변태점 → 공석점 → 공정점
② 공석점 → A_2변태점 → 공정점 → 포정점
③ 공석점 → 공정점 → A_2변태점 → 포정점
④ 공정점 → 공석점 → A_2변태점 → 포정점

해설 ⊕

Fe-C 상태도에서 변태점의 온도 순서
공석점(A_1 변태점, 723℃)＜큐리점(A_2 변태점 768℃)＜공정점(1,130℃)＜포정점(1,495℃)

04 철과 탄소는 약 6.68% 탄소에서 탄화철이라는 화합물질을 만드는데, 이 탄소강의 표준조직은 무엇인가?

① 펄라이트 ② 오스테나이트
③ 시멘타이트 ④ 솔바이트

해설 ⊕

시멘타이트(Cementite)
- Fe_3C에 탄소가 6.67% 화합된 철의 금속 간 화합물(Fe_3C)로 흰색의 침상이 나타나는 조직이며, 1,153℃로 가열하면 빠른 속도로 흑연을 분리시킨다.
- 경도가 매우 높고, 취성이 많으며, 상온에서 강자성체이다.

05 철강 재료에 관한 올바른 설명은?

① 용광로에서 생산된 철은 강이다.
② 탄소강은 탄소함유량이 3.0~4.3% 정도이다.
③ 합금강은 탄소강에 필요한 합금 원소를 첨가한 것이다.
④ 탄소강의 기계적 성질에 가장 큰 영향을 끼치는 원소는 규소(Si)이다.

해설 ⊕

① 용광로에서 생산된 철은 선철이다.
② 탄소강은 탄소함유량이 0.02%~2.14% 정도이다.
④ 탄소강의 기계적 성질에 가장 큰 영향을 끼치는 원소는 탄소(C)이다.

정답 01 ② 02 ④ 03 ② 04 ③ 05 ③

06 일반적으로 탄소강에서 탄소 함유량이 증가하면 용해 온도는?

① 낮아진다.   ② 높아진다.
③ 불변이다.   ④ 불규칙적이다.

해설 ⊕

Fe-C 상태도에서 탄소강에 해당되는 구간에서는 X축의 탄소 함유량이 증가할수록 Y축의 용융온도가 낮아진다.

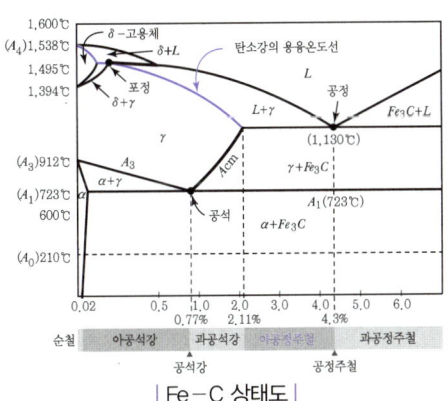

| Fe-C 상태도 |

07 탄소강 중 함유되어 헤어크랙(Hair Crack)이나 백점을 발생하게 하는 원소는?

① 규소(Si)   ② 망간(Mn)
③ 인(P)   ④ 수소(H)

해설 ⊕

수소(H_2)에 의해서 철강 내부에서 헤어크랙과 백점이 생긴다.

08 탄소강에 함유된 5대 원소는?

① 황, 망간, 탄소, 규소, 인
② 탄소, 규소, 인, 망간, 니켈
③ 규소, 탄소, 니켈, 크롬, 인
④ 인, 규소, 황, 망간, 텅스텐

해설 ⊕

탄소강에 함유된 5대 원소
탄소(C), 규소(Si), 망간(Mn), 인(P), 황(S)
('망인규탄은 황당한 일'로 암기)

09 황(S)이 함유된 탄소강의 적열취성을 감소시키기 위해 첨가하는 원소는?

① 망간   ② 규소
③ 구리   ④ 인

해설 ⊕

적열취성(고온취성)
강은 900℃ 이상에서 황(S)이나 산소가 철과 화합하여 산화철(FeO)이나 황화철(FeS)을 만든다. 이때 황화철은 그림처럼 강 입자의 경계에 결정립계로 나타나게 됨으로써 상온에서는 그 해가 작지만 고온에서는 황화철이 녹아 강을 여리게(무르게) 만들어 단조할 수 없는 취성을 강이 갖게 되는데, 이것을 적열취성이라 한다. 망간(Mn)을 첨가하면 황화망간(MnS)을 형성하여 적열취성을 방지하는 효과를 얻을 수 있다.

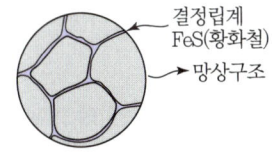

10 특수강을 제조하는 목적으로 적합하지 않은 것은?

① 기계적 성질을 향상시키기 위하여
② 내마멸성을 증대시키기 위하여
③ 취성을 증가시키기 위하여
④ 내식성을 증대시키기 위하여

해설 ⊕

③ 강인성을 증가시키기 위하여
※ 취성(메짐성) : 잘 부서지거나 잘 깨지는 성질

정답 06 ① 07 ④ 08 ① 09 ① 10 ③

11 특수강에 포함되는 특수원소의 주요 역할 중 틀린 것은?

① 변태속도의 변화
② 기계적, 물리적 성질의 개선
③ 소성 가공성의 개량
④ 탈산, 탈황의 방지

해설 ⊕
④ 탈산, 탈황의 촉진(불순물 제거)

12 내열강에서 내열성, 내마모성, 내식성 등을 증가시키기 위해 첨가되는 대표적인 원소는?

① 크롬(Cr)　　② 니켈(Ni)
③ 티탄(Ti)　　④ 망간(Mn)

13 특수강에 첨가되는 합금원소의 특성을 나타낸 것 중 틀린 것은?

① Ni : 내식성 및 내산성을 증가
② Co : 보통 Cu와 함께 사용되며 고온 강도 및 고온 경도를 저하
③ Ti : Si나 V과 비슷하고 부식에 대한 저항이 매우 큼
④ Mo : 담금질 깊이를 깊게 하고 내식성 증가

해설 ⊕
② Co : 고온 강도 및 고온 경도를 높인다.

14 니켈강을 가공 후 공기 중에 방치하여도 담금질 효과를 나타내는 현상은 무엇인가?

① 질량 효과　　② 자경성
③ 시기 균열　　④ 가공 경화

해설 ⊕
② 자경성 : 담금질 온도로 가열하여 대기 중에서 냉각하여도 쉽게 마르텐사이트가 생겨 경화되는 성질

15 탄소강에 첨가하는 합금원소와 특성과의 관계가 틀린 것은?

① Ni – 인성 증가
② Cr – 내식성 향상
③ Si – 전자기적 특성 개선
④ Mo – 뜨임취성 촉진

해설 ⊕
④ Mo – 뜨임취성 방지

16 설계도면에 SM40C로 표시된 부품이 있다. 어떤 재료를 사용해야 하는가?

① 인장강도가 40MPa인 일반구조용 탄소강
② 인장강도가 40MPa인 기계구조용 탄소강
③ 탄소를 0.37%~0.43% 함유한 일반구조용 탄소강
④ 탄소를 0.37%~0.43% 함유한 기계구조용 탄소강

해설 ⊕
SM40C
기계구조용 탄소강(Steel Machine Carbon), 탄소 0.37~0.43%를 함유

17 열간가공이 쉽고 다듬질 표면이 아름다우며 특히 용접성이 좋고 고온강도가 큰 장점을 갖고 있어 각종 축, 기어, 강력볼트, 암 레버 등에 사용하는 것으로 기호 표시를 SCM으로 하는 강은?

① 니켈 – 크롬강
② 니켈 – 크롬 – 몰리브덴강
③ 크롬 – 몰리브덴강
④ 크롬 – 망간 – 규소강

해설 ⊕
SCM : 크롬 – 몰리브덴강(S : Steel, C : Cr, M : Molybdenum)
Ni – Cr강 대용품으로 Mo을 첨가한 강으로서, 내마모성과 강인성, 고강도를 필요로 하는 부품에 사용된다.

정답　11 ④　12 ①　13 ②　14 ②　15 ④　16 ④　17 ③

18 18-8계 스테인리스강의 설명으로 틀린 것은?

① 오스테나이트계 스테인리스강이라고도 하며 담금질로써 경화되지 않는다.
② 내식, 내산성이 우수하며, 상온 가공하면 경화되어 다소 자성을 갖게 된다.
③ 가공된 제품은 수중 또는 유중 담금질하여 해수용 펌프 및 밸브 등의 재료로 많이 사용한다.
④ 가공성 및 용접성과 내식성이 좋다.

해설
③ 1,000℃에서 수중에 급랭시키면 담금질이 되지 않고 완전한 오스테나이트로 만들어져 연성과 인성이 증가된다.

19 비자성체로서 Cr과 Ni를 함유하며 일반적으로 18-8 스테인리스강이라 부르는 것은?

① 페라이트계 스테인리스강
② 오스테나이트계 스테인리스강
③ 마텐자이트계 스테인리스강
④ 펄라이트계 스테인리스강

해설
오스테나이트계 스테인리스강
- 18-8 스테인리스강이라 부르기도 한다.
- 내식성이 뛰어나다.
- 가공성이나 용접성이 좋다.
- 가공경화가 일어나기 쉽다.

20 스프링용 강의 조직으로 적합한 것은?

① 페라이트   ② 시멘타이트
③ 소르바이트   ④ 레데부라이트

해설
소르바이트
α철과 미립 시멘타이트와의 기계적 혼합물이며, 마텐자이트를 500~600℃로 뜨임하거나 담금질할 때, A_1 변태를 600~650℃에서 일어나게 했을 때 생기는 미세 펄라이트 조직이다. 마텐자이트 정도로 단단하며 취성이 적고, 펄라이트보다 단단하고, 강인하여 충격 저항이 크다. 그리고 저온(-40~-25℃)에서도 취성이 없으므로, 공업상 대단히 중요한 강의 조직이다. 스프링과 강선 제조에 사용된다.

21 자기 감응도가 크고, 잔류자기 및 항자력이 작아 변압기 철심이나 교류기계의 철심 등에 쓰이는 강은?

① 자석강   ② 규소강
③ 고니켈강   ④ 고크롬강

해설
규소강
- 저탄소강에 Si를 첨가한 강으로 발전기, 전동기, 변압기 등의 철심 재료에 적합하다.
- C 0.08% 이하, Si 0.8~4.3%, Mn 0.35%를 함유하는 두께 0.2~0.5mm의 얇은 판형이나 띠강이다.

22 스프링강의 특성에 대한 설명으로 틀린 것은?

① 항복강도와 크리프 저항이 커야 한다.
② 반복하중에 잘 견딜 수 있는 성질이 요구된다.
③ 냉간가공 방법으로만 제조된다.
④ 일반적으로 열처리를 하여 사용한다.

해설
③ 냉간가공과 열간가공 방법으로 제조된다.

23 강을 절삭할 때 쇳밥(Chip)을 잘게 하고 피삭성을 좋게 하기 위해 황, 납 등의 특수원소를 첨가하는 강은?

① 레일강   ② 쾌삭강
③ 다이스강   ④ 스테인리스강

정답 18 ③ 19 ② 20 ③ 21 ② 22 ③ 23 ②

해설 ⊕

쾌삭강
강에 황(S), 납(Pb)를 첨가하여 피삭성을 좋게 만드는 특수강

24 Cr 10~11%, Co 26~58%, Ni 10~16% 함유하는 철합금으로 온도변화에 대한 탄성율의 변화가 극히 적고 공기 중이나 수중에서 부식되지 않고, 스프링, 태엽 기상관측용 기구의 부품에 사용되는 불변강은?

① 인바(Invar)
② 코엘린바(Coelinvar)
③ 퍼멀로이(Permalloy)
④ 플래티나이트(Platinite)

해설 ⊕

불변강은 Fe와 Ni이 공통으로 함유되어 있고 나머지 성분만 구분하면 되는데 코엘린바는 크롬(Cr)과 코발트(Co)가 추가로 함유된 불변강이다.
※ 코엘린바 : 크롬+코발트('ㅋ'을 공통으로 기억)

25 철-탄소계 상태도에서 공정주철은?

① 4.3%C   ② 2.1%C
③ 1.3%C   ④ 0.86%C

해설 ⊕

공정주철
철에 탄소함유량이 4.3%일 때, 조직은 레데뷰라이트(오스테나이트+시멘타이트)

26 주철에 대한 설명 중 틀린 것은?

① 강에 비하여 인장강도가 낮다.
② 강에 비하여 연신율이 작고, 메짐이 있어서 충격에 약하다.
③ 상온에서 소성변형이 잘된다.
④ 절삭가공이 가능하며 주조성이 우수하다.

해설 ⊕

③ 상온에서 소성변형이 어렵다.

27 주철의 장점이 아닌 것은?

① 압축강도가 작다.
② 절삭가공이 쉽다.
③ 주조성이 우수하다.
④ 마찰저항이 우수하다.

해설 ⊕

① 압축강도가 크다.

28 마우러 조직도를 바르게 설명한 것은?

① 탄소와 규소량에 따른 주철의 조직 관계를 표시한 것
② 탄소와 흑연량에 따른 주철의 조직 관계를 표시한 것
③ 규소와 망간량에 따른 주철의 조직 관계를 표시한 것
④ 규소와 Fe_3C량에 따른 주철의 조직 관계를 표시한 것

해설 ⊕

마우러 조직도
C(탄소)와 Si(규소)의 함유량에 따른 주철의 조직 관계를 나타낸 조직도이다.

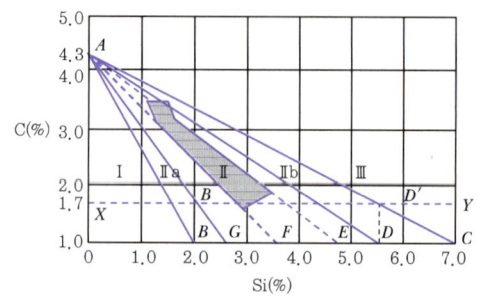

정답 24 ② 25 ① 26 ③ 27 ① 28 ①

29 주철의 흑연화를 촉진시키는 원소가 아닌 것은?

① Al ② Mn
③ Ni ④ Si

해설

시멘타이트의 흑연화
- 주철조직에 함유된 시멘타이트(Fe_3C)를 열처리하여 흑연으로 분해
- 흑연화 촉진원소 : 규소(Si), 니켈(Ni), 알루미늄(Al), Ti(티탄), Co(코발트)
  ※ '규니는 알루미늄으로 된 티코를 탄다.'로 암기
- 흑연화 방해원소 : 망간(Mn), 황(S), 몰리브덴(Mo), 텅스텐(W), 바나듐(V), 크롬(Cr)

30 합금주철에서 0.2~1.5% 첨가로 흑연화를 방지하고 탄화물을 안정시키는 원소는 무엇인가?

① Cr
② Ti
③ Ni
④ Mo

해설

① Cr : 0.2~1.5% 첨가를 시키면, 흑연화를 방지하고 탄화물을 안정화시킨다. 내식성과 내열성을 증대시키고 내부식성이 좋아진다.

31 주철의 여러 성질을 개선하기 위하여 합금주철에 첨가하는 특수원소 중 크롬(Cr)이 미치는 영향이 아닌 것은?

① 경도를 증가시킨다.
② 흑연화를 촉진시킨다.
③ 탄화물을 안정시킨다.
④ 내열성과 내식성을 향상시킨다.

해설

크롬(Cr)
0.2~1.5%를 첨가시키면, 흑연화를 방지하고 탄화물을 안정화시킨다. 또한 내식성, 내열성을 증대시키고 내부식성이 좋아진다.

32 주철의 성장원인이 아닌 것은?

① 흡수한 가스에 의한 팽창
② Fe_3C의 흑연화에 의한 팽창
③ 고용 원소인 Sn의 산화에 의한 팽창
④ 불균일한 가열에 의해 생기는 파열 팽창

해설

③ 고용 원소인 규소(Si)의 산화에 의한 팽창

33 주철의 성질을 가장 올바르게 설명한 것은?

① 탄소의 함유량이 2.0% 이하이다.
② 인장강도가 강에 비하여 크다.
③ 소성변형이 잘된다.
④ 주조성이 우수하다.

해설

① 탄소의 함유량이 2.11~6.7%이다.
② 강에 비해 인장강도, 굽힘강도가 작고 충격에 약하다.
③ 소성가공이 불가능하다.

34 인장강도가 255~340MPa로 Ca-Si나 Fe-Si 등의 접종제로 접종 처리한 것으로 바탕조직은 펄라이트이며 내마멸성이 요구되는 공작기계의 안내면이나 강도를 요하는 기관의 실린더 등에 사용되는 주철은?

① 칠드 주철 ② 미하나이트 주철
③ 흑심 가단주철 ④ 구상흑연주철

정답 29 ② 30 ① 31 ② 32 ③ 33 ④ 34 ②

해설 ⊕

미하나이트 주철(Meehanite Cast Iron)
- 쇳물을 제조할 때 선철에 다량의 강철 스크랩을 사용하여 저탄소 주철을 만들고, 여기에 칼슘실리콘(Ca-Si), 페로실리콘(Fe-Si) 등을 첨가하여 조직을 균일하고 미세화시킨 펄라이트 주철이다.
- 인장강도가 255~340MPa이고, 내마모성이 우수하여 브레이크 드럼, 실린더, 캠, 크랭크축, 기어 등에 사용된다.
- 담금질에 의한 경화가 가능하다.

35 주조 시 주형에 냉금을 삽입하여 주물 표면을 급냉시킴으로 백선화하고 경도를 증가시킨 내마모성 주철은?

① 보통주철　　② 고급주철
③ 합금주철　　④ 칠드 주철

해설 ⊕

칠드 주철(Chilled Casting : 냉경주물)
- 주조 시 모래주형에 단단한 조직이 필요한 부분에 금형을 설치하여 주물을 제작하면, 금형이 설치된 부분에서 급랭이 되어 표면은 단단하고 내부는 연하게 되어 강인한 성질을 갖는 칠드 주철을 얻을 수 있다.
- 칠드 주철의 표면은 백주철, 내부는 회주철로 만든 것으로 압연용 롤러, 차륜 등과 같은 것에 사용된다.

36 주조성이 우수한 백선 주물을 만들고, 열처리하여 강인한 조직으로 단조를 가능하게 한 주철은?

① 가단주철　　② 칠드 주철
③ 구상흑연주철　　④ 보통주철

해설 ⊕

① 가단주철 : 주철의 취성을 개량하기 위해서 백주철을 높은 온도로 장시간 풀림해서 시멘타이트를 분해시켜, 가공성을 좋게 하고, 인성과 연성을 증가시킨 주철이다.

37 고탄소 주철로서 회주철과 같이 주조성이 우수한 백선주물을 만들고 열처리함으로써 강인한 조직으로 하여 단조를 가능하게 한 주철은?

① 회주철　　② 가단주철
③ 칠드 주철　　④ 합금주철

해설 ⊕

② 가단주철[可(가 : 가능하다, 허락하다)鍛(단 : 두드리다)鑄鐵(주철 : 쇠를 부어 만든 철)] : 단조가 가능한 주철

38 가단주철의 종류에 해당하지 않는 것은?

① 흑심 가단주철
② 백심 가단주철
③ 오스테나이트 가단주철
④ 펄라이트 가단주철

해설 ⊕

가단주철의 종류
백심 가단주철, 흑심 가단주철, 펄라이트 가단주철

39 주철의 결점인 여리고 약한 인성을 개선하기 위하여 먼저 백주철의 주물을 만들고, 이것을 장시간 열처리하여 탄소의 상태를 분해 또는 소실시켜 인성 또는 연성을 증가시킨 주철은?

① 보통주철　　② 합금주철
③ 고급주철　　④ 가단주철

해설 ⊕

④ 가단주철[可(가 : 가능하다)鍛(단 : 두드리다)鑄鐵(주철 : 쇠를 부어 만든 철)] : 고탄소 주철로서 회주철과 같이 주조성이 우수한 백선 주물을 만들고 열처리함으로써 강인한 조직으로 만들어 단조를 가능하게 한 주철

정답　35 ④　36 ①　37 ②　38 ③　39 ④

40 불스 아이(Bull's Eye) 조직은 어느 주철에 나타나는가?

① 가단주철 ② 미하나이트 주철
③ 칠드 주철 ④ 구상흑연주철

해설

불스 아이(Bull's Eye) 조직
구상흑연 주위에 페라이트가 둘러싸고, 외부는 펄라이트 조직으로 황소의 눈 모양처럼 생긴 구상흑연주철의 조직이다.

41 주철의 풀림처리(500~600℃, 6~10시간)의 목적과 가장 관계가 깊은 것은?

① 잔류응력 제거 ② 전·연성 향상
③ 부피 팽창 방지 ④ 흑연의 구상화

해설

- 저온풀림 : 500~600℃, 응고 시 발생한 주조응력을 제거한다.
- 고온풀림 : 1차 흑연화 800~900℃, 2차 흑연화 700~760℃, Fe_3C를 흑연화시켜 절삭성을 향상시킨다.

42 구상흑연주철을 조직에 따라 분류했을 때 이에 해당하지 않는 것은?

① 마르텐자이트형 ② 페라이트형
③ 펄라이트형 ④ 시멘타이트형

해설

구상흑연 주철의 조직에 따른 분류
페라이트(Ferrite)형, 펄라이트(Pearlite)형, 시멘타이트(Cementite)형
※ '페(fe)페(pe)시(ce)'로 암기

43 열처리란 탄소강을 기본으로 하는 철강으로 매우 중요한 작업이다. 열처리의 특성으로 잘못 설명한 것은?

① 내부의 응력과 변형을 감소시킨다.
② 표면을 연화시키는 등의 성질을 변화시킨다.
③ 기계적 성질을 향상시킨다.
④ 강의 전기적·자기적 성질을 향상시킨다.

해설

② 표면을 경화시켜 기계적·물리적 성능을 향상시킨다.

44 강을 M_s 점과 M_f 점 사이에서 항온 유지 후 꺼내어 공기 중에서 냉각하여 마텐자이트와 베이나이트의 혼합조직으로 만드는 열처리는?

① 풀림 ② 담금질
③ 침탄법 ④ 마템퍼

해설

항온열처리 중 마템퍼링 변태곡선

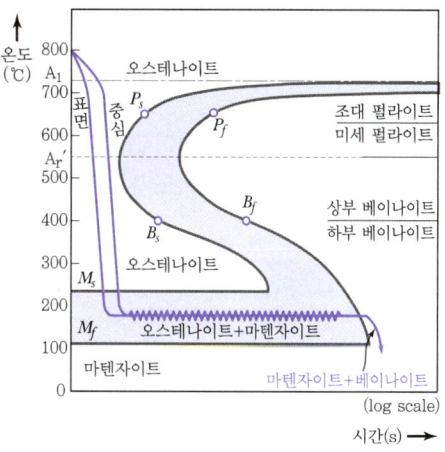

정답 40 ④ 41 ① 42 ① 43 ② 44 ④

45 탄소강의 열처리 종류에 대한 설명으로 틀린 것은?

① 노멀라이징 : 소재를 일정 온도에서 가열 후 유냉시켜 표준화한다.
② 풀림 : 재질을 연하고 균일하게 한다.
③ 담금질 : 급랭시켜 재질을 경화시킨다.
④ 뜨임 : 담금질된 강에 인성을 부여한다.

해설
① 노멀라이징(불림) : 소재를 $[(A_3, A_{cm})+(40～60℃)]$에서 가열 후 공랭시켜 표준화한다.

46 강도와 경도를 높이는 열처리 방법은?

① 뜨임   ② 담금질
③ 풀림   ④ 불림

해설
담금질
재료를 단단하게 할 목적으로 강을 오스테나이트 조직으로 될 때까지 가열한 후 물이나 기름에 급랭하는 열처리

47 강재의 크기에 따라 표면이 급랭되어 경화하기 쉬우나 중심부에 갈수록 냉각속도가 늦어져 경화량이 적어지는 현상은?

① 경화능   ② 잔류응력
③ 질량효과   ④ 노치효과

해설
③ 질량효과 : 같은 강을 같은 조건으로 담금질하더라도 질량(지름)이 작은 재료는 내외부에 온도차가 없어 내부까지 경화되나, 질량이 큰 재료는 열의 전도에 시간이 길게 소요되어 내외부에 온도차가 생김으로써 외부는 경화되어도 내부는 경화되지 않는 현상

48 공구의 합금강을 담금질 및 뜨임처리하여 개선되는 재질의 특성이 아닌 것은?

① 조직의 균질화   ② 경도 조절
③ 가공성 향상   ④ 취성 증가

해설
④ 뜨임처리를 하면 인성이 증가한다.

49 열처리의 방법 중 강을 경화시킬 목적으로 실시하는 열처리는?

① 담금질   ② 뜨임
③ 불림   ④ 풀림

해설
① 담금질 : 재료를 단단하게 할 목적으로 강을 오스테나이트 조직으로 될 때까지 가열한 후 물이나 기름에 급랭하는 열처리

50 담금질 응력제거, 치수의 경년변화 방지, 내마모성 향상 등을 목적으로 100～200℃에서 마텐자이트 조직을 얻도록 조작을 하는 열처리 방법은?

① 저온뜨임   ② 고온뜨임
③ 항온풀림   ④ 저온풀림

해설
① 저온뜨임 : 담금질 응력 제거, 치수의 경년변화 방지, 내마모성 향상 등을 목적으로 100～200℃에서 마텐자이트 조직을 얻도록 조작을 하는 열처리
예 금형, 치공구 등

51 담금질한 탄소강을 뜨임 처리하면 어떤 성질이 증가되는가?

① 강도   ② 경도
③ 인성   ④ 취성

정답 45 ① 46 ② 47 ③ 48 ④ 49 ① 50 ① 51 ③

해설 ⊕

뜨임
금속의 내부응력을 제거하고 인성을 개선시킨다.

52 항온 열처리 방법에 포함되지 않는 것은?

① 오스템퍼   ② 시안화법
③ 마퀜칭   ④ 마템퍼

해설 ⊕

시안화법은 표면경화법에 해당된다.
※ 항온 열처리의 종류 : 오스템퍼, 마템퍼, 마퀜칭, Ms퀜칭, 항온풀림, 오스포밍 등

53 마텐자이트와 베이나이트의 혼합조직으로 M_s와 M_f점 사이의 염욕에 담금질하여 과냉 오스테나이트의 변태가 완료할 때까지 항온 유지한 후에 꺼내어 공랭하는 열처리는 무엇인가?

① 오스템퍼(Austemper)
② 마템퍼(Martemper)
③ 마퀜칭(Marquenching)
④ 패턴팅(Patenting)

해설 ⊕

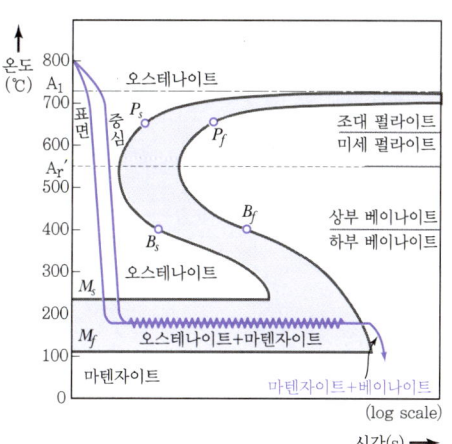

54 다음 중 표면을 경화시키기 위한 열처리 방법이 아닌 것은?

① 풀림   ② 침탄법
③ 질화법   ④ 고주파경화법

해설 ⊕

풀림은 공작물의 내부응력을 제거하고 연화시키는 열처리이다.

표면경화법

화학적 방법	침탄법, 질화법, 침탄질화법
금속침투법	세라다이징(Zn), 칼로라이징(Ca), 크로마이징(Cr), 실리코나이징(Si), 보로나이징(Br)
물리적 방법	화염경화법, 고주파경화법, 숏피닝 등

55 가스질화법으로 강의 표면을 경화하고자 할 때 질화효과를 크게 하는 원소는?

① 코발트   ② 니켈
③ 마그네슘   ④ 알루미늄

해설 ⊕

가스질화법
암모니아(NH_3) 가스 속에서 질화강을 500~550℃로 72시간 정도 가열하면 질화철이 표면에 생성되어 단단해지며 질화용 강으로는 Al, Cr, Mo을 함유하는 강이 지정되어 있다.

56 강의 표면경화법으로 금속 표면에 탄소(C)를 침입 고용시키는 방법은?

① 질화법   ② 침탄법
③ 화염경화법   ④ 숏피닝

해설 ⊕

② 침탄법 : 저탄소강으로 만든 제품의 표층부에 탄소를 투입시킨 후 담금질을 하여 표층부만을 경화하는 표면경화법의 일종이다.

정답 52 ② 53 ② 54 ① 55 ④ 56 ②

57 다음 중 표면경화법의 종류가 아닌 것은?

① 침탄법　　　　② 질화법
③ 고주파경화법　④ 심랭처리법

해설

표면경화법의 종류
침탄법, 질화법, 화염경화법, 고주파경화법, 금속침투법, 숏피닝, 하드페이싱 등이 있다.

정답　57 ④

CHAPTER 03 비철합금

01 구리와 구리 합금

1 구리의 성질

① 비중 8.96, 용융점 1,083℃이다.
② 전기, 열의 양도체이다.
③ 유연하고 전연성이 좋으므로 가공이 용이하다.
④ 화학적으로 저항력이 커서 부식되지 않는다(암모니아염에는 약하다).
⑤ 아름다운 광택과 귀금속적 성질이 우수하다.
⑥ Zn, Sn, Ni, Ag 등과 용이하게 합금을 만든다.

2 황동[구리(Cu) + 아연(Zn)]

(1) 황동의 성질

① 아연(Zn) 함유량에 따른 물성치
  ㉠ 40%일 때 인장강도가 최대, 30%일 때 연신율이 최대이다.
  ㉡ 아연이 증가하면 경도도 증가한다.

② 경년 변화
  황동 가공재를 상온에서 방치하거나 저온풀림 경화시킨 스프링재가 사용시간이 경과함에 따라 스프링 특성을 잃는 현상

③ 자연균열
  ㉠ 황동이 공기 중의 암모니아, 기타 염류에 의해 입간부식을 일으키는 현상으로 상온가공에 의한 내부응력 때문에 생긴다.
  ㉡ 방지법 : 도료, 아연(Zn) 도금, 저온풀림(180~260℃, 20~30분간)

(2) 황동의 종류

① 톰백(Tombac)

아연을 8~20% 함유한 α 황동으로 빛깔이 금에 가깝고 연성이 크므로 금박, 금분, 불상, 화폐제조 등에 사용한다.

② 7-3 황동(Cartridge Brass) → 연신율 최대
㉠ 아연을 28~30% 함유한 황동이다.
㉡ 전연성이 좋고 상온가공이 용이하므로 판, 봉, 관, 선 등으로 만들어 사용한다.

③ 6-4 황동(먼츠 메탈) → 인장강도 최대
㉠ 아연 함유량이 많아 황동 중 값이 가장 싸고, 내식성이 다소 낮으며 탈아연 부식을 일으키기 쉬우나, 강도가 높아 기계부품용으로 사용한다.
㉡ 판재, 선재, 볼트, 너트, 열 교환기, 파이프, 밸브 등을 제작하는 데 사용한다.

④ 철황동(델타 메탈)
㉠ 6-4 황동에 철을 1~2% 정도 첨가한 합금이며 델타 메탈(Delta Metal)이라고도 한다.
㉡ 강도가 크고, 내식성이 좋아 광산, 선박, 화학 기계 등에 사용된다.
㉢ 철이 2% 이상 함유되면 인성이 저하된다.

⑤ 납황동
㉠ 황동에 납을 1.5~3.7%까지 첨가하여 절삭성을 좋게 한 것으로 쾌삭 황동이라 한다.
㉡ 정밀 절삭 가공을 필요로 하는 시계와 계기용 나사, 나사 등의 재료로 사용된다.

⑥ 니켈 황동
㉠ 양백(양은)이라고도 한다.
㉡ 니켈을 첨가한 합금으로 단단하고 부식에도 잘 견딘다.
㉢ 선재, 판재로서 스프링에 사용되며, 내식성이 크므로 장식품, 식기류, 가구재료, 계측기, 의료기기 등에 사용된다.
㉣ 전기 저항이 높고 내열성, 내식성이 좋아 일반 전기 저항체로 이용된다.

⑦ 애드미럴티 메탈(Admiralty Metal)
㉠ 7-3 황동 + 1% Sn
㉡ 전연성이 좋아 증발기, 열교환기 등의 관에 사용된다.

⑧ 네이벌 황동(Naval Brass)
㉠ 6-4 황동 + 1% Sn
㉡ 용접용 파이프, 선박용 기계에 사용된다.

3 청동[구리(Cu) + 주석(Sn)]

(1) 청동의 특성
① 내식성이 크다.
② 인장강도와 연신율이 크다.
③ 내해수성이 좋다.
④ 황동보다 주조하기 쉽다.

(2) 청동의 종류
① 포금
  ㉠ Sn(8~12%) + Zn(1~2%)의 구리 합금이다.
  ㉡ 단조성이 좋고, 강도가 높으며 내식성이 있어 밸브, 콕, 기어, 베어링 부시 등의 주물에 사용한다.
  ㉢ 내해수성이 강하고, 수압, 증기압에도 강해 선박 등에 널리 사용된다.

② 납청동(베어링 청동)
  ㉠ Pb(4~22%) + Sn(6~11%)의 합금으로 연성은 저하되지만 경도가 높고 내마멸성이 크므로 자동차나 일반기계의 베어링 부분에 사용된다.
  ㉡ 주석 청동에 납(4~22%)을 함유한 것은 윤활성이 좋아 철도 차량, 압연기계 등의 고압용 베어링에 사용된다.
  ㉢ 켈밋 합금(Kelmet Alloy) : Cu + Pb(30~40%)의 합금으로 고속·고하중용 베어링으로 자동차, 항공기 등에 널리 사용된다.

③ 베릴륨 청동
  ㉠ 구리 합금 중에서 가장 높은 강도와 경도를 가진다.
  ㉡ 경도가 커서 가공하기 힘들지만 강도, 내마멸성, 내피로성, 전도열이 좋아 베어링, 기어, 고급 스프링, 공업용 전극에 사용된다.

④ 인청동[청동 + 인(P)]
  ㉠ 합금 중에 P(0.05~0.5%)을 잔류시키면 구리 용융액의 유동성이 좋아지고, 강도, 경도, 탄성률 등 기계적 성질이 개선되며 내식성이 좋아진다.
  ㉡ 기어, 캠, 축, 베어링, 코일 스프링, 스파이럴 스프링 등에 사용한다.

⑤ 알루미늄 청동
  ㉠ Cu + 알루미늄(6~10.5%)의 구리 – 알루미늄 합금이다.
  ㉡ 황동이나 청동에 비해서 기계적 성질, 내식성, 내마멸성, 내열성 등이 우수하여 화학기계공업, 선박, 항공기, 차량부품 재료로 사용된다.

4 Cu – Ni계 합금

① 콘스탄탄

　Cu – Ni 45% 합금으로 표준저항선으로 사용된다.

② 모넬 메탈

　㉠ Cu – Ni 70% 합금이며, 내열성과 내식성, 내마멸성, 연신율이 크다.
　㉡ 대기, 해수, 산, 염기에 대한 내식성이 크며, 고온강도가 크다.
　㉢ 주조와 단련이 용이하여 터빈 날개, 펌프 임펠러, 열기관 부품 등의 재료로 사용된다.

02 알루미늄과 알루미늄 합금

1 알루미늄의 특징

① 무게가 가볍다(비중 : 2.7).
② 합금재질이 많고 기계적 특성이 양호하다.
③ 내식성이 양호하다.
④ 열과 전기의 전도성이 양호하다.
⑤ 가공성, 접합성, 성형성이 양호하다.
⑥ 빛과 열의 반사율이 높다.

2 알루미늄 합금의 종류

(1) 가공용 알루미늄 합금

분류	대표 합금	합금계	특징	용도
내식용 Al 합금	알민(Almin)	Al – Mn계	• 성형가공 수축성이 좋다. • 용접이 용이하고 내식성도 양호하다.	차량, 선반, 창
	알드레이 (Aldrey)	Al – Mg – Si계	• 강도가 우수, 내식성이 좋다. • 시효경화가 있다.	
	하이드로날륨 (Hydronalium)	Al – Mg계	• 대표적인 내식성 합금이다. • 비열처리형 합금이다.	

분류	대표 합금	합금계	특징	용도
고강도 Al 합금	두랄루민 (Duralumin)	Al – Cu – Mg – Mn계	• 경도가 높고 기계적 성질이 우수하다. • 시효경화처리의 대표적인 합금이다.	항공기, 자동차, 리벳, 기계
	초두랄루민 (Super Duralumin)	Al – Cu – Mg – Mn계	강재와 비슷한 인장강도(50kgf/mm²)	
	초초두랄루민 (Extra Super Duralumin)	Al – Cu – Zn – Mg – Mn – Cr계	인장강도 54kgf/mm² 이상이다.	
내열용 Al 합금	Y – 합금	Al – Cu – Ni – Mg계	• Al – Cu – Ni – Mg의 합금으로 대표적인 내열용 합금이다. • 석출 경화되며 시효경화 처리한다.	내연기관의 피스톤, 실린더
	코비탈륨 (Cobitalium)	Al – Cu – Ni계	Y – 합금의 일종으로 Ti와 Cu를 0.2% 정도씩 첨가한다.	
	로엑스 합금 (Lo – Ex)	Al – Ni – Si계	Al – Si계에 Cu, Mg, Ni을 소량 첨가한 합금으로 열팽창계수가 작고 고온에서 기계적 성질이 우수하다.	

Reference

시효경화
금속재료를 일정한 시간 동안 적당한 온도하에 놓아두면 단단해지는 현상이다.

(2) 주물용 알루미늄 합금

① 실루민(Silumin, 알펙스라고도 함)
　㉠ 알루미늄(Al) – 규소(Si)계 합금의 공정조직으로 주조성은 좋으나 절삭성은 좋지 않고 약하다.
　㉡ 개량 처리 : 주조할 때 0.05~0.1%의 금속나트륨을 첨가하여 Si의 거친 결정을 미세화시켜 강도를 개선하는 작업이다.
　㉢ 개량 처리방법 : 금속나트륨(Na), 플루오르화나트륨(NaF), 수산화나트륨(NaOH), 알칼리염류 등을 첨가한다.

② 라우탈(Lautal)
　㉠ 알루미늄(Al) – 구리(Cu) – 규소(Si)계 합금으로 Al에 Si를 넣어 주조성을 개선하고, Cu를 넣어 절삭성을 향상시킨 것이다.
　㉡ 시효경화되며, 주조균열이 적어 두께가 얇은 주물의 주조와 금형주조에 적합하다.
　㉢ 주로 자동차 및 선박용 피스톤, 분배관 밸브 등의 재료로 쓰인다.

③ Y 합금
  ㉠ 알루미늄(Al) – 구리(Cu) – 니켈(Ni) – 마그네슘(Mg)계 합금으로 내열성이 우수하고 고온강도가 높아 실린더헤드 및 피스톤 등에 이용된다.
  ㉡ 주조성이 나쁘고 열팽창률이 크기 때문에 Al – Si계로 대체되고 있는 추세이다.
  ㉢ 시효경화성이 있다.

④ 로엑스(Lo – Ex, Low Expansion)
  Al – Si계 합금에 Cu, Mg, Ni을 첨가한 것으로 선팽창계수와 비중이 작고, 내마멸성이 좋으며 고온강도가 커서 주로 내연기관의 피스톤 재료로 많이 쓰인다.

⑤ 하이드로날륨(Hydronalium)
  ㉠ Al – Mg계 합금으로 내식성이 가장 우수하며 마그날륨(Magnalium)이라고도 한다.
  ㉡ 비중이 작고, 강도, 연신율, 절삭성이 우수하여 승용차의 커버, 선박용 부품, 조리용 기구 등에 사용된다.

⑥ 다이캐스팅용 알루미늄 합금
  ㉠ 실루민 또는 하이드로날륨계 합금이 사용되며, 주조성이 우수하여 제품의 정도가 높고 표면이 아주 매끄럽다.
  ㉡ 다이캐스팅 주조는 가압하여 핸드폰 케이스 같은 두께가 얇은 주조품을 만들기 때문에 다이캐스팅 합금은 다음과 같은 성질이 필요하다.
    ⓐ 유동성이 좋을 것
    ⓑ 응고수축에 대한 용탕 보급성이 좋을 것
    ⓒ 열에 의한 균열 발생이 없을 것
    ⓓ 금형에 용착되지 않을 것

03 베어링 합금

1 베어링 합금의 구비 조건

① 하중에 대해 견딜 수 있는 경도 및 내압력을 가져야 한다.
② 축과 결합해 사용될 수 있도록 충분한 인성을 가져야 한다.
③ 주조성, 피가공성이 좋으며 열전도성이 커야 한다.
④ 마찰계수가 작고 저항력이 커야 한다.
⑤ 내식성이 좋아야 한다.

2 종류

① 화이트 메탈(White Metal, 베빗메탈)
   Sn – Sb – Pb – Cu계 합금, 백색, 용융점이 낮고 강도가 약하다. 저속기관의 베어링용으로 사용된다.

② 카드뮴계
   카드뮴(Cd)에 니켈(Ni), 은(Ag), 구리(Cu) 등을 첨가하여 경화시킨 합금이며 피로강도가 화이트 메탈보다 우수하다.

③ 아연계 합금
   고순도의 아연(Zn)만을 가지고 제조할 수 있으며, 인청동과 특성이 비슷하고 화이트 메탈보다 경도가 높아 전차용 베어링 등에 사용된다.

④ 켈밋(Kelmet)
   Cu – Pb(20~40%) 합금 마찰계수가 작고 열전도율이 우수하여 발전기 모터, 철도차량용, 베어링용으로 사용된다.

⑤ Cu – Sn계
   납청동(연청동), 인청동, 알루미늄청동, 베릴륨 청동이 있다.

PART 03 기계재료 및 측정 | CHAPTER 03 비철합금

실전 문제

01 구리의 일반적인 특성에 관한 설명으로 틀린 것은?

① 전연성이 좋아 가공이 용이하다.
② 전기 및 열의 전도성이 우수하다.
③ 화학적 저항력이 작아 부식이 잘된다.
④ Zn, Sn, Ni, Ag 등과는 합금이 잘된다.

해설
③ 화학적으로 저항력이 커서 부식되지 않는다(암모니아염에는 약하다).

02 비철금속 구리(Cu)가 다른 금속 재료와 비교해 우수한 것 중 틀린 것은?

① 연하고 전연성이 좋아 가공하기 쉽다.
② 전기 및 열전도율이 낮다.
③ 아름다운 색을 띠고 있다.
④ 구리합금은 철강 재료에 비하여 내식성이 좋다.

해설
② 전기, 열의 양도체이다.

03 황동의 자연균열 방지책이 아닌 것은?

① 수은   ② 아연 도금
③ 도료   ④ 저온풀림

해설
자연균열의 방지법
도료, 아연-도금, 저온풀림(180~260℃, 20~30분간)

04 황동은 어떤 원소의 2원 합금인가?

① 구리와 주석   ② 구리와 망간
③ 구리와 납   ④ 구리와 아연

해설
황동
구리(Cu) + 아연(Zn)

05 황동의 자연균열 방지책이 아닌 것은?

① 온도 180~260℃에서 응력제거 풀림처리
② 도료나 안료를 이용하여 표면처리
③ Zn 도금으로 표면처리
④ 물에 침전처리

해설
자연균열
- 황동이 공기 중의 암모니아, 기타 염류에 의해 입간부식을 일으키는 현상으로 상온가공에 의한 내부응력 때문에 생긴다.
- 방지법 : 도료 및 아연(Zn) 도금, 저온 풀림처리(180~260℃, 20~30분간)

06 황동의 합금 원소는 무엇인가?

① Cu-Sn   ② Cu-Zn
③ Cu-Al   ④ Cu-Ni

해설
황동
구리(Cu) + 아연(Zn)

정답 01 ③ 02 ② 03 ① 04 ④ 05 ④ 06 ②

07 황동에 첨가하면 강도와 연신율은 감소하나 절삭성을 좋게 하는 것은?

① 납
② 알루미늄
③ 주석
④ 철

해설

납황동(쾌삭황동)
황동에 납을 1.5~3.7%까지 첨가하여 절삭성을 좋게 한 것으로, 정밀 절삭 가공을 필요로 하는 시계와 계기용 나사 등의 재료로 사용된다.

08 니켈-구리 합금 중 Ni의 일부를 Zn으로 치환한 것으로 Ni 8~12%, Zn 20~35%, 나머지가 Cu인 단일 고용체로 식기, 악기 등에 사용되는 합금은?

① 베니딕트 메탈(Benedict Metal)
② 큐프로니켈(Cupro-Nickel)
③ 양백(Nickel Silver)
④ 콘스탄탄(Constantan)

해설

양백(양은)
㉠ 니켈 황동(양은)이라고도 한다.
㉡ 니켈을 첨가한 합금으로 단단하고 부식에도 잘 견딘다.
㉢ 선재, 판재로서 스프링에 사용되며, 내식성이 크므로 장식품, 식기류, 가구재료, 계측기, 의료기기 등에 사용된다.

09 다음 중 황동에 납(Pb)을 첨가한 합금은?

① 델타 메탈
② 쾌삭황동
③ 먼츠 메탈
④ 고강도 황동

해설

쾌삭황동(납황동)
황동에 납을 1.5~3.7%까지 첨가하여 절삭성을 좋게 한 것으로, 정밀 절삭 가공을 필요로 하는 시계와 계기용 나사 등의 재료로 사용된다.

10 구리의 원자기호와 비중과의 관계가 옳은 것은? (단, 비중은 20℃, 무산소동이다.)

① Al-6.86
② Ag-6.96
③ Mg-9.86
④ Cu-8.96

해설

① Al-2.7
② Ag-10.49
③ Mg-1.74

11 황동의 연신율이 가장 클 때 아연(Zn)의 함유량은 몇 % 정도인가?

① 30
② 40
③ 50
④ 60

해설

아연(Zn) 함유량에 따른 물성치
30%일 때 연신율이 최대, 40%일 때 인장강도가 최대이다.

12 5~20% Zn의 황동으로 강도는 낮으나 전연성이 좋고 황금색에 가까우며 금박대용, 황동단추 등에 사용되는 구리 합금은?

① 톰백
② 먼츠 메탈
③ 델타 메탈
④ 주석황동

해설

톰백
아연을 5~20% 함유한 황동으로 빛깔이 금에 가깝고 연성이 크므로 금박, 금분, 불상, 화폐 제조 등에 사용한다.

13 8~12% Sn에 1~2% Zn의 구리합금으로 밸브, 콕, 기어, 베어링, 부시 등에 사용되는 합금은?

① 코르손 합금
② 베릴륨 합금
③ 포금
④ 규소 청동

정답 07 ① 08 ③ 09 ② 10 ④ 11 ① 12 ① 13 ③

해설 ➕

포금
- Sn(8~12%) + Zn(1~2%)의 구리 합금이다.
- 단조성이 좋고, 강력하며 내식성이 있어 밸브, 콕, 기어, 베어링 부시 등의 주물에 사용한다.

14 구리에 아연이 5~20% 첨가되어 전연성이 좋고 색깔이 아름다워 장식품에 많이 쓰이는 황동은?

① 포금 ② 톰백
③ 먼츠 메탈 ④ 7:3 황동

해설 ➕

톰백
아연을 5~20% 함유한 황동으로 빛깔이 금에 가깝고 연성이 크므로 금박, 금분, 불상, 화폐 제조 등에 사용한다.

15 다음 중 청동의 주성분 구성은?

① Cu-Zn 합금 ② Cu-Pb 합금
③ Cu-Sn 합금 ④ Cu-Ni 합금

해설 ➕

청동
구리(Cu) + 주석(Sn)

16 구리에 니켈 40~50% 정도를 함유하는 합금으로 통신기, 전열선 등의 전기저항 재료로 이용되는 것은?

① 모네 메탈 ② 콘스탄탄
③ 엘린바 ④ 인바

해설 ➕

② 콘스탄탄 : 구리(Cu)-니켈(Ni) 45% 합금으로 표준저항선으로 사용된다.

17 비중이 2.7로 가볍고 은백색의 금속으로 내식성이 좋으며, 전기전도율이 구리의 60% 이상인 금속은?

① 알루미늄(Al) ② 마그네슘(Mg)
③ 바나듐(V) ④ 안티몬(Sb)

18 알루미늄의 특성에 대한 설명 중 틀린 것은?

① 내식성이 좋다.
② 열전도성이 좋다.
③ 순도가 높을수록 강하다.
④ 가볍고 전연성이 우수하다.

해설 ➕

③ Al은 순도가 높으면 전연성이 크고, 강도·경도는 작다.

19 Al-Cu-Mg-Mn의 합금으로 시효경과 처리한 대표적인 알루미늄 합금은?

① 두랄루민 ② Y합금
③ 코비탈륨 ④ 로우엑스 합금

해설 ➕

두랄루민
- Al-Cu-Mg-Mn계로 강재와 비슷한 인장강도를 가지며 항공기나 자동차 등에 사용된다.
- 두랄루민은 "알쿠마망"으로 암기한다.

20 다음 중 알루미늄 합금이 아닌 것은?

① Y 합금 ② 실루민
③ 톰백(Tombac) ④ 로엑스(Lo-Ex) 합금

해설 ➕

③ 톰백(Tombac) : 구리(Cu)-아연(Zn) 8~20% 합금

정답 14 ② 15 ③ 16 ② 17 ① 18 ③ 19 ① 20 ③

21 조성은 Al에 Cu와 Mg이 각각 1%, Si가 12%, Ni이 1.8%인 Al합금으로 열팽창 계수가 적어 내연기관 피스톤용으로 이용되는 것은?

① Y 합금
② 라우라
③ 실루민
④ Lo-Ex 합금

해설

Lo-Ex 합금
Al-Si 합금에 Cu, Mg, Ni을 소량 첨가한 것이다. 선팽창 계수가 20×10-8/℃로 작고 내열성이 좋으며, 주조성·단조성이 뛰어나므로 자동차 등의 엔진 피스톤 재료로 널리 사용되고 있다.
Lo-Ex는 Low Expansion(저팽창)을 줄인 말이다.

22 Al-Si 계 합금인 실루민의 주조 조직에 나타나는 Si의 거친 결정을 미세화시키고 강도를 개선하기 위하여 개량처리를 하는 데 사용되는 것은?

① Na
② Mg
③ Al
④ Mn

해설

개량처리
주조할 때 0.05~0.1%의 금속 나트륨(Na)을 첨가하여 Si의 거친 결정을 미세화시켜 강도를 개선하는 작업이다.

23 다음 중 내식용 알루미늄 합금이 아닌 것은?

① 알민
② 알드레이
③ 하이드로날륨
④ 라우탈

해설

내식용 알루미늄 합금으로 알민, 알드레이, 하이드로날륨이 있다.

24 내열용 알루미늄 합금 중에 Y합금의 성분은?

① 구리, 납, 아연, 주석
② 구리, 니켈, 망간, 주석
③ 구리, 알루미늄, 납, 아연
④ 구리, 알루미늄, 니켈, 마그네슘

해설

Y합금
Al+Cu+Ni+Mg의 합금으로 내열성이 우수하다.
예 내연기관 실린더
['알쿠니마'(아이구 님아~)로 암기]

25 내식용 Al 합금이 아닌 것은?

① 알민(Almin)
② 알드레이(Aldrey)
③ 하이드로날륨(Hydronalium)
④ 코비탈륨(Cobitalium)

해설

내식용 알루미늄 합금으로 알민, 알드레이, 하이드로날륨이 있다.

26 주조용 알루미늄 합금이 아닌 것은?

① Al-Cu계
② Al-Si계
③ Al-Zn-Mg계
④ Al-Cu-Si계

해설

주조용 알루미늄 합금
㉠ Al-Cu계 → Y합금
㉡ Al-Si계 → 실루민
㉢ Al-Cu-Si계 → 라우탈

정답 21 ④ 22 ① 23 ④ 24 ④ 25 ④ 26 ③

27 고강도 알루미늄 합금강으로 항공기용 재료 등에 사용되는 것은?

① 두랄루민 ② 인바
③ 콘스탄탄 ④ 서멧

해설

두랄루민
- 시효경화처리의 대표적인 합금으로, 강재와 비슷한 인장강도를 가지고 있다.
- 항공기, 자동차, 리벳, 기계 등에 사용된다.

28 항공기 재료로 가장 적합한 것은 무엇인가?

① 파인 세라믹
② 복합 조직강
③ 고강도 저합금강
④ 초두랄루민

해설

초두랄루민
Al+Cu+Mg+Mn의 합금(알쿠마망), 강재와 비슷한 인장강도($50kgf/mm^2$)이고, 가벼워서 항공기나 자동차 등에 사용된다.

29 구리 4%, 마그네슘 0.5%, 망간 0.5%, 나머지가 알루미늄인 고강도 알루미늄 합금은?

① 실루민 ② 두랄루민
③ 라우탈 ④ 로우엑스

해설

두랄루민
- 시효경화처리의 대표적인 합금으로써 항공기 재료에 많이 사용된다.
- 두랄루민은 "알쿠마망"으로 암기한다.

30 Cu와 Pb 합금으로 항공기 및 자동차의 베어링 메탈로 사용되는 것은?

① 양은(Nickel Silver)
② 켈밋(Kelmet)
③ 배빗 메탈(Babbit Metal)
④ 애드미럴티 포금(Admiralty Gun Metal)

해설

③ 켈밋 합금(Kelmet Alloy) : Cu+Pb(30~40%)의 합금으로 고속·고하중을 받는 베어링용이며 자동차, 항공기 등에 널리 사용된다.

31 베릴륨 청동 합금에 대한 설명으로 옳지 않은 것은?

① 구리에 2~3%의 Be를 첨가한 석출경화성 합금이다.
② 피로한도, 내열성, 내식성이 우수하다.
③ 베어링, 고급 스프링 재료에 이용된다.
④ 가공이 쉽게 되고 가격이 싸다.

해설

④ 베릴륨은 고가이고, 경도가 커서 가공이 곤란하다.

32 베어링으로 사용되는 구리계 합금으로 거리가 먼 것은?

① 켈밋(Kelmet)
② 연청동(Lead Bronze)
③ 먼츠 메탈(Muntz Metal)
④ 알루미늄 청동(Al Bronze)

해설

구리계 베어링 합금은 켈밋(납청동의 일종), 납청동(연청동), 알루미늄 청동, 베릴륨 청동 등이 있다.

정답 27 ① 28 ④ 29 ② 30 ② 31 ④ 32 ③

33 다이캐스팅용 합금의 성질로서 우선적으로 요구되는 것은?

① 유동성 ② 절삭성
③ 내산성 ④ 내식성

해설
다이캐스팅은 금형과 똑같은 정밀한 주물을 제작하는 주조법으로써 정밀한 주조를 하기 위해서는 유동성이 좋아야 한다.

34 다이캐스팅 알루미늄 합금으로 요구되는 성질 중 틀린 것은?

① 유동성이 좋을 것
② 금형에 대한 점착성이 좋을 것
③ 열간 취성이 적을 것
④ 응고수축에 대한 용탕 보급성이 좋을 것

해설
② 금형에 점착(용착)되지 않을 것

35 다이캐스팅용 알루미늄(Al) 합금이 갖추어야 할 성질로 틀린 것은?

① 유동성이 좋을 것
② 열간 취성이 적을 것
③ 금형에 대한 점착성이 좋을 것
④ 응고수축에 대한 용탕 보급성이 좋을 것

해설
③ 금형에 대한 분리성이 좋을 것

정답 33 ① 34 ② 35 ③

CHAPTER 04 비금속재료와 신소재, 공구재료

01 세라믹

1 개요

① 비금속 무기질의 작은 입자를 성형, 소결하여 얻을 수 있는 다결정질의 소결체로서 넓은 의미로 세라믹스라 불린다.
② 규산을 주체로 하는 천연원료, 즉 점토류로 만들어진 요업제품을 말하고, 유리나 시멘트 또는 도자기(벽돌, 내화물 포함) 등이 있다(세라믹 수재료 : SiO_2, Al_2O_3).

2 특징

① 실온 및 고온에서 경도가 크고 내열성, 내마모성, 내식성이 크다.
② 충격에 약하고, 취성파괴의 특성을 가진다. 특히, 파괴될 때까지의 변형량이 극히 작고 균열의 진전 속도가 빠르다.

02 합성수지

1 합성수지의 특성

(1) 장점

① 가볍고 강하다.
② 녹슬거나 썩지 않는다.
③ 투명성이 있으며 착색이 자유롭다.

④ 전기절연성이 뛰어나다.
⑤ 방수, 방습성이 우수하다.
⑥ 가공성이 좋다.
⑦ 값이 싸고, 대량생산이 가능하다.

(2) 단점

① 열에 약하고, 연소할 때 유독가스를 방출하며, 태양광선 등에 의하여 열화되는 등 내후성이 낮은 것이 많다.
② 표면경도가 낮아 내마모성이나 내구성이 떨어진다.

2 합성수지의 종류

(1) 열가소성 플라스틱

① 특성
가열에 의해 소성변형되고 냉각에 의해 경화되는 수지이며 전체 생산량의 약 80%를 차지한다. 강도는 약한 편이다.

② 종류
폴리에틸렌 수지(PE), 폴리프로필렌 수지(PP), 폴리염화비닐 수지(PVC), 폴리스틸렌 수지(PS), 아크릴 수지(PMMA), ABS 수지 등이 있다.

(2) 열경화성 플라스틱

① 특성
가열에 의해 경화되는 플라스틱이고 전체 생산량의 20%를 차지한다. 단, 열경화성 플라스틱에서도 경화전이나 온도범위에 따라 열화하는 경우가 있다. 강도가 높고 내열성이며, 내약품성이 우수하다.

② 종류
페놀 수지(PF), 불포화 폴리에스테르 수지(UP), 멜라민 수지(MF), 요소수지(UF), 폴리우레탄(PU), 규소수지(Silicone), 에폭시 수지(EP) 등이 있다.

03 신소재

1 복합재료

(1) 복합재료의 정의
① 기지(Matrix) : 복합재료의 주체가 되는 재료
  - 예: 고무, 플라스틱, 금속, 세라믹, 콘크리트 등
② 강화재(보강재) : 재료의 역학특성을 현저하게 향상시키는 성분 또는 재료
  - 예: 유리, 붕소(B), 탄화규소(SiC), 알루미나(Al_2O_3), 탄소, 강(Steel) 등의 섬유상이나, 분체, 입자, 직물포 등

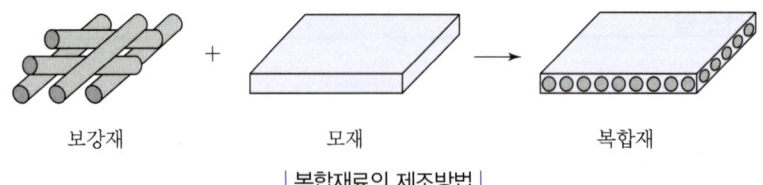

| 복합재료의 제조방법 |

(2) 복합재료의 특징
① 장점
  ㉠ 비강성과 비강도가 다른 재료보다 크다.
  ㉡ 원하는 방향으로 강성과 강도를 갖도록 구성할 수 있다.
  ㉢ 피로강도와 내식성이 우수하다.
  ㉣ 제조방법과 자동화가 쉽다.

② 단점
  ㉠ 내충격성이 낮다.
  ㉡ 압축강도가 낮다.
  ㉢ 고온에서 견디는 강도가 낮다.

(3) 섬유강화 플라스틱(FRP : Fiber Reinforced Plastic)
플라스틱을 기지로 하여 내부에 강화섬유를 함유시킴으로써 비강도를 높인 복합재료이다.

① GFRP
  기지[플라스틱(불포화에폭시, 불포화폴리에스테르 등)] + 강화재(유리섬유)

② CFRP
  기지[플라스틱(불포화에폭시, 불포화폴리에스테르 등)] + 강화재(탄소섬유)

(4) 섬유강화 금속(FRM : Fiber Reinforced Plastic Metal)

기지(금속) + 강화섬유(탄화규소, 붕소, 알루미나, 텅스텐, 탄소섬유 등)

(5) 용도

항공기, 스포츠용품, 자동차, 소형 요트 등

2 형상기억합금

① 특정 온도에서의 형상을 만든 후, 다른 온도에서 변형을 가해 모양을 바꾸었어도 특정 온도를 맞추어 주면 원래의 형상으로 돌아가는 합금이다.
② 실용화된 형상기억합금은 대부분 Ni – Ti이고 특성은 다음과 같다.
  ㉠ 내식성, 내마멸성, 내피로성, 생체 친화성이 우수하다.
  ㉡ 안경테, 에어컨 풍향조절장치, 치아교정 와이어, 브래지어 와이어, 파이프 이음매, 로봇, 자동제어장치, 공학적 응용, 의학 분야 등의 소재로 사용한다.

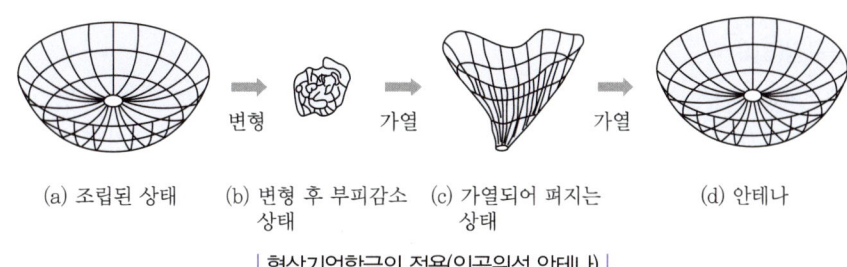

(a) 조립된 상태 (b) 변형 후 부피감소 상태 (c) 가열되어 펴지는 상태 (d) 안테나

| 형상기억합금의 적용(인공위성 안테나) |

3 비정질합금(아몰퍼스 합금, Amorphous)

① 결정 구조를 가지지 않는 아몰퍼스 구조이다.
② 경도와 강도가 높고 인성 또한 우수하다.
③ 자기적 특성이 우수하여 변압기용 철심 등에 활용된다.
④ 열에 약하다.

04 공구재료

1 공구재료의 구비조건

① 상온 및 고온경도가 높을 것
② 강인성 및 내마모성이 클 것
③ 가공 및 열처리가 쉬울 것
④ 내충격성이 우수할 것
⑤ 마찰계수가 작을 것

2 종류

① 탄소공구강(STC)
사용온도 300℃까지, 저속 절삭공구, 일반공구 등에 사용된다.

② 합금공구강(STS)
사용온도 450℃까지, 탄소공구강(C 0.8~1.5% 함유) + 크롬(Cr), 몰리브덴(Mo), 텅스텐(W), 바나듐(V) 원소 소량 첨가 ⇒ 탄소공구강보다 절삭성이 우수하고, 내마멸성과 고온경도가 높다.

③ 고속도강(SKH)
  ㉠ 표준고속도강 : 텅스텐(18%) – 크롬(4%) – 바나듐(1%) – 탄소(0.8%)
  ㉡ 하이스강(HSS)이라고도 한다.
  ㉢ 사용온도는 600℃까지 가능하다.
  ㉣ 고온경도가 높고 내마모성이 우수하다.
  ㉤ 절삭속도를 탄소강의 2배 이상으로 할 수 있다.

④ 주조경질 합금(스텔라이트)
  ㉠ 주조한 상태의 것을 연삭하여 가공하기 때문에 열처리가 불필요하다.
  ㉡ 고속도강의 절삭속도에 2배이며, 사용온도는 800℃까지 가능하다.
  ㉢ 코발트(Co) – 크롬(Cr) – 텅스텐(W) 합금으로, Co가 주 성분이다.

⑤ 초경합금
  ㉠ 탄화물 분말(탄화텅스텐(WC), 탄화티탄늄(TiC), 탄화탈탄늄(TaC))을 비교적 인성이 있는 코발트(Co), 니켈(Ni)을 결합제로 하여 고온압축 소결시킨다.
  ㉡ 고온, 고속 절삭에서도 경도를 유지함으로써 절삭공구로서 성능이 우수하다.
  ㉢ 취성이 커서 진동이나 충격에 약하다.

⑥ 세라믹
　㉠ 주성분인 알루미나(Al_2O_3), 마그네슘(Mg), 규소(Si)와 미량의 다른 원소를 첨가하여 소결시킨다.
　㉡ 고온경도가 높고 고온 산화되지 않는다.
　㉢ 진동과 충격에 약하다.

⑦ 서멧(Cermet)
　㉠ 세라믹(Ceramic) + 금속(Metal)의 복합재료(알루미나(Al_2O_3) 분말 70%에 탄화티타늄(TiC) 분말 30% 정도 혼합)
　㉡ 세라믹의 취성을 보완하기 위하여 개발된 소재이다.
　㉢ 고온에서 내마모성, 내산화성이 높아 고정밀도의 고속절삭이 가능하다.

⑧ 다이아몬드
　㉠ 내마모성, 내충격성이 좋아 알루미늄과 동 등의 비철금속 정밀가공에 사용된다.
　㉡ 절삭온도가 810℃ 정도이며 다이아몬드 표면에서 산화가 일어나기 때문에 철강재의 고속절삭에는 적당하지 않다.

⑨ CBN(입방정 질화붕소) 공구
　㉠ CBN 분말을 초고온, 초고압에서 소결시킨다.
　㉡ 입방정 질화붕소로서 철(Fe) 안의 탄소(C)와 화학반응이 전혀 일어나지 않아 철강재의 절삭에 이상적이다.
　㉢ 다이아몬드 다음으로 단단하여, 현재 가장 많이 사용되는 소재이다.

PART 03 기계재료 및 측정 | CHAPTER 04 비금속재료와 신소재, 공구재료

실전 문제

01 산화물계 세라믹의 주재료는?

① SiO_2
② SiC
③ TiC
④ TiN

> 해설
> 세라믹 주재료
> 산화규소(SiO_2), 알루미나(Al_2O_3)

02 자동차용 신소재인 파인세라믹스(Fine Ceramics)에 대한 설명 중 틀린 것은?

① 가볍다.
② 강도가 강하다.
③ 내화학성이 우수하다.
④ 내마모성 및 내열성이 우수하다.

> 해설
> ② 취성이 있어 인장강도가 약하다.

03 일반적으로 합성수지의 장점이 아닌 것은?

① 가공성이 뛰어나다.
② 절연성이 우수하다.
③ 가벼우며 비교적 충격에 강하다.
④ 임의의 색깔을 착색할 수 있다.

> 해설
> ③ 가벼우며 비교적 충격에 약하다.

04 일반적인 합성수지의 공통된 성질로 가장 거리가 먼 것은?

① 가볍다.
② 착색이 자유롭다.
③ 전기절연성이 좋다.
④ 열에 강하다.

> 해설
> ④ 열에 약하다.

05 열가소성 수지가 아닌 재료는?

① 멜라민 수지
② 초산비닐 수지
③ 폴리에틸렌 수지
④ 폴리염화비닐 수지

> 해설
> 열가소성 수지의 종류
> 폴리에틸렌 수지(PE), 폴리프로필렌 수지(PP), 폴리염화비닐 수지(PVC), 폴리스틸렌 수지(PS), 아크릴 수지(PMMA), ABS 수지

06 접착제, 껌, 전기 절연재료에 이용되는 플라스틱의 종류는?

① 폴리초산비닐계
② 셀룰로오스계
③ 아크릴계
④ 불소계

07 다음 합성수지 중 일명 EP라고 하며, 현재 이용되고 있는 수지 중 가장 우수한 특성을 지닌 것으로 널리 이용되는 것은?

① 페놀 수지
② 폴리에스테르 수지
③ 에폭시 수지
④ 멜라민 수지

정답 01 ① 02 ② 03 ③ 04 ④ 05 ① 06 ① 07 ③

해설 ⊕

에폭시 수지(EP)
- 기계적 강도가 우수하고, 기후 변화에 대한 저항성이 크다.
- 건물의 방수 재료, 금속이나 유리의 접착제 등에 사용된다.

08 열경화성 수지가 아닌 것은?

① 아크릴 수지　　② 멜라민 수지
③ 페놀 수지　　　④ 규소수지

해설 ⊕

열경화성 수지의 종류
페놀 수지(PF), 불포화 폴리에스테르 수지(UP), 멜라민 수지(MF), 요소수지(UF), 폴리우레탄(PU), 규소수지(Silicone), 에폭시 수지(EP)

09 유리섬유에 합침(合浸)시키는 것이 가능하기 때문에 FRP(Fiber Reinforced Plastic)용으로 사용되는 열경화성 플라스틱은?

① 폴리에틸렌계
② 불포화 폴리에스테르계
③ 아크릴계
④ 폴리염화비닐계

해설 ⊕

섬유강화 플라스틱(FRP, Fiber Reinforced Plastic)
- 플라스틱을 기지로 하여 내부에 강화섬유를 함유시킴으로써 비강도를 높인 복합재료
- GFRP : 기지[플라스틱(불포화 에폭시, 불포화 폴리에스테르 등)]+강화재(유리섬유)
- CFRP : 기지[플라스틱(불포화 에폭시, 불포화 폴리에스테르 등)]+강화재(탄소섬유)

10 경질이고 내열성이 있는 열경화성 수지로서 전기기구, 기어 및 프로펠러 등에 사용되는 것은?

① 아크릴 수지　　② 페놀 수지
③ 스티렌 수지　　④ 폴리에틸렌

해설 ⊕

페놀 수지(PF)
- 딱딱하고 열에 잘 견디며, 유기 용매에 강하다.
- 접착제, 전기 배전판, 회로 기판, 공구함, 전화기, 자동차 브레이크 등에 사용된다.

11 다음 중 플라스틱 재료로서 동일 중량으로 기계적 강도가 강철보다 강력한 재질은?

① 글라스 섬유
② 폴리카보네이트
③ 나일론
④ FRP

해설 ⊕

섬유강화 플라스틱(FRP : Fiber Reinforced Plastic)
플라스틱을 기지로 하여 내부에 강화섬유를 함유시킴으로써 단위무게당 강도를 높인 복합재료이다.

12 공구강의 구비조건 중 틀린 것은?

① 강인성이 클 것
② 내마모성이 작을 것
③ 고온에서 경도가 클 것
④ 열처리가 쉬울 것

해설 ⊕

② 내충격성 및 내마모성이 클 것

정답　08 ①　09 ②　10 ②　11 ④　12 ②

13 탄소공구강의 구비 조건으로 틀린 것은?

① 내마모성이 클 것
② 가공 및 열처리성이 양호할 것
③ 저온에서의 경도가 클 것
④ 강인성 및 내충격성이 우수할 것

해설
③ 상온 및 고온 경도가 클 것

14 공구재료의 필요조건이 아닌 것은?

① 열처리가 쉬울 것   ② 내마멸성이 작을 것
③ 강인성이 클 것   ④ 고온경도가 클 것

해설
② 내마멸성이 크고, 마찰계수가 작을 것

15 탄소 공구강의 구비 조건으로 거리가 먼 것은?

① 내마모성이 클 것
② 저온에서의 경도가 클 것
③ 가공 및 열처리성이 양호할 것
④ 강인성 및 내충격성이 우수할 것

해설
② 상온 및 고온경도가 높고, 마찰계수가 작을 것

16 수기가공에서 사용하는 줄, 쇠톱날, 정 등의 절삭가공용 공구에 가장 적합한 금속재료는?

① 수강   ② 스프링강
③ 탄소공구강   ④ 쾌삭강

해설
③ 탄소공구강(STC) : 사용 온도 300℃까지, 저속 절삭공구, 일반공구 등에 사용된다.

17 탄소공구강의 단점을 보강하기 위해 Cr, W, Mn, Ni, V 등을 첨가하여 경도, 절삭성, 주조성을 개선한 강?

① 주조경질합금   ② 초경합금
③ 합금공구강   ④ 스테인리스강

해설
합금공구강(STS)
탄소공구강에 Cr, W, Mn, Ni, V 등을 첨가하여 탄소공구강보다 절삭성이 우수하고, 내마멸성과 고온경도가 높다.

18 내열성과 내마모성이 크고 온도가 600℃ 정도까지 열을 주어도 연화되지 않은 특징이 있으며, 대표적인 것으로 텅스텐(18%), 크롬(4%), 바나듐(1%)로 조성된 강은?

① 합금공구강   ② 다이스강
③ 고속도공구강   ④ 탄소공구강

해설
고속도강(SKH)
텅스텐(18%) – 크롬(4%) – 바나듐(1%) – 탄소(0.8%)
('텅크바탄'으로 암기)

19 고속도 공구강 강재의 표준형으로 널리 사용되고 있는 18–4–1형에서 텅스텐 함유량은?

① 1%   ② 4%
③ 18%   ④ 23%

해설
고속도강(SKH)
텅스텐(18%) – 크롬(4%) – 바나듐(1%) – 탄소(0.8%)
('텅크바탄'으로 암기)

정답 13 ③ 14 ② 15 ② 16 ③ 17 ③ 18 ③ 19 ③

20 스텔라이트계 주조경질합금에 대한 설명으로 틀린 것은?

① 주성분이 Co이다.
② 단조품이 많이 쓰인다.
③ 800℃까지의 고온에서도 경도가 유지된다.
④ 열처리가 불필요하다.

해설 ⊕
② 주조품이 많이 쓰인다.

21 고속, 고온 절삭에서 높은 경도를 유지하며, WC, TiC, TaC 분말에 Co를 첨가하고 소결시켜 만들어 진동이나 충격을 받으면 깨지기 쉬운 특성을 가진 공구 재료는?

① 주조합금
② 고속도강
③ 합금 공구강
④ 소결 초경합금

22 초경합금에 대한 설명 중 틀린 것은?

① 경도가 HRC 50 이하로 낮다.
② 고온경도 및 강도가 양호하다.
③ 내마모성과 압축강도가 높다.
④ 사용목적, 용도에 따라 재질의 종류가 다양하다.

해설 ⊕
① 초경합금의 경도는 약 HRC 75 정도이다.

23 초경합금의 주성분은?

① W, Cr, V
② WC, Co
③ TiC, TiN
④ Al_2O_3

해설 ⊕
초경합금 공구강
탄화물 분말[탄화텅스텐(WC), 탄화티타늄(TiC), 탄화탄탈륨(TaC)]을 비교적 인성이 있는 코발트(Co), 니켈(Ni)을 결합제로 하여 압축소결한 절삭 공구이다.

24 초경공구와 비교한 세라믹 공구의 장점 중 옳지 않은 것은?

① 고속절삭 가공성이 우수하다.
② 고온경도가 높다
③ 내마멸성이 높다.
④ 충격강도가 높다.

해설 ⊕
④ 진동과 충격에 약하다.

25 소결 초경합금 공구강을 구성하는 탄화물이 아닌 것은?

① WC
② TiC
③ TaC
④ TMo

해설 ⊕
문제 23번 해설 참조

26 공구용으로 사용되는 비금속 재료로 초내열성 재료, 내마별성 및 내열성이 높은 세라믹과 강한 금속의 분말을 배열 소결하여 만든 것은?

① 다이아몬드
② 고속도강
③ 서멧
④ 석영

정답 20 ② 21 ④ 22 ① 23 ② 24 ④ 25 ④ 26 ③

해설

서멧(Cermet : Ceramic + Metal)
㉠ 세라믹[알루미나(Al_2O_3) 분말 70%] + 금속[탄화티타늄(TiC) 분말 30%]의 복합재료
㉡ 세라믹의 취성을 보완하기 위하여 개발된 소재이다.
㉢ 고온에서 내마모성, 내산화성이 높아 고정밀도의 고속절삭이 가능하다.

27 절삭 공구재료 중에서 가장 경도가 높은 재질은?
① 고속도강
② 세라믹
③ 스텔라이트
④ 입방정 질화붕소

해설

경도크기
고속도강 < 스텔라이트 < 세라믹 < 입방정 질화붕소

28 다음 중 회주철의 재료 기호는?
① GC
② SC
③ SS
④ SM

해설

탄소합금강과 주철의 KS 규격

KS 규격	영문 명칭	한글 명칭 및 특징
GC	Grey Casting	회주철품
SC	Steel Casting	탄소강 주강품
SS	Steel General Structure	일반구조용 압연강재
SM	Steel Machine Structure	기계구조용 탄소강

29 기계구조용 탄소강의 기호가 SM40C라 표현되어 있다. 여기에서 40이란 숫자가 나타내는 뜻은?
① 인장강도의 평균치
② 탄소함유량의 평균치
③ 가공도의 평균치
④ 경도의 평균치

해설

SM40C(Steel Machine Carbon)
• SM : 기계구조용 탄소강
• 40C : 탄소 함유량 0.4%

30 강재의 KS 규격 기호 중 틀린 것은?
① SKH – 고속도 공구강 강재
② SM – 기계구조용 탄소 강재
③ SS – 일반구조용 압연 강재
④ STS – 탄소 공구강 강재

해설

④ STS – 합금공구강

31 일반 구조용 압연강재의 KS 기호는?
① SS330
② SM400A
③ SM45C
④ SNC415

해설

② SM400A : 용접구조용 압연 강재
③ SM45C : 일반구조용 탄소강 탄소함량 0.45%
④ SNC415 : 니켈과 크롬 합금강

32 다음 중 합금공구강의 KS 재료기호는?
① SKH
② SPS
③ STS
④ GC

해설

① SKH : 고속도강
② SPS : 스프링강
④ GC : 회주철

정답   27 ④   28 ①   29 ②   30 ④   31 ①   32 ③

CHAPTER 05 측정

01 측정기의 분류

1 측정 종류에 따른 분류

(1) 길이 측정기

강철자, 직각자, 컴퍼스, 만능측장기, 마이크로미터, 버니어 캘리퍼스, 하이트 게이지, 다이얼 게이지, 두께 게이지, 표준 게이지, 광학측정기 등

(2) 각도 측정기

각도 게이지, 직각자, 분도기, 콤비네이션, 사인바, 테이퍼 게이지, 만능 각도기, 분할대, 수준기, 오토콜리메이터 등

(3) 평면 측정기

옵티컬 플랫, 조도계, 3차원 형상측정기, 스트레이트에지 등

2 측정 방법에 따른 분류

(1) 직접측정

측정기에 표시된 눈금을 직접 읽어 측정하는 방법
  예 버니어 캘리퍼스, 마이크로미터, 측장기 등

(2) 간접측정

원추의 테이퍼양을 측정할 경우와 같이 직접 측정값을 읽지 못하고 기하학적 관계를 이용하여 계산에 의해 측정값을 구하는 측정법
  예 사인바에 의한 각도 측정, 롤러와 롤러게이지를 이용한 테이퍼 측정, 삼침법에 의한 나사나 기어의 유효지름 측정 등

(3) 비교측정

측정값과 기준 게이지 값과의 차이를 비교하여 치수를 계산하는 측정방법

> 예 다이얼 테스트 인디케이터, 한계 게이지, 공기 마이크로미터, 전기 마이크로미터, 다이얼게이지, 지침측미기, 옵티미터, 미니미터 등

(4) 오차

① 참값 : 설계 시 정해진 피측정물(공작물)의 모형과 치수의 값
② 오차 = 측정값 – 참값

(5) 측정오차의 종류

① 개인오차 : 개인의 숙련도에 따른 오차
② 계기오차 : 측정기의 구조, 측정압력, 측정시의 온도, 측정기의 마모 등에 따른 오차
   (측정기의 정도 결정은 KS에서 온도 20℃, 기압 760mmHg, 습도 58%로 규정)
③ 우연오차 : 진동이나 채광의 변화가 영향을 미쳐 발생하는 오차
④ 시차 : 눈의 위치와 눈금의 위치가 다른 데서 나타나는 오차

02 아베의 원리

측정 정밀도를 높이기 위해서는 측정물체와 측정기구의 눈금을 측정 방향과 동일 축 선상에 배치해야 한다.

1 마이크로미터

측정물체와 측정기구의 눈금을 일직선상에 배치한다. ⇒ 아베의 원리에 맞는 측정

2 버니어 캘리퍼스

측정물체와 측정기구의 눈금이 일직선상에 있지 않다. ⇒ 아베의 원리에 맞지 않는 측정

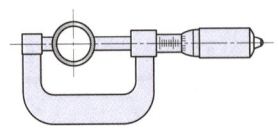

| 아베의 원리에 맞는 측정 |

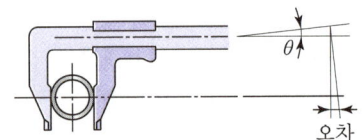

| 아베의 원리에 맞지 않는 측정 |

03 길이 측정

1 버니어 캘리퍼스

① 버니어 캘리퍼스는 본척(어미자)과 부척(아들자)을 이용하여 1/20mm, 1/50mm까지 길이를 측정하는 측정기이다.

② 측정 종류 : 바깥지름, 안지름, 깊이, 두께, 높이 등

③ 최소 측정값

$\dfrac{1}{20}$mm 또는 $\dfrac{1}{50}$mm까지 측정

$$V = \dfrac{S}{n}$$

여기서, V : 부척(아들자)의 1눈금 간격
S : 본척(어미자)의 1눈금 간격
n : 부척(아들자)의 등분 눈금 수

④ 눈금 읽는 방법

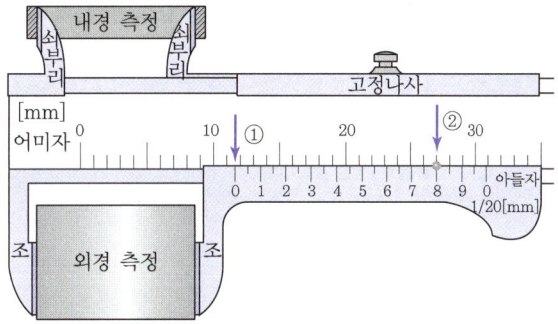

㉠ 아들자 눈금의 "0"이 어미자의 어느 곳에 있는지 확인한다(화살표 표시 ① 위치).
㉡ 아들자가 위치한 곳이 어미자의 11보다는 크고 12보다는 작으므로 첫 번째 숫자는 11로 읽는다.
㉢ 두 번째 숫자, 즉 소수점 이하의 숫자를 읽는다(화살표 표시 ② 위치).
  ⇒ 어미자와 아들자의 숫자가 일치하는 곳을 찾아 아들자의 숫자를 읽어 ㉡의 첫 번째 숫자 뒤에 소수점을 붙이고 바로 뒤에 아들자 숫자를 붙여서 읽으면 된다.
㉣ 결과 : ㉡의 숫자 11, ㉢의 숫자 8 ⇒ 11.80mm

2 하이트 게이지

① **용도** : 대형 부품, 복잡한 모양의 부품 등을 정반 위에 올려놓고 정반면을 기준으로 하여 높이를 측정하거나, 스크라이버로 금긋기 작업을 하는 데 사용한다.
② **눈금 읽는 방법** : 버니어 캘리퍼스의 눈금 읽는 방법과 같다.

| 하이트 게이지 |

3 마이크로미터와 옵티컬 플랫

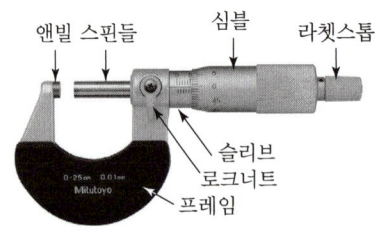
| 마이크로미터 |

① 마이크로미터는 길이의 변화를 나사의 회전각과 지름에 의해 원 주변에 확대히여 눈금을 세김으로써 작은 길이의 변화를 읽을 수 있도록 한 측정기이다.
② **종류** : 외측 · 내측 · 기어이 · 깊이 · 나사 · 유니 · 포인트 마이크로미터 등이 있다.
③ **최소 측정값** : 0.01mm 또는 0.001mm가 있다.

$$최소\ 측정값 = \frac{나사의\ 피치}{심블의\ 등분\ 수}$$

④ 눈금 읽는 방법

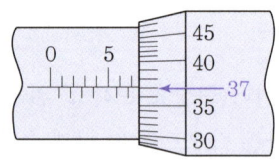

	슬리브 읽음	7.0	mm
(+)	심블 읽음	0.37	mm
	읽음	7.37	mm

⑤ **마이크로미터의 검사**
　마이크로미터 측정면의 평면도와 평행도는 앤빌과 스핀들의 양측 정면에 옵티컬 플랫 또는 옵티컬 패럴을 밀착시켜 간섭무늬를 관찰해서 판정한다.

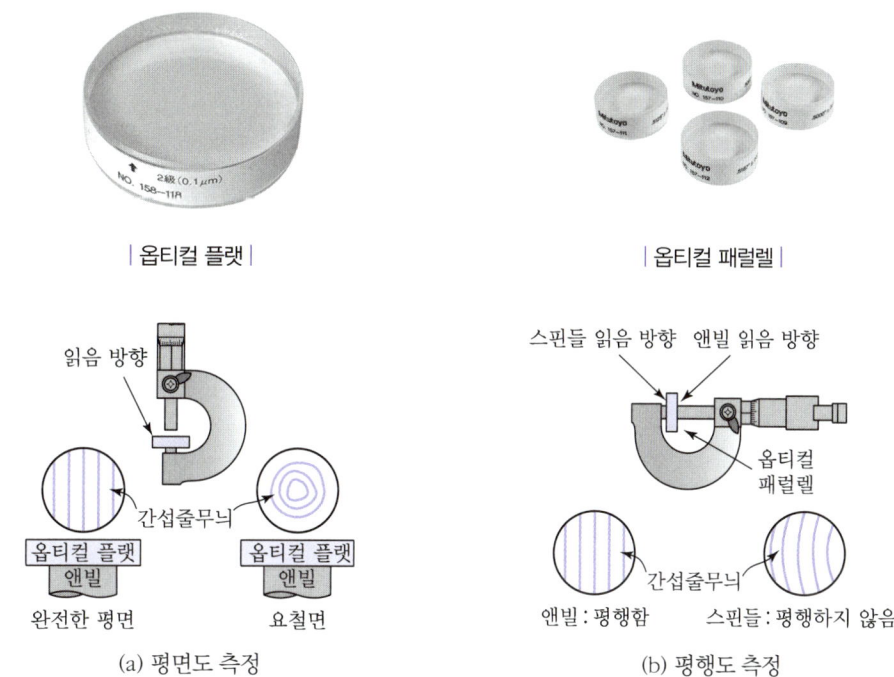

| 마이크로미터의 평면도 및 평행도 측정방법 |

4 다이얼 게이지

① 다이얼 게이지는 측정자의 직선 또는 원호 운동을 기계적으로 확대하고 그 움직임을 지침의 회전 변위로 변환시켜 눈금으로 읽을 수 있는 길이 측정기이다.
② **용도** : 평형도, 평면도, 진원도, 원통도, 축의 흔들림을 측정한다.

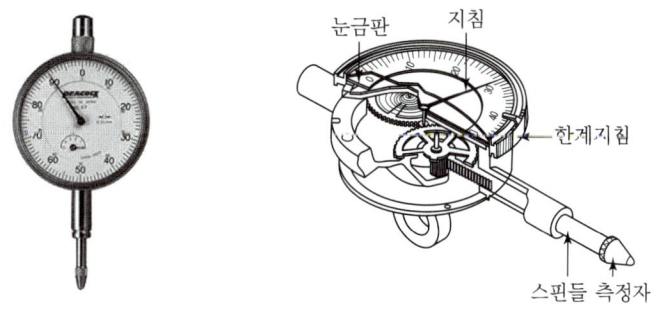

| 다이얼 게이지 |

5 표준 게이지

(1) 블록 게이지

① 길이 측정의 기본이 되며, 가장 정밀도가 높고 표준이 되는 것으로, 공장 등에서 길이의 기준으로 사용되는 단도기
② 블록 게이지를 여러 개 조합하면 원하는 치수를 얻을 수 있다.

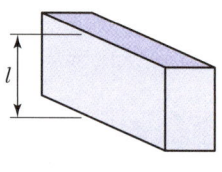
(a) 요한슨(Johanson)형

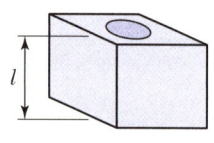
(b) 호크(Hoke)형

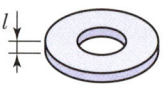
(c) 캐리(Cary)형

| 블록 게이지의 형상 |

Reference

단도기
크기나 길이 따위를 재는 데 기준이 되는 계기
예 블록 게이지, 한계 게이지

(2) 한계 게이지

① 설계자가 허용하는 제품의 최대 허용한계치수와 최소 허용한계치수를 측정하는 데 사용하는 게이지
② 최대허용치수와 최소허용치수를 각각 통과 측과 정지 측으로 하므로 매우 능률적으로 측정할 수 있고 측정된 제품이 호환성을 갖게 할 수 있는 측정기이다.

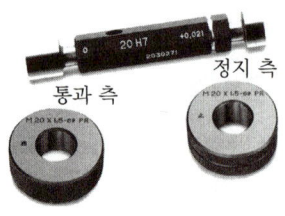
(a) 플러그 게이지와 링 게이지

(b) 플러그나사 게이지와 링나사 게이지

(c) 스냅 게이지

| 한계 게이지 |

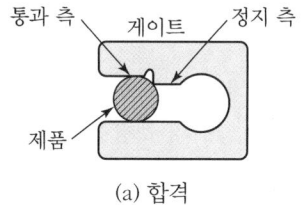 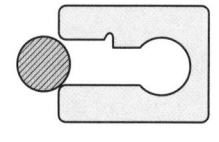 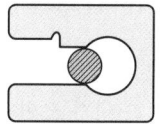

(a) 합격   (b) 과대   (c) 과소

| 한계 게이지 측정 결과 |

(3) 기타 표준 게이지

호환성 생산 방식에 필요한 게이지로서 드릴 게이지, 와이어 게이지, 틈새 게이지, 피치 게이지, 센터 게이지, 반지름 게이지 등이 있다.

① 드릴 게이지 : 드릴의 지름 측정
② 와이어 게이지 : 각종 선재의 지름이나 판재의 두께 측정
③ 틈새 게이지 : 미세한 틈새 측정
④ 피치 게이지 : 나사의 피치나 산 수 측정
⑤ 센터 게이지 : 나사 바이트의 각도 측정
⑥ 반지름 게이지 : 곡면의 반지름 측정

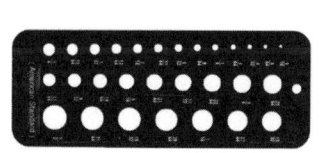  

(a) 드릴 게이지   (b) 와이어 게이지   (c) 틈새 게이지

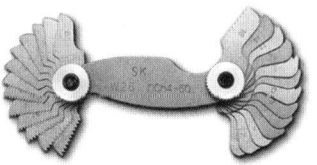 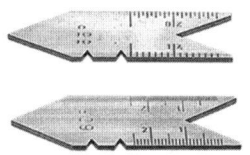 

(d) 피치 게이지   (e) 센터 게이지   (f) 반지름 게이지

| 기타 표준 게이지 |

6 공기 마이크로미터

그림과 같이 압축공기가 노즐로부터 피측정물의 사이를 빠져나올 때 틈새에 따라 공기의 양이 변화한다. 즉, 틈새가 크면 공기량이 많고 틈새가 작으면 공기량이 적어진다. 이 공기의 유량을 유량계로 측정하여 치수의 값으로 읽는 측정기기이다.

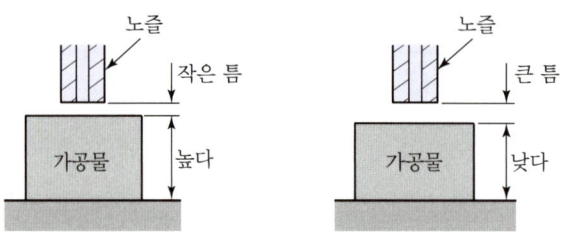

| 공기 마이크로미터 |

04 각도 측정

1 각도 게이지

요한슨식과 NPL식이 있다.

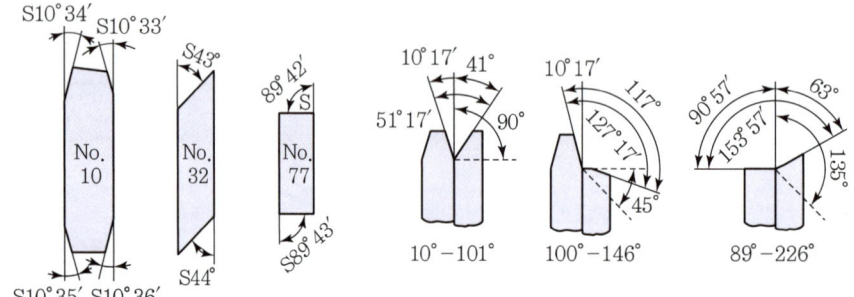

| 요한슨식 각도 게이지 및 각도조합 예 |

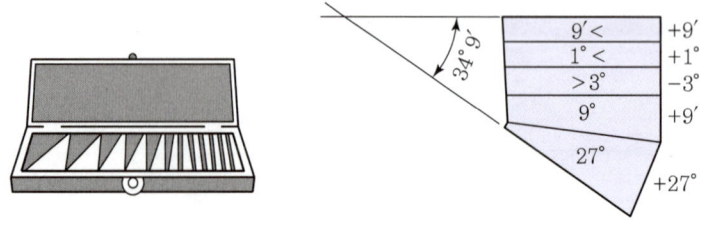

| NPL식 각도 게이지 및 각도조합 예 |

2 사인바

① 블록 게이지로 양단의 높이를 맞추어, 삼각함수(Sine)를 이용하여 각도를 측정한다.
② 양 롤러 중심의 간격은 100mm 또는 200mm로 제작한다.
③ 각도가 45°가 넘으면 오차가 커지므로 45° 이하에만 사용한다.
④ 각도 측정

$$\sin\theta = \frac{H-h}{L}$$

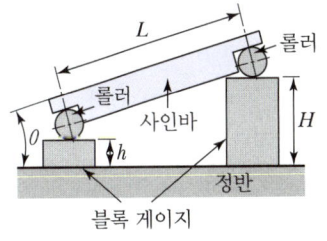

| 사인바의 원리 |

여기서, H : 높이가 높은 쪽의 롤러를 지지하고 있는 블록 게이지의 길이
h : 높이가 낮은 쪽의 롤러를 지지하고 있는 블록 게이지의 길이
L : 양 롤러의 중심거리

3 수준기

기포관 내의 기포 위치로 수평면에서 기울기를 측정하는 액체식 각도 측정기로서 기계의 조립 및 설치 시 수평, 수직 상태를 검사하는 데 사용된다.

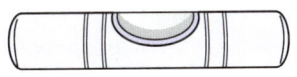

| 기포관 내의 기포 |

| 수준기 |

4 오토콜리메이터

시준기(Collimator)와 망원경(Telescope)을 조합한 것으로서 미소 각도 측정, 진직도 측정, 평면도 측정 등에 사용되는 광학적 측정기이다.

| 오토콜리메이터 |

5 기타 각도측정기

① 콤비네이션 스퀘어 세트
  ㉠ 콤비네이션 스퀘어에 각도기가 붙은 것으로서 직선자의 좌측에 스퀘어헤드가 있고 우측에는 센터헤드가 있다.
  ㉡ 각도측정이나 높이측정에 사용하고 중심을 내는 금긋기 작업에도 사용된다.

② 베벨 각도기
  위치를 조정할 수 있는 날과 360°의 버니어 눈금이 새겨져 있는 눈금판으로 이루어져 있다.

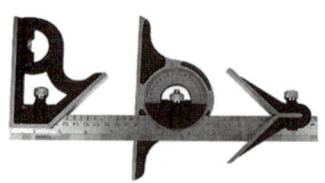
| 콤비네이션 스퀘어 세트 |

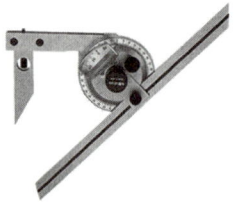
| 베벨 각도기 |

05 나사 측정

1 나사 마이크로미터

나사의 산과 골 사이에 끼우도록 되어 있는 앤빌을 나사에 알맞게 끼워 넣어서 유효지름을 측정한다.

2 삼침법

나사의 골에 적당한 굵기의 침을 3개 끼워서 침의 외측거리 M을 외측 마이크로미터로 측정하여 수나사의 유효지름을 계산한다(가장 정밀도가 높은 나사의 유효지름 측정에 쓰인다).

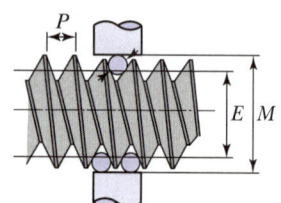

유효경 $E = M - 3d_m + 0.866025p$
(단, 유니파이 나사의 경우 단위 mm)
여기서, M : 삼침의 외측 측정규격
  d_m : 삼침경
  p : 나사의 피치

| 삼침법에 의한 나사의 유효지름 측정 |

3 공구현미경

공구현미경은 관측 현미경과 정밀 십자이동테이블을 이용하며 길이, 각도, 윤곽 등을 측정하는 데 편리한 측정기기이다.

4 만능측장기

① 측정자와 피측정물을 측정 방향으로 일직선상에 두고 측정하는 측정기로서 기하학적 오차를 줄일 수 있는 구조로 되어 있다.
② 외경, 내경, 나사플러그, 나사링 게이지의 유효경 등을 측정한다.

5 투영기

피측정물의 확대된 실상을 스크린에 투영하여 표면 형상 및 치수, 각도를 측정하는 것이다.

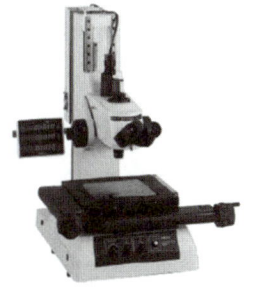
| 공구현미경 |

| 만능측장기 |

| 투영기 |

PART 03 기계재료 및 측정 | CHAPTER 05 측정

실전 문제

01 비교측정에 사용하는 측정기가 아닌 것은?

① 버니어 캘리퍼스
② 다이얼 테스트 인디케이터
③ 다이얼 게이지
④ 지침 측미기

해설

비교 측정기
다이얼 게이지, 미니미터, 옵티미터, 옵티컬 컴퍼레이터, 전기 마이크로미터, 공기 마이크로미터 등

02 그림에서 더브테일 ø10 핀을 이용하여 측정할 때 M의 길이는 약 얼마인가?

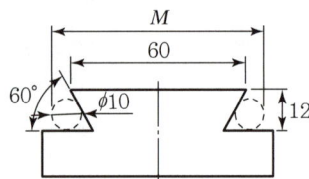

① 45.36mm ② 60.65mm
③ 73.46mm ④ 94.56mm

해설

$M = D + d\left(1 + \cot\dfrac{\alpha}{2}\right) - 2 \cdot H \cdot \cot\alpha$
$= 60 + 10\left(1 + \cot\dfrac{60}{2}\right) - 2 \times 12 \times \cot 60$
$= 73.46\text{mm}$

03 오차가 +20μm인 마이크로미터로 측정한 결과 55.25mm의 측정값을 얻었다면 실제값은?

① 55.18mm ② 55.23mm
③ 55.25mm ④ 55.27mm

해설

참값 = 측정값 − 오차 = 55.25 − 0.02 = 55.23
여기서, +20μm = +0.02mm

04 버니어 캘리퍼스(Vernier Callipers)에서 어미자의 한 눈금이 1mm이고, 아들자의 눈금 19mm를 20 등분한 경우 최소 측정치는 몇 mm인가?

① 0.01mm ② 0.02mm
③ 0.05mm ④ 0.1mm

해설

$V = \dfrac{S}{n} = \dfrac{1}{20} = 0.05\text{mm}$

여기서, V : 아들자의 1눈금 간격
S : 어미자의 1눈금 간격
n : 아들자의 등분 눈금 수

05 길이 측정에 적합하지 않은 것은?

① 버니어 캘리퍼스 ② 마이크로미터
③ 하이트 게이지 ④ 수준기

해설

길이 측정기
강철자, 컴퍼스, 만능측장기, 마이크로미터, 버니어 캘리퍼스, 하이트 게이지, 다이얼 게이지 등

정답 01 ① 02 ③ 03 ② 04 ③ 05 ④

06 버니어 캘리퍼스의 크기를 나타낼 때 기준이 되는 것은?

① 아들자의 크기
② 어미자의 크기
③ 고정나사의 피치
④ 측정 가능한 치수의 최대 크기

07 하이트 게이지의 사용상 주의사항으로 틀린 것은?

① 스크라이버는 길게 하여 사용한다.
② 정반위에서 0점을 확인한다.
③ 슬라이더 및 스크라이버를 확실히 고정한다.
④ 사용 전에 정반면을 깨끗이 닦고 사용한다.

해설 ⊕
① 스크라이버는 가능한 한 짧게 사용한다.

08 마이크로미터의 구조에서 부품에 속하지 않는 것은?

① 앤빌 ② 스핀들
③ 슬리브 ④ 스크라이버

해설 ⊕

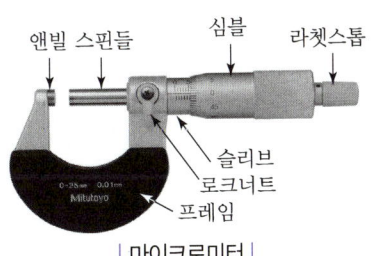

| 마이크로미터 |

09 외측 마이크로미터 "0"점 조정 시 기준이 되는 것은?

① 블록 게이지
② 다이얼 게이지
③ 오토콜리메이터
④ 레이저 측정기

해설 ⊕
블록 게이지
길이 측정의 기준으로 사용되는 단도기

10 다음 중 한계 게이지가 아닌 것은?

① 게이지 블록
② 봉 게이지
③ 플러그 게이지
④ 링 게이지

해설 ⊕
한계 게이지의 종류
봉 게이지, 플러그 게이지, 링 게이지, 스냅 게이지 등이 있다.

11 N.P.L식 각도 게이지에 대한 설명과 관계가 없는 것은?

① 쐐기형의 열처리된 블록이다.
② 12개의 게이지를 한조로 한다.
③ 조합 후 정밀도는 2~3초 정도이다.
④ 2개의 각도 게이지를 조합할 때에는 홀더가 필요하다.

정답 06 ④ 07 ① 08 ④ 09 ① 10 ① 11 ④

해설 ⊕

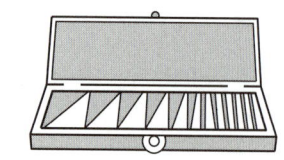

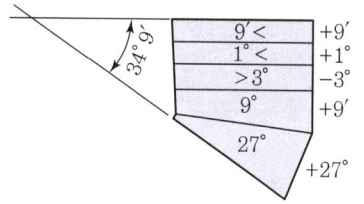

| NPL식 각도 게이지 및 각도조합 예 |

12 다음 중 각도를 측정할 수 있는 측정기는?

① 버니어 캘리퍼스 ② 옵티컬 플랫
③ 사인바 ④ 하이트 게이지

해설 ⊕

각도측정기의 종류
각도 게이지, 직각자, 분도기, 콤비네이션, 사인바, 테이퍼 게이지, 만능 각도기 등이 있다.

13 그림과 같은 사인 바(Sine Bar)를 이용한 각도 측정에 대한 설명으로 틀린 것은?

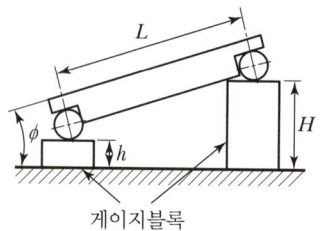

① 게이지 블록 등을 병용하고 3각함수 사인(Sine)을 이용하여 각도를 측정하는 기구이다.
② 사인바는 롤러의 중심거리가 보통 100mm 또는 200mm로 제작한다.
③ 45°보다 큰 각을 측정할 때에는 오차가 적어진다.
④ 정반 위에서 정반면과 사인봉과 이루는 각을 표시하면 $\sin\phi = (H-h)/L$ 식이 성립한다.

해설 ⊕

③ 각도가 45°가 넘으면 오차가 커지므로 45° 이하에만 사용한다.

14 진원도 측정법이 아닌 것은?

① 지름법 ② 수평법
③ 삼점법 ④ 반지름법

해설 ⊕

진원도 측정방법
지름법, 삼점법, 반경법이 있다.

04
기계요소의 설계

Craftsman Computer Aided Mechanical Drawing

01 기계설계 기초

02 결합용 기계요소

03 축용 기계요소

04 전동용 기계요소

05 제어용 기계요소

CHAPTER 01 기계설계 기초

01 기계요소의 분류

구분	종류	용도
결합용 기계요소	나사(볼트, 너트)	임시적 체결
	리벳, 용접	반영구적 체결
	키, 핀, 코터	축과 보스(회전체) 연결
축용 기계요소	축	회전 및 동력 전달
	축이음	축과 축 연결
	베어링	축 지지
전동용 기계요소	마찰차, 기어, 캠	동력의 직접 전달
	벨트, 체인, 로프	동력의 간접 전달
제어용 기계요소	브레이크	제동
	스프링	충격 및 진동 방지

02 단위

1 SI 기본단위(국제표준단위)

측정량	명칭	단위
길이	미터	m
질량	킬로그램	kg
시간	초	s
온도	켈빈	K

- m, kg, s → MKS 단위계(큰 단위계)
- cm, g, s → CGS 단위계(작은 단위계)

2 SI 유도단위(물리식에 의해 유도되는 단위)

유도량	명칭	기호	SI 기본단위로 표기
힘, 무게	뉴턴	N	$1N = 1kg \times \dfrac{m}{s^2}$, $1kgf = 9.8N$
압력, 응력	파스칼	Pa	$1Pa = 1\dfrac{N}{m^2}$, $1MPa = 1\dfrac{N}{mm^2}$
에너지, 일, 열	줄	J	$1J = 1N \cdot m = 1kg \times \dfrac{m}{s^2} \times m$
동력	와트	W	$1W = 1\dfrac{J}{s} = 1kg \times \dfrac{m}{s^2} \times \dfrac{m}{s}$

3 SI 단위계의 접두어 의미

단위 표기	대소문자 구분	영문	숫자 표시	단위 표기	대소문자 구분	영문	숫자 표시
k	소문자	kilo	10^3	m	소문자	milli	10^{-3}
M	대문자	Mega	10^6	μ	그리스 소문자	micro	10^{-6}
G	대문자	Giga	10^9	n	소문자	nano	10^{-9}

4 그리스 문자의 기호와 명칭

α	알파	θ	세타	σ	시그마
β	베타	λ	람다	τ	타우
γ	감마	μ	뮤	ω	오메가
δ	델타	ϕ	파이		
ε	엡실론	ρ	로		

03 속도, 가속도, 각속도, 힘

1 속도(v)

단위 시간당 변위(물체의 위치 변화량)

$$v = \frac{x}{t} = \frac{거리}{시간}\,\text{m/s}$$

여기서, x : 변위 m
t : 시간 s

2 가속도(a)

속도 변화를 시간으로 나눈 것

$$a = \frac{dv}{dt} = \frac{속도\ 변화}{시간\ 변화}\,\text{m/s}^2$$

여기서, dv : 속도 변화 m/s
dt : 시간 변화 s

3 각속도(ω)

(1) 각속도(ω)와 회전수(n)의 관계

$$\omega = \frac{2\pi n}{60}\,\text{rad/s}$$

여기서, n : 1분당 회전수 rpm

(2) 속도(v)와 각속도의 관계

$$v = \omega r = \frac{2\pi n}{60} \times \frac{d}{2} = \frac{\pi d n}{60}\,\text{mm/s}$$

(단위 환산)

$$v = \frac{\pi d n}{1,000 \times 60} = \frac{\pi d n}{60,000}\,\text{m/s}$$

여기서, v : 속도, ω : 각속도
r : 회전반경 mm, d : 지름 mm

4 힘

물체의 운동상태를 변화시키는 원인

$$F = ma \, \text{N}$$

여기서, m : 질량 kg
  a : 가속도 m/s^2

04 하중

1 하중의 개요

부하가 발생하는 원인이 되는 모든 외적 작용력을 하중이라고 하며, 이때 발생하는 부하에 해당하는 반력요소에 의해 재료 내부의 저항하는 응력(Stress)이 존재하게 된다.

2 하중의 분류

(1) 변화 여부에 따른 분류

① 정하중

항상 일정한 하중으로, 하중의 크기 및 방향이 변하지 않는다.

② 동하중

물체에 작용하는 하중의 크기 및 방향이 시간에 따라 변한다.
- ㉠ 충격하중 : 속도를 갖는 물체가 구조물에 충돌하거나 이와 유사한 상황에서 작용하는 하중으로, 차의 중놀, 급브레이크 등이 포함된다.
- ㉡ 반복하중 : 구조물에 일정한 진폭과 주기로 반복해서 작용하는 하중
- ㉢ 교번하중 : 반복하중 중 크기뿐만 아니라 방향도 변하는 하중
  - 예 인장과 압축이 교대로 작용하는 경우, 굽힘 또는 비틀림이 교대로 작용하는 경우

(2) 집중 유무에 따른 분류

① 집중하중 : 한 점에 집중되는 하중
② 분포하중 : 한 점에 집중되지 않고 분포하는 하중(선분포, 면분포, 체적분포)

(3) 물체에 작용하는 상태에 따른 분류

하중 종류	하중 상태
인장하중 (하중과 파괴단면 수직)	
압축하중 (하중과 파괴단면 수직)	
전단하중 (하중과 파괴단면 평행)	
굽힘하중 (중립축을 기준으로 인장, 압축)	
비틀림하중 (비틀림 발생 하중)	
좌굴하중 (기둥의 휨을 발생)	

05 응력과 변형률

1 응력(Stress)

(1) 인장응력(σ)

인장(압축)응력 $\sigma \text{N/mm}^2 \times$ 인장파괴면적 $A_\sigma \text{mm}^2$ = 하중 F N

$$\sigma = \frac{F}{A_\sigma} \text{N/mm}^2 = \text{MPa}$$

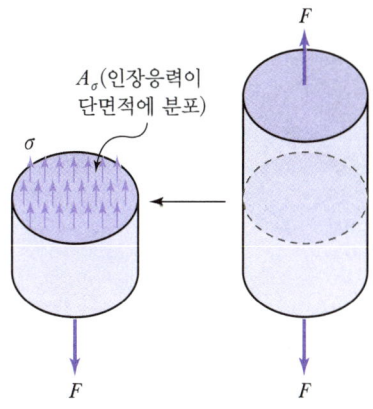

(2) 전단응력(τ)

전단응력 $\tau\, \text{N/mm}^2 \times \boxed{\text{전단파괴면적}\, A_\tau\, \text{mm}^2} = $ 전단하중 $P\, \text{N}$

$$\tau = \frac{P}{A_\tau}\, \text{N/mm}^2 = \text{MPa}$$

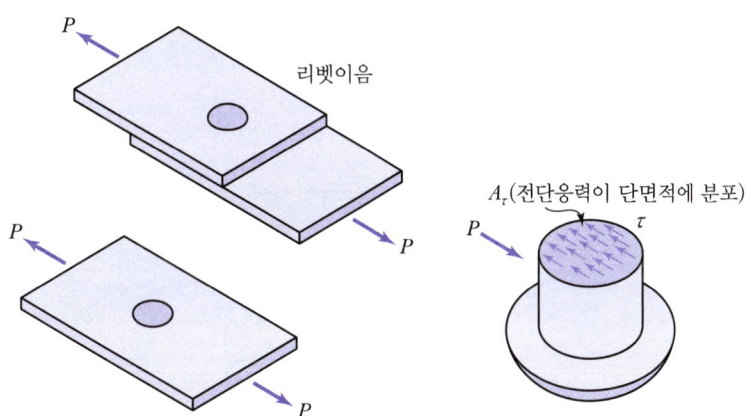

(3) 압축응력(σ_c)

압축응력 $\sigma_c\, \text{N/mm}^2 \times \boxed{\text{압축면적}\, A_c\, \text{mm}^2} = $ 하중 $P\, \text{N}$

$$\sigma_c = \frac{P}{A_c} = \frac{P}{d \times t}\, \text{N/mm}^2 = \text{MPa}$$

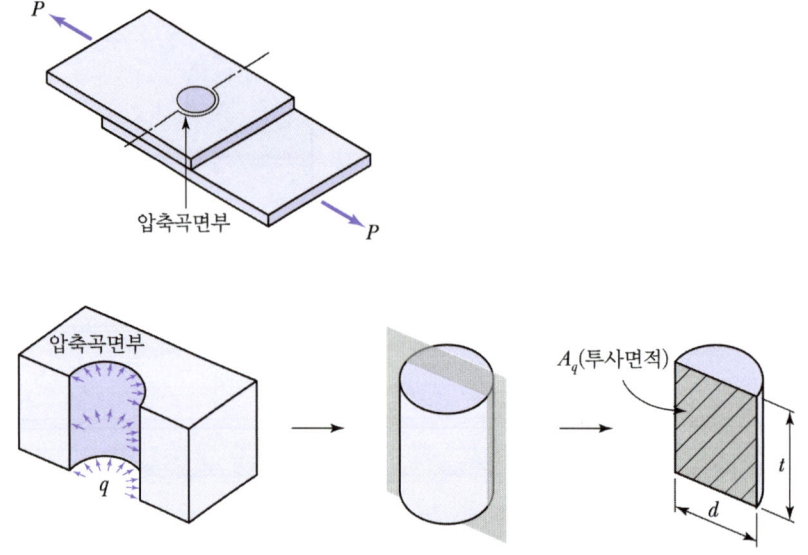

반원통의 곡면에 압축이 가해진다.

⇒ 압축곡면을 투사하여 A_c(투사면적) $= d$(직경) $\times t$(두께)로 본다.

2 인장과 압축 부재의 변형률

재료가 인장되면 길이는 늘어나고 직경은 줄어들며, 재료가 압축되면 길이는 줄어들고 직경은 늘어난다.

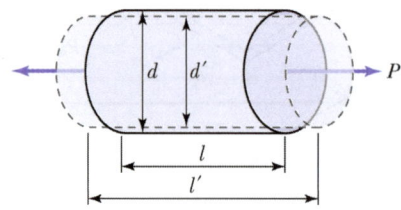

여기서, l : 인장 전 부재의 길이(종방향)
d : 인장 전 부재의 직경(횡방향)
l' : 인장 후 부재의 길이($l' = l + \lambda$, λ : 종방향 길이 변화량)
d' : 인장 후 부재의 직경($d' = d - \delta$, δ : 횡방향 직경 변화량)

| 인장 부재의 변형 |

① 종변형률 : $\varepsilon = \dfrac{\Delta l}{l} = \dfrac{l' - l}{l} = \dfrac{\lambda}{l}$

② 횡변형률 : $\varepsilon' = \dfrac{\Delta d}{d} = \dfrac{d - d'}{d} = \dfrac{\delta}{d}$

③ 단면변형률 : $\varepsilon_A = \dfrac{\Delta A}{A} = 2\mu\varepsilon$

여기서, μ : 푸아송의 비
A : 부재의 단면적

3 훅의 법칙과 탄성계수

(1) 훅의 법칙

대부분 공업 재료는 탄성영역 내에서 응력과 변형률이 선형적인 관계를 보이며 응력이 증가하면 변형률도 비례해서 증가한다.

$$\dfrac{P}{A} \propto \dfrac{\lambda}{l} \Leftrightarrow \sigma \propto \varepsilon$$

$\sigma = E \cdot \varepsilon$ (E : 종탄성계수, 영계수, 비례계수)

(2) 응력과 변형률의 관계

$$\sigma = \dfrac{P}{A} = E \cdot \varepsilon \rightarrow E = \dfrac{\sigma}{\varepsilon} = \dfrac{\dfrac{P}{A}}{\dfrac{\lambda}{l}} = \dfrac{Pl}{A\lambda}$$

길이변화량 : $\lambda = \dfrac{Pl}{AE} = \dfrac{\sigma l}{E} = \varepsilon \cdot l$

4 열응력

물질은 온도가 올라가면 팽창하고 내려가면 수축하므로, 기계요소는 온도의 변화에 따라 작은 양이긴 하지만 늘어나거나 줄어들게 된다. 이때 생기는 내부응력을 열응력이라 한다.

(1) 열변형량(λ)

$$\lambda = l - l' = \alpha(T_2 - T_1)l \, \text{mm}$$

여기서, α : 선팽창계수 /℃
T_1 : 처음온도 ℃
T_2 : 나중온도 ℃
l : 인장 전 부재의 길이 mm
l' : 인장 후 부재의 길이 mm

(2) 열변형률(ε)

$$\varepsilon = \alpha(T_2 - T_1)$$

여기서, α : 선팽창계수 /℃
T_1 : 처음온도 ℃
T_2 : 나중온도 ℃

06 일과 동력

1 일

힘의 공간적 이동(변위) 효과를 나타낸다.

$$일 = 힘\ F \times 거리\ S$$

- $1J = 1N \times 1m$
- $1kgf \cdot m = 1kgf \times 1m$

2 모멘트(Moment)

물체를 회전시키려는 특성을 힘의 모멘트 M이라 하며 그중에 축에 대해 물체를 회전시키려는 힘의 모멘트를 토크(Torque)라 한다.

$$모멘트\ M = 힘\ F \times 수직거리\ r$$
$$토크\ T = 회전력\ P_e \times 반경\ r = P_e \times \frac{지름(d)}{2}$$

3 일

(1) 기계설계에 적용된 일의 원리 예

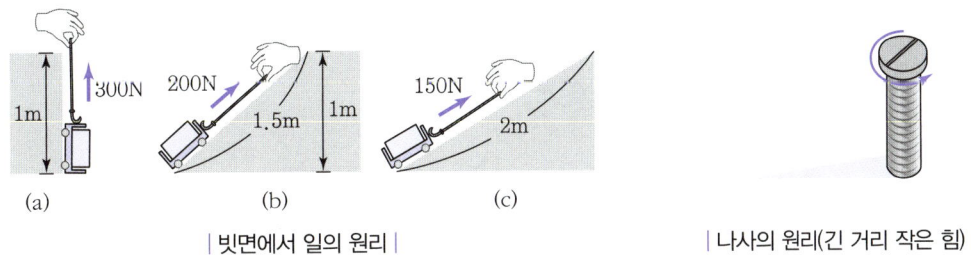

| 빗면에서 일의 원리 | | 나사의 원리(긴 거리 작은 힘) |

일의 양 = 힘 × 거리
∴ (a) = (b) = (c)
300N × 1m = 200N × 1.5m = 150N × 2m = 300N · m = 300J

그림 (a), (b), (c)에서 일의 양은 300J로 모두 같지만 빗면의 길이가 가장 긴 (c)에서 가장 작은 힘 150N으로 올라감을 알 수 있으며 이런 빗면의 원리를 이용해 빗면을 돌아 올라가는 기계요소인 나사를 설계할 수 있다.

(2) 축에 작용하는 일의 원리

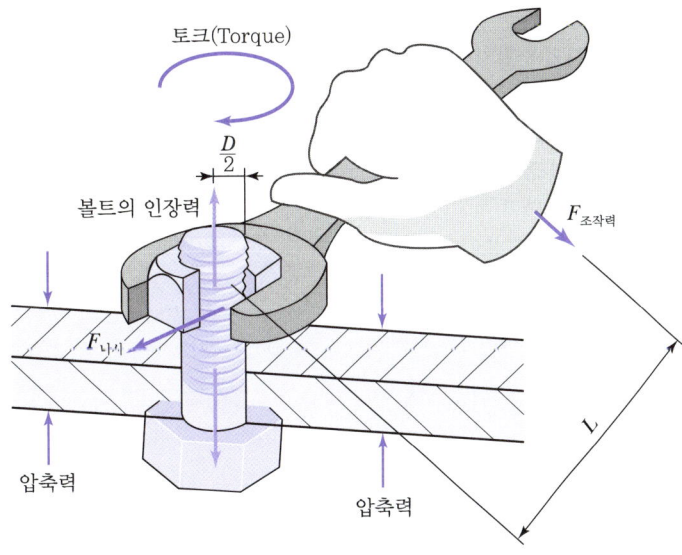

| 나사 체결에서 일의 원리 |

$$T = F_{조작력} \times L = F_{나사} \times \frac{D}{2}$$

① 그림에서 만약 손의 힘 $F_{조작력} = 20\text{N}$, 볼트지름 $D = 20\text{mm}$ 라면, 스패너의 길이 L이 길수록 나사의 회전력 $F_{나사}$의 크기가 커져서 쉽게 볼트를 체결할 수 있다는 것을 알 수 있다.

② 축 토크 T는 같다(일의 원리).

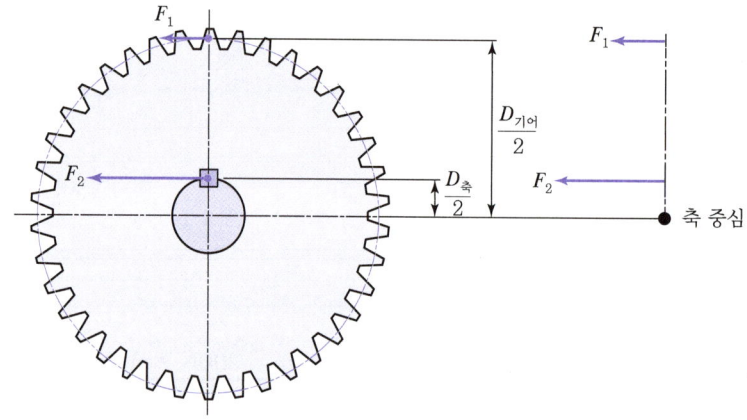

| 축의 전달 토크 |

축 토크 = 기어의 토크 = 키의 전단력에 의한 전달 토크

$$T = F_1 \times \frac{D_{기어}}{2} = F_2 \times \frac{D_{축}}{2} \ (F_2 = \tau_k \cdot A_\tau)$$

여기서, $D_{기어}$: 기어의 피치원 지름
  $D_{축}$: 축지름
  T : 축의 토크
  F_1 : 기어의 전달력
  F_2 : 키의 전단력
  τ_k : 키의 전단응력
  A_τ : 키의 전단면적

4 동력

동력은 시간당 발생하는 일을 의미한다.

$$동력\ H = \frac{일}{시간} = \frac{힘\ F \times 거리\ S}{시간\ t} = 힘\ F \times 속도\ V \left(\because 속도 = \frac{거리}{시간}\right)$$

- $H = F \times V$
- $1\text{W} = 1\text{N} \cdot \text{m/s}$ (SI 단위의 동력) $= 1\text{J/s}$

07 설계에 필요한 기타 내용

1 마찰(Friction)

(1) 마찰력

운동을 방해하려는 성질의 힘을 말한다.

(2) 마찰력을 최대로 이용하는 기계요소에는 브레이크, 마찰차, 클러치, 전동벨트 등이 있다.

(3) 마찰력을 최소로 줄여야 하는 기계요소에는 베어링, 치차, 동력전달나사 등이 있다.

(4) 마찰력(F_f) 계산

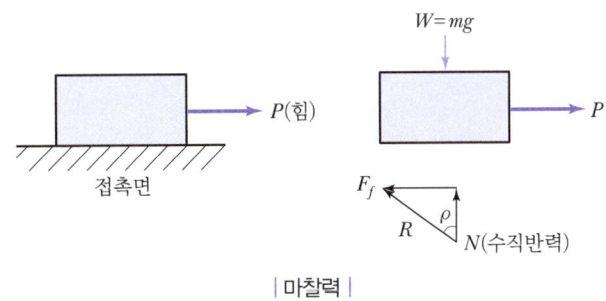

| 마찰력 |

접촉면을 제거했을 때 물체가 움직이고자 하는 방향과 반대 방향으로 접촉면에 발생한 마찰력 F_f를 그린다.

$$\text{최대정지마찰력 } F_f = \mu N$$

여기서, μ : 접촉면(정지)마찰계수,
N : 수직력
※ 마찰력은 수직력(N)만의 함수이다.

(5) '움직이고자 하는 힘(P) ≤ 마찰력(F_f)'이면 물체는 정지상태를 유지하고, '움직이고자 하는 힘(P) ≥ 마찰력(F_f)'이면 물체는 움직인다.

2 피로(Fatigue)

(1) 피로파괴

실제의 기계나 구조물들은 반복하중 상태에 놓이는 경우가 많이 있는데, 이 경우 재료에 발생하는 응력이 탄성한도 영역 안에 있어도 하중의 반복작용에 의하여 재료가 점점 약해지며 파괴되는 현상을 피로파괴라 한다.

(2) 피로한도

반복응력이라도 진폭이 일정값 이하가 되면 사이클 수가 무한히 증가하더라도 파괴되지 않고 견디는 응력의 한계를 피로한도 또는 내구한도라고 한다.

(3) 설계상 충분히 주의해야 하는 이유는 반복하중에 계속 노출될 경우 재료의 정적강도보다 훨씬 낮은 응력으로도 파괴될 수 있기 때문이다.

3 사용응력과 허용응력

(1) 사용응력

오랜 기간 동안 실제 상태에서 안전하게 작용하고 있는 응력을 사용응력(Working Stress)이라 하며, 이 사용응력을 정확하게 선정한다는 것은 거의 불가능하다.

(2) 허용응력

탄성한도 영역 내의 안전상 허용할 수 있는 최대응력이다.

(3) 사용응력은 허용응력을 넘지 않도록 설계해야 한다.

$$\text{사용응력}(\sigma_w) \leq \text{허용응력}(\sigma_a) \leq \text{탄성한도}$$

4 안전율

하중의 종류와 사용조건에 따라 달라지는 기초강도 σ_s 와 허용응력 σ_a 와의 비를 안전율(Safety Factor)이라고 한다.

$$S = \frac{\text{기초강도}}{\text{허용응력}} = \frac{\sigma_s}{\sigma_a} > 1$$

(1) 기초강도

사용재료의 종류, 형상, 사용조건에 의해 정해진다. 주로 항복강도, 인장강도(극한강도) 값이며 크리프한도, 피로한도, 좌굴강도 값이 되기도 한다.

(2) 안전율은 항상 1보다 크며, 설계 시 안전율을 크게 하면 기계나 구조물의 안정성은 증가하나 경제성은 떨어진다. 왜냐하면 어떤 부재에 작용하는 하중이 정해져 있을 경우 안전율을 높이면 사용할 부재의 치수가 커지기 때문이다.

(3) 실제하중의 작용조건, 상태(부식, 마모, 진동, 마찰, 정밀도, 수명) 등을 고려해서 적절한 안전율을 고려해 주는 최적화 설계를 해야 한다.

실전 문제

01 국제단위계(SI)의 기본단위에 해당되지 않는 것은?

① 길이 : m
② 질량 : kg
③ 광도 : mol
④ 열역학 온도 : K

해설

광도 : cd(칸델라), 분자량 : mol(몰)

02 각속도(ω, rad/s)를 구하는 식 중 옳은 것은? [단, N : 회전수(rpm), H : 전달마력(PS)이다.]

① $\omega = (2\pi N)/60$
② $\omega = 60/(2\pi N)$
③ $\omega = (2\pi N)/(60H)$
④ $\omega = (60H)/(2\pi N)$

해설

1 바퀴 → 2π rad(라디안),
회전수 : N(rpm : Revolution Per Minute)

∴ 각속도 $\omega = \dfrac{2\pi \, \text{rad}}{1 \, \text{rev}} \times \dfrac{N \text{rev}}{1\min \times 60 \dfrac{\sec}{1\min}}$

$= \dfrac{2\pi N}{60} \, \text{rad/sec}$

03 외부로부터 작용하는 힘이 재료를 구부려 휘어지게 하는 형태의 하중은?

① 인장하중
② 압축하중
③ 전단하중
④ 굽힘하중

해설

④ 굽힘하중 : 중립축을 기준으로 인장, 압축이 발생한다.

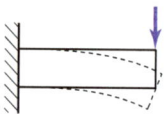

04 물체의 단면에 따라 평행하게 생기는 접선응력에 해당되는 것은?

① 전단응력
② 인장응력
③ 압축응력
④ 변형응력

해설

① 전단응력

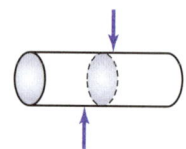

05 물체의 일정 부분에 걸쳐 균일하게 분포하여 작용하는 하중은?

① 집중하중
② 분포하중
③ 반복하중
④ 교번하중

해설

② 분포하중 : 그림처럼 다리 위의 상판은 지점 사이에 균일하게 하중이 분포한다. 이런 하중을 분포하중이라 한다.

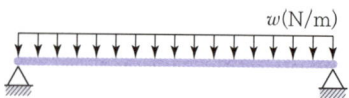

정답 01 ③ 02 ① 03 ④ 04 ① 05 ②

06 다음 중 하중의 크기 및 방향이 주기적으로 변화하는 하중으로서 양진하중을 말하는 것은?

① 집중하중　　② 분포하중
③ 교번하중　　④ 반복하중

해설 ⊕

③ 교번하중 : 부재가 하중을 받을 때, 힘의 크기와 방향이 변화하면서 인장과 압축이 교대로 가해지는 하중

07 연신율이 20%이고, 파괴되기 직전의 늘어난 시편의 전체 길이가 30cm일 때, 이 시편의 본래의 길이는?

① 20cm　　② 25cm
③ 30cm　　④ 35cm

해설 ⊕

연신율 $\varepsilon = \dfrac{l_2 - l_1}{l_1} \times 100$ [본래 길이(l_1)에 대한 늘어난 길이($l_2 - l_1$)의 비, 백분율로 나타낸다.]

$\therefore l_1 = \dfrac{100 \times l_2}{\varepsilon + 100} = \dfrac{100 \times 30}{20 + 100} = 25\,\mathrm{cm}$

여기서, l_1 : 시편의 본래의 길이
　　　　l_2 : 늘어난 시편의 전체 길이

08 단면적이 20mm²인 어떤 봉에 100N의 인장하중이 작용할 때 발생하는 응력은?

① 2N/mm²　　② 5N/mm²
③ 20N/mm²　　④ 50N/mm²

해설 ⊕

$\sigma = \dfrac{F}{A} = \dfrac{100}{20} = 5\,\mathrm{N/mm^2}$

여기서, F : 인장하중, A : 봉의 단면적

09 한 변의 길이가 2cm인 정사각형 단면의 주철재 각봉에 4,000N의 중량을 가진 물체를 올려놓았을 때 생기는 압축응력(N/mm²)은?

① 10　　② 20
③ 30　　④ 40

해설 ⊕

응력은 면적분포의 힘이므로

압축응력 $\sigma_c = \dfrac{F}{A} = \dfrac{4{,}000}{20 \times 20} = 10\,\mathrm{N/mm^2}$

여기서, F : 압축하중 N
　　　　A : 봉의 사각 단면적 mm²
　　　　정사각형 한 변의 길이 : 2cm = 20mm
　　　　정사각형의 넓이 : 20mm × 20mm = 400mm²

10 지름이 6cm인 원형단면의 봉에 500kN의 인장하중이 작용할 때 이 봉에 발생되는 응력은 약 몇 N/mm²인가?

① 170.8　　② 176.8
③ 180.8　　④ 200.8

해설 ⊕

응력은 면적분포의 힘이므로,

인장응력 $\sigma = \dfrac{F(\text{인장하중})}{A_\sigma(\text{면적})} = \dfrac{500 \times 1{,}000}{\dfrac{\pi \times 60^2}{4}}$

$= 176.8\,\mathrm{N/mm^2}$

11 가위로 물체를 자르거나 전단기로 철판을 절단할 때 생기는 가장 큰 응력은?

① 인장응력
② 압축응력
③ 전단응력
④ 집중응력

해설 ⊕
① 전단응력 : 물체의 단면에 따라 평행하게 생기는 접선응력

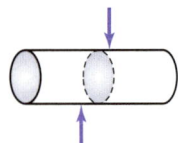

12 다음 중 후크의 법칙에서 늘어난 길이를 구하는 공식은? (단, λ : 변형량, W : 인장하중, A : 단면적, E : 탄성계수, l : 길이이다.)

① $\lambda = \dfrac{Wl}{AE}$ ② $\lambda = \dfrac{AE}{W}$

③ $\lambda = \dfrac{AE}{Wl}$ ④ $\lambda = \dfrac{W}{AE}$

해설 ⊕

수직응력 $\sigma = \dfrac{W}{A} = E \cdot \varepsilon = E \cdot \dfrac{\lambda}{l}$

$\left(\text{여기서, 세로종변형률 } \varepsilon = \dfrac{\lambda}{l}\right)$

$\therefore \lambda = \dfrac{Wl}{AE}$

13 전단하중 $W(\text{N})$를 받는 볼트에 생기는 전단응력 $T(\text{N/mm}^2)$를 구하는 식으로 옳은 것은? (단, 볼트 전단면적을 $A\,\text{mm}^2$이라고 한다.)

① $T = \dfrac{\pi A^2/4}{W}$ ② $T = \dfrac{A}{W}$

③ $T = \dfrac{W}{\pi A^2/4}$ ④ $T = \dfrac{W}{A}$

14 시편의 표준거리가 40mm이고 지름이 15mm일 때 최대하중이 6kN에서 시편이 파단되었다면 연신율은 몇 %인가? (단, 연산된 길이는 10mm이다.)

① 10 ② 12.5
③ 25 ④ 30

해설 ⊕

연신율 $\varepsilon = \dfrac{\text{늘어난 길이(연신된 길이)}}{\text{시편 표점거리}} \times 100\%$

$= \dfrac{10\text{mm}}{40\text{mm}} \times 100\% = 25\%$

15 그림에 응력집중 현상이 일어나지 않는 것은?

① 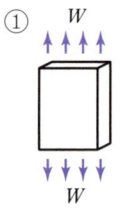 ②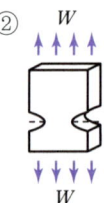

③ 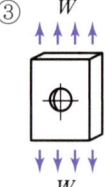 ④

해설 ⊕

응력집중
재료에 하중을 가했을 때, 노치(Notch)나 구멍 등의 단면이 급격히 변하는 부분에 응력이 집중되는 현상

16 단면적이 100mm²인 강재에 300N의 전단하중이 작용할 때 전단응력(N/mm²)은?

① 1 ② 2
③ 3 ④ 4

정답 12 ① 13 ④ 14 ③ 15 ① 16 ③

해설

응력은 면적분포의 힘이므로,

전단응력$(\tau) = \dfrac{\text{전단하중}(P)}{\text{전단면적}(A)}$

$= \dfrac{300}{100} = 3\text{N/mm}^2$

17 하중 3,000N이 작용할 때, 정사각형 단면에 응력 30N/cm²이 발생했다면 정사각형 단면 한 변의 길이는 몇 mm인가?

① 10
② 22
③ 100
④ 200

해설

응력 $\sigma = \dfrac{W(\text{하중})}{A(\text{면적})}$ 에서

$A = \dfrac{W(\text{하중})}{\sigma(\text{응력})} = \dfrac{3,000}{30} = 100\text{cm}^2$

정사각형 단면적 $A = a \times a$ 이므로,
$a^2 = 100\text{cm}^2$ 에서 $a = 10\text{cm} = 100\text{mm}$ 이다.

18 인장응력을 구하는 식으로 옳은 것은?(단, A는 단면적, W는 인장하중이다.)

① $A \times W$
② $A + W$
③ A / W
④ W / A

해설

응력은 면적분포의 힘이므로

인장응력$(\sigma) = \dfrac{\text{인장하중}(W)}{\text{단면적}(A)}$

19 재료의 안전성을 고려하여 허용할 수 있는 최대 응력을 무엇이라 하는가?

① 주응력
② 사용응력
③ 수직응력
④ 허용응력

해설

④ 허용응력 : 탄성한도 영역 내의 안전상 허용할 수 있는 최대응력이다.

20 길이가 1m이고 지름이 30mm인 둥근 막대에 30,000N의 인장하중을 작용하면 얼마 정도 늘어나는가?(단, 세로탄성계수는 2.1×10⁵N/mm²이다.)

① 0.102mm
② 0.202mm
③ 0.302mm
④ 0.402mm

해설

늘어난 길이

$\lambda = \dfrac{Pl}{AE} = \dfrac{Pl}{\dfrac{\pi}{4}d^2 \times E} = \dfrac{4Pl}{\pi d^2 E}$

$= \dfrac{4 \times 30,000 \times 1,000}{\pi \times 30^2 \times 2.1 \times 10^5} = 0.202\text{mm}$

여기서, A : 둥근 막대 단면적, P : 인장하중
l : 막대 길이, E : 세로탄성계수

21 하중의 작용 상태에 따른 분류에서 재료의 축선 방향으로 늘어나게 하는 하중은?

① 굽힘하중
② 전단하중
③ 인장하중
④ 압축하중

해설

③ 인장하중 : 하중과 파괴단면 수직

22 한 변의 길이가 20mm인 정사각형 단면에 4kN의 압축하중이 작용할 때 내부에 발생하는 압축응력은 얼마인가?

① 10N/mm² ② 20N/mm²
③ 100N/mm² ④ 200N/mm²

해설

$$\sigma_c = \frac{P_c}{A} = \frac{4 \times 10^3}{20 \times 20} = 10\text{N/mm}^2$$

여기서, σ_c : 압축응력 N/mm²
　　　　A : 단면적 mm²
　　　　P_c : 압축하중 N

23 전단하중에 대한 설명으로 옳은 것은?

① 재료를 축방향으로 잡아당기도록 작용하는 하중이다.
② 재료를 축방향으로 누르도록 작용하는 하중이다.
③ 재료를 가로 방향으로 자르도록 작용하는 하중이다.
④ 재료가 비틀어지도록 작용하는 하중이다.

해설

전단응력
하중이 파괴면적에 평행하게 작용한다.

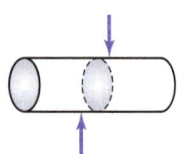

24 길이 100cm의 봉이 압축력을 받고 3mm만큼 줄어들었다. 이때, 압축변형률은 얼마인가?

① 0.001 ② 0.003
③ 0.005 ④ 0.007

해설

압축변형률 $\varepsilon = \dfrac{\lambda(\text{줄어든 길이})}{l(\text{봉의 원래 길이})} = \dfrac{3\text{mm}}{100\text{cm}}$

$= \dfrac{3\text{mm}}{1{,}000\text{mm}} = 0.003$

25 표점거리 110mm, 지름 20mm의 인장시편에 최대하중 50kN이 작용하여 늘어난 길이가 $\Delta l = 22$mm일 때, 연신율은?

① 10%
② 15%
③ 20%
④ 25%

해설

연신율 $\varepsilon = \dfrac{\text{늘어난 길이}}{\text{표점거리}} \times 100\%$

$= \dfrac{22\text{mm}}{110\text{mm}} \times 100\% = 20\%$

26 인장시험에서 시험편의 절단부 단면적이 14mm²이고, 시험 전 시험편의 초기단면적이 20mm²일 때 단면수축률은?

① 70%
② 80%
③ 30%
④ 20%

해설

단면수축률 $= \dfrac{\Delta A(\text{변화된 면적})}{A(\text{초기 단면적})} \times 100\%$

$= \dfrac{20-14}{20} \times 100\% = 30\%$

정답 22 ① 23 ③ 24 ② 25 ③ 26 ③

27 8KN의 인장하중을 받는 정사각봉의 단면에 발생하는 인장응력이 5MPa이다. 이 정사각봉의 한 변의 길이는 약 몇 mm인가?

① 40   ② 60
③ 80   ④ 100

해설 ⊕

응력 $\sigma = \dfrac{P(하중)}{A(단면적)}$ 에서

정사각형 단면적 $A = \dfrac{P}{\sigma} = \dfrac{8 \times 10^3 \text{N}}{5 \text{N/mm}^2}$
$= 1,600 \text{mm}^2$

정사각봉이므로 단면적의 한 변의 길이를 x라 하면
$x^2 = 1,600$
∴ $x = \sqrt{1,600} = 40 \text{mm}$
여기서, 하중 $P = 8\text{kN} = 8,000\text{N}$
응력 $\sigma = 5\text{MPa} = 5\text{N/mm}^2$

정답 27 ①

CHAPTER 02 결합용 기계요소

01 나사(Screw)

1 개요

① 나사는 부품을 죄거나 힘을 전달하는 데 쓰이는 기본적인 기계요소이다.

② 나사에는 일의 원리가 적용되는데, 빗변 $\overline{AC}$ 와 높이 $\overline{BC}$ 를 올라가는 일의 양은 같으므로 나사를 돌리면 나사는 나선(빗면)을 따라 작은 힘으로 돌아 올라가며 짧은 거리(높이)를 큰 힘으로 나아가 게 된다. 즉, 나사는 축방향으로 큰 힘을 가하는 기계요소이며 쐐기와 같은 역할을 한다.

③ 대량생산과 호환성이 필요하므로 그 치수는 KS(B 0200~0249, B 0101~1060)에 규정되어 있으며 ISO에 의하여 국제적으로 표준화되어 있다.

| 육각볼트 |

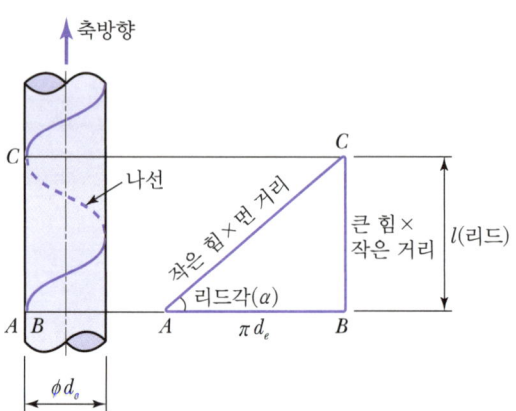

| 나사의 원리 |

2 나사 용어

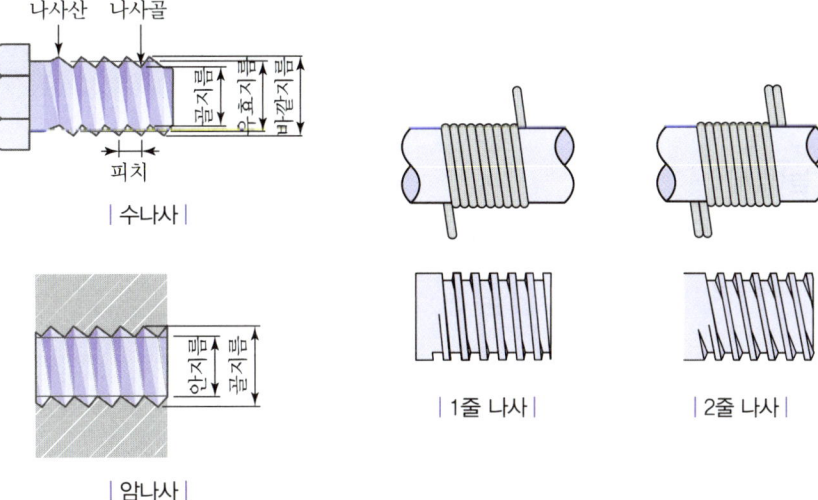

(1) 호칭지름(d)

나사의 바깥지름이다.

(2) 안지름(d_1)

나사의 안쪽지름이다.

(3) 유효지름(d_2)

나사산의 형태가 사각나사일 때는 평균지름 $\left(\dfrac{d_1+d}{2}\right)$ 이지만 다른 나사에서는 그렇지 않다. 나사에 대한 하중계산, 토크계산, 리드각을 구할 때의 기초가 되는 지름으로 매우 중요하다.

(4) 1줄 나사, 2줄 나사

한 줄의 나선으로 이루어진 나사를 1줄 나사, 두 줄의 나선을 감아올린 나사를 2줄 나사, n 개의 나선이면 n 줄 나사라고 한다.

(5) 피치(p)

나사산과 나사산 사이의 거리(Pitch) 또는 골과 골 사이의 거리이다.

(6) 리드(l)

나사를 1회전시켰을 때 축방향으로 나아가는 거리(Lead)로, 1줄 나사는 1피치(p)만큼 리드하며 n줄 나사이면 리드 $l = np$ 이다.

(7) 리드각(α)

나사가 1회전 시 나아가는 리드에 의해 생성되는 각

$$\tan \alpha = \frac{l}{\pi d_2} = \frac{np}{\pi d_2}$$

(8) 나사산의 높이(h)

$$h = \frac{d - d_1}{2}$$

3 나사의 표시방법(피치를 mm로 표시하는 경우 : 미터계)

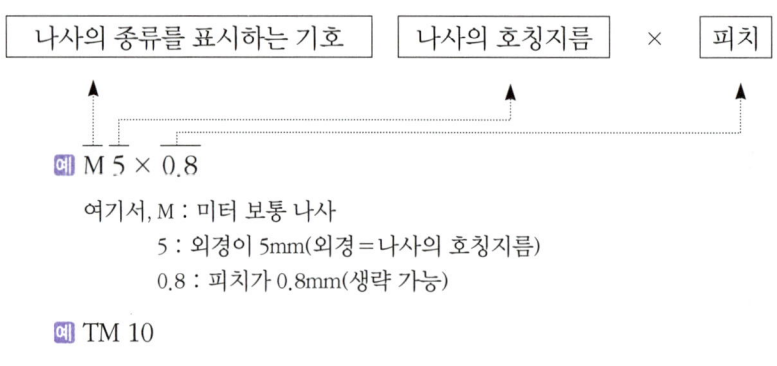

여기서, M : 미터 보통 나사
  5 : 외경이 5mm(외경 = 나사의 호칭지름)
  0.8 : 피치가 0.8mm(생략 가능)

예 TM 10

여기서, TM : 30° 사다리꼴 나사
  10 : 외경 10mm

4 나사의 종류와 특징

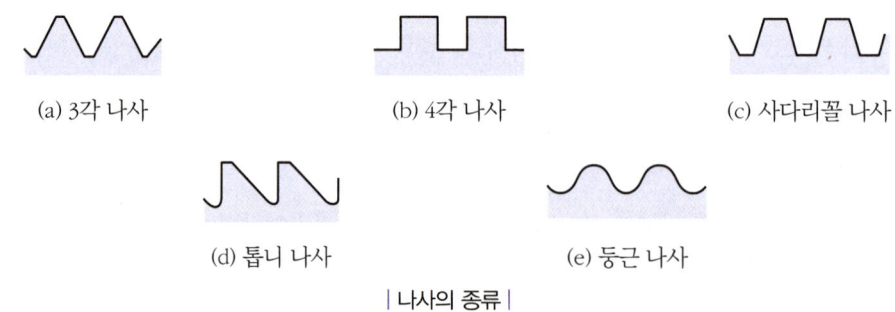

(a) 3각 나사 (b) 4각 나사 (c) 사다리꼴 나사
(d) 톱니 나사 (e) 둥근 나사

| 나사의 종류 |

(1) ISO 규격에 따른 나사의 종류·기호·호칭

구분	종류		기호	호칭방법
ISO 규격에 있는 것	미터 보통 나사		M	M8
	미터 가는 나사			M8×1
	미니추어 나사		S	S0.5
	유니파이 보통 나사		UNC	3/8−16UNC
	유니파이 가는 나사		UNF	No. 8−36UNF
	미터 사다리꼴 나사		Tr	Tr10×2
	관용 테이퍼 나사	테이퍼 수나사	R	R3/4
		테이퍼 암나사	Rc	Rc3/4
		평행 암나사	Rp	Rp3/4
ISO 규격에 없는 것	관용 평행 나사		G	G1/2
	30° 사다리꼴 나사(미터계)		TM	TM18
	29° 사다리꼴 나사(인치계)		TW	TW18
	관용 테이퍼 나사	테이퍼 나사	PT	PT7
		평행 암나사	PS	PS7
	관용 평행 나사		PF	PF7

(2) 나사 모양에 따른 용도와 특징

명칭	용도	특징
삼각 나사	체결용	일반기계의 조립용 볼트와 너트 또는 배관의 이음부에 사용
사각 나사	전동용	매우 큰 힘을 전달하는 프레스, 나사잭에 사용
사다리꼴 나사	전동용	운동을 전달하는 선반의 리드 스크루에 사용
톱니 나사	전동용	한 방향으로 센 힘을 전달하는 바이스, 프레스에 사용
둥근 나사	전동용	먼지, 모래 등이 들어가기 쉬운 곳에 사용, 너클 나사라고도 함
볼나사	전동용	마찰이 적고 정밀도가 높아 공작기계의 수치 제어용으로 사용

(3) 볼나사의 특징

① 백래시가 매우 적다.
② 먼지나 이물질에 의한 마모가 적다.
③ 정밀도가 높다.
④ 나사의 효율이 높다(90% 이상).
⑤ 마찰이 매우 적다.

| 볼나사 |

02 볼트와 너트, 와셔

1 볼트의 고정하는 방법에 따른 분류

① **관통볼트**(Through Bolt) : 두 물체를 관통시켜 반대쪽에서 너트로 죈다.
② **탭볼트**(Tap Bolt) : 물체의 한쪽에 암나사를 깎은 다음, 수나사를 조여 사용하므로 너트가 필요하지 않으며, 결합하는 부분이 두꺼워 관통하기 어려운 곳에 사용한다.
③ **스터드 볼트**(Stud Bolt) : 머리가 없는 볼트로, 한 끝은 본체에 고정되어 있고 고정되지 않은 볼트부 끝에 너트를 끼워 죈다(분해가 간편하다).
④ **스테이 볼트**(Stay Bolt) : 두 물체의 간격을 유지시키는 데 사용하며, 부시(Bush)를 끼워서 사용하는 것과 볼트에 턱을 만들어 놓은 것이 있다.

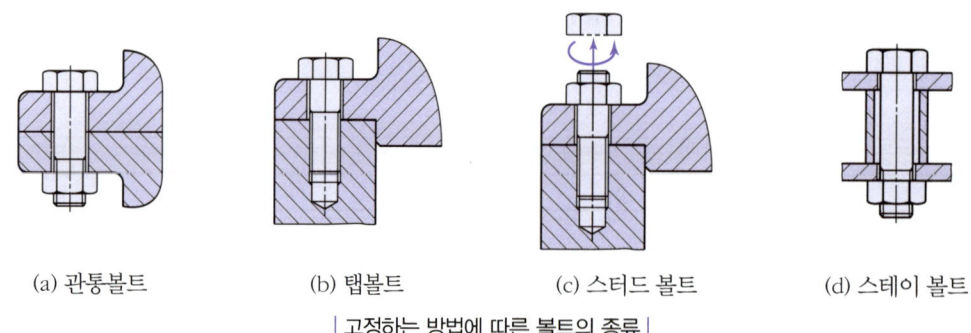

(a) 관통볼트　　(b) 탭볼트　　(c) 스터드 볼트　　(d) 스테이 볼트

| 고정하는 방법에 따른 볼트의 종류 |

2 볼트의 머리 모양과 용도에 따른 분류

① **육각 볼트** : 일반적으로 가장 널리 사용한다.
② **육각 구멍붙이 볼트** : 둥근 머리에 6각 홈을 파 놓은 것으로 볼트의 머리가 밖으로 나오지 않아야 하는 곳에 사용한다.
③ **나비 볼트** : 볼트 머리 부분이 나비 모양으로 되어 있어 손으로 쉽게 돌릴 수 있도록 한 볼트이다.
④ **기초 볼트** : 기계 구조물을 콘크리트 바닥 등에 고정할 때 사용한다.
⑤ **접시머리 볼트** : 볼트의 머리가 밖으로 나오지 않아야 하는 곳에 사용한다.
⑥ **아이볼트** : 무거운 부품을 들어 올릴 때 고리로 사용한다.

(a) 육각 볼트

(b) 육각 구멍붙이 볼트

(c) 나비 볼트

(d) 기초 볼트

(e) 접시머리 볼트

(f) 아이볼트

| 머리 모양에 따른 볼트의 종류 |

3 너트(Nut)의 종류

① **육각너트** : 모양이 육각형이고 가장 널리 사용된다.
② **사각너트** : 바깥 둘레가 사각형으로 되어 있는 너트로 주로 목재 결합용으로 사용한다.
③ **둥근너트** : 회전체의 균형을 좋게 하거나 너트를 외부로 돌출시키지 않을 경우 사용한다. 너트를 죌 때는 특수한 스패너가 필요하다.
④ **나비너트** : 너트 윗부분에 나비 모양이 있어 손으로 작업이 가능하다.
⑤ **플랜지 너트(와셔붙이 너트)** : 너트의 밑면에 넓은 원형 플랜지가 붙어 있는 와셔붙이 너트로 볼트 구멍이 크거나 접촉하는 물체와의 접촉면적을 크게 하여 압력을 작게 하려고 할 때 사용하며, 너트 하나로 와셔 역할을 겸한다.
⑥ **캡 너트** : 너트의 한쪽 부분을 관통되지 않도록 만든 것으로 나사면을 따라 증기, 기름 등의 누출을 방지하고 외부로부터 먼지 등의 오염물질 침입을 막는 데 사용한다.
⑦ **홈붙이 너트** : 너트의 풀림을 억제하기 위해 너트 머리 부분에 방사형의 홈(홈 개수 : 6개)을 파고, 볼트 나사부에 뚫린 작은 구멍에 이 홈을 맞추고 분할 핀을 꽂아 고정시키는 너트이다.

| 너트의 종류 |

4 그 외 나사류

① **턴버클** : 양 끝에 왼나사와 오른나사가 있어 양끝을 서로 당기거나 밀어서, 와이어로프나 전선 등의 길이를 조정한다. 장력의 조정을 필요로 하는 곳에 사용한다.
② **멈춤 나사** : 나사의 끝을 이용하여 축에 바퀴를 고정시키거나 위치를 조정할 때 사용한다.

 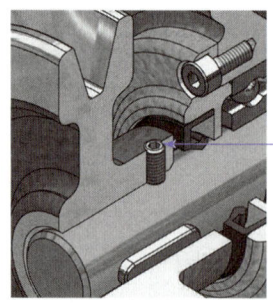 

| 턴버클 | | 멈춤 나사 |

5 와셔의 종류와 용도

① 구멍이 볼트의 지름보다 클 때(평와셔)
② 진동이나 회전으로 인한 너트의 풀림을 방지할 때(스프링 와셔)
③ 볼트가 닿는 자리가 거칠 때(평와셔 또는 이붙이 와셔)
④ 부품의 재질이 연하여 볼트가 파고 들어갈 염려가 있을 때(평와셔)

| 평와셔 | | 스프링 와셔 | | 이붙이 와셔 |

6 너트의 풀림 방지법

① **로크(Lock) 너트** : 2개의 너트를 서로 죄여 너트 사이를 미는 상태로 만들어 외부에서 진동이 작용해도 항상 하중이 작용하는 상태를 유지하도록 하는 방법(일반 나사 피치보다 작음)
② **분할 핀** : 볼트, 너트에 구멍을 뚫고 분할핀을 끼워 너트를 고정시키는 방법
③ **세트 나사** : 너트의 옆면에 나사 구멍을 뚫고 여기에 세트 나사(Set Screw)를 끼워 볼트 나사부를 고정시키는 방법
④ **특수 와셔를 사용** : 스프링 와셔, 혀붙이 와셔 등을 끼워 너트의 자립 조건을 만족시키는 방법

⑤ 멈춤 나사에 의한 방법
⑥ 스프링 너트에 의한 방법

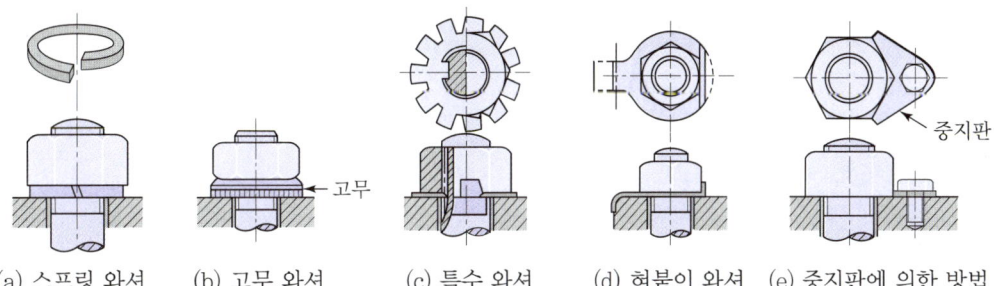

(a) 스프링 와셔　(b) 고무 와셔　(c) 특수 와셔　(d) 혀붙이 와셔　(e) 중지판에 의한 방법

| 와셔에 의한 방법 |

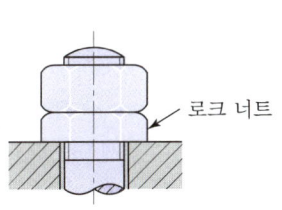

| 로크 너트에 의한 방법 |

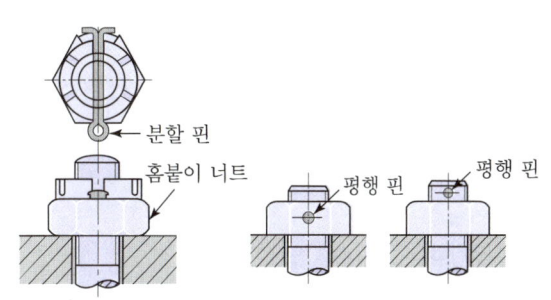

| 핀에 의한 방법 |

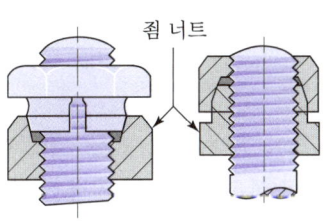

| 자동 죔 너트에 의한 방법 |

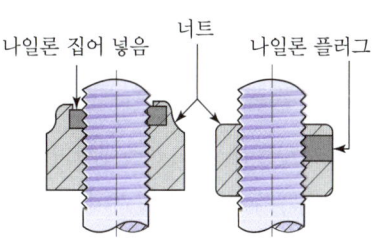

| 플라스틱 플러그에 의한 방법 |

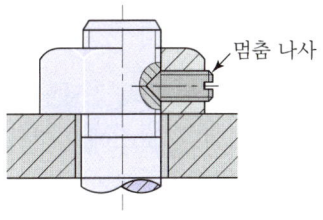

| 멈춤 나사에 의한 방법 |

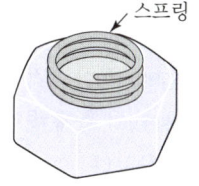

| 스프링 너트에 의한 방법 |

7 축하중만 받는 경우(아이볼트) 수나사의 인장응력

인장(압축)응력 $\sigma = \dfrac{Q(\text{축하중})}{A(\text{인장파괴면적})} = \dfrac{Q}{\dfrac{\pi}{4}d_1^2 (\text{골지름 파괴})}$

수나사의 안지름 $d_1 = \sqrt{\dfrac{4Q}{\pi\sigma}}$

($d_1 = 0.8d_2$를 대입하면)

수나사의 바깥지름(호칭지름) $d_2 = \sqrt{\dfrac{2Q}{\sigma}}$

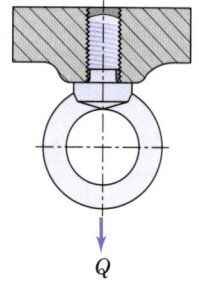

03 키, 핀, 코터, 리벳

1 키(Key)

키(Key)는 회전축에 끼워질 기어, 풀리 등의 기계부품을 고정하여 회전력을 전달하는 기계요소이다. 키의 종류에는 안장 키, 평키, 묻힘 키, 접선 키, 미끄럼 키가 있으며 묻힘 키의 호칭치수는 폭×높이×길이 $= b \times h \times l$ 로 나타낸다.

(1) 키(Key)의 종류

① 안장 키(Saddle Key) : 축에서 키 홈을 가공하지 않고 보스에만 테이퍼 키 홈을 만들어서 홈 속에 키를 끼우는 것으로, 축에 기어 등을 고정시킬 때 사용되며 큰 힘을 전달하는 곳에는 사용되지 않는다.

② 납작 키(Flat Key) : 축의 윗면을 평평하게 깎은 면에 끼우는 키이다. 안장 키보다 큰 힘을 전달할 수 있다.

③ 묻힘 키(Sunk Key) : 벨트풀리 등의 보스(축에 끼우는 기계부품들)와 축 모두 홈을 파서 키를 고정시킨 것으로, 가장 일반적으로 사용되며, 상당히 큰 힘을 전달할 수 있다.

④ 접선 키(Tangent Key) : 기울기가 반대인 키를 2개 조합한 것이다. 큰 힘을 전달할 수 있다.

⑤ 스플라인(Spline) : 축에 평행하게 4~20줄의 키 홈을 판 특수 키이다. 보스에도 끼워 맞추어지는 키 홈을 파서 결합한다.

⑥ 세레이션(Serration) : 축에 작은 삼각형 키 홈을 만들어 축과 보스를 고정시키는 것으로 동일한 지름의 스플라인보다 많은 키에 돌기가 있어 동력 전달이 큰 자동차의 핸들 등에 주로 사용된다.

⑦ 원뿔 키 : 특수 키의 일종으로 원뿔 모양이다. 축과 보스에 홈을 파지 않고 보스 구멍을 원뿔 모양으로 만들고 세 개로 분할된 원뿔형의 키를 박아 마찰만으로 회전력을 전달한다. 비교적 큰 힘에 견딘다.

⑧ 반달 키(Woodruff Key) : 일명 우드러프 키라고도 한다. 키와 키 홈 가공이 쉽고, 축과 보스를 결합하는 과정에서 자동으로 키가 자리잡을 수 있다는 장점이 있으며 자동차, 공작기계 등에 널리 사용되는 키이다.

⑨ 둥근 키 : 단면이 원형으로 된 작은 키로서 회전력이 작은 곳에 사용된다.

⑩ 미끄럼 키(Sliding Key) : 페더 키 또는 안내 키라고도 하며, 축방향으로 보스를 미끄럼 운동시킬 필요가 있을 때 사용한다.

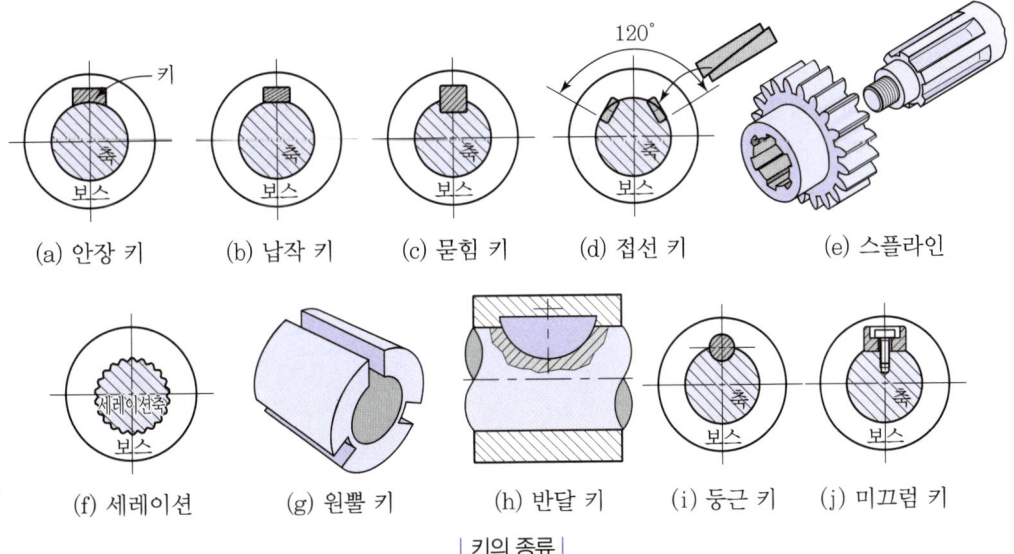

| 키의 종류 |

(2) 동력 전달력 크기

안장 키 < 납작 키 < 반달 키 < 묻힘 키 < 접선 키 < 스플라인 < 세레이션

(3) 키의 전단응력(τ)

$$\tau = \frac{P}{b \cdot l}$$

여기서, P : 회전력
　　　　b : 키의 폭
　　　　l : 키의 길이

2 핀(Pin)

핀은 키의 대용, 부품 고정의 목적으로 사용한다.
① **평행 핀** : 굵기가 일정한 핀
② **테이퍼 핀** : 1/50의 테이퍼를 가지며 호칭지름은 작은 쪽의 지름으로 표시한다.
③ **슬롯 테이퍼 핀** : 끝이 갈라진 테이퍼 핀
④ **분할 핀** : 핀 전체가 두 갈래로 되어 있는 것으로, 너트를 채운 축에 구멍을 뚫고, 분할 핀을 끼운 후 끝을 구부려 진동에 의해 풀리는 것을 방지하는 핀
⑤ **스프링 핀** : 얇은 판을 원통형으로 말아서 만든 평행 핀의 일종으로 억지끼움 했을 때 핀의 복원력에 의해 구멍에 정확히 밀착되는 특성이 있고, 중공이어서 평행 핀에 비해 가볍다는 이점이 있다.
⑥ **너클 핀** : 핀 이음에서 한쪽 포크(Fork)에 아이(Eye) 부분을 연결하여 구멍에 수직으로 평행 핀을 끼워 두 부분이 상대적으로 각운동을 할 수 있도록 연결한 것

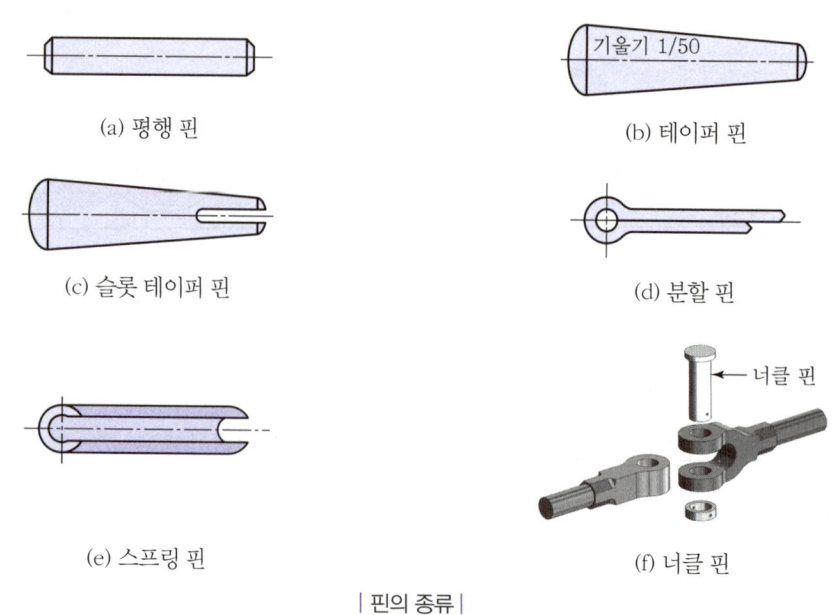

| 핀의 종류 |

3 코터(Cotter)

키는 축의 회전력을 전달하는 곳에 사용되므로 주로 전단력을 받게 되나 코터는 축방향으로 인장 또는 압축을 받는 축을 연결하는 데 사용되므로 인장력 또는 압축력을 주로 받게 된다.

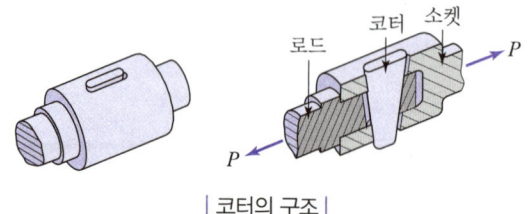

| 코터의 구조 |

코터의 전단

$$P = \tau \cdot A_\tau = \tau \cdot b \cdot t \cdot 2$$
$$\therefore \tau = \frac{P}{2bt}$$

여기서, b : 코터의 폭
t : 두께

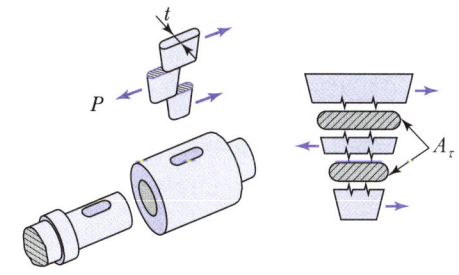

| 코터의 전단 |

4 리벳(Rivet)

보일러나 철교, 철골건물 등의 강판이나 형강을 영구적으로 결합하는 이음을 리벳이음이라 한다.
① **코킹(Caulking)** : 기밀을 필요로 하는 경우 리베팅이 끝난 뒤 리벳머리의 주위와 강판의 가장자리를 정과 같은 공구로 때리는 작업을 코킹이라 한다. 강판의 가장자리를 75~85°가량 경사지게 놓는다.
② **플러링(Fullering)** : 기밀을 더욱 완벽하게 하기 위하여 끝이 넓은 공구로 때리는 것을 플러링이라 한다.

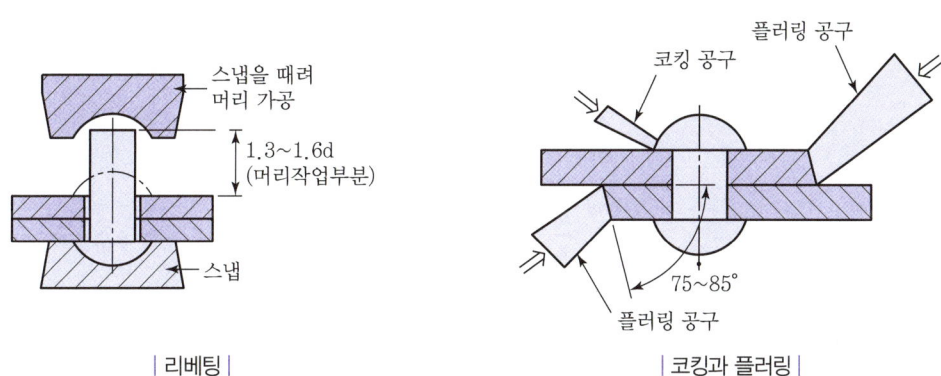

| 리베팅 | | 코킹과 플러링 |

PART 04 기계요소의 설계 | CHAPTER 02 결합용 기계요소

실전 문제

01 부품의 위치결정 또는 고정 시에 사용되는 체결요소가 아닌 것은?

① 핀(Pin)   ② 너트(Nut)
③ 볼트(Bolt)   ④ 기어(Gear)

해설

기어는 물체의 결합용 기계요소가 아니라 직접 동력전달용 기계요소이다.

02 나사에서 리드(L), 피치(P), 나사줄 수(n)와의 관계식으로 바르게 나타낸 것은?

① $L = P$ ② $L = 2P$
③ $L = nP$ ④ $L = n$

해설

리드 $L = nP$ (여기서, n : 나사줄 수, P : 피치)

03 나사의 피치가 일정할 때 리드(Lead)가 가장 큰 것은?

① 4줄 나사   ② 3줄 나사
③ 2줄 나사   ④ 1줄 나사

해설

리드 $L = nP$에서
① 4줄 나사의 리드 $= 4P$
② 3줄 나사의 리드 $= 3P$
③ 2줄 나사의 리드 $= 2P$
④ 1줄 나사의 리드 $= P$

04 나사산과 골이 같은 반지름의 원호로 이은 모양이 둥글게 되어 있는 나사는?

① 볼 나사   ② 톱니 나사
③ 너클 나사   ④ 사다리꼴 나사

해설

너클 나사
체결용으로 먼지, 모래 등이 들어가기 쉬운 곳에 사용하며, 둥근 나사라고도 한다.

05 나사의 호칭지름을 무엇으로 나타내는가?

① 피치   ② 암나사의 안지름
③ 유효지름   ④ 수나사의 바깥지름

해설

호칭지름
수나사의 바깥지름이다. 나사를 주문할 때 쓰는 호칭이라 보면 된다.
예 나사 M10을 주세요. → 외경이 10mm인 미터나사를 주세요.

06 다음 나사 중 백래시를 작게 할 수 있고 높은 정밀도를 오래 유지할 수 있으며 효율이 가장 좋은 것은?

① 사각 나사   ② 톱니 나사
③ 볼 나사   ④ 둥근 나사

해설

③ 볼 나사 : 마찰이 적고 정밀도가 높아 공작기계의 수치제어용으로 사용한다.

정답 01 ④ 02 ③ 03 ① 04 ③ 05 ④ 06 ③

07 볼트를 결합시킬 때 너트를 2회전하면 축방향으로 10mm, 나사산 수는 4산이 진행한다. 이와 같은 나사의 조건은?

① 피치 2.5mm, 리드 5mm
② 피치 5mm, 리드 5mm
③ 피치 5mm, 리드 10mm
④ 피치 2.5mm, 리드 10mm

해설

- 리드 = $\dfrac{\text{축방향 진행 길이}}{\text{회전수}} = \dfrac{10}{2} = 5\,\text{mm}$
- 1회전 시 진행 나사산 수
  = $\dfrac{\text{축방향 진행 나사산 수}}{\text{회전수}} = \dfrac{4}{2} = 2$줄 나사
- 피치 = $\dfrac{\text{리드}}{\text{나사산 수}} = \dfrac{5}{2} = 2.5\,\text{mm}$

08 나사의 끝을 이용하여 축에 바퀴를 고정시키거나 위치를 조정할 때 사용되는 나사는?

① 태핑 나사
② 사각 나사
③ 볼 나사
④ 멈춤 나사

해설

④ 멈춤 나사 : 두 물체 사이에 회전이나 미끄럼이 생기지 않도록 사용하는 나사로 키(Key)의 대용 역할을 한다. 회전체의 보스 부분을 축에 고정시키는 데 많이 사용한다.

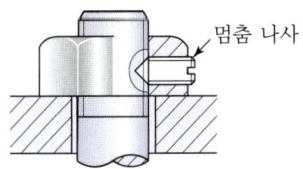

멈춤 나사

09 축방향으로만 정하중을 받는 경우 50kN을 지탱할 수 있는 훅 나사부의 바깥지름은 약 몇 mm인가? (단, 허용응력 50N/mm²)

① 40mm
② 45mm
③ 50mm
④ 55mm

해설

수나사의 바깥지름(호칭지름)

$d_2 = \sqrt{\dfrac{2Q}{\sigma}} = \sqrt{\dfrac{2 \times 50{,}000}{50}} = 44.7 ≒ 45\,\text{mm}$

10 나사를 기능상으로 분류했을 때 운동용 나사에 속하지 않는 것은?

① 볼나사
② 관용 나사
③ 둥근 나사
④ 사다리꼴 나사

해설

운동용 나사
볼나사, 사각 나사, 사다리꼴 나사, 톱니 나사, 둥근 나사 등이 있다.

11 나사에 관한 설명으로 옳은 것은?

① 1줄 나사와 2줄 나사의 리드(Lead)는 같다.
② 나사의 리드각과 비틀림각의 합은 90°이다.
③ 수나사의 바깥지름은 암나사의 안지름과 같다.
④ 나사의 크기는 수나사의 골지름으로 나타낸다.

해설

① '리드=나사줄 수×피치'이므로 2줄 나사의 리드는 1줄 나사의 2배이다.
③ 수나사의 바깥지름은 암나사의 골지름과 같다(수나사의 골지름은 암나사의 안지름과 같다).
④ 나사의 크기는 수나사의 바깥지름으로 나타낸다(호칭지름).

정답 07 ① 08 ④ 09 ② 10 ② 11 ②

12 24산 3줄 유니파이 보통 나사의 리드는 몇 mm인가?

① 1.175
② 2.175
③ 3.175
④ 4.175

해설 ⊕

유니파이 보통 나사의 피치는 1인치(25.4mm)에 나사산 수가 24산이므로

피치$(p) = \dfrac{25.4\text{mm}}{24} = 1.0583\text{mm}$

리드(L) = 줄수(n) × 피치(p)
      = 3×1.0583
      = 3.175

13 다음 ISO 규격 나사 중에서 미터 보통 나사를 기호로 나타내는 것은?

① Tr
② R
③ M
④ S

해설 ⊕

① Tr : 미터 사다리꼴 나사
② R : 관용 테이퍼 수나사
④ S : 미니추어 나사

14 3줄 나사, 피치가 4mm인 수나사를 1/10 회전시키면 축방향으로 이동하는 거리는 몇 mm인가?

① 0.1
② 0.4
③ 0.6
④ 1.2

해설 ⊕

리드(l)
나사를 1회전하였을 때 축방향으로 이동하는 거리
$l = np = 3 \times 4 = 12\text{mm}$
(여기서, p : 피치, n : 나사의 줄수)

∴ $\dfrac{1}{10}$ 회전 시 이동거리 = $12 \times \dfrac{1}{10} = 1.2\text{mm}$

15 나사에 대한 설명으로 틀린 것은?

① 나사산의 모양에 따라 삼각, 사각, 둥근 것 등으로 분류 한다.
② 체결용 나사는 기계 부품의 접합 또는 위치 조정에 사용된다.
③ 나사를 1회전하여 축방향으로 이동한 거리를 "리드"라 한다.
④ 힘을 전달하거나 물체를 움직이게 할 목적으로 사용하는 나사는 주로 삼각 나사이다.

해설 ⊕

④ 동력 전달용 나사로는 주로 사각 나사가 쓰인다.

16 미터 나사에 관한 설명으로 틀린 것은?

① 기호는 M으로 표기한다.
② 나사산의 각도는 55°이다.
③ 나사의 지름 및 피치를 mm로 표시한다.
④ 부품의 결합 및 위치의 조정 등에 사용된다.

해설 ⊕

② 미터 보통 나사의 나사산의 각도는 60°이다.

17 축방향으로 인장하중만을 받는 수나사의 바깥지름(d)과 볼트재료의 허용인장응력(σ_a) 및 인장하중(W)과의 관계가 옳은 것은?(단, 일반적으로 지름 3mm 이상인 미터 나사이다.)

① $d = \sqrt{\dfrac{2W}{\sigma_a}}$
② $d = \sqrt{\dfrac{3W}{8\sigma_a}}$
③ $d = \sqrt{\dfrac{8W}{3\sigma_a}}$
④ $d = \sqrt{\dfrac{10W}{3\sigma_a}}$

정답 12 ③ 13 ③ 14 ④ 15 ④ 16 ② 17 ①

해설 ⊕

허용인장응력 $\sigma_a = \dfrac{W(\text{축하중})}{A(\text{인장파괴면적})}$

$= \dfrac{W}{\dfrac{\pi}{4}d_{내경}^2 (\text{골지름 파괴})}$

$d_{내경} = \sqrt{\dfrac{4W}{\pi \sigma_a}}$

$d_{내경} = 0.8 d_{외경}$을 대입하면

$d_{외경} = \sqrt{\dfrac{2W}{\sigma_a}}$

18 볼나사의 단점이 아닌 것은?

① 자동체결이 곤란하다.
② 피치를 작게 하는 데 한계가 있다.
③ 너트의 크기가 크다.
④ 나사의 효율이 떨어진다.

해설 ⊕

④ 나사의 효율이 높다(90% 이상). → 장점

19 증기나 기름 등이 누출되는 것을 방지하는 부위 또는 외부로부터 먼지 등의 오염물 침입을 막는 데 주로 사용하는 너트는?

① 캡 너트(Cap Nut)
② 와셔붙이 너트(Washer Based Nut)
③ 둥근너트(Circular Nut)
④ 육각너트(Hexagon Nut)

해설 ⊕

캡 너트
너트에 캡이 씌워져 있어 증기나 기름 등이 누출되는 것을 방지할 수 있고, 외부로부터 먼지 등의 오염물 침입을 막는다.

20 6각의 대각선 거리보다 큰 지름의 자리면이 달린 너트로서 볼트 구멍이 클 때, 접촉면을 거칠게 다듬질 했을 때 또는 큰 면압을 피하려고 할 때 쓰이는 너트(Nut)는?

① 둥근너트   ② 플랜지 너트
③ 아이너트   ④ 홈붙이 너트

해설 ⊕

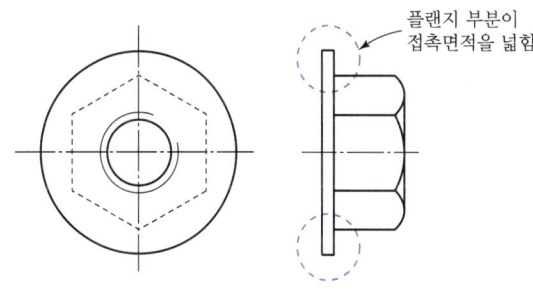

플랜지 부분이 접촉면적을 넓힘

21 홈붙이 육각너트의 윗면에 파여진 홈의 개수는?

① 2개   ② 4개
③ 6개   ④ 8개

해설 ⊕

홈붙이 육각너트에 파인 홈은 6개이다.

22 회전체의 균형을 좋게 하거나 너트를 외부에 돌출시키지 않으려고 할 때 주로 사용하는 너트는?

① 캡 너트
② 둥근너트
③ 육각너트
④ 와셔붙이 너트

정답 18 ④ 19 ① 20 ② 21 ③ 22 ②

> **해설 ⊕**
>
> 둥근너트

23 양쪽 끝 모두 수나사로 되어 있으며, 한쪽 끝에 상대 쪽에 암나사를 만들어 미리 반영구적 나사 박음하고, 다른 쪽 끝에 너트를 끼워 죄도록 하는 볼트는 무엇인가?

① 스테이 볼트 ② 아이볼트
③ 탭볼트 ④ 스터드 볼트

> **해설 ⊕**
>
> ④ 스터드 볼트(Stud Bolt) : 머리가 없는 볼트로, 한 끝은 본체에 고정되어 있고 고정되지 않은 볼트부 끝에 너트를 끼워 죈다(분해가 간편하다).

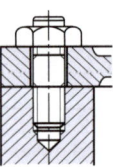

24 볼트의 머리와 중간재 사이 또는 너트와 중간재 사이에 사용하여 충격을 흡수하는 작용을 하는 것은?

① 와셔 스프링
② 토션바
③ 벌류트 스프링
④ 코일 스프링

> **해설 ⊕**
>
> ① 와셔 스프링

25 볼트·너트의 풀림 방지 방법 중 틀린 것은?

① 로크 너트에 의한 방법
② 스프링 와셔에 의한 방법
③ 플라스틱 플러그에 의한 방법
④ 아이볼트에 의한 방법

> **해설 ⊕**
>
> **볼트·너트의 풀림 방지**
> • 로크 너트에 의한 방법
> • 자동 죔 너트에 의한 방법
> • 분할 핀에 의한 방법
> • 스프링 와셔에 의한 방법
> • 멈춤 나사에 의한 방법
> • 플라스틱 플러그에 의한 방법
> • 철사를 이용하는 방법

26 축에는 키 홈을 가공하지 않고 보스에만 테이퍼 키 홈을 만들어서 홈 속에 키를 끼우는 것은?

① 묻힘 키(성크 키)
② 새들 키(안장 키)
③ 반달 키
④ 둥근 키

> **해설 ⊕**
>
> ② 새들 키(안장 키)

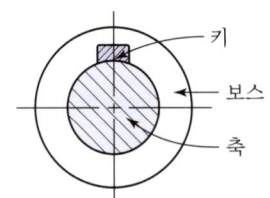

정답 23 ④ 24 ① 25 ④ 26 ②

27 묻힘 키(Sunk Key)에 관한 설명으로 틀린 것은?

① 기울기가 없는 평행 성크 키도 있다.
② 머리 달린 경사 키도 성크 키의 일종이다.
③ 축과 보스의 양쪽에 모두 키 홈을 파서 토크를 전달시킨다.
④ 대개 윗면에 1/5 정도의 기울기를 가지고 있는 수가 많다.

해설
④ 대개 윗면에 1/100 정도의 기울기를 가지고 있는 수가 많다.

28 전달토크가 큰 축에 주로 사용되며 회전방향이 양쪽 방향일 때 일반적으로 중심각이 120°가 되도록 한 쌍을 설치하여 사용하는 키(Key)는?

① 드라이빙 키   ② 스플라인
③ 원뿔 키   ④ 접선 키

해설
④ 접선 키

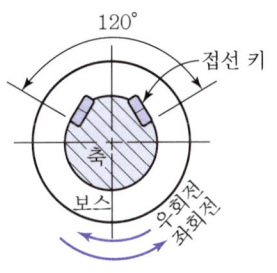

29 보스와 축의 둘레에 여러 개의 같은 키(Key)를 깎아 붙인 모양으로 큰 동력을 전달할 수 있고 내구력이 크며, 축과 보스의 중심을 정확하게 맞출 수 있는 특징을 가지는 것은?

① 반달 키   ② 새들 키
③ 원뿔 키   ④ 스플라인

해설
④ 스플라인 : 축에 평행하게 4~20줄의 키 홈을 판 특수 키이다. 보스에도 끼워 맞추어지는 키 홈을 파서 결합한다.

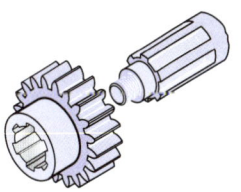

30 키의 종류 중 페더 키(Feather Key)라고도 하며, 회전력의 전달과 동시에 축방향으로 보스를 이동시킬 필요가 있을 때 사용되는 것은?

① 미끄럼 키   ② 반달 키
③ 새들 키   ④ 접선 키

해설
① 미끄럼 키 : 페더 키 또는 안내 키라고도 하며, 축방향으로 보스를 미끄럼 운동을 시킬 필요가 있을 때 사용한다.

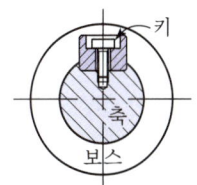

31 지름이 50mm 축에 10mm인 성크 키를 설치했을 때, 일반적으로 전단하중만을 받을 경우 키가 파손되지 않으려면 키의 길이는 몇 mm인가?

① 25mm   ② 75mm
③ 150mm   ④ 200mm

해설
경험식에 의한 키의 길이 $l = 1.5d$로 설계한다.
$l = 1.5d = 1.5 \times 50 = 75 [\mathrm{mm}]$

정답 27 ④ 28 ④ 29 ④ 30 ① 31 ②

32 너비가 5mm이고 단면의 높이가 8mm, 길이가 40mm인 키에 작용하는 전단력은? (단, 키의 허용전단응력은 2MPa이다.)

① 200N   ② 400N
③ 800N   ④ 4000N

해설

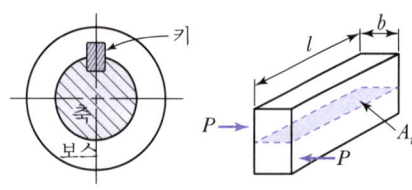

| 키에 작용하는 전단력 |

전단력 P = 전단응력 τ_k × 전단파괴면적 A_τ
$= \tau_k \cdot b \cdot l$
(여기서, b : 너비, l : 길이)
$\tau_k = 2\text{MPa} = 2\text{N/mm}^2$
$b = 5\text{mm},\ l = 40\text{mm}$
$\therefore P = 2 \times 5 \times 40 = 400\text{N}$

33 테이터 핀에 대한 설명으로 옳은 것은?

① 보통 1/50의 테이퍼를 가지며 호칭지름은 작은 쪽의 지름으로 표시한다.
② 보통 1/200의 테이퍼를 가지며 호칭지름은 작은 쪽의 지름으로 표시한다.
③ 보통 1/50의 테이퍼를 가지며 호칭지름은 큰 쪽의 지름으로 표시한다.
④ 보통 1/100의 테이퍼를 가지며 호칭지름은 가운데 부분의 지름으로 표시한다.

해설

테이퍼 핀

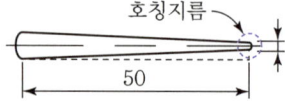

34 다음 중 핀(Pin)의 용도가 아닌 것은?

① 핸들과 축의 고정
② 너트의 풀림 방지
③ 볼트의 마모 방지
④ 분해 조립할 때 조립할 부품의 위치 결정

해설

핀의 용도
핀은 2개 이상의 부품을 결합할 때 사용되며 접촉면의 미끄럼 방지, 너트의 풀림 방지, 부품의 위치 고정 등의 작은 힘이 걸리는 곳에 사용된다.

35 나사 및 너트의 이완을 방지하기 위하여 주로 사용되는 핀은?

① 테이퍼 핀   ② 평행 핀
③ 스프링 핀   ④ 분할 핀

해설

분할 핀
한쪽 끝이 두 가닥으로 갈라진 핀으로, 나사 및 너트의 이완을 방지하거나 축에 끼워진 부품이 빠지는 것을 막는다.

36 코터이음에서 코터의 너비가 10mm, 평균 높이가 50mm인 코터의 허용전단응력이 20N/mm²일 때, 이 코터이음에 가할 수 있는 최대하중(kN)은?

① 10   ② 20
③ 100   ④ 200

해설

하중 = 전단응력 × 전단파괴면적
$P = \tau \cdot A_\tau = \tau \cdot 2 \cdot b \cdot t$
(여기서, b : 코터의 폭, t : 두께)
$P = 20 \times 2 \times 10 \times 50 = 20{,}000\text{N} = 20\text{kN}$

정답 32 ② 33 ① 34 ③ 35 ④ 36 ②

37 주로 강도만을 필요로 하는 리벳이음으로서 철교, 선박, 차량 등에 사용하는 리벳은?

① 용기용 리벳 ② 보일러용 리벳
③ 코킹 ④ 구조용 리벳

해설
구조용 리벳은 주로 철교, 선박, 차량, 항공기 등에 사용한다.

38 평판 모양의 쐐기를 이용하여 인장력이나 압축력을 받는 2개의 축을 연결하는 결합용 기계요소는?

① 코터 ② 커플링
③ 아이볼트 ④ 테이퍼 키

해설

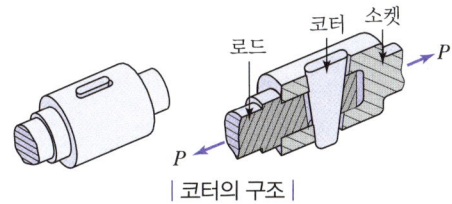

| 코터의 구조 |

39 리베팅이 끝난 뒤에 리벳머리의 주위 또는 강판의 가장자리를 정으로 때려 그 부분을 밀착시켜 틈을 없애는 작업은?

① 시밍 ② 고킹
③ 커플링 ④ 해머링

해설
② 코킹 : 기밀을 유지하기 위한 작업으로 리베팅이 끝난 뒤에 리벳 머리의 주위 또는 강판의 가장자리를 정으로 때려 그 부분을 밀착시켜서 틈을 없애는 작업

정답 37 ④ 38 ① 39 ②

CHAPTER 03 축용 기계요소

01 축

1 축의 개요

축(Shaft)은 주로 회전에 의하여 동력을 전달할 목적으로 사용하는 기계요소이다.

2 축의 용도에 의한 분류

(1) 차축(Axle)

자동차 바퀴와 같이 축이 고정되어 있는 정지축과 철도차량과 같이 바퀴와 축이 함께 회전하는 회전축이 있으며, 주로 굽힘하중을 받는 축이다.

(2) 전동축(Shaft)

회전력을 전달하는 축으로서 비틀림을 받는 축이다.

(3) 스핀들(Spindle)

주로 비틀림하중을 받는 축으로, 치수가 정밀하고 변형량도 매우 적다. 지름에 비하여 짧은 축으로 선반 또는 드릴링 머신 등의 회전축, 주축을 말한다.

(4) 저널(Journal)

미끄럼 베어링으로 지지되어 있는 축 부분이다(베어링과 닿아 있는 축 부분).

(5) 피벗(Pivot), 스러스트 저널

축하중을 받는 축의 끝부분으로서 스러스트 베어링으로 지지되는 부분이다.

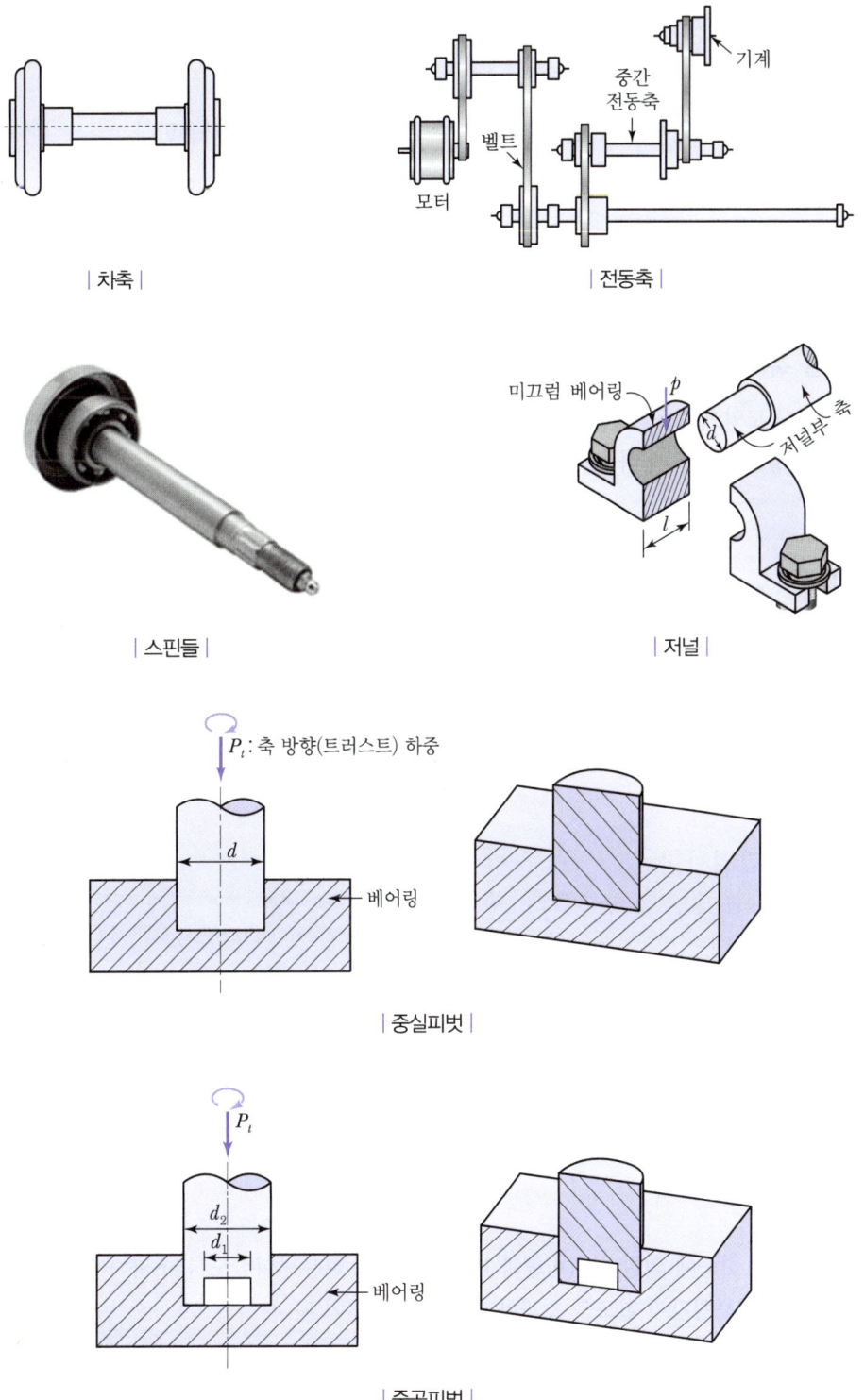

3 축의 형상에 따른 분류

(1) 직선축
길이 방향으로 일직선 형태의 축이며, 일반적으로 동력전달용으로 사용한다.

(2) 크랭크축(Crank Shaft)
회전운동을 직선운동으로 변환 또는 직선운동을 회전운동으로 변환시켜주는 축이다.
예 엔진 피스톤의 직선왕복운동을 회전운동으로 변환

(3) 플렉시블 축(Flexible Shaft)
강선을 나사 모양으로 2중, 3중 감아 만든 축이며, 자유로이 휠 수 있는 축이다. 전동축에 큰 힘을 주어서 축의 방향을 자유롭게 바꾸거나 충격을 완화시키기 위하여 사용한다.

| 직선축 |　　　　| 크랭크축 |　　　　| 플렉시블 축 |

4 축 설계 시 고려사항

(1) 강도
축에 작용하는 하중에 따라 축의 강도를 충분하게 설계해야 한다.

(2) 응력집중
단면형상 등의 급격한 변화(구멍, 홈, 노치, 키 홈 등) 부분에 응력이 집중되어 축의 강도가 감소된다. 설계 시 이런 부분을 고려해야 한다.

(3) 변형
축에 작용하는 하중에 의한 처짐변형과 비틀림변형의 허용변형한도를 초과하지 않도록 설계해야 한다. 처짐량과 비틀림각이 한도를 초과하면 진동의 원인이 된다.

(4) 진동
회전하는 축의 굽힘이나 비틀림 진동이 축의 고유진동수와 일치하여 공진현상이 일어나면 축이 파괴되므로 공진현상을 일으키는 위험속도를 고려하여 설계해야 한다.

(5) 열응력, 열팽창
고온의 열을 받는 축은 크리프와 열팽창을 고려해야 한다.

(6) 부식
바닷물 또는 수중에 시용 되는 선박의 프로펠러 축, 수차 축 및 펌프의 축은 전기, 화학적 작용에 의하여 부식되므로 축의 설계에 부식여유를 고려해야 한다.

5 비틀림을 받는 축의 강도설계

토크식을 기준으로 해석한다.
(T : 축의 토크, Z_P : 극단면계수, τ : 축의 허용전단응력, H : 전달동력, ω : 각속도, N : 분당 회전수)

(1) 전달동력(H)과 각속도가 주어졌을 때 축의 토크(T)

$$T = P \cdot \frac{d}{2} = \tau \cdot Z_P = \frac{H}{\omega} \, \text{N} \cdot \text{m (SI 단위)}$$

여기서, P : 회전력(N)
d : 축의 직경(m)
τ : 축의 허용전단응력(N/m^2)
H : 전달동력(W)
ω : 각속도(rad/s)
Z_P : 극단면계수(m^3)

(2) 전달동력(H_{kW})과 분당 회전수가 주어졌을 때 축의 토크(T)

$$T = \frac{H}{\omega} = \frac{H_{\text{kW}} \times 1,000}{\frac{2\pi N}{60}} = \frac{H_{\text{kW}} \times 1,000 \times 60}{2\pi N}$$

$$\therefore T = \frac{60,000}{2\pi} \times \frac{H_{\text{kW}}}{N} \, \text{N} \cdot \text{m (SI 단위)}$$

여기서, $H = 1,000 \times H_{\text{kW}}$
$\omega = \frac{2\pi N}{60}$
N : 회전수(rpm)

(3) 중실축에서 축지름설계

$$T = \tau \cdot Z_P = \tau \cdot \frac{\pi}{16} d^3$$

$$\therefore d = \sqrt[3]{\frac{16T}{\pi\tau}}$$

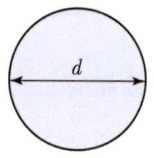

| 중실축 단면 |

(4) 중공축에서 외경설계

$$T = \tau \cdot Z_P = \tau \cdot \frac{\pi}{16} d_2^3 (1-x^4) \quad \left(\text{내외경비 } x = \frac{d_1}{d_2}\right)$$

$$\therefore d_2 = \sqrt[3]{\frac{16T}{\pi\tau(1-x^4)}}$$

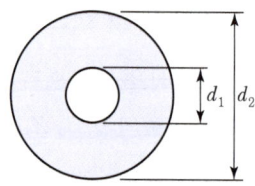

| 중공축 단면 |

▷ 중공축은 지름을 조금만 크게 하여도 중실축과 강도가 같아지며, 중실축에 비해 중량은 상당히 가벼워진다.

02 축이음

1 커플링(Coupling)

(1) 고정 커플링(Fixed Coupling)

① 두 축 사이에 상호 이동이 전혀 허용되지 않는 일체형으로 일직선상에 있는 두 축을 키 또는 볼트를 사용하여 결합한다.
② 원통형 커플링(일체형, 분할형)과 플랜지형 커플링으로 나눈다.

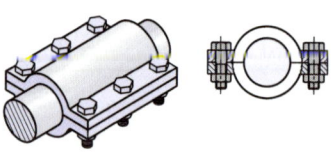

| 분할원통형 커플링 |

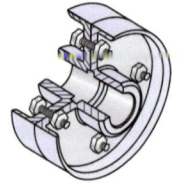 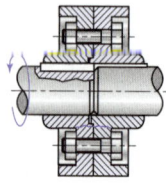

| 플랜지형 커플링 |

(2) 플렉시블 커플링(Flexible Coupling)

① 스프링이나 고무 등 탄성체를 이용한 조인트로서, 전달 각도가 3~5° 정도로 낮은 것에 사용이 가능하다.
② 일직선 위에 두 축을 연결하나 두 축 사이에 약간의 이동이 가능하다.
③ 윤활이 필요하지 않으며, 비틀림 진동을 흡수하는 작용을 한다.

| 우레탄 플렉시블 커플링 |

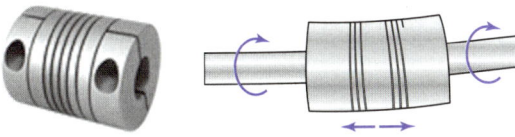

| 스프링형 플렉시블 커플링 |

(3) 올덤 커플링(Oldham's Coupling)

① 두 축이 평행하면서 축의 중심선이 약간 어긋난 경우 축간거리가 짧을 때 사용한다.
② 각속도의 변화 없이 회전동력을 전달한다.
③ 속도의 제곱에 비례하는 원심력이 발생하여 진동이 수반되는 고속회전에는 부적합하다.

| 올덤 커플링 |

(4) 유니버설 조인트(Universal Joint)

① 두 축의 축선이 약간의 각을 이루어 교차한다.
② 두 축의 중심선 각도가 약간 변하더라도 자유롭게 운동을 전달할 수 있다.

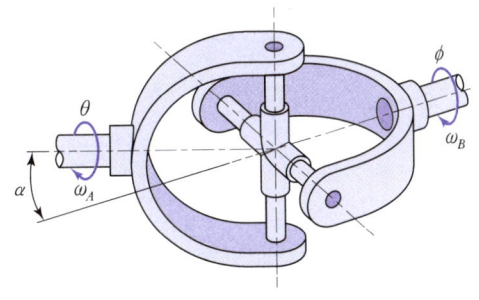

| 유니버설 조인트 |

2 클러치

운전 중에 두 축을 자유롭게 동력을 이어주거나 끊을 필요가 있을 때 사용한다.
예 자동차 클러치

(1) 맞물림 클러치(Positive Clutch)

① 두 축에 턱을 만들어서 적극적인 연결을 한 클러치이다.
② 두 축을 연결할 경우 낮은 속도로 회전 또는 정지시켜야 한다.

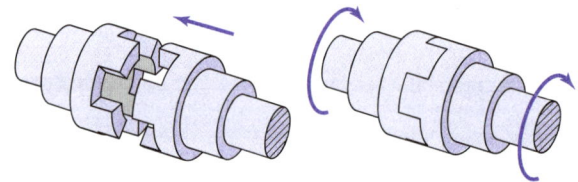

| 맞물림 클러치 |

(2) 마찰 클러치(Friction Clutch)

마주 보는 두 축에 붙어 있는 마찰면을 밀어붙여 접촉시키며, 두 면 사이의 마찰력을 이용하여 동력을 전달하는 클러치이다.

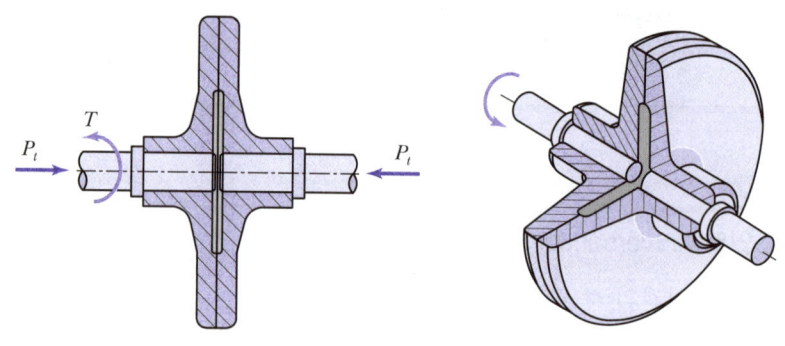

| 마찰 클러치 |

(3) 유체 클러치

유체를 매체로 하여 동력을 전달하는 클러치이다.

03 베어링

1 베어링의 개요

① 회전축을 받쳐주는 기계요소를 베어링(Bearing)이라 한다.
② 축이 고속으로 부드럽게 회전할 수 있도록 축을 지지해주며 축의 회전마찰을 줄여준다.

2 베어링의 분류

(1) 축과 작용하중의 방향에 따라

① 축방향과 하중방향이 직각일 때 : 레이디얼 베어링(Radial Bearing)
② 축방향과 하중방향이 평행할 때 : 스러스트 베어링(Thrust Bearing)
③ 축방향의 하중과 축 직각 방향 하중을 동시에 받을 때 : 테이퍼 베어링(Taper Bearing, 원추 롤러베어링)

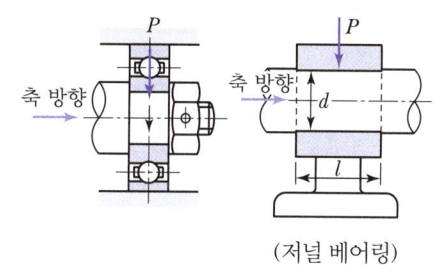

| 레이디얼 베어링 |

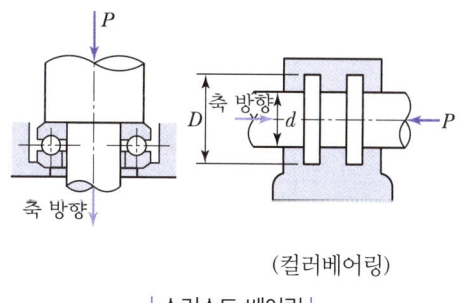

| 스러스트 베어링 |

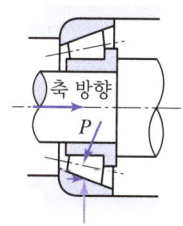

| 테이퍼 베어링 |

(2) 축과 베어링의 접촉상태에 따라

① 미끄럼 접촉을 할 때 : 미끄럼 베어링(Sliding Bearing)
② 볼 또는 롤러가 구름 접촉을 할 때 : 구름 베어링(Rolling Bearing)

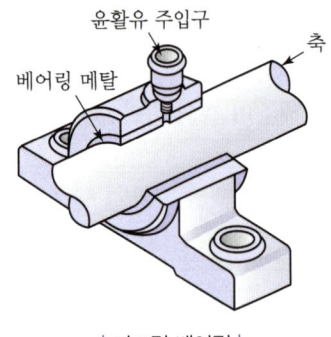

| 미끄럼 베어링 |

| 구름 베어링 |

(3) 미끄럼 베어링과 구름 베어링의 비교

구분	미끄럼 베어링	구름 베어링
크기	지름은 작으나 폭이 크다.	폭은 작으나 지름이 크다.
구조	간단하다.	전동체가 있어 복잡하다.
충격 흡수	유막에 의한 충격 흡수가 잘된다.	충격 흡수가 잘되지 않는다.
고속회전	마찰저항은 일반적으로 크나 고속회전에 유리하다.	윤활유가 흩날리며, 전동체가 있어 고속회전에 불리하다.
저속회전	불리하다.	유리하다.
소음	특별한 고속 이외는 정숙하다.	일반적으로 소음이 크다.
하중	추력하중(축방향 하중)은 견디기 힘들다.	추력하중을 견딜 수 있다.
기동 토크	크다.	작다.
베어링 강성	정압 베어링에서는 축의 중심이 변할 가능성이 있다.	축의 중심이 변할 가능성이 적다.
규격화	자체 제작하는 경우가 많다.	표준형 양산품으로 호환성이 높다.

3 구름 베어링

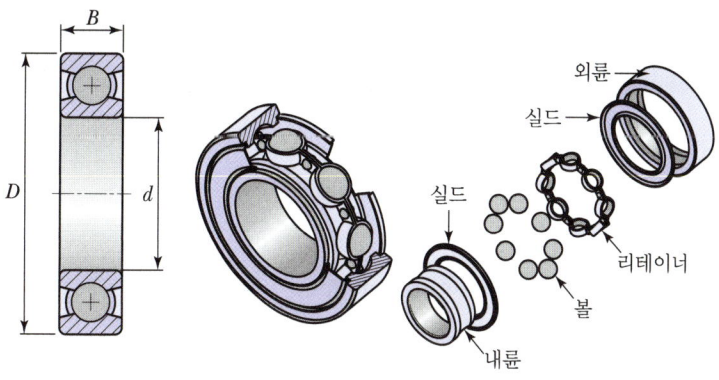

| 볼베어링의 구조 |

> **Reference**
> 리테이너
> 볼의 간격을 일정하게 유지해준다.

(1) 볼베어링의 규격

① 볼베어링의 호칭번호는 아래와 같이 베어링의 형식, 주요 치수를 표시하는 기본번호와 그 밖의 보조 기호로 이루어져 있다.

기본 번호			보조 기호				
베어링 계열 기호	안지름 번호	접촉각 기호	리테이너 기호	밀봉기호 또는 실드기호	궤도륜 모양기호	조합 기호	틈새 기호	등급 기호

(재배치)

기본 번호			보조 기호					
베어링 계열 기호	안지름 번호	접촉각 기호	리테이너 기호	밀봉기호 또는 실드기호	궤도륜 모양기호	조합 기호	틈새 기호	등급 기호

② 주로 사용하는 깊은 홈 볼베어링 호칭은 규격집 KS B 2023에 있으며 베어링 계열 60이고 호칭번호는 다음과 같다.

호칭번호	내경(mm) 	
6000	10	⎫
6001	12	⎬ 60, 62, 63, 70 등의 베어링 계열 기호와 상관없이
6002	15	⎬ 내경은 표의 값이 된다.
6003	17	⎭
6004	20 (4×5)	⎫
6005	25 (5×5)	⎬ 안지름 번호×5 = 내경이다.
6006	30 (6×5)	⎭

📂 내경은 기억해두자.

③ 베어링 표시

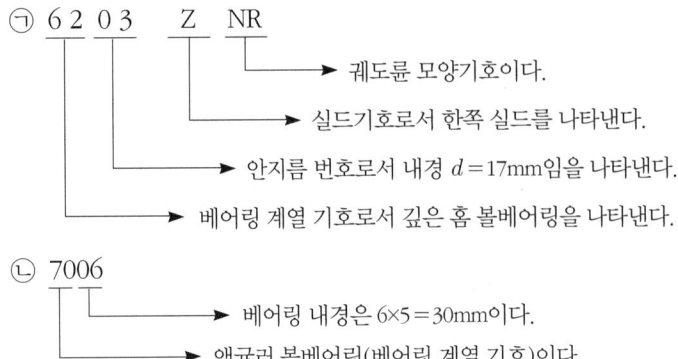

ㄴ 7006

→ 베어링 내경은 6×5=30mm이다.
→ 앵귤러 볼베어링(베어링 계열 기호)이다.

(2) 볼베어링의 종류

① 깊은 홈 볼베어링
② 마그네토 볼베어링
③ 자동조심 볼베어링

   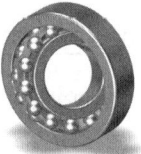

| 깊은 홈 볼베어링 | | 마그네토 볼베어링 | | 자동조심 볼베어링 |

(3) 롤러베어링의 종류

① 원통 롤러베어링
② 니들 롤러베어링
③ 자동조심 롤러베어링

| 원통 롤러베어링 | | 니들 롤러베어링 | | 자동조심 롤러베어링 |

(4) 스러스트 베어링

① 스러스트 볼베어링 : 축방향의 하중을 견딜 수 있다.

② 스러스트 자동조심 롤러베어링

   ㉠ 궤도면이 타원형인 롤러를 경사지게 배열한 스러스트 베어링이다.

   ㉡ 스러스트 하중을 매우 잘 견디며, 액시얼 하중이니 약간의 레이디얼 하중도 견딜 수 있다.

| 스러스트 볼베어링 |

| 테이퍼 롤러베어링 |

(5) 볼베어링과 롤러베어링의 비교

구분	볼베어링	롤러베어링
하중	비교적 작은 하중에 적당하다.	비교적 큰 하중에 적당하다.
마찰	작다.	비교적 크다.
회전수	고속회전에 적당하다.	비교적 저속회전에 적당하다.
충격성	작다.	작지만 볼베어링보다는 크다.

4 미끄럼 베어링

(1) 엔드 저널 베어링의 평균압력

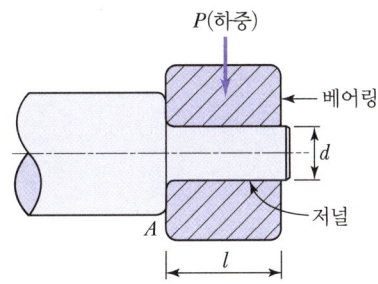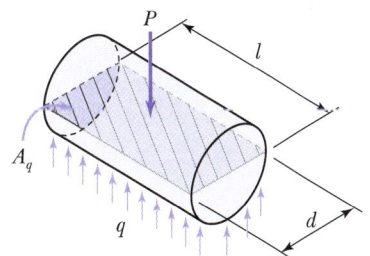

$$q = \frac{P}{A_q} = \frac{P}{dl}$$

여기서, q : 접촉면에 작용하는 베어링 평균 압력
        A_q : 투사면적, l : 저널의 길이, d : 저널의 지름

(2) 스러스트 저널 베어링의 평균압력

$$q = \frac{P_t}{A_q} = \frac{P_t}{\dfrac{\pi d^2}{4}}$$

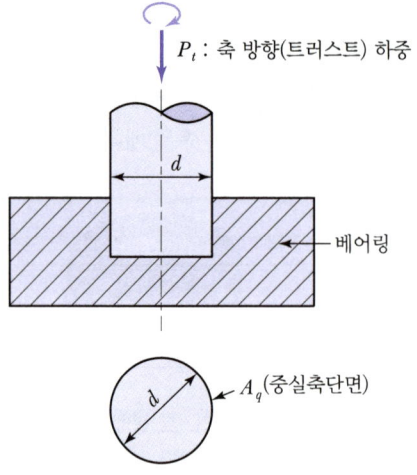

실전 문제

01 비틀림 모멘트를 받는 회전축으로 치수가 정밀하고 변형량이 적어 주로 공작기계의 주축에 사용하는 축은?

① 차축　　　　　② 스핀들
③ 플렉시블 축　　④ 크랭크축

해설

② 스핀들 : 주로 비틀림 모멘트를 받으며 직접 일을 하는 회전축으로 치수가 정밀하고 변형량이 작으며, 길이가 짧아 선반, 밀링머신 등 공작기계의 주축으로 사용한다.

02 축이음 설계 시 고려사항으로 틀린 것은?

① 충분한 강도가 있을 것
② 진동에 강할 것
③ 비틀림각의 제한을 받지 않을 것
④ 부식에 강할 것

해설

비틀림각의 제한은 축설계 시 강성(변형)에 대한 고려사항이므로, '③ 비틀림각의 제한을 받지 않을 것'은 축이음 설계 시 고려사항이 아니다.
축이음은 축과 축을 연결해 동력전달을 목적으로 사용한다.

03 왕복운동 기관에서 직선운동과 회전운동을 상호 전달할 수 있는 축은?

① 직선축
② 크랭크축
③ 중공축
④ 플렉시블 축

해설

② 크랭크축(Crank Shaft) : 회전운동을 직선운동으로 변환 또는 직선운동을 회전운동으로 변환시켜 주는 축이다. 엔진의 피스톤의 직선왕복운동을 회전운동으로 변환시킨다.

04 축의 설계 시 고려해야 할 사항으로 거리가 먼 것은?

① 강도
② 제동장치
③ 부식
④ 변형

해설

강도, 변형(강성), 진동, 부식, 응력집중, 열응력, 열팽창 등은 축의 설계에 고려되는 사항이며, 제동장치는 축설계 시 고려사항이 아니다.

05 전달마력 30kW, 회전수 200rpm인 전동축에서 토크 T는 약 몇 N·m인가?

① 107
② 146
③ 1,070
④ 1,430

정답　01 ②　02 ③　03 ②　04 ②　05 ④

해설 ⊕

$$T = \frac{H_{kW}}{\omega} = \frac{H_{kW} \times 1,000}{\frac{2\pi n}{60}} = \frac{60 \times H_{kW} \times 1,000}{2\pi n}$$

$$= \frac{60 \times 30 \times 1,000}{2\pi \times 200} = 1,432.4 \text{N} \cdot \text{m} ≒ 1,430 \text{N} \cdot \text{m}$$

단위를 환산해 보면 $1\text{kW} = 10^3\text{W} = 10^3\text{J/s}$ 이고, 각속도 ω는 rad/s이므로

T의 단위는 $\frac{\text{J/s}}{\text{rad/s}} = \text{J/rad} = \text{N} \cdot \text{m}$

(라디안은 무차원, $\text{J} = \text{N} \cdot \text{m}$)

06 축에 작용하는 비틀림 토크가 2.5 kN · m이고 축의 허용전단응력이 49 MPa일 때 축지름은 약 몇 mm 이상이어야 하는가?

① 24 ② 36
③ 48 ④ 64

해설 ⊕

$T = \tau_a Z_P = \tau_a \frac{\pi d^3}{16}$

$d = \sqrt[3]{\frac{16T}{\pi \tau_a}}$ ← 수정한 수식

여기서, T : 축의 비틀림 토크, τ_a : 허용전단응력
Z_P : 극단면계수, d : 축지름

$T = 2.5 \text{kN} \cdot \text{m} = 2.5 \times 10^3 \text{N} \cdot \text{m}$
$\tau_a = 49 \text{MPa} = 49 \times 10^6 \text{Pa} = 49 \times 10^6 \text{N/m}^2$

$\therefore d = \sqrt[3]{\frac{16 \times 2.5 \times 10^3}{\pi \times 49 \times 10^6}} = 0.0638\text{m} ≒ 64\text{mm}$

07 축이음 중 두 축이 평행하고 각속도의 변동 없이 토크를 전달하는 데 가장 적합한 것은?

① 올덤 커플링 ② 플렉시블 커플링
③ 유니버설 커플링 ④ 플랜지 커플링

해설 ⊕

① 올덤 커플링 : 두 축이 평행하고 축의 중심선이 약간 어긋난 경우 축간거리가 짧을 때 각속도의 변동 없이 토크를 전달하는 데 사용하는 축이음이다.

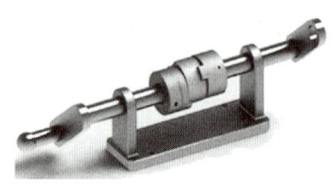

08 유니버설 조인트의 허용 축 각도는 몇 도(°) 이내인가?

① 10° ② 20°
③ 30° ④ 60°

해설 ⊕

유니버설 조인트
두 축의 중심선인 축 각도가 30° 이내로 교차할 때 사용하는 축이음이다.

09 베어링의 재료가 구비할 성질이 아닌 것은?

① 가공이 쉬울 것
② 부식에 강할 것
③ 충격하중에 강할 것
④ 피로강도가 작을 것

해설 ⊕

④ 피로강도가 클 것

10 구름 베어링의 호칭번호가 6208일 때 안지름 (d)은 얼마인가?

① 10mm ② 20mm
③ 30mm ④ 40mm

정답 06 ④ 07 ① 08 ③ 09 ④ 10 ④

해설 ⊕

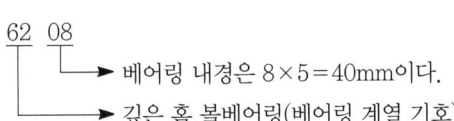

11 베어링의 호칭번호가 608일 때, 이 베어링의 안지름은 몇 mm인가?

① 8 ② 12
③ 15 ④ 40

해설 ⊕

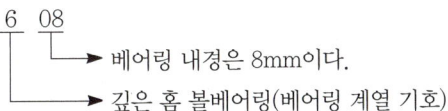

12 엔드 저널로서 지름이 50mm의 전동축을 받치고 허용 최대 베어링 압력을 6N/mm², 저널 길이를 80mm라 할 때 최대 베어링 하중은 몇 kN인가?

① 3.64kN ② 6.4kN
③ 24kN ④ 30kN

해설 ⊕

베어링 하중(P)
압축력 $P = \sigma_c \times A_c = \sigma_c \times d \times l$
$= 6 \times 50 \times 80 = 24,000\text{N} = 24\text{kN}$
여기서, σ_c : 베어링 압력
A_c : 압축을 받는 투사 면적
d : 지름
l : 저널 길이

13 지름 5mm 이하의 바늘 모양의 롤러를 사용하는 베어링은?

① 니들 롤러베어링
② 원통 롤러베어링
③ 자동 조심형 롤러베어링
④ 테이퍼 롤러베어링

해설 ⊕

니들 롤러베어링
지름 5mm 이하의 바늘 모양의 롤러를 사용한 것으로서 좁은 장소나 충격이 있는 곳에 사용한다.

14 베어링으로 사용되는 구리계 합금이 아닌 것은?

① 먼츠 메탈(Muntz Metal)
② 켈밋(Kelmet)
③ 연청동(Lead Bronze)
④ 알루미늄 청동

해설 ⊕

- 먼츠 메탈(Muntz Metal) : 6-4 황동으로 값이 싸서 열교환기, 파이프, 밸브 등에 사용된다.
- Cu계 베어링 합금 : 켈밋(Cu-Pb 합금), 인 청동, 연(납) 청동, 알루미늄 청동, 베릴륨 청동

15 구름 베어링 중에서 볼베어링의 구성요소와 관련이 없는 것은?

① 외륜 ② 내륜
③ 니들 ④ 리테이너

해설 ⊕

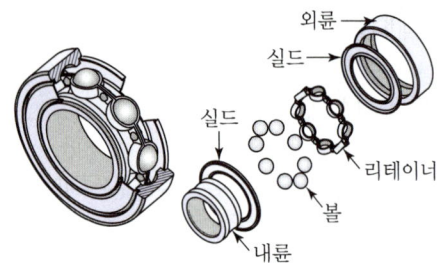

| 구름 베어링의 구조 |

16 레이디얼 볼베어링 번호 6200의 안지름은?

① 10mm   ② 12mm
③ 15mm   ④ 17mm

해설 ⊕

호칭번호	내경(mm)
6000	10
6001	12
6002	15
6003	17
6004	20 (4×5)
6005	25 (5×5)
6006	30 (6×5)

60, 62, 63, 70 등 베어링 계열 기호와 상관없이 내경은 표의 값이 된다.

안지름 번호×5 = 내경

17 다음 중 구름 베어링의 특성이 아닌 것은?

① 감쇠력이 작아 충격 흡수력이 작다.
② 축심의 변동이 작다.
③ 표준형 양산품으로 호환성이 높다.
④ 일반적으로 소음이 작다.

해설 ⊕

구분	미끄럼 베어링	구름 베어링
크기	지름은 작으나 폭이 크다.	폭은 작으나 지름이 크다.
구조	간단하다.	복잡하다.
충격 흡수	유막에 의한 감쇠력이 우수하다.	감쇠력이 작아 충격 흡수력이 작다.
고속 회전	유리하다.	불리하다.
저속 회전	불리하다.	유리하다.
소음	정숙하다.	크다.
추력	견디기 힘들다.	용이하게 받는다.
기동 토크	크다.	작다.
베어링 강성	축심의 변동 가능성이 있다.	축심의 변동은 적다.
규격화	자체 제작하는 경우가 많다.	표준형 양산품으로 호환성이 높다.

18 롤링 베어링의 내륜이 고정되는 곳은?

① 저널
② 하우징
③ 궤도면
④ 리테이너

해설 ⊕

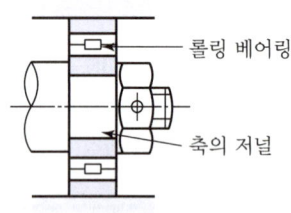

| 저널과 베어링 |

정답 16 ① 17 ④ 18 ①

19 다음 중 축 중심에 직각방향으로 하중이 작용하는 베어링을 말하는 것은?

① 레이디얼 베어링(Radial Bearing)
② 스러스트 베어링(Thrust Bearing)
③ 원뿔 베어링(Cone Bearing)
④ 피벗 베어링(Pivot Bearing)

해설

레이디얼 베어링
축 중심에 직각방향으로 베어링 하중이 작용할 때를 레이디얼 베어링이라 한다.

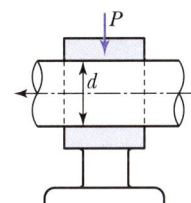

정답 19 ①

CHAPTER 04 전동용 기계요소

01 전동장치

1 정의
전동장치란 원동축의 동력을 종동축으로 전달하는 장치를 말한다.

2 종류

(1) 직접 동력전달 장치
기어나 마찰차와 같이 직접접촉으로 동력을 전달하는 것으로 축 사이가 비교적 짧은 경우에 사용한다.

(2) 간접 동력전달 장치
벨트, 체인, 로프 등을 매개로 한 전달 장치로 축이 서로 멀리 떨어져 있을 때 사용한다.

02 마찰차

1 마찰차의 응용범위
① 속도비가 중요하지 않은 경우
② 회전속도가 커서 보통의 기어를 사용하지 못하는 경우
③ 전달 힘이 크지 않아도 되는 경우
④ 두 축 사이를 단속할 필요가 있는 경우

2 마찰차의 종류

(1) 원통 마찰차

원통 마찰차는 평행한 두 축 사이에 동력을 전달하며, 외접하는 경우와 내접하는 경우가 있다.

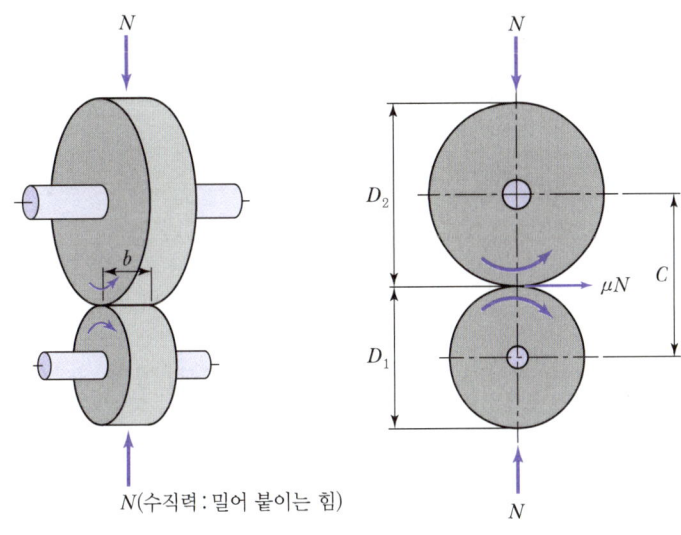

(a) 외접형

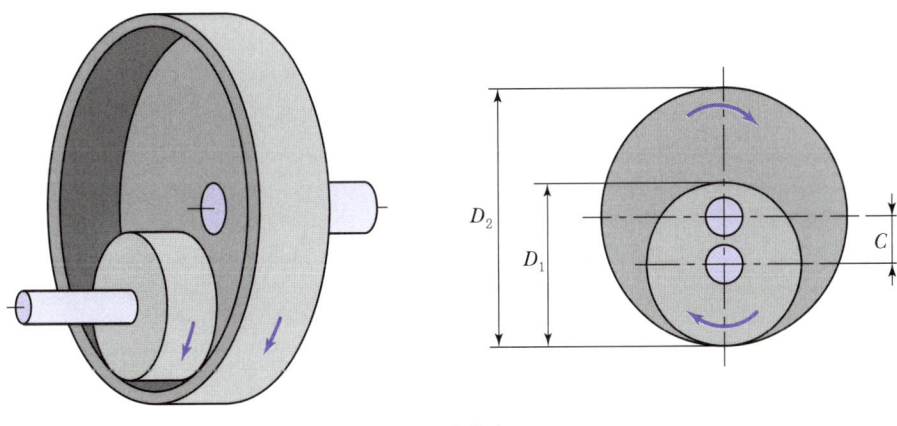

(b) 내접형

| 원통 마찰차 |

위 그림에서 축간거리(C)를 구해보면

$$C = \frac{D_1 + D_2}{2} \text{ (외접일 때)}, \quad C = \frac{D_2 - D_1}{2} \text{ (내접일 때)}$$

(2) 홈 마찰차

마찰차의 둘레에 쐐기 모양의 V형 홈을 가공하여 서로 물리게 한 것으로 동일한 압력에 대하여 큰 회전력을 얻을 수 있다($2\alpha = 30 \sim 40°$).

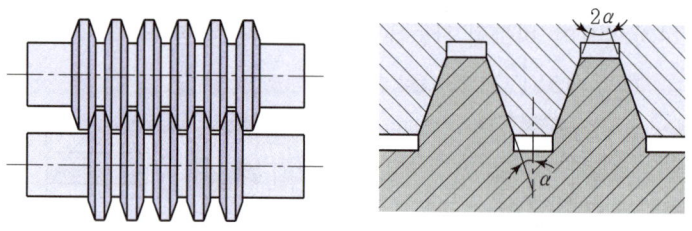

| 홈 마찰차 |

(3) 무단변속 마찰차

구동축의 속도를 일정하게 유지하고, 종동축의 회전속도를 일정 범위 내에서 연속적으로 자유로이 변화시킬 수 있는 장치이다.

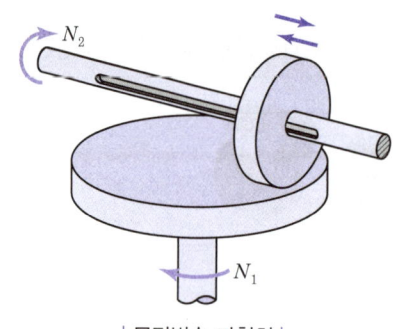

| 무단변속 마찰차 |

03 기어

1 기어의 원리

원통의 둘레에 기어 이를 가공한 다음, 한 쌍의 기어이가 서로 맞물려 돌면서 동력을 전달하는 기계장치이다.

2 기어의 특징

① 기어의 잇수를 바꿈에 따라 축의 회전속도를 바꿀 수 있다.
② 두 축이 평행하지 않아도 미끄럼 없이 정확히 동력을 전달할 수 있다.
③ 강력한 동력을 전달할 수 있고, 내구성이 높다.
④ 충격에 약하고 소음·진동이 발생하는 단점이 있다.

3 기어의 용도

① 두 축 사이의 거리가 짧은 경우에 효율적이다.
② 정확한 속도비를 얻을 수 있어 전동장치와 변속 기계부품 등에 사용된다.

4 기어의 종류

(1) 두 축이 평행한 경우

| 스퍼 기어 | | 헬리컬 기어 | | 이중 헬리컬 기어 |

| 랙 기어 | | 내접 기어 |

① **스퍼 기어(Spur Gear)** : 이끝이 직선인 기어이고 축과 평행한 원통기어로 평기어라고도 한다(가장 일반적인 기어).
② **헬리컬 기어(Helical Gear)** : 기어 이를 축에 경사지게 가공하여 진동이나 소음이 적고 고속운전에도 원활한 동력을 전달할 수 있다. 또 스퍼 기어보다 회전수비를 크게 할 수 있으나 축방향의 스러스트 하중이 발생하는 결점이 있다.

③ 이중 헬리컬 기어(Double Helical Gear) : 방향이 반대인 헬리컬 기어를 같은 축에 고정시킨 것으로 축에 스러스트 하중이 발생하지 않는다.

④ 랙(Rack) 기어 : 피니언(원통 기어)의 맞물림에 의하여 회전운동을 직선운동으로 또는 그 반대 운동으로 바꾸는 데 사용하는 기어(랙 → 직선운동, 피니언 → 회전운동)이다.

⑤ 내접 기어 : 기어이가 원통의 내면에 가공되어 다른 기어와 맞물리고 기어 이가 축에 대하여 평행하며, 두 기어의 회전 방향이 같고, 주로 큰 감속비가 필요한 곳에 사용한다.

(2) 두 축이 교차하는 경우

베벨 기어(Spur Bevel Gear) : 원추형으로 펼쳐진 우산 모양을 한 기어로서, 두 개의 직선인 이를 가진 두 개의 기어를 직각으로 맞물린 것인데, 감속과 동시에 회전의 방향을 바꾸는 작용을 한다.

| 베벨 기어 |

(3) 두 축이 어긋난 경우

① 나사(스크루) 기어(Screw Gear)

서로 교차하지도 않고 평행하지도 않는 두 축 사이의 운동을 전달하는 기어이다.

② 하이포이드 기어(Hypoid Gear)

두 축이 나란하지도 교차하지도 않으며, 베벨 기어의 축을 엇갈리게 한 것으로, 자동차의 차동기어 장치의 감속기어로 사용된다.

③ 웜 기어(Worm Gear)

㉠ 두 축이 한 점에서 교차할 때 동력을 구름접촉에 의해 전달하는 나사 기어의 일종으로 축각은 90°인 경우가 많고 적은 용적으로 큰 감속비를 쉽게 얻을 수 있다.

  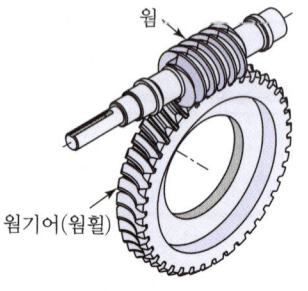

| 나사 기어 | | 하이포이드 기어 | | 웜 기어 |

ⓒ 특징

장점	단점
• 감속비가 크다.(1/10~1/100) • 부하용량이 크다. • 역전 방지를 할 수 있다. • 소음과 진동이 적다.	• 효율이 낮다(50~70%). • 웜 휠의 공작에는 특수 공구가 필요하며, 연삭가공이 어렵다. • 인벌류트 원통 기어와 같이 호환성이 없다. • 웜 휠은 정밀측정이 곤란하다. • 중심거리에 오차가 있을 때는 마멸이 심하다.

ⓒ 웜 기어의 속비(i)

$$i = \frac{N_g}{N_w} = \frac{n}{Z_g} = \frac{l}{\pi D_g} \text{ (1줄 웜이면 } \frac{p}{\pi D_g} \text{)}$$

여기서, N_g : 웜 휠의 회전수
N_w : 웜의 회전수
n : 웜의 줄수($n = \frac{l(리드)}{p(피치)}$)
Z_g : 웜 기어의 잇수($Z_g = \frac{\pi D_g}{p}$)

5 표준 기어(스퍼 기어, Spur Gear)

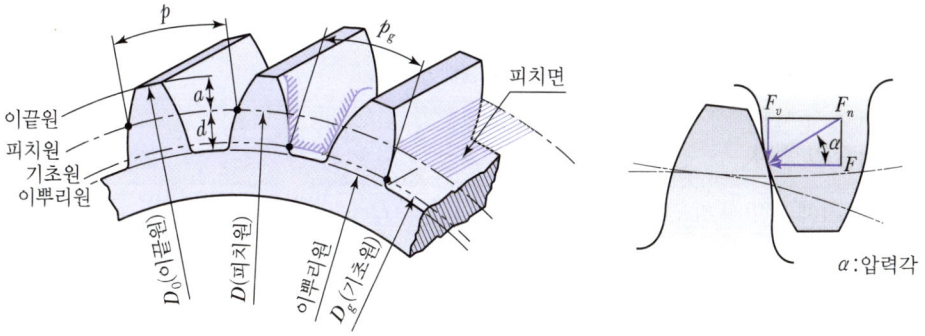

여기서, a : 이끝높이(어덴덤), d : 이뿌리높이(디덴덤)
p : 원주 피치, p_g : 기초원 피치, α : 압력각(14.5°, 20°, KS 규격)

| 표준 기어 |

(1) 주요 부위의 명칭

① **피치원(Pitch Circle)** : 기어의 중심점과 피치점과의 거리를 반지름으로 하는 가상의 원
② **기초원(Base Circle)** : 인벌류트 치형 작도 시 기초가 되는 원
③ **이끝원(Addendum Circle)** : 피치원의 위쪽에 있는 이끝을 연결하는 원

④ 이뿌리원(Dedendum Circle) : 피치원의 아래쪽의 이뿌리를 연결하는 원

⑤ 이끝높이(Addendum) : 피치원에서 이끝원까지의 거리

⑥ 이뿌리높이(Dedendum) : 피치원에서 이뿌리원까지의 거리

⑦ 총 이높이 : 이끝높이와 이뿌리높이를 합한 크기

⑧ 압력각 : 기어 중심에서 치형과 피치원이 만나는 점을 잇는 직선과 치형과 피치원이 만나는 점의 접선이 이루는 각

(2) 이의 크기

기어의 이 크기를 표시하는 방법이다.

① 원주 피치(p)

$$p = \frac{\text{피치원의 원주}}{\text{잇수}} = \frac{\pi D}{z} \text{mm 또는 inch} = \pi m$$

여기서, D : 피치원의 지름
z : 기어의 잇수

② 모듈(m)

미터계에서 사용

$$m = \frac{\text{피치원지름}}{\text{잇수}} = \frac{D}{z} \text{mm}$$

③ 지름 피치(p_d)

인치계에서 사용

$$p_d = \frac{\text{잇수}}{\text{피치원지름}} = \frac{z}{D}\text{inch} \rightarrow \frac{25.4 \cdot z}{D}\text{mm} = \frac{25.4}{m}\text{mm}$$

여기서, $1\text{inch} = 25.4\text{mm}$, m : 모듈

④ 기초원지름(D_g)

$D_g = D\cos\alpha$ (α : 압력각)

⑤ 기초원피치(p_g)

$p_g = p\cos\alpha$ ($\pi D_g = p_g \cdot z$, $\pi D = pz$에서 $p_g z = p \cdot z\cos\alpha$)

⑥ 표준 스퍼 기어의 이 크기

㉠ 이끝높이 $a = m$

㉡ 이뿌리높이 $d = 1.25m$

㉢ 전체 이높이 $h = 2.25m$

⑦ 이끝원지름(D_0)

$$D_0 = D + 2a \ (a : 이끝높이)$$
$$= mz + 2a \ (표준치형은 \ a = m으로 \ 설계)$$
$$D_0 = m(z+2)$$

(3) 치차의 전동

① 속비(i)

$$i = \frac{N_2}{N_1} = \frac{D_1}{D_2} = \frac{mz_1}{mz_2} = \frac{z_1}{z_2}$$

여기서, N_1, N_2 : 원동차, 종동차의 회전수
D_1, D_2 : 원동차, 종동차의 피치원지름
z_1, z_2 : 원동차, 종동차의 잇수
m : 모듈

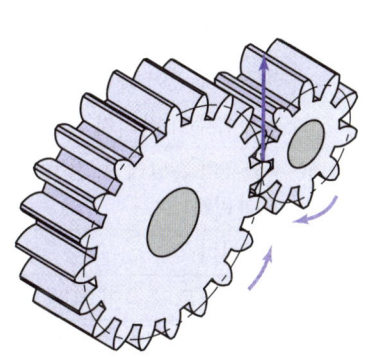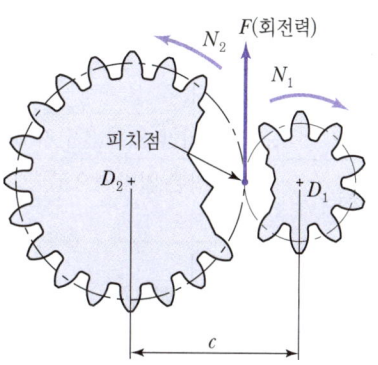

| 스퍼 기어의 축간거리 |

② 축간거리(C)

$$C = \frac{D_1 + D_2}{2} \text{mm} \ (한 \ 쌍의 \ 기어의 \ 축간 \ 중심거리)$$
$$= \frac{mz_1 + mz_2}{2}(외접), \ \frac{mz_2 - mz_1}{2}(내접)$$

여기서, N_1, N_2 : 원동차, 종동차의 회전수
D_1, D_2 : 원동차, 종동차의 피치원지름
z_1, z_2 : 원동차, 종동차의 잇수
m : 모듈

6 전위 기어

(1) 개요

기준 랙형 커터를 전위시켜 이를 절삭하여 만든 기어로서 잇수가 적은 기어의 강도를 증가시킨다.

(2) 전위 기어의 사용 목적

① 중심거리를 자유롭게 조절할 수 있다.
② 언더컷을 방지할 수 있다.
③ 이의 강도를 증대시킨다.

7 이의 간섭 및 언더컷

(1) 발생 원인

① 잇수가 적을 때
② 압력각이 적을 때
③ 유효이높이가 클 때
④ 잇수비가 너무 클 때

(2) 방지법

① 압력각을 크게 한다.
② 이끝을 둥글게 한다.
③ 피니언의 이뿌리면을 파낸다.
④ 이높이를 줄인다.
⑤ 전위 기어를 사용한다.

04 벨트, 체인

1 벨트전동

(1) 벨트전동의 개요
벨트와 풀리가 접촉하는 접촉면의 마찰력을 이용하여 동력을 전달하는 기계요소이다.

(2) 벨트와 벨트풀리의 특징
① 벨트풀리와 벨트 면 사이에서 미끄럼이 발생할 수 있으므로 정확한 회전비를 필요로 하는 동력이나 큰 동력의 전달에는 적합하지 않다.
② 두 축 사이의 거리가 비교적 멀어 마찰차, 기어전동과 같이 직접 동력을 전달할 수 없을 때 사용한다.

(3) 평벨트의 종류
① **가죽벨트** : 쇠가죽을 많이 사용한다. 마찰계수가 크고 탄력성이 좋으며, 충분한 강도를 가지고 있다.
② **직물벨트** : 가벼우며 이음매가 없다. 가죽벨트보다 인장강도는 크나 유연성이 작다.
③ **고무벨트** : 여러 개의 직물벨트에 고무를 입힌 것으로 유연하고 수명이 길며 저렴하지만, 열과 기름에 약하다.
④ **강철벨트** : 인장강도가 크며, 신장률이 작고 수명이 길다.

> **Reference**
> 평벨트의 이음방법 중 이음효율이 가장 좋은 것은 접착제 이음이다.

(4) 벨트전동의 종류
① **평벨트**
절단면이 납작한 모양이며 두 축 사이의 거리가 멀 때 사용한다.
㉠ 바로걸기 : 구동축(원동축)과 종동축의 회전방향을 같게 하여 동력을 전달한다.

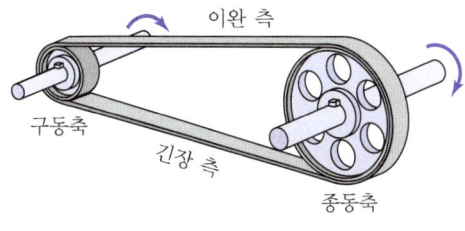

| 바로걸기 |

ⓒ 엇걸기 : 구동축과 종동축의 회전방향을 반대로 하여 동력을 전달한다.

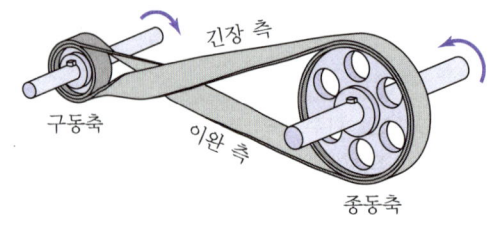

| 엇걸기 |

② V - 벨트

큰 속도비로 운전이 가능하고, 작은 인장력으로 큰 회전력을 전달한다. 마찰력이 크고, 미끄럼이 적어 조용하며, 벨트가 벗겨질 염려가 적다.

| V - 벨트 |

③ 긴장차

벨트를 걸었을 때 이완 측에 설치하여 벨트와 벨트풀리의 접촉각을 크게 해준다.

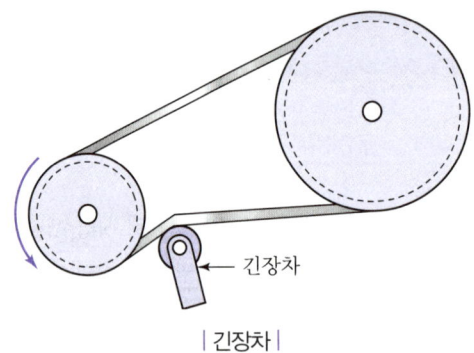

| 긴장차 |

(5) 벨트의 장력

① 벨트를 처음 걸었을 때의 장력을 초장력이라 한다.
② 벨트가 회전할 때 팽팽히 당겨지는 쪽의 장력 : T_t(긴장 측 장력 : Tight Side Tension)
③ 벨트가 회전할 때 느슨해지는 쪽의 장력 : T_s(이완 측 장력 : Slack Side Tension)

④ 벨트풀리를 실제로 돌리는 힘 : T_e (유효장력 : Effective Tension)

$$T_e = T_t - T_s \text{N}$$

긴장 측 장력과 이완 측 장력의 차이만큼 풀리를 돌리게 된다.

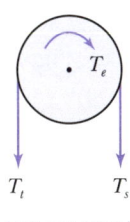

| 벨트의 장력 |

2 체인전동

(1) 체인전동의 개요

체인을 스프로킷의 이에 하나씩 물려서 동력을 전달하는 기계요소이다.

(2) 체인과 스프로킷의 특징

① 동력을 전달하는 두 축 사이의 거리가 비교적 멀어 기어전동이 불가능한 곳에 사용한다.
   (축간거리 4m 이하에서 사용)
② 정확한 속도비를 얻을 수 있고, 미끄럼 없이 큰 동력을 정확하게 효율적으로 전달할 수 있다.
   (전동 효율 : 95% 이상)
③ 소음과 진동이 커서 고속회전에는 부적합하며 저속운전 시 지속적으로 큰 힘을 전달할 때 주로 사용한다.
④ 초기의 장력을 줄 필요가 없으므로 정지 시에 장력이 작용하지 않고, 베어링에도 하중이 가해지지 않는다.

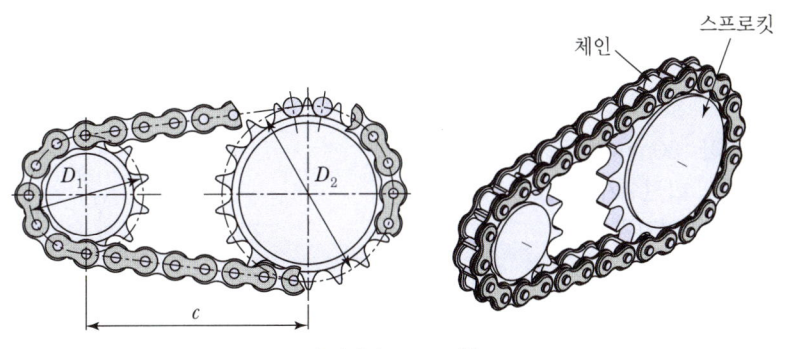

| 체인과 스프로킷 |

실전 문제

01 기계요소 부품 중에서 직접 전동용 기계요소에 속하는 것은?

① 벨트 ② 기어
③ 로프 ④ 체인

해설 ⊕

직접 전동용 기계요소
기어, 마찰차 → 전동용 기계요소가 직접 접촉

02 동력 전달용 기계요소가 아닌 것은?

① 기어 ② 체인
③ 마찰차 ④ 유압 댐퍼

해설 ⊕

동력을 전달하는 전동용 기계요소는 체인, 마찰차, 기어, 캠, 벨트, 로프 등이 있다.

03 다음 중 전동용 기계요소에 해당하는 것은?

① 볼트와 너트 ② 리벳
③ 체인 ④ 핀

해설 ⊕

동력을 전달하는 전동용 기계요소는 체인, 마찰차, 기어, 캠, 벨트, 로프 등이 있다.

04 원동차의 지름이 160mm, 종동차의 반지름이 50mm인 경우 원동차의 회전수가 300rpm 이라면 종동차의 회전수는 몇 rpm인가?

① 150 ② 200
③ 360 ④ 480

해설 ⊕

속비 $i = \dfrac{N_2}{N_1} = \dfrac{D_1}{D_2} \Rightarrow \dfrac{N_2}{300} = \dfrac{160}{100}$

$\therefore N_2 = \dfrac{160 \times 300}{100} = 480\text{rpm}$

여기서, 원동차의 지름 : $D_1 = 160\text{mm}$
종동차의 지름 : $D_2 = 100\text{mm}$
원동차의 회전수 : $N_1 = 300\text{rpm}$

05 회전하고 있는 원동 마찰차의 지름이 250mm이고 종동차의 지름이 400mm일 때 최대 토크는 몇 N·m인가?(단, 마찰차의 마찰계수는 0.2이고 서로 밀어 붙이는 힘은 2kN이다.)

① 20 ② 40
③ 80 ④ 160

해설 ⊕

마찰차는 마찰력에 의해 토크를 전달하므로
$T = \mu N \times$ 거리
종동차의 반지름이 더 크므로 최대 토크는

$T_{종동} = \mu N \times \dfrac{D_{종동}}{2} = 0.2 \times 2\text{kN} \times \left(\dfrac{1{,}000\text{N}}{1\text{kN}}\right)$

$\times \dfrac{400\text{mm} \times \left(\dfrac{1\text{m}}{1{,}000\text{mm}}\right)}{2} = 80\text{N} \cdot \text{m}$

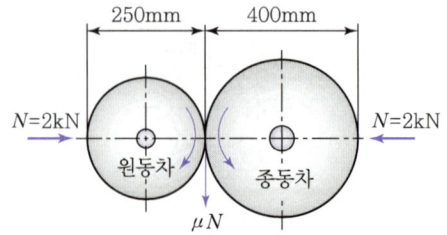

정답 01 ② 02 ④ 03 ③ 04 ④ 05 ③

06 마찰차를 활용하기에 적합하지 않은 것은?

① 속도비가 중요하지 않을 때
② 전달할 힘이 클 때
③ 회전속도가 클 때
④ 두 축 사이를 단속할 필요가 있을 때

해설 ⊕

전달할 힘이 클 때는 기어를 주로 사용하며, 마찰차는 접촉면에 미끄럼이 발생하기 때문에 큰 힘을 전달할 수 없다.

07 지름 $D_1 = 200$mm, $D_2 = 300$mm의 내접 마찰차에서 그 중심거리는 몇 mm인가?

① 50   ② 100
③ 125   ④ 250

해설 ⊕

마찰차 중심거리(C)

$$C = \frac{D_2}{2} - \frac{D_1}{2} = \frac{300\text{mm} - 200\text{mm}}{2} = 50\text{mm}$$

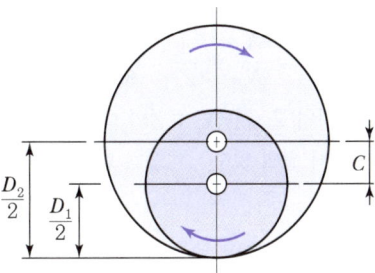

08 외접하고 있는 원통마찰차의 지름이 각각 240mm, 360mm일 때, 마찰차의 중심거리는 얼마인가?

① 60mm   ② 300mm
③ 400mm   ④ 600mm

해설 ⊕

외접 마찰차 중심거리 $C = \dfrac{D_1 + D_2}{2}$

$$= \frac{240\text{mm} + 360\text{mm}}{2}$$

$$= 300\text{mm}$$

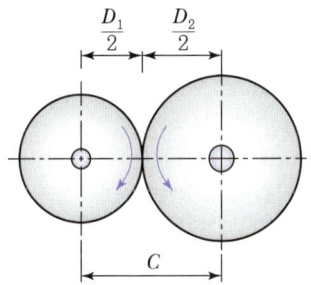

09 직접전동 기계요소인 홈 마찰차에서 홈의 각도(2α)는?

① $2\alpha = 10 \sim 20°$ ② $2\alpha = 20 \sim 30°$
③ $2\alpha = 30 \sim 40°$ ④ $2\alpha = 40 \sim 50°$

해설 ⊕

홈 마찰차의 홈의 각도
$2\alpha = 30 \sim 40°$

10 피치원지름이 165mm이고 잇수가 55인 표준 평기어의 모듈은?

① 2   ② 3
③ 4   ④ 6

해설 ⊕

모듈 $m = \dfrac{D}{z} = \dfrac{165}{55} = 3$

여기서, D : 피치원지름, z : 잇수

※ $D = m \cdot z$ → DMZ(비무장지대)로 암기

정답 06 ② 07 ① 08 ② 09 ③ 10 ②

11 표준 스퍼 기어의 잇수가 40개, 모듈이 3인 소재의 바깥지름(mm)은?

① 120 ② 126
③ 184 ④ 204

해설

이끝원 지름 $D_0 = D + 2a = m(z+2)$
$= 3(40+2) = 126\text{mm}$

여기서, m : 모듈, z : 잇수, a : 이끝높이
피치원 지름 $D = m \times z$
$a = m$ [표준치형에서는 이끝높이(a)와 모듈(m)의 크기를 같게 설계한다.]

12 직선운동을 회전운동으로 변환하거나, 회전운동을 직선운동으로 변환하는 데 사용되는 기어는?

① 스퍼 기어 ② 베벨 기어
③ 헬리컬 기어 ④ 랙과 피니언

해설

피니언 : 좌우 회전
랙 : 직선운동

13 전위 기어의 사용목적으로 가장 옳은 것은?

① 베어링 압력을 증대시키기 위함
② 속도비를 크게 하기 위함
③ 언더컷을 방지하기 위함
④ 전동 효율을 높이기 위함

해설

전위 기어의 특징
• 이의 언더컷을 방지한다.
• 이의 강도를 증가시킨다.
• 중심거리를 어떤 범위 내에서 자유롭게 선택할 수 있다.

14 모듈이 3이고 잇수가 30과 90인 한 쌍의 표준 평기어의 중심 거리는?

① 150mm ② 180mm
③ 200mm ④ 250mm

해설

두 기어의 중심거리(C)
$D = m \cdot z$ 적용
$$C = \frac{D_1 + D_2}{2} = \frac{m(z_1 + z_2)}{2} = \frac{3(30+90)}{2} = 180\text{mm}$$

15 웜 기어에서 웜이 3줄이고 웜 휠의 잇수가 60개일 때의 속도비는?

① 1/10 ② 1/20
③ 1/30 ④ 1/60

해설

웜 기어 속도비 $i = \dfrac{N_g}{N_w} = \dfrac{n}{Z_g} = \dfrac{3}{60} = \dfrac{1}{20}$

여기서, n : 웜의 줄 수, N_w : 웜의 회전수
Z_g : 웜 휠의 잇수, N_g : 웜 휠의 회전수

16 모듈이 m인 표준 스퍼 기어(미터식)에서 총 이높이는?

① 1.25m ② 1.5708m
③ 2.25m ④ 3.2504m

해설

표준 스퍼 기어의 이 크기
• 전체 이높이 = 2.25m
• 이뿌리높이 = 1.25m
• 이끝높이 = 1m

정답 11 ② 12 ④ 13 ③ 14 ② 15 ② 16 ③

17 모듈 5, 잇수가 40인 표준 평기어의 이끝원 지름은 몇 mm인가?

① 200mm ② 210mm
③ 220mm ④ 240mm

해설 ⊕

이끝원 지름 $D_0 = D + 2a = m(z+2)$
$\quad = 5(40+2) = 210\text{mm}$

여기서, m : 모듈, z : 잇수, , a : 이끝높이
피치원 지름 $D = m \times z$
$a = m$ [표준치형에서는 이끝높이(a)와 모듈(m)의 크기를 같게 설계한다]

18 스퍼 기어에서 z는 잇수(개)이고, P가 지름피치(인치)일 때 피치원 지름(Dmm)를 구하는 공식은?

① $D = \dfrac{Pz}{25.4}$ ② $D = \dfrac{25.4}{Pz}$
③ $D = \dfrac{P}{25.4z}$ ④ $D = \dfrac{25.4z}{P}$

해설 ⊕

이의 크기를 나타내는 기준
모듈 : 미터계, 지름피치 : 인치계

모듈 $m = \dfrac{D}{z}$ mm ($D = m \cdot z$에서)

지름피치 $P = \dfrac{1}{m} = \dfrac{z(잇수)}{D(피치원지름)}$ inch

1inch = 25.4mm를 적용하면

$P = \dfrac{z}{D}$ inch $\times \dfrac{25.4\text{mm}}{1\text{inch}} = 25.4\dfrac{z}{D}$ mm

$\therefore D = 25.4\dfrac{z}{P}$ mm

19 웜 기어의 특징으로 가장 거리가 먼 것은?

① 큰 감속비를 얻을 수 있다.
② 중심거리에 오차가 있을 때는 마멸이 심하다.
③ 소음이 작고 역회전 방지를 할 수 있다.
④ 웜 휠의 정밀측정이 쉽다.

해설 ⊕

④ 웜 휠의 정밀측정이 어렵다.

웜 기어의 특징

장점	단점
• 큰 감속비가 얻어진다(1/10 ~1/100).	• 전동효율이 낮다(40~50%).
• 부하용량이 크다.	• 중심거리에 오차가 있을 때는 마멸이 심하다.
• 역회전 방지를 할 수 있다.	• 웜과 웜 휠에 스러스트 하중이 생긴다.
• 소음과 진동이 적다.	• 웜 휠은 정밀측정이 어렵다.

20 기어 전동의 특징에 대한 설명으로 가장 거리가 먼 것은?

① 큰 동력을 전달한다.
② 큰 감속을 할 수 있다.
③ 넓은 설치장소가 필요하다.
④ 소음과 진동이 발생한다.

해설 ⊕

기어는 두 축 사이의 거리가 짧은 경우에 효율적으로 동력을 전달한다.

21 기어에서 이(Tooth)의 간섭을 막는 방법으로 틀린 것은?

① 이의 높이를 높인다.
② 압력각을 증가시킨다.
③ 치형의 이끝면을 깎아낸다.
④ 피니언의 반경 방향의 이뿌리면을 파낸다.

해설 ⊕

① 이의 높이를 높이면 이의 간섭이 더 심해진다(언더컷 증가).

정답 17 ② 18 ④ 19 ④ 20 ③ 21 ①

22 간헐운동(Intermittent Motion)을 제공하기 위해서 사용되는 기어는?

① 베벨 기어
② 헬리컬 기어
③ 웜 기어
④ 제네바 기어

해설

제네바 기어
원동차가 회전하면 핀이 종동차의 홈에 점차적으로 맞물려 간헐운동을 하는 간헐 기어의 일종이다.

23 교차하는 두 축의 운동을 전달하기 위하여 원추형으로 만든 기어는?

① 스퍼 기어
② 헬리컬 기어
③ 웜 기어
④ 베벨 기어

해설

베벨 기어
교차하는 두 축의 운동을 전달하기 위하여 원추형으로 만든 기어이다.

24 일반 스퍼 기어와 비교한 헬리컬 기어의 특징에 대한 설명으로 틀린 것은?

① 임의의 비틀림 각을 선택할 수 있어서 축 중심거리의 조절이 용이하다.
② 물림 길이가 길고 물림률이 크다.
③ 최소 잇수가 적어서 회전비를 크게 할 수가 있다.
④ 추력이 발생하지 않아서 진동과 소음이 적다.

해설

헬리컬 기어
스퍼 기어보다 접촉선의 길이가 길어서 큰 힘을 전달할 수 있고, 진동과 소음이 작지만, 톱니가 경사져 있어 축방향으로 스러스트 하중(추력)이 발생한다.

25 회전에 의한 동력전달장치에서 인장 측 장력과 이완 측 장력의 차이는?

① 초기 장력
② 인장 측 장력
③ 이완 측 장력
④ 유효장력

해설

- 유효장력 = 긴장 측 장력 − 이완 측 장력
- 벨트에서 유효장력을 기초로 토크와 전달동력을 설계한다.

26 다음 체인전동의 특성 중 틀린 것은?

① 정확한 속도비를 얻을 수 있다.
② 체인에 의해 소음과 진동이 심하다.
③ 2축이 평행한 경우에만 전동이 가능하다.
④ 축간거리는 10~15m가 적합하다.

해설

축간거리가 10~15m이면 너무 멀어 동력 전달이 힘들다. 축간거리가 먼 경우는 벨트나 로프 전동장치를 사용한다.

정답 22 ④ 23 ④ 24 ④ 25 ④ 26 ④

27 벨트전동에 관한 설명으로 틀린 것은?

① 벨트풀리에 벨트를 감는 방식은 크로스 벨트 방식과 오픈벨트 방식이 있다.
② 오픈벨트 방식에서는 양 벨트풀리가 반대방향으로 회전한다.
③ 벨트가 원동차에 들어가는 측을 인(긴)장 측이라 한다.
④ 벨트가 원동차로부터 풀려 나오는 측을 이완 측이라 한다.

해설 ⊕

② 오픈벨트 방식에서는 양 벨트풀리가 같은 방향으로 회전한다.

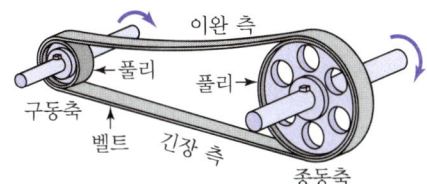

| 바로걸기(오픈벨트) |

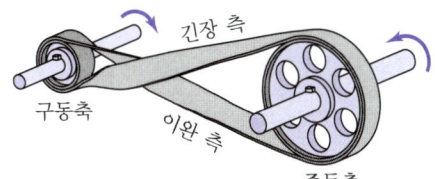

| 엇걸기(크로스 벨트) |

28 평벨트 전동과 비교한 V벨트 전동의 특징이 아닌 것은?

① 고속운전이 가능하다.
② 미끄럼이 적고 속도비가 크다.
③ 바로걸기와 엇걸기 모두 가능하다.
④ 접촉면적이 넓으므로 큰 동력을 전달한다.

해설 ⊕

③ 평벨트는 바로걸기(◎ ◎)와 엇걸기(◎⋈) 모두 가능하나, 단면이 사다리꼴(▨)인 V벨트는 엇걸기를 할 수 없다.

29 평벨트의 이용방법 중 효율이 가장 높은 것은?

① 이음쇠 이음   ② 가죽끈 이음
③ 관자 볼트 이음 ④ 접착제 이음

해설 ⊕

평벨트 이음 효율

이음 종류	접착제 이음	철사 이음	가죽끈 이음	이음쇠 이음
이음 효율	75~90%	60%	40~50%	40~70%

정답 27 ② 28 ③ 29 ④

CHAPTER 05 제어용 기계요소

01 브레이크

1 브레이크의 개요

브레이크는 동력전달을 제어하기 위한 기계요소로서 운동하는 물체의 감속 또는 정지에 사용된다. 일반적으로 운동에너지를 고체 마찰에 의하여 열에너지로 바꾸는 마찰 브레이크가 가장 많이 사용된다.

2 브레이크의 종류

(1) 블록 브레이크

회전하는 물체의 옆면을 브레이크 블록으로 눌러 접촉면에서 발생하는 마찰력으로 제동한다.

① 접촉면의 압력(q)

$$q = \frac{N}{A_q} = \frac{N}{b \cdot e}$$

여기서, N : 수직력 N
A_q : 접촉면의 투사면적 m^2
b : 브레이크 블록의 폭 m
e : 브레이크 블록의 높이 m

② 마찰력(브레이크의 제동력, F_f)

$$F_f = \mu N = \mu q A_q = \mu q b e$$

여기서, N : 수직력 N
A_q : 접촉면의 투사면적 m^2
b : 브레이크 블록의 폭 m
e : 브레이크 블록의 높이 m
μ : 마찰계수, q : 접촉면의 압력 N/m^2

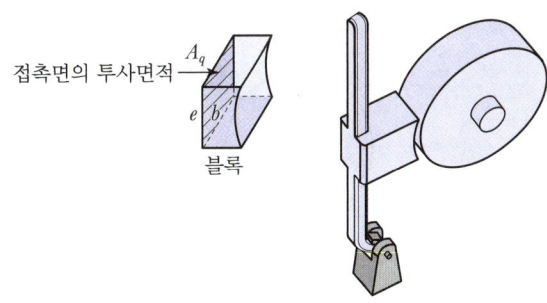

| 블록 브레이크 |

(2) 드럼 브레이크(내확 브레이크)

브레이크 드럼의 내부에서 브레이크 블록이 안에서 밖으로 확장되며 그에 따른 마찰력으로 제동한다.
① 복식 블록 브레이크의 변형된 형식이다.
② 브레이크슈를 바깥으로 확장하는 데 유압실린더 및 캠을 사용한다.
③ 자동차의 제동에 주로 사용한다.
④ 마찰면이 드럼 내부에 존재, 먼지와 기름 이물질 등이 마찰면에 부착되면 제동력이 떨어진다.

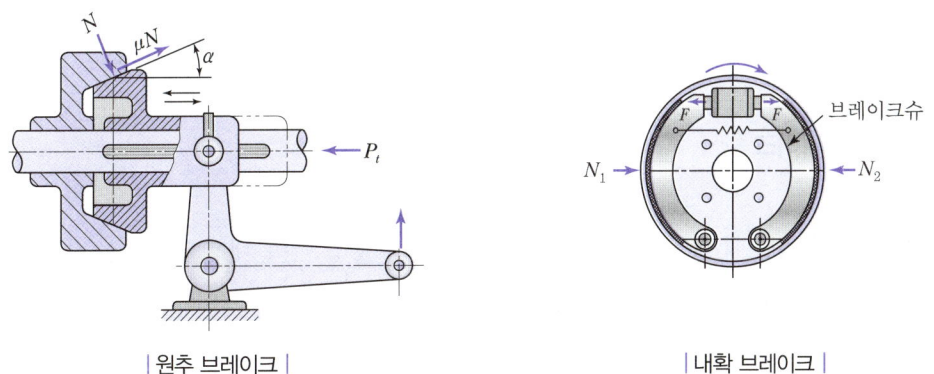

| 원추 브레이크 | | 내확 브레이크 |

(3) 원판 브레이크(디스크 브레이크)

회전하는 물체의 축에 연결된 원판의 양면을 브레이크 패드로 압착하여 마찰력으로 제동한다.
① 축방향하중에 의해 발생하는 마찰력으로 제동한다.
② 원판 개수에 따라 단판 또는 다판으로 구분된다.
③ 축압 브레이크의 일종이다.
④ 축방향하중에 의해 제동하며 냉각이 쉽고 큰 회전력의 제동에 적합하다.

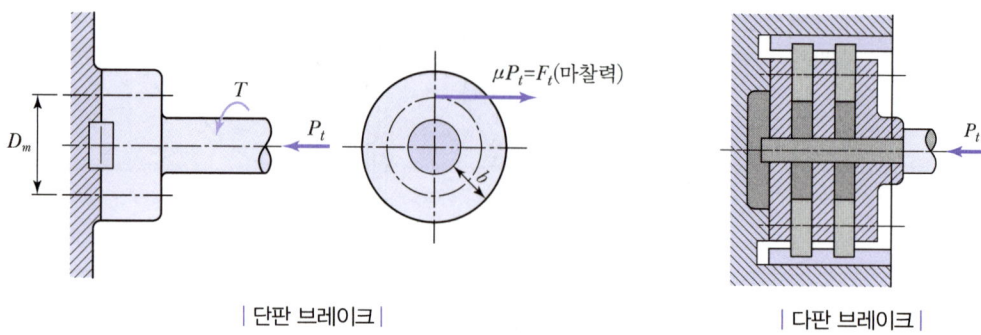

| 단판 브레이크 | | 다판 브레이크 |

(4) 밴드 브레이크(띠 브레이크)

브레이크 드럼 둘레에 밴드를 지렛대로 잡아당겨 그 압력으로 마찰을 일으켜 제동한다.

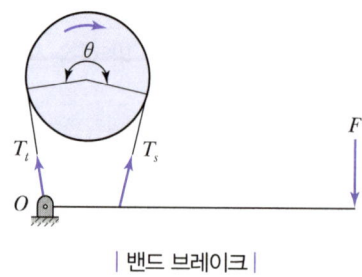

| 밴드 브레이크 |

(5) 자동하중 브레이크

① 작동원리

화물을 감아올릴 때 제동 작용은 하지 않고 클러치 작용을 하며, 내릴 때는 화물 자중에 의한 브레이크 작용을 한다.

② 자동하중 브레이크 종류
  ㉠ 나사 브레이크
  ㉡ 웜 브레이크
  ㉢ 코일 브레이크
  ㉣ 캠 브레이크
  ㉤ 원심력 브레이크
  ㉥ 전자기 브레이크

02 스프링

1 스프링의 용도

① 진동 흡수, 충격 완화(철도, 차량)
② 에너지 축적(시계태엽)
③ 압력의 제한(안전밸브) 및 힘의 측정(압력 게이지, 저울)
④ 기계 부품의 운동 제한 및 운동 전달(내연기관의 밸브 스프링)

2 스프링의 종류

① **코일 스프링** : 탄성을 가진 금속이나 플라스틱 등의 코일을 나선 모양으로 꼬아 만든 스프링으로, 양쪽에서 미는 힘 또는 양쪽에서 잡아당기는 힘이나 운동에 대한 완충작용을 한다.
② **겹판 스프링** : 탄성을 가진 금속판을 한 겹 또는 여러 겹으로 겹쳐 만든 스프링으로, 스프링 중앙에서 발생하는 진동을 완충시킨다. 자동차의 현가장치 등에 사용한다.

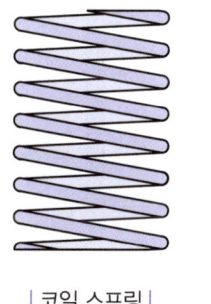

| 코일 스프링 |

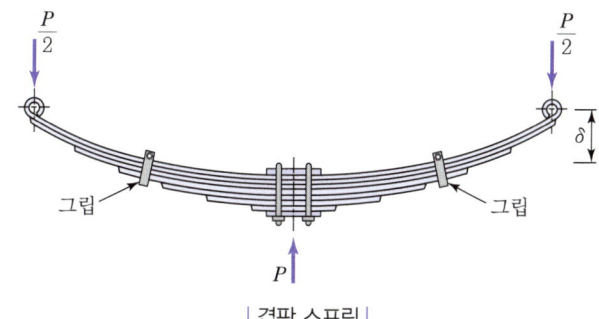

| 겹판 스프링 |

3 스프링의 설계

(1) 스프링상수(k)

$$k = \frac{W}{\delta} \, \text{N/mm}$$

$$W = k\delta$$

여기서, W : 스프링에 작용하는 하중 N
δ : W에 의한 스프링 처짐량 mm

(2) 스프링 조합

① 직렬조합

서로 다른 스프링이 직렬로 배열되어 하중 W를 받는다.

$$\delta = \delta_1 + \delta_2$$
$$\frac{W}{k} = \frac{W}{k_1} + \frac{W}{k_2}$$
$$\therefore \frac{1}{k} = \frac{1}{k_1} + \frac{1}{k_2}$$

여기서, k : 조합된 스프링의 전체 스프링상수
δ : 조합된 스프링의 전체 처짐량
k_1, k_2 : 각각의 스프링상수
δ_1, δ_2 : 각각의 스프링처짐량

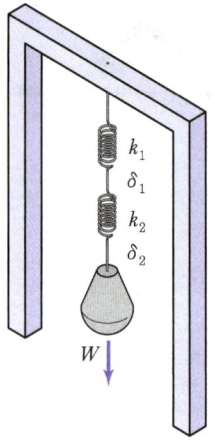

| 스프링 직렬조합 |

② 병렬조합

$W = W_1 + W_2$ 에서

$k\delta = k_1\delta_1 + k_2\delta_2$

(신장량이 일정하므로 $\delta = \delta_1 = \delta_2$)

$$\therefore k = k_1 + k_2$$

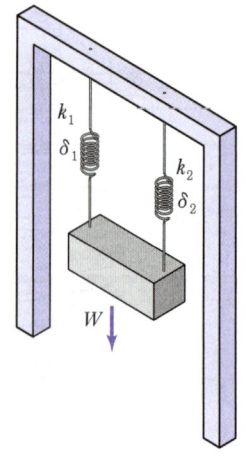

| 스프링 병렬조합 |

(3) 인장(압축) 코일 스프링

$$\text{스프링지수 } c = \frac{D}{d}$$

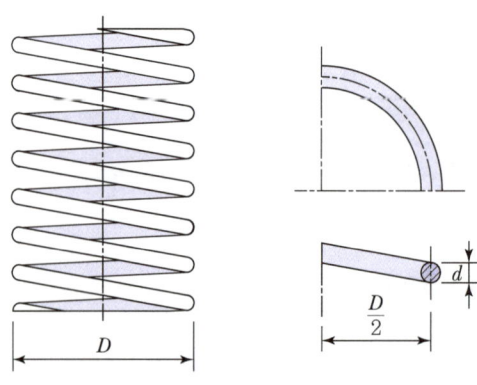

| 코일 스프링 |

03 댐퍼(Damper, 완충기)

스프링, 유압, 방진고무 등을 사용하여 진동·충격을 완화하는 시스템으로, 자동차나 철도차량의 주행 중 안정감을 높이고 승차감을 좋게 한다.

04 쇼크업소버(Shock Absorber)

축방향으로 하중이 작용하면 피스톤이 이동하여 작은 구멍인 오리피스(Orifice)로 기름이 유출되면서 진동을 감소시키는 완충장치이다.

05 토션바(Torsion Bar)

스프링강으로 만든 긴 환봉의 비틀림 탄성을 이용하여 완충작용을 하는 스프링이다.

실전 문제

01 브레이크 재료 중 마찰계수가 가장 큰 것은?
① 주철 ② 석면직물
③ 청동 ④ 황동

해설
② 석면직물 : 석면섬유에 페놀 수지를 침투시켜 굳힌 물질로 내열성이 뛰어나고 잘 찢어지지 않으므로 마찰재로 적합하지만, 석면가루가 사람과 환경에 유해하여 지금은 거의 사용하지 않는다.

02 접촉면의 압력을 p, 속도를 v, 마찰계수가 μ일 때 브레이크 용량(Brake Capacity)을 표시하는 것은?

① μpv
② $\dfrac{1}{\mu pv}$
③ $\dfrac{pv}{\mu}$
④ $\dfrac{\mu}{pv}$

해설
브레이크 용량은 단위 면적당 제동동력이다.
$$\text{브레이크 용량} = \frac{\text{제동동력}}{\text{접촉면적}} = \frac{F_f \cdot v}{A}$$
$$= \frac{\mu N v}{A} = \mu pv$$
여기서, F_f : 마찰력, v : 속도,
A : 접촉면적, p : 마찰면의 압력
μ : 마찰계수, N : 마찰면에 작용하는 힘

03 기계 부분의 운동 에너지를 열에너지나 전기에너지 등으로 바꾸어 흡수함으로써 운동속도를 감소시키거나 정지시키는 장치는?

① 브레이크 ② 커플링
③ 캠 ④ 마찰차

04 다음 제동장치 중 회전하는 브레이크 드럼을 브레이크 블록으로 누르게 한 것은?
① 밴드 브레이크 ② 원판 브레이크
③ 블록 브레이크 ④ 원추 브레이크

해설
③ 블록 브레이크 : 회전하는 브레이크 드럼을 브레이크 블록으로 눌러 제동한다.

05 회전운동을 하는 드럼이 안쪽에 있고 바깥에서 양쪽 대칭으로 드럼을 밀어붙여 마찰력이 발생하도록 한 브레이크는?
① 블록 브레이크 ② 밴드 브레이크
③ 드럼 브레이크 ④ 캘리퍼형 원판브레이크

해설
캘리퍼 브레이크(Caliper Break)
회전운동을 하는 디스크가 안쪽에 있고 바깥에서 양쪽 대칭으로 있는 브레이크 패드가 있어 디스크를 밀어붙이면 마찰력이 발생되어 제동이 되는 장치이다.

| 자동차용 캘리퍼 브레이크 |

| 자전거용 캘리퍼 브레이크 |

정답 01 ② 02 ① 03 ① 04 ③ 05 ④

06 브레이크 드럼에서 브레이크 블록에 수직으로 밀어 붙이는 힘이 1,000N이고 마찰계수가 0.45일 때 드럼의 접선방향 제동력은 몇 N인가?

① 150　　　　② 250
③ 350　　　　④ 450

해설

접선 방향의 제동력은 마찰력 F_f(수직력만의 함수)이므로
$F_f = \mu N = 0.45 \times 1,000 = 450\text{N}$

07 자동하중 브레이크에 속하지 않는 것은?

① 원추 브레이크　　② 웜 브레이크
③ 캠 브레이크　　　④ 원심 브레이크

해설

자동하중 브레이크
- 작동원리 : 화물을 감아올릴 때 제동 작용은 하지 않고 클러치 작용을 하며, 내릴 때는 화물 자중에 의한 브레이크 작용을 한다.
- 종류 : 웜 브레이크, 캠 브레이크, 원심력 브레이크, 나사 브레이크, 코일 브레이크, 전자기 브레이크

08 스프링상수의 단위로 옳은 것은?

① N·mm　　　　② N/mm
③ N·mm²　　　 ④ N/mm²

해설

스프링상수 $k = \dfrac{W}{\delta} \text{N/mm}$

여기서, W : 스프링에 작용하는 하중 N
　　　　δ : W에 의한 스프링 처짐량 mm

하중(W)은 처짐량(δ)에 비례($W \propto \delta$)하며 비례계수가 스프링상수이다.

09 에너지 흡수 능력이 크고, 스프링 작용 외에 구조용 부재기능을 겸하고 있으며, 재료가공이 용이하여 자동차 현가용으로 많이 사용하는 스프링은?

① 공기 스프링　　② 겹판 스프링
③ 코일 스프링　　④ 태엽 스프링

해설

② 겹판 스프링 : 탄성을 가진 금속판을 한 겹 또는 여러 겹으로 겹쳐 만든 스프링으로, 스프링 중앙에서 진동을 완충시키며 트럭의 현가장치 등에 사용한다.

10 원형봉에 비틀림 모멘트를 가하면 비틀림이 생기는 원리를 이용한 스프링은?

① 코일 스프링　　② 벌류트 스프링
③ 접시 스프링　　④ 토션바

해설

④ 토션바 : 비틀림 탄성을 이용하여 완충작용을 하는 스프링

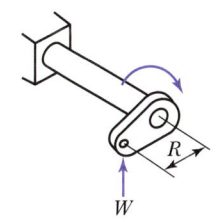

11 다음 스프링 중 너비가 좁고 얇은 긴 보의 형태로 하중을 지지하는 것은?

① 원판 스프링　　② 겹판 스프링
③ 인장 코일 스프링　　④ 압축 코일 스프링

해설

② 겹판 스프링 : 스프링 강재로 만든 널빤지 모양의 평판을 7~8매 또는 10여 매를 포갠 스프링이다. 철도 차량이나 자동차의 차체를 지지하는 부분에 사용된다.

정답　06 ④　07 ①　08 ②　09 ②　10 ④　11 ②

12 코일 스프링의 전체 평균직경이 50mm, 소선의 직경이 6mm일 때 스프링지수는 약 얼마인가?

① 1.4   ② 2.5
③ 4.3   ④ 8.3

해설

스프링지수 $C = \dfrac{D}{d} = \dfrac{50}{6} = 8.3$

여기서, D : 스프링 전체의 평균지름
d : 소선의 지름

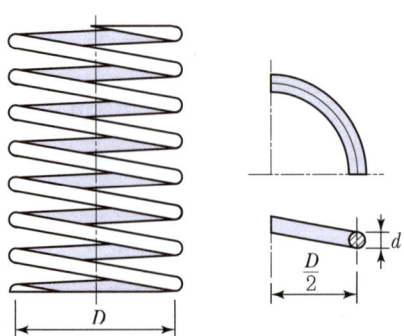

13 스프링을 사용하는 목적이 아닌 것은?

① 힘 축적
② 진동 흡수
③ 동력 전달
④ 충격 완화

해설

스프링의 용도
- 진동 흡수, 충격 완화(철도, 차량)
- 에너지 축적(시계 태엽)
- 압력의 제한(안전 밸브) 및 힘의 측정(압력 게이지, 저울)
- 기계 부품의 운동 제한 및 운동 전달(내연기관의 밸브 스프링)

14 압축 코일 스프링에서 코일의 평균지름(D)이 50mm, 감김수가 10회, 스프링지수(C)가 5.0일 때 스프링 재료의 지름은 약 몇 mm인가?

① 5   ② 10
③ 15   ④ 20

해설

$C = \dfrac{D}{d}$

여기서, D : 스프링 전체의 평균지름
d : 소선의 지름(재료의 지름)
C : 스프링지수

$d = \dfrac{D}{C} = \dfrac{50\text{mm}}{5} = 10\text{mm}$

∴ 스프링 재료의 지름 $= 10\text{mm}$

15 스프링의 길이가 100mm인 한 끝을 고정하고, 다른 끝에 무게 40N의 추를 달았더니 스프링의 전체 길이가 120mm로 늘어났을 때 스프링상수는 몇 N/mm인가?

① 8   ② 4
③ 2   ④ 1

해설

스프링상수 $k = \dfrac{W}{\delta} = \dfrac{40}{120-100} = 2\text{N/mm}$

여기서, W : 하중, δ : 처짐량(신장량)

16 에너지를 소멸하고 충격, 진동 등의 진폭을 경감시키기 위해 사용하는 장치는?

① 차음재
② 로프(Rope)
③ 댐퍼(Damper)
④ 스프링(Spring)

정답 12 ④ 13 ③ 14 ② 15 ③ 16 ③

> 해설 ⊕

댐퍼(Damper, 완충기)
스프링, 유압, 방진고무 등을 사용하여 진동, 충격을 완충하는 시스템으로, 자동차나 철도차량의 주행 중 안정감을 높이고, 승차감을 좋게 한다.

17 축방향에 하중이 작용하면 피스톤이 이동하여 작은 구멍인 오리피스(Orifice)로 기름이 유출되면서 진동을 감소시키는 완충 장치는?

① 토션바 ② 쇼크업소버
③ 고무 완충기 ④ 링 스프링 완충기

> 해설 ⊕

쇼크업소버(Shock Absorber)
충격 흡수 장치로서, 주행 중 발생되는 노면 충격과 진동을 흡수하여 승차감을 향상시키는 현가장치의 하나이다. 자동차와 산악자전거에서 흔히 볼 수 있다.

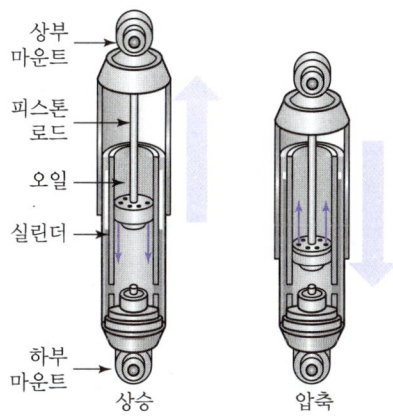

18 원주에 톱니 형상의 이가 달려 있으며 폴(Pawl)과 결합하여 한쪽 방향으로 간헐적인 회전운동을 주고 역회전을 방지하기 위하여 사용되는 것은?

① 래칫 휠 ② 플라이 휠
③ 원심 브레이크 ④ 자동하중 브레이크

> 해설 ⊕

① 래칫 휠 : 원주에 톱니 형상의 이가 달려 있으며 폴(Pawl)과 결합하여 한쪽 방향으로 회전운동을 주고, 역회전을 방지하기 위하여 사용한다.

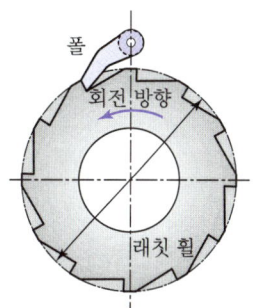

정답 17 ② 18 ①

05
CBT 실전모의고사

Craftsman Computer Aided Mechanical Drawing

01 1~19회 CBT 실전모의고사

02 1~19회 CBT 실전모의고사 정답 및 해설

CHAPTER 01 제1회 CBT 실전모의고사

01 Al-Si계 합금인 실루민의 주조 조직에 나타나는 Si의 거친 결정을 미세화시키고 강도를 개선하기 위하여 개량처리를 하는 데 사용되는 것은?

① Na
② Mg
③ Al
④ Mn

02 금속을 상온에서 소성변형시켰을 때, 재질이 경화되고 연신율이 감소하는 현상은?

① 재결정
② 가공경화
③ 고용강화
④ 열변형

03 강을 충분히 가열한 후 물이나 기름 속에 급랭시켜 조직변태에 의한 재질의 경화를 주 목적으로 하는 것은?

① 담금질
② 뜨임
③ 풀림
④ 불림

04 공구강의 구비조건 중 틀린 것은?

① 강인성이 클 것
② 내마모성이 작을 것
③ 고온에서 경도가 클 것
④ 열처리가 쉬울 것

05 황동의 자연균열 방지책이 아닌 것은?

① 수은
② 아연 도금
③ 도료
④ 저온풀림

06 다음 합성수지 중 일명 EP라고 하며, 현재 이용되고 있는 수지 중 가장 우수한 특성을 지닌 것으로 널리 이용되는 것은?

① 페놀 수지
② 폴리에스테르 수지
③ 에폭시 수지
④ 멜라민 수지

07 스텔라이트계 주조경질합금에 대한 설명으로 틀린 것은?

① 주성분이 Co이다.
② 단조품이 많이 쓰인다.
③ 800℃까지의 고온에서도 경도가 유지된다.
④ 열처리가 불필요하다.

08 복합재료 중 FRP는 무엇인가?

① 섬유 강화 목재
② 섬유 강화 금속
③ 섬유 강화 세라믹
④ 섬유 강화 플라스틱

09 다음 중 니켈-크롬강(Ni-Cr)에서 뜨임취성을 방지하기 위하여 첨가하는 원소는?

① Mn
② Si
③ Mo
④ Cu

10 기계요소 부품 중에서 직접 전동용 기계요소에 속하는 것은?

① 벨트
② 기어
③ 로프
④ 체인

11 수나사의 호칭치수는 무엇을 표시하는가?

① 골지름
② 바깥지름
③ 평균지름
④ 유효지름

12 다음 나사 중 백래시를 작게 할 수 있고 높은 정밀도를 오래 유지할 수 있으며 효율이 가장 좋은 것은?

① 사각 나사
② 톱니 나사
③ 볼 나사
④ 둥근 나사

13 다음 중 핀(Pin)의 용도가 아닌 것은?

① 핸들과 축의 고정
② 너트의 풀림 방지
③ 볼트의 마모 방지
④ 분해 조립할 때 조립할 부품의 위치결정

14 다음 스프링 중 너비가 좁고 얇은 긴 보의 형태로 하중을 지지하는 것은?

① 원판 스프링
② 겹판 스프링
③ 인장 코일 스프링
④ 압축 코일 스프링

15 지름이 6cm인 원형단면의 봉에 500kN의 인장하중이 작용할 때 이 봉에 발생되는 응력은 약 몇 N/mm^2인가?

① 170.8
② 176.8
③ 180.8
④ 200.8

16 평벨트풀리의 구조에서 벨트와 직접 접촉하여 동력을 전달하는 부분은?

① 림
② 암
③ 보스
④ 리브

17 회전하고 있는 원동 마찰차의 지름이 250mm이고 종동차의 지름이 400mm일 때 최대 토크는 몇 $N \cdot m$인가?(단, 마찰차의 마찰계수는 0.2이고 서로 밀어 붙이는 힘은 2kN이다.)

① 20
② 40
③ 80
④ 160

18 구름 베어링의 호칭번호가 6208일 때 안지름(d)은 얼마인가?

① 10mm
② 20mm
③ 30mm
④ 40mm

19 비교측정에 사용하는 측정기가 아닌 것은?
① 버니어 캘리퍼스
② 다이얼 테스트 인디케이터
③ 다이얼 게이지
④ 지침 측이기

20 그림에서 더브테일 φ10 핀을 이용하여 측정할 때 M의 길이는 약 얼마인가?

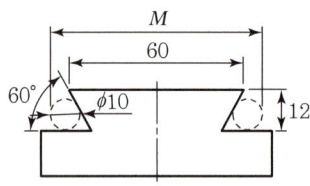

① 45.36mm   ② 60.65mm
③ 73.46mm   ④ 94.56mm

21 오차가 +20μm인 마이크로미터로 측정한 결과 55.25mm의 측정값을 얻었다면 실제값은?
① 55.18mm   ② 55.23mm
③ 55.25mm   ④ 55.27mm

22 버니어 캘리퍼스(Vernier Callipers)에서 어미자의 한 눈금이 1mm이고, 아들자의 눈금 19mm를 20등분한 경우 최소 측정치는 몇 mm인가?
① 0.01mm   ② 0.02mm
③ 0.05mm   ④ 0.1mm

23 길이 측정에 적합하지 않은 것은?
① 버니어 캘리퍼스   ② 마이크로미터
③ 하이트 게이지   ④ 수준기

24 도면에 사용되는 가공 방법의 약호로 틀린 것은?
① 선반 가공 : L
② 드릴 가공 : D
③ 연삭 가공 : G
④ 리머 가공 : R

25 기계제도에서 가는 1점쇄선이 사용되지 않는 것은?
① 중심선   ② 피치선
③ 기준선   ④ 숨은선

26 다음 도면에서 표현된 단면도로 모두 맞는 것은?

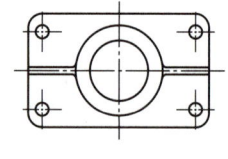
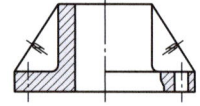

① 전단면도, 한쪽 단면도, 부분 단면도
② 한쪽 단면도, 부분 단면도, 회전 도시 단면도
③ 부분 단면도, 회전 도시 단면도, 계단 단면도
④ 전단면도, 한쪽 단면도, 회전 도시 단면도

27 다음 그림은 표면 거칠기의 지시이다. 면의 지시기호에 대한 지시사항에서 D의 위치에 나타내는 것은?

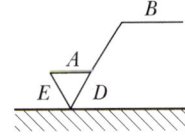

① 표면 파상도
② 줄무늬 방향 기호
③ 다듬질 여유 기입
④ 중심선 평균 거칠기 값

28 IT 기본 공차에 대한 설명으로 틀린 것은?
① IT 기본 공차는 치수 공차와 끼워 맞춤에 있어서 정해진 모든 치수 공차를 의미한다.
② IT 기본 공차의 등급은 IT01부터 IT18까지 20등급으로 구분되어 있다.
③ IT 공차 적용 시 제작의 난이도를 고려하여 구멍에는 ITn-1, 축에는 ITn을 부여한다.
④ 끼워 맞춤 공차를 적용할 때 구멍일 경우 IT6~IT10이고, 축일 때에는 IT5~IT9이다.

29 다음 기계요소 중 길이방향으로 단면할 수 있는 부품으로 묶은 것은?
① 리브, 바퀴의 암, 기어의 이
② 볼트, 너트, 작은 나사
③ 축, 핀, 리벳, 키
④ 부시, 칼라, 베어링

30 스케치를 할 물체의 표면에 광명단을 얇게 칠하고 그 위에 종이를 대고 눌러 실제의 모양을 뜨는 스케치 방법은?
① 프린트법   ② 모양뜨기 방법
③ 프리핸드법   ④ 사진법

31 KS B 0001에 규정된 도면의 크기에 해당하는 A열 사이즈의 호칭에 해당되지 않는 것은?
① A0   ② A3
③ A5   ④ A1

32 다음 등각도를 3각법으로 투상할 때 평면도로 맞는 것은?

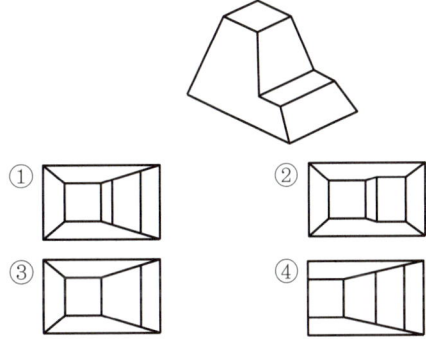

33 가는 실선을 사용하는 선의 용도에 해당하지 않는 것은?
① 기호 및 지시사항을 기입하기 위하여 끌어내는 데 쓰인다.
② 도형의 중심선을 간략하게 표시하는 데 쓰인다.
③ 수면, 유면 등의 위치를 명시하는 데 쓰인다.
④ 도시된 단면의 앞쪽에 있는 부분을 표시하는 데 쓰인다.

34 다음 설명 중 반지름 치수 기입 방법으로 옳은 것은?

① 반지름 치수를 표시할 때에는 치수선의 양쪽에 화살표를 모두 붙인다.
② 화살표나 치수를 기입할 여유가 없을 경우에는 중심 방향으로 치수선을 연장하여 긋고 화살표를 붙인다.
③ 반지름이 커서 그 중심 위치까지 치수선을 그을 수 없을 때에는 자유 실선을 원호 쪽에 사용하여 치수를 표기 한다.
④ 반지름 치수는 중심을 반드시 표시하여 기입해야 한다.

35 제거가공 또는 다른 방법으로 얻어진 가공 전의 상태를 그대로 남겨두는 것만을 지시하기 위한 기호는?

36 다음 선의 용도에 의한 명칭 중 선의 굵기가 다른 것은?

① 치수선   ② 지시선
③ 외형선   ④ 치수보조선

37 다음과 같이 기하공차가 기입되었을 때 설명으로 틀린 것은?

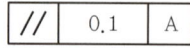

① 0.1은 공차값이다.
② //은 모양 공차이다.
③ //은 공차의 종류 기호이다.
④ A는 데이텀을 지시하는 문자 기호이다.

38 끼워 맞춤 방식에서 축의 지름이 구멍의 지름보다 큰 경우 조립 전 두 지름의 차를 무엇이라고 하는가?

① 죔새   ② 틈새
③ 공차   ④ 허용차

39 모양, 자세, 위치의 정밀도를 나타내는 종류와 기호를 바르게 나타낸 것은?

① 진원도 : ⌖   ② 동축도 : ⌖
③ 원통도 : ○   ④ 직각도 : ⊥

40 제3각법으로 표시된 다음 정면도와 측면도의 평면도에 해당하는 것은?

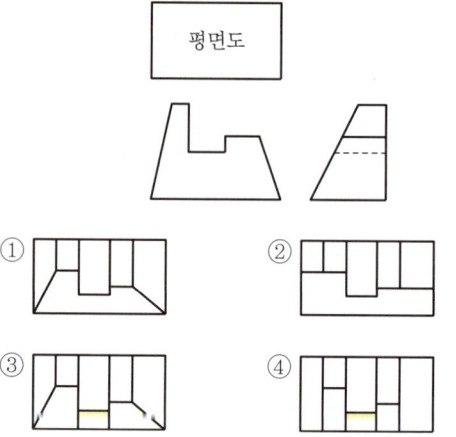

41 정면, 평면, 측면을 하나의 투상면 위에서 동시에 볼 수 있도록 그린 도법은?

① 보조 투상도   ② 단면도
③ 등각 투상도   ④ 전개도

42 다음 그림에서 부품 ㉠의 공차와 부품 ㉡의 공차가 순서대로 바르게 나열된 것은?

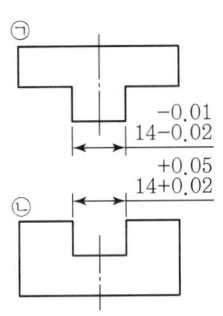

① 0.01, 0.02   ② 0.01, 0.03
③ 0.03, 0.03   ④ 0.03, 0.07

43 도면을 접어서 사용하거나 보관하고자 할 때 앞부분에 나타내어 보이도록 하는 부분은?

① 부품 번호가 있는 부분
② 표제란이 있는 부분
③ 조립도가 있는 부분
④ 도면이 그려지지 않은 뒷면

44 부분 확대도의 도시방법으로 틀린 것은?

① 특정한 부분의 도형이 작아서 그 부분을 확대하여 나타내는 표현방법이다.
② 확대할 부분을 굵은 실선으로 에워싸고 한글이나 알파벳 대문자로 표시한다.
③ 확대도에는 치수 기입과 표면 거칠기를 표시할 수 있다.
④ 확대한 투상도 위에 확대를 표시하는 문자 기호와 척도를 기입한다.

45 치수 보조 기호의 Sϕ는 무엇을 나타내는가?

① 표면
② 구의 반지름
③ 피치
④ 구의 지름

46 나사의 종류를 나타내는 기호 중 틀린 것은?

① R : 관용 테이퍼 수나사
② S : 미니어처 나사
③ UNC : 유니파이 보통 나사
④ TM : 29° 사다리꼴 나사

47 나사의 각 부를 표시하는 선에 대한 설명으로 틀린 것은?

① 수나사의 바깥지름과 암나사의 안지름은 굵은 실선으로 그린다.
② 수나사와 암나사의 골을 표시하는 선은 굵은 실선으로 그린다.
③ 완전나사부와 불완전나사부의 경계선은 굵은 실선으로 그린다.
④ 가려서 보이지 않는 나사부는 파선으로 그린다.

48 다음 그림에서 (가)부의 용접은 어떤 자세로 작업하는가?

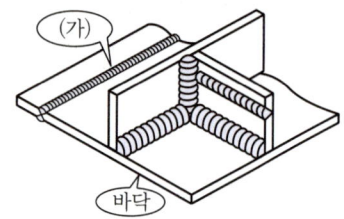

① 수평 자세　　② 수직 자세
③ 아래보기 자세　④ 위보기 자세

49 스퍼 기어를 축방향으로 단면 투상할 경우 도시 방법으로 틀린 것은?

① 이끝원은 굵은 실선으로 그린다.
② 피치원은 가는 1점쇄선으로 그린다.
③ 이뿌리원은 파선으로 그린다.
④ 맞물리는 한 쌍의 기어의 이끝원은 굵은 실선으로 그린다.

50 스프로킷 휠의 도시법에 대한 설명으로 틀린 것은?

① 바깥지름은 굵은 실선, 피치원은 가는 1점쇄선으로 도시한다.
② 이뿌리원을 축에 직각인 방향에서 단면 도시할 경우에는 가는 실선으로 도시한다.
③ 이뿌리원은 가는 실선으로 도시하나 기입을 생략해도 좋다.
④ 항목표에는 원칙적으로 이의 특성에 관한 사항과 이의 절삭에 필요한 치수를 기입한다.

51 테이퍼 핀의 호칭 지름을 표시하는 부분은?

① 핀의 큰 쪽 지름
② 핀의 작은 쪽 지름
③ 핀의 중간 부분 지름
④ 핀의 작은 쪽 지름에서 전체의 1/3 되는 부분

52 베어링의 호칭번호 6203Z에서 Z가 뜻하는 것은?

① 한쪽 실드
② 리테이너 없음
③ 보통 틈새
④ 등급 표시

53 맞물리는 한 쌍의 평기어에서 모듈이 2이고 잇수가 각각 20, 30일 때 두 기어의 중심거리는?

① 30mm　　② 40mm
③ 50mm　　④ 60mm

54 배관도의 치수 기입 요령으로 틀린 것은?

① 치수는 관, 관 이음, 밸브의 입구 중심에서 중심까지의 길이로 표시한다.
② 관이나 밸브 등의 호칭 지름은 관선 밖으로 지시선을 끌어내어 표시한다.
③ 설치 이유가 중요한 장치에서는 단선 도시 방법을 이용한다.
④ 관의 끝 부분에 왼나사를 필요로 할 때에는 지시선으로 나타내어 표시한다.

55 축을 제도하는 방법을 설명한 것이다. 틀린 것은?

① 긴 축은 단축하여 그릴 수 있고 길이는 실제 길이를 기입한다.
② 축은 일반적으로 길이방향으로 절단하여 단면을 표시한다.
③ 구석 라운드 가공부는 필요에 따라 확대하여 기입할 수 있다.
④ 필요에 따라 부분 단면은 가능하다.

56 코일 스프링의 제도방법 중 맞는 것은?

① 원칙적으로 하중이 걸린 상태로 그린다.
② 그림 안에 기입하기 힘든 사항은 일괄하여 요목표에 표시한다.
③ 코일스프링의 중간부분을 생략할 때는 생략부분을 파단선으로 긋는다.
④ 특별한 단서가 없는 한 모두 왼쪽 감기로 도시한다.

57 일반적인 CAD 시스템에서 사용되는 좌표계가 아닌 것은?

① 직교 좌표계
② 타원 좌표계
③ 극 좌표계
④ 구면 좌표계

58 컴퓨터 시스템의 중앙처리 장치구성요소가 아닌 것은?

① 보조기억장치
② 제어장치
③ 연산장치
④ 주기억장치

59 3차원 물체를 외부형상뿐만 아니라 내부구조의 정보까지도 표현하여 물리적 성질 등의 계산까지 가능한 모델은?

① 와이어 프레임 모델
② 서피스 모델
③ 솔리드 모델
④ 엔티티 모델

60 CAD 시스템의 출력장치가 아닌 것은?

① 스캐너
② 그래픽 디스플레이
③ 프린터
④ 플로터

CHAPTER 02 제2회 CBT 실전모의고사

01 스프링강의 특성에 대한 설명으로 틀린 것은?
① 항복강도와 크리프 저항이 커야 한다.
② 반복하중에 잘 견딜 수 있는 성질이 요구된다.
③ 냉간가공 방법으로만 제조된다.
④ 일반적으로 열처리를 하여 사용한다.

02 자기 감응도가 크고, 잔류자기 및 항자력이 작아 변압기 철심이나 교류기계의 철심 등에 쓰이는 강은?
① 자석강
② 규소강
③ 고 니켈강
④ 고 크롬강

03 다음 중 황동에 납(pb)을 첨가한 합금은?
① 델타 메탈
② 쾌삭황동
③ 먼츠 메탈
④ 고강도 황동

04 다음 중 내식용 알루미늄 합금이 아닌 것은?
① 알민
② 알드레이
③ 하이드로날륨
④ 라우탈

05 황(S)이 함유된 탄소강의 적열취성을 감소시키기 위해 첨가하는 원소는?
① 망간
② 규소
③ 구리
④ 인

06 다음 중 청동의 주성분 구성은?
① Cu-Zn 합금
② Cu-Pb 합금
③ Cu-Sn 합금
④ Cu-Ni 합금

07 불스 아이(Bull's Eye) 조직은 어느 주철에 나타나는가?
① 가단주철
② 미하나이트주철
③ 칠드주철
④ 구상흑연주철

08 금속재료와 비교한 세라믹의 일반적인 특징으로 옳은 것은?
① 인성이 크다.
② 내충격성이 높다.
③ 내산화성이 양호하다.
④ 성형성 및 기계가공성이 좋다.

09 항온 열처리 방법에 포함되지 않는 것은?

① 오스템퍼
② 시안화법
③ 마퀜칭
④ 마템퍼

10 코터이음에서 코터의 너비가 10mm, 평균 높이가 50mm인 코터의 허용전단응력이 20 N/mm²일 때, 이 코터이음에 가할 수 있는 최대 하중(kN)은?

① 10
② 20
③ 100
④ 200

11 다음 중 나사의 피치가 일정할 때 리드가 가장 큰 것은?

① 4줄 나사
② 3줄 나사
③ 2줄 나사
④ 1줄 나사

12 베어링의 호칭번호가 608일 때, 이 베어링의 안지름은 몇 mm인가?

① 8
② 12
③ 15
④ 40

13 표준스퍼기어의 잇수가 40개, 모듈이 3인 소재의 바깥지름(mm)은?

① 120
② 126
③ 184
④ 204

14 기계 부분의 운동 에너지를 열에너지나 전기에너지 등으로 바꾸어 흡수함으로써 운동속도를 감소시키거나 정지시키는 장치는?

① 브레이크
② 커플링
③ 캠
④ 마찰차

15 다음 중 마찰차를 활용하기에 적합하지 않은 것은?

① 속도비가 중요하지 않을 때
② 전달할 힘이 클 때
③ 회전속도가 클 때
④ 두 축 사이를 단속할 필요가 있을 때

16 가위로 물체를 자르거나 전단기로 철판을 절단할 때 생기는 가장 큰 응력은?

① 인장응력
② 압축응력
③ 전단응력
④ 집중응력

17 다음 나사 중 먼지, 모래 등이 들어가기 쉬운 곳에 사용되는 것은?

① 둥근 나사
② 사다리꼴 나사
③ 톱니 나사
④ 볼 나사

18 원동차의 지름이 160mm, 종동차의 반지름이 50mm인 경우 원동차의 회전수가 300rpm이라면 종동차의 회전수는 몇 rpm인가?

① 150
② 200
③ 360
④ 480

19 버니어 캘리퍼스의 크기를 나타낼 때 기준이 되는 것은?

① 아들자의 크기
② 어미자의 크기
③ 고정나사의 피치
④ 측정 가능한 치수의 최대 크기

20 하이트 게이지의 사용상 주의사항으로 틀린 것은?

① 스크라이버는 길게 하여 사용한다.
② 정반위에서 0점을 확인한다.
③ 슬라이더 및 스크라이버를 확실히 고정한다.
④ 사용 전에 정반면을 깨끗이 닦고 사용한다.

21 마이크로미터의 구조에서 부품에 속하지 않는 것은?

① 앤빌   ② 스핀들
③ 슬리브   ④ 스크라이버

22 외측 마이크로미터 "0"점 조정 시 기준이 되는 것은?

① 블록게이지   ② 다이얼 게이지
③ 오토콜리메이터 ④ 레이저 측정기

23 다음 중 한계 게이지가 아닌 것은?

① 게이지 블록   ② 봉 게이지
③ 플러그 게이지   ④ 링 게이지

24 ISO 규격에 있는 미터 사다리꼴 나사의 표시 기호는?

① M   ② Tr
③ UNC   ④ R

25 기어의 도시 방법에 관한 설명으로 틀린 것은?

① 잇봉우리원은 굵은 실선으로 표시한다.
② 피치원은 가는 1점쇄선으로 표시한다.
③ 이골원은 가는 실선으로 표시한다.
④ 잇줄 방향은 통상 3개의 굵은 실선으로 표시한다.

26 다음 중 한 도면에서 두 종류 이상의 선이 같은 장소에 겹치는 경우 가장 우선적으로 그려야 할 선은?

① 숨은선
② 무게중심선
③ 절단선
④ 중심선

27 다음 중 위 치수 허용차가 "0"이 되는 IT 공차는?

① js7   ② g7
③ h7   ④ k7

28 제거 가공을 허락하지 않는 면의 지시 기호는?

① 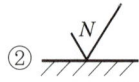   ②
③   ④

29 다음 중 KS에서 기계부문을 나타내는 분류 기호는?

① KS A   ② KS B
③ KS M   ④ KS X

30 다음 중 도형의 스케치 방법과 관계가 먼 것은?

① 프린트법   ② 모양뜨기법
③ 프리핸드법   ④ 기호도시법

31 그림과 같은 면의 지시 기호에 대한 각 지시 사항의 기입 위치에 대한 설명으로 틀린 것은?

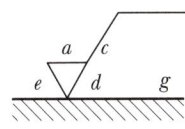

① a : 표면 거칠기(Ra) 값
② d : 줄무늬 방향의 기호
③ g : 표면 파상도
④ c : 가공 방법

32 그림의 일부를 도시하는 것으로도 충분한 경우, 아래 그림과 같이 필요한 부분만을 투상하여 그리는 투상도는?

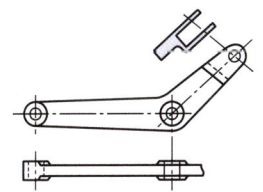

① 특수 투상도   ② 부분 투상도
③ 회전 투상도   ④ 국부 투상도

33 다음 축척의 종류 중 우선적으로 사용되는 척도가 아닌 것은?

① 1 : 2   ② 1 : 3
③ 1 : 5   ④ 1 : 10

34 45° 모떼기(Chamfering)의 기호로 사용되는 것은?

① H   ② F
③ M   ④ C

35 정투상법의 제1각법에 의한 투상도의 배치에서 정면도의 위쪽에 놓이는 것은?

① 우측면도   ② 평면도
③ 배면도   ④ 저면도

36 치수 기입의 원칙에 대한 설명으로 틀린 것은?

① 치수는 되도록 주 투상도에 집중한다.
② 치수는 중복 기입을 할 수 있고 각 투상도에 고르게 치수를 기입한다.
③ 관련되는 치수는 되도록 한곳에 모아서 기입한다.
④ 치수는 되도록 공정마다 배열을 분리하여 기입한다.

37 끼워 맞춤 공차가 ϕ50H7/m6일 때 끼워 맞춤의 상태로 알맞은 것은?

① 구멍 기준식 중간 끼워 맞춤
② 구멍 기준식 억지 끼워 맞춤
③ 구멍 기준식 헐거운 끼워 맞춤
④ 축 기준식 억지 끼워 맞춤

38 기하공차 기호에서 ◎은 무엇을 나타내는가?

① 진원도
② 동축도
③ 위치도
④ 원통도

39 어떤 물체를 제3각법으로 투상했을 때 평면도로 올바른 것은?

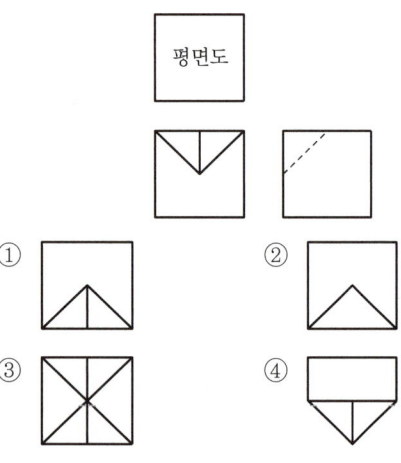

40 길이 방향으로 단면하여 나타낼 수 있는 것은?

① 기어(Gear)의 이
② 볼트(Bolt)
③ 강구(Steel Ball)
④ 파이프(Pipe)

41 다음 입체도에서 화살표 방향을 정면도로 했을 때 제3각법에 맞는 3면도는?

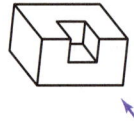

① ② ③ ④

42 가상선의 용도로 맞지 않는 것은?

① 인접부분을 참고로 표시하는 데 사용
② 도형의 중심을 표시하는 데 사용
③ 가공 전 또는 가공 후의 모양을 표시하는 데 사용
④ 도시된 단면의 앞쪽에 있는 부분을 표시하는 데 사용

43 다음과 같은 치수가 있을 경우 끼워 맞춤의 종류로 맞는 것은?

구분	구멍	축
최대허용치수	50.025	49.975
최소허용치수	50.000	49.950

① 절대 끼워 맞춤
② 억지 끼워 맞춤
③ 헐거운 끼워 맞춤
④ 중간 끼워 맞춤

44 다음 그림에서 기하공차 기호 ◎ ⌀0.08 A-B 의 설명으로 옳은 것은?

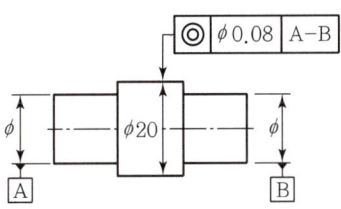

① 데이텀 A-B를 기준으로 흔들림 공차가 지름 0.08mm의 원통 안에 있어야 한다.
② 데이텀 A-B를 기준으로 동심도 공차가 지름 0.08mm의 두 평면 안에 있어야 한다.
③ 데이텀 A-B를 기준으로 동심도 공차가 지름 0.08mm의 원통 안에 있어야 한다.
④ 데이텀 A-B를 기준으로 원통도 공차가 지름 0.08mm의 두 평면 안에 있어야 한다.

45 다음의 두 투상도에 사용된 단면도의 종류는?

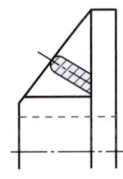 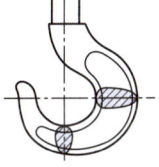

① 부분 단면도
② 한쪽 단면도
③ 온단면도
④ 회전 도시 단면도

46 평벨트풀리의 도시방법으로 잘못 설명된 것은?

① 풀리는 축 직각 방향의 투상을 주 투상도로 할 수 있다.
② 벨트풀리는 모양이 대칭형이므로 그 일부분만을 도시할 수 있다.
③ 방사형으로 되어 있는 암은 수직 중심선 또는 수평 중심선까지 회전하여 투상할 수 있다.
④ 암은 길이 방향으로 절단하여 단면을 도시한다.

47 코일 스프링의 일반적인 도시방법으로 틀린 것은?

① 스프링은 원칙적으로 무하중인 상태로 그린다.
② 하중이 걸린 상태에서 그릴 때에는 그때의 치수와 하중을 기입한다.
③ 특별한 단서가 없는 한 모두 왼쪽 감기로 도시하고 오른쪽 감기로 도시할 때에는 "감긴 방향 오른쪽"이라고 표시한다.
④ 그림 안에 기입하기 힘든 사항은 일괄하여 요목표에 표시한다.

48 용접부의 실제 모양이 그림과 같을 때 용접 기호 표시로 맞는 것은?

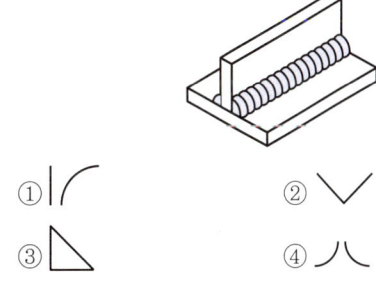

49 축의 도시법에 대한 설명으로 틀린 것은?

① 축의 구석 홈 가공부는 확대하여 상세 치수를 기입할 수 있다.
② 길이가 긴 축의 중간 부분을 생략하여 도시하였을 때 치수는 실제길이를 기입한다.
③ 축은 일반적으로 길이 방향으로 절단하지 않는다.
④ 축은 일반적으로 축 중심선을 수직방향으로 놓고 그린다.

50 볼베어링의 KS호칭번호가 6026 P6일 때 P6이 나타내는 것은?

① 등급기호
② 틈새기호
③ 실드기호
④ 복합표시기호

51 "M20×2"는 미터 가는 나사의 호칭 보기이다. 여기서 2는 무엇을 나타내는가?

① 나사의 피치
② 나사의 호칭지름
③ 나사의 등급
④ 나사의 경도

52 다음 그림은 어떤 기어(Gear)를 간략 도시한 것인가?

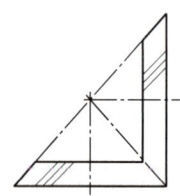

① 베벨 기어
② 스파이럴 베벨 기어
③ 헬리컬 기어
④ 웜과 웜 기어

53 다음 표는 스퍼 기어의 요목표이다. 빈칸 (A), (B)에 적합한 숫자로 맞는 것은?

스퍼 기어 요목표		
기어 치형		표준
기준 래크	치형	보통 이
	모듈	2
	압력각	20°
잇수		45
피치원 지름		(A)
전체 이 높이		(B)
다듬질 방법		호브절삭

① A : φ90, B : 4.5
② A : φ45, B : 4.5
③ A : φ90, B : 4.0
④ A : φ45, B : 4.0

54 테이퍼 핀의 호칭지름을 표시하는 부분은?

① 가는 부분의 지름
② 굵은 부분의 지름
③ 가는 쪽에서 전체 길이의 1/3 되는 부분의 지름
④ 굵은 쪽에서 전체 길이의 1/3 되는 부분의 지름

55 다음 밸브 그림 기호 설명 중 맞는 것은?

① ⋈ : 밸브 일반
② ⧖ : 앵글 밸브
③ ⊠ : 안전 밸브
④ ⋈ : 체크 밸브

56 나사의 도시 방법에서 골 지름을 표시하는 선의 종류는?

① 굵은 실선　② 굵은 1점쇄선
③ 가는 실선　④ 가는 1점쇄선

57 컬러 디스플레이의 기본 색상이 아닌 것은?

① 빨강 : R　② 파랑 : B
③ 노랑 : Y　④ 초록 : G

58 다음 중 솔리드 모델링의 특징에 해당하지 않는 것은?

① 복잡한 형상의 표현이 가능하다.
② 체적, 관성모멘트 등의 계산이 가능하다.
③ 부품 상호 간의 간섭을 체크할 수 있다.
④ 다른 모델링에 비해 데이터의 양이 적다.

59 CAD 시스템에서 마지막 입력점을 기준으로 다음 점까지의 직선거리와 기준 직교축, 그 직선이 이루는 각도로 입력하는 좌표계는?

① 절대좌표계　② 구면좌표계
③ 원통좌표계　④ 상대극좌표계

60 CPU(중앙처리장치)의 기능이라고 할 수 없는 것은?

① 제어기능　② 연산기능
③ 대화기능　④ 기억기능

CHAPTER 03 제3회 CBT 실전모의고사

01 탄소 공구강의 구비 조건으로 틀린 것은?
① 내마모성이 클 것
② 가공 및 열처리성이 양호할 것
③ 저온에서의 경도가 클 것
④ 강인성 및 내충격성이 우수할 것

02 인장강도가 255~340MPa로 Ca-Si나 Fe-Si 등의 접종제로 접종 처리한 것으로 바탕조식은 펄라이트이며 내마멸성이 요구되는 공작기계의 안내면이나 강도를 요하는 기관의 실린더 등에 사용되는 주철은?
① 칠드 주철
② 미하나이트 주철
③ 흑심가단 주철
④ 구상흑연 주철

03 구리의 원자기호와 비중과의 관계가 옳은 것은?(단, 비중은 20℃, 무산소동이다.)
① Al-6.86
② Ag-6.96
③ Mg-9.86
④ Cu-8.96

04 황동은 어떤 원소의 2원 합금인가?
① 구리와 주석
② 구리와 망간
③ 구리와 납
④ 구리와 아연

05 담금질 응력 제거, 치수의 경년변화 방지, 내마모성 향상 등을 목적으로 100~200℃에서 마텐자이트 조직을 얻도록 조작을 하는 열처리 방법은?
① 저온뜨임
② 고온뜨임
③ 항온풀림
④ 저온풀림

06 강재의 KS 규격 기호 중 틀린 것은?
① SKH-고속도 공구강 강재
② SM-기계 구조용 탄소 강재
③ SS-일반 구조용 압연 강재
④ STS-탄소 공구강 강재

07 주철의 풀림처리(500~600℃, 6~7시간)의 목적과 가장 관계가 깊은 것은?
① 잔류응력 제거
② 전·연성 향상
③ 부피 팽창 방지
④ 흑연의 구상화

08 6·4 황동에 철 1~2%를 첨가함으로써 강도와 내식성이 향상되어 광산용 기계, 선박용 기계, 화학용 기계 등에 사용되는 특수 황동은?
① 쾌삭 메탈
② 델타 메탈
③ 네이벌 황동
④ 애드미럴티 황동

09 냉간가공된 황동 제품들이 공기 중의 암모니아 및 염류로 인하여 입간부식에 의한 균열이 생기는 것은?

① 저장균열
② 냉간균열
③ 사연균열
④ 열간균열

10 볼트를 결합시킬 때 너트를 2회전하면 축방향으로 10mm, 나사산 수는 4산이 진행한다. 이와 같은 나사의 조건은?

① 피치 2.5mm, 리드 5mm
② 피치 5mm, 리드 5mm
③ 피치 5mm, 리드 10mm
④ 피치 2.5mm, 리드 10mm

11 다음 중 후크의 법칙에서 늘어난 길이를 구하는 공식은?(단, λ : 변형량, W : 인장하중, A : 단면적, E : 탄성계수, l : 길이이다.)

① $\lambda = \dfrac{Wl}{AE}$
② $\lambda = \dfrac{AE}{W}$
③ $\lambda = \dfrac{AE}{Wl}$
④ $\lambda = \dfrac{W}{AE}$

12 기어, 풀리, 커플링 등의 회전체를 축에 고정시켜서 회전운동을 전달시키는 기계요소는?

① 나사
② 리벳
③ 핀
④ 키

13 코일스프링의 전체 평균직경이 50mm, 소선의 직경이 6mm일 때 스프링 지수는 약 얼마인가?

① 1.4
② 2.5
③ 4.3
④ 8.3

14 직선운동을 회전운동으로 변환하거나, 회전운동을 직선운동으로 변환하는 데 사용되는 기어는?

① 스퍼 기어
② 베벨 기어
③ 헬리컬 기어
④ 랙과 피니언

15 엔드 저널로서 지름이 50mm의 전동축을 받치고 허용 최대 베어링 압력을 $6N/m^2$, 저널길이를 80mm라 할 때 최대 베어링 하중은 몇 kN인가?

① 3.64kN
② 6.4kN
③ 24kN
④ 30kN

16 축이음 중 두 축이 평행하고 각속도의 변동 없이 토크를 전달하는 데 가장 적합한 것은?

① 올덤 커플링
② 플렉시블 커플링
③ 유니버설 커플링
④ 플랜지 커플링

17 나사의 끝을 이용하여 축에 바퀴를 고정시키거나 위치를 조정할 때 사용되는 나사는?

① 태핑 나사
② 사각 나사
③ 볼 나사
④ 멈춤 나사

18 탄소강에 함유된 원소 중 백점이나 헤어크랙의 원인이 되는 원소는?

① 황
② 인
③ 수소
④ 구리

19 마이크로미터 측정면의 평면도를 검사하는 데 사용하는 것은?

① 옵티미터
② 오토콜리메이터
③ 옵티컬플랫
④ 사인바

20 측정기로 가공물을 측정할 때 발생할 수 있는 측정 오차가 아닌 것은?

① 측정기의 오차
② 시차
③ 우연 오차
④ 편차

21 다음 각각의 게이지와 그 용도에 대한 설명이 틀린 것은?

① 와이어 게이지는 와이어의 길이를 측정하는 것이다.
② 센터 게이지는 나사절삭 시 나사바이트의 각도를 측정하는 것이다.
③ 드릴 게이지는 드릴의 지름을 측정하는 것이다.
④ R 게이지는 원호 등의 반지름을 측정하는 것이다.

22 측정 대상 부품은 측정기의 측정축과 일직선 위에 놓여 있으면 측정오차가 작아진다는 원리는?

① 월라스톤의 원리
② 아베의 원리
③ 아보트 부하곡선의 원리
④ 히스테리시스차의 원리

23 부품 측정의 일반적인 사항을 설명한 것으로 틀린 것은?

① 제품의 평면도는 정반과 다이얼 게이지나 다이얼 테스트 인디케이터를 이용하여 측정할 수 있다.
② 제품의 진원도는 V블록 위나 양 센터 사이에 설치한 후 회전시켜 다이얼 테스트 인디케이터를 이용하여 측정할 수 있다.
③ 3차원 측정기는 몸체 및 스케일, 측정침, 구동장치, 컴퓨터 등으로 구성되어 있다.
④ 우연 오차는 측정기의 구조, 측정 압력, 측정 온도 등에 의하여 생기는 오차이다.

24 제도 용지에서 A0 용지의 가로길이 : 세로길이의 비와 그 면적으로 옳은 것은?

① $\sqrt{3}$: 1, 약 $1m^2$
② $\sqrt{2}$: 1, 약 $1m^2$
③ $\sqrt{3}$: 1, 약 $2m^2$
④ $\sqrt{2}$: 1, 약 $2m^2$

25 기계제도에서 가공 방법 기호와 그 관계가 서로 맞지 않는 것은?

① M - 밀링가공
② V - 보링가공
③ D - 드릴가공
④ L - 선반가공

26 다음과 같이 그림의 일부를 도시하는 것으로도 충분한 경우에 그리는 투상도는?

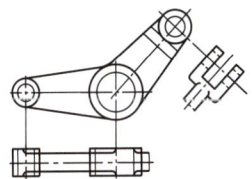

① 국부 투상도 ② 부분 투상도
③ 회전 투상도 ④ 부분 확대도

27 축용 게이지 제작에 사용되는 IT 기본공차의 등급은?

① IT01 ~ IT4 ② IT5 ~ IT8
③ IT8 ~ IT12 ④ IT11 ~ IT18

28 치수 기입의 원칙에 대한 설명으로 틀린 것은?

① 필요한 치수를 명료하게 도면에 기입한다.
② 가능한 한 주요 투상도에 집중하여 기입한다.
③ 가능한 한 계산하여 구할 필요가 없도록 기입한다.
④ 잘 알 수 있도록 중복하여 기입한다.

29 그림의 "C" 부분에 들어갈 기하공차 기호로 가장 알맞은 것은?

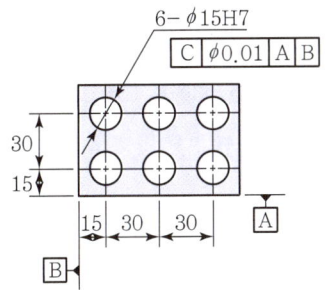

① ◎ ② ⌖
③ ○ ④ ⌒

30 가공 전 또는 가공 후의 모양을 표시하기 위해 사용하는 선의 종류는?

① 가는 1점쇄선
② 가는 파선
③ 가는 2점쇄선
④ 굵은 1점쇄선

31 제3각법과 제1각법의 표준 배치에서 서로 반대 위치에 있는 투상도의 명칭은?

① 평면도와 저면도
② 배면도와 평면도
③ 정면도와 저면도
④ 정면도와 우측면도

32 도면에 사용되는 선, 문자가 겹치는 경우에 투상선의 우선 적용되는 순위로 맞는 것은?

① 문자 → 외형선 → 중심선 → 치수선
② 외형선 → 문자 → 중심선 → 숨은선
③ 문자 → 숨은선 → 외형선 → 중심선
④ 중심선 → 파단선 → 문자 → 치수보조선

33 최대 허용한계치수와 최소 허용한계치수와의 차이 값을 무엇이라고 하는가?

① 공차 ② 기준치수
③ 최대 틈새 ④ 위 치수 허용차

34 다음 끼워 맞춤 공차 중 틈새가 가장 큰 것은?

① H7/p6
② H7/m6
③ H7/h6
④ H7/f6

35 다음 그림은 어느 단면도에 해당하는가?

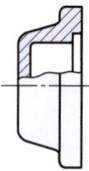

① 온단면도
② 한쪽 단면도
③ 회전 도시 단면도
④ 부분 단면도

36 다음 그림은 제3각법으로 나타낸 투상도이다. 평면도에 누락된 선을 완성한 것은?

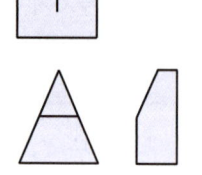

37 입체도를 화살표(↙) 방향에서 보았을 때 제1각법의 좌측면도로 옳은 것은?

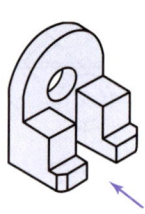

38 기하공차의 종류에서 위치공차에 해당하는 것은?

① 평면도
② 원통도
③ 동심도
④ 직각도

39 치수 보조 기호와 의미가 잘못 연결된 것은?

① R - 반지름
② C - 45° 모떼기
③ SR - 구의 반지름
④ (50) - 이론적으로 정확한 치수

40 다음 해칭에 대한 설명 중 틀린 것은?

① 해칭선은 수직 또는 수평의 중심선에 대하여 45°로 경사지게 긋는 것이 좋다.
② 인접한 단면의 해칭은 선의 방향 또는 각도를 변경하거나 해칭 간격을 달리하여 긋는다.
③ 단면 면적이 넓은 경우에는 그 외형선에 따라 적절한 범위에 해칭 또는 스머징을 한다.
④ 해칭 또는 스머징하는 부분 안에 문자나 기호를 절대로 기입해서는 안 된다.

41 그림의 도면의 양식에 대한 명칭이 틀린 것은?

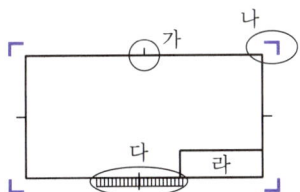

① [가] : 중심 마크
② [나] : 재단 마크
③ [다] : 비교 눈금
④ [라] : 부품란

42 표면 거칠기 기호를 간략하게 기입한 것으로 옳은 것은?

①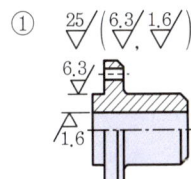
②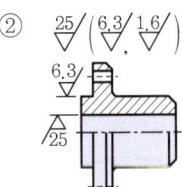
③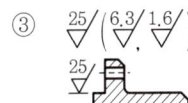
④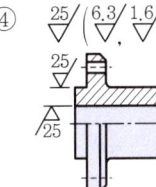

43 스케치할 물체의 표면에 광명단 또는 스탬프 잉크를 칠한 다음 용지에 찍어 실형을 뜨는 스케치법은?

① 사진 촬영법
② 프린트법
③ 프리핸드법
④ 본뜨기법

44 KS표준 중 기계 부문에 해당되는 분류기호는?

① KS A
② KS B
③ KS C
④ KS D

45 다음 기계가공 중 일반적으로 표면을 가장 매끄럽게(표면 거칠기 값이 작게) 가공할 수 있는 것은?

① 연삭기
② 드릴링 머신
③ 선반
④ 밀링

46 다음 중 리벳의 호칭 방법으로 올바른 것은?

① 규격 번호, 종류, 호칭지름×길이, 재료
② 규격 번호, 길이×호칭지름, 종류, 재료
③ 재료, 종류, 호칭지름×길이, 규격 번호
④ 종류, 길이×호칭지름, 재료, 규격 번호

47 다음 설명과 관련된 V-벨트의 종류는?

• 한 줄 걸기를 원칙으로 한다.
• 단면 치수가 가장 작다.

① A형
② C형
③ E형
④ M형

48 ISO 표준에 있는 미터 사다리꼴 나사를 표시하는 기호는?

① TM
② Tr
③ TW
④ PT

49 그림과 같은 용접을 하고자 한다. 기호 표시로 옳은 것은?

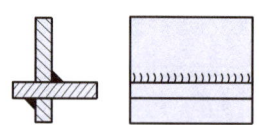

①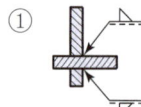
②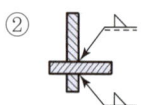
③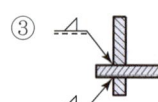
④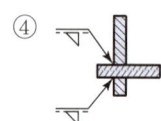

50 "6008C2P6"는 베어링 호칭번호의 보기이다. 08의 의미는 무엇인가?

① 베어링 계열번호
② 안지름 번호
③ 틈새기호
④ 등급기호

51 다음 중 체크밸브의 그림 기호는?

52 나사 제도 시 수나사와 암나사의 골지름을 표시하는 선은?

① 굵은 실선
② 가는 1점쇄선
③ 가는 실선
④ 가는 2점쇄선

53 래크와 기어의 이가 서로 완전히 접하도록 겹쳐 놓았을 때, 기어의 기준 원통과 기준 래크의 기준면 사이를 공통 법선을 따라 측정한 거리를 무엇이라 하는가?

① 공칭 피치
② 전위량
③ 법선 피치
④ 오버핀 치수

54 축의 제도에 대한 설명으로 옳은 것은?

① 축은 가공 방향에 관계없이 도시할 수 있다.
② 축은 길이 방향으로 절단하여 전단면도로 그린다.
③ 긴 축이라도 중간 부분을 절단해서 그릴 수 없다.
④ 축에 빗줄 널링을 표시할 경우에는 축선에 대하여 30°로 엇갈리게 표현한다.

55 코일 스프링의 제도방법 중 틀린 것은?

① 스프링은 원칙적으로 무하중인 상태로 그린다.
② 하중과 높이 또는 처짐과의 관계를 표시할 필요가 있을 때에는 선도 또는 표로 표시한다.
③ 특별한 단서가 없는 한 모두 오른쪽 감기로 도시하고 왼쪽 감기로 도시할 때에는 "감김 방향 왼쪽"이라고 표시한다.
④ 코일 스프링의 중간 부분을 생략할 때에는 생략하는 부분의 선지름의 중심선을 굵은 실선으로 그린다.

56 스퍼 기어에서 모듈(m)이 4, 피치원 지름(D)이 72mm일 때 전체 이 높이(H)는?

① 4.0mm ② 7.5mm
③ 9.0mm ④ 10.5mm

57 CAD 시스템에서 데이터 저장장치가 아닌 것은?

① USB메모리 ② HDD
③ LIGHT PEN ④ CD-ROM

58 CAD 시스템에서 도면상 임의의 점을 입력할 때 변하지 않는 원점(0, 0)을 기준으로 정한 좌표계는?

① 상대좌표계 ② 상승좌표계
③ 증분좌표계 ④ 절대좌표계

59 솔리드 모델링의 특징을 열거한 것 중 틀린 것은?

① 은선 제거가 불가능하다.
② 간섭 체크가 용이하다.
③ 물리적 성질 등의 계산이 가능하다.
④ 형상을 절단하여 단면도 작성이 용이하다.

60 사진 또는 그림과 같이 종이 위의 도형의 정보를 그래픽 형태로 읽어 들여 컴퓨터에 전달하는 입력장치는?

① 트랙 볼(Track Ball)
② 라이트펜(Light Pen)
③ 스캐너(Scanner)
④ 디지타이저(Digitizer)

CHAPTER 04 제4회 CBT 실전모의고사

01 베어링으로 사용되는 구리계 합금이 아닌 것은?
① 먼츠 메탈(Muntz Metal)
② 켈밋(Kelmet)
③ 연청동(Lead Bronze)
④ 알루미늄 청동

02 비중이 2.7로 가볍고 은백색의 금속으로 내식성이 좋으며, 전기전도율이 구리의 60% 이상인 금속은?
① 알루미늄(Al)
② 마그네슘(Mg)
③ 바나듐(V)
④ 안티몬(Sb)

03 초경합금의 특성에 대한 설명 중 올바른 것은?
① 고온경도 및 내마멸성이 우수하다.
② 내마모성 및 압축강도가 낮다.
③ 고온에서 변형이 많다.
④ 상온의 경도가 고온에서 크게 저하된다.

04 특수강을 제조하는 목적으로 적합하지 않은 것은?
① 기계적 성질을 향상시키기 위하여
② 내마멸성을 증대시키기 위하여
③ 취성을 증가시키기 위하여
④ 내식성을 증대시키기 위하여

05 주철에 대한 설명 중 틀린 것은?
① 강에 비하여 인장강도가 낮다.
② 강에 비하여 연신율이 작고, 메짐이 있어서 충격에 약하다.
③ 상온에서 소성 변형이 잘된다.
④ 절삭가공이 가능하며 주조성이 우수하다.

06 탄소강에 함유된 원소 중 백점이나 헤어크랙의 원인이 되는 원소는?
① 황(S)
② 인(P)
③ 수소(H)
④ 구리(Cu)

07 WC를 주성분으로 TiC 등의 고융점 경질탄화물 분말과 Co, Ni 등의 인성이 우수한 분말을 결합재로 하여 소결성형한 절삭 공구는?

① 세라믹
② 서멧
③ 주조경질합금
④ 소결초경합금

08 상온이나 고온에서 단조성이 좋아지므로 고온가공이 용이하며 강도를 요하는 부분에 사용하는 황동은?

① 톰백
② 6·4 황동
③ 7·3 황동
④ 함석황동

09 주철의 풀림처리(500~600℃, 6~7시간)의 목적과 가장 관계가 깊은 것은?

① 잔류응력 제거
② 전·연성 향상
③ 부피 팽창 방지
④ 흑연의 구상화

10 전위 기어의 사용 목적으로 가장 옳은 것은?

① 베어링 압력을 증대시키기 위함
② 속도비를 크게 하기 위함
③ 언더컷을 방지하기 위함
④ 전동 효율을 높이기 위함

11 홈붙이 육각너트의 윗면에 파여진 홈의 개수는?

① 2개
② 4개
③ 6개
④ 8개

12 전단하중 W(N)를 받는 볼트에 생기는 전단응력 T(N/mm²)를 구하는 식으로 옳은 것은?(단, 볼트 전단면적을 A mm²이라고 한다.)

① $T = \dfrac{\pi A^2/4}{W}$
② $T = \dfrac{A}{W}$
③ $T = \dfrac{W}{\pi A^2/4}$
④ $T = \dfrac{W}{A}$

13 보스와 축의 둘레에 여러 개의 같은 키(Key)를 깎아 붙인 모양으로 큰 동력을 전달할 수 있고 내구력이 크며, 축과 보스의 중심을 정확하게 맞출 수 있는 특징을 가지는 것은?

① 반달 키
② 새들 키
③ 원뿔 키
④ 스플라인

14 다음 제동장치 중 회전하는 브레이크 드럼을 브레이크 블록으로 누르게 한 것은?

① 밴드 브레이크
② 원판 브레이크
③ 블록 브레이크
④ 원추 브레이크

15 축방향으로만 정하중을 받는 경우 50kN을 지탱할 수 있는 훅 나사부의 바깥지름은 약 몇 mm인가? (단, 허용응력 50N/mm²)

① 40mm ② 45mm
③ 50mm ④ 55mm

16 지름 5mm 이하의 바늘 모양의 롤러를 사용하는 베어링은?

① 니들 롤러베어링
② 원통 롤러베어링
③ 자동 조심형 롤러베어링
④ 테이퍼 롤러베어링

17 모듈이 3이고 잇수가 30과 90인 한 쌍의 표준 평기어의 중심거리는?

① 150mm ② 180mm
③ 200mm ④ 250mm

18 한 변의 길이가 2cm인 정사각형 단면의 주철제 각봉에 4,000N의 중량을 가진 물체를 올려놓았을 때 생기는 압축응력(N/mm²)은?

① 10 ② 20
③ 30 ④ 40

19 부품 측정의 일반적인 사항을 설명한 것으로 틀린 것은?

① 제품의 평면도는 정반과 다이얼 게이지나 다이얼 테스트 인디케이터를 이용하여 측정할 수 있다.
② 제품의 진원도는 V블록 위나 양 센터 사이에 설치한 후 회전시켜 다이얼 테스트 인디케이터를 이용하여 측정할 수 있다.
③ 3차원 측정기는 몸체 및 스케일, 측정침, 구동장치, 컴퓨터 등으로 구성되어 있다.
④ 우연 오차는 측정기의 구조, 측정 압력, 측정 온도 등에 의하여 생기는 오차이다.

20 측정기 선택 조건으로 가장 적합하지 않은 것은?

① 제품공차 ② 제품수량
③ 측정범위 ④ 제작회사

21 다음 중 주로 각도 측정에 사용되는 측정기구는?

① 게이지 블록 ② 하이트 게이지
③ 공기 마이크로미터 ④ 사인바

22 나사의 유효지름 측정방법에 해당하지 않는 것은?

① 나사 마이크로미터에 의한 유효지름 측정 방법
② 삼침법에 의한 유효지름 측정 방법
③ 공구현미경에 의한 유효지름 측정 방법
④ 사인바에 의한 유효지름 측정 방법

23 기포의 위치에 의하여 수평면에서 기울기를 측정하는 데 사용하는 액체식 각도측정기는?

① 사인바 ② 수준기
③ NPL식 각도기 ④ 콤비네이션 세트

24 미터 나사에서 나사의 호칭지름인 것은?
① 수나사의 골지름
② 수나사의 유효지름
③ 암나사의 유효지름
④ 수나사의 바깥지름

25 가동하는 부분의 이동 중 특정 위치 또는 이동 한계를 표시하는 선으로 사용되는 것은?
① 가상선 ② 해칭선
③ 기준선 ④ 중심선

26 치수는 물체의 모양을 잘 알아볼 수 있는 곳에 기입하고 그곳에 나타낼 수 없는 것만 다른 투상도에 기입하여야 한다. 주로 치수를 기입하여야 하는 치수 기입 장소는?
① 우측면도 ② 평면도
③ 좌측면도 ④ 정면도

27 다음 구멍과 축의 끼워 맞춤 조합에서 헐거운 끼워 맞춤은?
① φ40H7/g6 ② φ50H7/k6
③ φ60H7/p6 ④ φ70H7/s6

28 치수 기입 'SR30'에서 'SR' 기호의 의미는?
① 구의 직경 ② 전개 반지름
③ 구의 반지름 ④ 원의 호

29 다음 중 스프링의 재료로 가장 적당한 것은?
① SPS7 ② SCr420
③ GC20 ④ SF50

30 다음과 같은 기하공차를 기입하는 틀의 지시사항에 해당하지 않는 것은?

| ⊥ | 0.01 | A |

① 데이텀 문자기호 ② 공차값
③ 물체의 등급 ④ 기하공차의 종류 기호

31 제거 가공을 하지 않는다는 것을 지시할 때 사용하는 표면 거칠기의 기호로 맞는 것은?

① 　②
③ 　④ ▽

32 다음 기하공차의 종류 중 단독 모양에 적용하는 것은?
① 진원도 ② 평행도
③ 위치도 ④ 원주 흔들림

33 도면에서 2종류 이상의 선이 같은 장소에서 중복될 경우 우선순위에 따라 선을 그리는 순서로 맞는 것은?
① 외형선, 절단선, 숨은선, 중심선
② 외형선, 숨은선, 절단선, 중심선

③ 외형선, 무게중심선, 중심선, 치수보조선
④ 외형선, 중심선, 절단선, 치수보조선

34 두 개의 옆면 모서리를 수평선과 30° 되게 기울여 하나의 그림으로 정육면체의 세 개의 면을 나타낼 수 있으며, 주로 기계 부품의 조립이나 분해를 설명하는 정비지침서 등에 사용하는 투상법은?

① 투시투상법　② 등각 투상법
③ 사투상법　　④ 정투상법

35 가공에 의한 커터의 줄무늬가 여러 방향으로 교차 또는 무방향을 나타내는 줄무늬 방향 기호는?

① ∨X　② ∨M
③ ∨C　④ ∨R

36 그림의 투상에서 우측면도가 될 수 없는 것은?

37 다음 중 치수공차를 올바르게 나타낸 것은?

① 최대 허용한계치수 − 최소 허용한계치수
② 기준치수 − 최소 허용한계치수
③ 최대 허용한계치수 − 기준치수
④ (최소 허용한계치수 − 최대 허용한계치수)/2

38 KS규격에서 정한 척도 중 우선적으로 사용되지 않는 축척은?

① 1 : 2　② 1 : 3
③ 1 : 5　④ 1 : 10

39 대상물의 일부를 떼어낸 경계를 표시하는 데 사용하는 선의 명칭은?

① 외형선　② 파단선
③ 기준선　④ 가상선

40 경사면부가 있는 대상물에서 그 경사면의 실형을 표시할 필요가 있는 경우에 사용하는 그림과 같은 투상도의 명칭은?

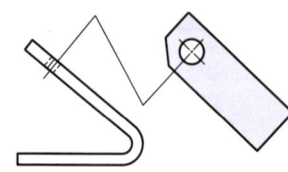

① 부분 투상도
② 보조 투상도
③ 국부 투상도
④ 회전 투상도

41 대칭 도형을 생략하는 경우 대칭 그림기호를 바르게 나타낸 것은?

42 다음 등각 투상도의 화살표 방향이 정면도일 때 평면도를 올바르게 표시한 것은?(단, 제3각법의 경우에 해당한다.)

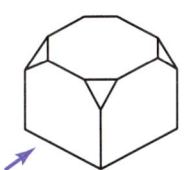

43 $\phi60G7$의 공차값을 나타낸 것이다. 치수공차를 바르게 나타낸 것은?

$\phi60$의 IT7급의 공차값은 0.03이며, $\phi60G7$의 기초가 되는 치수허용차에서 아래 치수 허용차는 +0.01이다.

① $\phi60^{+\,0.03}_{+\,0.01}$ ② $\phi60^{+\,0.04}_{+\,0.03}$

③ $\phi60^{+\,0.04}_{+\,0.01}$ ④ $\phi60^{+\,0.02}_{+\,0.01}$

44 회전 도시 단면도에 대한 설명으로 틀린 것은?

① 회전 도시 단면도는 핸들, 벨트풀리, 기어 등과 같은 바퀴의 암, 림, 리브 등의 절단한 단면의 모양을 90°로 회전하여 표시한 것이다.
② 회선 도시 단면도는 두상도의 안이나 밖에 그릴 수 있다.
③ 회전 도시 단면도를 투상의 절단한 곳과 겹쳐서 그릴 때에는 가는 2점쇄선으로 그린다.
④ 회전 도시 단면도를 절단할 곳의 전후를 파단하여 그 사이에 그릴 경우에는 굵은 실선으로 그린다.

45 한국산업표준(KS)의 부문별 분류기호 연결로 틀린 것은?

① KS A : 기본
② KS B : 기계
③ KS C : 광산
④ KS D : 금속

46 그림과 같은 대칭적인 용접부의 기호와 보조기호 설명으로 올바른 것은?

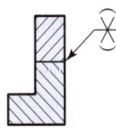

① 양면 V형 맞대기 용접, 볼록형
② 양면 필릿 용접, 볼록형
③ 양면 V형 맞대기 용접, 오목형
④ 양면 필릿 용접, 오목형

47 나사를 제도하는 방법을 설명한 것 중 틀린 것은?

① 수나사의 바깥지름과 암나사의 안지름은 굵은 실선으로 그린다.
② 수나사와 암나사의 골을 표시하는 선은 가는 실선으로 그린다.
③ 완전나사부와 불완전 나사부와의 경계를 나타내는 선은 가는 실선으로 그린다.
④ 불완전 나사부의 골밑을 나타내는 선은 축선에 대하여 30°의 경사진 가는 실선으로 그린다.

48 그림과 같은 단선도시법이 나타내는 것으로 맞는 것은?

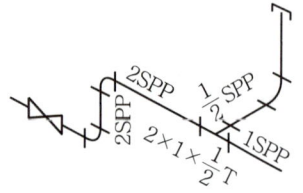

① 스케치 배관도 ② 투상 배관도
③ 평면 배관도 ④ 등각 배관도

49 다음과 같은 평행키의 호칭에 대한 설명으로 틀린 것은?

KS B 1311 P – A 25 × 14 × 90

① P : 모양이 나사용 구멍 없음
② A : 끝부가 한쪽 둥근 형
③ 25 : 키의 너비
④ 14 : 키의 높이

50 구름 베어링의 호칭번호에 대한 설명으로 틀린 것은?

① 안지름의 치수가 1~9mm인 경우는 안지름 치수를 그대로 안지름 번호로 사용한다.
② 안지름 치수가 11, 13, 15, 17mm인 경우 안지름 번호는 각각 00, 01, 02, 03으로 표현한다.
③ 안지름 치수가 20mm 이상 480mm 이하인 경우에는 5로 나눈 값을 안지름 번호로 사용한다.
④ 안지름 치수가 500mm 이상인 경우에는 안지름 치수를 그대로 안지름 번호로 사용한다.

51 기어의 도시방법을 설명한 것 중 틀린 것은?

① 피치원은 굵은 실선으로 그린다.
② 잇봉우리원은 굵은 실선으로 그린다.
③ 이골원은 가는 실선으로 그린다.
④ 잇줄 방향은 보통 3개의 가는 실선으로 그린다.

52 어떤 나사의 표시가 좌2줄 M10 – 7H/6g이다. 이에 대한 설명으로 틀린 것은?

① 왼나사
② 2줄 나사
③ 미터 보통 나사
④ 암나사 등급 6g

53 스프로킷 휠의 도시방법에서 바깥지름은 어떤 선으로 표시하는가?

① 가는 실선 ② 굵은 실선
③ 가는 1점쇄선 ④ 굵은 1점쇄선

54 입체 캠의 종류에 해당하지 않는 것은?
① 원통 캠   ② 정면 캠
③ 빗판 캠   ④ 원뿔 캠

55 모듈 6, 잇수 20개인 스퍼 기어의 피치원 지름은?
① 20mm   ② 30mm
③ 60mm   ④ 120mm

56 다음 축의 도시방법으로 적당하지 않은 것은?
① 축은 길이 방향으로 단면 도시를 하지 않는다.
② 널링 도시 시 빗줄인 경우 축선에 대하여 45° 엇갈리게 그린다.
③ 단면 모양이 같은 긴축은 중간을 파단하여 짧게 그릴 수 있다.
④ 축의 끝에는 주로 모따기를 하고, 모따기 치수를 기입한다.

57 출력하는 도면이 많거나 도면의 크기가 크지 않을 경우 도면이나 문자 등을 마이크로필름화하는 장치는?
① COM 장치   ② CAE 장치
③ CIM 장치   ④ CAT 장치

58 컴퓨터의 구성에서 중앙처리장치에 해당하지 않는 것은?
① 연산장치   ② 제어장치
③ 주기억장치   ④ 출력장치

59 모델링 방법 중 와이어 프레임(Wire Frame) 모델링에 대한 설명으로 틀린 것은?
① 처리 속도가 빠르다.
② 물리적 성질의 계산이 가능하다.
③ 데이디 구성이 간단히다.
④ 모델 작성이 쉽다.

60 일반적인 CAD 시스템에서 사용되는 좌표계의 종류가 아닌 것은?
① 극 좌표계
② 원통 좌표계
③ 회전 좌표계
④ 직교 좌표계

CHAPTER 05 제5회 CBT 실전모의고사

01 열처리방법 중에서 표면경화법에 속하지 않는 것은?
① 침탄법
② 질화법
③ 고주파경화법
④ 항온열처리법

02 일반적으로 경금속과 중금속을 구분하는 비중의 경계는?
① 1.6
② 2.6
③ 3.6
④ 4.5

03 황동의 자연균열 방지책이 아닌 것은?
① 온도 180~260℃에서 응력제거 풀림처리
② 도료나 안료를 이용하여 표면처리
③ Zn 도금으로 표면처리
④ 물에 침전처리

04 주철의 성장원인이 아닌 것은?
① 흡수한 가스에 의한 팽창
② Fe_3C의 흑연화에 의한 팽창
③ 고용 원소인 Sn의 산화에 의한 팽창
④ 불균일한 가열에 의해 생기는 파열 팽창

05 열경화성 수지가 아닌 것은?
① 아크릴 수지
② 멜라민 수지
③ 페놀 수지
④ 규소 수지

06 알루미늄의 특성에 대한 설명 중 틀린 것은?
① 내식성이 좋다.
② 열전도성이 좋다.
③ 순도가 높을수록 강하다.
④ 가볍고 전연성이 우수하다.

07 강을 절삭할 때 쇳밥(Chip)을 잘게 하고 피삭성을 좋게 하기 위해 황, 납 등의 특수원소를 첨가하는 강은?
① 레일강
② 쾌삭강
③ 다이스강
④ 스테인리스강

08 18-8계 스테인리스강의 설명으로 틀린 것은?
① 오스테나이트계 스테인리스강이라고도 하며 담금질로서 경화되지 않는다.
② 내식성과 내산성이 우수하며, 상온 가공하면 경화되어 자성을 다소 갖게 된다.

③ 가공된 제품은 수중 또는 유중 담금질하여 해수용 펌프 및 밸브 등의 재료로 많이 사용한다.
④ 가공성 및 용접성과 내식성이 좋다.

09 다음 금속 재료 중 고유저항이 가장 작은 것은 어느 것인가?
① 은(Ag) ② 구리(Cu)
③ 금(Au) ④ 알루미늄(Al)

10 스프링을 사용하는 목적이 아닌 것은?
① 힘 축적 ② 진동 흡수
③ 동력 전달 ④ 충격 완화

11 저널 베어링에서 저널의 지름이 30mm, 길이가 40mm, 베어링의 하중이 2,400N일 때 베어링의 압력 [N/mm²]은?
① 1 ② 2
③ 3 ④ 4

12 시편의 표준거리가 40mm이고 지름이 15mm일 때 최대하중이 6kN에서 시편이 파단되었다면 연신율은 몇 %인가?(단, 연신된 길이는 10mm이다.)
① 10 ② 12.5
③ 25 ④ 30

13 웜 기어에서 웜이 3줄이고 웜 휠의 잇수가 60개일 때의 속도비는?

① 1/10 ② 1/20
③ 1/30 ④ 1/60

14 부품의 위치결정 또는 고정 시에 사용되는 체결요소가 아닌 것은?
① 핀(Pin) ② 너트(Nut)
③ 볼트(Bolt) ④ 기어(Gear)

15 비틀림 모멘트를 받는 회전축으로 치수가 정밀하고 변형량이 적어 주로 공작기계의 주축에 사용하는 축은?
① 차축 ② 스핀들
③ 플렉시블축 ④ 크랭크축

16 축에 키 홈을 파지 않고 축과 키 사이의 마찰력만으로 회전력을 전달하는 키는?
① 새들 키 ② 성크 키
③ 반달 키 ④ 둥근 키

17 나사를 기능상으로 분류했을 때 운동용 나사에 속하지 않는 것은?
① 볼나사 ② 관용 나사
③ 둥근 나사 ④ 사다리꼴 나사

18 스프링상수의 단위로 옳은 것은?
① N · mm ② N/mm
③ N · mm² ④ N/mm²

19 다음 끼워 맞춤에서 요철틈새 0.1mm를 측정할 경우 가장 적당한 것은?

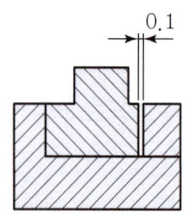

① 내경 마이크로미터 ② 다이얼 게이지
③ 버니어 캘리퍼스 ④ 틈새 게이지

20 그림의 마이크로미터가 지시하는 측정값은?

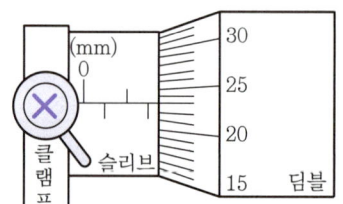

① 1.23mm ② 1.53mm
③ 1.73mm ④ 2.23mm

21 일반적인 버니어 캘리퍼스로 측정할 수 없는 것은?

① 나사의 유효지름
② 지름이 30mm인 둥근 봉의 바깥지름
③ 지름이 35mm인 파이프의 안지름
④ 두께가 10mm인 철판의 두께

22 다이얼 게이지에 대한 설명으로 틀린 것은?

① 소형이고 가벼워서 취급이 쉽다.
② 외경, 내경, 깊이 등의 측정이 가능하다.
③ 연속된 변위량의 측정이 가능하다.
④ 어태치먼트의 사용방법에 따라 측정 범위가 넓어진다.

23 시준기와 망원경을 조합한 것으로 미소 각도를 측정하는 광학적 측정기는?

① 오토콜리메이터 ② 콤비네이션 세트
③ 사인바 ④ 측장기

24 실제 길이가 90mm인 것을 척도가 1 : 2인 도면에 나타내었을 때 치수를 얼마로 기입해야 하는가?

① 2 ② 45
③ 90 ④ 180

25 면의 지시 기호에서 가공방법의 기호 중 "B"가 나타내는 것은?

① 보링머신 가공 ② 브로칭 가공
③ 리머 가공 ④ 블라스팅 가공

26 표면 거칠기 값(6.3)만을 직접 면에 지시하는 경우 표시방향이 잘못된 것은?

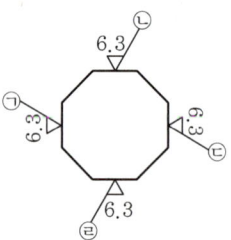

① ㉠ ② ㉡
③ ㉢ ④ ㉣

27 대상물의 일부를 떼어 낸 경계를 표시하는 데 사용하는 선은?

① 외형선 ② 숨은선
③ 가상선 ④ 파단선

28 제3각법에 대한 설명으로 틀린 것은?

① 투상 원리는 눈 → 투상면 → 물체의 관계이다.
② 투상면 앞쪽에 물체를 놓는다.
③ 배면도는 우측면도의 오른쪽에 놓는다.
④ 좌측면도는 정면도의 좌측에 놓는다.

29 특수한 가공을 하는 부분 등 특별한 요구사항을 적용할 수 있는 범위를 표시하는 데 사용하는 선의 종류는?

① 가는 1점쇄선 ② 굵은 1점쇄선
③ 가는 2점쇄선 ④ 굵은 2점쇄선

30 다음 중 모양 공차에 속하지 않는 것은?

① 평면도 공차 ② 원통도 공차
③ 면의 윤곽도 공차 ④ 평행도 공차

31 표면의 결인 줄무늬 방향의 지시기호 "C"의 설명으로 맞는 것은?

① 가공에 의한 커터의 줄무늬 방향이 기호로 기입한 그림의 투상면에 경사지고 두 방향으로 교차
② 가공에 의한 커터의 줄무늬 방향이 여러 방향으로 교차 또는 무 방향
③ 가공에 의한 커터의 줄무늬가 기호를 기입한 면의 중심에 대하여 거의 동심원 모양
④ 가공에 의한 커터의 줄무늬가 기호를 기입한 면의 중심에 대하여 대략 레이디얼 모양

32 다음 그림의 치수 기입에 대한 설명으로 틀린 것은?

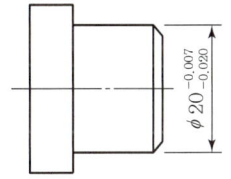

① 기준 치수는 지름 20이다.
② 공차는 0.013이다.
③ 최대허용치수는 19.93이다.
④ 최소허용치수는 19.98이다.

33 다음과 같이 도면에 기하공차가 표시되어 있다. 이에 대한 설명으로 틀린 것은?

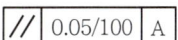

① 기하공차 허용값은 0.05mm이다.
② 기하공차 기호는 평행도를 나타낸다.
③ 관련 형체로 네이텀은 A이다.
④ 기하공차 전체 길이에 적용된다.

34 ϕ50H7/p6과 같은 끼워 맞춤에서 H7의 공차값은 $^{+0.025}_{0}$이고, p6의 공차값은 $^{+0.042}_{+0.026}$이다. 최대죔새는?

① 0.001 ② 0.027
③ 0.042 ④ 0.067

35 그림과 같이 축의 흠이나 구멍 등과 같이 부분적인 모양을 도시하는 것으로 충분한 경우의 투상도는?

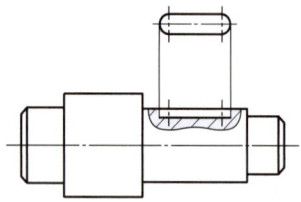

① 회전 투상도 ② 부분 확대도
③ 국부 투상도 ④ 보조 투상도

36 제3각법으로 그린 투상도에서 우측면도로 옳은 것은?

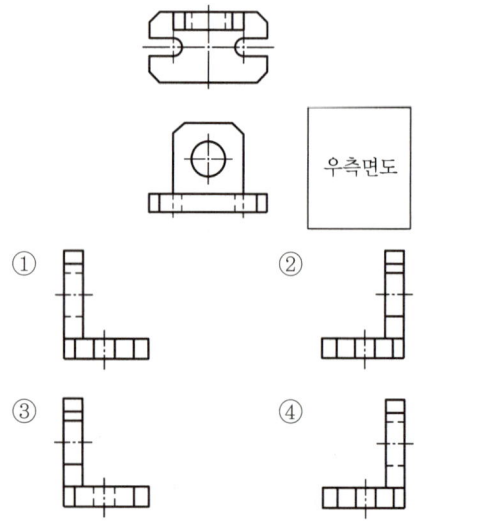

37 치수의 위치와 기입 방향에 대한 설명 중 틀린 것은?

① 치수는 투상도와 모양 및 치수의 대조 비교가 쉽도록 관련 투상도 쪽으로 기입한다.
② 하나의 투상도인 경우, 길이 치수 위치는 수평 방향의 치수선에 대해서는 투상도의 위쪽에서, 수직 방향의 치수선에 대해서는 투상도의 오른쪽에서 읽을 수 있도록 기입한다.
③ 각도치수는 기울어진 각도 방향에 관계없이 읽기 쉽게 수평 방향으로만 기입한다.
④ 치수는 수평 방향의 치수선에는 위쪽, 수직 방향의 치수선에는 왼쪽으로 약 0.5mm 정도 띄어서 중앙에 치수를 기입한다.

38 다음 재료 기호 중 기계구조용 탄소강재는?
① SM45C   ② SPS1
③ STC3   ④ SKH2

39 척도 기입 방법에 대한 설명으로 틀린 것은?
① 척도는 표제란에 기입하는 것이 원칙이다.
② 같은 도면에서는 서로 다른 척도를 사용할 수 없다.
③ 표제란이 없는 경우에는 도명이나 품번 가까운 곳에 기입한다.
④ 현척의 척도 값은 1 : 1 이다.

40 제3각법으로 그린 정투상도 중 잘못 그려진 투상이 있는 것은?

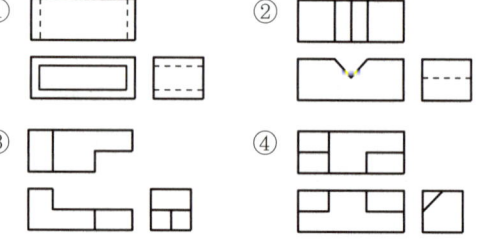

41 한국산업표준에서 정한 도면의 크기에 대한 내용으로 틀린 것은?

① 제도용지 A2의 크기는 420×594mm이다.
② 제도용지 세로와 가로의 비는 $1 : \sqrt{2}$ 이다.
③ 복사한 도면을 접을 때는 A4 크기로 접는 것을 원칙으로 한다.
④ 도면을 철할 때 윤곽선은 용지 가장자리에서 10mm 간격을 둔다.

42 IT 공차에 대한 설명으로 옳은 것은?

① IT01부터 IT18까지 20등급으로 구분되어 있다.
② IT01~IT4는 구멍 기준공차에서 게이지 제작공차이다.
③ IT6~IT10은 축 기준공차에서 끼워 맞춤 공차이다.
④ IT10~IT18은 구멍 기준공차에서 끼워 맞춤 이외의 공차이다.

43 제작 도면으로 완성된 도면에서 문자, 선 등이 겹칠 때 우선순위로 맞는 것은?

① 외형선 → 숨은선 → 중심선 → 숫자, 문자
② 숫자, 문자 → 외형선 → 숨은선 → 중심선
③ 외형선 → 숫자, 문자 → 중심선 → 숨은선
④ 숫자, 문자 → 숨은선 → 외형선 → 중심선

44 그림과 같이 V벨트풀리의 일부분을 잘라내고 필요한 내부 모양을 나타내기 위한 단면도는?

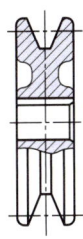

① 온단면도
② 한쪽 단면도
③ 부분 단면도
④ 회전 도시 단면도

45 이론적으로 정확한 치수를 나타내는 치수 보조 기호는?

① 50
② 50
③ 5̶0̶
④ (50)

46 다음은 계기의 도시기호를 나타낸 것이다. 압력계를 나타낸 것은?

① ○   ② Ⓟ
③ Ⓣ   ④ Ⓕ

47 외접 헬리컬 기어를 축에 직각인 방향에서 본 단면으로 도시할 때, 잇줄 방향의 표시 방법은?

① 1개의 가는 실선
② 3개의 가는 실선
③ 1개의 가는 2점쇄선
④ 3개의 가는 2점쇄선

48 모듈 6, Z_1 = 45, Z_2 = 85, 압력각 14.5°의 한 쌍의 표준기어를 그리려고 할 때, 기어의 바깥지름 D_1, D_2를 얼마로 그리면 되는가?

① 282mm, 522mm
② 270mm, 510mm
③ 382mm, 622mm
④ 280mm, 610mm

49 다음 용접이음의 기본 기호 중에서 잘못 도시된 것은?

① V형 맞대기 용접 : V
② 필렛 용접 : ◣
③ 플러그 용접 : ⊓
④ 심 용접 : ○

50 V벨트풀리에 대한 설명으로 올바른 것은?

① A형은 원칙적으로 한 줄만 걸친다.
② 암은 길이 방향으로 절단하여 도시한다.
③ V벨트풀리는 축 직각 방향의 투상을 정면도로 한다.
④ V벨트풀리의 홈의 각도는 35°, 38°, 40°, 42° 4종류가 있다.

51 다음 나사의 종류와 기호 표시로 틀린 것은?

① 미터 보통 나사 : M
② 관용 평행 나사 : G
③ 미니추어 나사 : S
④ 전구 나사 : R

52 구름 베어링의 호칭번호가 "6203ZZ"이면 이 베어링의 안지름은 몇 mm인가?

① 15
② 17
③ 60
④ 62

53 스플릿 테이퍼 핀의 테이퍼 값은?

① $\frac{1}{20}$
② $\frac{1}{25}$
③ $\frac{1}{50}$
④ $\frac{1}{100}$

54 스프링의 제도에 있어서 틀린 것은?

① 코일 스프링은 원칙적으로 무하중 상태로 그린다.
② 하중과 높이 등의 관계를 표시할 필요가 있을 때에는 선도 또는 요목표에 표시한다.
③ 특별한 단서가 없는 한 모두 왼쪽으로 감은 것을 나타낸다.
④ 종류와 모양만을 간략도로 나타내는 경우 재료의 중심선만을 굵은 실선으로 그린다.

55 다음 나사의 도시방법으로 틀린 것은?

① 암나사의 안지름은 굵은 실선으로 그린다.
② 완전 나사부와 불완전 나사부의 경계선은 굵은 실선으로 그린다.
③ 수나사의 바깥지름은 굵은 실선으로 그린다.
④ 수나사와 암나사의 측면도시에서 골지름은 굵은 실선으로 그린다.

56 다음 표기는 무엇을 나타낸 것인가?

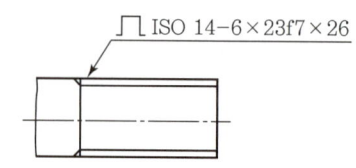

① 사다리꼴 나사
② 스플라인
③ 사각 나사
④ 세레이션

57 다음 중 서피스 모델링의 특징으로 틀린 것은?

① NC 가공정보를 얻기가 용이하다.
② 복잡한 형상표현이 가능하다.
③ 구성된 형상에 대한 중량계산이 용이하다.
④ 은선 제거가 가능하다.

58 도형의 좌표변환 행렬과 관계가 먼 것은?

① 미러(Mirror)
② 회전(Rotate)
③ 스케일(Scale)
④ 트림(Trim)

59 CAD 시스템의 입력장치가 아닌 것은?

① 키보드
② 라이트펜
③ 플로터
④ 마우스

60 컴퓨터의 중앙처리장치(CPU)를 구성하는 요소가 아닌 것은?

① 제어장치
② 주기억장치
③ 보조기억장치
④ 연산논리장치

CHAPTER 06 제6회 CBT 실전모의고사

01 주조경질합금의 대표적인 스텔라이트의 주성분을 올바르게 나타낸 것은?

① 몰리브덴 – 크롬 – 바나듐 – 탄소 – 티탄
② 크롬 – 탄소 – 니켈 – 마그네슘
③ 탄소 – 텅스텐 – 크롬 – 알루미늄
④ 코발트 – 크롬 – 텅스텐 – 탄소

02 설계도면에 SM40C로 표시된 부품이 있다. 어떤 재료를 사용해야 하는가?

① 인장강도가 40MPa인 일반구조용 탄소강
② 인장강도가 40MPa인 기계구조용 탄소강
③ 탄소를 0.37%~0.43% 함유한 일반구조용 탄소강
④ 탄소를 0.37%~0.43% 함유한 기계구조용 탄소강

03 강괴를 탈산 정도에 따라 분류할 때 이에 속하지 않는 것은?

① 림드강
② 세미 림드강
③ 킬드강
④ 세미 킬드강

04 Cr 10~11%, Co 26~58%, Ni 10~16%를 함유하는 철합금으로 온도변화에 대한 탄성율의 변화가 극히 적고 공기 중이나 수중에서 부식되지 않고, 스프링, 태엽 기상관측용 기구의 부품에 사용되는 불변강은?

① 인바(Invar)
② 코엘린바(Coelinvar)
③ 퍼멀로이(Permalloy)
④ 플래티나이트(Platinite)

05 주철의 흑연화를 촉진시키는 원소가 아닌 것은?

① Al
② Mn
③ Ni
④ Si

06 담금질한 탄소강을 뜨임 처리하면 어떤 성질이 증가되는가?

① 강도
② 경도
③ 인성
④ 취성

07 철강 재료에 관한 올바른 설명은?

① 용광로에서 생산된 철은 강이다.
② 탄소강은 탄소함유량이 3.0~4.3% 정도이다.

③ 합금강은 탄소강에 필요한 합금 원소를 첨가한 것이다.
④ 탄소강의 기계적 성질에 가장 큰 영향을 끼치는 원소는 규소(Si)이다.

08 냉간가공된 황동제품들이 공기 중의 암모니아 및 염류로 인하여 입간부식에 의한 균열이 생기는 것은?
① 저장균열
② 냉간균열
③ 자연균열
④ 열간균열

09 강을 M_S 점과 M_f 점 사이에서 항온 유지 후 꺼내서 공기 중에서 냉각하여 마텐자이트와 베이나이트의 혼합조직으로 만드는 열처리는?
① 풀림
② 담금질
③ 침탄법
④ 마템퍼

10 나사결합부에 진동하중이 작용하거나 심한 하중변화가 있으면 어느 순간에 너트는 풀리기 쉽다. 너트의 풀림 방지법으로 사용하지 않는 것은?
① 나비 너트
② 분할 핀
③ 로크 너트
④ 스프링 와셔

11 나사 및 너트의 이완을 방지하기 위하여 주로 사용되는 핀은?
① 테이퍼 핀
② 평행 핀
③ 스프링 핀
④ 분할 핀

12 체인전동의 특징으로 잘못된 것은?
① 고속 회전의 전동에 적합하다.
② 내열성, 내유성, 내습성이 있다.
③ 큰 동력 전달이 가능하고 전동 효율이 높다.
④ 미끄럼이 없고 정확한 속도비를 얻을 수 있다.

13 구름 베어링 중에서 볼베어링의 구성요소와 관련이 없는 것은?
① 외륜
② 내륜
③ 니들
④ 리테이너

14 평기어에서 피치원의 지름이 132mm, 잇수가 44개인 기어의 모듈은?
① 1
② 3
③ 4
④ 6

15 그림에 응력집중 현상이 일어나지 않는 것은?

①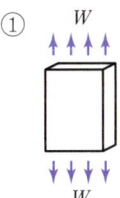
②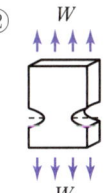
③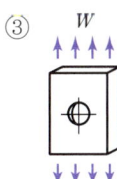
④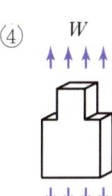

16 나사에 관한 설명으로 옳은 것은?

① 1줄 나사와 2줄 나사의 리드(Lead)는 같다.
② 나사의 리드각과 비틀림 각의 합은 90°이다.
③ 수나사의 바깥지름은 암나사의 안지름과 같다.
④ 나사의 크기는 수나사의 골지름으로 나타낸다.

17 압축코일스프링에서 코일의 평균지름(D)이 50mm, 감김수가 10회, 스프링지수(C)가 5.0일 때 스프링 재료의 지름은 약 몇 mm인가?

① 5
② 10
③ 15
④ 20

18 원형봉에 비틀림 모멘트를 가하면 비틀림이 생기는 원리를 이용한 스프링은?

① 코일 스프링
② 벌류트 스프링
③ 접시 스프링
④ 토션바

19 길이 측정에 사용되는 공구가 아닌 것은?

① 버니어 캘리퍼스
② 사인바
③ 마이크로미터
④ 측장기

20 치수허용한계의 기준이 되는 치수로 도면상에는 구멍, 축 등의 호칭치수와 같은 것은?

① 치수공차
② 치수허용차
③ 허용한계치수
④ 기준치수

21 다음 중 비교 측정기에 해당하는 것은?

① 버니어 캘리퍼스
② 마이크로미터
③ 다이얼 게이지
④ 하이트 게이지

22 다듬질면의 평면도를 측정하는 데 사용되는 측정기는 무엇인가?

① 옵티컬 플랫
② 한계 게이지
③ 공기 마이크로미터
④ 사인바

23 측정의 종류에서 비교측정 방법을 이용한 측정기는?

① 전기 마이크로미터
② 버니어 캘리퍼스
③ 측장기
④ 사인바

24 투상한 대상물의 일부를 파단한 경계 또는 일부를 떼어낸 경계를 표시하는 데 사용하는 선은?

① 절단선
② 파단선
③ 가상선
④ 특수 지정선

25 치수공차 및 끼워 맞춤에 관한 용어 설명 중 틀린 것은?

① 허용한계치수 : 형체의 실치수가 그 사이에 들어가도록 정한 허용할 수 있는 대소 2개의 극한의 치수
② 기준치수 : 위 치수 허용차 및 아래 치수 허용치를 적용하는 데 따라 허용한계치수가 주어지는 기준이 되는 치수
③ 공차등급 : 치수공차방식·끼워 맞춤방식으로 전체의 기준치수에 대하여 동일 수준에 속하는 치수공차의 한 그룹
④ 최대실체치수 : 형체의 실체가 최대가 되는 쪽의 허용한계치수로서 내측 형체에 대해서는 최대허용치수, 외측 형체에 대해서는 최소허용치수를 의미

26 기하공차 기호에서 다음 중 자세공차를 나타내는 것이 아닌 것은?

① 대칭도 공차
② 직각도 공차
③ 경사도 공차
④ 평행도 공차

27 치수 기입의 원칙에 맞지 않는 것은?

① 가공에 필요한 요구사항을 치수와 같이 기입할 수 있다.
② 치수는 주로 주투상도에 집중시킨다.
③ 치수는 되도록이면 도면사용자가 계산하도록 기입한다.
④ 공정마다 배열을 나누어서 기입한다.

28 그림의 투상에서 정면도로 맞는 것은?

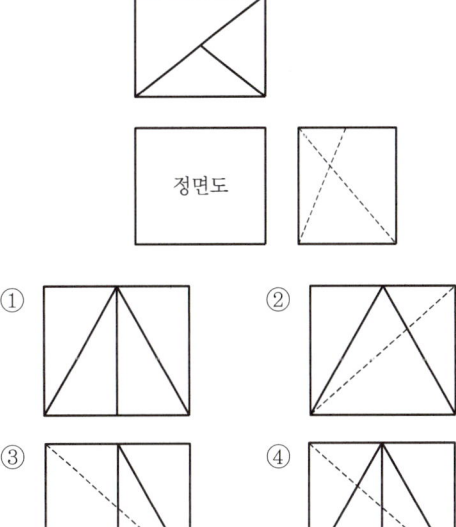

29 제3각법에서 정면도 아래에 배치하는 투상도를 무엇이라 하는가?

① 평면도
② 좌측면도
③ 배면도
④ 저면도

30 도면을 철하지 않을 경우 A2 용지의 윤곽선은 용지의 가장자리로부터 최소 얼마나 떨어지게 표시하는가?

① 10mm
② 15mm
③ 20mm
④ 25mm

31 그림에서 ⓐ가 지시하는 선의 용도에 의한 명칭으로 맞는 것은?

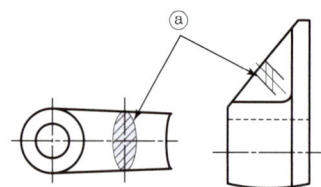

① 회전단면선　② 파단선
③ 절단선　　　④ 특수지정선

32 다듬질 면의 지시기호가 틀린 것은?

① 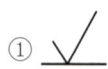　②

③ 　④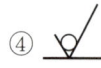

33 중간 부분을 생략하여 단축해서 그릴 수 없는 것은?

① 관　　② 스퍼 기어
③ 래크　④ 교량의 난간

34 최대허용치수가 구멍 50.025mm, 축 49.975mm이며 최소허용치수가 구멍 50.000mm, 축 49.950mm일 때 끼워 맞춤의 종류는?

① 중간 끼워 맞춤
② 억지 끼워 맞춤
③ 헐거운 끼워 맞춤
④ 상용 끼워 맞춤

35 투상도의 선택 방법에 대한 설명 중 틀린 것은?

① 대상물의 모양이나 기능을 가장 뚜렷하게 나타내는 부분을 정면도로 선택한다.
② 기능을 나타내는 도면에서는 대상물을 사용하는 상태로 놓고 표시한다.
③ 특별한 이유가 없는 한 대상물을 모두 세워서 그린다.
④ 비교 대조가 불편한 경우를 제외하고는 숨은선을 사용하지 않도록 투상을 선택한다.

36 대칭형의 물체를 1/4 절단하여 내부와 외부의 모습을 동시에 보여주는 단면도는?

① 온단면도　② 한쪽 단면도
③ 부분 단면도　④ 회전 도시 단면도

37 기하공차에 있어서 평면도의 공차값이 지정 넓이 75×75mm에 대해 0.1mm일 경우 도시가 바르게 된 것은?

① ▱ 75×75 │ 0.1 　② ▱ 0.1/75
③ ▱ 75×75/0.1　④ ▱ 0.1/75×75

38 제도 시 선의 굵기에 대한 설명으로 틀린 것은?

① 선은 굵기 비율에 따라 표시하고 3종류로 한다.
② 선의 최대 굵기는 0.5mm로 한다.
③ 동일 도면에서는 선의 종류마다 굵기를 일정하게 한다.
④ 선의 최소 굵기는 0.18mm로 한다.

39 제도의 목적을 달성하기 위하여 도면이 구비하여야 할 기본요건이 아닌 것은?

① 면의 표면 거칠기, 재료선택, 가공방법 등의 정보
② 도면 작성방법에 있어서 설계자 임의의 창의성
③ 무역 및 기술의 국제 교류를 위한 국제적 통용성
④ 대상물의 도형, 크기, 모양, 자세, 위치의 정보

40 구멍의 치수가 $\phi 50^{+0.025}_{0}$이고, 축의 치수가 $\phi 50^{-0.009}_{-0.025}$일 때 최대 틈새는 얼마인가?

① 0.025
② 0.05
③ 0.07
④ 0.009

41 다음 중 재료의 기호와 명칭이 맞는 것은?

① STC : 기계구조용 탄소 강재
② STKM : 용접구조용 압연 강재
③ SC : 탄소 공구 강재
④ SS : 일반구조용 압연 강재

42 다음 표면 거칠기의 표시에서 C가 의미하는 것은?

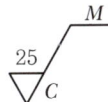

① 주조가공
② 밀링가공
③ 가공으로 생긴 선이 무방향
④ 가공으로 생긴 선이 거의 동심원

43 물체가 구의 지름임을 나타내는 치수 보조 기호는?

① $S\phi$
② C
③ ϕ
④ R

44 다음은 제3각법으로 정투상한 도면이다. 등각 투상도로 적합한 것은?

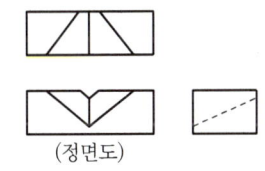
(정면도)

① ② ③ ④

45 일반 치수공차 기입방법 중 잘못된 것은?

① 10 ± 0.1
② $10^{+0.1}_{0}$
③ $10^{+0.2}_{-0.5}$
④ $10^{-0.1}_{0}$

46 축의 도시방법에 대한 설명으로 틀린 것은?

① 긴 축은 중간 부분을 파단하여 짧게 그리고 실제치수를 기입한다.
② 길이 방향으로 절단하여 단면을 도시한다.
③ 축의 끝에는 조립을 쉽고 정확하게 하기 위해서 모따기를 한다.
④ 축의 일부 중 평면 부위는 가는 실선의 대각선으로 표시한다.

47 나사의 종류와 표시하는 기호로 틀린 것은?

① S0.5 : 미니추어 나사
② Tr 10×2 : 미터 사다리꼴 나사
③ Rc 3/4 : 관용 테이퍼 암나사
④ E10 : 미싱 나사

48 다음과 같은 배관설비도면에서 유니온 접속을 나타내는 기호는?

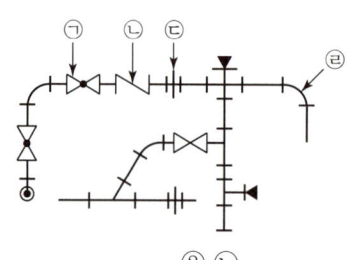

① ㄱ
② ㄴ
③ ㄷ
④ ㄹ

49 벨트풀리의 도시법에 대한 설명으로 틀린 것은?

① 벨트풀리는 축 직각 방향의 투상을 주투상도로 할 수 있다.
② 벨트풀리는 모양이 대칭형이므로 그 일부분만을 도시할 수 있다.
③ 암은 길이 방향으로 절단하여 도시한다.
④ 암의 단면형은 도형의 안이나 밖에 회전 단면을 도시한다.

50 스퍼 기어의 모듈이 2이고 잇수가 56개일 때 이 기어의 이끝원 지름은 몇 mm인가?

① 56
② 112
③ 114
④ 116

51 나사의 도시에서 완전 나사부와 불완전 나사부의 경계선을 나타내는 선의 종류는?

① 굵은 실선
② 가는 실선
③ 가는 1점쇄선
④ 가는 2점쇄선

52 구름 베어링 호칭번호의 순서가 올바르게 나열된 것은?

① 형식기호 – 치수계열기호 – 안지름번호 – 접촉각기호
② 치수계열기호 – 형식기호 – 안지름번호 – 접촉각기호
③ 형식기호 – 안지름번호 – 치수계열기호 – 틈새기호
④ 치수계열기호 – 안지름번호 – 형식기호 – 접촉각기호

53 베벨 기어 제도 시 피치원을 나타내는 선의 종류는?

① 굵은 실선
② 가는 1점쇄선
③ 가는 실선
④ 가는 2점쇄선

54 주어진 테이퍼 핀의 호칭지름으로 맞는 부위는?

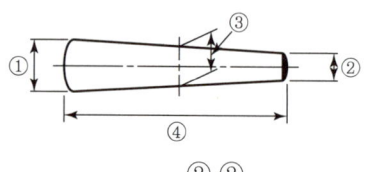

① ①
② ②
③ ③
④ ④

55 다음 기호 중 화살표 쪽의 표면에 V형 홈 맞대기 용접을 하라고 지시하는 것은?

56 기계요소 중 캠에 대한 설명으로 맞는 것은?
① 평면 캠에는 판 캠, 원뿔 캠, 빗판 캠이 있다.
② 입체 캠에는 원통 캠, 정면 캠, 직선운동 캠이 있다.
③ 캠 기구는 원동절(캠), 종동절, 고정절로 구성되어 있다.
④ 캠을 작도할 때는 캠 윤곽, 기초원, 캠 선도순으로 완성한다.

57 CAD 시스템을 구성하는 하드웨어로 볼 수 없는 것은?
① CAD 프로그램   ② 중앙처리장치
③ 입력장치   ④ 출력장치

58 CAD의 좌표 표현 방식 중 임의의 점을 지정할 때 원점을 기준으로 좌표를 지정하는 방법은?
① 상대좌표
② 상대극좌표
③ 절대좌표
④ 혼합좌표

59 CAD 시스템의 3차원 모델링 중 서피스 모델링의 일반적인 특징으로 틀린 것은?
① 은선 처리가 가능하다.
② 관성모멘트 등 물리적 성질을 계산할 수 있다.
③ 단면도 작성을 할 수 있다.
④ NC가공 데이터 생성에 사용된다.

60 CAD 시스템의 입력장치 중에서 광점자 센서가 붙어 있어 화면에 접촉하여 명령어 선택이나 좌표입력이 가능한 것은?
① 조이스틱(Joystick)
② 마우스(Mouse)
③ 라이트펜(Light Pen)
④ 태블릿(Tablet)

CHAPTER 07 제7회 CBT 실전모의고사

01 강재의 크기에 따라 표면이 급랭되어 경화하기 쉬우나 중심부에 갈수록 냉각속도가 늦어져 경화량이 적어지는 현상은?

① 경화능
② 잔류응력
③ 질량효과
④ 노치효과

02 구리에 니켈 40~50% 정도를 함유하는 합금으로 통신기, 전열선 등의 전기저항 재료로 이용되는 것은?

① 모네메탈
② 콘스탄탄
③ 엘린바
④ 인바

03 구리의 일반적인 특성에 관한 설명으로 틀린 것은?

① 전연성이 좋아 가공이 용이하다.
② 전기 및 열의 전도성이 우수하다.
③ 화학적 저항력이 작아 부식이 잘된다.
④ Zn, Sn, Ni, Ag 등과는 합금이 잘된다.

04 일반적으로 탄소강에서 탄소함유량이 증가하면 용해 온도는 어떻게 되는가?

① 낮아진다.
② 높아진다.
③ 불변이다.
④ 불규칙적이다.

05 유리섬유에 합침(合浸)시키는 것이 가능하기 때문에 FRP(Fiber Reinforced Plastic)용으로 사용되는 열경화성 플라스틱은?

① 폴리에틸렌계
② 불포화 폴리에스테르계
③ 아크릴계
④ 폴리염화비닐계

06 열간가공이 쉽고 다듬질 표면이 아름다우며 특히 용접성이 좋고 고온강도가 큰 장점을 갖고 있어 각종 축, 기어, 강력볼트, 암 레버 등에 사용하는 것으로 기호 표시를 SCM으로 하는 강은?

① 니켈-크롬강
② 니켈-크롬-몰리브덴강
③ 크롬-몰리브덴강
④ 크롬-망간-규소강

07 탄소강의 가공에 있어서 고온가공의 장점 중 틀린 것은?

① 강괴 중의 기공이 압착된다.
② 결정립이 미세화되어 강의 성질을 개선시킬 수 있다.
③ 편석에 의한 불균일 부분이 확산되어서 균일한 재질을 얻을 수 있다.
④ 상온가공에 비해 큰 힘으로 가공을 높일 수 있다.

08 탄소강의 열처리 종류에 대한 설명으로 틀린 것은?

① 노멀라이징 : 소재를 일정 온도에서 가열 후 유랭시켜 표준화한다.
② 풀림 : 재질을 연하고 균일하게 힌다.
③ 담금질 : 급랭시켜 재질을 경화시킨다.
④ 뜨임 : 담금질된 것에 인성을 부여한다.

09 상온이나 고온에서 단조성이 좋아지므로 고온가공이 용이하며 강도를 요하는 부분에 사용하는 황동은?

① 톰백
② 6·4 황동
③ 7·3 황동
④ 함석황동

10 평벨트 전동과 비교한 V벨트 전동의 특징이 아닌 것은?

① 고속운전이 가능하다.
② 미끄럼이 적고 속도비가 크다.
③ 바로걸기와 엇걸기 모두 가능하다.
④ 접촉 면적이 넓으므로 큰 동력을 전달한다.

11 주로 강도만을 필요로 하는 리벳이음으로서 철교, 선박, 차량 등에 사용하는 리벳은?

① 용기용 리벳
② 보일러용 리벳
③ 코킹
④ 구조용 리벳

12 24산 3줄 유니파이 보통 나사의 리드는 몇 mm인가?

① 1.175   ② 2.175
③ 3.175   ④ 4.175

13 회전운동을 하는 드럼이 안쪽에 있고 바깥에서 양쪽 대칭으로 드럼을 밀어 붙여 마찰력이 발생하도록 하는 브레이크는?

① 블록 브레이크
② 밴드 브레이크
③ 드럼 브레이크
④ 캘리퍼형 원판브레이크

14 평판 모양의 쐐기를 이용하여 인장력이나 압축력을 받는 2개의 축을 연결하는 결합용 기계요소는?

① 코터   ② 커플링
③ 아이볼트   ④ 테이퍼 키

15 키의 종류 중 페더 키(Feather Key)라고도 하며, 회전력의 전달과 동시에 축방향으로 보스를 이동시킬 필요가 있을 때 사용되는 것은?

① 미끄럼 키   ② 반달 키
③ 새들 키   ④ 접선 키

16 동력 전달용 기계요소가 아닌 것은?

① 기어   ② 체인
③ 마찰차   ④ 유압 댐퍼

17 단면적이 100mm²인 강재에 300N의 전단하중이 작용할 때 전단응력(N/mm²)은?
① 1
② 2
③ 3
④ 4

18 축이음 설계 시 고려사항으로 틀린 것은?
① 충분한 강도가 있을 것
② 진동에 강할 것
③ 비틀림각의 제한을 받지 않을 것
④ 부식에 강할 것

19 다음 측정기 중 스크라이버(Scriber)를 사용하여 금긋기 작업을 할 수 있는 것은?
① 한계 게이지
② 마이크로미터
③ 다이얼 게이지
④ 하이트 게이지

20 오차의 종류에서 계기오차에 대한 설명으로 옳은 것은?
① 측정자의 눈의 위치에 따른 눈금의 읽음값에 의해 생기는 오차
② 기계에서 발생하는 소음이나 진동 등과 같은 주위 환경에서 오는 오차
③ 측정기의 구조, 측정압력, 측정온도, 측정기의 마모 등에 따른 오차
④ 가늘고 긴 모양의 측정기 또는 피측정물을 정반 위에 놓으면 접촉하는 면의 형상 때문에 생기는 오차

21 다음 중 각도측정에 적합하지 않은 측정기는?
① 사인바
② 수준기
③ 오토콜리메이터
④ 삼점식 마이크로미터

22 구동방법에 의한 3차원 측정기의 분류가 아닌 것은?
① 래핑형
② 수동형
③ 자동형
④ 조이스틱형

23 측정자의 직선운동을 지침의 회전운동으로 변화시켜 눈금으로 읽을 수 있는 길이 측정기는?
① 드릴 게이지
② 마이크로미터
③ 다이얼 게이지
④ 와이어 게이지

24 기계제도 도면에 사용되는 가는 실선의 용도로 틀린 것은?
① 치수보조선
② 치수선
③ 지시선
④ 피치선

25 기계제도에서 최대 실체공차방식의 기호는?
① Ⓝ
② Ⓛ
③ Ⓜ
④ Ⓟ

26 대칭인 물체를 1/4 절단하여 물체의 안과 밖의 모양을 동시에 나타낼 수 있는 단면도는?
① 한쪽 단면도
② 온단면도
③ 부분 단면도
④ 회전 도시 단면도

27 도면에 마련하는 양식 중에서 마이크로필름 등으로 촬영하거나 복사 및 철할 때의 편의를 위하여 마련하는 것은?

① 윤곽선 ② 표제란
③ 중심마크 ④ 비교눈금

28 구멍의 최소치수가 축의 최대치수보다 큰 경우는 무슨 끼워 맞춤인가?

① 헐거운 끼워 맞춤 ② 중간 끼워 맞춤
③ 억지 끼워 맞춤 ④ 강한 억지 끼워 맞춤

29 다음의 기하공차 기호를 바르게 해석한 것은?

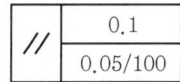

① 평행도가 전체 길이에 대해 0.1mm, 지정길이 100mm에 대해 0.05mm의 허용치를 갖는다.
② 평행도가 전체 길이에 대해 0.05mm, 지정길이 100mm에 대해 0.1mm의 허용치를 갖는다.
③ 대칭도가 전체 길이에 대해 0.1mm, 지정길이 100mm에 대해 0.05mm의 허용치를 갖는다.
④ 대칭도가 전체 길이에 대해 0.05mm, 지정길이 100mm에 대해 0.1mm의 허용치를 갖는다.

30 투상도의 올바른 선택방법으로 틀린 것은?

① 대상 물체의 모양이나 기능을 가장 잘 나타낼 수 있는 면을 주 투상도로 한다.
② 조립도와 같이 주로 물체의 기능을 표시하는 도면에서는 대상물을 사용하는 상태로 그린다.
③ 부품도는 조립도와 같은 방향으로만 그려야 한다.
④ 길이가 긴 물체는 특별한 사유가 없는 한 안정감 있게 옆으로 누워서 그린다.

31 투상에 사용하는 숨은선을 올바르게 적용한 것은?

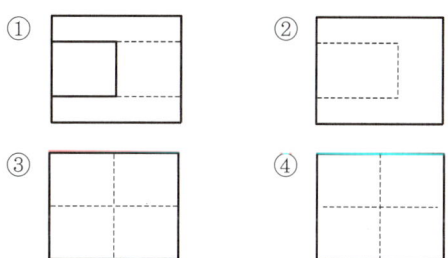

32 대상물의 가공 전 또는 가공 후의 모양을 표시하는데 사용하는 선은?

① 가는 1점쇄선 ② 가는 2점쇄선
③ 가는 실선 ④ 굵은 실선

33 KS 부문별 분류기호에서 기계를 나타내는 것은?

① KS A ② KS B
③ KS K ④ KS H

34 다음 중 재료기호에 대한 명칭이 잘못된 것은?

① SM20C : 기계구조용 탄소강재
② BC3 : 황동 주물
③ GC200 : 회 주철품
④ SC450 : 탄소강 주강품

35 치수의 허용 한계를 기입할 때 일반사항에 대한 설명으로 틀린 것은?

① 기능에 관련되는 치수와 허용 한계는 기능을 요구하는 부위에 직접 기입하는 것이 좋다.
② 직렬 치수 기입법으로 치수를 기입할 때는 치수 공차가 누적되므로 공차의 누적이 기능에 관계가 없는 경우에만 사용하는 것이 좋다.
③ 병렬 치수 기입법으로 치수를 기입할 때 치수 공차는 다른 치수의 공차에 영향을 주기 때문에 기능 조건을 고려하여 공차를 적용한다.
④ 축과 같이 직렬 치수 기입법으로 치수를 기입할 때 중요도가 작은 치수는 괄호를 붙여서 참고 치수로 기입하는 것이 좋다.

36 도면을 그릴 때 가는 2점쇄선으로 그려야 하는 것은?

① 숨은선 ② 피치선
③ 가상선 ④ 해칭선

37 다음 그림은 제3각법으로 제도한 것이다. 이 물체의 등각 투상도로 알맞은 것은?

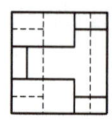

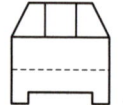 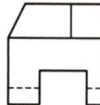

① 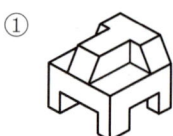 ②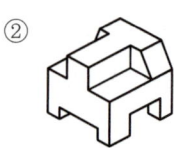

③ 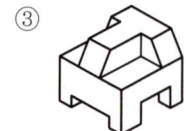 ④

38 구멍의 치수가 $\phi 30^{+0.025}_{0}$이고, 축의 치수가 $\phi 30^{+0.020}_{-0.005}$일 때 최대죔새는 얼마인가?

① 0.030 ② 0.025
③ 0.020 ④ 0.005

39 다음 등각 투상도에서 화살표 방향을 정면도로 할 경우 평면도로 올바른 것은?

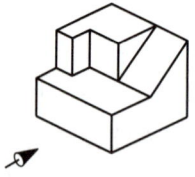

① ②

③ ④

40 제3각법으로 그린 투상도의 평면도로 옳은 것은?

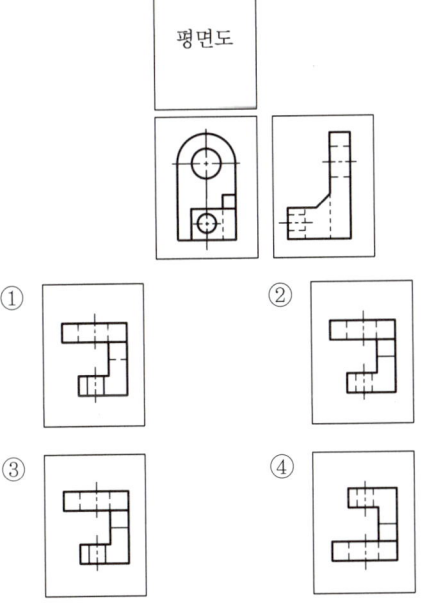

41 다음 중 치수 기입 방법으로 맞는 것은?
① 길이의 치수는 원칙적으로 밀리미터의 단위로 기입하고, 단위 기호를 붙인다.
② 각도의 치수는 일반적으로 도, 분, 초 등의 단위를 기입한다.
③ 관련되는 치수는 나누어서 기입한다.
④ 가공이나 조립할 때, 기준으로 하는 곳이 있더라도 상관없이 기입한다.

42 기하공차의 구분 중 모양 공차의 종류에 속하지 않는 것은?
① 진직도 공차   ② 평행도 공차
③ 진원도 공차   ④ 면의 윤곽도 공차

43 다음의 표면 거칠기 기호 중 주조품의 표면 제거 가공을 허락하지 않는 것을 지시하는 기호는?

44 가공 방법의 약호에서 연삭가공의 기호는?
① L   ② D
③ G   ④ M

45 구의 지름을 나타내는 치수 보조기호는?
① ϕ ② C
③ $S\phi$ ④ R

46 용접부 표면의 형상에서 동일 평면으로 다듬질 함을 표시하는 보조 기호는?

① ―――   ② ⌒
③ ⌣   ④ ◇

47 구름 베어링의 호칭번호가 6204일 때 베어링 안지름은 얼마인가?
① 62mm   ② 31mm
③ 20mm   ④ 15mm

48 볼트의 규격 M12×80의 설명으로 맞는 것은?

① 미터 나사 호칭지름이 12mm이다.
② 미터 나사 골지름이 12mm이다.
③ 미터 나사 피치가 80mm이다.
④ 미터 나사 바깥지름이 80mm이다.

49 코일 스프링의 도시방법으로 적합한 것은?

① 모양만을 도시할 때는 스프링의 외형을 가는 파선으로 그린다.
② 특별한 단서가 없는 한 모두 오른쪽 감기로 도시한다.
③ 중간 부분을 생략할 때는 생략한 부분을 파단선을 이용하여 도시한다.
④ 원칙적으로 하중이 걸린 상태에서 도시한다.

50 축에서 도형 내의 특정 부분이 평면 또는 구멍의 일부가 평면임을 나타낼 때의 도시방법은?

① "평면"이라고 표시한다.
② 가는 파선을 사각형으로 나타낸다.
③ 굵은 실선을 대각선으로 나타낸다.
④ 가는 실선을 대각선으로 나타낸다.

51 리벳이음의 도시방법에 대한 설명 중 옳은 것은?

① 리벳은 길이 방향으로 절단하여 도시한다.
② 구조물에 쓰이는 리벳은 약도로 표시할 수 있다.
③ 얇은 판, 형강 등의 단면은 가는 실선으로 도시한다.
④ 리벳의 위치만을 표시할 때는 굵은 실선으로 그린다.

52 도면에 3/8 – 16UNC – 2A로 표시되어 있다. 이에 대한 설명 중 틀린 것은?

① 3/8은 나사의 지름을 표시하는 숫자이다.
② 16은 1인치 내의 나사산의 수를 표시한 것이다.
③ UNC는 유니파이 보통 나사를 의미한다.
④ 2A는 수량을 의미한다.

53 스퍼 기어에서 축방향에서 본 투상도의 이뿌리원을 나타내는 선은?

① 가는 1점쇄선
② 가는 실선
③ 굵은 실선
④ 가는 2점쇄선

54 배관기호에서 온도계의 표시방법으로 바른 것은?

①  ②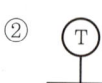
③ 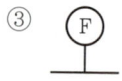 ④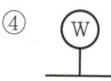

55 스프로킷 휠의 도시방법으로 틀린 것은?

① 바깥지름 – 굵은 실선
② 피치원 – 가는 1점쇄선
③ 이뿌리원 – 가는 1점쇄선
④ 축 직각 단면으로 도시할 때 이뿌리선 – 굵은 실선

56 기어의 오목표에 [기준래크]의 치형, 압력각, 모듈을 기입한다. 여기서 [기준래크]란 무엇을 뜻하는가?

① 기어 이를 가공할 기계종류를 지정한 것이다.
② 기어 이를 가공할 때 설치할 곳을 지정한 것이다.
③ 기어 이를 가공할 공구를 지정한 것이다.
④ 기어 이를 검사할 측정기를 지정한 것이다.

57 CAD 시스템에서 사용되는 입력장치의 종류가 아닌 것은?

① 키보드
② 마우스
③ 디지타이저
④ 플로터

58 3차원 형상을 솔리드 모델링하기 위한 기본요소를 프리미티브라고 한다. 이 프리미티브가 아닌 것은?

① 박스(Box)
② 실린더(Cylinder)
③ 원뿔(Cone)
④ 퓨전(Fusion)

59 마지막 입력점으로부터 다음 점까지의 거리와 각도를 입력하는 좌표 입력방법은?

① 절대좌표 입력
② 상대좌표 입력
③ 상대극좌표 입력
④ 요소투영점 입력

60 캐시 메모리(Cache Memory)에 대한 설명으로 맞는 것은?

① 연산장치로서 주로 나눗셈에 이용된다.
② 제어장치로 명령을 해독하는 데 주로 사용된다.
③ 중앙처리장치와 주기억장치 사이의 속도 차이를 극복하기 위해 사용한다.
④ 보조기억장치로서 휴대가 가능하다.

CHAPTER 08 제8회 CBT 실전모의고사

01 다음 중 로크웰 경도를 표시하는 기호는?
① HBS
② HS
③ HV
④ HRC

02 형상기억합금의 종류에 해당되지 않는 것은?
① 니켈-티타늄계 합금
② 구리-알루미늄-니켈계 합금
③ 니켈-티타늄-구리계 합금
④ 니켈-크롬-철계 합금

03 열가소성 수지가 아닌 재료는?
① 멜라민 수지
② 초산비닐 수지
③ 폴리에틸렌 수지
④ 폴리염화비닐 수지

04 베릴륨 청동 합금에 대한 설명으로 옳지 않은 것은?
① 구리에 2~3%의 Be를 첨가한 석출경화성 합금이다.
② 피로한도, 내열성, 내식성이 우수하다.
③ 베어링, 고급 스프링 재료에 이용된다.
④ 가공이 쉽게 되고 가격이 싸다.

05 주철의 성장 원인 중 틀린 것은?
① 펄라이트 조직 중의 Fe_3C 분해에 따른 흑연화
② 페라이트 조직 중의 Si의 산화
③ A_1 변태의 반복과정 중에서 오는 체적변화에 기인되는 미세한 균열의 발생
④ 흡수된 가스의 팽창에 따른 부피의 감소

06 Al-Cu-Mg-Mn의 합금으로 시효경과 저리한 대표적인 알루미늄 합금은?
① 두랄루민
② Y-합금
③ 코비탈륨
④ 로우엑스 합금

07 다이캐스팅용 합금의 성질로서 우선적으로 요구되는 것은?
① 유동성
② 절삭성
③ 내산성
④ 내식성

08 강재의 크기에 따라 표면이 급랭되어 경화되기 쉬우나 중심부에 갈수록 냉각속도가 늦어져 경화량이 적어지는 현상은?
① 경화능
② 잔류응력
③ 질량효과
④ 노치효과

09 구리에 니켈 40~50% 정도를 함유하는 합금으로서 통신기, 전열선 등의 전기저항 재료로 이용되는 것은?

① 모넬메탈 ② 콘스탄탄
③ 엘린바   ④ 인바

10 스프링에서 스프링 상수(k) 값의 단위로 옳은 것은?

① N   ② N/mm
③ N/mm^2 ④ mm

11 다음 ISO 규격 나사 중에서 미터 보통 나사를 기호로 나타내는 것은?

① Tr ② R
③ M   ④ S

12 분할 핀에 관한 설명이 아닌 것은?

① 테이퍼 핀의 일종이다.
② 너트의 풀림을 방지하는 데 사용된다.
③ 핀 한쪽 끝이 두 갈래로 되어 있다.
④ 축에 끼워진 부품의 빠짐을 방지하는 데 사용된다.

13 하중 3,000N이 작용할 때, 정사각형 단면에 응력 30N/cm²이 발생했다면 정사각형 단면 한 변의 길이는 몇 mm인가?

① 10   ② 22
③ 100 ④ 200

14 축이음 설계 시 고려사항으로 틀린 것은?

① 충분한 강도가 있을 것
② 진동에 강할 것
③ 비틀림각의 제한을 받지 않을 것
④ 부식에 강할 것

15 모듈이 m인 표준 스퍼 기어(미터식)에서 총 이 높이는?

① $1.25m$
② $1.5708m$
③ $2.25m$
④ $3.2504m$

16 레디얼 볼베어링 번호 6200의 안지름은?

① 10mm ② 12mm
③ 15mm ④ 17mm

17 3줄 나사, 피치가 4mm인 수나사를 1/10 회전시키면 축방향으로 이동하는 거리는 몇 mm인가?

① 0.1 ② 0.4
③ 0.6 ④ 1.2

18 자동차의 스티어링 장치, 수치 제어 공작기계의 공구대, 이송장치 등에 사용되는 나사는?

① 둥근 나사
② 볼나사
③ 유니파이 나사
④ 미터 나사

19 블록 게이지의 부속 부품이 아닌 것은?
① 홀더 ② 스크레이퍼
③ 스트라이버 포인트 ④ 베이스 블록

20 $-18\mu m$의 오차가 있는 블록 게이지에 다이얼 게이지를 영점 세팅하여 공작물을 측정하였더니, 측정값이 46.78mm이었다면 참값(mm)은?
① 46.960 ② 46.798
③ 46.762 ④ 46.603

21 게이지 종류에 대한 설명 중 틀린 것은?
① Pitch 게이지 : 나사 피치 측정
② Thickness 게이지 : 미세한 간격(두께) 특정
③ Radius 게이지 : 기울기 측정
④ Center 게이지 : 선반의 나사 바이트 각도 측정

22 사인바(Sine Bar)의 호칭 치수는 무엇으로 표시하는가?
① 롤러 사이의 중심거리
② 사인바의 전장
③ 사인바의 중량
④ 롤러의 직경

23 비교 측정에 사용되는 측정기가 아닌 것은?
① 다이얼 게이지
② 버니어 캘리퍼스
③ 공기 마이크로미터
④ 전기 마이크로미터

24 치수숫자와 함께 사용되는 기호로 45° 모따기를 나타내는 기호는?
① C ② R
③ K ④ M

25 절단된 면을 다른 부분과 구분하기 위하여 가는 실선으로 규칙적으로 줄을 늘어놓은 선들의 명칭은?
① 기준선 ② 파단선
③ 피치선 ④ 해칭선

26 모양에 따른 선의 종류에 대한 설명으로 틀린 것은?
① 실선 : 연속적으로 이어진 선
② 파선 : 짧은 선을 일정한 간격으로 나열한 선
③ 1점쇄선 : 길고 짧은 2종류의 선을 번갈아 나열한 선
④ 2점쇄선 : 긴 선 2개와 짧은 선 2개를 번갈아 나열한 선

27 기준 A에 평행하고 지정길이 100mm에 대하여 0.01mm의 공차값을 지정할 경우 표시방법으로 옳은 것은?
① | // | A | 0.01/100 |
② | // | 100/0.01 | A |
③ | // | A | 100/0.01 |
④ | // | 0.01/100 | A |

28 다음 중 구상흑연 주철품 재질 기호는?
① SC 410 ② GC 300
③ GCD 400-18 ④ SF 490 A

29 다음 중 치수 기입의 원칙 설명으로 틀린 것은?

① 설계자의 특별한 요구사항을 치수와 함께 기입할 수 있다.
② 도면에 나타내는 치수는 특별히 명시하지 않는 한 도시한 대상물의 마무리 치수를 표시한다.
③ 치수는 되도록이면 정면도, 측면도, 평면도에 분산하여 기입한다.
④ 치수는 되도록이면 계산할 필요가 없도록 기입하고 중복되지 않게 기입한다.

30 그림과 같은 단면도(빗금친 부분)을 무엇이라 하는가?

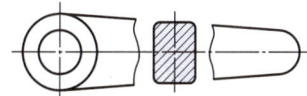

① 회전 도시 단면도 ② 부분 단면도
③ 온단면도 ④ 한쪽 단면도

31 반복도형의 피치를 잡은 기준이 되는 선은?

① 가는 실선
② 가는 파선
③ 가는 1점쇄선
④ 가는 2점쇄선

32 투상도의 표시방법에서 보조투상도에 관한 설명으로 옳은 것은?

① 복잡한 물체를 절단하여 나타낸 투상도
② 경사면부가 있는 물체의 경사면과 맞서는 위치에 그린 투상도
③ 특정 부분의 도형이 작아서 그 부분만을 확대하여 그린 투상도
④ 물체의 홈, 구멍 등 특정 부위만 도시한 투상도

33 다음의 내용과 가장 관련이 있는 가공에 의한 커터의 줄무늬 방향 기호는?

> 가공에 의한 커터의 줄무늬가 기호를 기입한 면의 중심에 대하여 거의 방사 모양

① ⊥ ② X
③ M ④ R

34 다음 중에서 '제거 가공을 허용하지 않는다.'는 것을 지시하는 기호는?

① ②
③ ④

35 제3각법으로 투상한 그림과 같은 도면에서 누락된 평면도에 가장 적합한 것은?

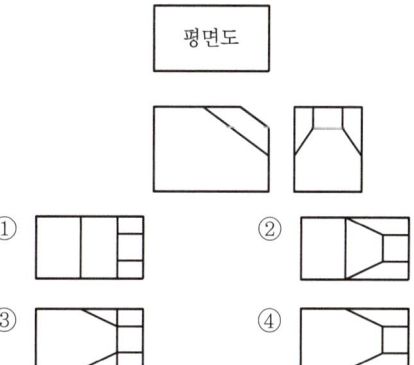

36 다음은 3각법으로 정투상한 도면이다. 등각 투상도로 맞는 것은 어느 것인가?

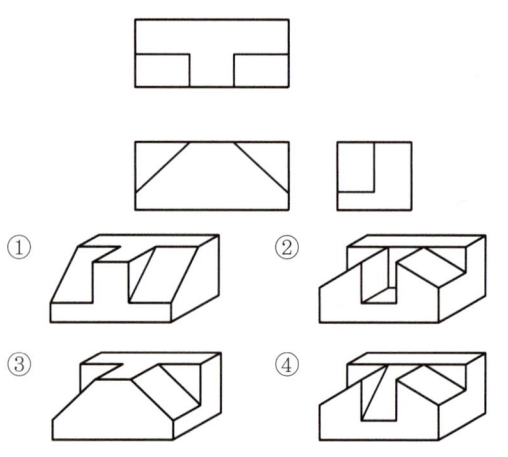

37 다음 중 길이 및 허용 한계 기입을 잘못한 것은?

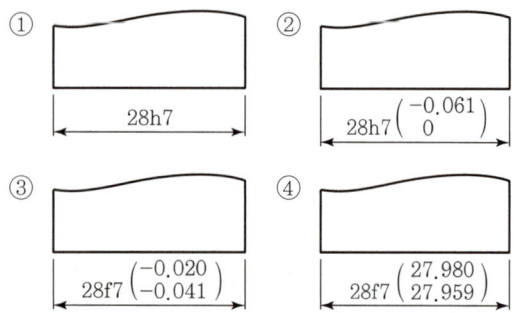

38 표제란에 기입할 사항으로 거리가 먼 것은?
① 도면 번호
② 도면 명칭
③ 부품 기호
④ 투상법

39 도면에 나타난 그림의 크기가 치수와 비례하지 않을 때 표시하는 방법 중 틀린 것은?
① 치수 아래쪽에 굵은 실선을 긋는다.
② "비례하지 않음"으로 표시한다.
③ NS로 기입한다.
④ 치수를 ( ) 안에 넣는다.

40 다음 그림을 15H7 – m6의 구멍과 축에 중간 끼워 맞춤을 나타낸 것으로 최대죔새를 A, 최대틈새를 B라 할 때 옳은 것은?

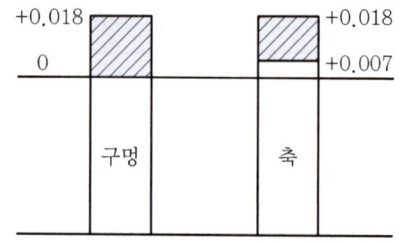

① A=0.018, B=0.011
② A=0.011, B=0.018
③ A=0.018, B=0.025
④ A=0.011, B=0.025

41 단면의 표시와 단면도의 해칭에 관한 설명 중 틀린 것은?
① 일반적으로 단면부의 해칭은 생략하여 도시하고 특별한 경우는 예외로 한다.
② 인접한 부품의 단면은 해칭의 각도 또는 간격을 달리하여 구별할 수 있다.
③ 해칭하는 부분에 글자 등을 기입하는 경우, 해칭을 중단할 수 있다.
④ 해칭선의 각도는 일반적으로 주된 중심선에 대하여 45°로 하여 가는 실선으로 등간격으로 그린다.

42 제1각법과 제3각법의 설명 중 틀린 것은?

① 제1각법은 물체를 1상한에 놓고 정투상법으로 나타낸 것이다.
② 제1각법은 눈 → 투상면 → 물체의 순서로 나타낸다.
③ 제3각법은 물체를 3상한에 놓고 정투상법으로 나타낸 것이다.
④ 한 도면에 제1각법과 제3각법을 같이 사용해서는 안 된다.

43 기하공차의 기호와 공차의 명칭이 서로 맞는 것은?

① ━ : 진직도 공차
② ◎ : 위치도 공차
③ ○ : 원통도 공차
④ ∠ : 동심도 공차

44 IT공차 등급에 대한 설명 중 틀린 것은?

① 공차등급은 IT기호 뒤에 등급을 표시하는 숫자를 붙여 사용한다.
② 공차역의 위치에 사용하는 알파벳은 모든 알파벳을 사용할 수 있다.
③ 공차역의 위치는 구멍인 경우 알파벳 대문자, 축인 경우 알파벳 소문자를 사용한다.
④ 공차등급은 IT01부터 IT18까지 20등급으로 구분한다.

45 컴퓨터 도면관리 시스템의 일반적인 장점을 잘못 설명한 것은?

① 여러 가지 도면 및 파일의 통합관리체계를 구축 가능하다.
② 반영구적인 저장 매체로 유실 및 훼손의 염려가 없다.
③ 도면의 질과 정확도를 향상시킬 수 있다.
④ 정전 시에도 도면 검색 및 작업을 할 수 있다.

46 일반적으로 스퍼 기어의 요목표에 기입하는 사항이 아닌 것은?

① 치형
② 잇수
③ 피치원 지름
④ 비틀림 각

47 볼베어링 6203ZZ에서 ZZ는 무엇을 나타내는가?

① 실드 기호
② 내부 틈새 기호
③ 등급 기호
④ 안지름 기호

48 다음 중 관의 결합방식 표시방법에서 유니언식을 나타내는 것은?

① ─┼─
② ─╫─
③ ─╫─
④ ─○─

49 나사용 구멍이 없고 양쪽 둥근형 평행키의 호칭으로 옳은 것은?

① P−A 25×14×90
② TG 20×12×70
③ WA 23×16
④ T−C 22×12×60

50 다음 중 축의 도시방법에 대한 설명으로 틀린 것은?

① 축은 길이 방향으로 절단하여 단면 도시하지 않는다.
② 긴 축은 중간 부분을 생략해서 그릴 수 있다.
③ 축에 널링을 도시할 때 빗줄인 경우는 축선에 대하여 45°로 엇갈리게 그린다.
④ 축은 일반적으로 중심선을 수평 방향으로 놓고 그린다.

51 기어의 제도방법 중 틀린 것은?

① 축방향에서 본 이끝원은 굵은 실선으로 표시한다.
② 축방향에서 본 피치원은 가는 1점쇄선으로 표시한다.
③ 서로 물려 있는 한 쌍의 기어에서 맞물림부의 이끝원은 가는 실선으로 표시한다.
④ 베벨 기어 및 웜 휠의 축방향에서 본 그림에서 이뿌리원은 생략하는 것이 보통이다.

52 벨트풀리의 도시방법 설명으로 틀린 것은?

① 모양이 대칭형인 벨트풀리는 그 일부분만을 도시할 수 있다.
② 암은 길이 방향으로 절단하여 그 단면을 도시할 수 있다.
③ 암의 단면형은 도형의 안이나 밖에 회전 단면을 도시할 수 있다.
④ 벨트풀리의 홈 부분 치수는 해당하는 형별, 호칭지름에 따라 결정된다.

53 좌 2줄 M50×3−6H는 나사 표시방법의 보기이다. 리드는 몇 mm인가?

① 3   ② 6
③ 9   ④ 12

54 다음은 단속필릿 용접부의 주요 치수를 나타낸 기호이다. 기호에 대한 설명으로 틀린 것은?

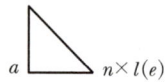

① a : 목 두께
② n : 용접부의 개수
③ l : 목 길이
④ e : 인접한 용접부 간의 간격

55 스프링 제도에 대한 설명으로 맞는 것은?

① 오른쪽 감기로 도시할 때는 "감긴 방향 오른쪽"이라고 반드시 명시해야 한다.
② 하중이 걸린 상태에서 그리는 것을 원칙으로 한다.
③ 하중과 높이 및 처짐과의 관계는 선도 또는 요목표에 나타낸다.
④ 스프링의 종류와 모양만을 도시할 때에는 재료의 중심선만을 가는 실선으로 그린다.

56 다음은 육각볼트의 호칭이다. ⓒ이 의미하는 것은?

KS B 1002	6각볼트	A	M12×80	−8.8	MFZn2
㉠	㉡	㉢	㉣	㉤	㉥

① 강도   ② 부품등급
③ 종류   ④ 규격번호

57 3차원 물체의 외부 형상뿐만 아니라 중량, 무게중심, 관성모멘트 등의 물리적 성질도 제공할 수 있는 형상 모델링은?

① 와이어 프레임 모델링
② 서피스 모델링
③ 솔리드 모델링
④ 곡면 모델링

58 중앙처리장치(CPU)와 주기억장치 사이에서 원활한 정보의 교환을 위하여 주기억장치의 정보를 일시적으로 저장하는 고속 기억장치는?

① Floppy Disk
② CD-ROM
③ Cache Memory
④ Coprocessor

59 그림과 같이 위치를 알 수 없는 점 A에서 점 B로 이동하려고 한다. 어느 좌표계를 사용해야 하는가?

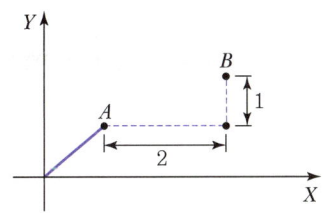

① 상대좌표
② 절대좌표
③ 절대극좌표
④ 원통좌표

60 CAD 시스템의 입력장치에 해당하지 않는 것은?

① 키보드(Keyboard)
② 마우스(Mouse)
③ 디스플레이(Display)
④ 라이트펜(Light Pen)

CHAPTER 09 제9회 CBT 실전모의고사

01 공구의 합금강을 담금질 및 뜨임처리하여 개선되는 재질의 특성이 아닌 것은?
① 조직의 균질화 ② 경도 조절
③ 가공성 향상 ④ 취성 증가

02 금속재료를 고온에서 오랜 시간 외력을 걸어놓으면 시간의 경과에 따라 서서히 그 변형이 증가하는 현상은?
① 크리프 ② 스트레스
③ 스트레인 ④ 템퍼링

03 절삭공구류에서 초경 합금의 특성이 아닌 것은?
① 경도가 높다
② 마모성이 좋다.
③ 압축 강도가 높다.
④ 고온 경도가 양호하다

04 황동의 연신율이 가장 클 때 아연(Zn)의 함유량은 몇 % 정도인가?
① 30 ② 40
③ 50 ④ 60

05 구상 흑연주철을 조직에 따라 분류했을 때 이에 해당하지 않는 것은?
① 마텐자이트형 ② 페라이트형
③ 펄라이트형 ④ 시멘타이트형

06 주철의 장점이 아닌 것은?
① 압축 강도가 작다.
② 절삭 가공이 쉽다.
③ 주조성이 우수하다.
④ 마찰 저항이 우수하다.

07 합금의 종류 중 고용융점 합금에 해당하는 것은?
① 티탄 합금 ② 텅스텐 합금
③ 마그네슘 합금 ④ 알루미늄 합금

08 스프링강의 특성에 대한 설명으로 틀린 것은?
① 항복강도와 크리프 저항이 커야 한다.
② 반복하중에 잘 견딜 수 있는 성질이 요구된다.
③ 냉간가공 방법으로만 제조된다.
④ 일반적으로 열처리를 하여 사용한다.

09 다음 중 내식용 알루미늄 합금이 아닌 것은?
① 알민
② 알드레이
③ 하이드로날륨
④ 라우탈

10 다음 중 구름 베어링의 특성이 아닌 것은?
① 감쇠력이 작아 충격 흡수력이 작다.
② 축심의 변동이 작다.
③ 표준형 양산품으로 호환성이 높다.
④ 일반적으로 소음이 작다.

11 지름이 50mm 축에 10mm인 성크 키를 설치했을 때, 일반적으로 전단하중만을 받을 경우 키가 파손되지 않으려면 키의 길이는 몇 mm인가?
① 25mm
② 75mm
③ 150mm
④ 200mm

12 인장응력을 구하는 식으로 옳은 것은?(단, A 는 단면적, W 는 인장하중이다.)
① $A \times W$
② $A + W$
③ A/W
④ W/A

13 롤링 베어링의 내륜이 고정되는 곳은?
① 저널
② 하우징
③ 궤도면
④ 리테이너

14 기계재료의 단단한 정도를 측정하는 가장 적합한 시험법은?
① 경도시험
② 수축시험
③ 파괴시험
④ 굽힘시험

15 자동차의 스티어링 장치, 수치제어 공작기계의 공구대, 이송장치 등에 사용되는 나사는?
① 둥근 나사
② 볼나사
③ 유니파이 나사
④ 미터 나사

16 모듈 5, 잇수가 40인 표준 평기어의 이끝원 지름은 몇 mm인가?
① 200mm
② 210mm
③ 220mm
④ 240mm

17 두 축이 평행하고 거리가 아주 가까울 때 각속도의 변동없이 토크를 전달할 경우 사용되는 커플링은?
① 고정 커플링(Fixed Coupling)
② 플렉시블 커플링(Flexible Coupling)
③ 올덤 커플링(Oldham's Coupling)
④ 유니버설 커플링(Universal Coupling)

18 사용 기능에 따라 분류한 기계요소에서 직접전동 기계요소는?
① 마찰차
② 로프
③ 체인
④ 벨트

19 비교 측정에 사용되는 측정기기는?
① 투영기 ② 마이크로미터
③ 다이얼 게이지 ④ 버니어 캘리퍼스

20 일반적으로 나사의 피치 측정에 사용되는 측정기기는?
① 오토콜리메이터 ② 옵티컬 플랫
③ 공구 현미경 ④ 사인바

21 사인바로 각도를 측정할 때 필요없는 것은?
① 블록 게이지 ② 다이얼 게이지
③ 각도 게이지 ④ 정반

22 삼침법이란 나사의 무엇을 측정하는 방법인가?
① 골지름 ② 피치
③ 유효지름 ④ 바깥지름

23 측정기기 중 한계 게이지의 종류에 해당되지 않는 것은?
① 플러그 게이지 ② 스냅 게이지
③ 봉 게이지 ④ 다이얼 게이지

24 다음 중 긴 쪽 방향으로 절단하여 단면도로 나타내기에 가장 적합한 것은?
① 리브 ② 기어의 이
③ 하우징 ④ 볼트

25 다음 중 기하공차 도시와 관련하여 이론적으로 정확한 치수를 나타낸 것으로 옳은 것은?
① "50" ② (50)
③ 50 ④ 50

26 기하공차의 종류 중 적용하는 형체가 관련 형체에 속하지 않는 것은?
① 자세공차 ② 모양 공차
③ 위치 공차 ④ 흔들림 공차

27 다음은 제3각법으로 그린 정투상도이다. 입체도로 옳은 것은?

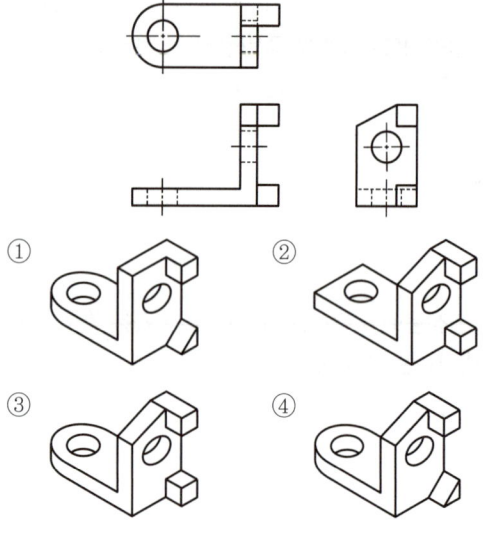

28 다음 중 가는 선 : 굵은 선 : 아주 굵은 선 굵기의 비율이 옳은 것은?
① 1 : 2 : 4 ② 1 : 3 : 4
③ 1 : 3 : 6 ④ 1 : 4 : 8

29 모양공차를 표기할 때 그림과 같은 공차 기입 틀에 기입하는 내용은?

| A | B |

① A : 공차값, B : 공차의 종류 기호
② A : 공차의 종류 기호, B : 데이텀 문자 기호
③ A : 데이텀 문자 기호, B : 공차값
④ A : 공차의 종류 기호, B : 공차값

30 도면에 사용한 선의 용도 중 특수한 가공을 하는 부분 등 특별한 요구 사항을 적용할 범위를 표시하는 데 쓰이는 선은?

① 가는 1점쇄선
② 가는 2점쇄선
③ 굵은 1점쇄선
④ 굵은 2점쇄선

31 선의 종류에 따른 용도의 설명으로 틀린 것은?

① 굵은 실선 – 외형선으로 사용한다.
② 가는 실선 – 치수선으로 사용한다.
③ 파선 – 숨은선으로 사용한다.
④ 굵은 1점쇄선 – 단면의 무게 중심선으로 사용한다.

32 좌우 또는 상하가 대칭인 물체의 $\frac{1}{4}$을 잘라 내고 중심섬을 기준으로 외형도와 내부 단면도를 나타내는 단면의 도시 방법은?

① 한쪽 단면도
② 부분 단면도
③ 회전 단면도
④ 온단면도

33 투상도의 선택 방법에 대한 설명으로 틀린 것은?

① 조립도 등 주로 기능을 나타내는 도면에서는 대상물을 사용하는 상태로 놓고 그린다.
② 부품을 가공하기 위한 도면에서는 가공 공정에서 대상물이 놓인 상태로 그린다.
③ 주 투상도에서는 대상물의 모양이나 기능을 가장 뚜렷하게 나타내는 면을 그린다.
④ 주 투상도를 보충하는 다른 투상도는 명확한 이해를 위해 되도록 많이 그린다.

34 그림과 같은 지시기호에서 "b"에 들어갈 지시사항으로 옳은 것은?

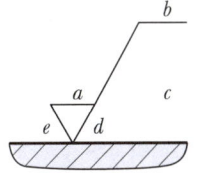

① 가공 방법
② 표면 파상도
③ 줄무늬 방향 기호
④ 컷오프값 · 평가 길이

35 다음 중 치수 보조기호에 관한 내용으로 틀린 것은?

① C : 45°의 모떼기
② D : 판의 두께
③ □ : 정사각형 변의 길이
④ ⌒ : 원호의 길이

36 기준치수가 30, 최대허용치수가 29.9, 최소허용치수가 29.8일 때 아래 치수허용차는?

① −0.1
② −0.2
③ +0.1
④ +0.2

37 최대허용치수와 최소허용치수의 차를 무엇이라고 하는가?

① 치수공차
② 끼워 맞춤
③ 실치수
④ 기준선

38 투상법의 종류 중 정투상법에 속하는 것은?

① 등각 투상법
② 제3각법
③ 사투상법
④ 투시도법

39 가공 방법에 대한 기호가 잘못 짝지어진 것은?

① 용접 : W
② 단조 : F
③ 압연 : E
④ 전조 : RL

40 도면을 마이크로필름에 촬영하거나 복사할 때의 편의를 위하여 도면의 위치결정에 편리하도록 도면에 표시하는 양식은?

① 재단 마크
② 중심 마크
③ 도면의 구역
④ 방향 마크

41 다음 중 알루미늄 합금주물의 재료 표시 기호는?

① ALBrC1
② ALDC1
③ AC1A
④ PBC2

42 지름과 반지름의 표시 방법에 대한 설명 중 틀린 것은?

① 원지름의 기호는 ϕ로 나타낸다.
② 원반지름의 기호는 R로 나타낸다.
③ 구의 지름의 치수를 기입할 때는 Gϕ를 쓴다.
④ 구의 반지름의 치수를 기입할 때는 SR을 쓴다.

43 다음 입체도에서 화살표 방향이 정면일 경우 정투상도의 평면도로 옳은 것은?

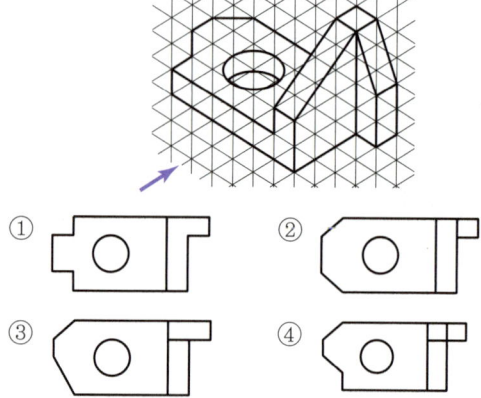

44 끼워 맞춤의 표시 방법을 설명한 것 중 틀린 것은?

① ϕ20H7 : 지름이 20인 구멍으로 7등급의 IT공차를 가짐
② ϕ20h6 : 지름이 20인 축으로 6등급의 IT공차를 가짐
③ ϕ20H7/g6 : 지름이 20인 H7 구멍과 g6 축이 헐거운 끼워 맞춤으로 결합되어 있음을 나타냄
④ ϕ20H7/f6 : 지름이 20인 H7 구멍과 f6 축이 중간 끼워 맞춤으로 결합되어 있음을 나타냄

45 도면이 구비하여야 할 기본 요건이 아닌 것은?

① 보는 사람이 이해하기 쉬운 도면
② 그린 사람이 임의로 그린 도면
③ 표면 정도, 재질, 가공 방법 등의 정보성을 포함한 도면
④ 대상물의 크기, 모양, 자세, 위치 등의 정보성을 포함한 도면

46 기어의 도시 방법을 나타낸 것 중 틀린 것은?

① 이끝원은 굵은 실선으로 그린다.
② 피치원은 가는 1점쇄선으로 그린다.
③ 단면으로 표시할 때 이뿌리원은 가는 실선으로 그린다.
④ 잇줄 방향은 보통 3개의 가는 실선으로 그린다.

47 평행키 끝부분의 형식에 대한 설명으로 틀린 것은?

① 끝부분 형식에 대한 지정이 없는 경우는 양쪽 네모형으로 본다.
② 양쪽 둥근형은 기호 A를 사용한다.
③ 양쪽 네모형은 기호 S를 사용한다.
④ 한쪽 둥근형은 기호 C를 사용한다.

48 나사의 제도 시 불완전 나사부와 완전 나사부의 경계를 나타내는 선을 그릴 때 사용하는 선의 종류는?

① 굵은 파선
② 굵은 1점쇄선
③ 가는 실선
④ 굵은 실선

49 평벨트풀리의 도시 방법이 아닌 것은?

① 암의 단면형은 도형의 안이나 밖에 회전 도시 단면도로 도시한다.
② 풀리는 축직각 방향의 투상을 주투상도로 도시할 수 있다.
③ 풀리와 같이 대칭인 것은 그 일부만을 도시할 수 있다.
④ 암은 길이 방향으로 절단하여 단면을 도시한다.

50 베어링의 안지름 번호를 부여하는 방법 중 틀린 것은?

① 안지름 치수가 1, 2, 3, 4mm인 경우 안지름 번호는 1, 2, 3, 4이다.
② 안지름 치수가 10, 12, 15, 17mm인 경우 안지름 번호는 01, 02, 03, 04이다.
③ 안지름 치수가 20mm 이상 480mm 이하인 경우 5로 나눈 값을 안지름 번호로 사용한다.
④ 안지름 치수가 500mm 이상인 경우에는 안지름 치수를 안지름 번호로 사용한다.

51 아래 그림이 나타내는 용접 이음의 종류는 무엇인가?

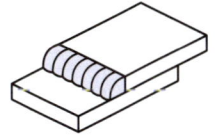

① 모서리 이음
② 겹치기 이음
③ 맞대기 이음
④ 플랜지 이음

52 축의 도시 방법에 대한 설명으로 틀린 것은?

① 가공 방향을 고려하여 도시하는 것이 좋다.
② 축은 길이 방향으로 절단하여 온단면도를 표현하지 않는다.
③ 빗줄 널링의 경우에는 축선에 대하여 30°로 엇갈리게 그린다.
④ 긴 축은 중간을 파단하여 짧게 표현하고, 치수 기입은 도면상에 그려진 길이로 나타낸다.

53 코일 스프링 도시의 원칙 설명으로 틀린 것은?

① 스프링은 원칙적으로 하중이 걸린 상태로 도시한다.
② 하중과 높이 또는 휨과의 관계를 표시할 필요가 있을 때는 선도 또는 요목표에 표시한다.
③ 특별한 단서가 없는 한 모두 오른쪽 감기로 도시한다.
④ 스프링의 종류와 모양만을 간략도로 도시할 때에는 재료의 중심선만을 굵은 실선으로 그린다.

54 아래 그림은 표준 스퍼 기어 요목표이다. (1), (2)에 들어갈 숫자로 옳은 것은?

스퍼 기어		
기어 치형		표준
공구	치형	보통 이
	모듈	2
	압력각	20°
잇수		32
피치원 지름		(1)
전체 이 높이		(2)
다듬질 방법		호브 절삭
정밀도		KS B 1405, 5급

① (1) : φ64, (2) : 4.5
② (1) : φ40, (2) : 4
③ (1) : φ40, (2) : 4.5
④ (1) : φ64, (2) : 4

55 다음 관이음의 그림 기호 중 플랜지식 이음은?

① ② ③ ④

56 인치계 사다리꼴 나사의 나사산 각도는?

① 29°   ② 30°
③ 55°   ④ 60°

57 다음 중 기계설계 CAD에서 사용하는 3차원 모델링 방법이라고 할 수 없는 것은?

① 와이어프레임 모델링(Wire Frame Modeling)
② 오브젝트 모델링(Object Modeling)
③ 솔리드 모델링(Solid Modeling)
④ 서피스 모델링(Surface Modeling)

58 스스로 빛을 내는 자기발광형 디스플레이로서 시야각이 넓고 응답시간도 빠르며 백라이트가 필요 없기 때문에 두께를 얇게 할 수 있는 디스플레이는?

① TFT-LCD
② 플라즈마 디스플레이
③ OLED
④ 래스터스캔 디스플레이

59 CAD로 2차원 평면에서 원을 정의하고자 한다. 다음 중 특정 원을 정의할 수 없는 것은?

① 원의 반지름과 원을 지나는 하나의 접선으로 정의
② 원의 중심점과 반지름으로 정의
③ 원의 중심점과 원을 지나는 하나의 접선으로 정의
④ 원을 지나는 3개의 점으로 정의

60 다음 컴퓨터 장치 중 해당 장치가 잘못 연결된 것은?

① 주기억장치 : 하드디스크
② 보조기억장치 : USB 메모리
③ 입력장치 : 태블릿
④ 출력장치 : LCD

CHAPTER 10

제10회 CBT 실전모의고사

01 강의 표면 경화법으로 금속 표면에 탄소(C)를 침입 고용시키는 방법은?

① 질화법
② 침탄법
③ 화염경화법
④ 숏피닝

02 비철금속 구리(Cu)가 다른 금속 재료와 비교해 우수한 것 중 틀린 것은?

① 연하고 전연성이 좋아 가공하기 쉽다.
② 전기 및 열전도율이 낮다.
③ 아름다운 색을 띠고 있다.
④ 구리합금은 철강 재료에 비하여 내식성이 좋다.

03 다음 중 플라스틱 재료로서 동일 중량으로 기계적 강도가 강철보다 강력한 재질은?

① 글라스 섬유
② 폴리카보네이트
③ 나일론
④ FRP

04 열처리란 탄소강을 기본으로 하는 철강으로 매우 중요한 작업이다. 열처리의 특성으로 잘못 설명한 것은?

① 내부의 응력과 변형을 감소시킨다.
② 표면을 연화시키는 등의 성질을 변화시킨다.
③ 기계적 성질을 향상시킨다.
④ 강의 전기적/자기적 성질을 향상시킨다.

05 5~20% Zn의 황동으로 강도는 낮으나 전연성이 좋고 황금색에 가까우며 금박대용, 황동단추 등에 사용되는 구리 합금은?

① 톰백
② 먼츠 메탈
③ 텔터 메탈
④ 주석황동

06 철과 탄소는 약 6.68% 탄소에서 탄화철이라는 화합물질을 만드는데 이 탄소강의 표준조직은 무엇인가?

① 펄라이트
② 오스테나이트
③ 시멘타이트
④ 솔바이트

07 일반 구조용 압연강재의 KS 기호는?

① SS330
② SM400A
③ SM45C
④ SNC415

08 내열용 알루미늄 합금 중에 Y합금의 성분은?

① 구리, 납, 아연, 주석
② 구리, 니켈, 망간, 주석
③ 구리, 알루미늄, 납, 아연
④ 구리, 알루미늄, 니켈, 마그네슘

09 강의 표면 경화법으로 금속 표면에 탄소(C)를 침입 고용시키는 방법은?

① 질화법
② 침탄법
③ 화염경화법
④ 숏피닝

10 회전체의 균형을 좋게 하거나 너트를 외부에 돌출시키지 않으려고 할 때 주로 사용하는 너트는?

① 캡 너트
② 둥근 너트
③ 육각 너트
④ 와셔붙이 너트

11 축이음 기계요소 중 플렉시블 커플링에 속하는 것은?

① 올덤 커플링
② 셀러 커플링
③ 클램프 커플링
④ 마찰 원통 커플링

12 스퍼 기어에서 Z는 잇수(개)이고, P가 지름피치(인치)일 때 피치원 지름(Dmm)를 구하는 공식은?

① $D = \dfrac{Pz}{25.4}$
② $D = \dfrac{25.4}{Pz}$
③ $D = \dfrac{P}{25.4z}$
④ $D = \dfrac{25.4z}{P}$

13 왕복운동 기관에서 직선운동과 회전운동을 상호 전달할 수 있는 축은?

① 직선축
② 크랭크축
③ 중공축
④ 플렉시블축

14 재료의 안전성을 고려하여 허용할 수 있는 최대 응력을 무엇이라 하는가?

① 주응력
② 사용응력
③ 수직응력
④ 허용응력

15 길이가 100mm인 스프링의 한 끝을 고정하고, 다른 끝에 무게 40N의 추를 달았더니 스프링의 전체 길이가 120mm로 늘어났을 때 스프링상수는 몇 N/mm 인가?

① 8
② 4
③ 2
④ 1

16 다음 벨트 중에서 인장강도가 대단히 크고 수명이 가장 긴 벨트는?

① 가죽 벨트
② 강철 벨트
③ 고무 벨트
④ 섬유 벨트

17 큰 토크를 전달시키기 위해 같은 모양의 키 홈을 등 간격으로 파서 축과 보스를 잘 미끄러질 수 있도록 만든 기계 요소는?

① 코터 ② 묻힘 키
③ 스플라인 ④ 테이퍼 키

18 유니버설 조인트의 허용 축각도는 몇 도(°) 이내인가?

① 10° ② 20°
③ 30° ④ 60°

19 다음 중 다이얼 게이지의 특성이 아닌 것은?

① 시차가 크다.
② 측정 범위가 넓다.
③ 다원 측정이 가능하다.
④ 직접 측정이 가능하다.

20 그림과 같이 L = 100mm의 사인바로 θ = 15°를 구하려고 한다. h = 5mm이면 높이 H는 몇 mm인가?

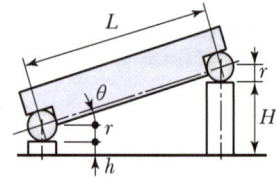

① 20.8819 ② 25.7949
③ 30.8819 ④ 35.7949

21 축용 한계 게이지가 아닌 것은?

① 플러그 게이지 ② 스냅 게이지
③ C형 스냅 게이지 ④ 링 게이지

22 다음 중 버니어 캘리퍼스로 측정할 수 없는 것은?

① 단차측정
② 내경측정
③ 외경측정
④ 나사유효지름 측정

23 다이얼 게이지로 원통체의 공작물의 진원도를 측정하고자 할 때 필요한 공구는?

① V 블록 ② 사인바
③ 마이크로미터 ④ 캘리퍼스

24 다음과 같은 부품란에 대한 설명 중 틀린 것은?

품번	품명	재질	수량	중량	비고
1	실린더	GC200			
2	육각너트	SM30C			3 × 18
3	커넥팅 로드	SF440A			
4	세트 스크루	SM30C	4		M4 × 0.7

① 실린더의 재질은 회주철이다.
② 육각너트의 재질은 공구강이다.
③ 커넥팅 로드는 탄소강 단강품이며 최저인장강도가 440N/mm²이다.
④ 세트 스크루는 호칭지름이 4mm이고, 피치가 0.7mm 인 미터 나사이다.

25 기계가공 도면의 척도가 2 : 1로 나타났을 때, 실선으로 표시된 형상의 치수가 30으로 표시되었다면 가공 제품의 해당 부분 실제 가공치수는?

① 15mm ② 30mm
③ 60mm ④ 90mm

26 중간 끼워 맞춤에서 구멍의 치수는 $50^{+0.35}_{0}$, 축의 치수는 $50^{+0.042}_{+0.017}$일 때 최대죔새는?

① 0.033 ② 0.008
③ 0.018 ④ 0.042

27 제작 도면으로 사용할 도면의 같은 장소에 숫자와 여러 종류의 선이 겹치게 될 때 가장 우선되는 것은?

① 해칭선 ② 치수선
③ 숨은선 ④ 숫자

28 다음 기하공차의 종류 중 위치공차 기호가 아닌 것은?

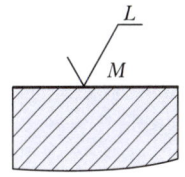

29 입체도에서 화살표(↗) 방향을 정면도로 할 때, 제3각법으로 투상한 것 중 옳은 것은?

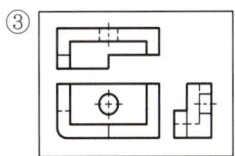
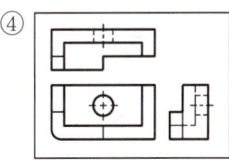

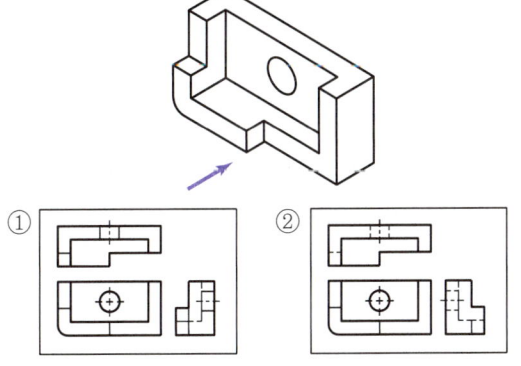

30 다음 그림은 면의 지시기호이다. 그림에서 M은 무엇을 의미하는가?

① 밀링 가공 ② 줄무늬 방향
③ 표면 거칠기 ④ 선반 가공

31 다음 도면의 양식 중에서 반드시 마련해야 하는 양식은?

① 도면의 구역 ② 중심 마크
③ 비교 눈금 ④ 재단 마크

32 다음 그림과 같은 리브 둥글기 반지름이 현저하게 다른 리브를 그릴 때 평면도로 옳은 것은?

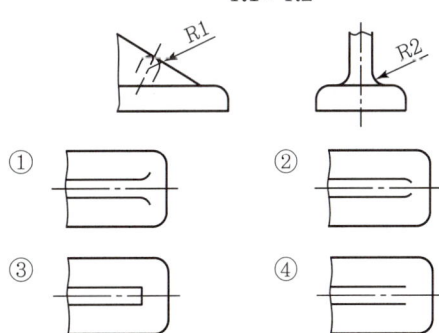

33 산술 평균 거칠기 표시 기호는?

① Ra　　② Rs
③ Rz　　④ Ru

34 가상선의 용도에 대한 설명으로 틀린 것은?

① 인접 부분을 참고로 표시하는 데 사용한다.
② 수면, 유면 등의 위치를 표시하는 데 사용한다.
③ 가공 전, 가공 후의 모양을 표시하는 데 사용한다.
④ 도시된 단면의 앞쪽에 있는 부분을 표시하는 데 사용한다.

35 다음은 KS 제도 통칙에 따른 재료기호이다.

> KS D 3752 SM 45C

위 기호에 대한 설명 중 옳은 것을 모두 고르면?

> ㄱ. KS D는 KS 분류기호 중 금속 부문에 대한 설명이다.
> ㄴ. S는 재질을 나타내는 기호로 강을 의미한다.
> ㄷ. M은 기계구조용을 의미한다.
> ㄹ. 45C는 재료의 최저인장강도가 45kgf/mm²임을 의미한다.

① ㄱ, ㄴ　　② ㄱ, ㄹ
③ ㄱ, ㄴ, ㄷ　　④ ㄴ, ㄷ, ㄹ

36 치수 보조 기호의 설명으로 틀린 것은?

① 구의 지름 − Sϕ
② 구의 반지름 − SR
③ 45° 모따기 − C
④ 이론적으로 정확한 치수 − (15)

37 대상물의 구멍, 홈 등 모양만을 나타내는 것으로 충분한 경우에 그 부분만을 도시하는 아래 그림과 같은 투상도는?

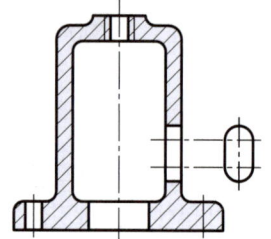

① 회전투상도
② 국부투상도
③ 부분투상도
④ 보조투상도

38 도면에 치수를 기입할 때의 주의사항으로 틀린 것은?

① 치수는 정면도, 측면도, 평면도에 보기 좋게 골고루 배치한다.
② 외형선, 중심선 혹은 그 연장선은 치수선으로 사용하지 않는다.
③ 치수는 가능한 한 도형의 오른쪽과 위쪽에 기입한다.
④ 한 도면 내에서는 같은 크기의 숫자로 치수를 기입한다.

39 투상도법에서 원근감을 갖도록 나타내어 건축물 등의 공사 설명용으로 주로 사용하는 투상도법은?

① 등각 투상도
② 투시도
③ 정투상도
④ 부등각 투상도

40 IT 기본공차의 등급은 모두 몇 등급으로 되어 있는가?

① 10등급 ② 18등급
③ 20등급 ④ 25등급

41 아래 도면의 기하공차가 나타내고 있는 것은?

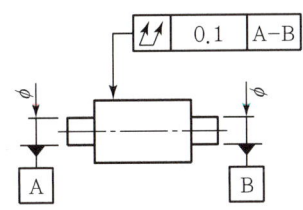

① 원통도 ② 진원도
③ 온 흔들림 ④ 원주 흔들림

42 그림과 같은 단면도를 무슨 단면도라 하는가?

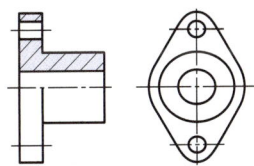

① 회전 도시 단면도 ② 부분 단면도
③ 한쪽 단면도 ④ 온단면도

43 다음의 평면도에 해당하는 것은?(단, 제3각법의 경우이다.)

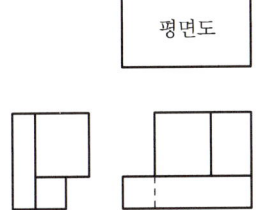

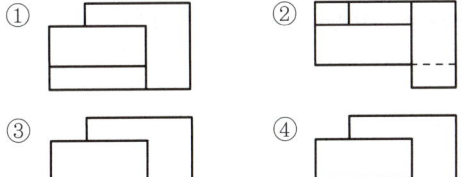

44 조립한 상태의 치수 허용 한계값을 나타낸 것으로 틀린 것은?

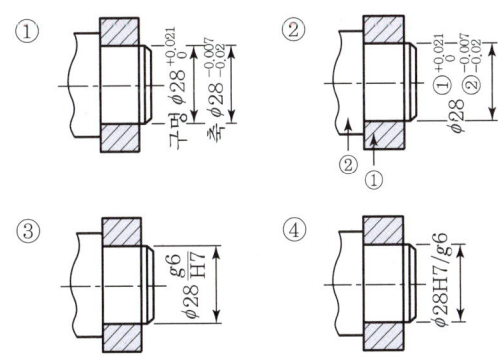

45 도면 관리에서 다른 도면과 구별하고 도면 내용을 직접 보지 않고도 제품의 종류 및 형식 등의 도면 내용을 알 수 있도록 하기 위해 기입하는 것은?

① 도면 번호 ② 도면 척도
③ 도면 양식 ④ 부품 번호

46 기어의 도시 방법으로 옳은 것은?(단, 단면도가 아닌 일반 투상도로 나타낼 때로 가정한다.)

① 잇봉우리원은 가는 실선으로 그린다.
② 피치원은 가는 1점쇄선으로 그린다.
③ 이골원은 가는 2점쇄선으로 그린다.
④ 잇줄 방향은 보통 2개의 굵은 실선으로 그린다.

47 〈보기〉의 설명을 나사표시 방법으로 옳게 나타낸 것은?

- 왼나사이며 두 줄 나사이다.
- 미터 가는 나사로 호칭지름이 50mm, 피치가 2mm이다.
- 수나사 등급이 4h 정밀급 나사이다.

① L 2줄 M50×2-4h
② 왼 2N TM50×2-4h
③ 2N M50×2-4h
④ 왼 2줄 M2×50-4h

48 평벨트풀리의 도시방법으로 틀린 것은?

① 벨트풀리는 축직각 방향의 투상을 주 투상도로 할 수 있다.
② 암은 길이 방향으로 절단하여 단면을 도시하지 않는다.
③ 대칭형인 벨트풀리는 생략하지 않고 되도록 전체를 그려야 한다.
④ 암의 테이퍼 부분의 치수를 기입할 때 치수 보조선은 경사선으로 그어서 치수를 나타낼 수 있다.

49 다음 중 플러그 용접 기호는?

①  ②
③  ④

50 다음 중 센터 구멍이 필요하지 않은 경우를 나타낸 기호는?

① 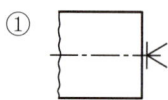 ②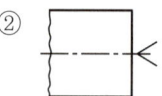
③ 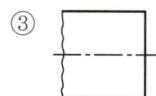 ④

51 모듈이 m인 한 쌍의 외접 스퍼 기어가 맞물려 있을 때에 각각의 잇수를 Z_1, Z_2라고 하면 두 기어의 중심거리를 구하는 계산식은?

① $\dfrac{(Z_1 + Z_2) \times m}{2}$

② $m \times (Z_1 + Z_2)$

③ $\dfrac{m}{2 \times (Z_1 + Z_2)}$

④ $2 \times m \times (Z_1 + Z_2)$

52 베어링 호칭번호가 다음과 같을 때 이에 대한 설명으로 틀린 것은?

"7210CDTP5"

① 베어링 계열 기호는 "72"이다.
② 안지름 번호는 "10"으로 호칭 베어링의 안지름이 50mm이다.
③ 접촉각 기호는 "C"이다.
④ 정밀도 등급은 "DT"이다.

53 스프링의 종류 및 모양만을 간략도로 도시하는 경우 표시 방법으로 옳은 것은?

① 재료의 중심선을 굵은 실선으로 그린다.
② 재료의 중심선을 가는 2점쇄선으로 그린다.
③ 재료의 중심선을 가는 실선으로 그린다.
④ 재료의 중심선을 굵은 1점쇄선으로 그린다.

54 배관제도에서 관의 끝부분이 용접식 캡의 경우를 나타내는 그림 기호는?

① ——⊣| ② ——⊐
③ ——⊃)   ④ ——→

55 수나사 막대의 양 끝에 나사를 깎은 머리 없는 볼트로서, 한 끝은 본체에 박고 다른 끝은 너트로 죌 때 쓰이는 것은?

① 관통 볼트   ② 미니추어 볼트
③ 스터드 볼트 ④ 탭 볼트

56 다음 그림은 어떤 기계요소를 나타낸 것인가?

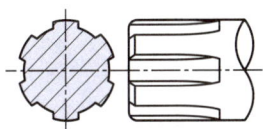

① 원뿔 키   ② 접선 키
③ 세레이션   ④ 스플라인

57 면을 사용하여 은선을 제거시킬 수 있고 또 면의 구분이 가능하므로 가공면을 자동적으로 인식 처리할 수 있어서 NC Data에 의한 NC가공작업이 가능하나 질량 등의 물리적 성질은 구할 수 없는 모델링 방법은?

① 서피스 모델링
② 솔리드 모델링
③ 시스템 모델링
④ 와이어 프레임 모델링

58 각 좌표계에서 현재 위치, 즉 출발점을 항상 원점으로 하여 임의의 위치까지의 거리로 나타내는 좌표계 방식은?

① 직교 좌표계   ② 극 좌표계
③ 상대 좌표계   ④ 원통 좌표계

59 컴퓨터에서 중앙처리장치의 구성으로만 짝지어진 것은?

① 출력장치, 입력장치
② 제어장치, 입력장치
③ 보조기억장치, 출력장치
④ 제어장치, 연산장치

60 다음 중 입력장치로 볼 수 없는 것은?

① 터치 패드   ② 라이트펜
③ 3D 프린터   ④ 스캐너

CHAPTER 11

제11회 CBT 실전모의고사

01 마텐자이트와 베이나이트의 혼합조직으로 M_s와 M_f점 사이의 염욕에 담금질하여 과냉 오스테나이트의 변태가 완료할 때까지 항온 유지한 후에 꺼내어 공랭하는 열처리는 무엇인가?

① 오스템퍼(Austemper)
② 마템퍼(Martemper)
③ 마퀜칭(Marquenching)
④ 패턴팅(Patenting)

02 내열용 알루미늄합금 중에 Y합금의 성분은?

① 구리, 납, 아연, 주석
② 구리, 니켈, 망간, 주석
③ 구리, 알루미늄, 납, 아연
④ 구리, 알루미늄, 니켈, 마그네슘

03 항공기 재료로 가장 적합한 것은 무엇인가?

① 파인 세라믹 ② 복합 조직강
③ 고강도 저합금강 ④ 초두랄루민

04 초경공구와 비교한 세라믹공구의 장점 중 옳지 않은 것은?

① 고속 절삭 가공성이 우수하다.
② 고온 경도가 높다
③ 내마멸성이 높다.
④ 충격강도가 높다.

05 탄소강에 함유된 5대 원소는?

① 황, 망간, 탄소, 규소, 인
② 탄소, 규소, 인, 망간, 니켈
③ 규소, 탄소, 니켈, 크롬, 인
④ 인, 규소, 황, 망간, 텅스텐

06 황이 함유된 탄소강에 적열취성을 감소시키기 위해 첨가하는 원소는?

① 망간 ② 규소
③ 구리 ④ 인

07 내열성과 내마모성이 크고 온도가 600℃ 정도까지 열을 주어도 연화되지 않은 특징이 있으며, 대표적인 것으로 텅스텐(18%), 크롬(4%), 바나듐(1%)로 조성된 강은?

① 합금공구강 ② 다이스강
③ 고속도공구강 ④ 탄소공구강

08 일반구조용 압연강재의 KS 기호는?

① SS330 ② SM400A
③ SM45C ④ SNC415

09 비철금속 구리(Cu)가 다른 금속 재료와 비교해 우수한 것 중 틀린 것은?

① 연하고 전연성이 좋아 가공하기 쉽다.
② 전기 및 열전도율이 낮다.
③ 아름다운 색을 띠고 있다.
④ 구리합금은 철강 재료에 비하여 내식성이 좋다.

10 나사에 대한 설명으로 틀린 것은?

① 나사산의 모양에 따라 삼각, 사각, 둥근 것 등으로 분류한다.
② 체결용 나사는 기계 부품의 접합 또는 위치 조정에 사용된다.
③ 나사를 1회전하여 축방향으로 이동한 거리를 "리드"라 한다.
④ 힘을 전달하거나 물체를 움직이게 할 목적으로 사용하는 나사는 주로 삼각 나사이다.

11 스프링의 용도에 대한 설명 중 틀린 것은?

① 힘의 측정에 사용된다.
② 마찰력 증가에 이용한다.
③ 일정한 압력을 가할 때 사용된다.
④ 에너지를 저축하여 동력원으로 작동시킨다.

12 양쪽 끝 모두 수나사로 되어 있으며, 한쪽 끝에 상대 쪽에 암나사를 만들어 미리 반영구적 나사 박음하고, 다른 쪽 끝에 너트를 끼워 죄도록 하는 볼트는 무엇인가?

① 스테이 볼트 ② 아이 볼트
③ 탭 볼트 ④ 스터드 볼트

13 길이가 1m이고 지름이 30mm인 둥근 막대에 30,000N의 인장하중을 작용하면 얼마 정도 늘어나는가?(단, 세로탄성계수는 2.1×10^5/Nmm²이다.)

① 0.102mm ② 0.202mm
③ 0.302mm ④ 0.402mm

14 하중의 작용 상태에 따른 분류에서 재료의 축선 방향으로 늘어나게 하는 하중은?

① 굽힘하중 ② 전단하중
③ 인장하중 ④ 압축하중

15 유니버설 조인트의 허용 축각도는 몇 도(°) 이내인가?

① 10° ② 20°
③ 30° ④ 60°

16 기어의 잇수가 40개고, 피치원의 지름이 320mm일 때 모듈의 값은?

① 4 ② 6
③ 8 ④ 12

17 깊은 홈 베어링의 호칭번호가 6208일 때 안지름은 얼마인가?

① 10mm ② 20mm
③ 30mm ④ 40mm

18 길이가 100mm인 스프링의 한 끝을 고정하고, 다른 한 끝에 무게 40N의 추를 달았더니 스프링의 전체 길이가 120mm로 늘어났을 때 스프링상수는 몇 N/mm인가?

① 8 ② 4
③ 2 ④ 1

19 표준형 버니어 캘리퍼스 사용 시 유의사항에 대한 설명으로 옳은 것은?

① 아베의 원리에 적합한 구조가 아니므로 될 수 있는 대로 턱의 안쪽(어미자에 가까운 쪽)에서 측정하는 것이 좋다.
② 아베의 원리에 적합한 구조가 아니므로 될 수 있는 대로 턱의 바깥쪽(어미자에서 먼 쪽)에서 측정하는 것이 좋다.
③ 아베의 원리에 적합한 구조이므로 될 수 있는 대로 턱의 안쪽(어미자에 가까운 쪽)에서 측정하는 것이 좋다.
④ 아베의 원리에 적합한 구조이므로 될 수 있는 대로 턱의 바깥쪽(어미자의 먼 쪽)에서 측정하는 것이 좋다.

20 이미 치수를 알고 있는 기준편과의 차를 이용하여 측정값을 구하는 측정방법은?

① 비교측정 ② 직접측정
③ 절대측정 ④ 간접측정

21 다음 중 마이크로미터의 측정면 평행도 검사 시 가장 적합한 공구는?

① 옵티컬 패러렐 ② 오토콜리메이터
③ 다이얼 게이지 ④ 정반

22 공기 마이크로미터에 대한 설명으로 틀린 것은?

① 배율이 높다.
② 정도가 좋다.
③ 최대허용치수용 마스터가 1개 필요하다.
④ 내경측정이 용이하다.

23 일반적인 나사의 유효지름 측정법이 아닌 것은?

① 삼침법
② 공구 현미경에 의한 방법
③ 버니어 캘리퍼스에 의한 방법
④ 나사 마이크로미터에 의한 방법

24 원통이나 축 등의 투상도에서 대각선을 그어서 그 면이 평면임을 나타낼 때 사용되는 선은?

① 굵은 실선 ② 가는 파선
③ 가는 실선 ④ 굵은 1점쇄선

25 다음 중 나사의 표시를 옳게 나타낸 것은?

① 왼 M25×2-2줄
② 왼 M25-2-2-6줄
③ 2줄 왼 M25×2-2A
④ 왼 2줄 M25×2-6H

26 인쇄, 복사 또는 플로터로 출력된 도면을 규격에서 정한 크기대로 자르기 위해 마련한 도면의 양식은?

① 비교눈금 ② 재단마크
③ 윤곽선 ④ 도면의 구역기호

27 주로 금형으로 생산되는 플라스틱 눈금자와 같은 제품 등에 제거 가공 여부를 묻지 않을 때 사용되는 기호는?

 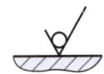   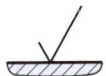

28 다음 그림에서 모떼기가 C2일 때 모떼기의 각도는?

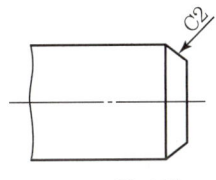

① 15° ② 30°
③ 45° ④ 60°

29 다음 그림은 어떤 물체를 제3각법 정투상도로 나타낸 것이다. 입체도로 옳은 것은?

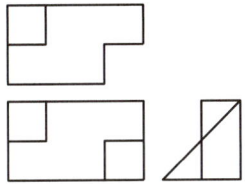

① 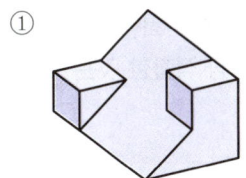 ②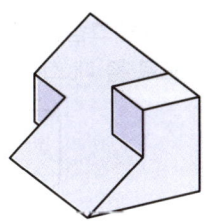

③ 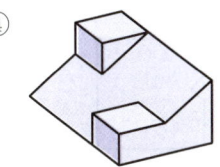 ④

30 다음 투상도에 표시된 "SR"은 무엇을 의미하는가?

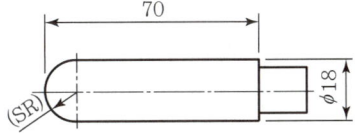

① 원의 반지름
② 원호의 지름
③ 구의 반지름
④ 구의 지름

31 다음과 같이 표시된 기하공차에서 A가 의미하는 것은?

① 공차 종류 기호
② 데이텀 기호
③ 공차 등급 기호
④ 공차값

32 다음 그림을 제3각법(정면도 – 화살표 방향)의 투상도로 볼 때 좌측면도로 가장 적합한 것은?

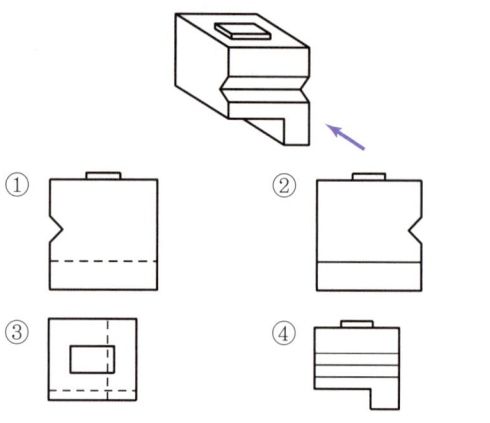

33 같은 단면의 부분이나 같은 모양이 규칙적으로 나타난 경우는 그림과 같이 중간 부분을 잘라 내어 도시할 수 있다. 이와 같은 용도로 사용하는 선의 명칭은?

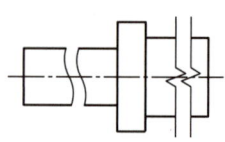

① 절단선　　② 파단선
③ 생략선　　④ 가상선

34 가공에 의한 커터의 줄무늬 방향이 그림과 같을 때, (가) 부분의 기호는?

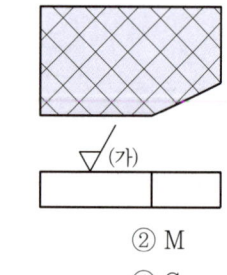

① X　　② M
③ R　　④ C

35 다음 중 회전 도시 단면도로 나타내기에 가장 부적절한 것은?

① 리브
② 기어의 이
③ 훅
④ 바퀴의 암

36 치수 보조선에 대한 설명으로 옳지 않은 것은?

① 필요한 경우에는 치수선에 대하여 적당한 각도로 평행한 치수 보조선을 그을 수 있다.
② 도형을 나타내는 외형선과 치수 보조선은 떨어져서는 안 된다.
③ 치수 보조선은 치수선을 약간 지날 때까지 연장하여 나타낸다.
④ 가는 실선으로 나타낸다.

37 선의 종류에서 용도에 의한 명칭과 선의 종류를 바르게 연결한 것은?

① 외형선 – 굵은 1점쇄선
② 중심선 – 가는 2점쇄선
③ 치수 보조선 – 굵은 실선
④ 지시선 – 가는 실선

38 물체의 모양을 연필만을 사용하여 정투상도나 회화적 투상으로 나타내는 스케치 방법은?

① 프린트법
② 본뜨기법
③ 프리핸드법
④ 사진 촬영법

39 치수공차 및 끼워 맞춤에 관한 용어의 설명으로 옳지 않은 것은?

① 허용한계치수 : 형체의 실 치수가 그 사이에 들어가도록 정한, 허용할 수 있는 대소 2개의 극한의 치수
② 기준치수 : 위 치수허용차 및 아래 치수허용차를 적용하는 데 따라 허용한계치수가 주어지는 기준이 되는 치수
③ 치수허용차 : 실제 치수와 대응하는 기준치수와의 대수차
④ 기준선 : 허용한계치수 또는 끼워 맞춤을 도시할 때 치수허용차의 기준이 되는 직선

40 경상면부가 있는 대상물에 대해서 그 대상면의 실형을 도시할 필요가 있는 경우 그림과 같이 투상도를 나타낼 수 있는데 이 투상도의 명칭은?

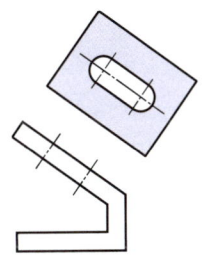

① 부분 투상도　② 보조 투상도
③ 국부 투상도　④ 특수 투상도

41 특수한 가공을 하는 부분 등 특별한 요구사항을 적용할 수 있는 범위를 표시하는 데 사용하는 선은?

① 굵은 1점쇄선
② 가는 2점쇄선
③ 가는 실선
④ 굵은 실선

42 구멍의 최대허용치수가 50.025, 최소허용치수가 50.000이고, 축의 최대허용치수가 50.050, 최소허용치수가 50.034일 때 최소죔새는 얼마인가?

① 0.009　② 0.050
③ 0.025　④ 0.034

43 다음 중 모양 공차의 종류에 속하지 않는 것은?

① 평면도 공차　② 원통도 공차
③ 평행도 공차　④ 면의 윤곽도 공차

44 특별히 연장한 크기가 아닌 일반 A계열 제도 용지의 세로 : 가로의 비는 얼마인가?(단, 가로가 긴 용지를 기준으로 한다.)

① $1 : 1$　② $1 : \sqrt{2}$
③ $1 : \sqrt{3}$　④ $1 : 2$

45 다음과 같이 정면도와 우측면도가 주어졌을 때 평면도로 알맞은 것은?(단, 제3각법의 경우이다.)

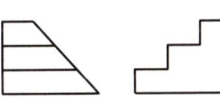

46 다음 중 운전 중에 두 축을 결합하거나 떼어 놓을 수 있는 것은?

① 플렉시블 커플링 ② 플랜지 커플링
③ 유니버설 조인트 ④ 맞물림 클러치

47 호칭지름 6mm, 호칭길이 30mm, 공차 m6인 비경화강 평행핀의 호칭방법이 옳게 표현된 것은?

① 평행핀 $-6\times30-m6-St$
② 평행핀 $-6\times30-m6-A1$
③ 평행핀 $-6m6\times30-St$
④ 평행핀 $-6m60\times30-A1$

48 나사의 도시에 관한 내용 중 나사 각부를 표시하는 선의 종류가 틀린 것은?

① 수나사의 골 지름과 암나사의 골 지름은 가는 실선으로 그린다.
② 가려서 보이지 않은 나사부는 파선으로 그린다.
③ 완전 나사부와 불완전 나사부의 경계는 가는 실선으로 그린다.
④ 수나사의 바깥지름과 암나사의 안지름은 굵은 실선으로 그린다.

49 용접부의 기호 도시 방법에 대한 설명 중 잘못된 것은?

① 용접부 도시를 위해서는 일반적으로 실선과 점선의 2개의 기준선을 사용한다.
② 기준선에서 경우에 따라 점선은 나타내지 않을 수도 있다.
③ 기준선은 우선적으로는 도면 아래 모서리에 평행하도록 표시하고, 여의치 않을 경우 수직으로 표시할 수도 있다.
④ 용접부가 접합부의 화살표 쪽에 있다면 용접 기호는 기준선의 점선 쪽에 표시한다.

50 다음 스퍼 기어 요목표에서 ㉮의 잇수는?

스퍼 기어 요목표	
기어치형	표준
치형	보통 이
모듈	2
압력각	20°
잇수	㉮
피치원 지름	$\phi 100$
다듬질 방법	호브절삭

① 5 ② 20
③ 40 ④ 50

51 스퍼 기어 도시법에서 잇봉우리원을 나타내는 선의 종류는?

① 가는 실선
② 굵은 실선
③ 가는 1점쇄선
④ 가는 2점쇄선

52 다양한 형태를 가진 면 또는 홈에 의하여 회진운동 또는 왕복운동을 발생시키는 기구는?

① 캠   ② 스프링
③ 베어링 ④ 링크

53 나사의 호칭에 대한 표시 방법 중 틀린 것은?

① 미터 사다리꼴 나사 : R3/4
② 미터 가는 나사 : M8×1
③ 유니파이 가는 나사 : No.8-36UNF
④ 관용 평행 나사 : G1/2

54 스프로킷 휠의 도시법에 대한 설명으로 틀린 것은?

① 바깥지름은 굵은 실선, 피치원은 가는 1점쇄선으로 도시한다.
② 이뿌리원을 축에 직각인 방향에서 단면 도시할 경우에는 가는 실선으로 도시한다.
③ 이뿌리원은 가는 실선 또는 가는 파선으로 도시하나 기입을 생략해도 좋다.
④ 항목표에는 원칙적으로 톱니의 특성을 나타내는 사항을 기입한다.

55 롤러베어링의 안지름 번호가 03일 때 안지름은 몇 mm인가?

① 15   ② 17
③ 3   ④ 12

56 유체의 종류와 문자 기호를 연결한 것으로 틀린 것은?

① 공기 - A
② 연료 가스 - G
③ 일반 물 - W
④ 증기 - R

57 CAD 시스템의 입력장치로 볼 수 있는 것을 모두 고른 것은?

ㄱ. 태블릿	ㄴ. 플로터
ㄷ. 마우스	ㄹ. 라이트펜

① ㄱ, ㄴ   ② ㄴ, ㄷ, ㄹ
③ ㄷ, ㄹ   ④ ㄱ, ㄷ, ㄹ

58 일반적으로 CAD 작업에서 사용되는 좌표계 또는 좌표의 표현방식과 거리가 먼 것은?

① 원점좌표
② 절대좌표
③ 극좌표
④ 상대좌표

59 다음 자료의 표현단위 중 그 크기가 가장 큰 것은?

① Bit(비트)
② Byte(바이트)
③ Record(레코드)
④ Field(필드)

60 CAD에서 기하학적 현상을 나타내는 방법 중 선에 의해서만 3차원 형상을 표시하는 방법을 무엇이라고 하는가?

① Line Drawing Modeling
② Shaded Modeling
③ Cure Modeling
④ Wireframe Modeling

CHAPTER 12

제12회 CBT 실전모의고사

01 구리 4%, 마그네슘 0.5%, 망간 0.5%, 나머지가 알루미늄인 고강도 알루미늄 합금은?
① 실루민 ② 두랄루민
③ 라우탈 ④ 로우엑스

02 니켈강을 가공 후 공기 중에 방치하여도 담금질 효과를 나타내는 현상은 무엇인가?
① 질량 효과 ② 자경성
③ 시기 균열 ④ 가공 경화

03 킬드강에는 어떤 결함이 주로 생기는가?
① 편석증가 ② 내부에 기포
③ 외부에 기포 ④ 상부중앙에 수축공

04 내식용 Al 합금이 아닌 것은?
① 알민(Almin)
② 알드레이(Aldrey)
③ 하이드로날륨(Hydronalium)
④ 코비탈륨(Cobitalium)

05 공구재료의 필요조건이 아닌 것은?
① 열처리가 쉬울 것 ② 내마멸성이 작을 것
③ 강인성이 클 것 ④ 고온 경도가 클 것

06 주철의 성질을 가장 올바르게 설명한 것은?
① 탄소의 함유량이 2.0% 이하이다.
② 인장강도가 강에 비하여 크다.
③ 소성변형이 잘된다.
④ 주조성이 우수하다.

07 합금주철에서 0.2~1.5% 첨가로 흑연화를 방지하고 탄화물을 안정시키는 원소는 무엇인가?
① Cr ② Ti
③ Ni ④ Mo

08 구상 흑연주철을 조직에 따라 분류했을 때 이에 해당하지 않는 것은?
① 마텐자이트형 ② 페라이트형
③ 펄라이트형 ④ 시멘타이트형

09 합금의 종류 중 고용융점 합금에 해당하는 것은?

① 티탄 합금
② 텅스텐 합금
③ 마그네슘 합금
④ 알루미늄 합금

10 볼트와 볼트 구멍 사이에 틈새가 있어 전단응력과 휨응력이 동시에 발생하는 현상을 방지하기 위한 가장 올바른 방법은?

① 와셔를 사용한다.
② 로크너트를 사용한다.
③ 멈춤 나사를 사용한다.
④ 링이나 봉을 끼워 사용한다.

11 웜 기어의 특징으로 가장 거리가 먼 것은?

① 큰 감속비를 얻을 수 있다.
② 중심거리에 오차가 있을 때는 마멸이 심하다.
③ 소음이 작고 역회전 방지를 할 수 있다.
④ 웜 휠의 정밀측정이 쉽다.

12 한 변의 길이가 20mm인 정사각형 단면에 4kN의 압축하중이 작용할 때 내부에 발생하는 압축응력은 얼마인가?

① $10N/mm^2$
② $20N/mm^2$
③ $100N/mm^2$
④ $200N/mm^2$

13 나사의 용어 중 리드에 대한 설명으로 맞는 것은?

① 1회전 시 작용되는 토크
② 1회전 시 이동한 거리
③ 나사산과 나사산의 거리
④ 1회전 시 원주의 길이

14 사용 기능에 따라 분류한 기계요소에서 직접전동 기계요소는?

① 마찰차   ② 로프
③ 체인   ④ 벨트

15 볼트의 머리와 중간재 사이 또는 너트와 중간재 사이에 사용하여 충격을 흡수하는 작용을 하는 것은?

① 와셔 스프링   ② 토션바
③ 벌류트 스프링   ④ 코일 스프링

16 축의 설계 시 고려해야 할 사항으로 거리가 먼 것은?

① 강도   ② 제동장치
③ 부식   ④ 변형

17 3줄 나사에서 피치가 2mm일 때 나사를 6회전시키면 이동하는 거리는 몇 mm인가?

① 6   ② 12
③ 18   ④ 36

18 지름 50mm 축에 10mm인 성크 키를 설치했을 때, 일반적으로 전단하중만을 받을 경우 키가 파손되지 않으려면 키의 길이는 몇 mm인가?

① 25mm ② 75mm
③ 150mm ④ 200mm

19 한계 게이지 방식의 특징 설명 중 틀린 것은?

① 측정에 있어서 다른 방법보다 개인차가 적다.
② 호환성을 갖는 제품을 검사할 수 있다.
③ 제품의 실제 치수를 읽을 수 없다.
④ 측정 방법이 비교적 번거로우며 복잡해지기 쉽다.

20 게이지 블록의 부속품이 아닌 것은?

① 평형 조오 ② 둥근형 조오
③ 홀더 ④ 기준봉

21 버니어 캘리퍼스에서 어미자의 눈금선 간격이 0.5mm이고, 버니어는 어미자의 19.5mm를 아들자에서 20등분하였다면 최소읽음값은 몇 mm인가?

① 1/10 ② 1/20
③ 1/40 ④ 1/50

22 다이얼 게이지와 V블록에 의한 진원도 측정법은?

① 직경법 ② 3점법
③ 촉침법 ④ 반경법

23 다음 측정오차 원인 중 외부조건(환경)에 의한 오차에 해당하는 것은?

① 측정자의 심리적 상태에서 오는 오차
② 실온이나 채광으로 인한 오차
③ 계기 마모에 의한 오차
④ 시차(時差)

24 도면에서 어떤 경우에 해칭(Hatching)하는가?

① 가상 부분을 표시할 경우
② 절단 단면을 표시할 경우
③ 회전 부분을 표시할 경우
④ 부품이 겹치는 부분을 표시할 경우

25 그림의 치수 기입 방법 중 옳게 나타낸 것을 모두 고른 것은?

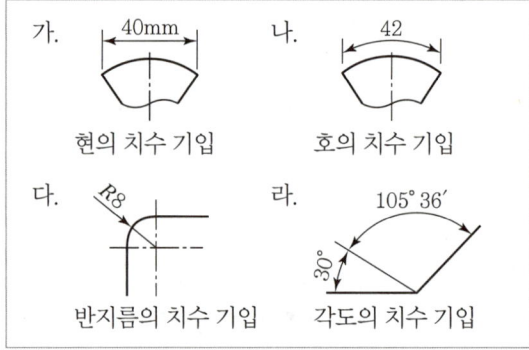

① 가, 나, 다, 라
② 나, 다, 라
③ 가, 나, 다
④ 나, 다

26 줄무늬 방향의 기호에서 가공에 의한 컷의 줄무늬가 여러 방향으로 교차 또는 무방향을 나타내는 것은?

① M
② C
③ R
④ X

27 되풀이되는 도형을 도시할 때 적용하는 가상선의 종류는?

① 가는 2점쇄선
② 가는 1점쇄선
③ 가는 실선
④ 가는 파선

28 치수 보조 기호에서 이론적으로 정확한 치수를 나타내는 것은?

① 30
② ⓛ
③ 30
④ (30)

29 단면도를 나타낼 때 길이 방향으로 절단하여 도시할 수 있는 것은?

① 볼트
② 기어의 이
③ 바퀴 암
④ 풀리의 보스

30 다음 제3각법으로 나타낸 정투상도 중 틀린 것은?

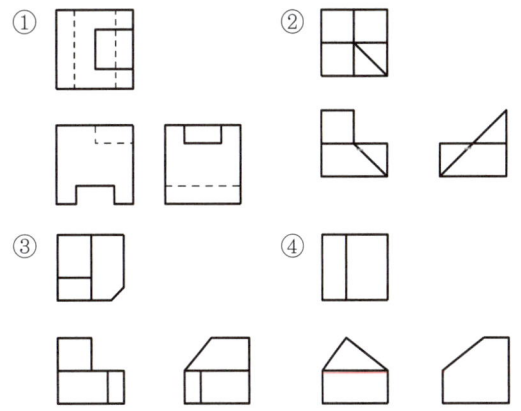

31 다음 도면과 같이 치수 25 밑에 그은 선이 의미하는 것은?

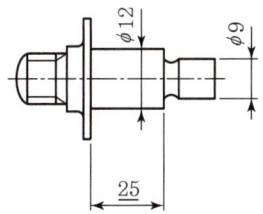

① 다듬질 치수
② 가공 치수
③ 기준 치수
④ 비례하지 않는 치수

32 구멍의 최소치수가 축의 최대치수보다 큰 경우이며, 항상 틈새가 생기는 끼워 맞춤으로 직선운동이나 회전운동이 필요한 기계부품의 조립에 적용히는 것은?

① 억지 끼워 맞춤
② 중간 끼워 맞춤
③ 헐거운 끼워 맞춤
④ 구멍기준식 끼워 맞춤

33 구멍의 치수 $\phi 50^{+0.025}_{+0.005}$, 축의 치수 $\phi 50^{+0.033}_{+0.017}$의 끼워 맞춤에서 최대죔새는?

① 0.008　② 0.028
③ 0.042　④ 0.050

34 도면이 구비해야 할 기본 요건으로 가장 거리가 먼 것은?

① 대상물의 도형과 함께 필요로 하는 구조, 조립 상태, 치수, 가공방법 등의 정보를 포함하여야 한다.
② 애매한 해석이 생기지 않도록 표현상 명확한 뜻을 가져야 한다.
③ 무역 및 기술의 국제교류의 입장에서 국제성을 가져야 한다.
④ 제품의 가격 정보를 항상 포함하여야 한다.

35 구(Sphere)를 도시할 때 필요한 최소의 투상도 수는?

① 1개　② 2개
③ 3개　④ 4개

36 치수 기입의 원칙과 방법에 관한 설명으로 적합하지 않은 것은?

① 치수는 중복기입을 피한다.
② 치수는 되도록 공정마다 배열을 분리하여 기입한다.
③ 치수는 되도록 계산하여 구할 필요가 없도록 기입한다.
④ 치수는 되도록 정면도, 평면도, 측면도 등에 분산시켜 기입한다.

37 표면 거칠기 기호 중 제거가공을 필요로 하는 경우 지시하는 기호로 맞는 것은?

① 　②
③ 　④

38 그림과 같이 물체를 투상할 때 중심선 또는 절단선을 기준으로 그 앞부분을 잘라내고 남은 뒷부분의 단면 모양을 나타내는 것은?

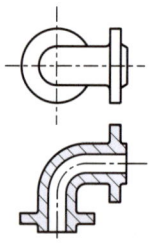

① 한쪽 단면도　② 회전 도시 단면도
③ 온단면도　④ 조합에 의한 단면도

39 기계제도 도면에 사용되는 척도의 설명이 틀린 것은?

① 한 도면에서 공통적으로 사용되는 척도는 표제란에 기입한다.
② 도면에 그려지는 길이와 대상물의 실제 길이와의 비율로 나타낸다.
③ 척도의 표시는 잘못 볼 염려가 없다고 하여도 반드시 기입하여야 한다.
④ 같은 도면에서 다른 척도를 사용할 때에는 필요에 따라 그림 부근에 기입한다.

40 재료기호 SM10C에서 10을 바르게 설명한 것은?

① 탄소강 10번
② 주조품 1종
③ 인장강도 10kgf/mm²
④ 탄소함유량 0.08~0.13%

41 다음 중 자세공차에 속하지 않는 것은?

① 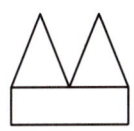   ②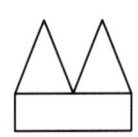
③    ④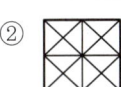

42 다음 투상도의 평면도로 가장 적합한 것은?(단, 제3각법으로 도시한 것이다.)

①    ②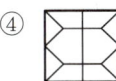
③   ④

43 다음은 제3각법으로 도시한 물체의 투상도이다. 이 투상법에 대한 설명으로 틀린 것은?(단, 화살표 방향은 정면도이다.)

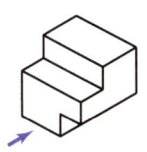 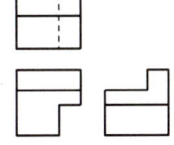

① 눈 → 투상면 → 물체의 순서로 놓고 투상한다.
② 평면도는 정면도 위에 배치된다.
③ 물체를 제1면각에 놓고 투상하는 방법이다.
④ 배면도의 위치는 가장 오른쪽에 배열한다.

44 다음 선의 종류 중 선의 굵기가 다른 것은?

① 해칭선
② 중심선
③ 치수 보조선
④ 특수 지정선

45 길이 치수의 치수공차 표시 방법으로 틀린 것은?

① $50^{-0.05}_{\ \ \ 0}$ ② $50^{+0.05}_{\ \ \ 0}$
③ $50^{+0.05}_{+0.02}$ ④ 50 ± 0.05

46 미터 보통 나사 M50×2의 설명으로 맞는 것은?

① 호칭지름이 50mm이며, 나사 등급이 2급이다.
② 호칭지름이 50mm이며, 나사 피치가 2mm이다.
③ 유효지름이 50mm이며, 나사 등급이 2급이다.
④ 유효지름이 50mm이며, 나사 피치가 2mm이다.

47 모듈 2인 한 쌍의 스퍼 기어가 맞물려 있을 때에 각각의 잇수를 20개와 30개라고 하면, 두 기어의 중심거리는?

① 20   ② 30
③ 50   ④ 100

48 축을 제도할 때 도시방법의 설명으로 맞는 것은?

① 축에 단이 있는 경우는 치수를 생략한다.
② 축은 길이방향으로 전체를 단면하여 도시한다.
③ 축 끝에 모떼기는 치수는 생략하고 기호만 기입한다.
④ 단면 모양이 같은 긴 축은 중간을 파단하여 짧게 그릴 수 있다.

49 다음 중 복렬 앵귤러 콘택트 고정형 볼베어링의 도시 기호는?

① ② ③ ④

50 다음 중 캠을 평면 캠과 입체 캠으로 구분할 때 입체 캠의 종류로 틀린 것은?

① 원통 캠 ② 삼각 캠
③ 원뿔 캠 ④ 빗판 캠

51 유체를 한 방향으로 흐르게 하기 위해 역류를 방지하는 데 사용되는 체크밸브의 도시 기호는?

① ② ③ ④

52 기어의 도시방법에 대한 설명 중 틀린 것은?

① 기어 소재를 제작하는 데 필요한 치수를 기입한다.
② 잇봉우리원은 굵은 실선, 피치원은 가는 1점쇄선으로 그린다.
③ 헬리컬 기어를 도시할 때 잇줄 방향은 보통 3개의 가는 실선으로 그린다.
④ 맞물리는 한 쌍의 기어에서 잇봉우리원은 가는 1점쇄선으로 그린다.

53 일반적으로 가장 널리 사용되며 축과 보스에 모두 홈을 가공하여 사용하는 키는?

① 접선 키   ② 안장 키
③ 묻힘 키   ④ 원뿔 키

54 나사를 도면에 그리는 방법에 대한 설명으로 틀린 것은?

① 나사의 골밑은 가는 실선으로 나타낸다.
② 나사의 감긴 방향이 오른쪽이면 도면에 별도 표기할 필요가 없다.
③ 수나사와 암나사가 결합되어 있는 나사를 그릴 때에는 암나사 위주로 그린다.
④ 나사의 불완전 나사부는 필요할 경우 중심축선으로부터 경사된 가는 실선으로 표시한다.

55 그림과 같이 한쪽 면을 용접하려고 할 때 용접기호로 옳은 것은?

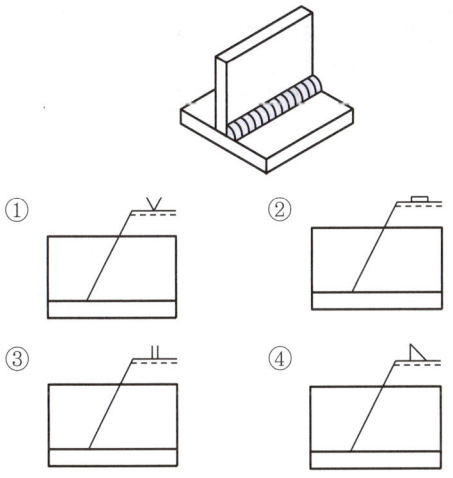

56 다음 중 평벨트 장치의 도시방법에 관한 설명으로 틀린 것은?

① 암은 길이 방향으로 절단하여 도시하는 것이 좋다.
② 벨트풀리와 같이 대칭형인 것은 그 일부만을 도시할 수 있다.
③ 암과 같은 방사형의 것은 회전 도시 단면도로 나타낼 수 있다.
④ 벨트풀리는 축직각 방향의 투상을 주 투상도로 할 수 있다.

57 공간상에 구성되어 있는 하나의 점을 표현하는 방법으로서 기준점을 중심으로 2개의 각도 데이터와 1개의 길이 데이터로 해당 점의 좌표를 나타내는 좌표계는?

① 직교 좌표계 ② 상대 좌표계
③ 원통 좌표계 ④ 구면 좌표계

58 컴퓨터가 기억하는 정보의 최소단위는?

① Bit   ② Record
③ Byte   ④ Field

59 다음 CAD 시스템에서 사용하는 장치 중 그 성질이 다른 하나는 무엇인가?

① 마우스   ② 트랙볼
③ 플로터   ④ 라이트펜

60 일반적으로 CAD에서 사용하는 3차원 형상 모델링이 아닌 것은?

① 솔리드 모델링(Solid Modeling)
② 시스템 모델링(System Modeling)
③ 서피스 모델링(Surface Modeling)
④ 와이어 프레임 모델링(Wire Frame Modeling)

CHAPTER 13 제13회 CBT 실전모의고사

01 가단주철의 종류에 해당하지 않는 것은?
① 흑심 가단주철
② 백심 가단주철
③ 오스테나이트 가단주철
④ 펄라이트 가단주철

02 비자성체로서 Cr과 Ni을 함유하며 일반적으로 18-8 스테인리스강이라 부르는 것은?
① 페라이트계 스테인리스강
② 오스테나이트계 스테인리스강
③ 마텐자이트계 스테인리스강
④ 펄라이트계 스테인리스강

03 8~12% Sn에 1~2% Zn의 구리 합금으로 밸브, 콕, 기어, 베어링, 부시 등에 사용되는 합금은?
① 코르손 합금
② 베릴륨 합금
③ 포금
④ 규소 청동

04 주철의 여러 성질을 개선하기 위하여 합금 주철에 첨가하는 특수원소 중 크롬(Cr)이 미치는 영향이 아닌 것은?
① 경도를 증가시킨다.
② 흑연화를 촉진시킨다.
③ 탄화물을 안정시킨다.
④ 내열성과 내식성을 향상시킨다.

05 다이캐스팅 알루미늄 합금으로 요구되는 성질 중 틀린 것은?
① 유동성이 좋을 것
② 금형에 대한 점착성이 좋을 것
③ 열간 취성이 적을 것
④ 응고수축에 대한 용탕 보급성이 좋을 것

06 탄소강의 경도를 높이기 위하여 실시하는 열처리는?
① 불림
② 풀림
③ 담금질
④ 뜨임

07 고용체에서 공간격자의 종류가 아닌 것은?

① 치환형 ② 침입형
③ 규칙 격자형 ④ 면심 입방 격자형

08 베릴륨 청동 합금에 대한 설명으로 옳지 않은 것은?

① 구리에 2~3%의 Be을 첨가한 석출경화성 합금이다.
② 피로한도, 내열성, 내식성이 우수하다.
③ 베어링, 고급 스프링 재료에 이용된다.
④ 가공이 쉽게 되고 가격이 싸다.

09 주철의 성장원인 중 틀린 것은?

① 펄라이트 조직 중의 Fe_3C 분해에 따른 흑연화
② 페라이트 조직 중의 Si의 산화
③ A_1 변태의 반복 과정에서 오는 체적 변화에 기인되는 미세한 균열의 발생
④ 흡수된 가스의 팽창에 따른 부피의 감소

10 브레이크 드럼에서 브레이크 블록에 수직으로 밀어 붙이는 힘이 1,000N이고 마찰계수가 0.45일 때 드럼의 접선방향 제동력은 몇 N인가?

① 150 ② 250
③ 350 ④ 450

11 지름 D_1 = 200mm, D_2 = 300mm의 내접 마찰차에서 그 중심거리는 몇 mm인가?

① 50 ② 100
③ 125 ④ 250

12 기어 전동의 특징에 대한 설명으로 가장 거리가 먼 것은?

① 큰 동력을 전달한다.
② 큰 감속을 할 수 있다.
③ 넓은 설치장소가 필요하다.
④ 소음과 진동이 발생한다.

13 미터 나사에 관한 설명으로 틀린 것은?

① 기호는 M으로 표기한다.
② 나사산의 각도는 55°이다.
③ 나사의 지름 및 피치를 mm로 표시한다.
④ 부품의 결합 및 위치의 조정 등에 사용된다.

14 평벨트의 이용방법 중 효율이 가장 높은 것은?

① 이음쇠 이음
② 가죽 끈 이음
③ 관자 볼트 이음
④ 접착제 이음

15 축방향으로 인장하중만을 받는 수나사의 바깥지름(d)과 볼트재료의 허용인장응력(σ_a) 및 인장하중(W)과의 관계가 옳은 것은?(단, 일반적으로 지름 3mm 이상인 미터 나사이다.)

① $d = \sqrt{\dfrac{2W}{\sigma_a}}$ ② $d = \sqrt{\dfrac{3W}{8\sigma_a}}$

③ $d = \sqrt{\dfrac{8W}{3\sigma_a}}$ ④ $d = \sqrt{\dfrac{10W}{3\sigma_a}}$

16 전단하중에 대한 설명으로 옳은 것은?

① 재료를 축방향으로 잡아당기도록 작용하는 하중이다.
② 재료를 축방향으로 누르도록 작용하는 하중이다.
③ 재료를 가로 방향으로 자르도록 작용하는 하중이다.
④ 재료가 비틀어지도록 작용하는 하중이다.

17 베어링의 호칭번호가 6205인 레이디얼 볼베어링의 안지름은?

① 5mm ② 25mm
③ 62mm ④ 205mm

18 모듈이 m인 표준 스퍼 기어(미터식)에서 총 이 높이는?

① $1.25m$ ② $1.5708m$
③ $2.25m$ ④ $3.2504m$

19 다음 중 간접측정으로 볼 수 없는 것은?

① 사인바에 의한 각도의 측정
② 롤러와 게이지블록에 의한 테이퍼 측정
③ 마이크로미터에 의한 원통 측정
④ 삼침법에 의한 나사의 유효지름 측정

20 양 센터로 지지한 시험봉을 다이얼 게이지로 측정을 하였더니 0.04mm 움직였다. 이때 시험봉의 편심량은 몇 mm인가?

① 0.01 ② 0.02
③ 0.04 ④ 0.08

21 다음 중 내측(구멍)을 검사하는 게이지가 아닌 것은?

① 봉 게이지
② 원통형 플러그 게이지
③ 터보 게이지
④ 스냅 게이지

22 다음 중 측정에서 우연오차를 최소로 하는 방법으로 가장 적절한 것은?

① 환경오차를 줄인다.
② 이론적인 오차를 줄인다.
③ 기기오차가 작은 것을 사용한다.
④ 반복 측정하여 평균값을 사용한다.

23 다음 중 길이, 각도, 형상 및 윤곽 등을 정밀하게 측정하기에 가장 적합한 측정기는?

① 외측 마이크로미터
② 옵티컬 플랫
③ 리니어 게이지
④ 공구 현미경

24 나사를 "M12"로만 표시하였을 경우 설명으로 틀린 것은?

① 2줄 나사인데 표시하지 않고 생략되었다.
② 오른나사인데 표시하지 않고 생략되었다.
③ 미터 나사이고 피치는 생략되었다.
④ 나사의 등급이 생략되었다.

25 재료가 최대크기일 경우에 형태가 한계크기가 되는 고려된 형태의 상태, 즉 구멍의 경우 최소지름과 축의 경우 최대지름이 되는 상태를 무엇이라고 하는가?

① 최대재료조건(MMC)
② 한계재료조건(UMC)
③ 최소재료조건(LMC)
④ 일반재료조건(NMC)

26 다음 도면에서 표현된 단면도로 모두 맞는 것은?

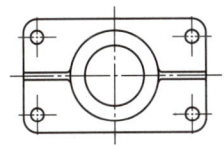
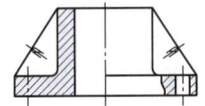

① 전단면도, 한쪽 단면도, 부분 단면도
② 한쪽 단면도, 부분 단면도, 회전 도시 단면도
③ 부분 단면도, 회전 도시 단면도, 계단 단면도
④ 전단면도, 한쪽 단면도, 회전 도시 단면도

27 정투상도 1각법과 3각법을 비교 설명한 것으로 틀린 것은?

① 3각법에서 저면도는 정면도의 아래에 나타낸다.
② 1각법은 평면도를 정면도의 바로 아래에 나타낸다.
③ 1각법에서는 정면도 아래에서 본 저면도를 정면도 아래에 나타낸다.
④ 3각법에서 측면도는 오른쪽에서 본 것을 정면도의 바로 오른쪽에 나타낸다.

28 아래 투상도는 제3각법으로 투상한 것이다. 이 물체의 등각 투상도로 맞는 것은?

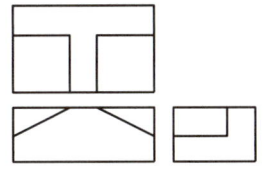

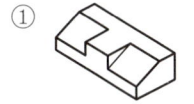 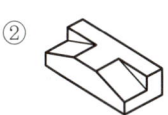

 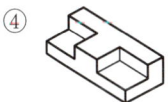

29 치수 배치 방법 중 치수공차가 누적되어도 좋은 경우에 사용하는 방법은?

① 누진 치수 기입법
② 직렬 치수 기입법
③ 병렬 치수 기입법
④ 좌표 치수 기입법

30 여러 각도로 기울어진 면의 치수를 기입할 때 일반적으로 잘못 기입된 치수는?

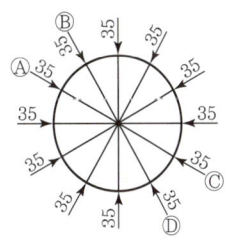

① Ⓐ
② Ⓑ
③ Ⓒ
④ Ⓓ

31 φ50H7의 구멍에 억지 끼워 맞춤이 되는 축의 끼워 맞춤 공차 기호는?

① φ50js6   ② φ50f6
③ φ50g6   ④ φ50p6

32 대상 면을 지시하는 기호 중 제거 가공을 허락하지 않는 것을 지시하는 것은?

① 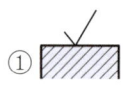   ②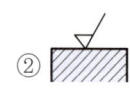
③ 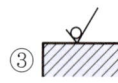   ④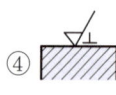

33 스케치도를 작성할 필요가 없는 경우는?

① 제품 제작을 위해 도면을 복시할 경우
② 도면이 없는 부품을 제작하고자 할 경우
③ 도면이 없는 부품이 파손되어 수리 제작할 경우
④ 현품을 기준으로 개선된 부품을 고안하려 할 경우

34 기하공차의 기호 중 진원도를 나타낸 것은?

① ○   ② ◎
③ ⊕   ④ ⌀

35 도면에 기입된 공차도시에 관한 설명으로 틀린 것은?

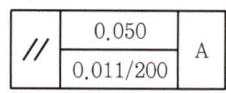

① 전체 길이는 200mm이다.
② 공차의 종류는 평행도를 나타낸다.
③ 지정 길이에 대한 허용 값은 0.011이다.
④ 전체 길이에 대한 허용 값은 0.050이다.

36 다음 중 억지 끼워 맞춤 또는 중간 끼워 맞춤에서 최대죔새를 나타내는 것은?

① 구멍의 최대허용치수 - 축의 최소허용치수
② 구멍의 최대허용치수 - 축의 최대허용치수
③ 축의 최소허용치수 - 구멍의 최대허용치수
④ 축의 최대허용치수 - 구멍의 최소허용치수

37 치수 기입의 일반적인 원칙에 대한 설명으로 틀린 것은?

① 치수는 되도록 공정마다 배열을 분리하여 기입할 수 있다.
② 관계된 치수를 명확히 나타내기 위해 치수를 중복하여 나타낼 수 있다.
③ 대상물의 기능, 제작, 조립 등을 고려하여 필요하다고 생각되는 치수를 명료하게 도면에 지시한다.
④ 도면에 나타내는 치수는 특별히 명시하지 않는 한 그 도면에 도시한 대상물의 다듬질 치수를 도시한다.

38 보조 투상도의 설명 중 가장 옳은 것은?

① 복잡한 물체를 전단하여 그린 투상도
② 그림의 특정 부분만을 확대하여 그린 투상도
③ 물체의 경사면에 대향하는 위치에 그린 투상도
④ 물체의 홈, 구멍 등 투상도의 일부를 나타낸 투상도

39 가공에 의한 커터의 줄무늬 방향이 다음과 같이 생길 경우 올바른 줄무늬 방향 기호는?

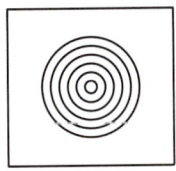

① C ② M
③ R ④ X

40 다음 중 물체의 이동 후의 위치를 가상하여 나타내는 선은?

① ─────────
② ─ ─ ─ ─ ─ ─
③ ─·─·─·─·─
④ ─··─··─··─

41 2개의 면이 교차 부분을 표시할 때 "R1 = 2×R2"인 평면도의 모양으로 가장 적합한 것은?

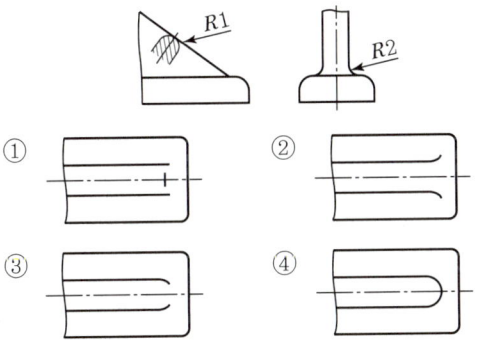

42 도면의 양식 중에서 반드시 마련해야 하는 사항이 아닌 것은?

① 표제란 ② 중심 마크
③ 윤곽선 ④ 비교 눈금

43 입체도에서 정투상도의 정면으로 옳은 것은?

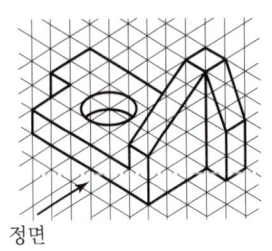

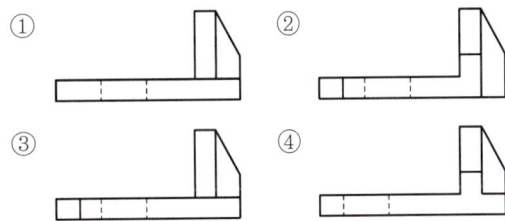

44 도면이 구비하여야 할 요건이 아닌 것은?

① 국제성이 있어야 한다.
② 적합성과 보편성을 가져야 한다.
③ 표현상 명확한 뜻을 가져야 한다.
④ 가격과 유통체제 등의 정보를 포함하여야 한다.

45 파선의 용도 설명으로 맞는 것은?

① 치수를 기입하는 데 사용된다.
② 도형의 중심을 표시하는 데 사용된다.
③ 대상물의 보이지 않는 부분의 모양을 표시한다.
④ 대상물의 일부를 파단한 경계 또는 일부를 떼어낼 경계를 표시한다.

46 축에 빗줄로 널링(Knurling)이 있는 부분의 도시 방법으로 가장 올바른 것은?

① 널링부 전체를 축선에 대하여 45°로 엇갈리게 동일한 간격으로 그린다.
② 널링부의 일부분만 축선에 대하여 45°로 엇갈리게 동일한 간격으로 그린다.
③ 널링부 전체를 축선에 대하여 30°로 동일한 간격으로 엇갈리게 그린다.
④ 널링부의 일부분만 축선에 대하여 30°로 엇갈리게 동일한 간격으로 그린다.

47 스프로킷 휠의 도시방법에 대한 설명 중 옳은 것은?

① 스프로킷의 이끝원은 가는 실선으로 그린다.
② 스프로킷의 피치원은 가는 2점쇄선으로 그린다.
③ 스프로킷의 이뿌리원은 가는 실신으로 그린다.
④ 축의 직각 방향에서 단면도를 도시할 때 이뿌리선은 가는 실선으로 그린다.

48 다음 중 평면 캠의 종류가 아닌 것은?

① 판 캠   ② 정면 캠
③ 구형 캠   ④ 직선운동 캠

49 운전 중 결합을 끊을 수 없는 영구적인 축이음을 아래 단어 중에서 모두 고른 것은?

> 커플링, 유니버설 조인트, 클러치

① 커플링, 유니버설 조인트
② 커플링, 클러치
③ 유니버설 조인트, 클러치
④ 커플링, 유니버설 조인트 클러치

50 미터 사다리꼴 나사 [Tr 40×7 LH]에서 'LH'가 뜻하는 것은?

① 피치   ② 나사의 등급
③ 리드   ④ 왼나사

51 볼트의 골 지름을 제도할 때 사용하는 선의 종류로 옳은 것은?

① 굵은 실선   ② 가는 실선
③ 숨은선   ④ 가는 2점쇄선

52 스퍼 기어 표준 치형에서 맞물림 기어의 피니언 잇수가 16, 기어 잇수가 44일 때 축 중심 간 거리로 옳은 것은?(단, 모듈이 5이다.)

① 120mm   ② 150mm
③ 200mm   ④ 300mm

53 테이퍼 핀 1급 4×30 SM50C의 설명으로 맞는 것은?

① 테이퍼 핀으로 호칭 지름이 4mm, 길이가 30mm, 재료가 SM50C이다.
② 테이퍼 핀으로 최대 지름이 4mm, 길이가 30mm, 재료가 SM50C이다.
③ 테이퍼 핀으로 핀의 평균 지름이 40mm, 길이가 30mm, 재료가 SM50C이다.
④ 테이퍼 핀으로 구멍의 지름이 4mm, 길이가 30mm, 재료가 SM50C이다.

54 배관을 도시할 때 관의 접속 상태에서 '접속하고 있을 때 – 분기 상태'를 도시하는 방법으로 옳은 것은?

55 축에 작용하는 하중의 방향이 축 직각 방향과 축 방향에 동시에 작용하는 곳에 가장 적합한 베어링은?

① 니들 롤러베어링
② 레이디얼 볼베어링
③ 스러스트 볼베어링
④ 테이퍼 롤러베어링

56 다음 그림과 같은 점용접을 용접기호로 바르게 나타낸 것은?

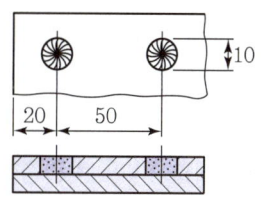

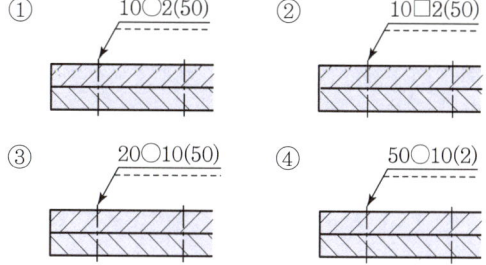

57 서피스(Surface) 모델링에서 곡면을 절단하였을 때 나타내는 요소는?

① 곡선   ② 곡면
③ 점   ④ 면

58 컴퓨터의 기억용량 단위인 비트(Bit)의 설명으로 틀린 것은?

① Binary Digit의 약자이다.
② 정보를 나타내는 가장 작은 단위이다.
③ 전기적으로 처리하기가 아주 편리하다.
④ 0과 1을 동시에 나타내는 정보 단위이다.

59 CAD 시스템에서 마지막 입력 점을 기준으로 다음 점까지의 직선거리와 기준 직교축과 그 직선이 이루는 각도를 입력하는 좌표계는?

① 절대좌표계
② 구면좌표계
③ 원통좌표계
④ 상대극좌표계

60 다음은 주변기기를 기능별로 묶은 것이다. 그 내용이 잘못된 것은?

① 키보드, 마우스, 조이스틱
② 프린터, 플로터, 스캐너
③ 자기디스크, 자기드럼, 자기테이프
④ 라이트 펜, 디지타이저, 테이프리더

CHAPTER 14

제14회 CBT 실전모의고사

01 열처리 방법 및 목적으로 틀린 것은?

① 불림 : 소재를 일정 온도에 가열 후 공냉시킨다.
② 풀림 : 재질을 단단하고 균일하게 한다.
③ 담금질 : 급냉시켜 재질을 경화시킨다.
④ 뜨임 : 담금질된 것에 인성을 부여한다.

02 특수강에 포함되는 특수원소의 주요 역할 중 틀린 것은?

① 변태속도의 변화
② 기계적, 물리적 성질의 개선
③ 소성 가공성의 개량
④ 탈산, 탈황의 방지

03 금속의 결정구조에서 체심입방격자의 금속으로만 이루어진 것은?

① Au, Pb, Ni
② Zn, Ti, Mg
③ Sb, Ag, Sn
④ Na, V, Mo

04 황동의 합금 원소는 무엇인가?

① Cu-Sn
② Cu-Zn
③ Cu-Al
④ Cu-Ni

05 초경합금에 대한 설명 중 틀린 것은?

① 경도가 HRC 50 이하로 낮다.
② 고온경도 및 강도가 양호하다.
③ 내마모성과 압축강도가 높다.
④ 사용목적과 용도에 따라 재질의 종류가 다양하다.

06 다이캐스팅용 알루미늄(Al) 합금이 갖추어야 할 성질로 틀린 것은?

① 유동성이 좋을 것
② 열간취성이 적을 것
③ 금형에 대한 점착성이 좋을 것
④ 응고수축에 대한 용탕 보급성이 좋을 것

07 경질이고 내열성이 있는 열경화성 수지로서 전기기구, 기어 및 프로펠러 등에 사용되는 것은?

① 아크릴 수지
② 페놀 수지
③ 스티렌 수지
④ 폴리에틸렌

08 특수강에 포함되는 특수 원소의 주요 역할 중 틀린 것은?

① 변태속도의 변화
② 기계적, 물리적 성질의 개선
③ 소성 가공성의 개량
④ 탈산, 탈황의 방지

09 가단주철의 종류에 해당하지 않는 것은?

① 흑심 가단주철
② 백심 가단주철
③ 오스테나이트 가단주철
④ 펄라이트 가단주철

10 길이 100cm의 봉이 압축력을 받고 3mm만큼 줄어들었다. 이때 압축 변형률은 얼마인가?

① 0.001
② 0.003
③ 0.005
④ 0.007

11 각속도(ω, rad/s)를 구하는 식 중 옳은 것은?[단, N : 회전수(rpm), H : 전달마력(PS)이다.]

① $\omega = \dfrac{2\pi N}{60}$
② $\omega = \dfrac{60}{2\pi N}$
③ $\omega = \dfrac{2\pi N}{60H}$
④ $\omega = \dfrac{60H}{2\pi N}$

12 국제단위계(SI)의 기본단위에 해당되지 않는 것은?

① 길이 : m
② 질량 : kg
③ 광도 : mol
④ 열역학 온도 : K

13 물체의 일정 부분에 걸쳐 균일하게 분포하여 작용하는 하중은?

① 집중하중
② 분포하중
③ 반복하중
④ 교번하중

14 볼나사의 단점이 아닌 것은?

① 자동체결이 곤란하다.
② 피치를 작게 하는 데 한계가 있다.
③ 너트의 크기가 크다.
④ 나사의 효율이 떨어진다.

15 외접하고 있는 원통마찰차의 지름이 각각 240mm, 360mm일 때, 마찰차의 중심거리는 얼마인가?

① 60mm
② 300mm
③ 400mm
④ 600mm

16 축을 설계할 때 고려하지 않아도 되는 것은?

① 축의 강도
② 피로 충격
③ 응력 집중의 영향
④ 축의 표면조도

17 가장 널리 쓰이는 키(Key)로 축과 보스 양쪽에 키 홈을 파서 동력을 전달하는 것은?

① 성크 키
② 반달 키
③ 접선 키
④ 원뿔 키

18 브레이크 드럼에서 브레이크 블록에 수직으로 밀어 붙이는 힘이 1,000N이고 마찰계수가 0.45일 때 드럼의 접선 방향 제동력은 몇 N인가?
① 150　　② 250
③ 350　　④ 450

19 사인바(Sine Bar)에서 정반면으로부터 블록 게이지의 높이를 각각 알고 있을 때, 각도 측정을 위해 필요한 것은?
① 양 롤러의 중심거리
② 바아의 폭
③ 바아의 길이
④ 롤러의 크기

20 내경 측정에 사용되는 측정기가 아닌 것은?
① 내측 마이크로미터
② 실린더 게이지
③ 공기 마이크로미터
④ 옵티컬 플랫

21 다음 중 직접측정의 장점이 아닌 것은?
① 측정범위가 다른 측정 방법보다 넓다.
② 피측정물의 실제치수를 직접 읽을 수 있다.
③ 양이 적고, 종류가 많은 제품을 측정하기에 적합하다.
④ 조작이 간단하고, 많은 경험을 필요로 하지 않다.

22 나사의 측정 대상이 아닌 것은?
① 리드각　　② 유효지름
③ 산의 각도　　④ 피치

23 버니어 캘리퍼스에서 어미자의 한 눈금이 1mm이고, 아들자의 눈금 19mm를 20등분할 때 최소 읽기의 값은?
① 0.02mm
② 0.03mm
③ 0.04mm
④ 0.05mm

24 다음 치수와 병용되는 기호 중 잘못된 것은?
① R5　　② C5
③ ◇5　　④ φ5

25 다음 도면에서 ㉠~㉤의 선의 명칭이 모두 올바르게 짝지어진 것은?

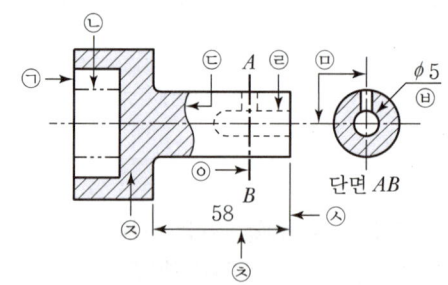

㉮ 가상선　　㉯ 기준선
㉰ 파단선　　㉱ 중심선
㉲ 숨은선　　㉳ 수준면선
㉴ 지시선　　㉵ 치수선
㉶ 치수보조선　㉷ 외형선
㉸ 해칭선　　㉹ 절단선

① ㉠-㉴, ㉡-㉴, ㉢-㉮, ㉣-㉲, ㉤-㉱
② ㉠-㉴, ㉡-㉮, ㉢-㉰, ㉣-㉲, ㉤-㉱
③ ㉠-㉹, ㉡-㉴, ㉢-㉰, ㉣-㉲, ㉤-㉱
④ ㉠-㉴, ㉡-㉮, ㉢-㉰, ㉣-㉳, ㉤-㉰

26 다음 중 치수 기입 원칙에 어긋나는 것은?

① 중복된 치수 기입을 피한다.
② 관련되는 치수는 되도록 한 곳에 모아서 기입한다.
③ 치수는 되도록 공정마다 배열을 분리하여 기입한다.
④ 치수는 각 투상도에 고르게 분배되도록 한다.

27 투상도 표시방법 설명으로 잘못된 것은?

① 부분 투상도 – 대상물의 구멍, 홈 등과 같이 한 부분의 모양을 도시하는 것으로 충분한 경우에는 그 필요한 부분만을 도시한다.
② 보조 투상도 – 경사부가 있는 물체는 그 경사면의 보이는 부분의 실제모양을 전체 또는 일부분을 나타낸다.
③ 회전 투상도 – 대상물의 일부분을 회전해서 실제 모양을 나타낸다.
④ 부분 확대도 – 특정한 부분의 도형이 작아서 그 부분을 자세하게 나타낼 수 없거나 치수 기입을 할 수 없을 때에는 그 해당 부분을 확대하여 나타낸다.

28 다음 중 도면 제작에서 원의 지시선 긋기 방법으로 맞는 것은?

①    ②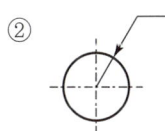

③ 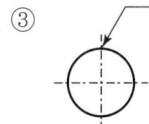   ④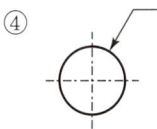

29 다음은 어느 단면도에 대한 설명인가?

> 상하 또는 좌우 대칭인 물체는 $\frac{1}{4}$ 을 떼어 낸 것으로 보고, 기본 중심선을 경계로 하여 $\frac{1}{2}$ 은 외형, $\frac{1}{2}$ 은 단면으로 동시에 나타낸다. 이때, 내칭 중심선의 오른쪽 또는 위쪽을 단면으로 하는 것이 좋다.

① 한쪽 단면도   ② 부분 단면도
③ 회전 도시 단면도   ④ 온단면도

30 다음 중 억지 끼워 맞춤인 것은?

① 구멍 – H7, 축 – g6
② 구멍 – H7, 축 – f6
③ 구멍 – H7, 축 – p6
④ 구멍 – H7, 축 – e6

31 다음 중 2종류 이상의 선이 같은 장소에서 중복될 경우 가장 우선되는 선의 종류는?

① 중심선   ② 절단선
③ 치수 보조선   ④ 무게 중심선

32 다음과 같이 지시된 기하공차의 해석이 맞는 것은?

○	0.05	
//	0.02/150	A

① 원통도 공차값 0.05mm, 축선은 데이텀 축직선 A에 직각이고 지정길이 150mm, 평행도 공차값 0.02mm
② 진원도 공차값 0.05mm, 축선은 데이텀 축직선 A에 직각이고 전체길이 150mm, 평행도 공차값 0.02mm

③ 진원도 공차값 0.05mm, 축선은 데이텀 축직선 A에 평행하고 지정길이 150mm, 평행도 공차값 0.02mm
④ 원통의 윤곽도 공차값 0.05mm, 축선은 데이텀 축직선 A에 평행하고 전체길이 150mm, 평행도 공차값 0.02mm

33 다음 중 줄무늬 방향의 기호 설명 중 잘못된 것은?
① X : 가공에 의한 커터의 줄무늬 방향의 기호를 기입한 투상면에 경사지고 두 방향으로 교차
② M : 가공에 의한 커터의 줄무늬 방향의 기호를 기입한 투상면에 평행
③ C : 가공에 의한 커터의 줄무늬 방향의 기호를 기입한 면의 중심에 대하여 대략 동심원 모양
④ R : 가공에 의한 커터의 줄무늬 방향의 기호를 기입한 면의 중심에 대하여 대략 레이디얼 모양

34 다음 중 가장 고운 다듬면을 나타내는 것은?

35 다음 중 3각 투상법에 대한 설명으로 맞는 것은?
① 눈 → 투상면 → 물체
② 눈 → 물체 → 투상면
③ 투상면 → 물체 → 눈
④ 물체 → 눈 → 투상면

36 특수한 가공을 하는 부분 등 특별히 요구사항을 적용할 수 있는 범위를 표시하는 데 사용하는 선은?
① 가는 1점쇄선
② 가는 2점쇄선
③ 굵은 1점쇄선
④ 아주 굵은 실선

37 다음 중 인접 부분을 참고로 나타내는 데 사용하는 선은?
① 가는 실선
② 굵은 1점쇄선
③ 가는 2점쇄선
④ 가는 1점쇄선

38 재료기호 표시의 중간부분 기호 문자와 제품명이다. 연결이 틀리게 된 것은?
① P : 관
② W : 선
③ F : 단조품
④ S : 일반구조용 압연재

39 φ35h6에서 위 치수 허용차가 0일 때, 최대 허용한계 치수 값은?(단, 공차는 0.016이다.)
① φ34.084
② φ35.000
③ φ35.016
④ φ35.084

40 정투상 방법에 따라 평면도와 우측면도가 다음과 같다면 정면도에 해당하는 것은?

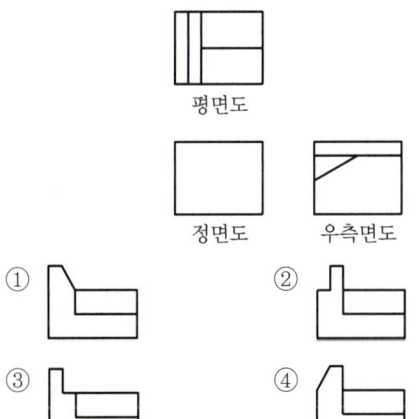

41 공차 기호에 의한 끼워 맞춤의 기입이 잘못된 것은?

① 50H7/g6 ② 50H7 − g6
③ $50\dfrac{H7}{g6}$ ④ 50H7(g6)

42 KS의 부문별 분류기호로 맞지 않는 것은?

① KS A : 기본 ② KS B : 기계
③ KS C : 전기 ④ KS D : 전자

43 기하공차의 종류를 나타낸 것 중 틀린 것은?

① 진직도(─) ② 진원도(○)
③ 평면도(□) ④ 원주 흔들림(↗)

44 도면에서 A3 제도 용지의 크기는?

① 841×1,189 ② 594×841
③ 420×594 ④ 297×420

45 다음의 투상도의 좌측면도에 해당하는 것은? (단, 제3각 투상법으로 표현한다.)

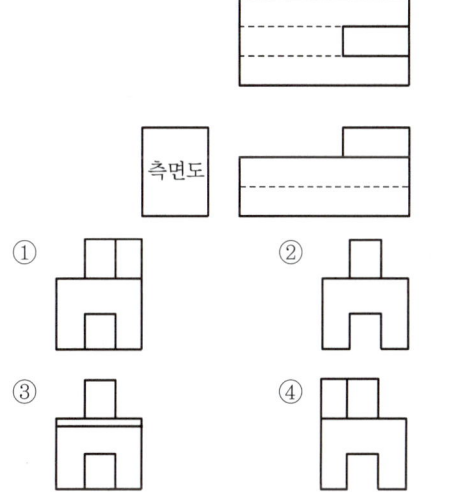

46 다음 그림이 나타내는 코일 스프링 간략도의 종류로 알맞은 것은?

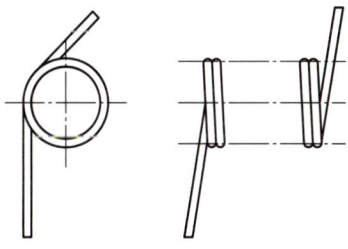

① 벌류트 코일 스프링 ② 압축 코일 스프링
③ 비틀림 코일 스프링 ④ 인장 코일 스프링

47 베어링의 호칭이 "6026"일 때 안지름은 몇 mm 인가?

① 26　　② 52
③ 100　　④ 130

48 스퍼 기어의 요목표에서 잇수는?

스퍼 기어		
기어 치형		표준
공구	치형	보통 이
	모듈	2
	압력각	20°
전체 이 높이		4.5
피치원 지름		40
잇수		(?)
다듬질 방법		호브 절삭
정밀도		KS B ISO 1328-1, 4급

① 5　　② 10
③ 15　　④ 20

49 용접 지시기호가 나타내는 용접 부위의 형상으로 가장 옳은 것은?

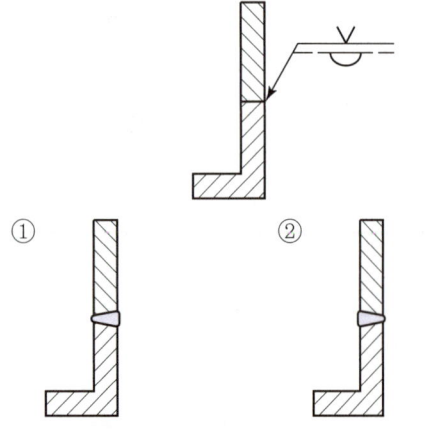

① ②

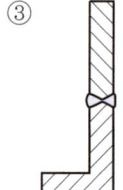 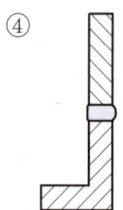

③ ④

50 평행키의 호칭 표기 방법으로 맞는 것은?

① KS B 1311 평행키 10×8×25
② KS B 1311 10×8×25 평행키
③ 평행키 10×8×25 양 끝 둥금 KS B 1311
④ 평행키 10×8×25 KS B 1311 양 끝 둥금

51 V 벨트의 형별 중 단면의 폭 치수가 가장 큰 것은?

① A형　　② D형
③ E형　　④ M형

52 나사면에 증기, 기름 또는 외부로부터의 먼지 등이 유입되는 것을 방지하기 위해 사용하는 너트는?

① 나비 너트　　② 둥근 너트
③ 사각 너트　　④ 캡 너트

53 기어제도 시 잇봉우리원에 사용하는 선의 종류는?

① 가는 실선
② 굵은 실선
③ 가는 1점쇄선
④ 가는 2점쇄선

54 운전 중 또는 정지 중에 운동을 전달하거나 차단하기에 적절한 축이음은?

① 외접기어   ② 클러치
③ 올덤 커플링   ④ 유니버설 조인트

55 관이음 기호 중 유니언 나사이음 기호는?

① 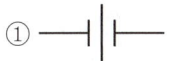   ②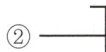
③ 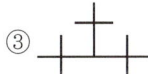   ④

56 "왼 2줄 M50×2 6H"로 표시된 나사의 설명으로 틀린 것은?

① 왼 : 나사산의 감는 방향
② 2줄 : 나사산의 줄 수
③ M50×2 : 나사의 호칭지름 및 피치
④ 6H : 수나사의 등급

57 중앙처리장치(CPU)의 구성 요소가 아닌 것은?

① 주기억장치   ② 파일저장장치
③ 논리연산장치   ④ 제어장치

58 디스플레이상의 도형을 입력장치와 연동시켜 움직일 때, 도형이 움직이는 상태를 무엇이라고 하는가?

① 드래깅(Dragging)   ② 트리밍(Trimming)
③ 셰이딩(Shading)   ④ 주밍(Zooming)

59 다음 중 와이어 프레임 모델링(Wireframe Modeling)의 특징은?

① 단면도 작성이 불가능하다.
② 은선 제거가 가능하다.
③ 처리속도가 느리다.
④ 물리적 성질의 계산이 가능하다.

60 다음 시스템 중 출력장치로 틀린 것은?

① 디지타이저(Digitizer)
② 플로터(Plotter)
③ 프린터(Printer)
④ 하드 카피(Hard Copy)

CHAPTER 15 제15회 CBT 실전모의고사

01 베어링으로 사용되는 구리계 합금으로 거리가 먼 것은?
① 켈밋(Kelmet)
② 연청동(Lead Bronze)
③ 먼츠 메탈(Muntz Metal)
④ 알루미늄 청동(Al Bronze)

02 다음 중 알루미늄 합금이 아닌 것은?
① Y 합금
② 실루민
③ 톰백(Tombac)
④ 로엑스(Lo-Ex) 합금

03 탄소 공구강의 구비 조건으로 거리가 먼 것은?
① 내마모성이 클 것
② 저온에서의 경도가 클 것
③ 가공 및 열처리성이 양호할 것
④ 강인성 및 내충격성이 우수할 것

04 고속도 공구강 강재의 표준형으로 널리 사용되고 있는 18-4-1형에서 텅스텐 함유량은?
① 1%
② 4%
③ 18%
④ 23%

05 열처리의 방법 중 강을 경화시킬 목적으로 실시하는 열처리는?
① 담금질
② 뜨임
③ 불림
④ 풀림

06 공구용으로 사용되는 비금속 재료로 초내열성 재료, 내마멸성 및 내열성이 높은 세라믹과 강한 금속의 분말을 배열 소결하여 만든 것은?
① 다이아몬드
② 고속도강
③ 서멧
④ 석영

07 마우러조직도에 대한 설명으로 옳은 것은?
① 탄소와 규소량에 따른 주철의 조직 관계를 표시한 것
② 탄소와 흑연량에 따른 주철의 조직 관계를 표시한 것
③ 규소와 망간량에 따른 주철의 조직 관계를 표시한 것
④ 규소와 Fe_2C량에 따른 주철의 조직 관계를 표시한 것

08 주철의 여러 성질을 개선하기 위하여 합금 주철에 첨가하는 특수원소 중 크롬(Cr)이 미치는 영향이 아닌 것은?
① 경도를 증가시킨다.
② 흑연화를 촉진시킨다.

③ 탄화물을 안정시킨다.
④ 내열성과 내식성을 향상시킨다.

09 다이캐스팅 알루미늄 합금으로 요구되는 성질 중 틀린 것은?

① 유동성이 좋을 것
② 금형에 대한 점착성이 좋을 것
③ 열간 취성이 적을 것
④ 응고수축에 대한 용탕 보급성이 좋을 것

10 기어에서 이(Tooth)의 간섭을 막는 방법으로 틀린 것은?

① 이의 높이를 높인다.
② 압력각을 증가시킨다.
③ 치형의 이끝면을 깎아낸다.
④ 피니언의 반경 방향의 이뿌리면을 파낸다.

11 표점거리 110mm, 지름 20mm의 인장시편에 최대하중 50kN이 작용하여 늘어난 길이 $\Delta l = 22$mm 일 때, 연신율은?

① 10%   ② 15%
③ 20%   ④ 25%

12 피치 4mm인 3줄 나사를 1회전시켰을 때의 리드는 얼마인가?

① 6mm   ② 12mm
③ 16mm   ④ 18mm

13 볼트 너트의 풀림 방지 방법 중 틀린 것은?

① 로크 너트에 의한 방법
② 스프링 와셔에 의한 방법
③ 플라스틱 플러그에 의한 방법
④ 아이 볼트에 의한 방법

14 전달마력 30kW, 회전수 200rpm인 전동축에서 토크 T는 약 몇 N·m인가?

① 107   ② 146
③ 1,070   ④ 1,430

15 원주에 톱니 형상의 이가 달려 있으며 폴(Pawl)과 결합하여 한쪽 방향으로 간헐적인 회전운동을 주고 역회전을 방지하기 위하여 사용되는 것은?

① 래칫 휠
② 플라이 휠
③ 원심 브레이크
④ 자동하중 브레이크

16 벨트전동에 관한 설명으로 틀린 것은?

① 벨트풀리에 벨트를 감는 방식은 크로스벨트 방식과 오픈벨트 방식이 있다.
② 오픈벨트 방식에서는 양 벨트풀리가 반대방향으로 회전한다.
③ 벨트가 원동차에 들어가는 측을 인(긴)장 측이라 한다.
④ 벨트가 원동차로부터 풀려나오는 측을 이완 측이라 한다.

17 축에 키(Key) 홈을 가공하지 않고 사용하는 것은?
① 묻힘(Sunk) 키
② 안장(Saddle) 키
③ 반달 키
④ 스플라인

18 볼트의 머리와 중간재 사이 또는 너트와 중간재 사이에 사용하여 충격을 흡수하는 작용을 하는 것은?
① 와셔 스프링   ② 토션바
③ 벌류트 스프링 ④ 코일 스프링

19 길이 측정에 사용되는 공구가 아닌 것은?
① 버니어 캘리퍼스 ② 사인바
③ 마이크로미터   ④ 측장기

20 비교 측정에 대한 기준이 되는 표준 게이지의 종류에 해당되지 않는 것은?
① 하이트 게이지 ② 와이어 게이지
③ 틈새 게이지   ④ 드릴 게이지

21 사인바(Sine bar)에 관하여 틀리게 설명한 것은?
① 2개의 원주핀이 블록과 더불어 사용된다.
② 삼각형 모양의 블록이 필수적이다.
③ 삼각함수를 이용하여 각도의 측정을 정밀하게 하는 데 사용한다.
④ 블록을 올려놓기 위한 정반도 함께 사용한다.

22 나사의 측정 대상이 아닌 것은?
① 유효지름   ② 리드각
③ 산의 각도 ④ 피치

23 구멍용 한계 게이지가 아닌 것은?
① 봉 게이지   ② 평형 플러그 게이지
③ 스냅 게이지 ④ 판 플러그 게이지

24 KS 재료 기호가 "STC"일 경우 이 재료는?
① 냉간 압연 강판 ② 크롬 강재
③ 탄소 주강품   ④ 탄소 공구강 강재

25 도면에서 2종류 이상의 선이 같은 장소에 겹칠 때 다음 중 가장 우선하는 것은?
① 절단선 ② 숨은선
③ 중심선 ④ 무게중심선

26 기하공차의 종류 중 모양 공차에 해당되지 않는 것은?
① 평행도 공차 ② 진직도 공차
③ 진원도 공차 ④ 평면도 공차

27 끼워 맞춤에서 축 기준식 헐거운 끼워 맞춤을 나타낸 것은?
① H7/g6 ② H6/F8
③ h6/P9 ④ h6/F7

28 다음 중심선 평균 거칠기 값 중에서 표면이 가장 매끄러운 상태를 나타내는 것은?

① 0.2a   ② 1.6a
③ 3.2a   ④ 6.3a

29 제3각법으로 그린 3면도 투상도 중 틀린 것은?

30 단면도에 관한 내용이다. 올바른 것을 모두 고른 것은?

> ㄱ. 절단면은 중심선에 대하여 45° 경사지게 일정한 간격으로 가는 실선으로 빗금을 긋는다.
> ㄴ. 정면도는 단면도로 그리지 않고, 평면도나 측면도만 절단한 모양으로 그린다.
> ㄷ. 한쪽 단면도는 위, 아래 또는 왼쪽과 오른쪽이 대칭인 물체의 단면을 나타낼 때 사용한다.
> ㄹ. 단면부분에는 해칭(Hatching)이나 스머징(Smudging)을 한다.

① ㄱ, ㄴ   ② ㄴ, ㄷ
③ ㄱ, ㄴ, ㄷ   ④ ㄱ, ㄷ, ㄹ

31 다음 가공방법의 약호를 나타낸 것 중 틀린 것은?

① 선반 가공(L)   ② 보링 가공(B)
③ 리머 가공(FR)   ④ 호닝 가공(GB)

32 치수공차와 끼워 맞춤에서 구멍의 치수가 축의 치수보다 작을 때, 구멍과 축과의 치수의 차를 무엇이라고 하는가?

① 틈새   ② 죔새
③ 공차   ④ 끼워 맞춤

33 기계 도면에서 부품란에 재질을 나타내는 기호가 "SS400"으로 기입되어 있다. 기호에서 "400"은 무엇을 나타내는가?

① 무게   ② 탄소 함유량
③ 녹는 온도   ④ 최저 인장 강도

34 구의 반지름을 나타내는 치수 보조 기호는?

① φ   ② Sφ
③ SR   ④ C

35 다음 등각 투상도의 화살표 방향이 정면도일 때, 평면도를 올바르게 표시한 것은?(단, 제3각법의 경우에 해당한다.)

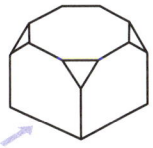

36 한국 산업 표준 중 기계 부문에 대한 분류 기호는?

① KS A
② KS B
③ KS C
④ KS D

37 다음 기하공차 종류 중 단독형체가 아닌 것은?

① 진직도
② 진원도
③ 경사도
④ 평면도

38 다음 중 척도의 기입 방법으로 틀린 것은?

① 척도는 표제란에 기입하는 것이 원칙이다.
② 표제란이 없는 경우에는 부품 번호 또는 상세도의 참조 문자 부근에 기입한다.
③ 한 도면에는 반드시 한 가지 척도만 사용해야 한다.
④ 도형의 크기가 치수와 비례하지 않으면 NS라고 표시한다.

39 핸들, 벨트풀리나 기어 등과 같은 바퀴의 암, 리브 등에서 절단한 단면의 모양을 90° 회전시켜서 투상도의 안에 그릴 때, 알맞은 선의 종류는?

① 가는 실선
② 가는 1점쇄선
③ 가는 2점쇄선
④ 굵은 1점쇄선

40 그림과 같이 경사면부가 있는 대상물에서 그 경사면의 실형을 표시할 필요가 있는 경우에 사용하는 투상도의 명칭은?

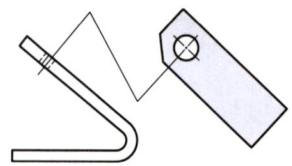

① 부분 투상도
② 보조 투상도
③ 국부 투상도
④ 회전 투상도

41 도면에서 구멍의 치수가 "$\phi80^{+0.03}_{-0.02}$"로 기입되어 있다면 치수공차는?

① 0.01
② 0.02
③ 0.03
④ 0.05

42 도면의 표제란에 사용되는 제1각법의 기호로 옳은 것은?

①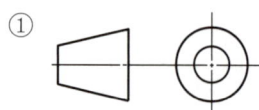

②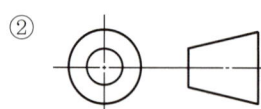

③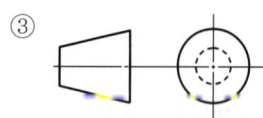

④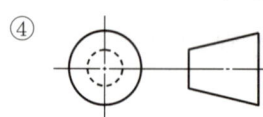

43 다음과 같이 다면체를 전개한 방법으로 옳은 것은?

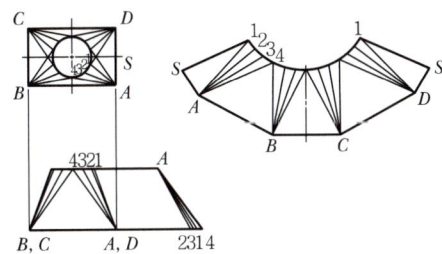

① 삼각형법 전개
② 방사선법 전개
③ 평행선법 전개
④ 사각형법 전개

44 다음 중 가는 2점쇄선의 용도로 틀린 것은?

① 인접 부분 참고 표시
② 공구, 지그 등의 위치
③ 가공 전 또는 가공 후의 모양
④ 회전 단면도를 도형 내에 그릴 때의 외형선

45 치수 기입에 대한 설명 중 틀린 것은?

① 제작에 필요한 치수를 도면에 기입한다.
② 잘 알 수 있도록 중복하여 기입한다.
③ 가능한 한 주요 투상도에 집중하여 기입한다.
④ 가능한 한 계산하여 구할 필요가 없도록 기입한다.

46 헬리컬 기어, 나사 기어, 하이포이드 기어의 잇줄 방향의 표시 방법은?

① 2개의 가는 실선으로 표시
② 2개의 가는 2점쇄선으로 표시
③ 3개의 가는 실선으로 표시
④ 3개의 굵은 2점쇄선으로 표시

47 평벨트풀리의 도시 방법에 대한 설명 중 틀린 것은?

① 암은 길이 방향으로 절단하여 단면 도시를 한다.
② 벨트풀리는 축 직각 방향의 투상을 주투상도로 한다.
③ 암의 단면형은 도형의 안이나 밖에 회전 단면을 도시한다.
④ 암의 테이퍼 부분 치수를 기입할 때 치수 보조선은 경사선으로 긋는다.

48 기어의 종류 중 피치원 지름이 무한대인 기어는?

① 스퍼 기어
② 래크
③ 피니언
④ 베벨 기어

49 관용 테이퍼 나사 중 테이퍼 수나사를 표시하는 기호는?

① M
② Tr
③ R
④ S

50 "6208 ZZ"로 표시된 베어링에 결합되는 축의 지름은?

① 10mm
② 20mm
③ 30mm
④ 40mm

51 다음 용접 이음의 용접기호로 옳은 것은?

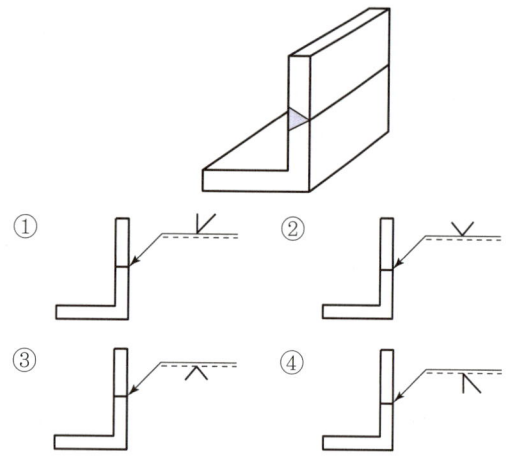

52 축의 끝에 45° 모떼기 치수를 기입하는 방법으로 틀린 것은?

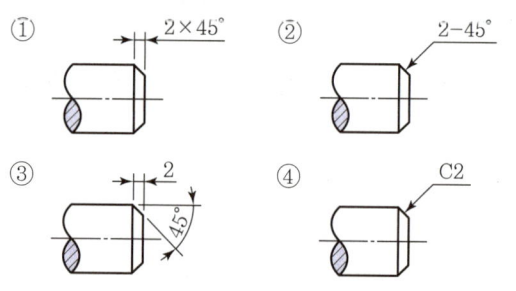

53 보일러 또는 압력 용기에서 실제 사용 압력이 설계된 규정 압력보다 높아졌을 때, 밸브가 열려 사용 압력을 조정하는 장치는?

① 콕
② 체크 밸브
③ 스톱 밸브
④ 안전 밸브

54 스프링 도시의 일반 사항이 아닌 것은?

① 코일 스프링은 일반적으로 무하중 상태에서 그린다.
② 그림 안에 기입하기 힘든 사항은 일괄하여 요목표에 기입한다.
③ 하중이 걸린 상태에서 그린 경우에는 치수를 기입할 때, 그때의 하중을 기입한다.
④ 단서가 없는 코일 스프링이나 벌류트 스프링은 모두 왼쪽으로 감은 것을 나타낸다.

55 나사용 구멍이 없는 평행키의 기호는?

① P   ② PS
③ T   ④ TG

56 볼트의 머리가 조립부분에서 밖으로 나오지 않아야 할 때, 사용하는 볼트는?

① 아이 볼트   ② 나비 볼트
③ 기초 볼트   ④ 육각 구멍붙이 볼트

57 다음 설명에 가장 적합한 3차원의 기하학적 형상 모델링 방법은?

- Boolean연산(합, 차, 적)을 통하여 복잡한 형상 표현이 가능하다.
- 형상을 절단한 단면도 작성이 용이하다.
- 은선 제거가 가능하고 물리적 성질 등의 계산이 가능하다.
- 컴퓨터의 메모리양과 데이터 처리가 많아진다.

① 서피스 모델링(Surface Modeling)
② 솔리드 모델링(Solid Modeling)
③ 시스템 모델링(System Modeling)
④ 와이어 프레임 모델링(Wire Frame Modeling)

58 컴퓨터가 데이터를 기억할 때의 최소단위는 무엇인가?

① Bit
② Byte
③ Word
④ Block

59 다음 중 입·출력 장치의 연결이 잘못된 것은?

① 입력장치 – 트랙볼, 마우스
② 입력장치 – 키보드, 라이트펜
③ 출력장치 – 프린터, COM
④ 출력장치 – 디지타이저, 플로터

60 CAD 시스템에서 점을 정의하기 위해 사용되는 좌표계가 아닌 것은?

① 극 좌표계
② 원통 좌표계
③ 회전 좌표계
④ 직교 좌표계

CHAPTER 16

제16회 CBT 실전모의고사

01 수기가공에서 사용하는 줄, 쇠톱날, 정 등의 절삭가공용 공구에 가장 적합한 금속재료는?
① 주강
② 스프링강
③ 탄소공구강
④ 쾌삭강

02 일반적인 합성수지의 공통된 성질로 가장 거리가 먼 것은?
① 가볍다.
② 착색이 자유롭다.
③ 전기절연성이 좋다.
④ 열에 강하다.

03 다음 비철 재료 중 비중이 가장 가벼운 것은?
① Cu
② Ni
③ Al
④ Mg

04 탄소강에 첨가하는 합금원소와 특성과의 관계가 틀린 것은?
① Ni – 인성 증가
② Cr – 내식성 향상
③ Si – 전자기적 특성 개선
④ Mo – 뜨임취성 촉진

05 철 – 탄소계 상태도에서 공정주철은?
① 4.3%C
② 2.1%C
③ 1.3%C
④ 0.86%C

06 탄소공구강의 단점을 보강하기 위해 Cr, W, Mn, Ni, V 등을 첨가하여 경도, 절삭성, 주조성을 개선한 강은?
① 주조경질합금
② 초경합금
③ 합금공구강
④ 스테인리스강

07 다음 중 청동의 합금원소는?
① Cu+Fe
② Cu+Sn
③ Cu+Zn
④ Cu+Mg

08 다음 중 알루미늄 합금이 아닌 것은?
① Y 합금
② 실루민
③ 톰백(Tombac)
④ 로엑스(Lo – Ex)합금

09 고속도공구강 강재의 표준형으로 널리 사용되고 있는 18-4-1형에서 텅스텐 함유량은?

① 1% ② 4%
③ 18% ④ 23%

10 베어링의 호칭번호가 6308일 때 베어링의 안지름은 몇 mm인가?

① 35 ② 40
③ 45 ④ 50

11 2kN의 짐을 들어 올리는 데 필요한 볼트의 바깥지름은 몇 mm 이상이어야 하는가?(단, 볼트 재료의 허용인장응력은 400N/cm²이다.)

① 20.2 ② 31.6
③ 36.5 ④ 42.2

12 테이퍼 핀의 테이퍼 값과 호칭지름을 나타내는 부분은?

① 1/100, 큰 부분의 지름
② 1/100, 작은 부분의 지름
③ 1/50, 큰 부분의 지름
④ 1/50, 작은 부분의 지름

13 나사의 기호 표시가 틀린 것은?

① 미터계 사다리꼴 나사 : TM
② 인치계 사다리꼴 나사 : WTC
③ 유니파이 보통 나사 : UNC
④ 유니파이 가는 나사 : UNF

14 나사의 피치가 일정할 때 리드(Lead)가 가장 큰 것은?

① 4줄 나사 ② 3줄 나사
③ 2줄 나사 ④ 1줄 나사

15 원통형 코일의 스프링지수가 9이고, 코일의 평균지름이 180mm이면 소선의 지름은 몇 mm인가?

① 9 ② 18
③ 20 ④ 27

16 간헐운동(Intermittent Motion)을 제공하기 위해서 사용되는 기어는?

① 베벨 기어 ② 헬리컬 기어
③ 웜 기어 ④ 제네바 기어

17 직접전동 기계요소인 홈 마찰차에서 홈의 각도 (2α)는?

① $2\alpha = 10 \sim 20°$
② $2\alpha = 20 \sim 30°$
③ $2\alpha = 30 \sim 40°$
④ $2\alpha = 40 \sim 50°$

18 기어에서 이(Tooth)의 간섭을 막는 방법으로 틀린 것은?

① 이의 높이를 높인다.
② 압력각을 증가시킨다.
③ 치형의 이끝면을 깎아낸다.
④ 피니언의 반경 방향의 이뿌리면을 파낸다.

19 어미자의 최소눈금이 0.5mm이고 아들자 24.5mm를 25등분한 버니어 캘리퍼스의 최소측정값은?

① 0.05mm ② 0.01mm
③ 0.025mm ④ 0.02mm

20 비교 측정의 특징 중 틀린 것은?

① 치수 계산이 생략된다.
② 자동화가 가능하다.
③ 많은 양의 높은 정도를 비교적 용이하게 측정할 수 있다.
④ 측정범위가 넓고, 직접 제품의 치수를 읽을 수 있다.

21 3침법이란 수나사의 무엇을 측정하는 방법인가?

① 골지름 ② 피치
③ 유효지름 ④ 바깥지름

22 투영기에 의해 측정을 할 수 있는 것은?

① 진원도 측정 ② 진직도 측정
③ 각도 측정 ④ 원주 흔들림 측정

23 측정기 중 아베(Abbe)의 원리에 맞는 구조를 갖고 있는 것은?

① 하이트 게이지
② 외측 마이크로미터
③ 캘리퍼형 내측 마이크로미터
④ 버니어 캘리퍼스

24 기계제도에 사용하는 선의 분류에서 가는 실선의 용도가 아닌 것은?

① 치수선
② 치수 보조선
③ 지시선
④ 숨은선

25 기계가공 도면에서 기계가공 방법 기호 중 줄 다듬질 가공 기호는?

① FJ
② FP
③ FF
④ JF

26 각도의 허용한계치수 기입방법으로 틀린 것은?

① 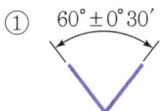 ②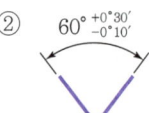

③ 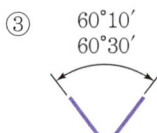 ④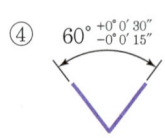

27 우리나라의 도면에 사용되는 길이 치수의 기본적인 단위는?

① mm ② cm
③ m ④ inch

28 그림의 "b" 부분에 들어갈 기하공차 기호로 가장 옳은 것은?

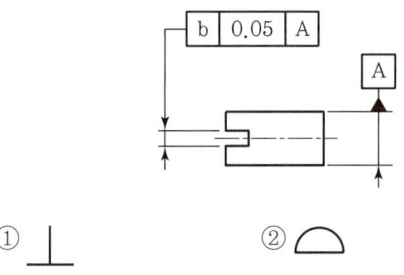

① ⊥ ② ⌒
③ ∠ ④ ═

29 상하 또는 좌우 대칭인 물체의 1/4을 절단하여 기본 중심선을 경계로 1/2은 외부 모양, 다른 1/2은 내부 모양으로 나타내는 단면도는?

① 전 단면도 ② 한쪽 단면도
③ 부분 단면도 ④ 회전 단면도

30 도면 제작과정에서 다음과 같은 선들이 같은 장소에 겹치는 경우 가장 우선시하여 나타내야 하는 것은?

① 절단선 ② 중심선
③ 숨은선 ④ 치수선

31 단면을 나타내는 방법에 대한 설명으로 옳지 않은 것은?

① 동일한 부품의 단면은 떨어져 있어도 해칭의 각도와 간격을 동일하게 나타낸다.
② 두께가 얇은 부분의 단면도는 실제치수와 관계없이 한 개의 굵은 실선으로 도시할 수 있다.
③ 단면은 필요에 따라 해칭하지 않고 스머징으로 표현할 수 있다.
④ 해칭선은 어떠한 경우에도 중단하지 않고 연결하여 나타내야 한다.

32 가공 결과 그림과 같은 줄무늬가 나타났을 때 표면의 결 도시기호로 옳은 것은?

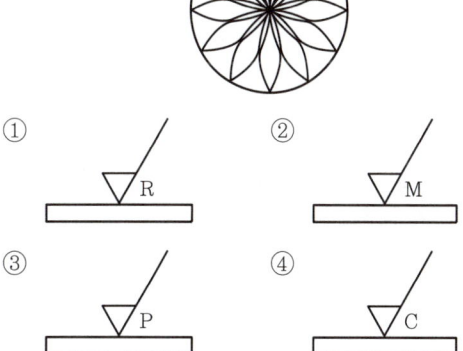

33 그림과 같이 표면의 결 지시기호에서 각 항목에 대한 설명이 틀린 것은?

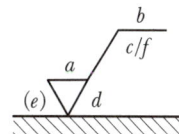

① a : 거칠기 값
② c : 가공 여유
③ d : 표면의 줄무늬 방향
④ f : R_a가 아닌 다른 거칠기 값

34 다음 등각 투상도에서 화살표 방향을 정면도로 할 경우 평면도로 할 경우 가장 옳은 것은?

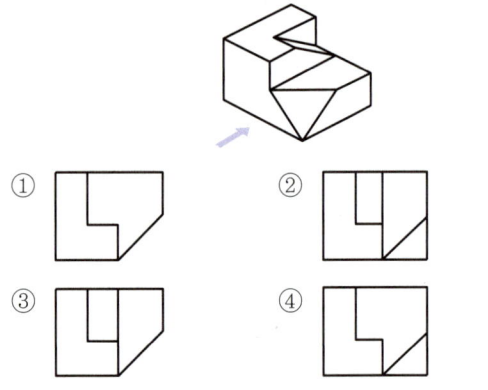

35 제3각법으로 표시된 다음 정면도와 우측면도에 가장 적합한 평면도는?

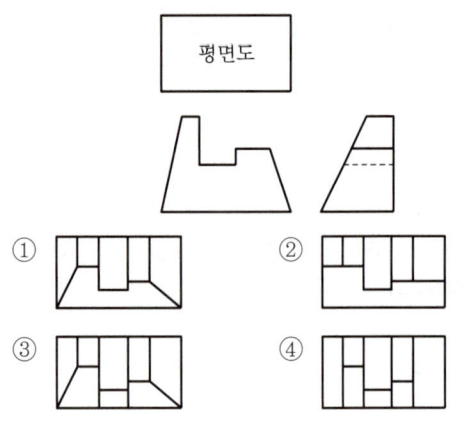

36 이론적으로 정확한 치수를 나타낼 때 사용하는 기호로 옳은 것은?

① t ② ( )
③ □ ④ △

37 아래와 같은 구멍과 축의 끼워 맞춤에서 최대죔새는?

구멍 : 20H7 = $20^{+0.021}_{0}$ 축 : 20p6 = $20^{+0.035}_{+0.022}$

① 0.035 ② 0.021
③ 0.014 ④ 0.001

38 다음 중 국가별 표준규격 기호가 잘못 표기된 것은?

① 영국 – BS
② 독일 – DIN
③ 프랑스 – ANSI
④ 스위스 – SNV

39 가는 1점쇄선으로 표시하지 않는 선은?

① 가상선 ② 중심선
③ 기준선 ④ 피치선

40 제3각법에서 정면도 아래에 배치하는 투상도를 무엇이라 하는가?

① 평면도 ② 좌측면도
③ 배면도 ④ 저면도

41 도면의 척도가 "1 : 2"로 도시되었을 때 척도의 종류는?

① 배척 ② 축척
③ 현척 ④ 비례척이 아님

42 "가" 부분에 나타낼 보조 투상도를 가장 적절하게 나타낸 것은?

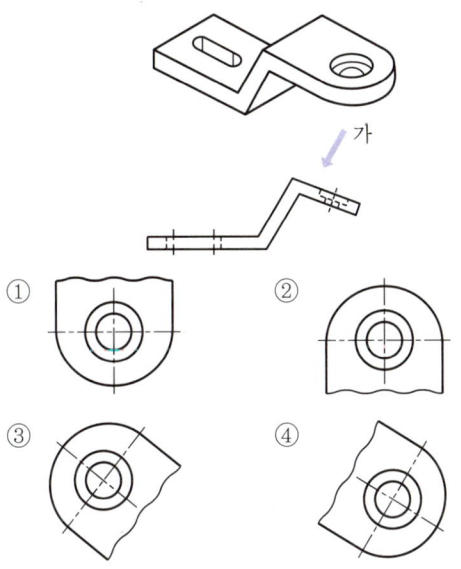

43 구멍의 최소치수가 축의 최대치수보다 큰 경우로 항상 틈새가 생기는 상태를 말하며, 미끄럼 운동이나 회전운동이 필요한 부품에 적용하는 끼워 맞춤은?

① 억지 끼워 맞춤
② 중간 끼워 맞춤
③ 헐거운 끼워 맞춤
④ 조립 끼워 맞춤

44 재료 기호가 "STS11"로 명기되있을 때 이 재료의 명칭은?

① 합금공구강 강재
② 탄소공구강 강재
③ 스프링 강재
④ 탄소 주강품

45 다음 기하공차 중 모양공차에 속하지 않는 것은?

① ▱ ② ○
③ ∠ ④ ⌒

46 기어의 잇수는 31개, 피치원 지름은 62mm인 표준 스퍼 기어의 모듈은 얼마인가?

① 1   ② 2
③ 4   ④ 8

47 나사 표기가 다음과 같이 나타날 때 설명으로 틀린 것은?

Tr40 × 14 (P7) LH

① 호칭지름이 40mm이다.
② 피치는 14mm이다.
③ 왼 나사이다.
④ 미터 사다리꼴 나사이다.

48 그림과 같이 가장자리(Edge) 용접을 했을 때 용접기호로 옳은 것은?

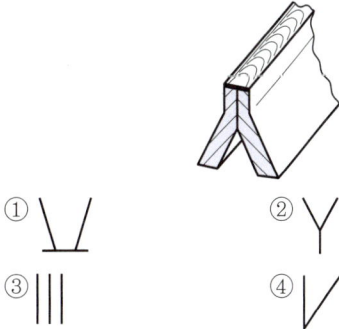

① \/   ② Y
③ ||| ④ V

49 다음 중 키의 호칭 방법을 옳게 나타낸 것은?

① (종류 또는 기호) (표준번호 또는 키 명칭) (호칭치수)×(길이)
② (표준번호 또는 키 명칭) (종류 또는 기호) (호칭치수)×(길이)
③ (종류 또는 기호) (표준번호 또는 키 명칭) (길이)×(호칭치수)
④ (표준번호 또는 키 명칭) (종류 또는 기호) (길이)×(호칭치수)

50 배관 작업에서 관과 관을 이을 때 이음 방식이 아닌 것은?

① 나사 이음
② 플랜지 이음
③ 용접 이음
④ 클러치 이음

51 6각 구멍붙이 볼트 M50×2-6g에서 6g가 나타내는 것은?

① 다듬질 정도
② 나사의 호칭지름
③ 나사의 등급
④ 강도 구분

52 압축 하중을 받는 곳에 사용되며, 주로 자동차의 현가장치, 자전거의 안장 등 충격이나 진동 완화용으로 사용되는 스프링은?

① 압축 코일 스프링
② 판 스프링
③ 인장 코일 스프링
④ 비틀림 코일 스프링

53 다음 중 스프로킷 휠의 도시방법으로 틀린 것은?(단, 축방향에서 본 경우를 기준으로 한다.)

① 항목표에는 톱니의 특성을 나타내는 사항을 기입한다.
② 바깥지름은 굵은 실선으로 그린다.
③ 피치원은 가는 2점쇄선으로 그린다.
④ 이뿌리원을 나타내는 선은 생략 가능하다.

54 웜의 제도 시 피치원 도시방법으로 옳은 것은?

① 가는 1점쇄선으로 도시한다.
② 가는 파선으로 도시한다.
③ 굵은 실선으로 도시한다.
④ 굵은 1점쇄선으로 도시한다.

55 동력을 전달하거나 작용 하중을 지지하는 기능을 하는 기계요소는?

① 스프링
② 축
③ 키
④ 리벳

56 구름 베어링 호칭번호 "6203ZZP6"의 설명 중 틀린 것은?

① 62 : 베어링 계열 번호
② 03 : 안지름 번호
③ ZZ : 실드 기호
④ P6 : 내부 틈새 기호

57 정육면체, 실린더 등 기본적인 단순한 입체의 조합으로 복잡한 형상을 표현하는 방법?

① B-rep 모델링
② CSG 모델링
③ Parametric 모델링
④ 분해 모델링

58 CAD 시스템에서 기하학적 데이터의 변환에 속하지 않는 것은?

① 이동(Translation)
② 회전(Rotation)
③ 스케일링(Scaling)
④ 리드로잉(Redrawing)

59 CAD 시스템에서 출력장치가 아닌 것은?

① 디스플레이(CRT)
② 스캐너
③ 프린터
④ 플로터

60 CPU(중앙처리장치)의 주요 기능으로 거리가 먼 것은?

① 제어 기능
② 연산 기능
③ 대화 기능
④ 기억 기능

CHAPTER 17 제17회 CBT 실전모의고사

01 Cu와 Pb 합금으로 항공기 및 자동차의 베어링 메탈로 사용되는 것은?
① 양은(Nickel Silver)
② 켈밋(Kelmet)
③ 배빗 메탈(Babbit Metal)
④ 애드미럴티 포금(Admiralty Gun Metal)

02 다음 중 표면경화법의 종류가 아닌 것은?
① 침탄법
② 질화법
③ 고주파경화법
④ 심랭처리법

03 금속이 탄성한계를 초과한 힘을 받고도 파괴되지 않고 늘어나서 소성변형이 되는 성질은?
① 연성
② 취성
③ 경도
④ 강도

04 주철의 특성에 대한 설명으로 틀린 것은?
① 주조성이 우수하다
② 내마모성이 우수하다.
③ 강보다 인성이 크다.
④ 인장강도보다 압축강도가 크다.

05 접착제, 껌, 전기 절연재료에 이용되는 플라스틱의 종류는?
① 폴리초산비닐계
② 셀룰로오스계
③ 아크릴계
④ 불소계

06 주조용 알루미늄 합금이 아닌 것은?
① Al-Cu계
② Al-Si계
③ Al-Zn-Mg계
④ Al-Cu-Si계

07 주철의 결점인 여리고 약한 인성을 개선하기 위하여 먼저 백주철의 주물을 만들고, 이것을 장시간 열처리하여 탄소의 상태를 분해 또는 소실시켜 인성 또는 연성을 증가시킨 주철은?
① 보통주철
② 합금주철
③ 고급주철
④ 가단주철

08 비자성체로서 Cr과 Ni을 함유하며 일반적으로 18-8 스테인리스강이라 부르는 것은?
① 페라이트계 스테인리스강
② 오스테나이트계 스테인리스강
③ 마텐자이트계 스테인리스강
④ 펄라이트계 스테인리스강

09 주철의 여러 성질을 개선하기 위하여 합금 주철에 첨가하는 특수원소 중 크롬(Cr)이 미치는 영향이 아닌 것은?

① 경도를 증가시킨다.
② 흑연화를 촉진시킨다.
③ 탄화물을 안정시킨다.
④ 내열성과 내식성을 향상시킨다.

10 인장시험에서 시험편의 절단부 단면적이 14mm²이고, 시험 전 시험편의 초기단면적이 20mm²일 때 단면수축률은?

① 70% ② 80%
③ 30% ④ 20%

11 나사가 축을 중심으로 한 바퀴 회전할 때 축방향으로 이동한 거리는?

① 피치 ② 리드
③ 리드각 ④ 백래시

12 축의 원주에 많은 키를 깎은 것으로 큰 토크를 전달시킬 수 있고, 내구력이 크며 보스와의 중심축을 정확하게 맞출 수 있는 것은?

① 성크 키 ② 반달 키
③ 접선 키 ④ 스플라인

13 교차하는 두 축의 운동을 전달하기 위하여 원추형으로 만든 기어는?

① 스퍼 기어 ② 헬리컬 기어
③ 웜 기어 ④ 베벨 기어

14 다음 중 전동용 기계요소에 해당하는 것은?

① 볼트와 너트
② 리벳
③ 체인
④ 핀

15 롤러 체인에 대한 설명으로 잘못된 것은?

① 롤러 링크와 판 링크를 서로 교대로 하여 연속적으로 연결한 것을 말한다.
② 링크의 수가 짝수이면 간단히 결합되지만, 홀수이면 오프셋 링크를 사용하여 연결한다.
③ 조립 시에는 체인에 초기장력을 가하여 스프로킷 휠과 조립한다.
④ 체인의 링크를 잇는 핀과 핀 사이의 거리를 피치라고 한다.

16 나사의 피치와 리드가 같다면 몇 줄 나사에 해당이 되는가?

① 1줄 나사
② 2줄 나사
③ 3줄 나사
④ 4줄 나사

17 압축 코일 스프링에서 코일의 평균지름이 50mm, 감김수가 10회, 스프링지수가 5일 때, 스프링 재료의 지름은 약 몇 mm인가?

① 5 ② 10
③ 15 ④ 20

18 기어 전동의 특징에 대한 설명으로 가장 거리가 먼 것은?

① 큰 동력을 전달한다.
② 큰 감속을 할 수 있다.
③ 넓은 설치장소가 필요하다.
④ 소음과 진동이 발생한다.

19 물체의 길이, 각도, 형상측정이 가능한 측정기는?

① 표면 거칠기 측정기
② 3차원 측정기
③ 사인센터
④ 다이얼 게이지

20 측정기, 피측정물, 자연 환경 등 측정자가 파악할 수 없는 변화에 의하여 발생하는 오차는?

① 시차
② 우연오차
③ 계통오차
④ 후퇴오차

21 사인바(Sine Bar)로 각도를 측정할 때, 필요 없는 것은?

① 블록 게이지
② 마이크로미터
③ 다이얼 게이지
④ 정반

22 측정기 콤비네이션 세트(Combination Set)로 측정할 수 없는 것은?

① 45°
② 60°
③ 직각도
④ 평행도

23 버니어 캘리퍼스의 측정대상이 아닌 것은?

① 바깥지름
② 안지름
③ 깊이
④ 각도

24 다음 중 표면의 결 도시 기호에서 각 항목이 설명하는 것으로 틀린 것은?

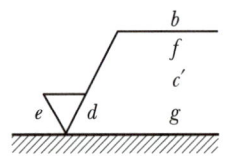

① d : 줄무늬 방향의 기호
② b : 컷오프 값
③ c' : 기준길이, 평가길이
④ g : 표면 파상도

25 ISO 규격에 있는 미터 사다리꼴 나사의 표시 기호는?

① Tr
② M
③ UNC
④ R

26 기계제도에서 사용하는 선에 대한 설명 중 틀린 것은?

① 숨은선, 외형선, 중심선이 한 장소에 겹칠 경우 그 선은 외형선으로 표시한다.
② 지시선은 가는 실선으로 표시된다.
③ 무게 중심선은 굵은 1점쇄선으로 표시한다.
④ 대상물의 보이는 부분의 모양을 표시할 때는 굵은 실선으로 사용한다.

27 치수선에서는 치수의 끝을 의미하는 기호로 단말기호와 기점기호를 사용하는데 다음 중 단말기호에 속하지 않는 것은?

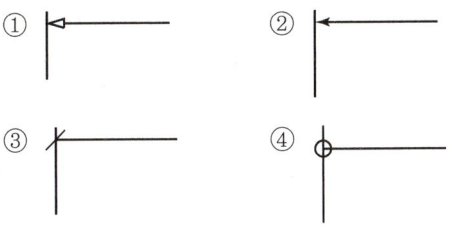

28 다음 중 재료기호와 명칭이 틀린 것은?

① SM 20C : 회주철품
② SF 340A : 탄소강 단강품
③ SPPS 420 : 압력배관용 탄소 강관
④ PW-1 : 피아노 선

29 가공 과정에서 줄무늬가 다음과 같이 나타날 때 표면의 줄무늬 방향 지시기호(*)가 옳은 것은?

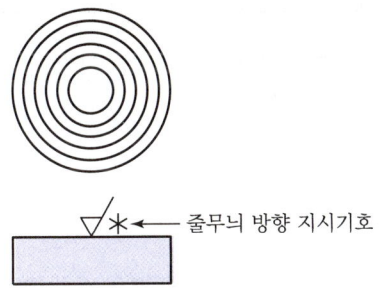

① =
② M
③ C
④ R

30 어떤 물체를 제3각법으로 다음과 같이 투상했을 때 평면도로 옳은 것은?

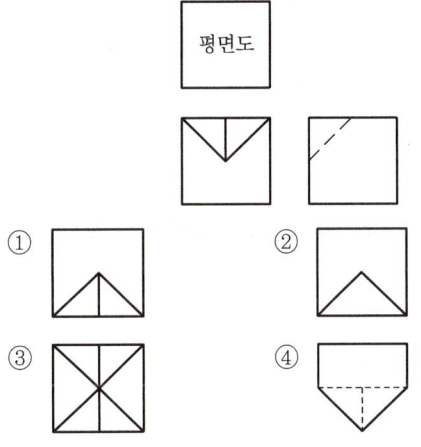

31 그림에서 ㉮부와 ㉯부에 두 개의 베어링을 같은 축선에 조립하고자 한다. 이때 ㉮부의 데이텀을 기준으로 ㉯부 기하공차를 적용하고자 할 때 올바른 기하공차 기호는?

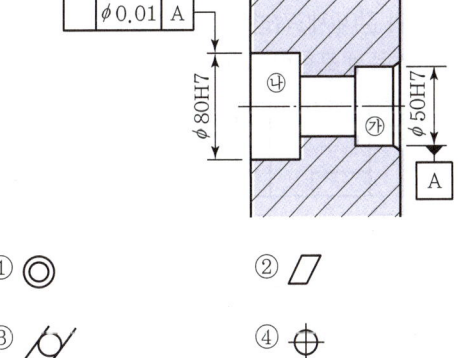

32 치수의 배치방법 중 개별 치수들을 하나의 열로서 기입하는 방법으로 일반 공차가 차례로 누적되어도 문제 없는 경우에 사용하는 치수 배치방법은?

① 직렬 치수 기입법　② 병렬 치수 기입법
③ 누진 치수 기입법　④ 좌표 치수 기입법

33 투상도의 선택방법에 관한 설명으로 옳지 않은 것은?

① 대상물의 모양 및 기능을 가장 명확하게 표시하는 면을 주 투상도로 한다.
② 조립도 등 주로 기능을 표시하는 도면에서는 대상물을 사용하는 상태로 투상도를 그린다.
③ 특별한 이유가 없는 경우는 대상물을 가로길이로 놓은 상태로 그린다.
④ 대상물의 명확한 이해를 위해 주 투상도를 보충하는 다른 투상도를 되도록 많이 그린다.

34 다음과 같이 제3각법으로 그린 정투상도를 등각투상도로 바르게 표현한 것은?

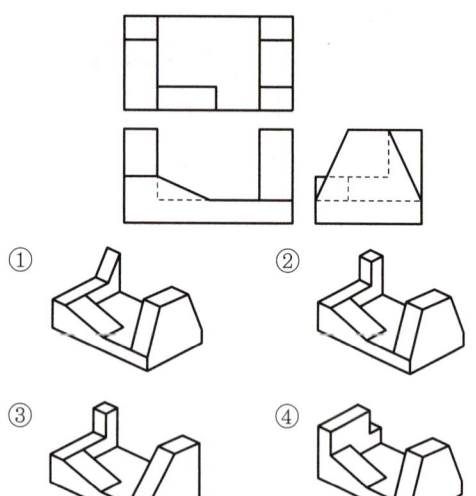

35 도면 작성 시 가는 2점쇄선을 사용하는 용도로 틀린 것은?

① 인접한 다른 부품을 참고로 나타낼 때
② 길이가 긴 물체의 생략된 부분의 경계선을 나타낼 때
③ 축 제도 시 키 홈 가공에 사용되는 공구의 모양을 나타낼 때
④ 가공 전 또는 후의 모양을 나타낼 때

36 다음 투상도에서 A-A와 같이 단면했을 때 가장 올바르게 나타낸 단면도는?

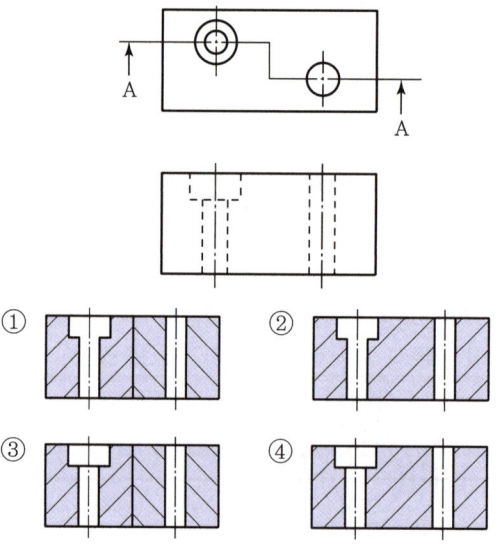

37 도면의 촬영, 복사 및 도면 접기의 편의를 위한 중심마크의 선 굵기는 몇 mm인가?

① 0.1mm　② 0.3mm
③ 0.7mm　④ 1mm

38 제도의 목적을 달성하기 위하여 도면이 구비하여야 할 기본요건이 아닌 것은?

① 면의 표면 거칠기, 재료선택, 가공방법 등의 정보
② 도면 작성방법에 있어서 설계자 임의의 창의성
③ 무역 및 기술의 국제 교류를 위한 국제적 통용성
④ 대상물의 도형, 크기, 모양, 자세, 위치의 정보

39 단면을 나타내는 방법에 대한 설명으로 옳지 않은 것은?

① 단면임을 나타내기 위해 사용하는 해칭선은 동일 부분의 단면인 경우 같은 방식으로 도시되어야 한다.
② 해칭 부위가 넓은 경우 해칭을 할 범위의 외형 부분에 해칭을 제한할 수 있다.
③ 경우에 따라 단면 범위를 매우 굵은 실선으로 강조할 수 있다.
④ 인접하는 얇은 부분의 단면을 나타낼 때는 0.7mm 이상의 간격을 가진 완전한 검은색으로 도시할 수 있다. 단, 이 경우 실제 기하학적 형상을 나타내어야 한다.

40 그림에서 나타난 치수선은 어떤 치수를 나타내는가?

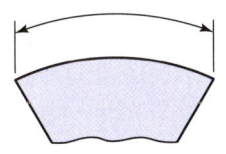

① 변의 길이　② 호의 길이
③ 현의 길이　④ 각도

41 최대허용치수가 구멍 50.025mm, 축 49.975mm이며 최소허용치수가 구멍 50.000mm, 축 49.950mm일 때 끼워 맞춤의 종류는?

① 헐거운 끼워 맞춤　② 중간 끼워 맞춤
③ 억지 끼워 맞춤　④ 상용 끼워 맞춤

42 왼쪽 입체도 형상을 오른쪽과 같이 도시할 때 표제란에 기입해야 할 각법기호로 옳은 것은?

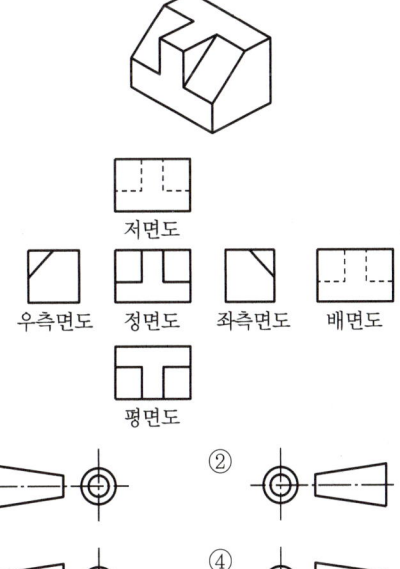

43 다음 중 공차의 종류와 기호가 잘못 연결된 것은?

① 진원도 공차 – ○
② 경사도 공차 – ∠
③ 직각도 공차 – ⊥
④ 대칭도 공차 – //

44 구멍의 치수가 $\phi 30^{+0.025}_{0}$, 축의 치수가 $\phi 30^{+0.020}_{-0.005}$ 일 때 최대죔새는 얼마인가?

① 0.030 ② 0.025
③ 0.020 ④ 0.005

45 표면 거칠기 지시기호의 기입 위치가 잘못된 것은?

① 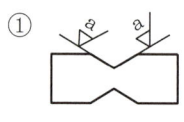 ②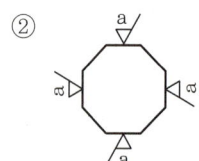

③ 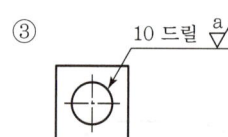 ④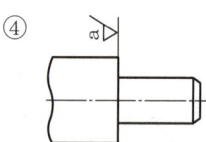

46 구름 베어링의 호칭이 "6203ZZ" 베어링의 안지름은 몇 mm인가?

① 3 ② 15
③ 17 ④ 30

47 스프로킷 휠의 도시 방법에 대한 설명으로 틀린 것은?

① 축방향으로 볼 때 바깥지름은 굵은 실선으로 그린다.
② 축방향으로 볼 때 피치원은 가는 1점쇄선으로 그린다.
③ 축방향으로 볼 때 이뿌리원은 가는 2점쇄선으로 그린다.
④ 축에 직각인 방향에서 본 그림을 단면으로 도시할 때에는 이뿌리의 선은 굵은 실선으로 그린다.

48 모듈이 2, 잇수가 30인 표준 스퍼 기어의 이끝원의 지름은 몇 mm인가?

① 56 ② 60
③ 64 ④ 68

49 나사 제도에 관한 설명으로 틀린 것은?

① 측면에서 본 그림 및 단면도에서 나사산의 봉우리는 굵은실선으로 골 밑은 가는 실선으로 그린다.
② 나사의 끝면에서 본 그림에서 나사의 골 밑은 가는 실선으로 그린 원주의 3/4에 가까운 원의 일부로 나타낸다.
③ 숨겨진 나사를 표시할 때는 나사산의 봉우리는 굵은 파선, 골 밑은 가는 파선으로 그린다.
④ 나사부의 길이 경계는 보이는 굵은 실선으로 나타낸다.

50 스프링의 제도에 관한 설명으로 틀린 것은?

① 코일 스프링은 일반적으로 하중이 걸리지 않은 상태로 그린다.
② 코일 스프링에서 특별한 단서가 없으면 오른쪽으로 감은 스프링을 의미한다.
③ 코일 스프링에서 양 끝을 제외한 동일 모양 부분의 일부를 생략할 때는 생략하는 부분의 선지름의 중심선을 가는 1점쇄선으로 나타낸다.
④ 스프링의 종류와 모양만을 간략도로 나타내는 경우에는 스프링 재료의 중심선만을 가는 실선으로 그린다.

51 일반적으로 키의 호칭방법에 포함되지 않은 것은?

① 키의 종류
② 길이
③ 인장강도
④ 호칭 치수

52 축의 도시방법에 대한 설명 중 잘못된 것은?

① 모떼기는 길이 치수와 각도로 나타낼 수 있다.
② 축은 주로 길이방향으로 단면도시를 한다.
③ 긴 축은 중간을 파단하여 짧게 그릴 수 있다.
④ 45° 모떼기의 경우 C로 그 의미를 나타낼 수 있다.

53 나사 표시 기호 중 틀린 것은?

① M : 미터 가는 나사
② R : 관용 테이퍼 암나사
③ E : 전구 나사
④ G : 관용 평행 나사

54 스퍼 기어 제도 시 축방향에서 본 그림에서 이골원은 어느 선으로 나타내는가?

① 가는 실선
② 가는 파선
③ 가는 1점쇄선
④ 가는 2점쇄선

55 그림과 같은 용접부의 용접 지시기호로 옳은 것은?

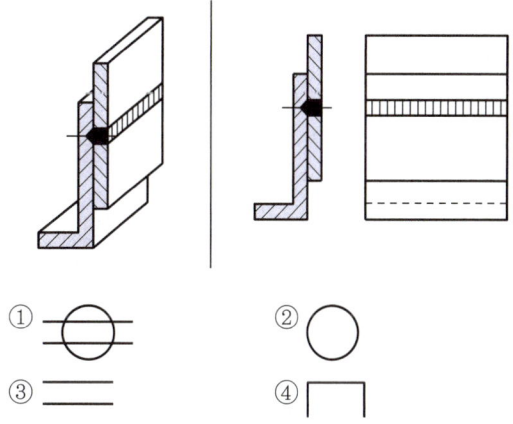

56 다음은 어떤 밸브에 대한 도시기호인가?

① 글로브 밸브
② 앵글 밸브
③ 체크 밸브
④ 게이트 밸브

57 다음 중 CAD 시스템의 출력장치가 아닌 것은?

① Plotter
② Printer
③ Keyboard
④ TFT-LCD

58 CAD 작업 시 모델링에 관한 설명 중 틀린 것은?

① 3차원 모델링에는 와이어 프레임, 서피스, 솔리드 모델링이 있다.
② 자동적인 체적 계산을 위해서는 솔리드 모델링보다는 서피스 모델링을 사용하는 것이 좋다.
③ 솔리드 모델링은 와이어 프레임, 서피스 모델링에 비해 높은 데이터 처리 능력이 필요하다.
④ 와이어 프레임 모델링의 경우 디스플레이된 방향에 따라 여러 가지 다른 해석이 나올 수 있다.

59 컴퓨터에서 CPU와 주기억장치 간의 데이터 접근 속도 차이를 극복하기 위해 사용하는 고속의 기억장치는?

① Cache Memory
② Associative Memory
③ Destructive Memory
④ Nonvolatile Memory

60 CAD 시스템에서 원점이 아닌 주어진 시작점을 기준으로 하여 그 점과 거리로 좌표를 나타내는 방식은?

① 절대좌표방식
② 상대좌표방식
③ 직교좌표방식
④ 극좌표방식

CHAPTER 18
제18회 CBT 실전모의고사

01 강재의 크기에 따라 표면이 급랭되어 경화하기 쉬우나 중심부에 갈수록 냉각속도가 늦어져 경화량이 적어지는 현상은?

① 경화능　　　② 잔류응력
③ 질량효과　　④ 노치효과

02 다음 중 합금공구강의 KS 재료기호는?

① SKH　　　② SPS
③ STS　　　④ GC

03 구리에 니켈 40~50% 정도를 함유하는 합금으로서 통신기, 전열선 등의 전기저항 재료로 이용되는 것은?

① 인바　　　② 엘린바
③ 콘스탄탄　④ 모넬 메탈

04 구리에 아연이 5~20% 첨가되어 전연성이 좋고 색깔이 아름다워 장식품에 많이 쓰이는 황동은?

① 포금
② 톰백
③ 먼츠 메탈
④ 7 : 3 황동

05 Fe-C 상태도에서 온도가 낮은 것부터 일어나는 순서가 옳은 것은?

① 포정점 → A_2변태점 → 공석점 → 공정점
② 공석점 → A_2변태점 → 공정점 → 포정점
③ 공석점 → 공정점 → A_2변태점 → 포정점
④ 공정점 → 공석점 → A_2변태점 → 포정점

06 소결 초경합금 공구강을 구성하는 탄화물이 아닌 것은?

① WC　　　② TiC
③ TaC　　　④ TMo

07 다음 중 표면을 경화시키기 위한 열처리 방법이 아닌 것은?

① 풀림　　　② 침탄법
③ 질화법　　④ 고주파 경화법

08 주철의 성질을 가장 올바르게 설명한 것은?

① 탄소의 함유량이 2.0% 이하이다.
② 인장강도가 강에 비하여 크다.
③ 소성변형이 잘된다.
④ 주조성이 우수하다.

09 공구재료의 필요조건이 아닌 것은?

① 열처리가 쉬울 것
② 내마멸성이 작을 것
③ 강인성이 클 것
④ 고온 경도가 클 것

10 다음 중 하중의 크기 및 방향이 주기적으로 변화하는 하중으로서 양진하중을 말하는 것은?

① 집중하중   ② 분포하중
③ 교번하중   ④ 반복하중

11 다음 중 축 중심에 직각방향으로 하중이 작용하는 베어링을 말하는 것은?

① 레이디얼 베어링(Radial Bearing)
② 스러스트 베어링(Thrust Bearing)
③ 원뿔 베어링(Cone Bearing)
④ 피벗 베어링(Pivot Bearing)

12 리베팅이 끝난 뒤에 리벳머리의 주위 또는 강판의 가장자리를 정으로 때려 그 부분을 밀착시켜 틈을 없애는 작업은?

① 시밍   ② 코킹
③ 커플링   ④ 해머링

13 모듈이 2이고 잇수가 각각 36개, 74개인 두 기어가 맞물려 있을 때 축간거리는 약 몇 mm인가?

① 100mm   ② 110mm
③ 120mm   ④ 130mm

14 외부 이물질이 나사의 접촉면 사이의 틈새나 볼트의 구멍으로 흘러나오는 것을 방지할 필요가 있을 때 사용하는 너트는?

① 홈붙이 너트
② 플랜지 너트
③ 슬리브 너트
④ 캡 너트

15 다음 중 자동하중 브레이크에 속하지 않는 것은?

① 원추 브레이크
② 웜 브레이크
③ 캠 브레이크
④ 원심 브레이크

16 나사에서 리드(Lead)의 정의를 가장 옳게 설명한 것은?

① 나사가 1회전했을 때 축방향으로 이동한 거리
② 나사가 1회전했을 때 나사산상의 1점이 이동한 원주거리
③ 암나사가 2회전했을 때 축방향으로 이동한 거리
④ 나사가 1회전했을 때 나사산상의 1점이 이동한 원주각

17 축에 작용하는 비틀림 토크가 2.5kN·m이고 축의 허용전단응력이 49MPa일 때 축지름은 약 몇 mm 이상이어야 하는가?

① 24   ② 36
③ 48   ④ 64

18 축의 설계 시 고려해야 할 사항으로 거리가 먼 것은?
① 강도
② 제동장치
③ 부식
④ 변형

19 롤러 중심거리가 200mm인 사인바로 각도를 측정하고자 할 때 게이지 블록의 높이가 각각 10mm와 110mm이었다면 각도 θ는 얼마인가?
① 15° ② 30°
③ 45° ④ 60°

20 정밀측정에서 아베의 원리를 가장 올바르게 설명한 것은?
① 눈금선의 간격은 일치되어야 한다.
② 단도기의 지지는 양 끝 단면이 평행하도록 한다.
③ 표준자와 피측정물은 동일 축 선상에 있어야 한다.
④ 내측 측정시는 최댓값을 택한다.

21 공기 마이크로미터의 장점에 대한 설명으로 잘못된 것은?
① 확대율이 매우 크고, 조정도 쉽다.
② 측정력이 작아 무접촉의 측정이 가능하다.
③ 반지름이 작은 다른 종류의 측정기로는 불가능한 것을 측정할 수 있다.
④ 비교측정기가 아니기 때문에 마스터는 필요 없다.

22 삼침법에 의해 수나사의 유효지름을 측정할 때, 사용되는 마이크로미터는?
① 포인트 마이크로미터
② 외측 마이크로미터
③ V-앤빌 마이크로미터
④ 그루브 마이크로미터

23 직접 측정의 장점으로 틀린 것은?
① 측정기의 측정범위가 다른 측정법보다 넓다.
② 피측정물의 실제치수를 직접 읽을 수 있다.
③ 눈금을 읽기 쉽고 측정시간이 적게 걸린다.
④ 수량이 적고 종류가 많은 제품의 측정에 적합하다.

24 구멍과 축의 기호에서 최대허용치수가 기준치수와 일치하는 기호는?
① H ② h
③ G ④ g

25 제도에 있어서 치수 기입 요소로 틀린 것은?
① 치수선 ② 치수 숫자
③ 가공 기호 ④ 치수 보조선

26 가는 1점쇄선으로 끝부분 및 방향이 변하는 부분을 굵게 한 선의 용도에 의한 명칭은?
① 파단선 ② 절단선
③ 가상선 ④ 특수 지시선

27 기계제도의 표준 규격화의 의미로 옳지 않은 것은?

① 제품의 호환성 확보
② 생산성 향상
③ 품질 향상
④ 제품 원가 상승

28 얇은 부분의 단면 표시를 하는 데 사용하는 선은?

① 아주 굵은 실선
② 불규칙한 파형의 가는 실선
③ 굵은 1점쇄선
④ 가는 파선

29 다음 기하공차의 기호 중 위치도 공차를 나타내는 것은?

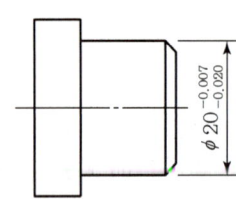

30 다음 그림의 치수 기입에 대한 설명으로 틀린 것은?

① 기준 치수는 지름 20이다.
② 공차는 0.013이다.
③ 최대허용치수는 19.93이다.
④ 최소허용치수는 19.98이다.

31 다음 중 치수와 같이 사용하는 기호가 아닌 것은?

① S∅ ② SR
③ ⊠ ④ □

32 제도 표시를 단순화하기 위해 공차 표시가 없는 선형 치수에 대해 일반 공차를 4개의 등급으로 나타낼 수 있다. 이 중 공차 등급이 "거침"에 해당하는 호칭 기호는?

① c ② f
③ m ④ v

33 그림과 같이 표면의 결 도시기호가 지시되었을 때 표면의 줄무늬 방향은?

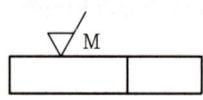

① 가공으로 생긴 선이 거의 동심원
② 가공으로 생긴 선이 여러 방향
③ 가공으로 생긴 선이 방향이 없거나 돌출됨
④ 가공으로 생긴 선이 투상면에 직각

34 다음 기호가 나타내는 각법은?

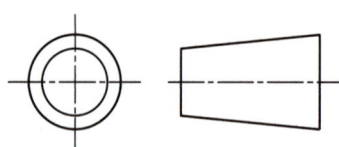

① 제1각법 ② 제2각법
③ 제3각법 ④ 제4각법

35 다음 중 다이캐스팅용 알루미늄 합금 재료 기호는?

① AC1B
② ZDC1
③ ALDC3
④ MGC1

36 표면 거칠기 지시기호가 옳지 않은 것은?

①    ②
③    ④

37 핸들이나 암, 리브, 축 등의 절단면을 90° 회전시켜서 나타내는 단면도는?

① 부분 단면도   ② 회전 도시 단면도
③ 계단 단면도   ④ 조합에 의한 단면도

38 투상도를 나타내는 방법에 대한 설명으로 옳지 않은 것은?

① 형상의 이해를 위해 주 투상도를 보충하는 보조 투상도를 되도록 많이 사용한다.
② 주 투상도에는 대상물의 모양, 기능을 가장 명확하게 표시하는 면을 그린다.
③ 특별한 이유가 없는 경우 주 투상도는 가로길이로 놓은 상태로 그린다.
④ 서로 관련되는 그림의 배치는 되도록 숨은선을 쓰지 않는다.

39 그림에서 나타난 정면도와 평면도에 적합한 좌측면도는?

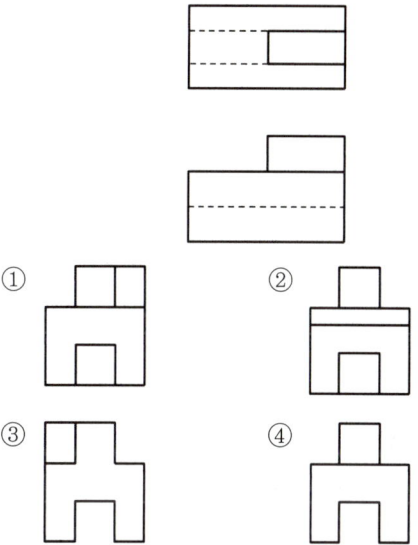

40 구멍 ϕ55H7, 축 ϕ55g6인 끼워 맞춤에서 최대 틈새는 몇 μm인가?(단, 기준치수 ϕ55에 대하여 H7의 위 치수 허용차는 +0.030, 아래 치수 허용차는 0이고, g6의 위 치수 허용차는 −0.010, 아래 치수 허용차는 −0.029이다.)

① 40μm   ② 59μm
③ 29μm   ④ 10μm

41 도면 작성 시 선이 한 장소에 겹쳐서 그려야 할 경우 나타내야 할 우선순위로 옳은 것은?

① 외형선＞숨은선＞중심선＞무게 중심선＞치수선
② 외형선＞중심선＞무게 중심선＞치수선＞숨은선
③ 중심선＞무게 중심선＞치수선＞외형선＞숨은선
④ 중심선＞치수선＞외형선＞숨은선＞무게 중심선

42 제3각법으로 투상한 그림과 같은 정면도와 우측면도에 적합한 평면도는?

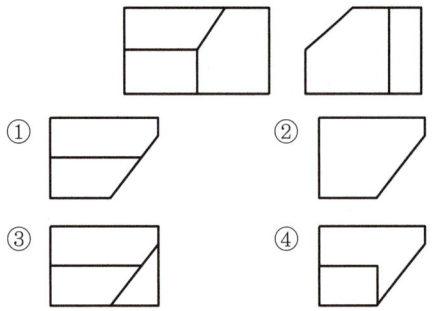

43 다음 도면의 제도방법에 관한 설명 중 옳은 것은?

① 도면에는 어떠한 경우에도 단위를 표시할 수 없다.
② 척도를 기입할 때 A : B로 표기하며, A는 물체의 실제 크기, B는 도면에 그려지는 크기를 표시한다.
③ 축척, 배척으로 제도했더라도 도면의 치수는 실제 치수를 기입해야 한다.
④ 각도 표시는 항상 도, 분, 초(°, ′, ″) 단위로 나타내어야 한다.

44 다음과 같이 도면에 기입된 기하공차에서 0.011이 뜻하는 것은?

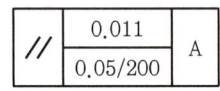

① 기준 길이에 대한 공차값
② 전체 길이에 대한 공차값
③ 전체 길이 공차값에서 기준 길이 공차값을 뺀 값
④ 누진 치수 공차값

45 다음 중 도면에 기입되는 치수에 대한 설명으로 옳은 것은?

① 재료 치수는 재료를 구입하는 데 필요한 치수로 잘림 여유나 다듬질 여유가 포함되어 있지 않다.
② 소재 치수는 주물 공장이나 단조 공장에서 만들어진 그대로의 치수를 말하며 가공할 여유가 없는 치수이다.
③ 마무리 치수는 가공 여유를 포함하지 않은 치수로 가공 후 최종으로 검사할 완성된 제품의 치수를 말한다.
④ 도면에 기입되는 치수는 특별히 명시하지 않는 한 소재 치수를 기입한다.

46 다음 중 파이프의 끝 부분을 표시하는 그림기호가 아닌 것은?

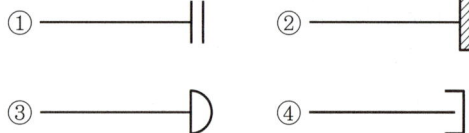

47 다음에 설명하는 캠은?

- 원동절의 회전 운동을 종동절의 직선운동으로 바꾼다.
- 내연기관의 흡배기 밸브를 개폐하는 데 많이 사용한다.

① 판 캠
② 원통 캠
③ 구면 캠
④ 경사판 캠

48 그림에서 도시된 기호는 무엇을 나타낸 것인가?

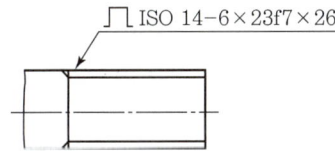

① 사다리꼴 나사
② 스플라인
③ 사각 나사
④ 세레이션

49 나사의 도시방법에 관한 설명 중 틀린 것은?

① 수나사와 암나사의 골 밑을 표시하는 선은 가는 실선으로 그린다.
② 완전 나사부와 불완전 나사부의 경계선은 가는 실선으로 그린다.
③ 불완전 나사부는 기능상 필요한 경우 혹은 치수 지시를 하기 위해 필요한 경우 경사된 가는 실선으로 표시한다.
④ 수나사와 암나사의 측면도시에서 각각의 골지름은 가는 실선으로 약 3/4에 거의 같은 원의 일부로 그린다.

50 용접기호에서 그림과 같은 표시가 있을 때 그 의미는?

① 현장 용접
② 일주 용접
③ 매끄럽게 처리한 용접
④ 이면판재 사용한 용접

51 평행 핀의 호칭이 다음과 같이 나타났을 때 이 핀의 호칭지름은 몇 mm인가?

KS B ISO 2338 − 8 m6 × 30 − Al

① 1mm
② 6mm
③ 8mm
④ 30mm

52 스프로킷 휠의 도시방법에서 단면으로 도시할 때 이뿌리원은 어떤 선으로 표시하는가?

① 가는 1점쇄선
② 가는 실선
③ 가는 2점쇄선
④ 굵은 실선

53 미터 보통 나사에서 수나사의 호칭지름은 무엇을 기준으로 하는가?

① 유효 지름
② 골지름
③ 바깥 지름
④ 피치원 지름

54 구름 베어링의 호칭기호가 다음과 같이 나타날 때 이 베어링의 안지름은 몇 mm인가?

6026 P6

① 26 ② 60
③ 130 ④ 300

55 스퍼 기어의 도시법에 관한 설명으로 옳은 것은?

① 피치원은 가는 실선으로 그린다.
② 잇봉우리원은 가는 실선으로 그린다.
③ 축에 직각인 방향에서 본 그림은 단면으로 도시할 때 이골의 선은 가는 실선으로 표시한다.
④ 축방향에서 본 이골원은 가는 실선으로 표시한다.

56 표준 스퍼 기어에서 모듈이 4이고, 피치원 지름이 160mm일 때, 기어의 잇수는?

① 20　　② 30
③ 40　　④ 50

57 CAD 시스템의 기본적인 하드웨어 구성으로 거리가 먼 것은?

① 입력장치
② 중앙처리장치
③ 통신장치
④ 출력장치

58 좌표방식 중 원점이 아닌 현재 위치, 즉 출발점을 기준으로 하여 해당 위치까지의 거리로 그 좌표를 나타내는 방식은?

① 절대좌표방식
② 상대좌표방식
③ 직교좌표방식
④ 원통좌표방식

59 컴퓨터의 처리 속도 단위 중 ps(피코 초)란?

① 10^{-3}초　　② 10^{-6}초
③ 10^{-9}초　　④ 10^{-12}초

60 다른 모델링과 비교하여 와이어 프레임 모델링의 일반적인 특징을 설명한 것 중 틀린 것은?

① 데이터의 구조가 간단하다.
② 처리속도가 느리다.
③ 숨은선을 제거할 수 없다.
④ 체적 등의 물리적 성질을 계산하기가 용이하지 않다.

CHAPTER 19
제19회 CBT 실전모의고사

01 6-4 황동에 철 1~2%를 첨가함으로써 강도와 내식성이 향상되어 광산기계, 선박용 기계, 화학기계 등에 사용되는 특수 황동은?

① 쾌삭 메탈
② 델타 메탈
③ 네이벌 황동
④ 애드머럴티 황동

02 냉간 가공된 황동제품들이 공기 중의 암모니아 및 염류로 인하여 입간부식에 의한 균열이 생기는 것은?

① 저장균열   ② 냉간균열
③ 자연균열   ④ 열간균열

03 탄소강에 함유된 원소 중 백점이나 헤어크랙의 원인이 되는 원소는?

① 황   ② 인
③ 수소   ④ 구리

04 절삭 공구로 사용되는 재료가 아닌 것은?

① 페놀   ② 서멧
③ 세라믹 ④ 초경합금

05 상온이나 고온에서 단조성이 좋아지므로 고온가공이 용이하며 강도를 요하는 부분에 사용하는 황동은?

① 톰백
② 6-4황동
③ 7-3황동
④ 함석황동

06 철강의 열처리 목적으로 틀린 것은?

① 내부의 응력과 변형을 증가시킨다.
② 강도, 연성, 내마모성 등을 향상시킨다.
③ 표면을 강화시키는 등의 성질을 변화시킨다.
④ 조직을 미세화하고 기계적 특성을 향상시킨다.

07 탄소강에 함유되는 원소 중 강도, 연신율, 충격치를 감소시키며 적열취성의 원인이 되는 것은?

① Mn   ② Si
③ P   ④ S

08 소결 초경합금 공구강을 구성하는 탄화물이 아닌 것은?

① WC   ② TiC
③ TaC   ④ TMo

09 Fe-C 상태도에서 온도가 낮은 것부터 일어나는 순서가 옳은 것은?

① 포정점 → A_2 변태점 → 공석점 → 공정점
② 공석점 → A_2 변태점 → 공정점 → 포정점
③ 공석점 → 공정점 → A_2 변태점 → 포정점
④ 공정점 → 공석점 → A_2 변태점 → 포정점

10 미끄럼 베어링의 윤활 방법이 아닌 것은?

① 적하 급유법
② 패드 급유법
③ 오일링 급유법
④ 충격 급유법

11 일반 스퍼 기어와 비교한 헬리컬 기어의 특징에 대한 설명으로 틀린 것은?

① 임의의 비틀림 각을 선택할 수 있어서 축 중심거리의 조절이 용이하다.
② 물림 길이가 길고 물림률이 크다.
③ 최소 잇수가 적어서 회전비를 크게 할 수 있다.
④ 추력이 발생하지 않아서 진동과 소음이 적다.

12 체인 전동의 일반적인 특징으로 거리가 먼 것은?

① 속도비가 일정하다.
② 유지 및 보수가 용이하다.
③ 내열, 내유, 내습성이 강하다.
④ 진동과 소음이 없다.

13 8kN의 인장하중을 받는 정사각봉의 단면에 발생하는 인장응력이 5MPa이다. 이 정사각봉의 한 변의 길이는 약 몇 mm인가?

① 40　　② 60
③ 80　　④ 100

14 회전체의 균형을 좋게 하거나 너트를 외부에 돌출시키지 않으려고 할 때 주로 사용하는 너트는?

① 캡 너트
② 둥근 너트
③ 육각 너트
④ 와셔붙이 너트

15 핀(Pin)의 종류에 대한 설명으로 틀린 것은?

① 테이퍼 핀은 보통 1/50 정도의 테이퍼를 가지며, 축에 보스를 고정시킬 때 사용할 수 있다.
② 평행핀은 분해·조립하는 부품의 맞춤면의 관계 위치를 일정하게 할 필요가 있을 때 주로 사용된다.
③ 분할핀은 한쪽 끝이 2가닥으로 갈라진 핀으로 축에 끼워진 부품이 빠지는 것을 막는 데 사용할 수 있다.
④ 스프링 핀은 2개의 봉을 연결하기 위해 구멍에 수직으로 핀을 끼워 2개의 봉이 상대각운동을 할 수 있도록 연결한 것이다.

16 기계의 운동에너지를 흡수하여 운동속도를 감속 또는 정지시키는 장치는?

① 기어　　② 커플링
③ 마찰차　　④ 브레이크

17 한쪽은 오른나사, 다른 한쪽은 왼나사로 되어 양 끝을 서로 당기거나 밀 때 사용하는 기계요소는?

① 아이 볼트　② 세트 스크류
③ 플레이트 너트　④ 턴 버클

18 축에 작용하는 비틀림 토크가 2.5kN·m이고 축의 허용전단응력이 49MPa일 때 축지름은 약 몇 mm 이상이어야 하는가?

① 24　② 36
③ 48　④ 64

19 한계 게이지의 특징 설명 중 틀린 것은?

① 제품 사이의 호환성이 있다.
② 제품의 실제치수를 읽을 수 없다.
③ 조작이 간단하므로 경험이 필요하지 않다.
④ 1개의 치수마다 4개의 게이지가 필요하다.

20 나사의 유효지름 측정에 사용되지 않는 측정기는?

① 투영기
② 나사 마이크로미터
③ 공구 현미경
④ 포인트 마이크로미터

21 진원도를 측정하는 방법과 관계없는 것은?

① 직경법　② 투영법
③ 3점법　④ 반경법

22 그림과 같은 사인바의 H값을 구하는 공식은?

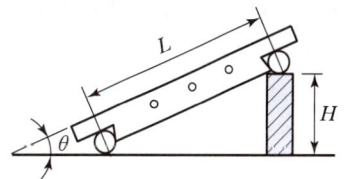

① $H = \dfrac{L}{\sin\theta}$　② $H = \dfrac{L \cdot \sin\theta}{2}$
③ $H = L \cdot \sin\theta$　④ $H = 2(L \cdot \sin\theta)$

23 한계 게이지 측정방식의 특징 중 잘못된 것은?

① 개인차가 없고 측정 시간이 절약된다.
② 경험이 필요치 않다.
③ 측정이 쉽고 대량 생산에 적합하다.
④ 눈금이 없어 측정 실패율이 높다.

24 KS의 부문별 기호로 옳은 것은?

① KS A - 기계
② KS B - 전기
③ KS C - 토건
④ KS D - 금속

25 기어의 제도에서 모듈(m)과 잇수(z)를 알고 있을 때, 피치원의 지름(d)을 구하는 식은?

① $d = \dfrac{m}{z}$　② $d = \dfrac{z}{m}$
③ $d = \dfrac{1}{2}mz$　④ $d = mz$

26 도면관리에 필요한 사항과 도면내용에 관한 중요한 사항이 기입되어 있는 도면 양식으로 도명이나 도면번호와 같은 정보가 있는 것은?
① 재단마크 ② 표제란
③ 비교눈금 ④ 중심마크

27 가는 실선으로만 사용하지 않는 선은?
① 지시선 ② 절단선
③ 해칭선 ④ 치수선

28 재료의 기호와 명칭이 맞는 것은?
① STC : 기계구조용 탄소 강재
② STKM : 용접구조용 압연 강재
③ SPHD : 탄소 공구 강재
④ SS : 일반구조용 압연 강재

29 기하공차의 종류와 기호 설명이 잘못된 것은?
① ▱ : 평면도 공차   ② ○ : 원통도 공차
③ ⌖ : 위치도 공차   ④ ⊥ : 직각도 공차

30 다음 면의 지시기호 표시에서 제거가공을 허락하지 않는 것을 지시하는 기호는?

①  ②
③  ④

31 제품의 표면 거칠기를 나타낼 때 표면 조직의 파라미터를 "평가된 프로파일의 산술 평균 높이"로 사용하고자 한다면 그 기호로 옳은 것은?
① Rt ② Rq
③ Rz ④ Ra

32 제3각법으로 그린 투상도에서 우측면도로 옳은 것은?

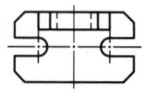
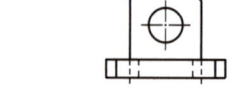

① 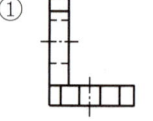 ②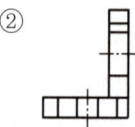
③ 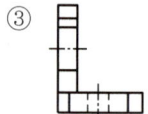 ④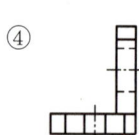

33 다음 중 억지 끼워 맞춤에 속하는 것은?
① H8/e8 ② H7/t6
③ H8/f8 ④ H6/k6

34 모떼기를 나타내는 치수 보조 기호는?
① R   ② SR
③ t   ④ C

35 투상도를 표시하는 방법에 관한 설명으로 가장 옳지 않은 것은?

① 조립도 등 주로 기능을 나타내는 도면에서는 대상물을 사용하는 상태로 표시한다.
② 물체의 중요한 면은 가급적 투상면에 평행하거나 수직이 되도록 표시한다.
③ 물품의 형상이나 기능을 가장 명료하게 나타내는 면을 주 투상도가 아닌 보조 투상도로 선정한다.
④ 가공을 위한 도면은 가공량이 많은 공정을 기준으로 가공할 때 놓여진 상태와 같은 방향으로 표시한다.

36 그림에서 기하공차 기호로 기입할 수 없는 것은?

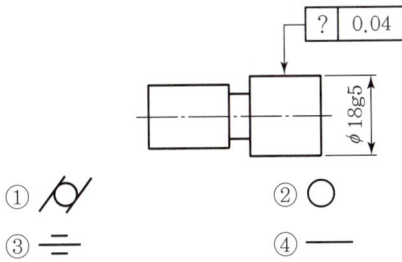

37 다음은 어떤 물체를 제3각법으로 투상한 것이다. 이 물체의 등각 투상도로 가장 적합한 것은?

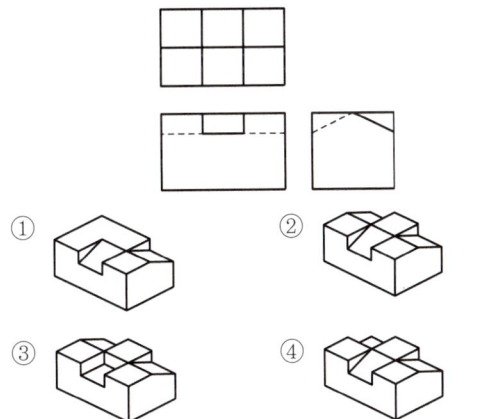

38 도면에서 구멍의 치수가 $\phi 50^{+0.05}_{-0.02}$로 기입되어 있다면 치수공차는?

① 0.02 ② 0.03
③ 0.05 ④ 0.07

39 도면을 작성할 때 쓰이는 문자의 크기를 나타내는 기준은?

① 문자의 폭 ② 문자의 높이
③ 문자의 굵기 ④ 문자의 경사도

40 기계관련 부품에서 $\phi 80H7/g6$로 표기된 것의 설명으로 틀린 것은?

① 구멍 기준식 끼워 맞춤이다.
② 구멍의 끼워 맞춤 공차는 H7이다.
③ 축의 끼워 맞춤 공차는 g6이다.
④ 억지 끼워 맞춤이다.

41 열처리, 도금 등 특별한 요구사항을 적용할 수 있는 범위를 표시하는 데 사용하는 특수 지정선은?

① 굵은 실선 ② 가는 실선
③ 굵은 파선 ④ 굵은 1점쇄선

42 KS규격에서 규정하고 있는 단면도의 종류가 아닌 것은?

① 온단면도 ② 한쪽 단면도
③ 부분 단면도 ④ 복각 단면도

43 다음 내용이 설명하는 투상법은?

> 투사선이 평행하게 물체를 지나 투상면에 수직으로 닿고 투상된 물체가 투상면에 나란하기 때문에 어떤 물체의 형상도 정확하게 표현할 수 있다. 이 투상법에는 1각법과 3각법이 속한다.

① 투시 투상법 ② 등각 투상법
③ 사투상법   ④ 정 투상법

44 아래 그림과 같은 치수 기입방법은?

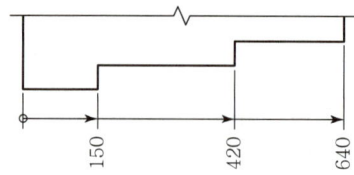

① 직렬 치수 기입방법
② 병렬 치수 기입방법
③ 누진 치수 기입방법
④ 복합 치수 기입방법

45 도면이 구비하여야 할 구비 조건이 아닌 것은?

① 무역 및 기술의 국제적인 통용성
② 제도자의 독창적인 제도법에 대한 창의성
③ 면의 표면, 재료, 가공 방법 등의 정보성
④ 대상물의 도형, 크기, 모양, 자세, 위치 등의 정보성

46 스퍼 기어의 도시방법에 대한 설명으로 틀린 것은?

① 축에 직각인 방향으로 본 투상도를 주 투상도로 할 수 있다.
② 잇봉우리원은 굵은 실선으로 그린다.
③ 피치원은 가는 1점쇄선으로 그린다.
④ 축방향으로 본 투상도에서 이골원은 굵은 실선으로 그린다.

47 키의 호칭이 다음과 같이 나타날 때 설명으로 틀린 것은?

> KS B 1311 PS−B 25×14×90

① 키에 관련한 규격은 KS B 1311에 따른다.
② 평행키로서 나사용 구멍이 있다.
③ 키의 끝부가 양쪽 둥근형이다.
④ 키의 높이는 14mm이다.

48 스프링 제도에서 스프링 종류와 모양만을 도시하는 경우 스프링 재료의 중심선은 어느 선으로 나타내야 하는가?

① 굵은 실선   ② 가는 1점쇄선
③ 굵은 파선   ④ 가는 실선

49 관의 결합방식 표현에서 유니언식을 나타내는 것은?

① ②
③ ④

50 ISO 규격에 있는 관용 테이퍼 나사로 테이퍼 수나사를 표시하는 기호는?

① R   ② Rc
③ PS   ④ Tr

51 다음 표준 스퍼 기어에 대한 요목표에서 전체 이 높이는 몇 mm인가?

스퍼 기어		
기어 치형		표준
공구	치형	보통 이
	모듈	2
	압력각	20°
잇수		32
피치원 지름		$\phi 64$
전체 이 높이		( )
다듬질 방법		호브 절삭
정밀도		KS B 1405, 5급

① 4
② 4.5
③ 5
④ 5.5

52 축을 제도하는 방법에 관한 설명으로 틀린 것은?

① 긴 축은 단축하여 그릴 수 있으나 길이는 실제 길이를 기입한다.
② 축은 일반적으로 길이 방향으로 절단하여 단면을 표시한다.
③ 구석 라운드 가공부는 필요에 따라 확대하여 기입할 수 있다.
④ 필요에 따라 부분 단면은 가능하다.

53 나사의 제도방법을 바르게 설명한 것은?

① 수나사와 암나사의 골 밑은 굵은 실선으로 그린다.
② 완전 나사부와 불완전 나사부의 경계는 가는 실선으로 그린다.
③ 나사 끝면에서 본 그림에서 나사의 골밑은 가는 실선으로 원주의 3/4에 가까운 원의 일부로 그린다.
④ 수나사와 암나사가 결합되었을 때의 단면은 암나사가 수나사를 가린 형태로 그린다.

54 전체 둘레 현장 용접을 나타내는 보조 기호는?

55 스프로킷 휠의 피치원을 표시하는 선의 종류는?

① 굵은 실선
② 가는 실선
③ 가는 1점쇄선
④ 가는 2점쇄선

56 다음 중 베어링의 안지름이 17mm인 베어링은?

① 6303
② 32307K
③ 6317
④ 607U

57 다음이 설명하는 3차원 모델링 방식은?

- 간섭체크를 할 수 있다.
- 질량 등의 물리적 특징 계산이 가능하다.

① 와이어 프레임 모델링
② 서피스 모델링
③ 솔리드 모델링
④ DATA 모델링

58 컴퓨터 입력장치의 한 종류로 직사각형의 판에 사용자가 손에 잡고 움직일 수 있는 펜 모양의 스타일러스 혹은 버튼이 달린 라인 커서 장치의 2가지 부분으로 구성되며 펜이나 커서의 움직임에 대한 좌표 정보를 읽어서 컴퓨터에 나타내는 장치는?

① 디지타이저(Digitizer)
② 광학 마크 판독기(OMR)
③ 음극선관(CRT)
④ 플로터(Plotter)

59 CAD 시스템에서 도면상 임의의 점을 입력할 때 변하지 않는 원점 (0, 0)을 기준으로 정한 좌표계는?

① 상대좌표계
② 상승좌표계
③ 증분좌표계
④ 절대좌표계

60 데이터를 표현하는 최소단위를 무엇이라고 하는가?

① Byte
② Bit
③ Word
④ File

CHAPTER 20 제1회 CBT 실전모의고사 정답 및 해설

정답

01	02	03	04	05	06	07	08	09	10
①	②	①	②	①	③	②	④	③	②
11	12	13	14	15	16	17	18	19	20
②	③	③	②	②	①	③	④	①	③
21	22	23	24	25	26	27	28	29	30
②	③	④	④	④	②	②	③	④	①
31	32	33	34	35	36	37	38	39	40
③	②	④	②	①	③	②	①	④	①
41	42	43	44	45	46	47	48	49	50
③	②	②	②	④	④	②	③	②	④
51	52	53	54	55	56	57	58	59	60
②	①	③	③	②	②	②	①	③	①

01

개량처리
주조할 때 0.05~0.1%의 금속 나트륨(Na)을 첨가하여 규소(Si)의 거친 결정을 미세화시켜 강도를 개선하는 작업을 말한다.

02

② 가공경화 : 가공 → 전위밀도 증가 → 전위이동 어려워짐 → 강도 증가

03

담금질
- 목적 : 재료의 경도와 강도를 높이기 위한 작업
- 강이 오스테나이트 조직으로 될 때까지 A_1, A_3 변태점보다 30~50℃ 높은 온도로 가열한 후 물이나 기름으로 급랭하여 마텐자이트 변태가 되도록 하는 열처리

04

② 내충격성 및 내마모성이 클 것

05

자연균열의 방지법
도료, 아연−도금, 저온 풀림(180~260℃, 20~30분간)

06

에폭시 수지(EP)
- 기계적 강도가 우수하고, 기후 변화에 대한 저항성이 크다.
- 건물의 방수 재료, 금속이나 유리의 접착제 등에 사용된다.

07

② 주조품이 많이 쓰인다.

08

④ 섬유 강화 플라스틱(FRP : Fiber Reinforced Plastic)

09

③ Mo(몰리브덴) : 담금질성↑, 질량 효과↓, 뜨임취성 방지, 내식성↑

10

직접 전동용 기계요소
기어, 마찰차 → 전동용 기계요소가 직접 접촉

11

나사의 호칭 지름＝수나사의 바깥지름

12

③ 볼 나사 : 마찰이 적고 정밀도가 높아 공작기계의 수치제어용으로 사용된다.

13

핀의 용도
핀은 2개 이상의 부품을 결합할 때 사용되며 접촉면의 미끄럼 방지, 너트의 풀림 방지, 부품의 위치 고정 등의 작은 힘이 걸리는 곳에 사용된다.

14

② 겹판 스프링 : 스프링 강재로 만든 널빤지 모양의 평판을 7~8매 또는 10여 매를 포갠 스프링이다. 철도 차량이나 자동차의 차체를 지지하는 부분에 사용된다.

15

응력은 면적분포의 힘이므로

인장응력 $\sigma = \dfrac{F(\text{인장하중})}{A_\sigma(\text{면적})} = \dfrac{500 \times 1{,}000}{\dfrac{\pi \times 60^2}{4}}$

$= 176.8 \text{N/mm}^2$

16

평벨트풀리의 구조

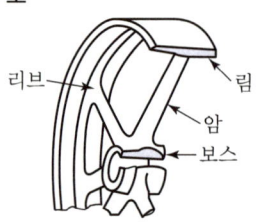

17

마찰차는 마찰력에 의해 토크를 전달하므로
$T = \mu N \times \text{거리}$
종동차의 반지름이 더 크므로 최대 토크는
$T_{종동} = \mu N \times \dfrac{D_{종동}}{2}$

$= 0.2 \times 2\text{kN} \times \left(\dfrac{1{,}000\text{N}}{1\text{kN}}\right)$

$\times \dfrac{400\text{mm} \times \left(\dfrac{1\text{m}}{1{,}000\text{mm}}\right)}{2}$

$= 80 \text{N} \cdot \text{m}$

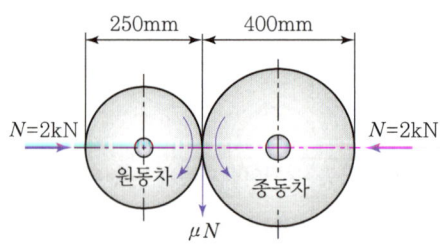

18

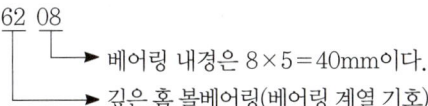

→ 베어링 내경은 8×5=40mm이다.
→ 깊은 홈 볼베어링(베어링 계열 기호)

19

비교 측정기의 종류

다이얼 게이지, 미니미터, 옵티미터, 옵티컬 컴퍼레이터, 전기 마이크로미터, 공기 마이크로미터, 전기저항 스크레인게이지, 길이변위계 등이 있다.

20

$$M = D + d\left(1 + \cot\frac{\alpha}{2}\right) - 2 \cdot H \cdot \cot\alpha$$
$$= 60 + 10\left(1 + \cot\frac{60°}{2}\right) - 2 \times 12 \times \cot 60°$$
$$= 73.46\,\text{mm}$$

21

참값 = 측정값 − 오차 = 55.25 − 0.02 = 55.23
여기서, +20μm = +0.02mm

22

$$V = \frac{S}{n} = \frac{1}{20} = 0.05\,\text{mm}$$

여기서, V : 아들자의 1눈금 간격
S : 어미자의 1눈금 간격
n : 아들자의 등분 눈금 수

23

길이 측정기

강철자, 직각자, 컴퍼스, 만능측장기, 마이크로미터, 버니어 캘리퍼스, 하이트 게이지, 다이얼 게이지, 두께 게이지, 표준 게이지, 광학측정기 등이 있다.

24

리머 가공은 FR로 표기한다.

25

숨은선

물체의 보이지 않는 부분의 모양을 나타내는 선으로 점선 또는 파선이라 부른다.

26

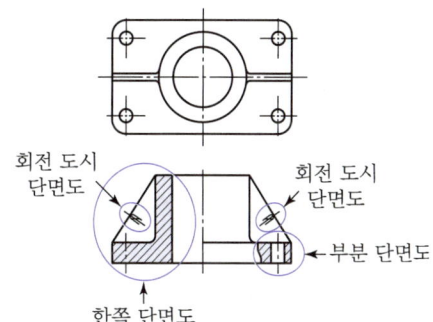

27

①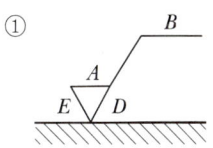

A : 중심선 평균 거칠기의 값(R_a의 값(μm))
B : 가공방법, 표면처리
D : 줄무늬 방향의 기호
E : 기계 가공 공차(ISO에 규정되어 있음)

28
IT 공차 적용 시 제작의 난이도를 고려하여 축의 정밀도를 높게 한다. 일반적으로 축가공이 구멍가공보다 쉽다. 따라서 구멍이 7등급인 경우 축은 6등급으로 한 숫자 높게 선정한다.

29
부시, 칼라, 베어링은 길이 방향으로 단면하여 나타낼 수 있다.

30
② 본뜨기법(모양뜨기 방법) : 불규칙한 곡선이 있는 물체를 직접 용지에 대고 그리거나, 탄성이 있는 납선이나 구리선을 물체의 윤곽에 대고 구부린 다음 용지에 대고 그린 후 치수 등을 기입하는 방법
③ 프리핸드법 : 손으로 스케치한 도면에 치수를 기입하는 방법
④ 사진법 : 복잡한 기계의 조립상태나 부품을 앞에 놓고 여러 각도로 사진 찍는 방법

31
A계열 용지 규격에는 A0, A1, A2, A3, A4가 있다.

32
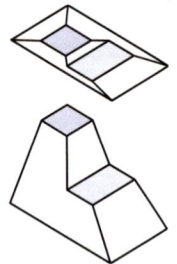

33
도시된 단면의 앞쪽에 있는 부분을 표시하는 데 쓰이는 것은 가상선으로서 가는 2점쇄선을 사용한다.

34
① 반지름 치수를 표시할 때에는 치수선의 한쪽에만 화살표를 붙인다.
③ 반지름이 커서 그 중심 위치까지 치수선을 그을 수 없을 때는 반지름의 치수선을 구부려 기입한다. 단, 치수선의 화살표가 붙은 부분은 정확한 중심 위치로 향하여야 한다.
④ 반지름 치수는 중심을 반드시 표시할 필요는 없다.

35
- ✓ : 절삭 등 제거가공의 필요 여부를 문제 삼지 않는다.
- ✓ : 제거가공을 하지 않는다.
- ✓ : 제거가공을 한다.

36
외형선은 굵은 실선을 사용하고, 나머지는 가는 실선을 사용한다.

37
공차 기입 틀의 표시사항(데이텀을 지시하는 경우)

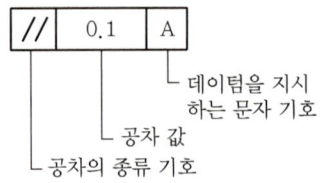

평행도 공차(//)는 자세 공차이다.

38
죔새
축의 지름이 구멍의 지름보다 큰 경우 발생하며 조립 전 두 지름의 차를 말한다.

39

원통도 공차(⌭), 위치도 공차(⌖), 진원도 공차(○)

40

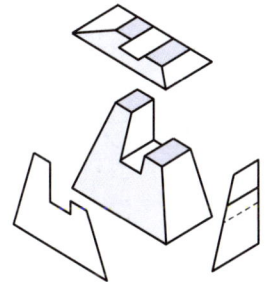

41

등각 투상도

정면, 우측면, 평면을 하나의 투상면에 나타내기 위하여 정면과 우측면 모서리 선을 수평선에 대하여 30°가 되게 하여 입체도로 투상한 것을 말한다.

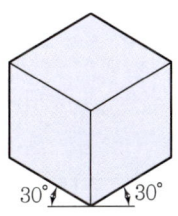 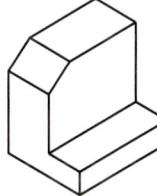

| 등각 투상도 |

42

치수공차(공차 범위)

최대허용치수 − 최소허용치수 또는 위 치수 허용차 − 아래 치수 허용차를 말한다.

㉠의 공차 = (−0.01) − (−0.02) = 0.01
㉡의 공차 = (+0.05) − (+0.02) = 0.03

43

도면을 접어서 사용하거나 보관할 때는 A4 크기로 하며 표제란은 오른쪽 아래에 보이도록 한다.

44

확대할 부분을 가는 실선으로 에워싸고 한글이나 알파벳 대문자로 표시한다.

45

- Sϕ : 구의 지름
- SR : 구의 반지름

46

- TM : 30° 사다리꼴 나사(미터계)
- TW : 29° 사다리꼴 나사(인치계)

47

수나사와 암나사의 골을 표시하는 선은 가는 실선으로 그린다.

48

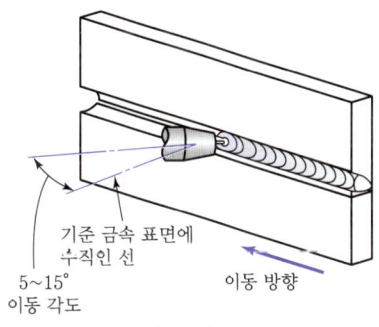

| 수평 자세 |

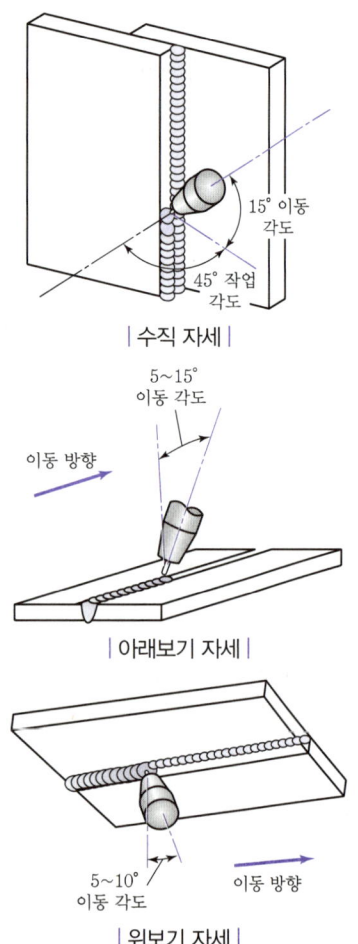

| 수직 자세 |

| 아래보기 자세 |

| 위보기 자세 |

49

이뿌리원은 가는 실선으로 그린다. 단, 정면도에서 단면을 했을 경우 굵은 실선으로 도시한다.

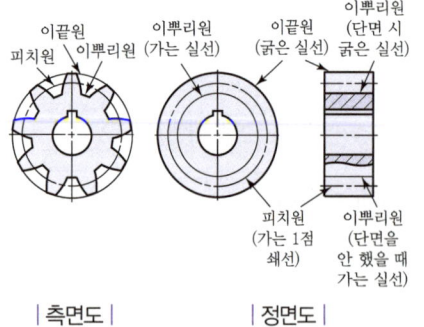

| 측면도 | | 정면도 |

50

이뿌리원을 축에 직각인 방향에서 단면 도시할 경우에는 굵은 실선으로 도시한다.

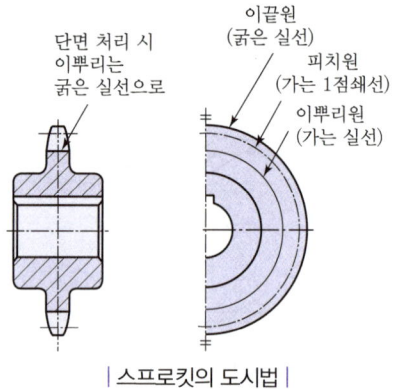

| 스프로킷의 도시법 |

51

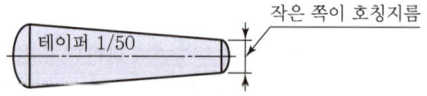

52

- 6 : 단열홈형
- 2 : 경하중형
- 03 : 안지름 번호(17mm)
- Z : 한쪽 실드 붙이

53

피치원 지름(PCD) = 잇수(Z)×모듈(M)이므로
- 잇수가 20인 기어의 피치원 지름 : $PCD_1 = 20 \times 2 = 40$
- 잇수가 30인 기어의 피치원 지름 : $PCD_2 = 30 \times 2 = 60$

∴ 중심거리 $C = \dfrac{PCD_1 + PCD_2}{2} = \dfrac{40+60}{2} = 50\text{mm}$

54
배관도의 설치 이유가 중요한 장치에서는 복선 도시 방법을 이용한다.

55
축은 일반적으로 길이 방향으로 절단하여 단면을 표시하지 않는다.

56
① 원칙적으로 무하중(힘을 받지 않은 상태)인 상태로 그린다.
③ 코일스프링의 중간부분을 생략할 때는 생략하는 부분의 선 지름의 중심선을 가는 1점쇄선으로 그린다.
④ 특별한 단서가 없는 한 모두 오른쪽 감기로 도시한다.

57
CAD 시스템에서 사용하는 좌표계의 종류
직교 좌표계(절대 좌표계, 상대좌표계, 상대극 좌표계), 원통 좌표계, 구면 좌표계 등이 있다.

58
컴퓨터 시스템의 중앙처리장치
제어장치, 연산장치, 주기억장치

59
솔리드 모델링
3차원 물체를 외부형상뿐만 아니라 내부구조의 정보까지도 표현하여 물리적 성질 등의 계산이 가능하다.

60
스캐너는 입력장치이다.

CHAPTER 21 제2회 CBT 실전모의고사 정답 및 해설

정답

01	02	03	04	05	06	07	08	09	10
③	②	②	④	①	③	④	③	②	②
11	12	13	14	15	16	17	18	19	20
①	①	②	①	②	③	①	④	④	①
21	22	23	24	25	26	27	28	29	30
④	①	①	②	④	①	③	③	②	④
31	32	33	34	35	36	37	38	39	40
④	②	②	④	④	②	①	②	①	④
41	42	43	44	45	46	47	48	49	50
③	②	③	④	④	④	③	④	③	①
51	52	53	54	55	56	57	58	59	60
①	②	①	①	④	③	③	④	④	③

01
③ 냉간가공과 열간가공 방법으로 제조된다.

02
규소강
- 저탄소강에 Si를 첨가한 강으로 발전기, 전동기, 변압기 등의 철심 재료에 적합하다.
- C 0.08% 이하, Si 0.8~4.3%, Mn 0.35%를 함유하는 두께 0.2~0.5mm의 얇은 판형이나 띠강이다.

03
쾌삭황동(납황동)
황동에 납을 1.5~3.7%까지 첨가하여 절삭성을 좋게 한 것으로, 정밀 절삭 가공을 필요로 하는 시계와 계기용 나사 등의 재료로 사용된다.

04
내식용 알루미늄 합금으로 알민, 알드레이, 하이드로날륨이 있다.

05
적열취성(고온취성)

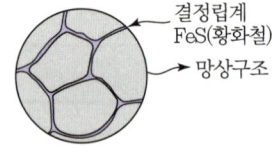

강은 900℃ 이상에서 황(S)이나 산소가 철과 화합하여 산화철(FeO)이나 황화철(FeS)을 만든다. 이때 황화철은 그림처럼 강 입자의 경계에 결정립계로 나타나게 됨으로써 상온에서는 그 해가 작지만 고온에서는 황화철이 녹아 강을 여리게(무르게) 만들어 단조할 수 없는 취성을 강이 갖게 되는데, 이것을 적열취성이라 한다. 망간(Mn)을 첨가하면 황화망간(MnS)을 형성하여 적열취성을 방지하는 효과를 얻을 수 있다.

06
청동 : 구리(Cu) + 주석(Zn)

07
불스 아이(Bull's Eye) 조직
구상흑연 주위에 페라이트가 둘러싸고, 외부는 펄라이트 조직으로 황소의 눈 모양처럼 생긴 구상흑연주철의 조직이다.

08
① 인성이 작다(충격에 약하고, 취성파괴가 일어난다).
② 내충격성이 낮다.
④ 성형성 및 기계가공성이 좋지 않다.

09
시안화법은 표면경화법에 해당된다.

※ 항온 열처리의 종류 : 오스템퍼, 마템퍼, 마퀜칭, Ms퀜칭, 항온풀림, 오스포밍 등

10
하중 = 전단응력 × 전단파괴면적
$P = \tau \cdot A_\tau = \tau \cdot 2 \cdot b \cdot t$ (b : 코터의 폭, t : 두께)
$P = 20 \times 2 \times 10 \times 50 = 20,000\text{N} = 20\text{kN}$

11
리드 $L = nP$에서
① 4줄 나사의 리드 = $4P$ ② 3줄 나사의 리드 = $3P$
③ 2줄 나사의 리드 = $2P$ ④ 1줄 나사의 리드 = P

12
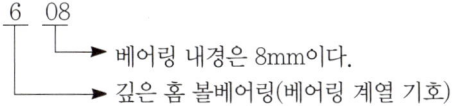
베어링 내경은 8mm이다.
깊은 홈 볼베어링(베어링 계열 기호)

13
이끝원 지름 $D_0 = D + 2a = m(z+2)$
$\qquad = 3(40+2) = 126\text{mm}$
여기서, m : 모듈, z : 잇수, a : 이끝높이
피치원 지름 $D = m \times z$
$a = m$ [표준치형에서는 이끝높이(a)와 모듈(m)의 크기를 같게 설계한다.]

15
전달할 힘이 클 때는 기어를 주로 사용하며, 마찰차는 접촉면에 미끄럼이 발생하기 때문에 큰 힘을 전달할 수 없다.

16
③ 전단응력 : 물체의 단면에 따라 평행하게 생기는 접선응력이다.

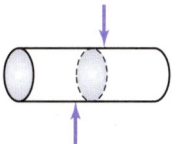

17
① 둥근 나사(너클 나사) : 체결용으로 먼지, 모래 등이 들어가기 쉬운 곳에 사용한다.

18
속비 $i = \dfrac{N_2}{N_1} = \dfrac{D_1}{D_2} \Rightarrow \dfrac{N_2}{300} = \dfrac{160}{100}$

$\therefore N_2 = \dfrac{160 \times 300}{100} = 480\text{rpm}$

여기서, 원동차의 지름 : $D_1 = 160\text{mm}$
종동차의 지름 : $D_2 = 100\text{mm}$
원동차의 회전수 : $N_1 = 300\text{rpm}$

20
① 스크라이버는 가능한 한 짧게 사용한다.

21
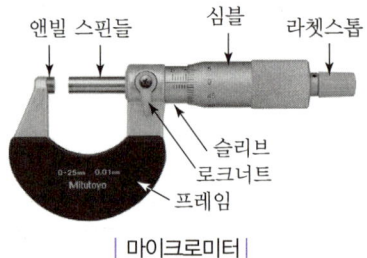
| 마이크로미터 |

22
① 블록 게이지 : 길이 측정의 기준으로 사용되는 단도기이다.

23
한계 게이지의 종류
봉 게이지, 플러그 게이지, 링 게이지, 스냅 게이지 등이 있다.

24
- ISO 규격에 있는 것 : 미터 보통(가는) 나사(M), 유니파이 보통 나사(UNC), 미터 사다리꼴 나사(Tr), 관용 테이퍼 수나사(R)
- ISO 규격에 없는 것 : 30° 사다리꼴 나사(TM), 29° 사다리꼴 나사(TW)

25
기어 이의 방향(잇줄 방향)은 3개의 가는 실선으로 그리고, 단면을 하였을 때는 가는 이점쇄선으로 그리며 기울어진 각도와 상관없이 30°로 표시한다.

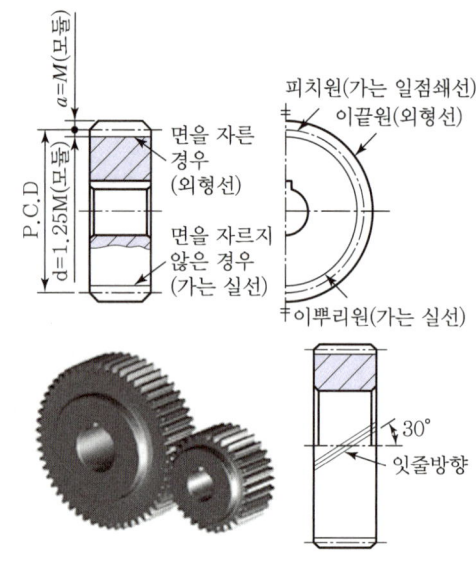

26
겹치는 선의 우선순위 : 외형선 > 숨은선 > 절단선 > 가는 1점쇄선(중심선) > 가는 2점쇄선(무게중심선) > 치수 보조선

27
h7은 축 기준 끼워 맞춤 공차로 위 치수 허용차가 "0"이다.

28
- ∀ : 절삭 등 제거가공의 필요 여부를 문제삼지 않는다.
- ∀ : 제거가공을 하지 않는다.
- ∀ : 제거가공을 한다.

29
- KS A : 기본
- KS B : 기계
- KS M : 화학
- KS X : 정보

30

스케치 방법
프리핸드법, 본뜨기법(모양뜨기법), 프린트법, 사진법 등이 있다.

31

c : 컷 오프 값, e : 기계 가공 공차

32

② 부분 투상도 : 투상도의 일부를 그리는 것으로도 충분한 경우에 필요한 일부분을 잘라 내어 그리는 투상도를 말하며, 잘린 경계를 파단선으로 그려준다.

33

② 축척 1 : 3은 가급적 사용하지 않는 척도이다.

34

④ C : 45° 모떼기 기호

35

1각법(조선 분야)
눈 → 물체 → 투상면

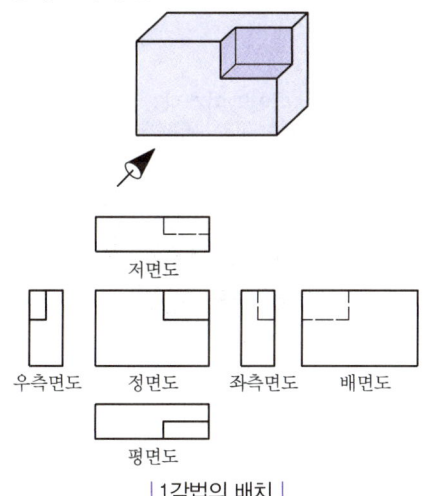

| 1각법의 배치 |

36

② 치수는 중복 기입을 피하고, 되도록 정면도에 집중하여 기입한다.

37

H7은 구멍 기준 끼워 맞춤 공차이고 축의 공차 m6은 중간 끼워 맞춤이다. 따라서 $\phi 50H7/m6$는 구멍 기준식 중간 끼워 맞춤이 된다.

38

진원도 공차(○), 위치도 공차(⊕), 원통도 공차(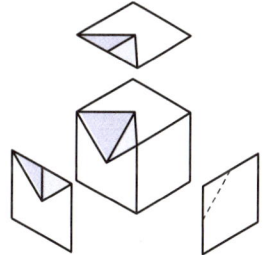)

39

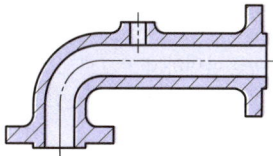

40

기어의 이, 볼트, 강구는 길이방향으로 단면하여 나타낼 수 없으며, 파이프는 길이방향으로 잘라 내어 내부 형상을 보여 줄 수 있다.

41

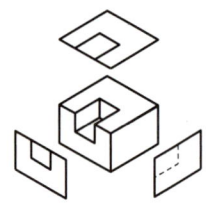

42
중심선
도형의 중심을 표시하는 데 사용한다.

43
구멍의 최소허용치수가 축의 최대허용치수보다 크므로 헐거운 끼워 맞춤이다.

44
동심도 공차(◎)를 나타낸 것으로 공차가 지름 0.08mm의 원통 안에 있어야 한다.

45
회전 도시 단면도
물체의 한 부분을 자른 다음, 자른 면만 90° 회전시켜 형상을 나타내는 기법으로, 자른 단면에 수직인 면에서 자른 단면의 형상을 보여준다고 생각하면 이해하기 쉽다.

46
암은 길이 방향으로 단면하지 않으므로 회전단면도(도형 안에 그릴 때는 가는 실선, 도형 밖에 그릴 때는 굵은 실선)로 표시한다.

47
특별한 단서가 없는 한 모두 오른쪽 감기로 도시하고 왼쪽 감기로 도시할 때에는 "감긴 방향 왼쪽"이라고 표시한다.

48
필릿 용접(△)을 나타낸 것이다.

49
축은 일반적으로 축 중심선을 수평방향으로 놓고 그린다.

50
- 6 : 단열홈형
- 0 : 특별 경하중형
- 26 : 안지름 번호(26×5=130mm)
- P6 : 등급기호(6급)

51
M20×2 : 미터 가는 나사이며 M20×2는 '나사의 호칭치수×피치'를 나타낸다.

52
스파이럴 베벨 기어는 기어의 이가 나선 모양으로 비틀려 있는 모양을 가지므로 잇줄 방향을 3개의 가는 실선으로 그린다.

53
- 피치원 지름(PCD) = 잇수(Z)×모듈(M) = 45×2 = 90
- 전체 이 높이(h) = 2.25×모듈(M) = 2.25×2 = 4.5

54

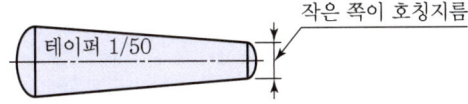

55
① 게이트 밸브
② 3방향 밸브
③ 볼 밸브

56
수나사와 암나사의 골을 표시하는 선은 가는 실선으로 그린다.

57
컬러 디스플레이는 RGB 삼원색을 기본으로 하며 빨강(Red), 초록(Green), 파랑(Blue) 세 종류의 색상을 혼합하여 색을 표현한다.

58
솔리드 모델링은 데이터 구조가 복잡하여 메모리량과 데이터의 양이 크다.

59
상대극좌표계(@거리<각도)
현재의 위치(최종점 @)가 기준이 되어 그리고자 하는 거리 값과 방향(각도)를 입력한다.

60
중앙처리장치의 기능
제어기능, 연산기능, 기억기능

CHAPTER 22

제3회 CBT 실전모의고사 정답 및 해설

정답

01	02	03	04	05	06	07	08	09	10
③	②	④	④	①	④	①	②	③	①
11	12	13	14	15	16	17	18	19	20
①	④	④	④	③	①	④	③	③	④
21	22	23	24	25	26	27	28	29	30
①	②	④	②	②	②	①	④	②	③
31	32	33	34	35	36	37	38	39	40
①	①	①	④	③	②	①	③	④	④
41	42	43	44	45	46	47	48	49	50
④	①	②	②	①	①	④	②	①	②
51	52	53	54	55	56	57	58	59	60
③	③	②	④	④	③	③	④	①	③

01

③ 상온 및 고온 경도가 클 것

02

미하나이트 주철(Meehanite Cast Iron)
- 쇳물을 제조할 때 선철에 다량의 강철 스크랩을 사용하여 저탄소 주철을 만들고, 여기에 칼슘실리콘(Ca-Si), 페로실리콘(Fe-Si) 등을 첨가하여 조직을 균일하고 미세화시킨 펄라이트 주철이다.
- 인장강도가 255~340MPa이고, 내마모성이 우수하여 브레이크 드럼, 실린더, 캠, 크랭크축, 기어 등에 사용된다.
- 담금질에 의한 경화가 가능하다.

03

① Al - 2.7
② Ag - 10.49
③ Mg - 1.74

04

황동 : 구리(Cu) + 아연(Zn)

05

① 저온뜨임 : 담금질 응력 제거, 치수의 경년변화 방지, 내마모성 향상 등을 목적으로 100~200℃에서 마텐자이트 조직을 얻도록 조작을 하는 열처리 방법이다.
예 금형, 치공구 등

06

④ STS - 합금공구강

07

응력 제거 풀림(어닐링)
금속재료를 500~700℃에서 일정 시간 유지 후 냉각시켜 주조, 단조, 기계가공 및 용접 후에 생긴 잔류응력을 제거한다.

08

- 쾌삭메탈(납황동, 쾌삭황동) : 황동에 납을 1.5~3.7%까지 첨가하여 절삭성을 좋게 한 것이다.
- 네이벌 황동 : 6-4 황동+1% Sn, 용접용 파이프, 선박용 기계에 사용된다.
- 애드미럴티 황동 : 7-3 황동+1% Sn, 전연성이 좋아 증발기, 열교환기 등의 관에 사용된다.

09

- 자연균열 : 황동이 관, 봉 등의 잔류 응력에 의해 균열을 일으키는 현상이다.
- 자연균열 방지법 : 도료 및 아연(Zn) 도금, 저온풀림(180~260℃, 20~30분간)

10

$$리드 = \frac{축방향 \ 진행 \ 길이}{회전수} = \frac{10}{2} = 5[mm]$$

$$1회전 \ 시 \ 진행 \ 나사산수 = \frac{축방향 \ 진행 \ 나사산수}{회전수}$$

$$= \frac{4}{2} = 2[줄 \ 나사]$$

$$피치 = \frac{리드}{나사산수} = \frac{5}{2} = 2.5[mm]$$

11

$$수직응력 \ \sigma = \frac{W}{A} = E \cdot \varepsilon = E \cdot \frac{\lambda}{l}$$

여기서, 세로종변형률 $\varepsilon = \frac{\lambda}{l}$

$$\therefore \lambda = \frac{Wl}{AE}$$

12

키를 이용한 동력전달

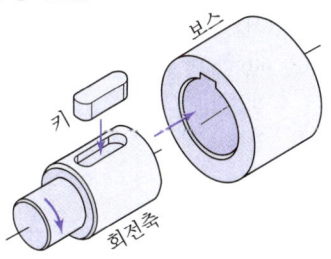

13

스프링지수 $C = \frac{D}{d} = \frac{50}{6} = 8.3$

여기서, D : 스프링 전체의 평균지름
d : 소선의 지름

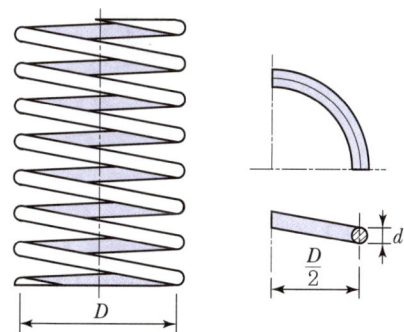

14

15

베어링 하중(P)

압축력 $P = \sigma_c \times A_c = \sigma_c \times d \times l$
$= 6 \times 50 \times 80 = 24{,}000\text{N} = 24\text{kN}$

여기서, σ_c : 베어링 압력
A_c : 압축을 받는 투사 면적
d : 지름
l : 저널 길이

16

① 올덤 커플링 : 두 축이 평행하고 축의 중심선이 약간 어긋난 경우 축간거리가 짧을 때 각속도의 변동 없이 토크를 전달하는 데 사용하는 축이음

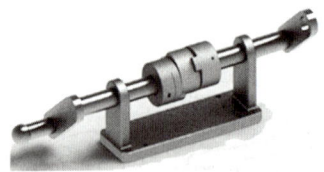

17

④ 멈춤 나사 : 두 물체 사이에 회전이나 미끄럼이 생기지 않도록 사용하는 나사로 키(key)의 대용 역할을 한다. 회전체의 보스 부분을 축에 고정시키는 데 많이 사용한다.

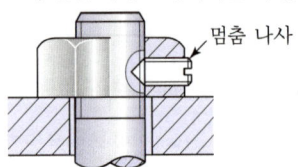

18

수소(H_2)에 의해서 철강 내부에서 헤어크랙과 백점이 생긴다.

19

마이크로미터의 검사

마이크로미터 측정면의 평면도와 평행도는 앤빌과 스핀들의 양측 정면에 옵티컬 플랫 또는 옵티컬 패럴렐을 밀착시켜 간섭무늬를 관찰해서 판정한다.

20

측정오차의 종류
- 기기오차 : 측정기의 구조, 측정압력, 측정온도, 측정기의 마모 등에 따른 오차로서 아무리 정밀한 측정기라도 다소의 기기오차는 있다.
- 시차(개인오차) : 측정하는 사람의 습관, 부주의, 숙련도에 따라 발생하는 오차이다. 숙련되면 어느 정도는 오차를 줄일 수 있다.
- 우연오차(외부조건에 의한 오차) : 측정온도나 채광의 변화가 영향을 미쳐 발생하는 오차이다.

21

와이어 게이지는 각종 선재의 지름이나 판재의 두께를 측정하는 것이다.

22

- 아베의 원리 : 측정 정밀도를 높이기 위해서는 측정물체와 측정 기구의 눈금을 측정 방향의 동일선 상에 배치해야 한다.
- 마이크로미터 : 측정물체와 측정기구의 눈금을 일직선상에 배치한다. → 아베의 원리에 맞는 측정

23

- 우연오차 : 측정온도나 채광의 변화가 영향을 미쳐 발생하는 오차
- 기기의 오차 : 측정기의 구조, 측정 압력, 측정 온도, 측정기의 마모 등에 따른 오차

24
제도 용지의 가로와 세로의 길이 비는 $\sqrt{2}$: 1이고 A0의 넓이는 $1m^2$이다.

25
보링가공은 B로 표시한다.

26
② 부분 투상도 : 투상도의 일부를 그리는 것으로도 충분한 경우에 필요한 일부분을 잘라 내어 그리는 투상도를 말하며, 잘린 경계를 파단선으로 그려준다.

27
IT 기본공차 등급(축의 경우)
게이지 제작 공차(IT01~IT4급), 끼워 맞춤 공차(IT5~IT9급), 일반공차(IT10~IT18급)

28
치수는 중복하여 기입하지 않는다.

29
데이텀 A, B를 기준으로 구멍의 위치가 지름 0.01mm의 원통 안에 있어야 하므로 위치도 공차(⌖)가 들어가야 한다.

30
③ 가상선(가는 2점쇄선) : 가공 전 또는 가공 후의 모양을 표시하기 위해 사용하는 선이다.

31
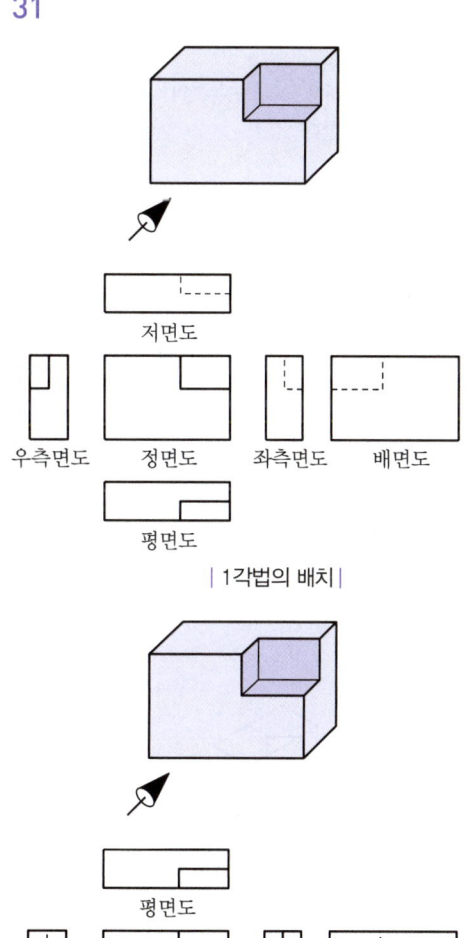

| 1각법의 배치 |

| 3각법의 배치 |

32
선, 문자가 겹치는 경우 우선순위
문자 > 외형선 > 숨은선 > 절단선 > 가는 1점쇄선(중심선) > 가는 2점쇄선(무게중심선) > 치수 보조선

33

치수공차(공차 범위)
"최대허용치수 – 최소허용치수" 또는 "위 치수 허용차 – 아래 치수 허용차"를 말한다.

34

H7은 구멍 기준식이고 축은 알파벳 a쪽으로 갈수록 작아지고, 반대로 갈수록 커진다. 틈새가 가장 크려면 축이 가장 작아야 하므로 H7/f6이 틈새가 가장 크다.

35

④ 부분 단면도 : 물체에서 필요한 일부분을 잘라 내어 그 형상을 나타내는 기법이다.

36

37

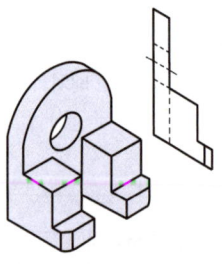

38

위치공차의 종류
위치도 공차(⌖), 동심도 공차(◎), 대칭도 공차(⌯)

39

- (50) : 참고치수
- 20 : 이론적으로 정확한 치수

40

선과 문자나 기호가 겹친 경우 문자나 기호가 우선이므로 해칭 또는 스머징하는 부분 안에 문자나 기호를 기입할 수 있다.

41

[라]는 표제란을 나타낸 것이다.

42

표면 거칠기 기호를 도면에 기입할 때는 괄호 안에 있는 거칠기(∇6.3, ∇1.6)만 기입하면 된다. 기입되지 않은 모든 면은 괄호 밖의 거칠기(∇25)를 따른다.

43

- 프리핸드법 : 손으로 스케치한 도면에 치수를 기입하는 방법
- 본뜨기법(모양뜨기법) : 불규칙한 곡선이 있는 물체를 직접 용지에 대고 그리거나, 탄성이 있는 납선이나 구리선을 물체의 윤곽에 대고 구부린 다음 용지에 대고 그린 후 치수 등을 기입하는 방법
- 사진법 : 복잡한 기계의 조립상태나 부품을 앞에 놓고 여러 각도로 사진 찍는 방법

44
KS A : 기본, KS B : 기계, KS C : 전기, KS D : 금속

45
① 연삭기 : 고속으로 회선하는 연삭숫돌을 사용해서 공작물의 표면을 매끄럽게 깎는 기계이다.

46
리벳의 호칭방법
"표준번호(생략 가능), 종류, 호칭지름×길이, 재료, 지정사항"순으로 기입한다.
예 KS B 1102 둥근머리 리벳 12×30 SV330

47
V-벨트의 크기는 형별에 따라 M, A, B, C, D, E형이 있고, 폭이 가장 좁은 것은 M형, 가장 넓은 것은 E형이다.

48
- TM : 30° 사다리꼴 나사(미터계)
- TW : 29° 사다리꼴 나사(인치계)
- Tr : 미터 사다리꼴 나사
- PT : 관용 테이퍼 나사

49
용접부 위치에 따른 용접기호의 표시

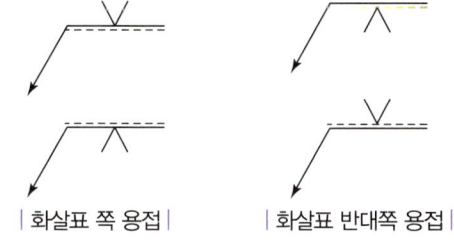

| 화살표 쪽 용접 | | 화살표 반대쪽 용접 |

50
- 60 : 베어링 계열번호
- 08 : 안지름 번호(08×5=40mm)
- C2 : 틈새기호
- P6 : 등급기호(6급)

51
① 밸브 일반
② 앵글 밸브
④ 게이트 밸브

52
수나사와 암나사의 골을 표시하는 선은 가는 실선으로 그린다.

53
② 전위량 : 기어의 기준 원통과 기준 래크의 기준면 사이를 공통 법선을 따라 측정한 거리

54
① 축은 가공 방향을 고려하여 도시한다.
② 축은 길이 방향으로 절단하여 단면 도시하지 않는다.
③ 긴 축은 중간 부분을 절단하여 짧게 그리되 치수는 실제 길이로 나타내야 한다.

55
코일 스프링의 중간 부분을 생략할 때에는 생략하는 부분의 선 지름의 중심선을 가는 1점쇄선으로 그린다.

56
전체 이높이(H)=2.25×모듈(m)=2.25×4=9

57
LIGHT PEN은 입력장치이다.

58
절대좌표계(x, y, z) : 절대원점(0, 0, 0)이 기준이 된다.

59
내부가 채워진 모델링 방법으로 은선 제거가 가능하다.

CHAPTER 23 제4회 CBT 실전모의고사 정답 및 해설

정답

01	02	03	04	05	06	07	08	09	10
①	①	③	③	③	④	②	①	③	③
11	12	13	14	15	16	17	18	19	20
③	④	④	③	②	①	②	①	④	④
21	22	23	24	25	26	27	28	29	30
④	④	②	④	①	④	①	③	①	③
31	32	33	34	35	36	37	38	39	40
①	①	②	②	③	①	③	②	③	②
41	42	43	44	45	46	47	48	49	50
③	②	③	③	③	①	③	④	③	②
51	52	53	54	55	56	57	58	59	60
①	④	②	②	④	②	①	④	②	③

01

구리계 베어링 합금은 켈밋(납청동의 일종), 납청동(연청동), 알루미늄 청동, 베릴륨 청동 등이 있다.

03

② 내마모성 및 압축강도가 높다.
③ 고온에서 변형이 적다.
④ 상온의 경도가 고온에서도 유지된다.

04

③ 강인성을 증가시키기 위하여
※ 취성(메짐성) : 잘 부서지거나, 잘 깨지는 성질

05

③ 상온에서 소성 변형이 어렵다.

06

- 수소(H_2)에 의해 철강 내부에서 헤어크랙과 백점이 생긴다.
- 헤어크랙 : 강재 다듬질 면에 나타나는 머리카락 모양의 미세한 균열
- 백점(흰점) : 강재의 파단면에 나타나는 백색의 광택을 지닌 반점

07

초경합금 공구강
- 탄화물 분말[탄화텅스텐(WC), 탄화티타늄(TiC), 탄화탄탈늄(TaC)]을 비교적 인성이 있는 코발트(Co), 니켈(Ni)을 결합제로 하여 압축소결한다.
- 고온, 고속절삭에서도 경도를 유지함으로써 절삭공구로서 성능이 우수하다.

08

6·4 황동 : 아연(Zn) 함유량이 40%일 때 인장강도가 최대이다.

※ 7·3 황동 : 아연(Zn) 함유량이 30%일 때 연신율이 최대이다.

09

응력 제거 풀림(어닐링)

금속재료를 500~700℃에서 일정 시간 유지 후 냉각시켜 구조, 단조, 기계가공 및 용접 후에 생긴 잔류응력을 제거한다.

10

전위 기어의 특징
- 이의 언더컷을 방지한다.
- 이의 강도를 증가시킨다.
- 중심거리를 어떤 범위 내에서 자유롭게 선택할 수 있다.

11

홈붙이 육각 너트에 파인 홈은 6개이다.

13

④ 스플라인 : 축에 평행하게 4~20줄의 키 홈을 판 특수키이다. 보스에도 끼워 맞추어지는 키 홈을 파서 결합한다.

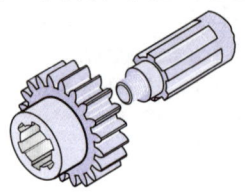

14

③ 블록 브레이크 : 회전하는 브레이크 드럼을 브레이크 블록으로 눌러 제동한다.

15

수나사의 바깥지름(호칭지름)

$$d_2 = \sqrt{\frac{2Q}{\sigma}} = \sqrt{\frac{2 \times 50,000}{50}} = 44.7 ≒ 45\,[\text{mm}]$$

16

① 니들 롤러베어링 : 지름 5mm 이하의 바늘 모양의 롤러를 사용한 것으로서 좁은 장소나 충격이 있는 곳에 사용한다.

17

두 기어의 중심거리(C)

$D = m \cdot z$ 적용

$$C = \frac{D_1 + D_2}{2} = \frac{m(z_1 + z_2)}{2} = \frac{3(30 + 90)}{2} = 180\,\text{mm}$$

18

응력은 면적분포의 힘이므로

압축응력 $\sigma_c = \frac{F}{A} = \frac{4,000}{20 \times 20} = 10\,\text{N/mm}^2$

여기서, F : 압축하중(N)
A : 봉의 사각 단면적(mm²)
정사각형 한 변의 길이 : 2cm = 20mm
정사각형의 넓이 : 20mm × 20mm = 400mm²

19

④ 우연오차 : 측정온도나 채광의 변화가 영향을 미쳐 발생하는 오차이다.

※ 기기의 오차 : 측정기의 구조, 측정 압력, 측정 온도, 측정기의 마모 등에 따른 오차이다.

20

측정기의 선택 조건
제품공차, 제품수량, 측정범위, 측정환경, 측정대상 등

21

④ 사인바 : 블록 게이지로 양단의 높이를 맞추어, 삼각함수(Sine)를 이용하여 각도를 측정한다.

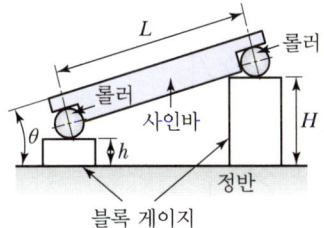

22

④ 사인바는 각을 측정하기 위한 측정기이다.

23

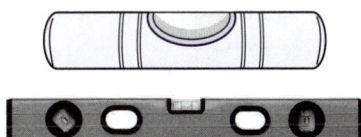

② 수준기 : 투명관 내의 기포 위치를 확인하여 기울기를 측정하는 데 사용되는 액체식 각도 측정기로서, 기계의 조립 및 설치 시 수평, 수직, 45° 각을 측정할 때 사용한다.

24

미터 나사에서 나사의 호칭 지름은 수나사의 바깥지름(=암나사의 골지름)으로 나타낸다.

25

가상선의 용도
- 인접 부분을 참고하거나 공구, 지그 등의 위치를 참고로 나타내는 데 사용한다.
- 가공 부분을 이동 중의 특정 위치 또는 이동 한계의 위치로 표시하는 데 사용한다.
- 되풀이하는 것을 나타내는 데 사용한다.
- 도시된 단면의 앞쪽에 있는 부분을 표시하는 데 사용한다.

26

정면도가 대상물의 모양이나 기능을 가장 뚜렷하게 나타나므로 치수는 되도록 정면도에 집중하여 기입한다(보기 좋게 알맞게 기입하면 절대 안 됨).

27

H7은 구멍 기준식이고 축은 알파벳 a쪽으로 갈수록 작아지고, 반대로 갈수록 커진다. 헐거운 끼워 맞춤이 되려면 축이 알파벳 a에 가까워야 하므로 φ40H7/g6이 헐거운 끼워 맞춤이 된다.

28

- SR : 구의 반지름
- Sφ : 구의 지름

29

- SCr 420 : 기계구조용 합금강재(크롬강)
- GC 20 : 회주철
- SF 50 : 단강품

30

⊥ : 기하공차의 종류 기호(직각도 공차)

0.01 : 공차값

A : 데이텀 문자 기호

31

- √ : 절삭 등 제거가공의 필요 여부를 문제 삼지 않는다.
-  : 제거가공을 하지 않는다.
- 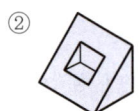 : 제거가공을 한다.

32

모양 공차(단독 형체)

직진도(진직도) 공차(──), 평면도 공차(▱), 진원도(○), 원통도(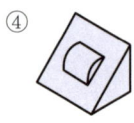)

33

겹치는 선의 우선순위

외형선 > 숨은선 > 절단선 > 가는 1점쇄선(중심선) > 가는 2점쇄선(무게 중심선) > 치수 보조선

34

등각 투상법

정면, 우측면, 평면을 하나의 투상면에 나타내기 위하여 정면과 우측면 모서리 선을 수평선에 대하여 30°가 되게 하여 입체도로 투상한 것을 말한다.

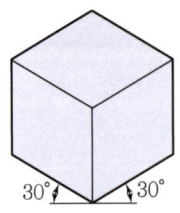 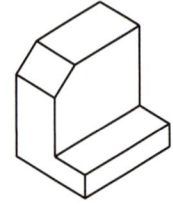

| 등각 투상도 |

35

M : 가공으로 생긴 커터의 줄무늬가 여러 방향으로 교차 또는 방향이 없음을 뜻한다.

36

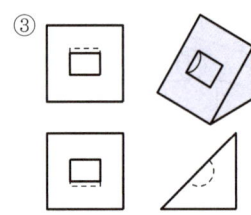

37

치수공차(공차 범위)

"최대허용치수 − 최소허용치수" 또는 "위 치수 허용차 − 아래 치수 허용차"를 말한다.

38

② 축척 1 : 3은 가급적 사용하지 않는 척도이다.

39

② 파단선 : 물체의 일부를 자른 경계 또는 일부를 잘라 떼어 낸 경계를 표시하는 데 사용한다.

40

② 보조투상도 : 경사진 물체를 경사면에 대해 수직인 각도로 바라보지 않으면 실제 길이보다 짧게 보이므로 경사면의 실제 길이를 나타내주기 위하여 경사면에 평행하게 그려내는 투상도를 말한다.

41

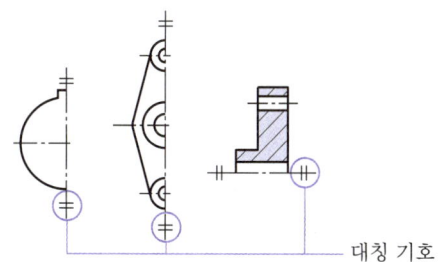
대칭 기호

42

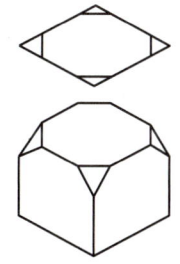

43

치수공차(공차 범위)
최대허용치수 − 최소허용치수 = 위 치수 허용차 − 아래 치수 허용차
0.03 = 위 치수 허용차 − (+0.01)이므로
위 치수 허용차 = 0.03 + 0.01 = 0.04이다.
따라서 $\phi 60G7 = \phi 60^{+0.04}_{+0.01}$이다.

44

회전 도시 단면도를 투상의 절단한 곳과 겹쳐서 그릴 때에는 가는 실선으로 그린다.

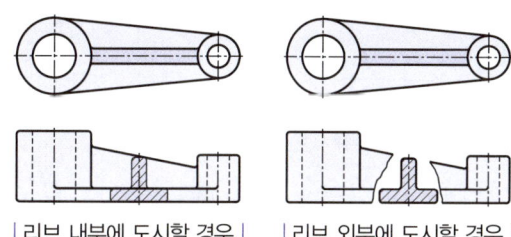

| 리브 내부에 도시할 경우 | | 리브 외부에 도시할 경우 |

45

- KS A : 기본
- KS B : 기계
- KS C : 전기
- KS D : 금속

46

양면 V형 맞대기 용접(X용접), 볼록형을 나타낸 것이다.

47

완전 나사부와 불완전 나사부와의 경계를 나타내는 선은 굵은 실선으로 그린다.

48

등각 투상도(Isometric Drawing)를 이용하여 작성한 등각 배관도를 나타낸 것이다.

49

- A : 키의 끝부분 모양이 양쪽 둥근형
- B : 키의 끝부분 모양이 양쪽 네모형
- C : 키의 끝부분 모양이 한쪽 둥근형

50
안지름 치수가 10, 12, 15, 17mm인 경우 안지름 번호는 각각 00, 01, 02, 03으로 표현한다.

51
피치원은 가는 1점쇄선으로 그린다.

52
좌(나사산이 감기는 방향 왼쪽, 왼나사), 2줄(나사산의 줄 수), M10(미터 보통 나사의 호칭지름), 7H/6g[암나사(H)와 수나사(g)의 등급]

53
바깥지름(이끝원)은 굵은 실선으로 그린다.

54
입체 캠에는 원통 캠, 단면 캠, 원뿔 캠, 구면 캠, 사판(빗판) 캠 등이 있으며 입체적인 모양의 캠을 말한다.

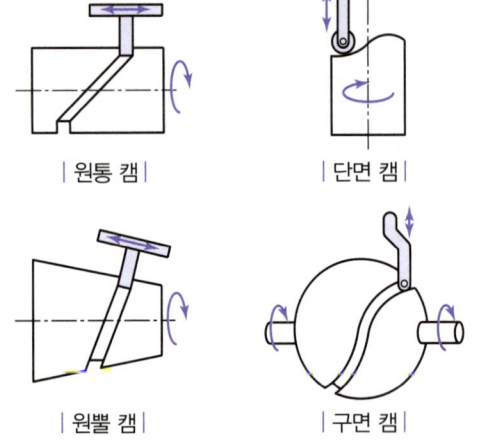

| 원통 캠 | | 단면 캠 |
| 원뿔 캠 | | 구면 캠 |

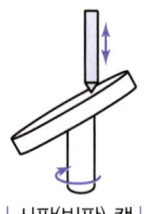

| 사판(빗판) 캠 |

55
피치원 지름$(PCD) = $ 잇수$(Z) \times$ 모듈$(M) = 20 \times 6 = 120$

56
널링을 도시할 때 빗줄인 경우 축선에 대하여 30°로 엇갈리게 그린다.

57
COM(Computer Output Microfilm) 장치
컴퓨터에 저장된 데이터를 마이크로필름 또는 마이크로피시(Microfiche)로 변환하는 장치이다.

58
중앙처리장치
제어장치, 연산장치, 주기억장치 등이 있다.

59
점, 선, 원, 호 등의 기본적인 요소로 모델링하므로 물리적 성질의 계산이 불가능하다.

60
CAD 시스템에서 사용하는 좌표계의 종류
직교 좌표계(절대좌표계, 상대좌표계, 상대극좌표계), 원통 좌표계, 구면 좌표계 등이 있다.

CHAPTER 24 제5회 CBT 실전모의고사 정답 및 해설

정답

01	02	03	04	05	06	07	08	09	10
④	④	④	③	①	③	②	③	①	③
11	12	13	14	15	16	17	18	19	20
②	③	②	④	②	①	②	②	④	③
21	22	23	24	25	26	27	28	29	30
①	②	①	③	①	③	④	②	②	④
31	32	33	34	35	36	37	38	39	40
③	③	②	③	③	④	③	①	②	④
41	42	43	44	45	46	47	48	49	50
④	①	②	③	②	②	④	①	④	③
51	52	53	54	55	56	57	58	59	60
④	②	③	④	④	②	③	④	③	③

01

표면경화법의 종류
침탄법, 질화법, 화염경화법, 고주파경화법, 금속침투법, 숏피닝, 하드페이싱 등이 있다.

02

비중 크기
경금속 < 4.5 < 중금속

03

자연균열의 방지법 : 도료, 아연-도금, 저온 풀림(180~260℃, 20~30분간)

04

③ 고용 원소인 규소(Si)의 산화에 의한 팽창

05

열경화성 수지의 종류
페놀 수지(PF), 불포화 폴리에스테르 수지(UP), 멜라민 수지(MF), 요소 수지(UF), 폴리우레탄(PU), 규소수지(Silicone), 에폭시 수지(EP) 등이 있다.

06

③ Al은 순도가 높으면 전연성이 크고, 강도·경도는 작다.

07

② 쾌삭강 : 강에 황(S), 납(Pb)를 첨가하여 피삭성을 좋게 만드는 특수강이다.

08

18-8계 스테인리스강은 담금질을 하여도 경화되지 않기 때문에 가공 후 열처리를 하지 않고 사용한다.

09

고유저항의 크기

은<구리<금<알루미늄

10

스프링의 용도

- 진동 흡수, 충격 완화(철도, 차량)
- 에너지 축적(시계 태엽)
- 압력의 제한(안전 밸브) 및 힘의 측정(압력 게이지, 저울)
- 기계 부품의 운동 제한 및 운동 전달(내연기관의 밸브 스프링)

11

$$q(\text{베어링 압력}) = \frac{\text{베어링 하중}}{\text{투사면적}}$$

$$= \frac{P(\text{베어링 하중})}{d(\text{지름}) \times l(\text{저널길이})}$$

$$= \frac{2,400\text{N}}{30\text{mm} \times 40\text{mm}} = 2\text{N/mm}^2$$

12

$$\text{연신율 } \varepsilon = \frac{\text{늘어난 길이(연신된 길이)}}{\text{시편 표점거리}} \times 100\%$$

$$= \frac{10\text{mm}}{40\text{mm}} \times 100\%$$

$$= 25\%$$

13

웜기어 속도비 $i = \dfrac{N_g}{N_w} = \dfrac{n}{Z_g} = \dfrac{3}{60} = \dfrac{1}{20}$

여기서, n : 웜의 줄 수
N_w : 웜의 회전수
Z_g : 웜휠의 잇수
N_g : 웜휠의 회전수

14

기어는 물체의 결합용 기계요소가 아니라 직접 동력전달용 기계요소이다.

15

② 스핀들 : 주로 비틀림 모멘트를 받으며 직접 일을 하는 회전축으로 치수가 정밀하고 변형량이 작으며, 길이가 짧아 선반, 밀링머신 등 공작기계의 주축으로 사용한다.

16

① 새들 키(안장 키)

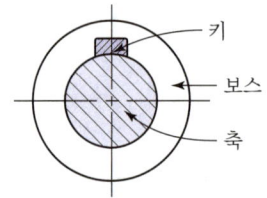

17

운동용 나사의 종류

볼나사, 사각 나사, 사다리꼴 나사, 톱니 나사, 둥근 나사 등이 있다.

18

스프링상수 $k = \dfrac{W}{\delta}$ (N/mm)

여기서, W : 스프링에 작용하는 하중(N)
δ : W 에 의한 스프링 처짐량(mm)

하중(W)은 처짐량(δ)에 비례하며($W \propto \delta$) 비례계수가 스프링상수이다.

19

틈새 게이지
미세한 틈새 측정

20

	슬리브 읽음	1.5	[mm]
(+)	딤블 읽음	0.23	[mm]
		1.73	[mm]

21

나사의 유효지름은 나사 마이크로미터, 삼침법, 공구현미경, 만능측장기 등으로 측정할 수 있다.

22

② 평형도, 평면도, 진원도, 원통도, 축의 흔들림을 측정한다.

23

오토콜리메이터
시준기(Collimator)와 망원경(Telescope)을 조합한 것으로서 미소 각도 측정, 진직도 측정, 평면도 측정 등에 사용되는 광학적 측정기이다.

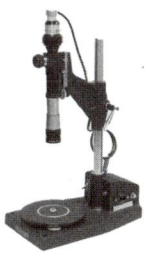

24

도면에 기입되는 치수는 도면의 척도와 관계없이 실제 길이로 기입해야 한다.

25

가공방법에 따른 기호

가공방법	약호	
	I	II
보링머신 가공	B	보링
브로치 가공	BR	브로칭
리머 가공	FR	리밍
블라스트 다듬질	SB	블라스팅

26

ⓒ의 문자 방향이 잘못되었다.

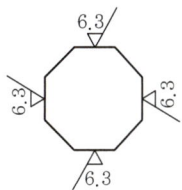

27

④ 파단선 : 물체의 일부를 자른 경계 또는 일부를 잘라 떼어낸 경계를 표시하는 데 사용한다.

28

투상면 뒤쪽에 물체를 놓는다.

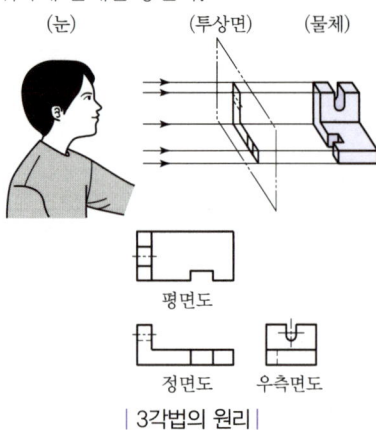

| 3각법의 원리 |

29

② 굵은 1점쇄선(특수 지정선) : 특수한 가공을 하는 부분 등 특별한 요구사항을 적용할 수 있는 범위를 표시하는 데 사용된다.

30

모양 공차의 종류

직진도(진직도) 공차(―), 평면도 공차(▱), 진원도(○), 원통도(⌭), 선의 윤곽도 공차(⌒), 면의 윤곽도 공차(⌓)

31

- X : 가공에 의한 커터의 줄무늬 방향이 기호로 기입한 그림의 투상면에 경사지고 두 방향으로 교차
- M : 가공에 의한 커터의 줄무늬 방향이 여러 방향으로 교차 또는 무 방향
- R : 가공에 의한 커터의 줄무늬가 기호를 기입한 면의 중심에 대하여 대략 레이디얼 모양

32

최대허용치수=기준치수+위 치수 허용차=20+(−0.007)
=19.993

33

0.05/100 : 기준길이 100mm당 평행도(//)가 0.05mm임을 표시한 것이다.

34

최대죔새는 축은 가장 크고, 구멍은 가장 작을 때 발생하므로
최대죔새=축의 최대허용치수−구멍의 최소허용치수
=축의 위 치수 허용차−구멍의 아래 치수 허용차
=0.042−0=0.042

35

③ 국부 투상도 : 대상물의 구멍, 홈 등의 어느 한 곳의 특정 부분의 모양만을 그리는 투상도를 말한다.

36

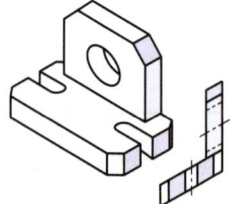

37

각도치수의 문자 방향

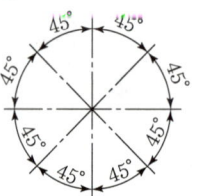

38

- SPS1 : 스프링강
- STC3 : 탄소공구강
- SKH2 : 고속도 공구강

39

같은 도면에서 각 부품의 척도가 서로 다를 경우 부품 번호 옆에 또는 부품란의 비고란에 기입해야 한다.

40

④의 우측면도 오른쪽 상단의 점선 경사선이 생략되었다.

① 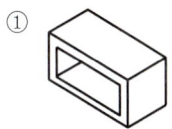 ②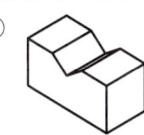

③ 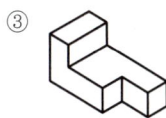 ④

41

도면을 철할 때 윤곽선은 용지 가장자리에서 25mm 간격을 둔다.

42

IT 기본공차는 등급을 01급, 0급, 1급, 2급, …, 18급의 총 20등급으로 구분한다.

43

문자, 선 등이 겹칠 때 우선순위
숫자, 문자 > 외형선 > 숨은선 > 절단선 > 가는 1점쇄선(중심선) > 가는 2점쇄선(무게중심선) > 치수 보조선

44

③ 부분 단면도 : 물체에서 필요한 일부분을 잘라내어 그 형상을 나타내는 기법이다.

45

- 50 : 비례치수가 아닌 치수
- 50 : 이론적으로 정확한 치수
- 50 : 틀린 치수를 수정하는 경우
- (50) : 참고치수

46

① 계기 일반
③ 온도계
④ 유량계

47

기어이의 방향(잇줄 방향)은 3개의 가는 실선으로 그리고, 단면을 하였을 때는 가는 2점쇄선으로 그리며 기울어진 각도와 상관없이 30°로 표시한다.

48

피치원 지름$(PCD) =$잇수$(Z) \times$모듈(M)
이끝원 지름$(D) = PCD + 2M = (Z+2) \times M$
- $D_1 = (45+2) \times 6 = 282mm$
- $D_2 = (85+2) \times 6 = 522mm$

49

- 심 용접 : ⊖
- 점 용접 : ○

50

① M형은 원칙적으로 한 줄만 걸친다.
② 암은 길이 방향으로 단면하지 않으므로 회전 단면도(도형 안에 그릴 때는 가는 실선, 도형 밖에 그릴 때는 굵은 실선)로 표시한다.
④ V벨트풀리의 홈의 각도는 34°, 36°, 38° 3종류가 있다.

51

- 관용 테이퍼 수나사 : R
- 전구 나사 : E

52

베어링의 안지름 번호(세 번째, 네 번째 숫자)
- 00 : 10mm
- 01 : 12mm
- 02 : 15mm
- 03 : 17mm

53

스플릿 테이퍼 핀의 테이퍼 값은 $\dfrac{1}{50}$ 이다.

54

특별한 단서가 없는 한 모두 오른쪽으로 감은 것을 나타내고, 왼쪽으로 감은 경우에는 '감긴 방향 왼쪽'이라고 표기한다.

55

수나사와 암나사의 측면도시에서 골지름은 가는 실선으로 $\dfrac{3}{4}$ 원을 그린다.

56

 : 스플라인 기호를 나타낸 것이다.

57

면만 존재하므로 구성된 형상에 대한 중량계산을 할 수 없다.

58

트림(Trim)은 자르기 기능으로 좌표변환 행렬과 관계가 없다.

59

플로터는 출력장치이다.

60

중앙처리장치 : 제어장치, 연산장치, 주기억장치

CHAPTER 25 제6회 CBT 실전모의고사 정답 및 해설

정답

01	02	03	04	05	06	07	08	09	10
④	④	②	②	②	③	③	③	④	①
11	12	13	14	15	16	17	18	19	20
④	①	③	②	①	②	②	④	②	④
21	22	23	24	25	26	27	28	29	30
③	①	①	②	④	①	③	②	④	①
31	32	33	34	35	36	37	38	39	40
①	②	②	③	③	②	④	②	②	②
41	42	43	44	45	46	47	48	49	50
④	④	①	④	④	②	④	③	③	④
51	52	53	54	55	56	57	58	59	60
①	①	②	②	④	③	①	③	②	③

01

주조경질합금(스텔라이트)
- 주조한 상태의 것을 연삭하여 가공하기 때문에 열처리가 불필요하다.
- 절삭속도는 고속도강의 2배이며, 사용 온도는 800℃까지 가능하다.
- 코발트(Co) – 크롬(Cr) – 텅스텐(W) 합금으로, Co가 주성분이다.

※ 암기법 : 주조(술)는 코크통에 넣어라.

02

SM40C : 기계구조용 탄소강(Steel Machine Carbon), 탄소 0.37~0.43%를 함유

03

탈산 정도에 따른 강괴의 종류(탈산이 잘된 순서)
킬드강 > 세미킬드강 > 캡트강 > 림드강

04

불변강은 Fe와 Ni이 공통으로 함유되어 있고 나머지 성분만 구분하면 되는데 코엘린바는 크롬(Cr)과 코발트(Co)가 추가로 함유된 불변강이다.

※ 코엘린바 : 크롬 + 코발트 ('ㅋ'을 공통으로 기억)

05

시멘타이트의 흑연화
- 주철조직에 함유된 시멘타이트(Fe_3C)를 열처리하여 흑연으로 분해
- 흑연화 촉진원소 : 규소(Si), 니켈(Ni), 알루미늄(Al), Ti(티탄), Co(코발트)
  ※ '규니는 알루미늄으로 된 티코를 탄다.'로 암기
- 흑연화 방해원소 : 망간(Mn), 황(S), 몰리브덴(Mo), 텅스텐(W), 바나듐(V), 크롬(Cr)

06
뜨임 : 금속의 내부응력을 제거하고 인성을 개선시킨다.

07
① 용광로에서 생산된 철은 선철이다.
② 탄소강은 탄소함유량이 0.02%~2.14% 정도이다.
④ 탄소강의 기계적 성질에 가장 큰 영향을 끼치는 원소는 탄소(C)이다.

08
③ 자연균열 : 황동이 관, 봉 등의 잔류 응력에 의해 균열을 일으키는 현상

※ 자연균열 방지법 : 도료 및 아연(Zn)-도금, 저온 풀림 (180~260℃, 20~30분간)

09
항온열처리 중 마템퍼링 변태곡선

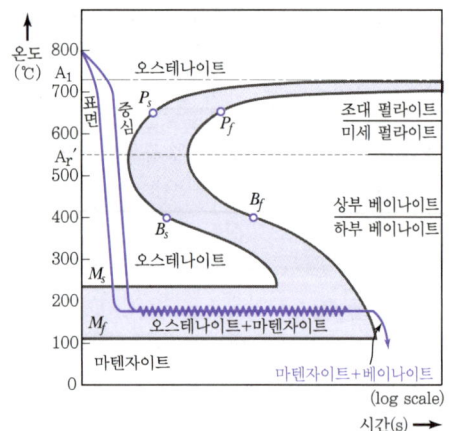

10
① 나비 너트 : 공구 없이 손으로 돌려서 체결할 수 있는 손잡이가 달린 너트이다.

11
④ 분할 핀 : 한쪽 끝이 두 가닥으로 갈라진 핀으로, 나사 및 너트의 이완을 방지하거나 축에 끼워진 부품이 빠지는 것을 막는다.

12
① 소음과 진동이 커서 고속회전에는 부적합하다.

13
③ 니들(Needle : 바늘) : 바늘 모양의 롤러로 니들 롤러베어링의 부품이다.

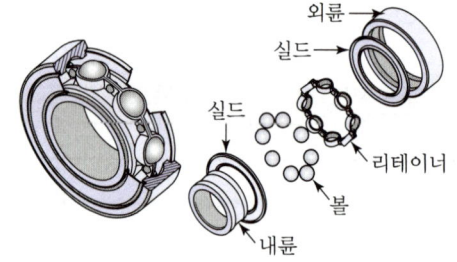

| 구름 베어링의 구조 |

14
모듈 $m = \dfrac{D(\text{피치원 지름})}{Z(\text{기어 잇수})} = \dfrac{132\,\text{mm}}{44} = 3$
($D = m \cdot z$에서)

15
응력집중
재료에 하중을 가했을 때, 노치(Notch)나 구멍 등의 단면이 급격히 변하는 부분에 응력이 집중되는 현상이다.

16

① '리드=나사줄수×피치'이므로 2줄 나사의 리드는 1줄 나사의 2배이다.
③ 수나사의 바깥지름은 암나사의 골지름과 같다(수나사의 골지름은 암나사의 안지름과 같다).
④ 나사의 크기는 수나사의 바깥지름으로 나타낸다(호칭 지름).

17

$$C = \frac{D}{d}$$

여기서, D : 스프링 전체의 평균지름
d : 소선의 지름(재료의 지름)
C : 스프링 지수

$$d = \frac{D}{C} = \frac{50\text{mm}}{5} = 10\text{mm}$$

∴ 스프링 재료의 지름 = 10mm

18

토션바
비틀림 탄성을 이용하여 완충작용을 하는 스프링

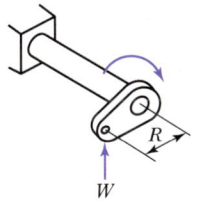

19

② 사인바 : 각도 측정기

20

④ 기준치수 : 위 치수 허용차 및 아래 치수 허용차를 적용하는 데 따라 허용 한계치수가 주어지는 기준이 되는 치수로 도면에 기입된 호칭치수와 같다.

21

비교측정
하단의 그림과 같이 기준 치수의 블록 게이지와 제품을 측정기로 비교하여 측정기의 바늘이 가리키는 눈금에 의하여 그 차를 읽는 측정법이다.

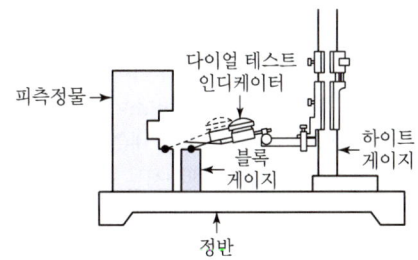

22

① 옵티컬 플랫 : 마이크로미터의 앤빌에 밀착시켜 간섭무늬를 관찰해서 앤빌의 면(측정면)의 평면도를 판정한다.
→ 같은 원리로 다듬질면의 평면도를 측정할 수 있다.

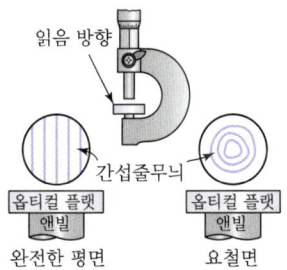

23

① 전기 마이크로미터 : 측정물의 치수변화를 측정자의 기계적 변위량을 변환기에 의해 전기신호로 변환하여 지침계에 측정길이를 나타내는 비교측정기이다.

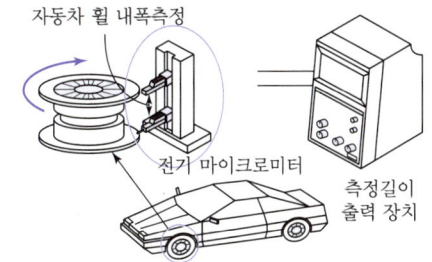

24

② 파단선 : 물체의 일부를 자른 경계 또는 일부를 잘라 떼어낸 경계를 표시하는 데 사용한다.

25

④ 최대실체치수 : 실체(구멍, 축)가 최대 질량을 갖는 조건이므로 구멍 지름(내측 형체)이 최소이거나 축지름(외측 형체)이 최대일 때를 말한다. 즉, 내측 형체에 대해서는 최소허용치수, 외측 형체에 대해서는 최대허용치수를 의미한다.

26

자세공차의 종류
- 평행도 공차(//)
- 직각도 공차(⊥)
- 경사도 공차(∠)

27

치수는 되도록이면 도면사용자가 계산하여 구할 필요가 없도록 기입한다.

28

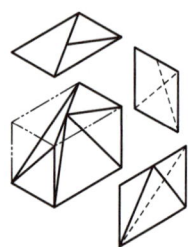

29

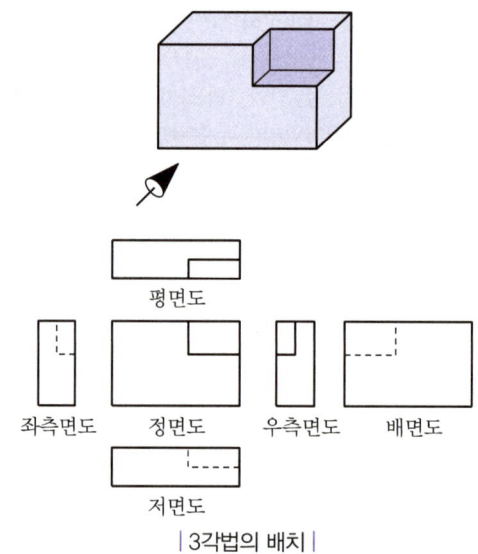

|3각법의 배치|

30

도면을 철하지 않을 경우 A2 용지의 윤곽선은 용지의 가장자리로부터 최소 10mm 간격을 둔다.

31

그림은 회전단면도를 나타낸 것으로 도형 내에 도시할 때는 가는 실선으로, 외부에 표시할 때는 굵은 실선으로 나타내며 선의 용도에 의한 명칭은 회전단면선이라 한다.

32

- ✓ : 절삭 등 제거가공의 필요 여부를 문제 삼지 않는다.
- ✓ : 제거가공을 하지 않는다.
- ✓ : 제거가공을 한다.

33
관, 래크, 교량의 난간 등은 중간 부분을 생략하여 짧게 그릴 수 있으나 스퍼 기어는 중간 부분을 생략하여 그리지 않는다.

34
구멍의 최소허용치수가 축의 최대허용치수보다 크므로 헐거운 끼워 맞춤이다.

35
특별한 이유가 없는 경우는 대상물을 가로길이로 놓은 상태로 그리고, 특히 길이가 긴 물체는 특별한 사유가 없는 한 안정감 있게 옆으로 누워서 그린다.

36
② 한쪽 단면도(반단면도) : 상하 또는 좌우 대칭인 물체에서 중심선을 기준으로 물체의 1/4만 잘라내서 그려주는 방법으로 물체의 외부형상과 내부형상을 동시에 나타낼 수 있는 장점을 가지고 있다.

37
허용차 값/지정 넓이 순서로 기입하므로 0.1/75×75 또는 0.1/□75로 기입하면 된다.

38
선의 굵기는 0.18~2mm까지 선의 종류에 따라 구분하여 사용한다.

39
애매한 해석이 생기지 않도록 표현상 명확한 뜻을 가져야 하므로 설계자 임의로 창의성 있게 작성해서는 안 된다.

40
최대틈새는 구멍은 가장 크고, 축은 가장 작을 때 발생하므로
최대틈새=구멍의 최대허용치수−축의 최소허용치수
=구멍의 위 치수 허용차−축의 아래 치수 허용차
=(+0.025)−(−0.025)=0.05

41
- STC : 탄소공구강
- STKM : 기계구조용 탄소 강재
- SC : 주강

42
C는 줄무늬 방향 기호로서 가공으로 생긴 커터의 줄무늬가 기호를 기입한 면의 중심에 대하여 동심원 모양을 뜻한다.

43
- $S\phi$: 구의 지름
- C : 45° 모떼기 기호
- ϕ : 지름
- R : 반지름

44
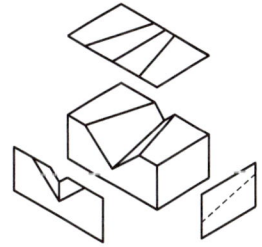

45
$10^{-0.1}_{\ 0}$에서 위 치수 허용차(−0.1)가 아래 치수 허용차(0)보다 작으므로 잘못 기입되었다.

46
축은 길이 방향으로 절단하여 단면 도시하지 않는다.

47
- E : 전구 나사
- SM : 미싱 나사

48
㉠ 스톱(글로브) 밸브 :
㉡ 체크 밸브 :
㉢ 유니언 접속 :
㉣ 앵글 이음

49
암은 길이 방향으로 단면하지 않으므로 회전 단면도(도형 안에 그릴 때는 가는 실선, 도형 밖에 그릴 때는 굵은 실선)로 표시한다.

50
피치원 지름(PCD) = 잇수(Z) × 모듈(M)
이끝원 지름(D) = $PCD + 2M = (Z+2) \times M$
$D = (56+2) \times 2 = 116mm$

51
완전 나사부와 불완전 나사부의 경계선은 굵은 실선으로 그린다.

52
구름 베어링의 호칭번호 순서
형식기호 - 치수계열기호 - 안지름번호 - 접촉각기호

53
기어 제도 시 피치원은 가는 1점쇄선으로 그린다.

54
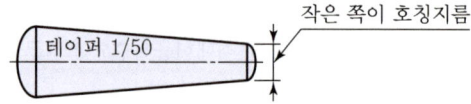

55
- V형 홈 맞대기 용접 :
- 용접부 위치에 따른 용접기호의 표시

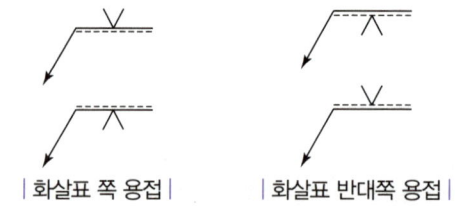

56
① 평면 캠에는 판 캠, 정면 캠, 직동 캠, 반대 캠이 있다.

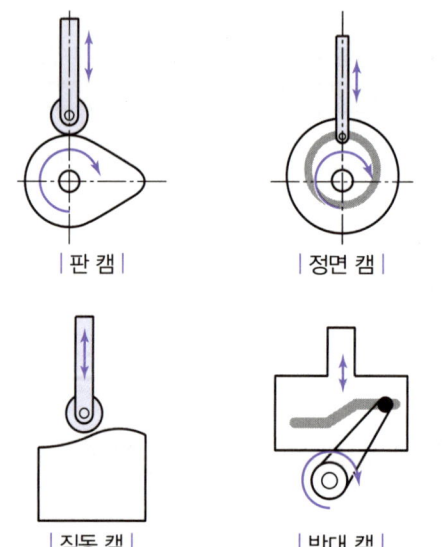

② 입체 캠에는 원통 캠, 단면 캠, 원뿔 캠, 구면 캠, 사판(빗판) 캠이 있다.

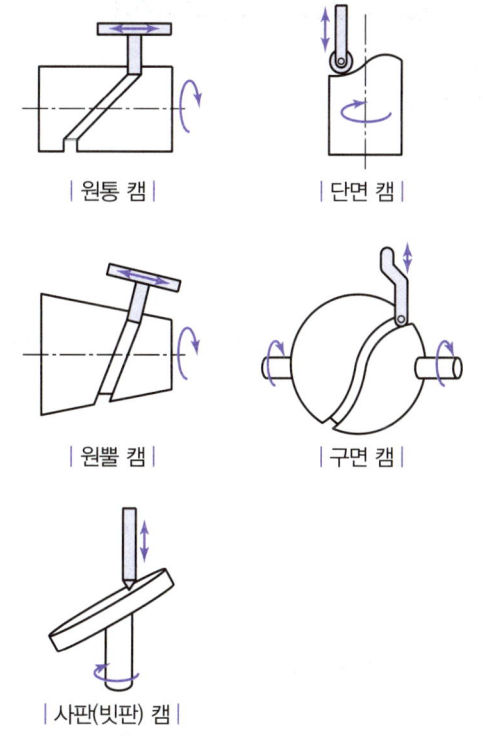

원통 캠	단면 캠
원뿔 캠	구면 캠
사판(빗판) 캠	

④ 캠을 작도할 때는 기초원, 캠 윤곽, 캠 선도순으로 완성한다.

57

CAD 시스템을 구성하는 하드웨어
입출력장치, 중앙처리장치, 기억장치

58

③ 절대좌표 : 절대원점(0, 0, 0)을 기준으로 좌표를 지정한다.

59

면만 존재하므로 관성모멘트 등 물리적 성질을 계산할 수 없다.

60

③ 라이트펜(Light Pen) : 감지용 렌즈를 이용하여 컴퓨터 명령을 수행하는 끝이 뾰족한 펜 모양의 입력 장치로 컴퓨터 작업 시 화면에 접촉하여 명령어 선택이나 좌표를 입력한다.

CHAPTER 26 제7회 CBT 실전모의고사 정답 및 해설

정답

01	02	03	04	05	06	07	08	09	10
③	②	③	①	②	③	④	①	②	③
11	12	13	14	15	16	17	18	19	20
④	③	④	①	①	④	③	③	④	③
21	22	23	24	25	26	27	28	29	30
④	①	③	④	③	①	③	①	①	③
31	32	33	34	35	36	37	38	39	40
①	②	②	②	③	②	③	②	③	②
41	42	43	44	45	46	47	48	49	50
②	②	④	③	③	①	③	①	②	④
51	52	53	54	55	56	57	58	59	60
②	④	②	②	③	③	④	④	③	③

01

③ 질량효과 : 같은 강을 같은 조건으로 담금질하더라도 질량(지름)이 작은 재료는 내외부에 온도차가 없어 내부까지 경화되나, 질량이 큰 재료는 열의 전도에 시간이 길게 소요되어 내외부에 온도차가 생김으로써 외부는 경화되어도 내부는 경화되지 않는 현상

02

② 콘스탄탄 : 구리(Cu) – 니켈(Ni) 45% 합금으로 표준저항선으로 사용된다.

03

③ 화학적으로 저항력이 커서 부식되지 않는다(암모니아염에는 약하다).

04

Fe – C 상태도에서 탄소강에 해당되는 구간에서는 X축(온도)의 탄소 함유량이 증가할수록 Y축(탄소의 농도)의 용융온도가 낮아진다.

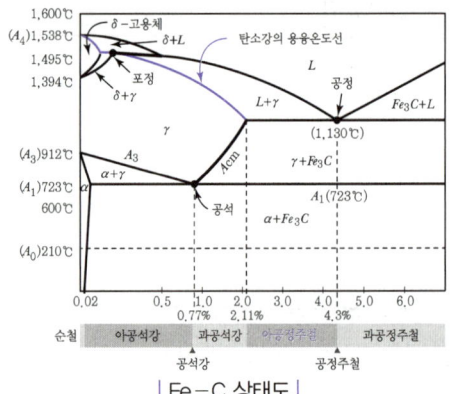

| Fe – C 상태도 |

05

섬유강화 플라스틱(FRP : Fiber Reinforced Plastic)
플라스틱을 기지로 하여 내부에 강화섬유를 함유시킴으로써 비강도를 높인 복합재료이다.
- GFRP : 기지[플라스틱(불포화에폭시, 불포화폴리에스테르 등)]+강화재(유리섬유)
- CFRP : 기지[플라스틱(불포화에폭시, 불포화폴리에스테르 등)]+강화재(탄소섬유)

06

SCM : 크롬 – 몰리브덴강
- S : Steel, C : Cr, M : Molybdenum
- Ni – Cr강 대용품으로 Mo을 첨가한 강으로써 내마모성과 강인성, 고강도를 필요로 하는 부품에 사용된다.

07

④ 상온가공에 비해 적은 힘으로 가공성을 높일 수 있다.

08

노멀라이징(불림) : 소재를 [(A_3, A_{cm}) + (40~60℃)]에서 가열 후 공랭시켜 표준화한다.

09

6·4 황동 : 아연(Zn) 함유량이 40%일 때 인장강도가 최대이다.

※ 7·3 황동 : 아연(Zn) 함유량이 30%일 때 연신율이 최대이다.

10

③ 평벨트는 바로걸기()와 엇걸기(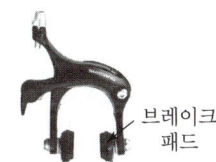) 모두 가능하나, 단면이 사다리꼴(▨)인 V–벨트는 엇걸기를 할 수 없다.

11

④ 구조용 리벳은 주로 철교, 선박, 차량, 항공기 등에 사용한다.

12

유니파이 보통 나사의 피치는 1인치(25.4mm)에 나사산 수가 24산이므로

$$피치(p) = \frac{25.4\text{mm}}{24} = 1.0583\text{mm}$$

$$리드(l) = np = 3 \times 1.0583$$
$$= 3.1749 \fallingdotseq 3.175$$

여기서, n : 나사의 줄 수
p : 나사의 피치(mm)

13

캘리퍼 브레이크(Caliper Break)
회전운동을 하는 디스크가 안쪽에 있고 바깥에서 양쪽 대칭으로 있는 브레이크 패드가 있어 디스크를 밀어붙이면 마찰력이 발생되어 제동이 되는 장치이다.

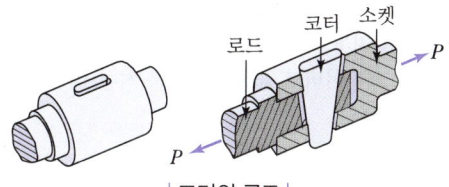

| 자동차용 캘리퍼 브레이크 | 자전거용 캘리퍼 브레이크 |

14

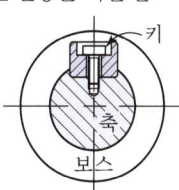

| 코터의 구조 |

15

① 미끄럼 키 : 페더 키 또는 안내 키라고도 하며, 축방향으로 보스를 미끄럼 운동을 시킬 필요가 있을 때 사용한다.

16
동력을 전달하는 전동용 기계요소는 체인, 마찰차, 기어, 캠, 벨트, 로프 등이 있다.

17
응력은 면적분포의 힘이므로,
전단응력$(\tau) = \dfrac{\text{전단하중}(P)}{\text{전단면적}(A)}$
$= \dfrac{300}{100} = 3\text{N/mm}^2$

18
비틀림각의 제한은 축 설계 시 강성(변형)에 대한 고려사항이므로, '③ 비틀림각의 제한을 받지 않을 것'은 축이음 설계 시 고려사항이 아니다.

※ 축이음은 축과 축을 연결해 동력 전달을 목적으로 사용한다.

19
④ 하이트 게이지 : 대형 부품, 복잡한 모양의 부품 등을 정반 위에 올려놓고 정반면을 기준으로 하여 높이를 측정하거나, 스크라이버로 금긋기 작업을 하는 데 사용한다.

20
① 측정자의 눈의 위치에 따른 눈금의 읽음값에 의해 생기는 오차 → 시차

② 기계에서 발생하는 소음이나 진동 등과 같은 주위 환경에서 오는 오차 → 외부조건에 의한 오차
④ 가늘고 긴 모양의 측정기 또는 피측정물을 정반 위에 놓으면 접촉하는 면의 형상 때문에 생기는 오차 → 우연오차

21
④ 삼점식 마이크로미터 : 정밀하게 내경 측정이 가능하다.

 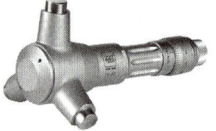

22
① 래핑형이라는 구동방법은 없다.

23
③ 다이얼 게이지 : 측정자의 직선 또는 원호 운동을 기계적으로 확대하고 그 움직임을 지침의 회전 변위로 변환시켜 눈금으로 읽을 수 있는 길이 측정기이다.

※ 용도 : 평행도, 평면도, 진원도, 원통도, 축의 흔들림을 측정한다.

24
• 가는 실선의 용도 : 치수선, 치수보조선, 지시선, 회전단면선, 중심선, 수준면선 등
• 피치선 : 가는 1점쇄선으로 표시한다.

25
- Ⓜ : 최대 실체 조건
- Ⓛ : 최소 실체 조건
- Ⓟ : 돌출공차
- Ⓢ : 실체공차를 사용하지 않음

26
① 한쪽 단면도(반단면도) : 상하 또는 좌우 대칭인 물체에서 중심선을 기준으로 물체의 1/4만 잘라내서 그려주는 방법으로 물체의 외부형상과 내부형상을 동시에 나타낼 수 있는 장점을 가지고 있다.

27
③ 중심마크 : 도면을 마이크로필름에 촬영하거나 복사할 때의 편의를 위해 도면의 위치결정에 편리하도록 도면에 표시한다.

28
구멍의 최소치수가 축의 최대치수보다 크면 틈새만 존재하므로 헐거운 끼워 맞춤이다.

29
평행도 공차(∥)를 나타내는 것으로 전체 길이에 대해 0.1mm, 지정길이 100mm에 대해 0.05mm의 허용치를 갖는다.

30
③ 부품도는 가공방향과 조립상태 등을 고려하여 그려야 한다.

31

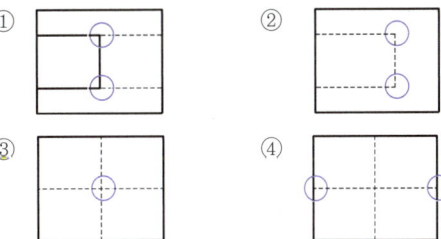

① 잘 연결되어 있다.
② 숨은선이 모서리에서 만나도록 그려야 한다.
③ 숨은선의 만나는 부분이 실선으로 교차되어 있어야 한다.
④ 세로의 숨은선처럼 가로의 숨은선도 실선과 만나도록 그려야 한다.

32
② 가상선(가는 2점쇄선) : 가공 전 또는 가공 후의 모양을 표시하기 위해 사용하는 선이다.

33
- KS A : 기본
- KS B : 기계
- KS K : 섬유
- KS H : 식료품

34
② BC3 : 청동 합금 주물

35
병렬 치수 기입법으로 치수를 기입할 때 치수 공차는 다른 치수의 공차에 영향을 주지 않는다.

36
가는 2점쇄선으로 그려야 하는 선은 가상선과 무게중심선이다.

37
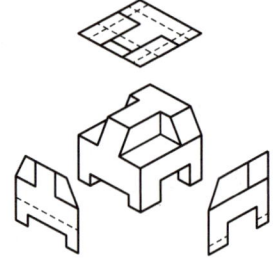

38
최대죔새는 축이 가장 크고, 구멍은 가장 작을 때 발생하므로
최대죔새 = 축의 최대허용치수 − 구멍의 최소허용치수
= 축의 위 치수 허용차 − 구멍의 아래 치수 허용차
= 0.020 − 0 = 0.020

39
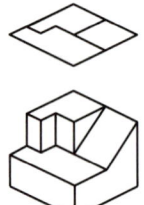

40

41
① 길이 치수의 기본 단위는 밀리미터이므로 따로 단위 기호를 붙이지 않는다.
③ 관련되는 치수는 한곳에 모아서 기입한다.
④ 가공이나 조립할 때, 기준면을 기준으로 기입한다.

42
모양 공차의 종류
직진도(진직도) 공차(———), 평면도 공차(▱), 진원도(◯), 원통도(⌀), 선의 윤곽도 공차(⌒), 면의 윤곽도 공차(⌓)

43
- ✓ : 절삭 등 제거가공의 필요 여부를 문제 삼지 않는다.
- ✓ : 제거가공을 하지 않는다.
- ✓ : 제거가공을 한다.

44
- L(Lathe) : 선반가공
- D(Drilling) : 드릴가공
- G(Grinding) : 연삭가공
- M(Milling) : 밀링가공

45
- ϕ : 지름
- C : 45° 모떼기 기호
- $S\phi$: 구의 지름
- R : 반지름

46
① 평면(동일한 면으로 마감 처리)
② 볼록형
③ 오목형

47
베어링의 안지름 번호(세 번째, 네 번째 숫자)
04×5=20mm

48
미터 나사이고 호칭지름(M12)×볼트의 길이(80mm)로 나타낸다.

49
① 모양만을 도시할 때는 재료의 중심선만을 굵은 실선으로 그린다.
③ 중간 부분을 생략할 때는 생략하는 부분의 선 지름의 중심선을 가는 1점쇄선으로 그린다.
④ 원칙적으로 무하중(힘을 받지 않은 상태)인 상태로 그린다.

50

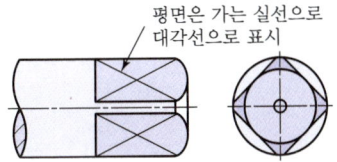

평면은 가는 실선으로 대각선으로 표시

51
① 리벳은 길이 방향으로 절단하여 도시하지 않는다.
③ 얇은 판, 형강 등의 단면은 굵은 실선으로 도시한다.
④ 리벳의 위치만을 표시할 때는 가는 1점쇄선(중심선)으로 그린다.

52
2A는 암나사의 등급을 의미한다.

53
기어 제도 시 이뿌리원은 가는 실선으로 그리고, 정면도를 단면을 했을 경우 굵은 실선으로 그린다.

54

계기의 표시방법

결합방식	도시기호	결합방식	도시기호
계기 일반	○	온도 지시계	Ⓣ
압력 지시계	Ⓟ	유량 지시계	Ⓕ

55
③ 이뿌리원은 가는 실선으로 그린다.

56
기준래크는 기어 이를 가공할 공구를 지정한 것이다.

57
④ 플로터는 출력장치이다.

58
3차원 형상을 솔리드 모델링하기 위한 기본요소
육면체(Box), 실린더(Cylinder), 원뿔(Cone), 구(Sphere) 등이 해당된다.

59

③ 상대극좌표계(@거리<각도) : 현재의 위치(최종점 @)가 기준이 되어 그리고자 하는 거리값과 방향(각도)를 입력한다.

60

캐시 메모리(Cache Memory)
보조기억장치이며 중앙처리장치(CPU)와 주기억장치 사이에서 원활한 정보의 교환을 위하여 주기억장치의 정보를 일시적으로 저장하는 장치로 CPU와 주기억장치 간의 데이터 접근 속도 차이를 극복하기 위해 사용한다.

CHAPTER 27

제8회 CBT 실전모의고사 정답 및 해설

정답

01	02	03	04	05	06	07	08	09	10
④	④	①	④	④	①	①	③	②	②
11	12	13	14	15	16	17	18	19	20
③	①	③	③	③	①	④	②	②	③
21	22	23	24	25	26	27	28	29	30
③	①	②	①	④	④	④	③	③	①
31	32	33	34	35	36	37	38	39	40
③	②	④	①	④	③	②	③	④	①
41	42	43	44	45	46	47	48	49	50
①	②	①	②	④	④	①	②	①	③
51	52	53	54	55	56	57	58	59	60
③	②	②	③	③	②	③	③	①	③

01

경도시험
- 브리넬 경도(HB)
- 로크웰 경도(HRB/HRC)
- 비커스 경도(HV)
- 쇼어 경도(HS)

02

형상기억합금의 종류
Ni-Ti 합금, Ni-Al 합금, Ni-Al-Cu 합금, Al-Zn-Cu 합금, Fe-Mn-Si-Cr-Ni 합금, Fe-Cr-Ni-Mn-Si-Co 합금 등이 있다.

03

열가소성 수지의 종류
폴리에틸렌 수지(PE), 폴리프로필렌 수지(PP), 폴리염화비닐 수지(PVC), 폴리스틸렌 수지(PS), 아크릴 수지(PMMA), ABS 수지 등이 있다.

04

④ 베릴륨은 고가이고, 경도가 커서 가공이 곤란하다.

05

④ 흡수된 가스의 팽창에 따른 부피의 증가

06

① 두랄루민 : Al-Cu-Mg-Mn계, 강재와 비슷한 인장강도, 항공기나 자동차 등에 사용한다.

※ 두랄루민은 "알쿠마망"으로 암기한다.

07

다이캐스팅은 금형과 똑같은 정밀한 주물을 제작하는 주조법으로써 정밀한 주조를 하기 위해서는 유동성이 좋아야 한다.

08

③ 질량효과 : 같은 강을 같은 조건으로 담금질하더라도 질량(지름)이 작은 재료는 내외부에 온도차가 없어 내부까지 경화되나, 질량이 큰 재료는 열의 전도에 시간이 길게 소요되어 내외부에 온도차가 생겨 외부는 경화되어도 내부는 경화되지 않는 현상을 말한다.

09

② 콘스탄탄 : Cu-Ni 45% 합금으로 표준저항선으로 사용된다.

10

하중 $W = k \cdot \delta$에서

스프링 상수 $k = \dfrac{W(\text{하중 : N})}{\delta(\text{처짐량 : mm})} \rightarrow$ 단위 : N/mm

11

① Tr : 미터 사다리꼴 나사
② R : 관용 테이퍼 수나사
④ S : 미니추어 나사

12

① 분할핀은 테이퍼(경사진) 핀이 아니다.

| 분할핀 |

13

응력 $\sigma = \dfrac{W(\text{하중})}{A(\text{면적})}$에서

$A = \dfrac{W(\text{하중})}{\sigma(\text{응력})} = \dfrac{3{,}000}{30} = 100\text{cm}^2$

정사각형 단면적 $A = a \times a$이므로,
$a^2 = 100\text{cm}^2$에서 $a = 10\text{cm} = 100\text{mm}$이다.

14

③ 비틀림각이 한도를 초과하면 진동의 원인이 된다.

15

표준 스퍼 기어의 이 크기
- 이끝높이 = m
- 전체 이높이 = 2.25m
- 이뿌리 높이 = 1.25m

16

호칭번호	내경(mm)
6000	10
6001	12
6002	15
6003	17
6004	20(4×5)
6005	25(5×5)
6006	30(6×5)

60, 62, 63, 70 등 베어링 계열 기호와 상관없이 내경은 표의 값이 된다.

안지름 번호×5 = 내경

17

리드(l)
나사를 1회전하였을 때 축방향으로 이동하는 거리
$l = np = 3 \times 4 = 12\text{mm}$
여기서, p : 피치, n : 나사의 줄수

$\therefore \dfrac{1}{10}$ 회전 시 이동거리 $= 12 \times \dfrac{1}{10} = 1.2\text{mm}$

18

볼 나사
효율이 가장 좋은 나사이므로 자동차 같은 차량에 많이 쓰인다.

19
블록 게이지의 부속 부품
홀더, 조, 스크라이버 포인트, 센터포인트, 베이스블록, 삼각스트레이트 에지 등이 있다.

20
참값 = 측정값 + 보정값
= 46.78 + (−0.018) = 46.762mm

21
③ Radius 게이지 : 반지름 측정

23
비교 측정기
다이얼 게이지, 미니미터, 옵티미터, 옵티컬 컴퍼레이터, 전기 마이크로미터, 공기 마이크로미터, 전기저항 스크레인 게이지, 길이변위계 등이 있다.

24
치수 표시 기호
- C : 45° 모따기를 나타내는 기호
- R : 반지름을 나타내는 기호
- M : 미터나사를 나타내는 기호

25
- 기준선 : 가는 1점쇄선으로 표시한다.
- 파단선 : 파형의 가는 실선 또는 지그재그의 가는선으로 표시한다.
- 피치선 : 가는 1점쇄선으로 표시한다.
- 해칭선 : 잘려나간 물체의 절단면을 가는 실선으로 규칙적으로 빗줄을 그은 선으로 표시한다.

26
④ 2점쇄선 : 긴 선 1개와 짧은 선 2개를 번갈아 나열한 선

27
공차 기입 틀의 표시사항(데이텀을 지시하는 경우)

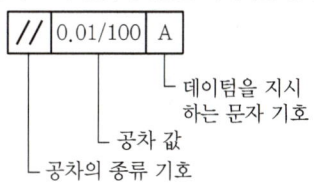

28
- SC 410 : 주강
- GC 300 : 회주철
- SF 490A : 단조강

29
③ 치수는 되도록이면 정면도에 집중하여 기입한다.

30
회전 도시 단면도
물체의 한 부분을 자른 다음, 자른 면만 90° 회전시켜 형상을 나타내는 기법으로, 자른 단면에 수직인 면에서 자른 단면의 형상을 보여준다고 생각하면 이해하기 쉽다.

31
피치선(가는 1점쇄선)
되풀이하는 도형의 피치를 취하는 기준을 표시하는 데 사용한다.

32

보조 투상도

| 입체도 |

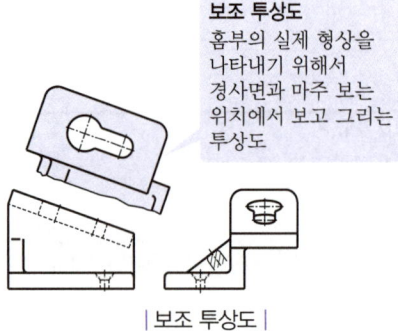
| 보조 투상도 |

보조 투상도
홈부의 실제 형상을 나타내기 위해서 경사면과 마주 보는 위치에서 보고 그리는 투상도

33

34

- ∇ : 절삭 등 제거가공의 필요 여부를 문제 삼지 않는다.
- ∇ : 제거가공을 하지 않는다.
- ∇ : 제거가공을 한다.

35

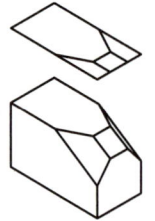

36

37

항상 위 치수 허용차 값이 아래 치수 허용차 값보다 크다. 따라서, $28h7\left(\begin{smallmatrix}0\\-0.061\end{smallmatrix}\right)$라고 기입해야 한다.

38

③ 부품 기호는 부품란에 기입할 사항이다.

39

④ 치수를 ( ) 안에 넣으면 참고치수를 뜻한다.

40

- 최대죔새(A) = 축의 위 치수 허용차 − 구멍의 아래 치수 허용차 = 0.018 − 0 = 0.018
- 최대틈새(B) = 구멍의 위 치수 허용차 − 축의 아래 치수 허용차 = 0.018 − 0.007 = 0.011

41
① 일반적으로 단면부는 해칭 또는 스머징을 한다.

42
② 제1각법은 눈 → 물체 → 투상면의 순서로 나타낸다.

43
동심도 공차(◎), 진원도 공차(○), 경사도 공차(∠)

44
② 공차역의 위치에 사용하는 알파벳은 모든 알파벳을 사용하지 않고 정의된 알파벳만 사용한다.

45
④ 정전이 되면 컴퓨터를 사용할 수 없으므로 도면 검색 및 작업을 할 수 없다.

46
스퍼 기어는 평기어로 비틀림 각이 존재하지 않는다.

47
- 62 : 베어링 계열번호
- 03 : 안지름 번호(17mm)
- ZZ : 실드기호(양쪽 실드 붙이)

48
관의 결합방식에 따른 표시방법

결합방식	도시기호
일반	─┼─
용접식	─●─
플랜지식	─╫─
접수구방식	─⊃─
유니언식	─╫╫─
납땜식	─○─

49
- P : 나사용 구멍 없음
- A : 양쪽 둥근형
- 25×14×90(키의 호칭치수) : 키의 폭×키의 높이×키의 길이

50
③ 축은 널링을 도시할 때 빗줄인 경우 축선에 대하여 30°로 엇갈리게 그린다.

51
③ 서로 물려 있는 한 쌍의 기어에서 맞물림부의 이끝원은 굵은 실선으로 표시한다.

52
② 암은 길이 방향으로 단면하지 않으므로 회전 단면도(도형 안에 그릴 때는 가는 실선, 도형 밖에 그릴 때는 굵은 실선)로 표시한다.

53
나사의 리드＝나사산의 줄 수×피치＝2×3＝6mm

54
- l : 용접 길이
- z : 목 길이

55
① 스프링은 모두 오른쪽으로 감은 것을 나타내고, 왼쪽으로 감은 경우에는 '감긴 방향 왼쪽'이라고 표기한다.
② 스프링은 일반적으로 무하중(힘을 받지 않은 상태)인 상태로 그린다.
④ 스프링의 종류와 모양만을 도시할 때에는 재료의 중심선만을 굵은 실선으로 그린다.

56
㉠ 육각볼트의 규격번호
㉡ 볼트의 종류
㉢ 부품 등급
㉣ 호칭치수(호칭지름×볼트의 길이)
㉤ 강도 구분 또는 성상 구분
㉥ 재료의 종류

57
솔리드 모델링
3차원 물체를 외부형상뿐만 아니라 내부구조의 정보까지도 표현하여 물리적 성질 등의 계산이 가능하다.

58
캐시 메모리(Cache Memory)
보조기억장치이며 중앙처리장치(CPU)와 주기억장치 사이에서 원활한 정보의 교환을 위하여 주기억장치의 정보를 일시적으로 저장하는 장치로 CPU와 주기억장치 간의 데이터 접근 속도 차이를 극복하기 위해 사용한다.

59
① 상대좌표계(@Δx, Δy) : 현재의 위치(점 A)가 기준이 되어 증분값(@2,1)을 입력하여 이동한다.

60
③ 디스플레이(Display)는 출력장치이다.

CHAPTER 28

제9회 CBT 실전모의고사 정답 및 해설

정답

01	02	03	04	05	06	07	08	09	10
④	①	②	①	①	①	②	③	④	④
11	12	13	14	15	16	17	18	19	20
②	④	①	①	②	②	③	①	③	③
21	22	23	24	25	26	27	28	29	30
③	③	④	③	③	②	③	①	④	③
31	32	33	34	35	36	37	38	39	40
④	①	④	①	②	②	①	②	③	②
41	42	43	44	45	46	47	48	49	50
③	③	④	④	②	③	③	④	④	②
51	52	53	54	55	56	57	58	59	60
②	④	①	①	②	①	②	③	①	①

01
④ 뜨임처리 → 인성 증가

02
① 크리프 : 고온에서 재료에 일정한 하중을 가하면 시간이 지남에 따라 변형도 함께 증가하는 현상이다.

03
② 내마모성이 좋다.

04
아연(Zn) 함유량에 따른 물성치
30%일 때 연신율이 최대, 40%일 때 인장강도가 최대이다.

05
구상 흑연주철의 조직에 다른 분류
페라이트(Ferrite)형, 펄라이트(Pearlite)형, 시멘타이트(Cementite)형 등이 있다.

※ '페(fe)페(pe)시(ce)'로 암기한다.

06
① 압축 강도가 크다.

07
각 원소별 용융온도
- 티탄(Ti) : 1,660℃
- 텅스텐(W) : 3,410℃
- 마그네슘(Mg) : 649℃
- 알루미늄(Al) : 659℃

08
냉간가공과 열간가공 방법으로 제조된다.

09

④ 라우탈은 주물용으로 사용된다.

10

미끄럼 베어링과 구름 베어링의 비교

구분	미끄럼 베어링	구름 베어링
크기	지름은 작으나 폭이 크다.	폭은 작으나 지름이 크다.
구조	일반적으로 간단하다.	전동체가 있어서 복잡하다.
충격흡수	유막에 의한 감쇠력이 우수하다.	감쇠력이 작아 충격 흡수력이 작다.
고속회전	고속회전에 유리하다.	고속회전에 불리하다.
저속회전	유막 구성력이 낮아 불리하다.	유막의 구성력이 불충분하더라도 유리하다.
소음	특별한 고속 이외는 정숙하다.	일반적으로 소음이 크다.
하중	추력하중은 받기 힘들다.	추력하중을 용이하게 받는다.
기동 토크	유막형성이 늦은 경우 크다.	작다.
베어링 강성	정압 베어링에서는 축심의 변동 가능성이 있다.	축심의 변동은 적다.
규격화	자체 제작하는 경우가 많다.	표준형 양산품으로 호환성이 높다.

11

경험식에 의한 키의 길이 $l = 1.5d$로 설계한다.
$l = 1.5d = 1.5 \times 50 = 75\text{mm}$

12

응력은 면적분포의 힘이므로

인장응력$(\sigma) = \dfrac{\text{인장하중}(W)}{\text{단면적}(A)}$

13

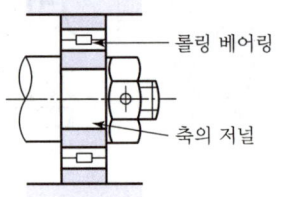

| 저널과 베어링 |

14

① 경도시험 : 硬(굳을 경), 度(법 도) → 단단함과 무름 정도를 측정한다.

15

② 볼나사 : 마찰이 적고 정밀도가 높아 공작기계의 수치 제어용으로 사용한다.

16

이끝원 지름 $D_0 = D + 2a = m(z+2)$
$\qquad\qquad\quad = 5(40+2) = 210\text{mm}$

여기서, m : 모듈, z : 잇수, a : 이끝높이

피치원 지름 $D = m \times z$

$a = m$ [표준치형에서는 이끝높이(a)와 모듈(m)의 크기를 같게 설계한다.]

17

③ 올덤 커플링 : 두 축이 평행하고 축의 중심선이 약간 어긋난 경우 축간거리가 짧을 때 각속도의 변동 없이 토크를 전달하는 데 사용하는 축이음이다.

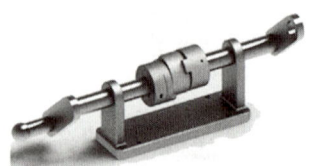

18

- 직접 전동용 기계요소 : 마찰차, 기어(기계요소가 직접 닿아 동력 전달)
- 간접 전동용 기계요소 : 벨트, 체인, 로프

19

비교측정

기준 치수의 블록 게이지와 제품을 측정기로 비교하여 측정기의 바늘이 가리키는 눈금에 의하여 그 차를 읽는 측정법이다.

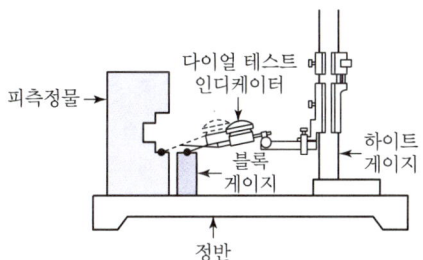

20

③ 공구 현미경은 관측 현미경과 정밀 십자이동테이블을 이용하여 길이, 각도, 윤곽 등을 측정하는 데 편리한 측정기로 특히 나사각, 나사의 피치 측정에 사용되고 있다.

21

- 사인바에 의한 각도 측정방법

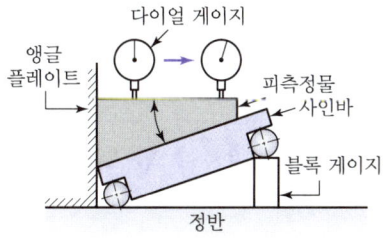

- 사인바에 의한 각도 측정 시 필요한 것 : 사인바, 블록 게이지, 다이얼 게이지, 정반, 앵글 플레이트

22

삼침법

나사의 골에 적당한 굵기의 침을 3개 끼워서 침의 외측거리를 마이크로미터로 측정하여 수나사의 유효지름을 계산한다.

23

한계 게이지의 종류

플러그 게이지, 링 게이지, 스냅 게이지, 봉 게이지 등이 있다.

24

키, 축, 리브, 바퀴 암, 기어의 이, 볼트, 너트, 핀, 단일 기계요소 등의 물체들은 잘라서 단면으로 나타내지 않는다. 그 이유는 단면을 나타내면 물체를 이해하는 데 오히려 방해만 되고 잘못 해석될 수 있기 때문이며, 실제 물체가 잘려진다 하더라도 단면 표시를 하지 않는 것을 원칙으로 한다.

25

② (50) : 참고치수를 나타낸다.
③ 50 : 이론적으로 정확한 치수를 나타낸다.
④ 50 : 비례 치수가 아닌 치수를 나타낸다.

26

② 모양 공차는 데이텀(기준면)이 불필요한 단독 형체에 해당한다.

27

28

선의 굵기 비율
가는 선 : 굵은 선 : 아주 굵은 선 = 1 : 2 : 4

29

공차 기입 틀의 표시사항
- 데이텀을 지시하지 않는 경우

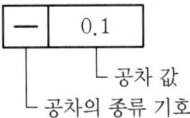
　└ 공차 값
└ 공차의 종류 기호

- 데이텀을 지시하는 경우

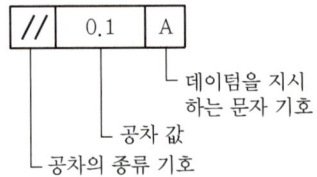
　　　└ 데이텀을 지시
　　　　하는 문자 기호
　└ 공차 값
└ 공차의 종류 기호

- 복수의 데이텀을 지시하는 경우

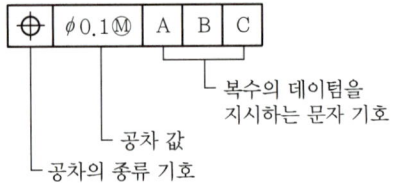
　　　　└ 복수의 데이텀을
　　　　　지시하는 문자 기호
　└ 공차 값
└ 공차의 종류 기호

30

③ 굵은 1점쇄선(특수 지정선) : 특수한 가공을 하는 부분 등 특별한 요구사항을 적용할 수 있는 범위를 표시하는 데 사용한다.

31

④ 단면의 무게 중심선으로 사용하는 것은 가는 2점쇄선이다.

32

① 한쪽 단면도(반단면도) : 상하 또는 좌우 대칭인 물체에서 중심선을 기준으로 물체의 1/4만 잘라내서 그려주는 방법으로 물체의 외부형상과 내부형상을 동시에 나타낼 수 있는 장점을 가지고 있다.

33

④ 주 투상도를 보충하는 다른 투상도는 꼭 필요한 투상도만 그린다.

34

- a : 중심선 평균거칠기의 값
- b : 가공방법, 표면처리
- c : 컷오프 값, 평가길이
- d : 줄무늬 방향의 기호
- e : 기계 가공 공차(ISO에 규정되어 있음)

35

t : 판의 두께

36

아래 치수 허용차
최소허용치수 − 기준치수 = 29.8 − 30 = −0.2

37

치수공차(공차 범위)
"최대허용치수 − 최소허용치수" 또는 "위 치수 허용차 − 아래 치수 허용차"를 말한다.

38

정투상법은 투상도의 배치방법에 따라 1각법과 3각법이 있다.

39

- 용접 : W(Welding)
- 단조 : F(Forging)
- 압연 : R(Rolling)
- 전조 : RL(Rolling)

40

② 중심마크 : 도면을 마이크로필름에 촬영하거나 복사할 때의 편의를 위해 도면의 위치결정에 편리하도록 도면에 표시한다.

41

- ALBrC1 : 알루미늄 청동
- ALDC1 : 다이캐스팅용 알루미늄합금
- PBC2 : 인청동

42

③ 구의 지름의 치수를 기입할 때는 S∅를 쓴다.

43

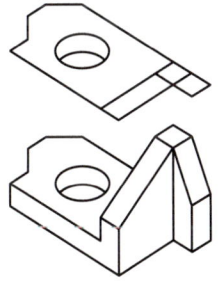

44

∅20H7/f6은 헐거운 끼워 맞춤으로 결합되어 있음을 나타낸다.

45

② 애매한 해석이 생기지 않도록 표현상 명확한 뜻을 가져야 하므로 설계자 임의로 그려서는 안 된다.

46

③ 단면으로 표시할 때 이뿌리원은 굵은 실선으로 그린다.

47

③ 양쪽 네모형은 기호 B를 사용하다.

48

나사의 제도 시 불완전 나사부와 완전 나사부의 경계를 나타내는 선은 굵은 실선으로 그린다.

49

④ 암은 길이 방향으로 단면하지 않으므로 회전 단면도(도형 안에 그릴 때는 가는 실선, 도형 밖에 그릴 때는 굵은 실선)로 표시한다.

50

안지름 치수가 10, 12, 15, 17mm인 경우 안지름 번호는 00, 01, 02, 03이다.

51

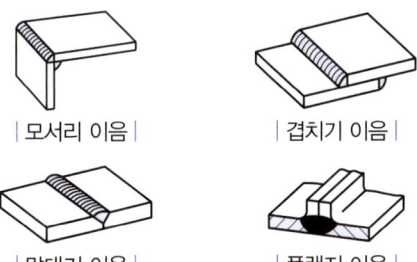

52

④ 긴 축은 중간 부분을 절단하여 짧게 그리되 치수는 실제 길이로 나타내야 한다.

53

① 스프링은 일반적으로 무하중(힘을 받지 않은 상태)인 상태로 그린다.

54

- 피치원 지름(PCD) = 잇수(Z) × 모듈(M) = $32 \times 2 = 64$
- 전체 이 높이(h) = $2.25 \times$ 모듈(M) = $2.25 \times 2 = 4.5$

55

① 일반 이음
② 플랜지식 이음
③ 유니언식 이음
④ 관의 끝 부분을 표시하는 방법으로 나사끼움식 캡 및 나사끼움식 플러그

56

- TM : 30° 사다리꼴 나사(미터계)
- TW : 29° 사다리꼴 나사(인치계)

57

3차원 모델링의 종류
- 와이어 프레임 모델링(Wire Frame Modeling)
- 서피스 모델링(Surface Modeling)
- 솔리드 모델링(Solid Modeling)

58

- TFT-LCD : 박막 트랜지스터 액정 디스플레이(Thin Film Transistor-Liquid Crystal Display) 장치를 말한다.
- 플라즈마 디스플레이(Plasma Display) : 플라스마의 전기방전을 이용한 화상표시 장치이다.
- OLED(Organic Light Emitting Diodes) : 빛을 내는 층이 전류에 반응하여 빛을 발산하는 유기 화합물의 필름으로 이루어진 박막 발광 다이오드(LED)이다.
- 래스터스캔 디스플레이(Raster Scan Display) : 한 번에 한 행씩, 위에서 아래로 스크린을 가로질러 디스플레이 하는 방식이다.

59

① 원의 반지름과 원을 지나는 하나의 접선으로 원을 정의할 수 없다.

60

- 주기억장치 : 실행 중인 프로그램과 실행에 필요한 데이터를 저장하는 장치로 RAM과 ROM이 있다. RAM(Random Access Memory)은 프로그램과 실행에 필요한 데이터를 일시적으로 저장하는 장치로 전원을 끄면 모든 내용이 사라진다. ROM(Read Access Memory)은 부팅할 때 실행되는 바이오스 프로그램을 저장하는 장치로 전원을 꺼도 내용이 사라지지 않는다.
- 보조기억장치 : 하드디스크, USB 메모리, CD-ROM 등

CHAPTER 29 제10회 CBT 실전모의고사 정답 및 해설

정답

01	02	03	04	05	06	07	08	09	10
②	②	④	②	①	③	①	④	②	②
11	12	13	14	15	16	17	18	19	20
①	④	②	④	③	②	③	③	①	③
21	22	23	24	25	26	27	28	29	30
①	④	①	②	②	④	④	②	④	②
31	32	33	34	35	36	37	38	39	40
②	②	①	②	③	④	②	①	②	③
41	42	43	44	45	46	47	48	49	50
③	③	③	③	①	②	①	③	②	①
51	52	53	54	55	56	57	58	59	60
①	④	①	③	③	④	①	③	④	③

01

② 침탄법 : 저탄소강으로 만든 제품의 표층부에 탄소를 투입시킨 후 담금질을 하여 표층부만을 경화하는 표면 경화법의 일종이다.

02

② 전기, 열의 양도체이다.

03

④ 섬유강화 플라스틱(FRP : Fiber Reinforced Plastic) : 플라스틱을 기지로 하여 내부에 강화섬유를 함유시킴으로써 단위 무게당 강도를 높인 복합재료이다.

04

② 표면을 경화시켜 기계적, 물리적 성능을 향상시킨다.

05

① 톰백 : 아연을 5~20% 함유한 황동으로 빛깔이 금에 가깝고 연성이 크므로 금박, 금분, 불상, 화폐 제조 등에 사용한다.

06

시멘타이트(Cementite)
- Fe_3C에 탄소가 6.67% 화합된 철의 금속 간 화합물(Fe_3C)로 흰색의 침상이 나타나는 조직이며, 1,153℃로 가열하면 빠른 속도로 흑연을 분리시킨다.
- 경도가 매우 높고, 취성이 많으며, 상온에서 강자성체이다.

07

② SM400A : 용접구조용 압연강재
③ SM45C : 일반구조용 탄소강 탄소함량 0.45%
④ SNC415 : 니켈과 크롬 합금강

08

Y합금
Al+Cu+Ni+Mg의 합금으로 내열성이 우수하다.
예 내연기관 실린더

※ '알쿠니마'(아이구 님아~)로 암기한다.

09

침탄법
- 저탄소강으로 만든 제품의 표층부에 탄소를 투입시킨 후 담금질하여 표층부만을 경화하는 표면 경화법의 일종
- 종류 : 고체 침탄법, 가스 침탄법, 액체 침탄법

10

둥근 너트

11

유연성 커플링(Flexible Coupling)
- 올덤 커플링, 유니버설 커플링, 고무 축이음 등
- 두 축의 위치와 축각을 유연하게 조정할 수 있다.

12

이의 크기를 나타내는 기준
모듈 : 미터계, 지름피치 : 인치계

모듈 $m = \dfrac{D}{z}$(mm) ($D = m \cdot z$에서)

지름피치 $P = \dfrac{1}{m} = \dfrac{z(잇수)}{D(피치원\,지름)}$(inch)

1inch=25.4mm를 적용하면

$P = \dfrac{z}{D}(\text{inch}) \times \dfrac{25.4\text{mm}}{1\text{inch}} = 25.4\dfrac{z}{D}(\text{mm})$

$\therefore D = 25.4\dfrac{z}{P}$(mm)

13

크랭크축(Crank Shaft)
회전운동을 직선운동으로 변환 또는 직선운동을 회전운동으로 변환시켜 주는 축이다.
예 엔진의 피스톤의 직선왕복운동을 회전운동으로 변환

14

④ 허용응력 : 탄성한도 영역 내의 안전상 허용할 수 있는 최대응력이다.

15

스프링상수 $k = \dfrac{W}{\delta} = \dfrac{40}{120-100} = 2\text{N/mm}$

여기서, W : 하중, δ : 처짐량(신장량)

16

② 강철 벨트 : 인장강도가 가장 크고 수명이 가장 길다.

17

③ 스플라인 : 축에 평행하게 4~20줄의 키 홈을 판 특수키이다. 보스에도 끼워 맞추어지는 키 홈을 파서 결합한다.

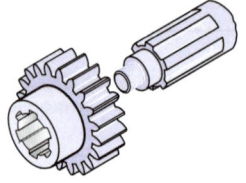

18

두 축의 중심선인 축각도가 30° 이내로 교차할 때 사용하는 축이음이다.

19
① 다이얼의 눈금과 지침에 의해서 읽기 때문에 시차가 적다.

20
$\sin\theta = \dfrac{H-h}{L}$ 에서 $H = L\sin\theta + h$
$= 100 \times \sin 15° + 5$
$= 30.8819\,\text{mm}$

21
① 플러그 게이지는 구멍의 내경을 측정하는 한계 게이지이다.

22
버니어 캘리퍼스의 측정 종류
바깥지름, 안지름, 깊이, 두께, 높이 등

23
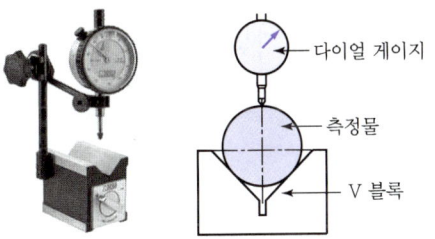

| 다이얼 게이지를 이용한 진원도 측정 |

24
SM30C : 기계구조용 탄소강재, 탄소의 함유량이 0.3%이다.

25
도면에 기입되는 치수는 도면의 척도와 관계없이 실제 치수를 기입하므로 실제 가공치수도 30mm로 가공한다.

26
최대죔새(A)=축의 위 치수 허용차-구멍의 아래 치수 허용차=0.042-0=0.042

27
선과 문자(또는 숫자)나 기호가 겹친 경우 문자(또는 숫자)나 기호가 우선한다.

28
원통도 공차(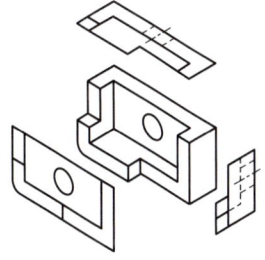)는 모양공차에 속한다.

29

30
M은 줄무늬 방향 기호로서 가공에 의한 커터의 줄무늬 방향이 여러 방향으로 교차 또는 무방향을 뜻한다.

31
도면에 반드시 기입해야 할 사항
도면의 윤곽선, 중심마크, 표제란

32
① R1<R2인 경우
② R1>R2인 경우
③ R1=R2인 경우

33
- Ra : 산술평균 거칠기
- Ry : 최대 높이 거칠기
- Rz : 10점 평균 거칠기

34
② 수면, 유면 등의 위치를 표시하는 데 사용하는 것은 수준면선(가는 실선)이다.

35
SM45C(기계구조용 탄소강재)
- S : 강철(Steel)
- M : 기계구조용(Machine Structure Use)
- 45C : 탄소함유량 0.42~0.48%의 중간값

36
- ⑮ : 이론적으로 정확한 치수
- (15) : 참고치수

37
② 국부 투상도 : 대상물의 구멍, 홈 등의 어느 한 곳의 특정 부분의 모양만을 그리는 투상도를 말한다.

38
① 치수는 되도록이면 정면도에 집중하여 기입한다.

39
② 투시도 : 원근감을 갖도록 나타내어 건축물 등의 공사 설명용으로 주로 사용하는 투상도법이다.

40
IT 기본공차는 등급을 01급, 0급, 1급, 2급, …, 18급의 총 20등급으로 구분한다.

41
↗ : 온 흔들림 공차

42
③ 한쪽 단면도(반단면도) : 상하 또는 좌우 대칭인 물체에서 중심선을 기준으로 물체의 1/4만 잘라내서 그려주는 방법으로 물체의 외부형상과 내부형상을 동시에 나타낼 수 있는 장점을 가지고 있다.

43
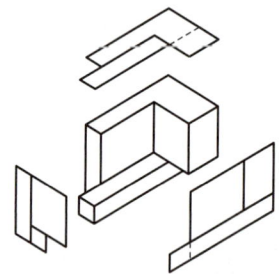

44
항상 구멍 쪽 공차를 먼저 기입한다. 따라서 $\phi 28 \dfrac{\text{H7}}{\text{g6}}$ 으로 기입하여야 한다.

45
도면 번호는 다른 도면과 구별하기 위한 번호이므로 제품의 종류, 형식, 조립도, 부품도의 구분, 도면의 크기 등에 따라 도면 내용을 알 수 있도록 기입하는 것이 좋다.

46

① 잇봉우리원은 굵은 실선으로 그린다.
③ 이골원은 가는 실선으로 그린다.
④ 잇줄 방향은 보통 3개의 가는 실선으로 그린다.

47

L(나사산이 감기는 방향 왼쪽, 왼나사), 2줄(나사산의 줄 수), M50×2(미터 가는 나사의 호칭지름×피치), 4h(수나사의 등급)

48

③ 대칭형인 벨트풀리는 생략하여 일부분만을 그릴 수도 있다.

49

① 심(Seam) 용접
② 플러그 용접(슬롯 용접)
③ 점 용접
④ 평행(I형) 맞대기 용접

50

센터 구멍의 필요 여부	그림기호
남겨둔다.	
남아 있어도 된다.	
남겨두지 않는다.	

51

피치원 지름(PCD) = 잇수(Z) × 모듈(M)이므로
- 잇수가 Z_1인 기어의 피치원 지름 : $PCD_1 = Z_1 \times m$
- 잇수가 Z_2인 기어의 피치원 지름 : $PCD_2 = Z_2 \times m$

∴ 중심거리 $C = \dfrac{PCD_1 + PCD_2}{2}$
$= \dfrac{Z_1 \times m + Z_2 \times m}{2} = \dfrac{(Z_1 + Z_2) \times m}{2}$

52

- DT : 조합 기호(병렬 조합)
- P5 : 등급기호(5급)

53

스프링의 종류 및 모양만을 간략도로 그릴 경우 재료의 중심 선만을 굵은 실선으로 그린다.

54

관의 끝 부분 표시방법

명칭	도시기호
마감 플랜지	─┤├
나사끼움식 캡 및 나사끼움식 플러그	─┐
용접식 캡	─▷

55

스터드 볼트

56

④ 스플라인(Spline) : 축에 직접 여러 줄의 키(Key)를 가공하여 큰 동력(회전력)을 전달하는 기계요소이다.

57

면을 사용하여 물체를 모델링 하는 방법은 서피스 모델링이다.

58

③ 상대 좌표계(@Δx, Δy) : 현재의 위치(출발점)가 기준이 되어 임의의 위치까지의 거리를 나타낸다.

59

중앙처리장치
제어장치, 연산장치, 주기억장치 등이 있다.

60

③ 3D 프린터는 출력장치이다.

CHAPTER 30

제11회 CBT 실전모의고사 정답 및 해설

정답

01	02	03	04	05	06	07	08	09	10
②	④	④	④	①	①	③	①	②	④
11	12	13	14	15	16	17	18	19	20
②	④	②	③	③	③	④	③	①	①
21	22	23	24	25	26	27	28	29	30
①	③	③	③	④	②	②	③	③	③
31	32	33	34	35	36	37	38	39	40
②	②	②	①	②	②	④	③	③	②
41	42	43	44	45	46	47	48	49	50
①	①	③	②	①	④	③	②	③	④
51	52	53	54	55	56	57	58	59	60
②	①	①	②	②	④	④	①	③	④

01

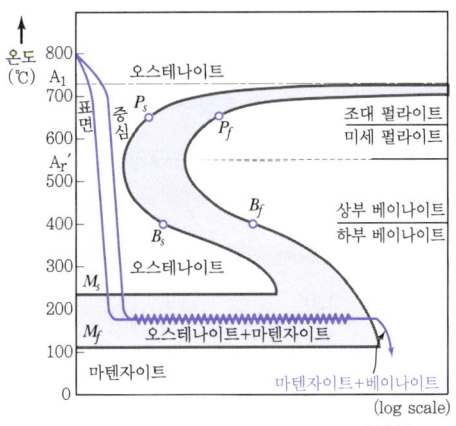

02

Y합금
Al + Cu + Ni + Mg의 합금으로 내열성이 우수하다.
예 내연기관 실린더

※ '알쿠니마'(아이구 님아~)로 암기한다.

03

④ 초두랄루민 : Al + Cu + Mg + Mn의 합금(알쿠마망), 강재와 비슷한 인장강도(50kgf/mm²)이고, 가벼워서 항공기나 자동차 등에 사용된다.

04

④ 진동과 충격에 약하다.

05

탄소강에 함유된 5대 원소
탄소(C), 규소(Si), 망간(Mn), 인(P), 황(S)
('망인규탄은 황당하 일'로 암기)

06

적열취성(고온취성)
강은 900℃ 이상에서 황(S)이나 산소가 철과 화합하여 산화철(FeO)이나 황화철(FeS)을 만든다. 이때 황화철은 그림처럼 강 입자의 경계에 결정립계로 나타나게 됨으로써 상온에서는 그 해가 작지만 고온에서는 황화철이 녹아 강을 여리게(무르게) 만들어 단조할 수 없는 취성을 강이 갖게 되는데, 이것을 적열취성이라 한다. 망간(Mn)을 첨가하면 황화망간(MnS)을 형성하여 적열취성을 방지하는 효과를 얻을 수 있다.

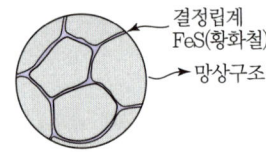

07

고속도강(SKH) : 텅스텐(18%) – 크롬(4%) – 바나듐(1%) – 탄소(0.8%)
('텅크바탄'으로 암기)

08

- SM400A : 용접구조용 압연강재
- SM45C : 기계구조용 탄소강재
- SNC415 : 니켈크롬강

09

② 전기 및 열전도율이 높다.

10

④ 동력 전달용 나사로는 주로 사각 나사가 쓰이고, 사각 나사보다 강력한 동력전달에 쓰이는 나사는 사다리꼴 나사이다.

11

스프링의 용도
- 압력의 제한(안전 밸브) 및 힘의 측정(압력 게이지, 저울)
- 기계 부품의 운동 제한 및 운동 전달(내연 기관의 밸브 스프링)
- 에너지 축적(시계 태엽)
- 진동 흡수, 충격 완화(철도, 차량)

12

④ 스터드 볼트(Stud Bolt) : 머리가 없는 볼트로, 한 끝은 본체에 고정되어 있고 고정되지 않은 볼트부 끝에 너트를 끼워 죈다(분해가 간편하다).

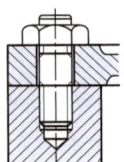

13

늘어난 길이
$$\lambda = \frac{Pl}{AE} = \frac{Pl}{\frac{\pi}{4}d^2 \times E} = \frac{4Pl}{\pi d^2 E}$$
$$= \frac{4 \times 30,000 \times 1,000}{\pi \times 30^2 \times 2.1 \times 10^5} = 0.202 \mathrm{mm}$$

여기서, A : 둥근 막대 단면적, P : 인장하중
l : 막대 길이, E : 세로탄성계수

14

③ 인장하중 : 하중과 파괴단면 수직

15

유니버설 조인트는 두 축의 중심선인 축각도가 30° 이내로 교차할 때 사용하는 축이음이다.

16

모듈 $m = \dfrac{D}{Z} = \dfrac{320}{40} = 8 \, (D = m \cdot z$에서$)$

17

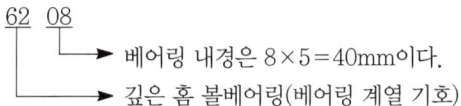

18

스프링상수 $k = \dfrac{W}{\delta} = \dfrac{40}{120-100} = 2\text{N/mm}$

여기서, W : 하중, δ : 처짐량(신장량)

21

마이크로미터의 앤빌과 스핀들의 평행도는 옵티컬 패러렐을 측정면에 밀착시켜 백색광에 의한 적색 간섭무늬 수를 읽어 평행도를 검사한다.

22

③ 최대허용치수용 마스터가 2개 필요하다.

23

나사의 유효지름은 나사 마이크로미터, 삼침법, 공구현미경, 만능측장기 등으로 측정할 수 있다.

24

평면 표시는 평면에 해당하는 부분에 대각선 방향으로 가는 실선으로 그린다.

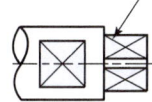

평면이라는 표시(가는 실선)

25

나사의 표시 방법

감기는 방향	줄 수	호칭	등급
왼	2줄	M25×2	6H

26

② 재단마크 : 인쇄, 복사 또는 플로터로 출력된 도면을 규격에서 정한 크기대로 자르기 위해 필요하다.

27

- ∇ : 절삭 등 제거가공의 필요 여부를 문제 삼지 않는다.
- ∇ : 제거가공을 하지 않는다.
- ∇ : 제거가공을 한다.

28

모떼기 기호 C는 45° 모떼기를 의미한다.

29

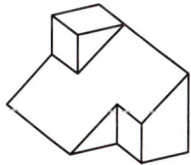

30

- R : 원의 반지름
- ϕ : 원의 지름
- SR : 구의 반지름
- Sϕ : 구의 지름

31

- // : 공차 종류 기호(평행도 공차)
- 0.011 : 공차값
- A : 데이텀 기호

32

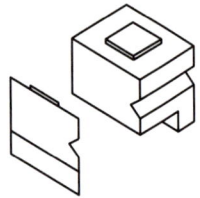

33

② 파단선 : 물체의 일부를 자른 경계 또는 일부를 잘라 떼어 낸 경계를 표시하는 데 사용한다.

34

① X : 가공으로 생긴 커터의 줄무늬 방향이 기호를 기입한 그림의 투상면에 경사지고 두 방향으로 교차를 뜻한다.

35

리브, 훅, 바퀴의 암 등은 자른면을 90° 회전시켜 나타내는 회전 도시 단면도로 그린다.

36

② 도형을 나타내는 외형선과 치수 보조선은 선의 구분을 위하여 약간 띄워서 기입한다.

37

외형선(굵은 실선), 중심선(가는 1점쇄선), 치수 보조선(가는 실선)

38

- 프린트법 : 평면으로 되어 있는 부품의 표면에 기름이나 광명단을 발라 용지에 대고 눌러서 실제의 모양을 뜨고 치수를 기입하는 방법
- 본뜨기법(모양뜨기법) : 불규칙한 곡선이 있는 물체를 직접 용지에 대고 그리거나, 탄성이 있는 납선이나 구리선을 물체의 윤곽에 대고 구부린 다음 용지에 대고 그린 후 치수 등을 기입하는 방법
- 사진 촬영법 : 복잡한 기계의 조립상태나 부품을 앞에 놓고 여러 각도로 사진 찍는 방법

39

③ 치수 허용차는 허용한계치수에서 기준치수를 뺀 값을 말하며, 위 치수 허용차와 아래 치수 허용차가 있다.

40

보조 투상도

| 입체도 |

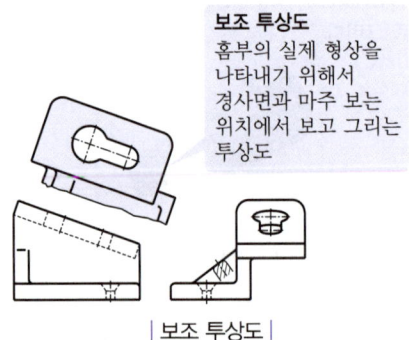

보조 투상도
홈부의 실제 형상을 나타내기 위해서 경사면과 마주 보는 위치에서 보고 그리는 투상도

| 보조 투상도 |

41
① 굵은 1점쇄선(특수 지정선) : 특수한 가공을 하는 부분 등 특별한 요구사항을 적용할 수 있는 범위를 표시하는 데 사용한다.

42
최소죔새는 축은 가장 작고, 구멍은 가장 클 때 발생하므로
최소죔새 = 축의 최소허용치수 − 구멍의 최대허용치수
= 50.034 − 50.025 = 0.009

43
③ 평행도 공차는 자세공차에 속한다.

44
A계열 제도 용지의 세로와 가로의 비는 $1 : \sqrt{2}$ 이다.

45
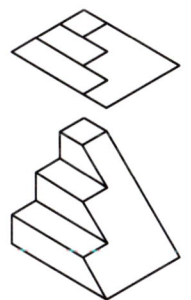

46
- 커플링 : 축과 축을 볼트를 사용하여 반영구적으로 결합시키는 것을 말한다.
- 유니버설 조인트 : 축이음(커플링)의 일종으로 두 축이 비교적 떨어진 위치에 있는 경우나 두 축의 각도(편각)가 큰 경우에 이 두 축을 연결하기 위하여 사용되는 축이음(커플링)의 일종이다.

- 클러치 : 축과 축을 접속하여 회전력을 전달하거나 차단하여 회전력을 끊는 데 사용한다.

47
평행 핀의 호칭방법
규격번호 또는 규격명칭, 호칭지름, 공차×길이, 등급, 재료 순으로 기입한다.

48
③ 완전 나사부와 불완전 나사부의 경계는 굵은 실선으로 그린다.

49
④ 용접부가 접합부의 화살표 쪽에 있다면 용접 기호는 기준선의 실선 쪽에 표시한다.

용접부 위치에 따른 용접기호의 표시

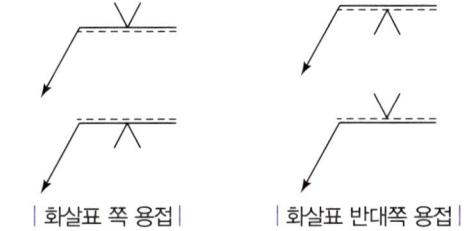

|화살표 쪽 용접| |화살표 반대쪽 용접|

50
피치원 지름(PCD) = 잇수(Z)×모듈(M)이므로
$$Z = \frac{PCD}{M} = \frac{100}{2} = 50$$

51
잇봉우리원은 굵은 실선으로 그린다.

52

① 캠은 다양한 형태를 가진 면, 또는 홈에 의하여 회전운동 또는 왕복운동을 발생시키는 기구를 뜻한다.

53

- Tr : 미터 사다리꼴 나사
- R : 관용 테이퍼 수나사

54

② 이뿌리원을 축에 직각인 방향에서 단면 도시할 경우에는 굵은 실선으로 도시한다.

55

베어링의 안지름 번호(세 번째, 네 번째 숫자)
- 00 : 10mm
- 01 : 12mm
- 02 : 15mm
- 03 : 17mm

56

수증기는 Vapor(V)와 Steam(S) 두 종류가 있다.

57

플로터는 출력장치이다.

58

CAD 시스템에서 사용하는 좌표계의 종류
직교 좌표계(절대좌표계, 상대좌표계, 상대극좌표계), 원통 좌표계, 구면 좌표계

59

- 비트(Bit) : Binary Digit의 줄임말로 컴퓨터가 데이터를 기억하는 최소 단위로서 이진수인 두 개의 숫자인 0과 1을 사용한다.
- 바이트(Byte) : 8개의 비트를 묶어서 정보를 표현하는 단위를 나타낸다.
- 필드(Field) : 여러 개의 워드가 모여 구성되며 의미 있는 정보를 표현하는 최소 단위이다.
- 레코드(Record) : 여러 개의 필드가 모여 구성되며 하나의 완전한 정보를 표현할 수 있다.

60

와이어 프레임 모델링(Wire Frame Modeling)
가장 단순한 모델링으로 점, 선, 원, 호 등의 기본적인 요소로 마치 철사를 연결한 듯한 구조물 형상이다.

CHAPTER 31

제12회 CBT 실전모의고사 정답 및 해설

정답

01	02	03	04	05	06	07	08	09	10
②	②	④	④	②	④	①	①	②	④
11	12	13	14	15	16	17	18	19	20
④	①	②	①	①	②	④	②	④	④
21	22	23	24	25	26	27	28	29	30
③	②	②	②	②	①	①	①	④	④
31	32	33	34	35	36	37	38	39	40
④	③	②	④	①	④	②	③	③	④
41	42	43	44	45	46	47	48	49	50
③	②	③	④	①	②	③	④	②	②
51	52	53	54	55	56	57	58	59	60
①	④	③	③	④	①	④	①	③	②

01

두랄루민

시효경화처리의 대표적인 합금으로써 항공기 재료에 많이 사용된다.

※ 두랄루민은 "알쿠마망"으로 암기한다.

02

② 자경성 : 담금질 온도로 가열하여 대기 중에서 냉각하여도 쉽게 마르텐사이트가 생겨 경화되는 성질이다.

03

킬드 강괴(Killed Steel Ingot)
- 강력한 탈산제인 페로실리콘(Fe-Si), 페로망간(Fe-Mn) 또는 알루미늄(Al) 등을 첨가하여 완전히 탈산시켜서 Ingot 중에 기공이 생기지 않도록 진정시킨 강
- 기공은 없으나 상부에 수축공이 형성되므로 이것을 제거하기 위해서 상부를 절단해서 사용

04

내식용 알루미늄 합금으로 알민, 알드레이, 하이드로날륨이 있다.

05

② 내마멸성이 크고, 마찰계수가 작을 것

06

① 탄소의 함유량이 2.11~6.7%이다.
② 강에 비해 인장강도, 굽힘강도가 작고 충격에 약하다.
③ 소성가공이 불가능하다.

07

① Cr : 0.2~1.5% 첨가시키면, 흑연화를 방지하고 탄화물을 안정화시킨다. 내식성, 내열성을 증대시키고 내부식성이 좋아진다.

08

구상 흑연주철의 조직에 따른 분류
페라이트(Ferrite)형, 펄라이트(Pearlite)형, 시멘타이트(Cementite)형

※ '페(fe)페(pe)시(ce)'로 암기

09

용융온도
- 티탄(Ti) : 1,660℃
- 텅스텐(W) : 3,410℃
- 마그네슘(Mg) : 649℃
- 알루미늄(Al) : 659℃

10

④ 링이나 봉을 끼워 사용하면 볼트 구멍 사이에 틈새가 없어져 전단응력과 휨 응력이 동시에 발생하는 현상을 방지한다.

11

④ 웜 휠의 정밀측정이 어렵다.

웜 기어의 특징

장점	단점
• 큰 감속비가 얻어진다. (1/10∼1/100) • 부하용량이 크다. • 역회전 방지를 할 수 있다. • 소음과 진동이 적다.	• 전동효율이 낮다. (40∼50%) • 중심거리에 오차가 있을 때는 마멸이 심하다. • 웜과 웜 휠에 스러스트 하중이 생긴다. • 웜 휠은 정밀측정이 어렵다.

12

$$\sigma_c = \frac{P_c}{A} = \frac{4 \times 10^3}{20 \times 20} = 10\text{N/mm}^2$$

여기서, σ_c : 압축응력(N/mm^2)
A : 단면적(mm^2)
P_c : 압축하중(N)

13

리드는 1회전 시 축방향으로 움직인 거리이다.

14

- 직접 전동용 기계요소 : 마찰차, 기어(기계요소가 직접 닿아 동력 전달)
- 간접 전동용 기계요소 : 벨트, 체인, 로프

15

① 와셔 스프링

16

축의 설계에 고려되는 사항
강도, 변형(강성), 진동, 부식, 응력집중, 열응력, 열팽창 등이 고려된다.

※ ② 제동장치는 축 설계 시 고려사항이 아니다.

17

나사의 리드
(나사가 1회전했을 때 축방향으로 나아간 거리)
$l = n \times p = 3 \times 2 = 6\text{mm}(1회전)$
$6\text{mm} \times 6(회전) = 36\text{mm}$
여기서, l : 리드, n : 줄수, p : 피치

18

경험식에 의한 키의 길이 $l = 1.5d = 1.5 \times 50 = 75\text{mm}$로 설계한다.

19

④ 측정 방법이 비교적 간단하다.

20

게이지 블록의 부속품
둥근형 조오, 스크라이버 포인트, 홀더, 센터포인트, 베이스 블록, 삼각 스트레이트 에지

21

$$최소 측정치 = \frac{어미자의\ 한\ 눈금\ 간격}{아들자의\ 등분수}$$
$$= \frac{0.5}{20} = \frac{1}{40}$$

22

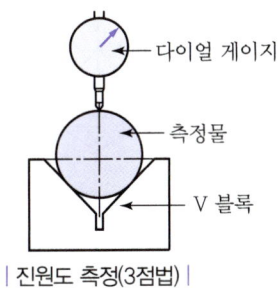

| 진원도 측정(3점법) |

23

우연오차(외부조건에 의한 오차)
측정온도나 채광의 변화가 영향을 미쳐 발생하는 오차이다.

24

해칭선
잘려나간 물체의 절단면을 가는 실선으로 규칙적으로 빗줄을 그어 표시한다.

25

현의 치수 기입에서 단위(mm)는 기입하지 않는다.

26

① M : 가공에 의한 커터의 슬부늬 방향이 여러 방향으로 교차 또는 무방향을 뜻한다.

27

① 가상선(가는 2점쇄선) : 되풀이 되는 도형을 도시할 때 적용하는 선이다.

28

- 30 : 비례치수가 아닌 치수
- (30) : 참고치수

29

볼트, 기어의 이, 바퀴 암 등은 길이 방향으로 단면하여 나타낼 수 없으며, 풀리의 보스는 길이 방향으로 절단하여 도시할 수 있다.

30

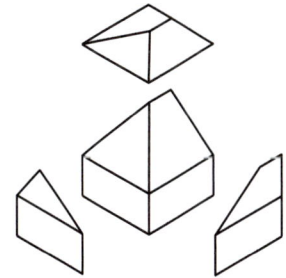

31

25 : 비례하지 않는 치수

32
구멍의 최소치수가 축의 최대치수보다 크면 틈새만 존재하므로 헐거운 끼워 맞춤이다.

33
최대죔새는 축은 가장 크고, 구멍은 가장 작을 때 발생하므로
최대죔새 = 축의 최대허용치수 − 구멍의 최소허용치수
= 축의 위 치수 허용차 − 구멍의 아래 치수 허용차
= 0.033 − 0.005 = 0.028

34
도면이 구비해야 할 기본요건 중 제품의 가격 정보를 항상 포함하지는 않는다.

35
구(Sphere)는 1개의 투상도로 표현할 수 있다.

36
④ 치수는 되도록이면 정면도에 집중하여 기입한다.

37
- ∨ : 절삭 등 제거가공의 필요 여부를 문제 삼지 않는다.
- ∀ : 제거가공을 하지 않는다.
- ∇ : 제거가공을 한다.

38
③ 온단면도(전단면도) : 중심선을 기준으로 전체 물체의 반(1/2)을 자른 다음, 잘린 면의 수직인 방향에서 바라본 형상을 그리는 가장 기본적인 단면도이다.

39
③ 척도의 표시는 잘못 볼 염려가 없을 경우 생략해도 된다.

40
SM10C : 기계구조용 탄소강재로 10C는 탄소함유량 0.08 ~ 0.13%의 중간값을 뜻한다.

41
평면도 공차(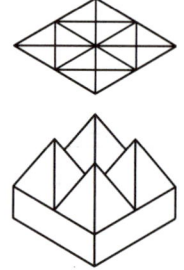)는 모양공차에 속한다.

42

43
③ 물체를 제3면각에 놓고 투상하는 방법이다.

44
④ 특수 지정선은 굵은 1점쇄선을 사용하고, 나머지는 가는 선 굵기를 사용한다.

45
$50^{-0.05}_{0}$에서 위 치수 허용차(−0.05)가 아래 치수 허용차(0)보다 작으므로 잘못 기입되었다.
따라서 $50^{0}_{-0.05}$으로 기입하여야 한다.

46

M50×2
호칭지름이 50mm이며, 나사의 피치가 2mm이다.

47

피치원 지름(PCD) = 잇수(Z) × 모듈(M)이므로
- 잇수가 20인 기어의 피치원 지름 : $PCD_1 = 20 \times 2 = 40$
- 잇수가 30인 기어의 피치원 지름 : $PCD_2 = 30 \times 2 = 60$

∴ 중심거리 $C = \dfrac{PCD_1 + PCD_2}{2} = \dfrac{40+60}{2} = 50\text{mm}$

48

① 축에 단이 있는 경우는 치수를 기입하여야 한다.
② 축은 길이방향으로 단면하여 도시하지 않는다.
③ 축 끝에 모떼기는 'C' 기호와 함께 기입한다.

49

① 단열 앵귤러 콘택트 분리형 볼베어링
② 복렬 앵귤러 콘택트 고정형 볼베어링
③ 두 조각 내륜 복렬 앵귤러 콘택트 분리형 볼베어링
④ 두 조각 내륜 복렬 앵귤러 콘택트 테이퍼 롤러베어링

50

입체 캠에는 원통 캠, 단면 캠, 원뿔 캠, 구면 캠, 사판(빗판) 캠이 있다.

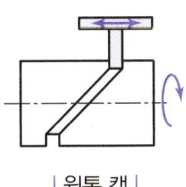
|원통 캠|

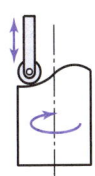
|단면 캠|

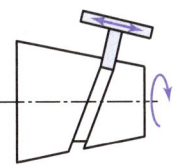
|원뿔 캠|

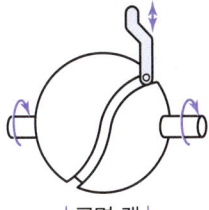
|구면 캠|

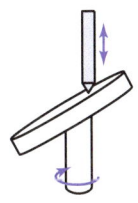
|사판(빗판) 캠|

51

② 안전 밸브
③ 스톱 밸브
④ 게이트 밸브

52

④ 맞물리는 한 쌍의 기어에서 잇봉우리원은 굵은 실선으로 그린다.

53

③ 묻힘 키 : 일반적으로 가장 널리 사용되며 축과 보스에 모두 홈을 가공하여 사용하는 키이다.

54

③ 수나사와 암나사가 결합되어 있는 나사를 그릴 때에는 수나사 위주로 그린다.

55

명칭	그림	용접기호
필릿 용접		

용접부 위치에 따른 용접기호의 표시

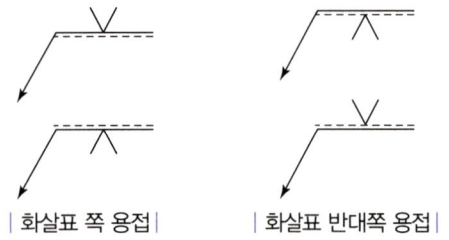

| 화살표 쪽 용접 | | 화살표 반대쪽 용접 |

56

① 암은 길이 방향으로 단면하지 않으므로 회전 단면도(도형 안에 그릴 때는 가는 실선, 도형 밖에 그릴 때는 굵은 실선)로 표시한다.

57

④ 구면 좌표계 : 길이<각도<각도 또는 @길이<각도<각도를 입력하여 해당 점의 좌표를 나타낸다.

58

- 비트(Bit) : Binary Digit의 줄임말로 컴퓨터가 데이터를 기억하는 최소 단위로서 이진수인 두 개의 숫자인 0과 1을 사용한다.
- 바이트(Byte) : 8개의 비트를 묶어서 정보를 표현하는 단위를 나타낸다.
- 필드(Field) : 여러 개의 워드가 모여 구성되며 의미 있는 정보를 표현하는 최소 단위이다.
- 레코드(Record) : 여러 개의 필드가 모여 구성되며 하나의 완전한 정보를 표현할 수 있다.

59

- 입력장치 : 키보드, 마우스, 트랙볼, 라이트펜, 조이스틱, 포인팅 스틱, 터치패드, 터치스크린, 디지타이저, 스캐너 등이 있다.
- 출력장치 : CRT 모니터, LCD 모니터, OLED, 프린터, 플로터, 그래픽 디스플레이, 빔 프로젝터 등이 있다.

60

3차원 모델링의 종류
- 와이어 프레임 모델링(Wire Frame Modeling)
- 서피스 모델링(Surface Modeling)
- 솔리드 모델링(Solid Modeling)

CHAPTER 32

제13회 CBT 실전모의고사 정답 및 해설

정답

01	02	03	04	05	06	07	08	09	10
③	②	③	②	②	③	④	④	④	④
11	12	13	14	15	16	17	18	19	20
①	③	②	④	①	③	②	③	③	②
21	22	23	24	25	26	27	28	29	30
④	④	④	①	①	③	③	②	②	②
31	32	33	34	35	36	37	38	39	40
④	③	①	①	①	④	②	③	①	④
41	42	43	44	45	46	47	48	49	50
③	④	②	④	③	④	③	③	①	④
51	52	53	54	55	56	57	58	59	60
②	②	①	③	④	①	①	④	④	②

01

가단주철의 종류
백심 가단주철, 흑심 가단주철, 펄라이트 가단주철이 있다.

02

오스테나이트계 스테인리스강
- 18-8 스테인리스강이라 부르기도 한다.
- 내식성이 뛰어나다.
- 가공성이나 용접성이 좋다.
- 가공경화가 일어나기 쉽다.

03

포금
- Sn(8~12%)+Zn(1~2%)의 구리 합금이다.
- 단조성이 좋고, 강력하며 내식성이 있어 밸브, 콕, 기어, 베어링 부시 등의 주물에 사용한다.

04

크롬(Cr)
0.2~1.5% 첨가시키면, 흑연화를 방지하고 탄화물을 안정화시킨다.

05

② 금형에 점착(용착)되지 않을 것

06

③ 담금질 : 재료를 단단하게 할 목적으로 강을 오스테나이트 조직으로 될 때까지 가열한 후 물이나 기름에 급랭하는 열처리법이다.

07

고용체의 공간격자 종류
치환형, 침입형, 규칙격자형('치'를 공통으로 기억) 등이 있다.

08
④ 베릴륨은 고가이고, 경도가 커서 가공이 곤란하다.

09
④ 흡수된 가스의 팽창에 따른 부피의 증가

10
접선 방향의 제동력은 마찰력 F_f(수직력만의 함수)이므로
$F_f = \mu N = 0.45 \times 1,000 = 450\text{N}$

11
마찰차 중심거리(C)

$C = \dfrac{D_2}{2} - \dfrac{D_1}{2} = \dfrac{300\text{mm} - 200\text{mm}}{2} = 50\text{mm}$

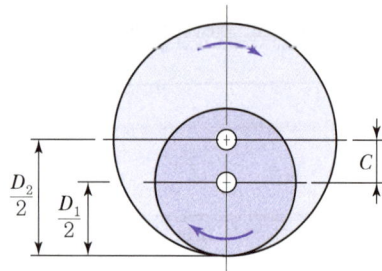

12
기어는 두 축 사이의 거리가 짧은 경우에 효율적으로 동력을 전달한다.

13
② 미터 보통 나사의 나사산의 각도는 60°이다.

14
평벨트 이음 효율

이음 종류	접착제 이음	철사 이음	가죽끈 이음	이음쇠 이음
이음 효율	75~90%	60%	40~50%	40~70%

15
허용인장응력 $\sigma_a = \dfrac{W(\text{축하중})}{A(\text{인장파괴면적})}$

$= \dfrac{W}{\dfrac{\pi}{4} d_{내경}^2 (\text{골지름 파괴})}$

$d_{내경} = \sqrt{\dfrac{4W}{\pi \sigma_a}}$

$d_{내경} = 0.8 d_{외경}$을 대입하면

$d_{외경} = \sqrt{\dfrac{2W}{\sigma_a}}$

16
전단응력
하중이 파괴면적에 평행하게 작용한다.

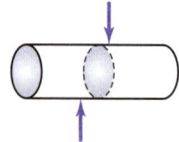

17

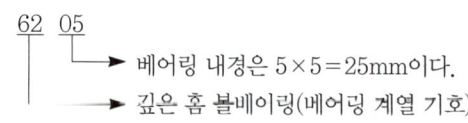

베어링 내경은 5×5=25mm이다.
깊은 홈 볼베어링(베어링 계열 기호)

18

표준 스퍼 기어의 이 크기
- 전체 이 높이 $= 2.25m$
- 이뿌리 높이 $= 1.25m$
- 이끝높이 $= m$

19

③ 마이크로미터에 의한 원통 측정은 직접 측정에 해당된다.

20

편심량 = 테이퍼 측정량 $= \dfrac{0.04}{2} = 0.02\text{mm}$

21

내측(구멍)용 한계 게이지의 종류
플러그 게이지, 봉 게이지, 터보 게이지 등이 있다.

22

우연오차(외부조건에 의한 오차)는 측정온도나 채광의 변화가 영향을 미쳐 발생하는 오차로 오차를 최소하기 위해서는 반복 측정하여 평균값을 사용하여야 한다.

23

④ 공구 현미경은 관측 현미경과 정밀 십자이동 테이블을 이용하여 길이, 각도, 윤곽 등을 측정하는 데 편리한 측정기기이나.

24

1줄 나사인 경우만 생략하고, 2줄 나사인 경우 2L, 3줄 나사인 경우 3L 등으로 표시한다.

25

최대 재료 조건(MMC)에 대한 설명이다.

26

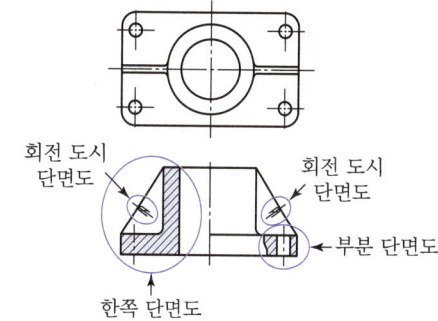

27

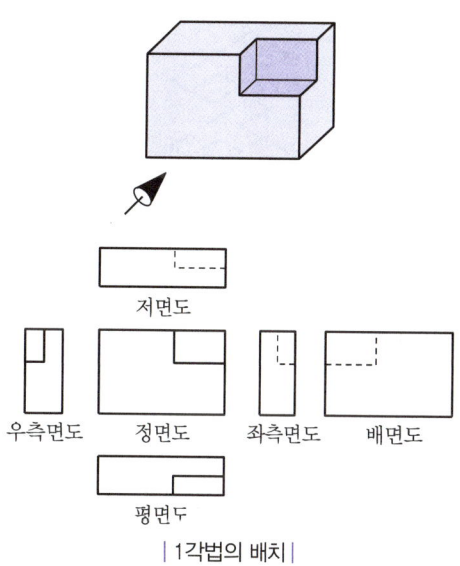

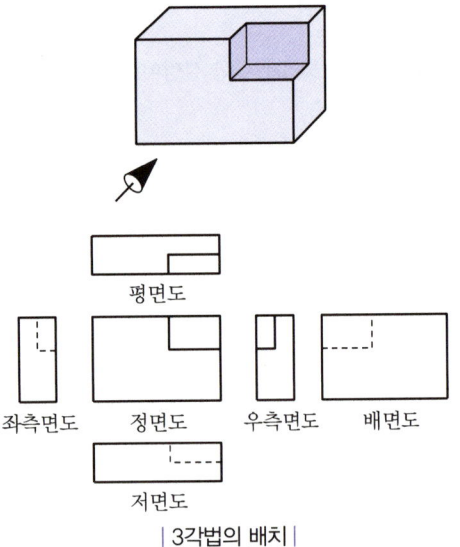

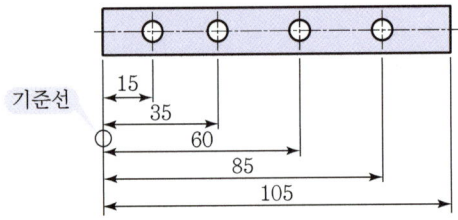

- 누진 치수 기입법 : 기점기호를 기준으로 한 줄로 나란히 연결되게 기입하는 방법으로 치수는 기점기호로부터 누적된 치수(즉, 기점기호로부터 구멍까지의 치수)로 병렬 치수 기입법과 같이 개개의 치수공차는 다른 치수공차에 영향을 주지 않는다.

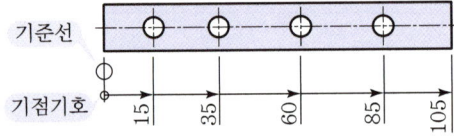

3각법의 배치

28

29

치수 배치 방법

- 직렬 치수 기입법 : 한 줄로 나란히 연결된 치수에 주어진 치수공차가 누적되어도 상관없는 경우에 사용한다.

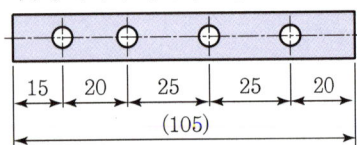

- 병렬 치수 기입법 : 한 곳을 기준으로 하여 치수를 계단 모양으로 기입하는 방법으로 개개의 치수공차는 다른 치수 공차에 영향을 주지 않는다.

30

② ⓑ의 치수가 잘못 기입되어 있다.

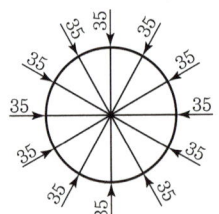

31

H7은 구멍 기준식이고 축은 알파벳 h를 기준으로 z쪽으로 갈수록 커지고, 반대로 갈수록 작아진다. 억지 끼워 맞춤은 죔새만 존재하므로 구멍은 작고 축은 커야 하므로 p6이 억지 끼워 맞춤이다.

32

- ✓ : 절삭 등 제거가공의 필요 여부를 문제 삼지 않는다.
- ⌀ : 제거가공을 하지 않는다.

- ✓ : 제거가공을 한다.

33
① 도면을 복사할 경우는 이미 도면이 존재하므로 따로 스케치도를 그릴 필요가 없다.

34
동심도 공차(◎), 위치도 공차(⊕), 원통도 공차(⌭)

35
① 200mm는 지정길이를 뜻한다.

36
최대죔새는 축은 가장 크고, 구멍은 가장 작을 때 발생하므로 최대죔새＝축의 최대허용치수－구멍의 최소허용치수이다.

37
② 치수는 중복되지 않게 기입한다.

38
보조 투상도

| 입체도 |

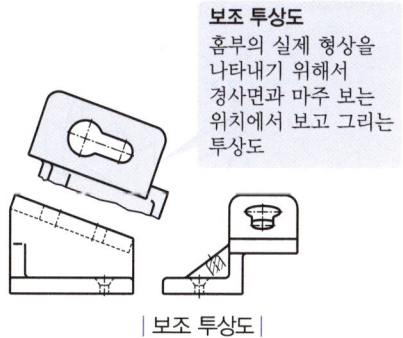

보조 투상도
홈부의 실제 형상을 나타내기 위해서 경사면과 마주 보는 위치에서 보고 그리는 투상도

| 보조 투상도 |

39
① C : 가공으로 생긴 커터의 줄무늬가 기호를 기입한 면의 중심에 대하여 동심원 모양을 뜻한다.

40
가상선(가는 2점쇄선)의 용도
- 인접 부분을 참고하거나 공구, 지그 등의 위치를 참고로 나타내는 데 사용한다.
- 가공 부분을 이동 중의 특정 위치 또는 이동 한계의 위치로 표시하는 데 사용한다.
- 되풀이하는 것을 나타내는 데 사용한다.
- 도시된 단면의 앞쪽에 있는 부분을 표시하는 데 사용한다.

41
R1＝2×R2는 R1＞R2인 경우이다.
① R1＝R2인 경우
② R1＜R2인 경우
③ R1＞R2인 경우

42
도면에 반드시 기입해야 할 사항
도면의 윤곽선, 중심마크, 표제란

43

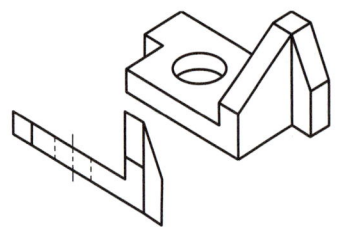

44
도면이 구비해야 할 기본요건 중 가격, 유통체제 등의 정보를 포함하지는 않는다.

45
파선(숨은선) : 물체의 보이지 않는 부분의 모양을 표시하는 데 사용한다.

46

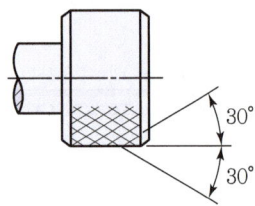

47
① 스프로킷의 이끝원은 굵은 실선으로 그린다.
② 스프로킷의 피치원은 가는 1점쇄선으로 그린다.
④ 축의 직각 방향에서 단면도를 도시할 때 이뿌리선은 굵은 실선으로 그린다.

48
평면 캠에는 판 캠, 정면 캠, 직동 캠, 반대 캠이 있다.

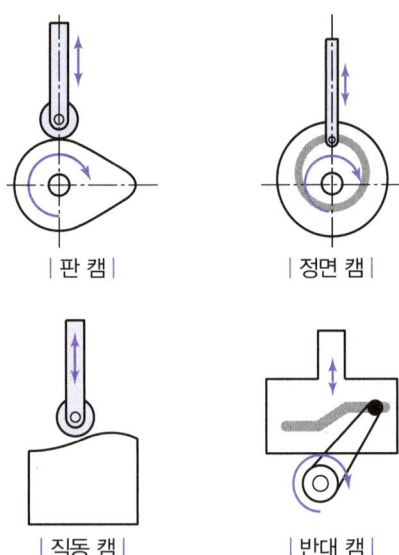

49
- 커플링 : 축과 축을 볼트를 사용하여 반영구적으로 결합시키는 것을 말한다.
- 유니버설 조인트 : 축이음(커플링)의 일종으로 두 축이 비교적 떨어진 위치에 있는 경우나 두 축의 각도(편각)가 큰 경우에 이 두 축을 연결하기 위하여 사용되는 축이음(커플링)의 일종이다.
- 클러치 : 축과 축을 접속하여 회전력을 전달하거나 차단하여 회전력을 끊는 데 사용한다.

50
- Tr : 미터 사다리꼴 나사
- 40×7 : 나사의 호칭지름×리드
- LH : 나사산이 감기는 방향 왼쪽

51
볼트의 골지름을 제도할 때는 가는 실선으로 그린다.

52

피치원 지름(PCD) = 잇수(Z)×모듈(M)이므로
- 잇수가 16인 기어의 피치원 지름 : $PCD_1 = 16 \times 5 = 80$
- 잇수가 44인 기어의 피치원 지름 : $PCD_2 = 44 \times 5 = 220$

∴ 중심거리 $C = \dfrac{PCD_1 + PCD_2}{2} = \dfrac{80 + 220}{2}$
$= 150\text{mm}$

53

테이퍼 핀의 호칭방법

규격번호 또는 규격명칭, 등급(1급), 호칭지름(4mm)× 길이(30mm), 재료(SM50C)

54

접속 상태		도시 기호
연결되어 있지 않을 경우		┼ ┤├ 또는 ┤├
연결되어 있는 경우	분기 상태	
	교차 상태	

55

- 레이디얼 볼베어링 : 축 직각 방향의 하중이 작용한다.
- 스러스트 볼베어링 : 축방향의 하중이 작용한다.
- 테이퍼 롤러베어링 : 축 직각 방향과 축방향의 하중이 동시에 작용한다.

|볼베어링|

|스러스트 볼베어링|

|테이퍼 롤러베어링|

56

점용접의 표시 순서
- d, 용접기호, n(e)
- d : 용접부의 지름(ϕ10)
- 용접기호 : 점용접(○)
- n : 용접부의 개수(2개)
- (e) : 인접한 용접부의 간격(50)

따라서 10○2(50)라고 기입되어야 한다.

57

서피스 모델링은 면을 사용하여 물체를 모델링하는 방법으로 곡면을 절단하면 곡선이 나온다.

58

④ 0과 1을 각각 사용하여 나타내는 정보 단위이다.

59

④ 상대 극좌표계(@거리<각도) : 현재의 위치(마지막 입력점)를 기준으로 다음 점까지의 직선거리와 각도를 입력하여 나타낸다.

60

- 입력장치 : 키보드, 마우스, 트랙볼, 라이트펜, 조이스틱, 포인팅 스틱, 터치패드, 터치스크린, 디지타이저, 스캐너, 자기디스크, 자기드럼, 자기테이프, 테이프리더 등이 있다.
- 출력장치 : CRT 모니터, LCD 모니터, OLED, 프린터, 플로터, 그래픽 디스플레이, 빔 프로젝터 등이 있다.

CHAPTER 33

제14회 CBT 실전모의고사 정답 및 해설

정답

01	02	03	04	05	06	07	08	09	10
②	④	④	②	①	③	②	④	③	②
11	12	13	14	15	16	17	18	19	20
①	③	②	④	②	④	①	④	①	④
21	22	23	24	25	26	27	28	29	30
④	①	④	③	②	①	④	①	④	③
31	32	33	34	35	36	37	38	39	40
②	②	②	①	③	③	①	②	②	①
41	42	43	44	45	46	47	48	49	50
④	④	③	④	②	③	④	④	①	①
51	52	53	54	55	56	57	58	59	60
③	④	②	②	①	④	②	①	①	①

01

② 풀림 : 재료를 연하게 하거나 내부응력을 제거할 목적으로 강을 오스테나이트 조직이 될 때까지 가열한 후 노나 재 속에서 서서히 냉각시키는 열처리 방법이다.

02

③ 탈산, 탈황의 촉진(불순물 제거)

03

체심입방격자(BCC) 금속 : α -Fe, W, Na, Cr, Mo, V, Ta 등

04

황동 : 구리(Cu) + 아연(Zn)

05

① 초경합금의 경도는 약 HRC 75 정도이다.

06

③ 금형에 대한 분리성이 좋을 것

07

페놀 수지(PF)
- 딱딱하고 열에 잘 견디며, 유기 용매에 강하다.
- 착제, 전기 배전판, 회로 기판, 공구함, 전화기, 자동차 브레이크 등에 사용된다.

08

④ 탈산, 탈황 촉진(불순물 제거)

09

가단주철
- 주철의 취성을 개량하기 위해서 백주철을 높은 온도로 장시간 풀림해서 시멘타이트를 분해시켜, 가공성을 좋게 하고, 인성과 연성을 증가시킨 주철
- 종류 : 흑심가단주철, 백심가단주철, 펄라이트 가단주철

10

압축 변형률 $\varepsilon = \dfrac{\lambda(\text{줄어든 길이})}{l(\text{봉의 원래 길이})} = \dfrac{3\text{mm}}{100\text{cm}}$

$= \dfrac{3\text{mm}}{1{,}000\text{mm}} = 0.003$

11

1바퀴 → $2\pi \text{rad}$(라디안),
회전수 : N(RPM : Revolution Per Minute)

∴ 각속도 $\omega = \dfrac{2\pi\,\text{rad}}{1\,\text{rev}} \times \dfrac{N\,\text{rev}}{1\,\text{min} \times 60\dfrac{\text{sec}}{1\,\text{min}}}$

$= \dfrac{2\pi N}{60}\,(\text{rad/sec})$

12

③ 광도 : cd(칸델라), 분자량 : mol(몰)

13

② 분포하중 : 그림처럼 다리 위의 상판은 지점 사이에 균일하게 하중이 분포한다. 이런 하중 값을 분포하중이라 한다.

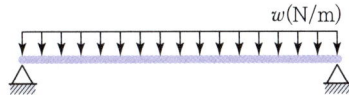

14

④ 나사의 효율이 높다(90% 이상). → 장점

15

외접 마찰차 중심거리 C

$= \dfrac{D_1 + D_2}{2} = \dfrac{240\text{mm} + 360\text{mm}}{2} = 300\text{mm}$

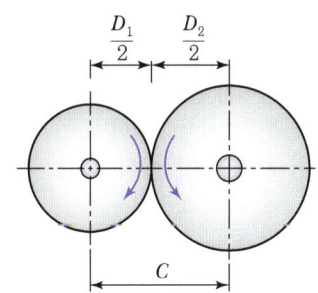

16

축의 설계에 고려되는 사항

강도, 변형(강성), 진동, 부식, 응력집중, 열응력, 열팽창 등

※ ④ 축의 표면조도는 축설계 시 고려사항이 아니다.

17

① 성크(묻힘) 키

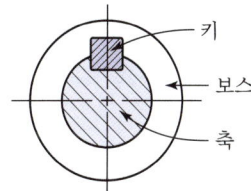

18

접선 방향의 제동력은 마찰력 F_f(수직력만의 함수)이므로
$F_f = \mu N = 0.45 \times 1{,}000 = 450\text{N}$

19

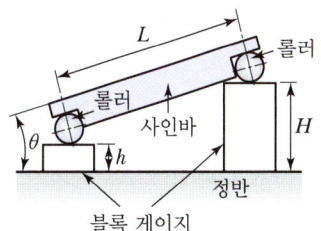

$$\sin\theta = \frac{H-h}{L}$$

여기서, H : 높이가 높은 쪽의 롤러를 지지하고 있는 블록게이지의 길이
h : 높이가 낮은 쪽의 롤러를 지지하고 있는 블록게이지의 길이
L : 양 롤러의 중심거리

20

④ 옵티컬 플랫 : 측정면의 평면도를 측정하는 기기이다.

21

④ 보는 사람마다의 측정오차가 있을 수 있고 측정시간이 길다. 측정기가 정밀할 때는 숙련과 경험을 요한다.

22

나사측정 5요소
바깥지름, 골지름, 피치, 유효지름, 나사산의 각이 해당된다.

23

$$최소측정치 = \frac{어미자의\ 한\ 눈금\ 간격}{아들자의\ 등분수}$$
$$= \frac{1}{20} = 0.05\text{mm}$$

24

◇5는 치수 보조 기호로 사용되지 않고, □5는 한 변의 길이가 5mm인 정사각형을 나타낸다.

25

㉠ 외형선, ㉡ 가상선, ㉢ 파단선, ㉣ 숨은선, ㉤ 중심선을 나타낸다.

26

치수는 되도록 정면도에 집중하여 기입한다.

27

① 부분 투상도 : 투상도의 일부를 그리는 것으로도 충분한 경우에 필요한 일부분을 잘라내어 그리는 투상도를 말하며, 잘린 경계를 파단선으로 그려준다.

28

원에 지시선을 그어 치수를 기입하는 경우에는 ④와 같이 원에 화살표를 위치하고 화살표 방향은 중심을 향하게 한다.

29

한쪽 단면도

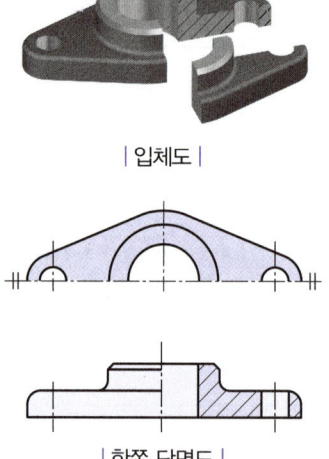

| 입체도 |

| 한쪽 단면도 |

30

H7은 구멍 기준식이고 축은 알파벳 h를 기준으로 z쪽으로 갈수록 커지고, 반대로 갈수록 작아진다. 억지 끼워 맞춤은 쫌새만 존재하므로 구멍은 작고 축은 커야 하므로 p6이 억지 끼워 맞춤이다.

31

겹치는 선의 우선순위

외형선 > 숨은선 > 절단선 > 가는 1점쇄선(중심선) > 가는 2점쇄선(무게 중심선) > 치수 보조선

32

- ⊙ | 0.05 |

  진원도 공차로서 공차값 0.05mm

- // | 0.02/150 | A |

  평행도 공차로서 데이텀 A를 기준으로 지정길이 150mm 당 평행도가 0.02mm임을 표시

33

② M : 가공에 의한 커터의 줄무늬 방향이 여러 방향으로 교차 또는 무방향을 뜻한다.

34

- ∀ : 제거가공을 하지 않는다.
- ∀ : 제거가공을 한다.
- 거칠기 값의 단위는 μm이며 0.2는 0.0002mm를 뜻한다.

35

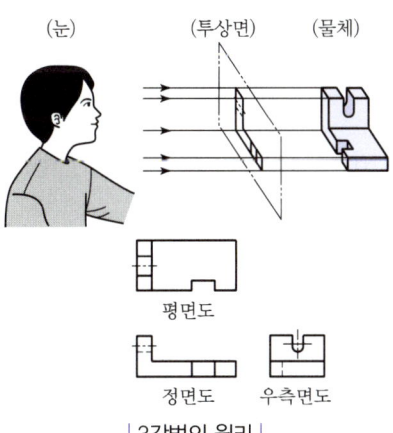

|3각법의 원리|

36

③ 굵은 1점쇄선(특수 지정선) : 특수한 가공을 하는 부분 등 특별한 요구사항을 적용할 수 있는 범위를 표시하는 데 사용한다.

37

③ 가상선(가는 2점쇄선) : 인접 부분을 참고하거나 공구, 지그 등의 위치를 참고로 나타내는 데 사용한다.

38

- P : 판(Plate)
- T : 관(Tube)

39

최대허용한계치수 = 기준치수 + 위 치수 허용차
= 35 + 0 = ϕ 35.000

40

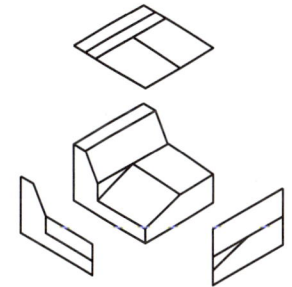

41

50H7(g6)와 같은 공차 기입법은 없다.

42

KS A : 기본, KS B : 기계, KS C : 전기, KS D : 금속

43

평면도 공차의 기호는 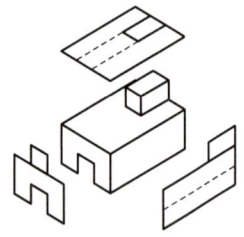이다.

44

A계열 제도 용지의 규격
- A0(841×1,189)
- A1(594×841)
- A2(420×594)
- A3(297×420)
- A4(210×297)

45

46

|벌류트 코일 스프링|

|압축 코일 스프링|

|인장 코일 스프링|

47

베어링의 안지름 번호(세 번째, 네 번째 숫자)
26×5=130mm

48

피치원 지름(PCD) = 잇수(Z)×모듈(M)이므로
$Z = \dfrac{PCD}{M} = \dfrac{40}{2} = 20$

49

- : 실선 위에 기호가 있으므로 화살표 쪽 V형 맞대기 용접
-  : 점선 위에 기호가 있으므로 화살표 반대쪽 이면 용접

50

평행키의 호칭방법
규격번호, 명칭(또는 그 기호), '호칭치수×길이'($b \times h \times l$)

51

V-벨트의 크기는 형별에 따라 M, A, B, C, D, E형이 있고, 폭이 가장 좁은 것은 M형, 가장 넓은 것은 E형이다.

52

캡 너트

53

기어제도 시 잇봉우리원은 굵은 실선으로 그린다.

54

② 클러치 : 축과 축을 접속하여 회전력을 전달하거나 차단하여 회전력을 끊는 데 사용한다.

55

② 나사끼움식 캡 및 나사끼움식 플러그
③ 쌍 스위프(Double Sweep) 티 나사이음
④ 오는 티(Outlet Up) 플랜지 이음

56

6H : 암나사의 등급

57

중앙처리장치
제어장치, 연산장치, 주기억장치 등이 있다.

58

① 드래깅(Dragging) : 사전적 의미로 질질 끄는 것을 뜻하므로 도형이 움직이는 상태를 말한다.

59

와이어 프레임 모델링의 특징
점, 선, 원, 호 등의 기본적인 요소로 모델링하므로 처리속도가 빠르고, 은선 제거는 불가능하며 물리적 성질의 계산이 불가능하다.

60

① 디지타이저(Digitizer)는 입력장치이다.

CHAPTER 34

제15회 CBT 실전모의고사 정답 및 해설

정답

01	02	03	04	05	06	07	08	09	10
③	③	②	③	①	③	①	②	②	①
11	12	13	14	15	16	17	18	19	20
③	②	④	④	①	②	②	①	②	①
21	22	23	24	25	26	27	28	29	30
②	②	③	④	②	①	④	①	②	④
31	32	33	34	35	36	37	38	39	40
④	②	④	③	②	②	③	③	①	②
41	42	43	44	45	46	47	48	49	50
④	①	①	④	②	③	①	②	③	④
51	52	53	54	55	56	57	58	59	60
③	②	④	④	①	④	②	①	④	③

01
구리계 베어링 합금은 켈밋(납청동의 일종), 납청동(연청동), 알루미늄 청동, 베릴륨 청동 등이 있다.

02
③ 톰백(Tombac) → 구리(Cu) – 아연(Zn) 8∼20% 합금

03
② 상온 및 고온 경도가 클 것

04
고속도강(SKH) : 텅스텐(18%) – 크롬(4%) – 바나듐(1%) – 탄소(0.8%)

※ '텅크바탄'으로 암기한다.

05
① 담금질 : 재료를 단단하게 할 목적으로 강을 오스테나이트 조직으로 될 때까지 가열한 후 물이나 기름에 급랭하는 열처리법이다.

06
서멧(Cermet : Ceramic + Metal)
- 세라믹[알루미나(Al_2O_3) 분말 70%] + 금속[탄화티타늄(TiC) 분말 30%]의 복합재료
- 세라믹의 취성을 보완하기 위하여 개발된 소재이다.
- 고온에서 내마모성, 내산화성이 높아 고정밀도의 고속절삭이 가능하다.

07
마우러 조직도
C(탄소)와 Si(규소)의 함유량에 따른 주철의 조직 관계를 나타낸 조직도이다.

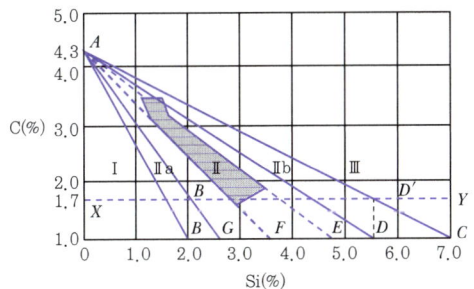

08
② 흑연화를 시언시킨다.

09
② 금형에 점착(용착)되지 않을 것

10
① 이의 높이를 높이면 이의 간섭이 더 심해진다(언더컷 증가).

11
연신율 $\varepsilon = \dfrac{늘어난\ 길이}{표점거리} \times 100(\%)$

$= \dfrac{22\text{mm}}{110\text{mm}} \times 100(\%) = 20\%$

12
리드 $l = np = 3 \times 4 = 12\text{mm}$
여기서, n : 나사의 줄 수, p : 피치

13
④ 아이 볼트에 의한 볼트, 너트 풀림방지 방법은 없다.

볼트 · 너트의 풀림방지
- 로크너트에 의한 방법
- 자동 죔 너트에 의한 방법
- 분할 핀에 의한 방법
- 스프링 와셔에 의한 방법
- 멈춤 나사에 의한 방법
- 플라스틱 플러그에 의한 방법
- 철사를 이용하는 방법

14
$T = \dfrac{H_{\text{kW}}}{\omega} = \dfrac{H_{\text{kW}} \times 1{,}000}{\dfrac{2\pi n}{60}} = \dfrac{60 \times H_{\text{kW}} \times 1{,}000}{2\pi n}$

$= \dfrac{60 \times 30 \times 1{,}000}{2\pi \times 200}$

$= 1{,}432.4\text{N} \cdot \text{m} = 1{,}430\text{N} \cdot \text{m}$

단위를 환산해 보면
$1\text{kW} = 10^3\text{W} = 10^3\text{J/s}$이고, 각속도 ω는 rad/s이므로 T의 단위는 $\dfrac{\text{J/s}}{\text{rad/s}} = \text{J/rad} = \text{N} \cdot \text{m}$ (라디안은 무차원, $\text{J} = \text{N} \cdot \text{m}$)

15
① 래칫 휠 : 원주에 톱니 형상의 이가 달려 있으며 폴(Pawl)과 결합하여 한쪽 방향으로 회전운동을 주고, 역회전을 방지하기 위하여 사용한다.

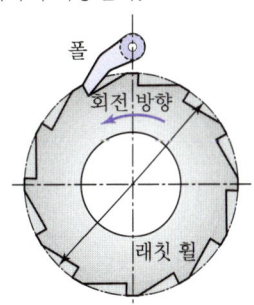

16

② 오픈벨트 방식에서는 양 벨트풀리가 같은 방향으로 회전한다.

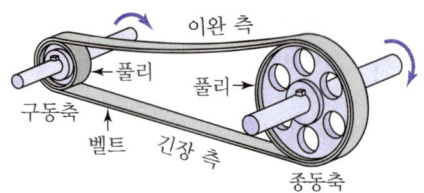

| 바로걸기(오픈벨트) |

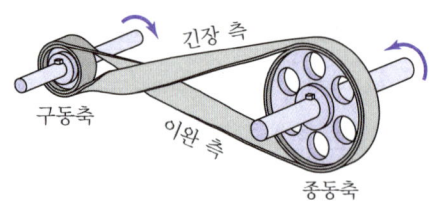

| 엇걸기(크로스벨트) |

17

② 안장(Saddle) 키 : Saddle은 "안장"이라는 뜻이다.

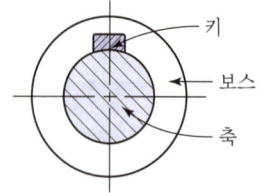

18

와셔 스프링

19

길이 측정기의 종류

강철자, 만능측장기, 마이크로미터, 버니어 캘리퍼스, 하이트 게이지, 다이얼 게이지, 표준 게이지, 광학측정기 등이 있다.

20

표준 게이지의 종류

블록 게이지, 드릴 게이지, 와이어 게이지, 틈새 게이지, 피치 게이지, 센터 게이지, 반지름 게이지 등이 있다.

21

② 사각형 모양의 블록 게이지가 필수적이다.

22

나사측정 5요소

바깥지름, 골지름, 피치, 유효지름, 나사산의 각 등이 해당된다.

23

내측(구멍)용 한계 게이지의 종류

플러그 게이지, 봉 게이지, 터보 게이지

24

STC : 탄소 공구강 강재, SC : 탄소강 주강품

25

선의 우선순위

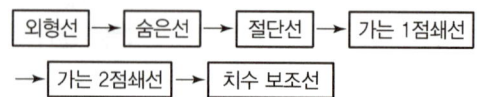

- 가는 1점쇄선 : 중심선, 기준선, 피치선
- 가는 2점쇄선 : 가상선, 무게중심선

26
① 평행도 공차(//)는 자세공차이다.

27
h6은 축 기준식이고 구멍은 알파벳 H를 기준으로 A쪽으로 갈수록 커지고, 반대로 갈수록 작아진다. 헐거운 끼워 맞춤은 틈새만 존재하며, 구멍은 크고 축은 작아야 하므로 F7이 헐거운 끼워 맞춤이다.

28
중심선 평균 거칠기
산술 평균 거칠기(Ra)를 뜻하며 거칠기 값의 단위는 μm이며 숫자가 작을수록 표면이 매끄럽다.

29
②의 우측면도 오른쪽 상단의 점선 경사선이 생략되었다.

① 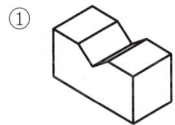 ②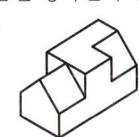

③  ④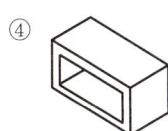

30
정면도도 필요하면 절단하여 단면도로 나타낼 수 있다.

31
④ 호닝가공(Horning)의 약호는 GH로 나타낸다.

32
죔새
구멍의 치수가 축의 치수보다 작을 때 발생하며 조립 전의 구멍과 축의 치수 차를 말한다.

33
SS400 : 일반구조용 압연강재로 400은 최저 인장강도 (N/mm^2)를 뜻한다.

34
- ϕ : 원의 지름
- Sϕ : 구의 지름
- SR : 구의 반지름
- C : 45° 모떼기

35
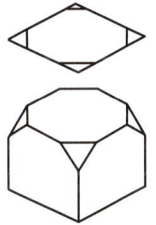

36
- KS A : 기본
- KS B : 기계
- KS C : 전기
- KS D : 금속

37

단독 형체의 종류는 직진도(진직도) 공차(─), 평면도 공차(▱), 진원도(○), 원통도(⌭), 선의 윤곽도 공차(⌒), 면의 윤곽도 공차(⌓)이고, 경사도 공차(∠)는 관련형체이다.

38

③ 한 도면에서 각 부품의 척도가 서로 다를 경우 부품 번호 옆에 또는 부품란의 비고란에 기입해야 한다.

39

회전 도시 단면도에서 투상의 절단한 곳과 겹쳐서 그릴 때에는 가는 실선으로 그리고, 외부에 그릴 때에는 굵은 실선으로 그린다.

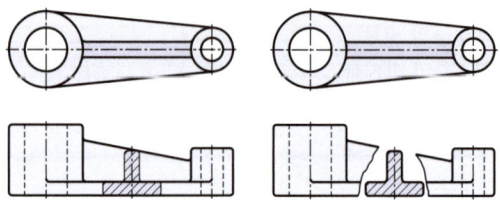

| 리브 내부에 도시할 경우 | | 리브 외부에 도시할 경우 |

40

보조 투상도

| 입체도 |

보조 투상도
홈부의 실제 형상을 나타내기 위해서 경사면과 마주 보는 위치에서 보고 그리는 투상도

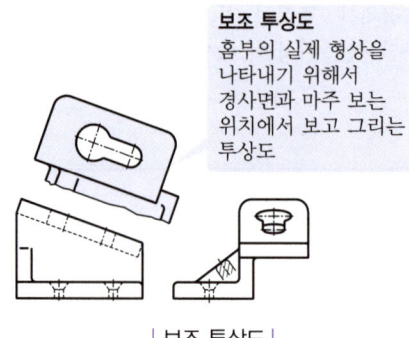

| 보조 투상도 |

41

치수공차(공차 범위) = 최대허용치수 − 최소허용치수
                 = 위 치수 허용차 − 아래 치수 허용차
                 = 0.03 − (−0.02) = 0.05

42

- 1각법 기호 :
- 3각법 기호 :

43

① 삼각형 전개법 : 입체도형의 표면을 몇 개의 삼각형으로 나누어 전개하는 방법이다.

44

가상선(가는 2점쇄선)의 용도
- 인접 부분을 참고하거나 공구, 지그 등의 위치를 참고로 나타내는 데 사용한다.
- 가공 부분을 이동 중의 특정 위치 또는 이동 한계의 위치로 표시하는 데 사용한다.
- 되풀이하는 것을 나타내는 데 사용한다.
- 도시된 단면의 앞쪽에 있는 부분을 표시하는 데 사용한다.

45
② 치수는 중복되지 않게 기입한다.

46
잇줄 방향이 필요한 기어의 경우 3개의 가는 실선으로 그린다.

47
① 암은 길이 방향으로 단면하지 않으므로 회전 단면도(도형 안에 그릴 때는 가는 실선, 도형 밖에 그릴 때는 굵은 실선)로 표시한다.

48
② 래크 : 피치원 지름이 무한대인 기어를 뜻한다.

49
- M : 미터 보통 나사 또는 미터 가는 나사
- Tr : 미터 사다리꼴 나사
- R : 관용 테이퍼 수나사
- S : 미니추어 나사

50
베어링의 안지름 번호(세 번째, 네 번째 숫자)
$08 \times 5 = 40mm$

51
V형 맞대기 용접을 나타낸 것으로 실선 위에 기호가 있으면 화살표 쪽에 용접을 하고, 점선 위에 기호가 있으면 화살표 반대쪽에 용접을 한다.

52
모떼기 치수를 2-45°로 나타내지는 않는다.

53
① 콕 밸브 : 원뿔에 구멍을 뚫어 이것을 90° 회전시켜 유체의 흐름으로 조절하는 밸브이다.
② 체크 밸브 : 유체를 한 방향으로만 흐르게 하고 반대 방향으로는 흐르지 못하도록 하는 밸브이다.
③ 스톱 밸브 : 글로브 밸브라고도 하며 입구와 출구가 일직선상에 있어 유체의 흐름이 동일한 밸브이다.

54
④ 단서가 없는 코일 스프링이나 벌류트 스프링은 모두 오른쪽으로 감은 것을 나타내고, 왼쪽으로 감은 경우에는 '감긴 방향 왼쪽'이라고 표기한다.

55
키의 종류에 따른 기호

모양		기호
평행 키	나사용 구멍 없음	P
	나사용 구멍 있음	PS
경사 키	머리 없음	T
	머리 있음	TG
반달 키	둥근 바닥	WA
	납작 바닥	WB

56
육각 구멍붙이 볼트

57

문제의 설명은 내부가 채워진 모델에서 가능한 방법으로 솔리드 모델링을 나타낸다.

58

- 비트(Bit) : Binary Digit의 줄임말로 컴퓨터가 데이터를 기억하는 최소 단위로서 이진수인 두 개의 숫자인 0과 1을 사용한다.
- 바이트(Byte) : 8개의 비트를 묶어서 정보를 표현하는 단위를 나타낸다.
- 워드(Word) : 명령 처리 단위로 컴퓨터가 한 번에 처리할 수 있는 데이터의 양을 나타낸다.
- 블록(Block) : 프로그램 입출력 단위를 나타낸다.

59

디지타이저는 입력장치이다.

60

CAD 시스템에서 사용하는 좌표계의 종류

직교 좌표계(절대 좌표계, 상대 좌표계, 상대극 좌표계), 원통 좌표계, 구면 좌표계

CHAPTER 35 제16회 CBT 실전모의고사 정답 및 해설

정답

01	02	03	04	05	06	07	08	09	10
③	④	④	④	①	③	②	③	③	②
11	12	13	14	15	16	17	18	19	20
②	④	②	①	③	④	③	①	④	④
21	22	23	24	25	26	27	28	29	30
③	③	②	④	③	③	①	④	②	③
31	32	33	34	35	36	37	38	39	40
④	①	②	②	①	③	①	①	①	④
41	42	43	44	45	46	47	48	49	50
②	④	③	①	③	②	②	③	②	④
51	52	53	54	55	56	57	58	59	60
③	①	③	①	②	④	②	④	②	③

01
③ 탄소공구강(STC) : 사용 온도 300℃까지, 저속 절삭공구, 일반공구 등에 사용된다.

02
④ 열에 약하다.

03
- 마그네슘(Mg) : 비중 1.74로 실용 금속 중 가장 가볍다.
- Cu(8.96), Ni(8.90), Al(2.7)

04
④ Mo – 뜨임취성 방지

05
공정주철
철에 탄소함유량이 4.3%일 때, 조직은 레데뷰라이트(오스테나이트 + 시멘타이트)

06
③ 합금공구강(STS) : 탄소공구강에 Cr, W, Mn, Ni, V 등을 첨가하여 탄소공구강보다 절삭성이 우수하고, 내마멸성과 고온경도가 높다.

07
청동 : 구리(Cu) + 주석(Zn)

08
③ 톰백(Tombac) : 구리와 아연의 합금

09
표준고속도강 : 텅스텐(18%) – 크롬(4%) – 바나듐(1%) – 탄소(0.8%)

※ '텅크바'로 암기한다.

10

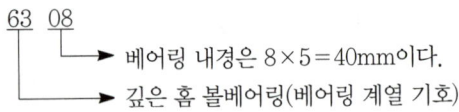

베어링 내경은 8×5=40mm이다.
깊은 홈 볼베어링(베어링 계열 기호)

11

$d_{외경} = \sqrt{\dfrac{2W}{\sigma}} = \sqrt{\dfrac{2 \times 2{,}000}{4}} = 31.6\text{mm}$

여기서, 2kN=2,000N, 1cm=10mm

$400\text{N/cm}^2 = \dfrac{400\text{N}}{\text{cm}^2 \times \left(\dfrac{10\text{mm}}{1\text{cm}}\right)^2}$

$= \dfrac{400}{100}\dfrac{\text{N}}{\text{mm}^2} = 4\text{N/mm}^2$

12

테이퍼 핀

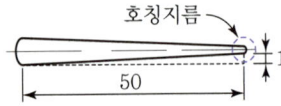

13

② 인치계 사다리꼴 나사 : TW – 나사산의 각도가 29°인 사다리꼴 나사

14

리드 $L = nP$에서
① 4줄 나사의 리드 = $4P$
② 3줄 나사의 리드 = $3P$
③ 2줄 나사의 리드 = $2P$
④ 1줄 나사의 리드 = P

15

스프링지수$(C) = \dfrac{\text{스프링 코일의 평균지름}(D)}{\text{소선의 지름}(d)}$

→ 소선의 지름 $d = \dfrac{D}{C} = \dfrac{180\text{mm}}{9} = 20\text{mm}$

16

④ 제네바 기어 : 원동차가 회전하면 핀이 종동차의 홈에 점차적으로 맞물려 간헐 운동을 하는 간헐 기어의 일종이다.

17

홈 마찰차의 홈의 각도 : $2\alpha = 30 \sim 40°$

18

① 이의 높이를 높이면 이의 간섭이 더 심해진다(언더컷 증가).

19

최소측정치 = $\dfrac{\text{어미자의 한 눈금 간격}}{\text{아들자의 등분수}}$

$= \dfrac{0.5}{25} = 0.02\text{mm}$

20

④ 비교측정은 표준 길이와 비교하여 측정하는 방법이다.

21

삼침법
나사의 골에 적당한 굵기의 침을 3개 끼워서 침의 외측거리를 외측 마이크로미터로 측정하여 수나사의 유효지름을 계산한다.

22

투영기의 측정 범위
각도측정, 나사측정(바깥지름 및 골지름, 유효지름, 피치, 각도), 형상

23

아베의 원리
측정 정밀도를 높이기 위해서는 측정물체와 측정기구의 눈금을 측정 방향과 동일 축선상에 배치해야 한다.

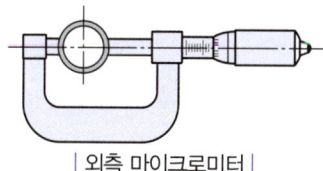

| 외측 마이크로미터 |

24

④ 숨은선 : 물체의 보이지 않는 부분의 모양을 나타내는 선으로 점선 또는 파선이라 부른다.

25

줄 다듬질 가공 기호는 FF로 표기한다.

26

최대허용치수를 먼저 써야 한다.

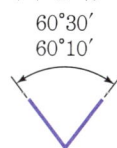

60°30′
60°10′

27

길이 치수의 기본적인 단위는 mm이다.

28

- ⊥ : 직각도 공차
- ⌒ : 면의 윤곽도 공차
- ∠ : 경사도 공차
- ⌿ : 대칭도 공차

여기서는 대칭도 공차가 가장 적당하다.

29

한쪽 단면도

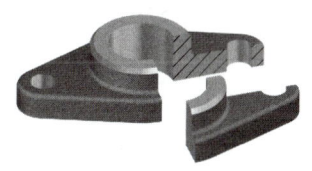

| 입체도 |

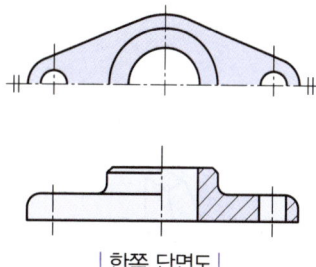

| 한쪽 단면도 |

30

겹치는 선의 우선순위
외형선 > 숨은선 > 절단선 > 가는 1점쇄선(중심선) > 가는 2점쇄선(무게 중심선) > 치수 보조선

31

④ 선과 문자나 기호가 겹친 경우 문자나 기호가 우선이므로 해칭 또는 스머징하는 부분 안에 문자나 기호가 있으면 문자나 기호가 겹치지 않게 끊어서 나타낸다.

32

① R : 가공에 의한 커터의 줄무늬가 기호를 기입한 면의 중심에 대하여 대략 레이디얼 모양으로 나타난다.

33

② c : 컷오프 값

34

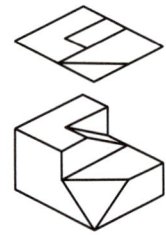

35

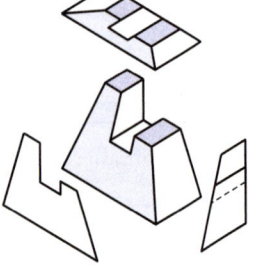

36

- t : 판의 두께
- ( ) : 참고치수
- ☐ : 이론적으로 정확한 치수

37

최대죔새는 축은 가장 크고, 구멍은 가장 작을 때 발생하므로
최대죔새 = 축의 최대허용치수 − 구멍의 최소허용치수
　　　　 = 축의 위 치수 허용차 − 구멍의 아래 치수 허용차
　　　　 = 0.035 − 0 = 0.035

38

프랑스 : NF,　미국 : ANSI

39

① 가상선은 가는 2점쇄선으로 표시한다.

40

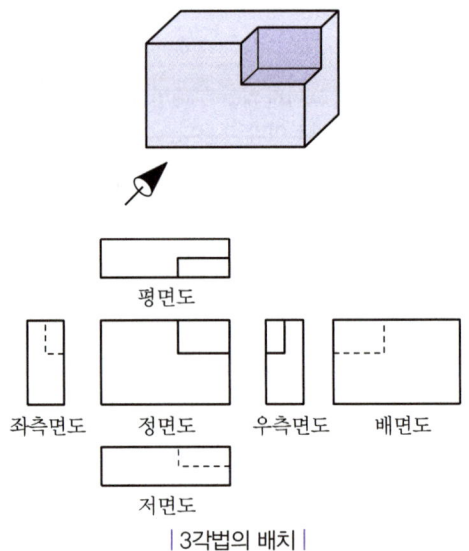

|3각법의 배치|

41

도면의 척도 표시는 '도면크기 : 물체의 실제크기'이다. 도면크기가 '1'이고, 물체의 실제크기는 '2'이므로 축척을 나타낸 것이다.

42

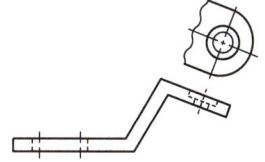

43

구멍의 최소치수가 축의 최대치수보다 크면 틈새만 존재하므로 헐거운 끼워 맞춤이다.

44

- STS11 : 합금공구강 강재
- STC : 탄소공구강 강재
- SPS : 스프링 강재
- SC : 탄소 주강품

45

경사도 공차(⌒)는 자세공차이다.

46

피치원 지름(PCD) = 잇수(Z)×모듈(M)이므로
$M = \dfrac{PCD}{Z} = \dfrac{62}{31} = 2$

47

- Tr : 미터 사다리꼴 나사
- 40×7 : 나사의 호칭지름×리드
- P7 : 나사의 피치
- LH : 나사산이 감기는 방향 왼쪽

48

문제의 그림은 가장자리(Edge) 용접을 의미하고 용접기호는 ③번과 같은 모양이다.

49

평행키의 호칭방법
(표준번호 또는 키 명칭) (종류 또는 기호) (호칭치수)×(길이)

50

④ 클러치 이음은 동력 전달에 사용되는 이음 방식이다.

51

- M : 미터 가는 나사
- 2 : 나사의 피치
- 50 : 나사의 호칭지름
- 6g : 수나사의 등급

52

자전거 안장에 사용되는 압축 코일 스프링

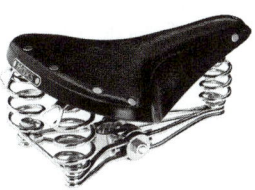

53

③ 피치원은 가는 1점쇄선으로 그린다.

54

기어의 피치원은 기어의 종류에 상관없이 모두 가는 1점쇄선으로 그린다.

55
- 스프링 : 완충용(제어용) 기계요소
- 축 : 동력을 전달하거나 작용 하중을 지지하는 기계요소
- 키 : 축과 보스 사이에 끼우는 결합용 기계요소
- 리벳 : 반영구적 결합용 기계요소

56
- 62 : 베어링 계열번호
- 03 : 안지름 번호(17mm)
- ZZ : 실드 기호(양쪽 실드 붙이)
- P6 : 등급 기호(6급)

57
CSG 방식(Constructive Solid Geometry)
육면체(Box), 실린더(Cylinder), 원뿔(Cone), 구(Sphere) 등 기본적인 단순한 입체의 도형을 불러와서 Boolean연산(합집합, 차집합, 교집합)으로 물체를 표현하는 방식이다.

58
④ 리드로잉은 화면을 깨끗하게 재생성하는 것으로 기하학적 데이터의 변환과 관계없다.

59
② 스캐너는 입력장치이다.

60
중앙처리장치의 기능
제어기능, 연산기능, 기억기능 등이 있다.

CHAPTER 36 제17회 CBT 실전모의고사 정답 및 해설

정답

01	02	03	04	05	06	07	08	09	10
②	④	①	③	①	③	④	②	②	③
11	12	13	14	15	16	17	18	19	20
②	④	④	③	③	①	③	②	③	②
21	22	23	24	25	26	27	28	29	30
②	④	④	②	①	③	④	①	③	①
31	32	33	34	35	36	37	38	39	40
①	①	④	②	②	④	③	②	④	②
41	42	43	44	45	46	47	48	49	50
①	③	④	③	④	③	③	③	③	④
51	52	53	54	55	56	57	58	59	60
③	②	③	①	①	②	③	②	①	②

01

② 켈밋 합금(Kelmet Alloy) : Cu+Pb(30~40%)의 합금으로 고속·고하중을 받는 베어링용이며 자동차, 항공기 등에 널리 사용된다.

02

표면경화법의 종류
침탄법, 질화법, 화염경화법, 고주파경화법, 금속침투법, 숏피닝, 하드페이싱 등이 있다.

03

- 연성 : 잡아당기면 외력에 의해서 파괴됨이 없이 가늘게 늘어나는 성질
- 취성 : 잘 부서지고 깨지는 성질(인성과 반대)
- 경도 : 물체의 표면을 다른 물체(시험 물체보다 단단한 물체)로 눌렀을 때 그 물체의 변형에 대한 저항력의 크기
- 강도 : 외력에 대한 단위 면적당 저항력의 크기

04

③ 강보다 충격강도와 연신율이 작고 취성이 크다.

06

주조용 알루미늄 합금
- Al-Cu계 → Y합금
- Al-Si계 → 실루민
- Al-Cu-Si계 → 라우탈

07

④ 가단주철[可(가 : 가능하다)鍛(단 : 두드리다)鑄鐵(주철 : 쇠를 부어 만든 철] : 고탄소 주철로서 회주철과 같이 주조성이 우수한 백선 주물을 만들고 열처리함으로써 강인한 조직으로 만들어 단조를 가능하게 한 주철이다.

08

오스테나이트계 스테인리스강
- 18-8 스테인리스강이라 부르기도 한다.
- 내식성이 뛰어나다.
- 가공성이나 용접성이 좋다.
- 가공경화가 일어나기 쉽다.

09

② 흑연화를 지연시킨다.

10

$$\text{단면수축률} = \frac{\Delta A (\text{변화된 면적})}{A (\text{초기 단면적})} \times 100\%$$
$$= \frac{20-14}{20} \times 100\% = 30\%$$

11

② 리드 : 1회전 시 축방향으로 움직인 거리를 말한다.

12

④ 스플라인 : 축에 평행하게 4~20줄의 키 홈을 판 특수키이다. 보스에도 끼워 맞추어지는 키 홈을 파서 결합한다.

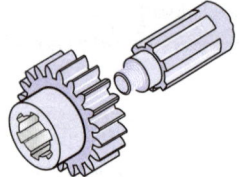

13

④ 베벨 기어 : 교차하는 두 축의 운동을 전달하기 위하여 원추형으로 만든 기어이다.

15

③ 조립할 때 체인은 초기장력 없이 느슨하게 스프로킷에 걸어준다.

16

리드 $L = nP$에서 $n = 1$ 일 때 리드와 피치가 같으므로 1줄 나사이다.

17

$$C = \frac{D}{d}$$

여기서, D : 스프링 전체의 평균지름
d : 소선의 지름(재료의 지름)
C : 스프링 지수

$$d = \frac{D}{C} = \frac{50\text{mm}}{5} = 10\text{mm}$$

∴ 스프링 재료의 지름 = 10mm

18

③ 기어는 두 축 사이의 거리가 짧은 경우에 효율적으로 동력을 전달한다.

20

② 우연오차 : 진동이나 채광의 변화가 영향을 미쳐 발생하는 오차이다.

21
사인바로 각도 측정 시에 정반, 블록게이지, 롤러, 스탠드, 다이얼 게이지 또는 인디케이터가 필요하다.

22
콤비네이션 세트
각도 측정이나 높이 측정에 사용하고 중심을 내는 금긋기 작업에도 사용된다.

23
버니어 캘리퍼스의 측정
길이, 깊이, 두께, 높이, 내경, 외경 등을 측정할 수 있다.

24
지시기호 위치에 따른 표시

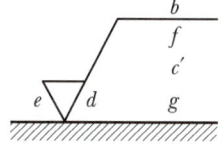

- b : 가공방법, 표면처리
- c' : 기준길이, 평가길이
- d : 줄무늬 방향의 기호
- e : 기계가공 공차(ISO에 규정되어 있음)
- f : 최대 높이 또는 10점 평균 거칠기의 값
- g : 표면 파상도(KS B 0610에 따름)

25
- ISO 규격에 있는 미터 사다리꼴 나사의 표시 기호는 Tr로 표기한다.
- ISO 규격에 없는 30° 사다리꼴 나사의 표시 기호는 TM, 29° 사다리꼴 나사의 표시 기호는 TW로 표기한다.

26
③ 무게 중심선은 가는 2점쇄선으로 표시한다.

27
④의 ○ 기호는 누진 치수 기입법에서 기점 기호로 사용한다.

28
- SM 20C : 기계구조용 탄소강재
- GC : 회주철품

29
③ C : 가공으로 생긴 커터의 줄무늬가 기호를 기입한 면의 중심에 대하여 동심원 모양을 뜻한다.

30
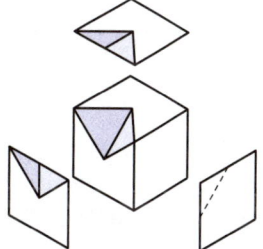

31
두 원 $\phi 50$과 $\phi 80$이 같은 중심을 가지고 있으므로 동심도 공차(◎)가 가장 적당하다.

32
- 직렬 치수 기입법 : 한 줄로 나란히 연결된 치수에 주어진 치수공차가 누적되어도 상관없는 경우에 사용한다.

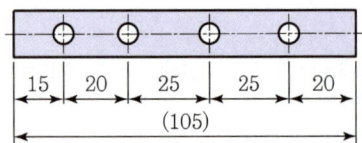

- 병렬 치수 기입법 : 한 곳을 기준으로 하여 치수를 계단 모양으로 기입하는 방법으로 개개의 치수공차는 다른 치수공차에 영향을 주지 않는다.

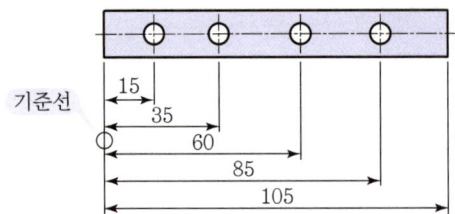

- 누진 치수 기입법 : 기점기호를 기준으로 한 줄로 나란히 연결되게 기입하는 방법으로 치수는 기점기호로부터 누적된 치수(즉, 기점기호로부터 구멍까지의 치수)로 병렬 치수 기입법과 같이 개개의 치수공차는 다른 치수공차에 영향을 주지 않는다.

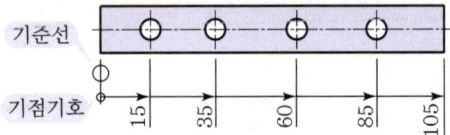

33

④ 주 투상도를 보충하는 다른 투상도는 꼭 필요한 투상도만 그린다.

34

35

② 길이가 긴 물체의 생략된 부분의 경계선을 나타낼 때는 파단선을 사용한다.

36

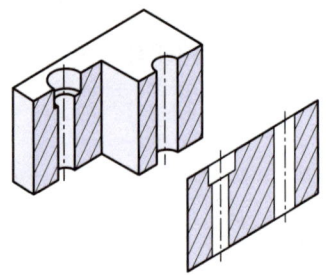

37

중심마크의 선 굵기는 0.7mm이다.

38

애매한 해석이 생기지 않도록 표현상 명확한 뜻을 가져야 하므로 설계자 임의로 창의성 있게 작성해서는 안 된다.

39

얇은 두께 부분의 단면도
- 개스킷, 박판, 형강 등의 절단면이 얇은 경우 실제 치수와 관계없이 아주 굵은 실선으로 단면을 표시한다.
- 얇은 두께 부분의 단면이 서로 가깝게 있는 경우 0.7mm 이상 간격을 두어 그린다.

40

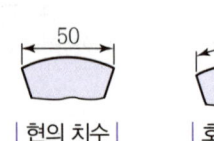 

41

구멍의 최소허용치수(50.000mm)가 축의 최대허용치수(49.975mm)보다 크므로 틈새만 존재하여 헐거운 끼워맞춤이다.

42

정면도 왼쪽에 우측면도를 배치하였으므로 1각법이 적용되었다.

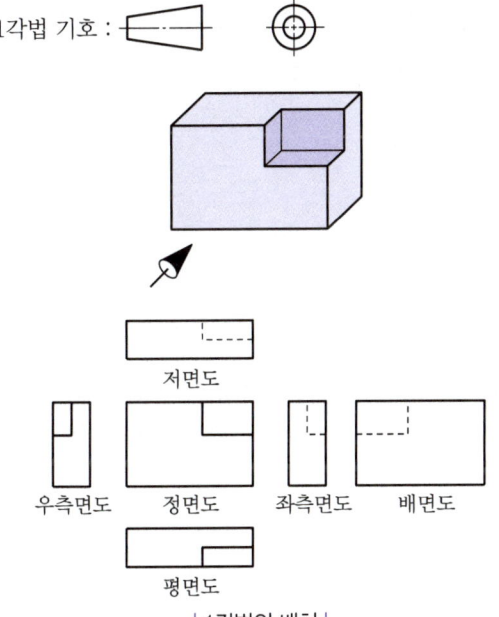

| 1각법의 배치 |

43

대칭도 공차(⌯), 평행도 공차(∥)

44

최대죔새는 축은 가장 크고, 구멍은 가장 작을 때 발생하므로
최대죔새=축의 위 치수 허용차−구멍의 아래 치수 허용차
$= 0.020 - 0 = 0.020$

45

표면 거칠기 지시 기호는 가공하는 바이트가 진입하는 방향과 같은 방향으로 기입하여야 한다.

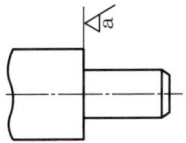

46

베어링의 안지름 번호(세 번째, 네 번째 숫자)
- 00 : 10mm
- 01 : 12mm
- 02 : 15mm
- 03 : 17mm

47

③ 축방향으로 볼 때 이뿌리원은 가는 실선으로 그린다.

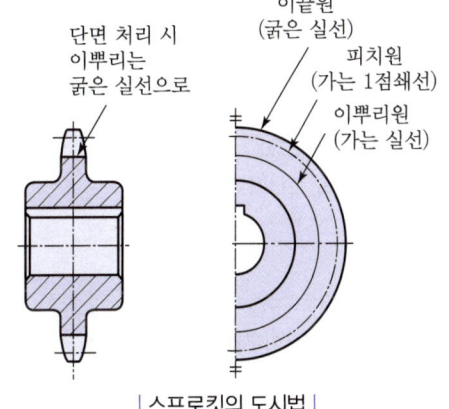

| 스프로킷의 도시법 |

48

피치원 지름(PCD)=잇수(Z)×모듈(M)이므로
이끝원 지름$(D) = PCD + 2M = (Z+2) \times M$
$= (30+2) \times 2 = 64mm$

49

③ 숨겨진 나사를 표시할 때는 나사산의 봉우리와 골 밑을 파선으로 그린다.

50

④ 스프링의 종류와 모양만을 간략도로 나타내는 경우에는 스프링 재료의 중심선만을 굵은 실선으로 그린다.

51

평행키의 호칭방법
표준번호 또는 키 명칭, 종류 또는 기호, 호칭치수×길이, 끝 부분의 모양, 재료

52

② 축은 길이 방향으로 단면하여 도시하지 않는다.

53

- R : 관용 테이퍼 수나사
- Rc : 관용 테이퍼 암나사

54

축방향에서 본 이골원(이뿌리원)은 가는 실선으로 그린다. 단, 정면도에서 단면을 했을 경우 굵은 실선으로 도시한다.

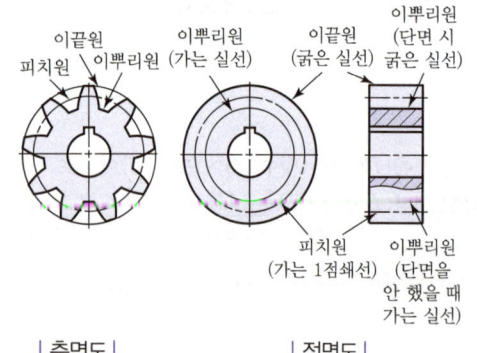

| 측면도 | | 정면도 |

55

그림은 심(Seam) 용접을 나타낸 것이다.
① 심(Seam) 용접
② 점 용접
③ 표면(Surface) 용접
④ 플러그 용접(슬롯 용접)

56

| 글로브 밸브 | | 체크 밸브 | | 게이트 밸브 |

57

③ Keyboard는 입력장치이다.

58

솔리드 모델링은 내부가 채워져 있으므로 체적 계산이 가능하나 서피스 모델링은 면만 존재하므로 체적 계산을 할 수 없다.

59

① 캐시 메모리(Cache Memory) : 보조기억장치이며 중앙처리장치(CPU)와 주기억장치 사이에서 원활한 정보의 교환을 위하여 주기억장치의 정보를 일시적으로 저장하는 장치로 CPU와 주기억장치 간의 데이터 접근 속도 차이를 극복하기 위해 사용한다.

60

② 상대 좌표방식(@Δx, Δy) : 현재의 위치(시작점)가 기준이 되어 임의의 위치까지의 거리를 나타낸다.

CHAPTER 37 제18회 CBT 실전모의고사 정답 및 해설

정답

01	02	03	04	05	06	07	08	09	10
③	③	③	②	②	④	①	④	②	③
11	12	13	14	15	16	17	18	19	20
①	②	②	④	①	①	④	②	②	③
21	22	23	24	25	26	27	28	29	30
④	②	③	②	③	②	④	①	③	③
31	32	33	34	35	36	37	38	39	40
③	①	③	③	③	④	③	①	④	②
41	42	43	44	45	46	47	48	49	50
①	①	③	②	③	②	①	②	②	①
51	52	53	54	55	56	57	58	59	60
③	④	③	③	④	③	③	②	④	②

01

③ 질량효과 : 같은 강을 같은 조건으로 담금질하더라도 질량(지름)이 작은 재료는 내외부에 온도차가 없어 내부까지 경화되나, 질량이 큰 재료는 열의 전도에 시간이 길게 소요되어 내외부에 온도차가 생김으로써 외부는 경화되어도 내부는 경화되지 않는 현상이다.

02

① SKH : 고속도강
② SPS : 스프링강
④ GC : 회주철

03

③ 콘스탄탄 : 구리(Cu) – 니켈(Ni) 45% 합금으로 표준저항선으로 사용된다.

04

② 톰백 : 아연을 5~20% 함유한 황동으로 빛깔이 금에 가깝고 연성이 크므로 금박, 금분, 불상, 화폐 제조 등에 사용한다.

05

Fe – C 상태도에서 변태점의 온도 순서
공석점(A_1 변태점, 723℃) < 큐리점(A_2 변태점 768℃) < 공정점(1,130℃) < 포정점(1,495℃)

06

초경합금 공구강
탄화물 분말[탄화텅스텐(WC), 탄화티타늄(TiC), 탄화탄탈륨(TaC)]을 비교적 인성이 있는 코발트(Co), 니켈(Ni)을 결합제로 하여 압축소결한 절삭 공구이다.

07

① 풀림은 공작물의 내부응력을 제거하고 연화시키는 열처리이다.

표면경화법

화학적 방법	침탄법, 질화법, 침탄질화법
금속침투법	세라다이징(Zn), 칼로라이징(Ca), 크로마이징(Cr), 실리코나이징(Si), 보로나이징(Br)
물리적 방법	화염경화법, 고주파경화법, 숏피닝 등

08
① 탄소의 함유량이 2.11~6.7%이다.
② 강에 비해 인장강도, 굽힘강도가 작고 충격에 약하다.
③ 소성가공이 불가능하다.

09
② 내마멸성이 크고, 마찰계수가 작을 것

10
③ 교번하중 : 부재가 하중을 받을 때, 힘의 크기와 방향이 변화하면서 인장과 압축이 교대로 가해지는 하중

11
① 레이디얼 베어링 : 축 중심에 직각 방향으로 베어링 하중이 작용할 때를 레이디얼 베어링이라 한다.

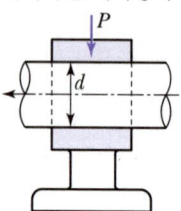

12
② 코킹 : 기밀을 유지하기 위한 작업으로 리베팅이 끝난 뒤에 리벳머리의 주위 또는 강판의 가장자리를 정으로 때려 그 부분을 밀착시켜서 틈을 없애는 작업이다.

13
중심거리(C)

$$C = \frac{D_1}{2} + \frac{D_2}{2} = \frac{mz_1 + mz_2}{2}$$
$$= \frac{m(z_1 + z_2)}{2} = \frac{2 \times (36 + 74)}{2} = 110\text{mm}$$

여기서, 기어의 피치원 지름 $D = m \cdot z$ 적용

14
④ 캡 너트 : 너트의 한쪽을 관통되지 않도록 만든 것으로 나사면을 따라 증기나 기름 등이 누출되는 것을 방지하는 부위 또는 외부로부터 먼지 등의 오염물 침입을 막는 데 주로 사용한다.

15
자동하중 브레이크

• 작동원리 : 화물을 감아올릴 때 제동 작용은 하지 않고 클러치 작용을 하며, 내릴 때는 화물 자중에 의한 브레이크 작용을 한다.
• 종류 : 웜 브레이크, 캠 브레이크, 원심력 브레이크, 나사 브레이크, 코일 브레이크, 전자기 브레이크

17

$$T = \tau_a Z_P = \tau_a \frac{\pi d^3}{16}$$

$$d = \sqrt[3]{\frac{16T}{\pi \tau_a}} \quad \leftarrow \text{수정한 수식}$$

여기서, T : 축의 비틀림 토크, τ_a : 허용전단응력
Z_P : 극단면계수, d : 축 지름

$T = 2.5\text{kN} \cdot \text{m} = 2.5 \times 10^3 \text{N} \cdot \text{m}$

$\tau_a = 49\text{MPa} = 49 \times 10^6 \text{Pa} = 49 \times 10^6 \text{N/m}^2$

$\therefore d = \sqrt[3]{\frac{16 \times 2.5 \times 10^3}{\pi \times 49 \times 10^6}} = 0.0638\text{m} ≒ 64\text{mm}$

18

축의 설계에 고려되는 사항
강도, 변형(강성), 진동, 부식, 응력집중, 열응력, 열팽창 등이 고려된다.

※ ② 제동장치는 축 설계 시 고려사항이 아니다.

19

$$\sin\theta = \frac{H-h}{L} = \frac{110-10}{200} = 0.5$$
$$\therefore \theta = \sin^{-1}0.5 = 30°$$

20

아베의 원리
측정 정밀도를 높이기 위해서는 측정물체와 측정기구의 눈금을 측정 방향과 동일 축 선상에 배치해야 한다.

21

④ 비교측정기이기 때문에 2개의 마스터가 필요하다.

22

삼침법
나사의 골에 적당한 굵기의 침을 3개 끼워서 침의 외측거리를 외측 마이크로미터로 측정하여 수나사의 유효지름을 계산한다.

23

③ 측정하는 사람마다 측정오차가 있을 수 있고 측정시간이 길다. → 직접측정의 단점

24

② h : 최대허용치수가 기준치수와 일치한다.

25

치수 기입 요소에는 치수선, 치수 보조선, 화살표, 치수 문자, 지시선 등이 있다.

26

② 절단선 : 가는 1점쇄선으로 나타내며 선의 시작과 끝, 방향이 바뀌는 부분을 굵게 표시한다.

27

제품 원가 상승은 기계제도의 표준 규격화와 상관없다.

28

얇은 두께 부분의 단면도
- 개스킷, 박판, 형강 등의 절단면이 얇은 경우 실제 치수와 관계없이 아주 굵은 실선으로 단면을 표시한다.
- 얇은 두께 부분의 단면이 서로 가깝게 있는 경우 0.7mm 이상 간격을 두어 그린다.

29

원주 흔들림 공차(↗), 온 흔들림 공차(↗↗), ⊗(존재하지 않는 기호)

30

최대허용치수 = 기준치수 + 위 치수허용차
         = 20 + (−0.007)
         = 19.993

31

① Sϕ : 구의 지름
② SR : 구의 반지름
④ ▢ : 이론적으로 정확한 치수

32
① c : 거친급   ② f : 정밀급
③ m : 중간급   ④ v : 매우 거친급

33
M : 가공에 의한 커터의 줄무늬 방향이 여러 방향으로 교차 또는 무방향을 뜻한다.

34
- 1각법 기호 :
- 3각법 기호 :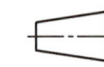

35
① AC1B : 알루미늄 합금주물
② ZDC1 : 다이캐스팅용 아연합금
④ MGC1 : 마그네슘 합금

36
- √ : 절삭 등 제거가공의 필요 여부를 문제 삼지 않는다.
- ▽ (원) : 제거가공을 하지 않는다.
- ▽ : 제거가공을 한다.

37
② 회전 도시 단면도 : 핸들이나 암, 리브, 축 등의 물체의 한 부분을 자른 다음, 자른 면만 90° 회전시켜 형상을 나타내는 기법으로, 자른 단면에 수직인 면에서 자른 단면의 형상을 보여준다고 생각하면 이해하기 쉽다.

38
① 주 투상도를 보충하는 다른 투상도는 꼭 필요한 투상도만 그린다.

39
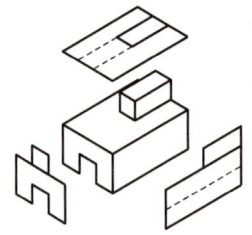

40
최대틈새는 구멍은 가장 크고, 축은 가장 작을 때 발생하므로
최대틈새 = 구멍의 위 치수 허용차 − 축의 아래 치수 허용차
$= (+0.030) - (-0.029) = 0.059$
이때의 단위는 mm이므로
$0.059\text{mm} \times \dfrac{1,000\mu\text{m}}{1\text{mm}} = 59\mu\text{m}$ 이다.

41
겹치는 선의 우선순위
외형선 > 숨은선 > 절단선 > 가는 1점쇄선(중심선) > 가는 2점쇄선(무게 중심선) > 치수 보조선

42
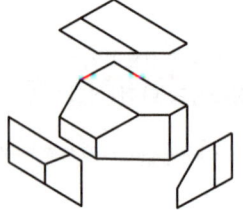

43

① 도면에서 사용하는 기본 단위는 mm이며 생략 가능하나, 다른 단위를 사용하는 경우에는 반드시 단위를 표시하여야 한다.
② 척도를 기입할 때 A : B로 표기하며, A는 도면에 그려지는 크기, B는 물체의 실제 크기를 표시한다.
④ 각도 표시는 도, 분, 초(°, ′, ″) 단위로 나타내어야 하고, 라디안 단위를 사용할 경우 rad을 기입하여 표시한다.

44

평행도 공차(//)를 나타내는 것으로 데이텀(기준면) A를 기준으로 전체 길이에 대해 0.011mm, 지정길이 200mm에 대해 0.05mm의 허용치를 갖는다.

45

① 재료 치수는 재료를 구입하는 데 필요한 치수로 잘림 여유나 다듬질 여유가 포함되어 있다.
② 소재 치수는 주물 공장이나 단조 공장에서 만들어진 그대로의 치수를 말하며 가공할 여유가 있는 치수이다.
④ 도면에 기입되는 치수는 특별히 명시하지 않는 한 마무리 치수를 기입한다.

46

파이프의 끝 부분을 표시하는 그림기호

명칭	도시기호
마감 플랜지	─┤├
나사끼움식 캡 및 나사끼움식 플러그	─┐
용접식 캡	─D

47

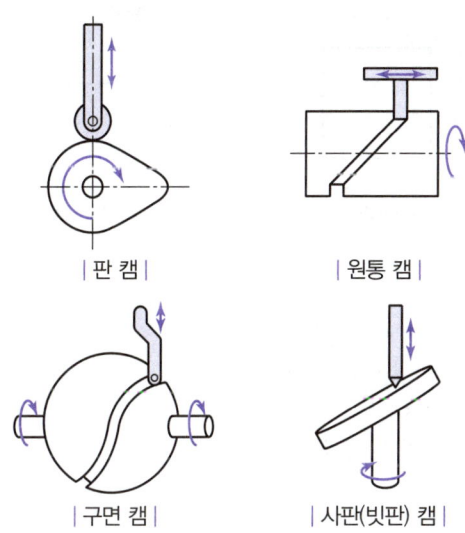

| 판 캠 | 원통 캠 |
| 구면 캠 | 사판(빗판) 캠 |

48

 : 스플라인 기호를 나타낸 것이다.

49

② 완전 나사부와 불완전 나사부의 경계선은 굵은 실선으로 그린다.

50

- 일주용접 : 용접이 부재의 전체를 둘러서 이루어질 때 기호는 원으로 표시한다.
- 현장용접 : 현장용접을 표시할 때는 깃발기호를 사용한다.

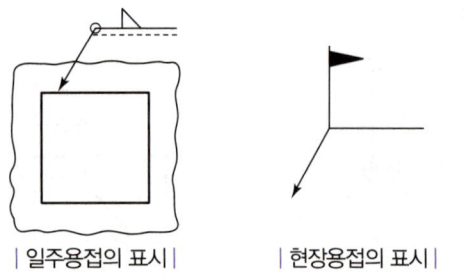

| 일주용접의 표시 | | 현장용접의 표시 |

51

- KS B ISO 2338 : 규격번호
- 8 : 호칭지름
- m6 : 공차 및 등급
- 30 : 길이
- Al : 재료

52

단면으로 도시할 때 이뿌리원은 굵은 실선으로 그리고, 단면으로 도시하지 않은 경우 가는 실선으로 그린다.

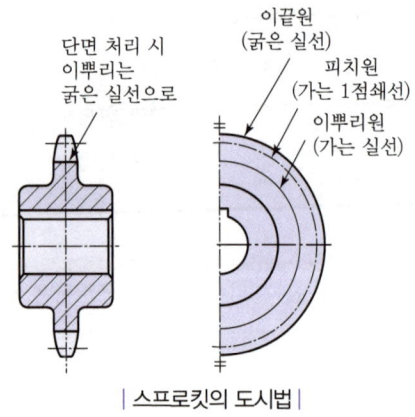

| 스프로킷의 도시법 |

53

수나사의 호칭지름은 수나사의 바깥지름으로 나타낸다.

54

베어링의 안지름 번호(세 번째, 네 번째 숫자)
$26 \times 5 = 130mm$

55

① 피치원은 가는 1점쇄선으로 그린다.
② 잇봉우리원은 굵은 실선으로 그린다.
③ 축에 직각인 방향에서 본 그림은 단면으로 도시할 때 이골의 선은 굵은 실선으로 표시한다.

56

피치원 지름(PCD) = 잇수$(Z) \times$ 모듈(M)이므로
$Z = \dfrac{PCD}{M} = \dfrac{160}{4} = 40$

57

CAD 시스템을 구성하는 하드웨어
입출력장치, 중앙처리장치, 기억장치 등이 있다.

58

② 상대 좌표 방식(@Δx, Δy) : 현재의 위치(출발점)를 기준으로 하여 해당 위치까지의 거리로 그 좌표를 나타낸다.

59

① 10^{-3}초 : 밀리 초 ② 10^{-6}초 : 마이크로 초
③ 10^{-9}초 : 나노 초 ④ 10^{-12}초 : 피코 초

60

② 점, 선, 원, 호 등의 기본적인 요소로 모델링하므로 데이터 처리속도가 빠르다.

CHAPTER 38

제19회 CBT 실전모의고사 정답 및 해설

정답

01	02	03	04	05	06	07	08	09	10
②	③	③	①	②	①	④	④	②	④
11	12	13	14	15	16	17	18	19	20
④	④	①	②	④	④	④	④	④	④
21	22	23	24	25	26	27	28	29	30
②	③	④	④	④	②	②	④	②	①
31	32	33	34	35	36	37	38	39	40
④	④	②	④	③	③	④	④	②	④
41	42	43	44	45	46	47	48	49	50
④	④	④	③	②	④	③	③	②	①
51	52	53	54	55	56	57	58	59	60
②	②	③	③	③	①	③	①	④	②

01

① 쾌삭 메탈(납황동, 쾌삭황동) : 황동에 납을 1.5~3.7%까지 첨가하여 절삭성을 좋게 한 것
③ 네이벌 황동 : 6-4 황동+1% Sn, 용접용 파이프, 선박용 기계에 사용된다.
④ 애드미럴티 황동 : 7-3 황동+1% Sn, 전연성이 좋아 증발기, 열교환기 등의 관에 사용된다.

02

③ 자연균열 : 황동이 관, 봉 등의 잔류응력에 의해 균열을 일으키는 현상

※ 자연균열 방지법 : 도료 및 아연(Zn) 도금, 저온풀림(180~260℃, 20~30분간)

03

수소(H_2)에 의해서 철강 내부에서 헤어크랙과 백점이 생긴다.

04

① 페놀은 열경화성 합성수지로 절삭공구 재료로 사용할 수 없다.

※ 절삭공구 재료에는 탄소공구강, 합금공구강, 고속도강, 초경합금, 주조경질합금, 세라믹, 서멧, 다이아몬드, 입방정 질화붕소(CBN), 피복초경합금 등이 있다.

05

② 6·4 황동 : 아연(Zn) 함유량이 40%일 때 인장강도가 최대이다.

※ 7·3 황동 : 아연(Zn) 함유량이 30%일 때 연신율이 최대이다.

06

① 재료의 내부응력과 변형을 감소 또는 제거시킨다.

07

적열취성
강의 온도 900℃ 이상에서 황(S)이나 산소가 철과 화합하여 산화철(FeO)이나 황화철(FeS)을 만든다. 이때 황화철은 그림처럼 강 입자의 경계에 결정립계로 나타나게 되는데, 상온에서는 그 해가 작지만 고온에서는 황화철이 녹아 강을 여리게(무르게) 만들어 단조할 수 없는 취성을 강이 갖게 되는데 이것을 적열취성이라 한다. 망간(Mn)을 첨가하면 황화망간(MnS)을 형성하여 적열취성을 방지하는 효과를 얻을 수 있다.

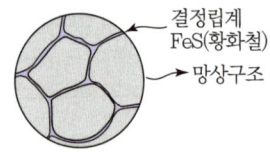

08

④ 'TMo'라는 화합물은 없다.
※ 탄화물은 소재의 구성 원자에 C(탄소)가 있어야 한다.

09

Fe-C 상태도에서 변태점의 온도 순서
공석점(A_1 변태점, 723℃) < 큐리점(A_2 변태점 768℃) < 공정점(1,130℃) < 포정점(1,495℃)

10

④ 충격 급유법은 윤활방법이 아니다.
※ 미끄럼 베어링의 윤활법에는 적하 급유, 패드 급유, 오일링 급유, 손 급유(수동 급유), 원심 급유, 비말 급유, 강제 급유, 그리스 급유가 있다.

11

헬리컬 기어
스퍼 기어보다 접촉선의 길이가 길어서 큰 힘을 전달할 수 있고, 진동과 소음이 작지만, 톱니가 경사져 있어 축방향으로 스러스트 하중(추력)이 발생한다.

12

④ 체인전동은 소음 및 진동이 일어나기 쉽기 때문에 고속회전에는 적합하지 않다.

13

응력 $\sigma = \dfrac{P(하중)}{A(단면적)}$ 에서

정사각형 단면적 $A = \dfrac{P}{\sigma} = \dfrac{8 \times 10^3 \text{N}}{5\text{N/mm}^2} = 1,600\text{mm}^2$

정사각봉이므로 단면적의 한 변의 길이를 x라 하면
$x^2 = 1,600$
∴ $x = \sqrt{1,600} = 40\text{mm}$
여기서, 하중 $P = 8\text{kN} = 8,000\text{N}$
응력 $\sigma = 5\text{MPa} = 5\text{N/mm}^2$

14

둥근 너트

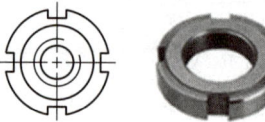

15

스프링 핀
얇은 판을 원통형으로 말아서 만든 평형 핀의 일종으로 억지 끼움을 했을 때 핀의 복원력으로 구멍에 정확히 밀착되는 특성이 있고, 평행 핀에 비해 중공이어서 가볍다는 이점이 있다.

17

④ 턴 버클 : 양 끝에 왼나사와 오른나사가 있어 양 끝을 서로 당기거나 밀어서, 와이어로프나 전선 등의 길이를 조정하여 장력의 조정을 필요로 하는 곳에 사용한다.

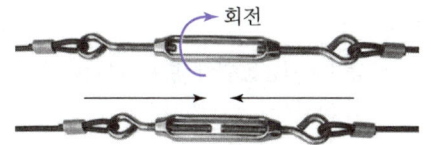

18

$$T = \tau_a Z_P = \tau_a \frac{\pi d^3}{16}$$

$$d = \sqrt[3]{\frac{16T}{\pi \tau_a}}$$

여기서, T : 축의 비틀림 토크, τ_a : 허용전단응력
Z_P : 극단면계수, d : 축 지름

$T = 2.5\text{kN} \cdot \text{m} = 2.5 \times 10^3 \text{N} \cdot \text{m}$
$\tau_a = 49\text{MPa} = 49 \times 10^6 \text{Pa} = 49 \times 10^6 \text{N/m}^2$

$$\therefore d = \sqrt[3]{\frac{16 \times 2.5 \times 10^3}{\pi \times 49 \times 10^6}} = 0.0638\text{m} ≒ 64\text{mm}$$

19

④ 1개의 치수마다 2개의 게이지(정지 측 게이지와 통과 측 게이지)가 필요하다.

20

나사의 유효지름 측정법은 삼침법과 나사 마이크로미터, 공구현미경, 만능측장기, 투영기를 이용하여 측정 방법이 있다.

21

진원도 측정법은 직경법, 반경법, 3점법이 있다.

22

$\sin\theta = \dfrac{H}{L}$에서 $H = L \cdot \sin\theta$

23

④ 조작이 간단하여 측정 실패율이 낮다.

24

한국산업표준의 분류체계(각 분야를 알파벳으로 구분)

분류기호	A	B	C	D
부문	기본	기계	전기	금속

25

피치원 지름(d) = 모듈(m) × 잇수(z)

26

② 표제란 : 도면 전체의 정보를 표시하는 부분으로 표제란에 기입하는 사항은 도번(도면 번호), 도명(도면 이름), 척도, 투상법, 작성자명, 일자 등이고, 오른쪽 아래에 배치한다. 또한 도면을 접어서 사용하거나 보관하고자 할 때 앞부분에 나타내어 보이도록 한다.

27

② 절단선 : 가는 1점쇄선으로 나타내며 선의 시작과 끝, 방향이 바뀌는 부분을 굵게 표시한다.

28

① STC : 탄소공구강
② STKM : 기계구조용 탄소강관
③ SPHD : 열간 압연 연강판 및 강대(드로잉용)

29

② ◯는 진원도 공차를 나타낸다.

30

- ∇ : 절삭 등 제거가공의 필요 여부를 문제 삼지 않는다.
- ∇ (원) : 제거가공을 하지 않는다.
- ∇ : 제거가공을 한다.

31

- Ra : 산술평균 거칠기
- Ry : 최대 높이 거칠기
- Rz : 10점 평균 거칠기

32

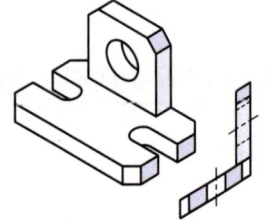

33

H는 구멍 기준식이고 축은 알파벳 h를 기준으로 z쪽으로 갈수록 커지고, 반대로 갈수록 작아진다. 억지 끼워 맞춤은 죔새만 존재하므로 구멍은 작고 축은 커야 하므로 t6이 억지 끼워 맞춤이다.

34

- R : 반지름
- SR : 구의 반지름
- t : 판의 두께
- C : 45° 모떼기

35

③ 물품의 형상이나 기능을 가장 명료하게 나타내는 면을 주투상도로 선정한다.

36

대칭도 공차(≡)는 데이텀(기준면)이 있어야 사용할 수 있는 기하공차이다.

37

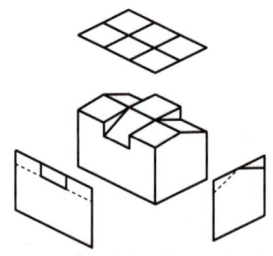

38

치수공차 = 위 치수 허용차 − 아래 치수 허용차
= 0.05 − (−0.02) = 0.07

39

도면에 사용하는 문자의 크기는 문자의 높이를 기준으로 한다.

40

$\phi 80H7/g6$은 헐거운 끼워 맞춤이다.

41

④ 굵은 1점쇄선(특수 지정선) : 특수한 가공을 하는 부분 등 특별한 요구사항을 적용할 수 있는 범위를 표시하는 데 사용한다.

42

단면도의 종류
- 온단면도(전단면도)
- 한쪽 단면도(반단면도)
- 부분 단면도
- 회전 단면도
- 조합에 의한 단면도

43

- 투시 투상법 : 물체를 입체감 있게 나타내기 위하여 가까운 곳은 길게 먼 곳은 짧게 그려 입체도로 투상한 것을 말한다.
- 등각 투상법 : 정면, 우측면, 평면을 하나의 투상면에 나타내기 위하여 정면과 우측면 모서리 선을 수평선에 대하여 30°가 되게 하여 입체도로 투상한 것을 말한다.
- 사투상법 : 정면도는 정면에서 바라본 실제 모양으로 그리고 나머지 윤곽은 적당한 각도로 기울여서 입체도로 투상한 것을 말한다.

44

누진 치수 기입법
기점기호를 기준으로 한 줄로 나란히 연결되게 기입하는 방법으로 치수는 기점기호로부터 누적된 치수, 즉 기점기호로부터 구멍까지의 치수로 병렬 치수 기입법과 같이 개개의 치수공차는 다른 치수공차에 영향을 주지 않는다.

45

애매한 해석이 생기지 않도록 표현상 명확한 뜻을 가져야 하므로 설계자 임의로 창의성 있게 작성해서는 안 된다.

46

축방향으로 본 투상도에서 이골원은 가는 실선으로 그린다.

47

③ B : 키의 끝부분의 모양은 양쪽 네모형이다.

48

스프링 제도에서 스프링 종류와 모양만을 도시하는 경우 스프링 재료의 중심선은 굵은 실선으로 그린다.

49

① 일반 이음
② 유니언식 이음
③ 플랜지식 이음
④ 납땜식 이음

50

① R : 관용 테이퍼 수나사
② Rc : 관용 테이퍼 암나사
③ PS : 관용 평행 암나사
④ Tr : 미터 사다리꼴 나사

51

전체 이높이$(h) = 2.25 \times 모듈(M) = 2.25 \times 2 = 4.5$

52

② 축은 일반적으로 길이 방향으로 절단하여 단면을 표시하지 않는다.

53

① 수나사와 암나사의 골 밑은 가는 실선으로 그린다.
② 완전 나사부와 불완전 나사부의 경계는 굵은 실선으로 그린다.
④ 수나사와 암나사가 결합되었을 때의 단면은 수나사가 암나사를 가린 형태로 그린다.

54

① 현장용접
② 일주용접
③ 전체 둘레 현장용접

55

스프로킷 휠의 피치원은 가는 2점쇄선으로 그린다.

56

베어링의 안지름 번호(세 번째, 네 번째 숫자)
- 00 : 10mm
- 01 : 12mm
- 02 : 15mm
- 03 : 17mm

57

③ 솔리드 모델링 : 내부가 채워진 모델링 방법으로 간섭 체크를 할 수 있고, 질량 등의 물리적 특징 계산이 가능하다.

58

① 디지타이저 : 그래픽 태블릿, 도형 입력판(태블릿)이라고 하며, 무선 혹은 유선으로 연결된 펜과 펜에서 전하는 정보를 받는 납작한 판으로 이루어져 있다. 이 판에 입력되는 좌표를 판독하여 컴퓨터에 디지털 형식으로 입력해 주는 장치이다.

59

④ 절대좌표계(x, y, z) : 절대원점 (0, 0, 0)이 기준이 된다.

60

- 비트(Bit) : Binary Digit의 줄임말로 컴퓨터가 데이터를 기억하는 최소단위로서 이진수인 두 개의 숫자인 0과 1을 사용한다.
- 바이트(Byte) : 8개의 비트를 묶어서 정보를 표현하는 단위를 나타낸다.
- 워드(Word) : 명령 처리 단위로 컴퓨터가 한 번에 처리할 수 있는 데이터의 양을 나타낸다.
- 파일(File) : 여러 개의 레코드가 모여 구성되며 프로그램을 구성하는 단위로 컴퓨터에서 정보를 저장하는 단위로 사용된다.

전산응용기계제도기능사
필기

발행일 | 2022. 2. 10 초판 발행
2025. 1. 10 개정 1판 1쇄
2026. 1. 20 개정 2판 1쇄

저　자 | 다솔유캠퍼스
발행인 | 정용수
발행처 | 예문사

주　소 | 경기도 파주시 직지길 460(출판도시) 도서출판 예문사
TEL | 031) 955-0550
FAX | 031) 955-0660
등록번호 | 11-76호

- 이 책의 어느 부분도 저작권자나 발행인의 승인 없이 무단 복제하여 이용할 수 없습니다.
- 파본 및 낙장은 구입하신 서점에서 교환하여 드립니다.
- 예문사 홈페이지 http://www.yeamoonsa.com

정가 : 27,000원
ISBN 978-89-274-5945-3　13550